当代视野下的民居传承与聚落保护
——第二十五届中国民居建筑学术年会论文集

赵 兵 麦贤敏 孟 莹 主编
毛 刚 王赛兰 刘艳梅 副主编
西南民族大学建筑学院
中国民族建筑研究会民居建筑专业委员会 编
中国建筑学会民居建筑学术委员会

中国建筑工业出版社

图书在版编目（CIP）数据

当代视野下的民居传承与聚落保护：第二十五届中国民居建筑学术年会论文集／赵兵，麦贤敏，孟莹主编．—北京：中国建筑工业出版社，2020.10

ISBN 978-7-112-25433-0

Ⅰ.①当… Ⅱ.①赵… ②麦… ③孟… Ⅲ.①民居–中国–学术会议–文集 Ⅳ.①TU241.5-53

中国版本图书馆CIP数据核字（2020）第170983号

本书以"当代视野下的民居传承与聚落保护"为主题，向历史回溯，探讨新时期传统民居（聚落）的深层价值及对当下城乡建设的启示意义，同时关注疫情、生产、生活方式变迁的当代民居的发展与流变。论文集从传统民居与聚落保护、现代技术与民居营造、乡村规划与传统村落、民族地区传统民居与聚落四个方面进行阐述和探讨，提出问题，纳入思考，对我国传统民居的保护与传承以及新城镇建设具有重要意义。本书适于建筑学相关专业师生、专家、学者及民居建筑相关工作者、爱好者阅读使用。

文字编辑：李东禧
责任编辑：唐 旭 张 华
责任校对：王 烨

当代视野下的民居传承与聚落保护
——第二十五届中国民居建筑学术年会论文集

赵 兵 麦贤敏 孟 莹 主 编
毛 刚 王赛兰 刘艳梅 副主编
西南民族大学建筑学院
中国民族建筑研究会民居建筑专业委员会 编
中国建筑学会民居建筑学术委员会

*

中国建筑工业出版社出版、发行（北京海淀三里河路9号）
各地新华书店、建筑书店经销
北京锋尚制版有限公司制版
北京市密东印刷有限公司印刷

*

开本：880×1230毫米 1/16 印张：30½ 字数：1271千字
2020年10月第一版 2020年10月第一次印刷
定价：165.00元
ISBN 978 – 7 – 112 – 25433 – 0
（36413）

第二十五届中国民居建筑学术年会
暨民居建筑国际学术研讨会

一、**会议主题：** 当代视野下的民居传承与聚落保护

会议分议题： 1．传统民居与聚落保护

2．现代技术与民居营造

3．乡村规划与传统村落

4．民族地区传统民居与聚落

二、**学术委员会：**

主　　席： 陆　琦

委　　员： 王　军　张玉坤　戴志坚　唐孝祥　王　路

李晓峰　杨大禹　陈　薇　龙　彬　关瑞明

范霄鹏　李　浈　罗德胤　周立军　谭刚毅

靳亦冰　赵　兵　麦贤敏　孟　莹　毛　刚

王长柳　王赛兰

主办单位： 中国民族建筑研究会民居建筑专业委员会

中国建筑学会民居建筑学术委员会

承办单位： 西南民族大学建筑学院

序 1

民居建筑作为文化的重要组成部分，始终与人们的生产和生活息息相关，关联于不同的社会背景、生存环境、经济生活、技术条件等，具有无穷的活力。在中华民族奔流不息的文化长河里，千姿百态的中国民居就是其中一朵朵从远古奔来的跳跃浪花。每一个乡村、每一处村寨、每一座城镇，都见证着文化的变迁。走过古老的民居聚落其间的街巷古道，觅见不同时代的建筑遗存，仿佛在翻看一本本脉络清晰的历史书籍，其中铭刻着各民族深深的烙印，构筑起华夏儿女共同的精神家园。

自 1988 年由中国民居建筑大师陆元鼎教授等学术前辈发起倡导的第一届中国民居建筑学术会议在华南理工大学成功举办，迄今历时三十二年。在多位民居领域研究学者的积极参与和共同努力下，中国民居建筑学术会议为促进中国民居研究的学科发展、人才培养以及民居建筑遗产保护和乡村建设作出了积极贡献。

2020 年，在这个值得被记住的年份里，第二十五届中国民居建筑学术年会的举办地点来到西南重镇——成都，期待引发各位专家学者对民族众多、历史悠久、自然地理独特、文化类型多样的西南地区的民居及聚落更多、更深入的思考与建议。

本届年会以"当代视野下的民居传承与聚落保护"为主题，意在植根于传统民居文化的智慧，面向当代生活需求，探索将传统民居文化的基因可持续传承与发展的创新路径。近年来，在新型城镇化和乡村振兴步伐的驱动下，民居发展变化迅猛。地方文化特征、民居文化价值的日益受到重视的同时，人们不断提出对民居功能的提升需求，不少新型建筑材料和设施在新民居建设中得到应用。在此新形势下，中国当代民居研究涌现出许多新问题与新思路。提交本届年会的诸多论文，立足当代视野，探索民居研究的前沿领域，组委会将论文结集出版，旨在为中国民居传承与聚落保护研究提供借鉴与参考。

是为序！

西南交通大学建筑与设计学院执行院长
四川省普通本科高等学校建筑类专业教学指导委员会主任委员
二〇二〇年八月

西南民族大学是国家民族事务委员会直属综合性高校，学校位于有"天府之国"美誉的国家历史文化名城——成都，染青城峨眉之灵秀，汲工部武侯之神韵，是民族高等教育镶嵌在祖国大西南的一颗明珠。学校始终坚持"为少数民族和民族地区服务、为国家发展战略服务"的办学初心与使命担当，坚持对标国家"双一流"建设要求，弘扬"和合偕习、自信自强"的学校精神，紧紧围绕学校"三步走"的发展目标，着力实施"三大战略、八个全面"的建设任务，累计培养出各类各民族人才21万人，努力为民族地区培育"回得去、留得下、用得上、靠得住、干得好"的"永久牌"专门人才。

西南民族地区是我国少数民族最多的地区，也是我国社会结构、民族成分、地理位置较为特殊的地区，拥有第一大彝族聚居区、第二大藏族聚居区和唯一的羌族聚居区。这里具有鲜明的地域性、民族性和多元性特征，蕴含着丰富的、多样的、特有的民族聚落与民族文化，这里独有的区域经济社会特色、地方民族建筑文化、地域景观园林设计所具有的民族特质，是西南民族大学建筑学院建筑类和设计类五个本科专业的办学基点。

西南民族大学建筑学院自创办以来就以国内建筑类重点高校办学之模式为标准，坚持"教学、科研与社会服务相结合，实践、创新与规划设计相结合，传统、现代与民族特色相融合"的办学思路，强化"当代视野、民族传承"的办学理念，注重人文与理工的相互交叉、艺术与建筑的相互渗透，不断适应"乡村振兴、精准扶贫"等国家发展战略需要，积极探寻融入当代建筑类和设计类专门人才的培养途径。在全国32所民族院校中，西南民族大学建筑学院的建筑类专业相对齐全、学历层次相对完善、办学时间相对较早，是国内目前为止唯一通过建筑学专业和城乡规划专业"全国高等学校本科（五年制）教育评估"的民族高校。

感谢中国民族建筑研究会民居建筑专业委员会各位专家的信任和支持！感谢国家民族事务委员会、学校各级领导的关怀和重视以及职能部门、兄弟学院的帮助和指导！在即将迎来西南民族大学成立七十周年办学的喜庆之日，在建筑学院建院十周年的纪念之日，在建筑学院部分专业办学即将进入二十周年的回顾之日，西南民族大学建筑学院全体师生能与国内诸多民居建筑教育前辈共聚成都举办第二十五届中国民居建筑学术年会，实属学术迎庆、专业迎庆之举措。

本论文集基于年会主题分为四个专题，分别从传统民居与聚落保护、现代技术与民居营造、乡村规划与传统村落、民族地区传统民居与聚落四个方面收录论文近100篇，计50余万字。每一篇论文都经过专家评审，从投稿的230余篇论文中脱颖而出，希望读者借此可以了解民居建筑和传统聚落最新的研究成果，从而增进对传统民居建筑发展特殊性、复杂性和紧迫性的认识和理解，推动大家对这一领域研究与实践的探索，祈望学界前辈和同行专家给予批评指正。

此次年会论文集的出版，是希望以民居建筑专业办学之图文资料呈现于大家，将民居建筑人才培育之现状展现予诸位！希望共为中国民居建筑教育事业尽绵薄之力！

此为序！

中共西南民族大学建筑学院党委书记　赵兵

西南民族大学建筑学院院长　麦贤敏

二〇二〇年八月

目录

现代技术与民居营造

乡村规划与传统村落

民族地区传统民居与聚落

传统民居与聚落保护

北方滨海地区院落式住宅空间形态分异研究

于璨宁[①] 李世芬[②] 王佳林[③] 田 阔[④]

摘 要：北方滨海地区独具自然与人文特色，乡村的保护与建设日益受到重视，受辽宁半岛、京津冀、山东半岛经济带辐射，其发展和更新受城镇化影响较大，使部分建设及保护与乡村本身现状发展不匹配，导致乡村肌理以及原有的人居环境遭到破坏。该研究在北方沿海区域选取距离海岸线0～120公里的村庄住宅作为研究对象，对其住宅空间形态分异进行量化研究与比较分析，为该地区乡村未来的建设发展提供一定的参考依据与方法。

关键词：空间形态分异 北方滨海 乡村住宅 量化

一、引言

中国北方指秦岭—淮河一线以北，内蒙古高原以南，大兴安岭、乌鞘岭以东地区，其面积约占全国的20%，人口约占全国的40%，其中滨海地区包括北起丹东，南至连云港，具有独特的地貌特征和气候特点。历史上，北方滨海地区的欧亚文化、民族文化、地区文化交融频繁。因此，该地区村落中的传统汉族住宅建筑，在汲取他人精华与自我适应中发展了自身的共性与特性。文章通过对北方滨海地区乡村的实地调研与考察，对该地区的住宅建筑空间特征进行探讨，利用量化的住宅平面数据与当地自然（气候、地理）和文化结合，探索其乡土建筑空间形态的发展、分布规律及影响因素。通过研究发掘和展现乡村中的传统建筑的价值与精华，为该地区乡村住宅的未来更新建设提供一定的参考依据。

"分异"一词源于地理学，原指宏观层面，例如地域分异，是指自然地理环境各组成成分及其构成的自然综合体在地表沿一定方向分异或分布的规律性现象，与分布有一定的相似性，但是分异更强调一种地区之间的差异，本文所指住宅形态分异，即不同地区乡村住宅形态基于对自然、人文环境的适应所产生的变化与区别。

二、研究范围及概况

本文通过实地调研该地区168个村庄，并选取其中11个作为案例样本（图1），展开对不同区域乡村住宅建筑空间形态的分异的研究，以数据量化分析探讨不同人文、自然环境下其分布的特点。11个案例样本包括大连张家村、杨家屯、唐山蚕沙口村、西刘各庄村、大沟村、滨州岔尖村、西关村、威海东褚岛村、慈口观村、日照李家台村、汪湖村。

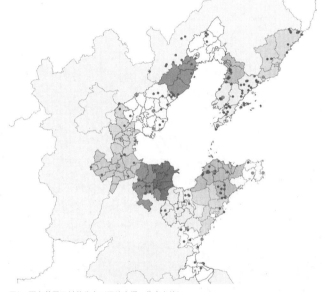

图1 研究范围及村落分布（图片来源：作者自绘）

北方沿海地区地跨辽宁、河北、天津、山东、江苏四省一直辖市，属于温带季风性气候，纵向纬度从北纬34°～41°，夏季气温较高、多雨，冬季极冷、较干燥，四季分明，雨热同期，在我国20个建筑子气候区划中属于ⅡA地区。《民用建筑通则》中提到该区建筑物应满足冬季防寒、保温、防冻等要求，夏季部分地区应兼顾防热、防潮、防暴雨，沿海地带尚应注意防盐雾侵蚀。相比我国其他地区，该研究范围中的北方滨海地区具有特殊的气候特点。

北方滨海地区拥有丰富的地形地貌特征，黄河、海河、辽河等多河入海口，黄渤海交汇，海岛、半岛、山地、丘陵、平原等形态多样（表1）。

气象/地貌数据统计表　　　　　　　　　　　　　　表1

地点	气候区	主要地形地貌	年均温度（℃）	年均降水（mm）	全年日照时数（H）
丹东	ⅡA	中低山/丘陵/平原	7.1~8.9	881.3~1087.5	2379~2451
大连	ⅡA	低山/丘陵	10	550~800	2626
营口	ⅡA	山地/丘陵/平原	10	546~615	2547~2797
盘锦	ⅡA	平原/盆地	9.4	635	2664
锦州	ⅡA	低山/丘陵/平原	9.1	570	2696
葫芦岛	ⅡA	山地/丘陵/平原	8.4~10.3	770~1016	2479~2771
秦皇岛	ⅡA	中低山/丘陵/平原	11	624	2598.1~2577.1
唐山	ⅡA	低山/丘陵/盆地/平原	10.8	644	2045.2~2554.6
天津	ⅡA	山地/丘陵/平原	11.1~12	550~680	1921~2852
沧州	ⅡA	平原	13	519.7	2535.9
滨州	ⅡA	低山/丘陵/平原	13.1	552	2540.9
东营	ⅡA	平原	12.8	555.9	2639.4
潍坊	ⅡA	山地/丘陵/平原	13	596.9	2409.6
烟台	ⅡA	山地/丘陵/平原/盆地	13.4	524.9	2488.9
威海	ⅡA	低山/丘陵/平原	12.2	737.7	2480
青岛	ⅡA	山地/丘陵/平原/盆地	12.7	662.1	2550.7
日照	ⅡA	中低山/丘陵/平原	13	753	2349.7
连云港	ⅡA	中低山/丘陵/平原	14.5	883.9	2259

（表格数据来源：大连年鉴2018，丹东年鉴2015，葫芦岛年鉴2013，锦州年鉴2015，锦州通览，盘锦年鉴2015，营口年鉴2017，青岛年鉴2015，连云港年鉴2016，沧州年鉴2016，秦皇岛年鉴2015，唐山年鉴2011，天津年鉴2015，日照年鉴2010，东营年鉴2015，滨州年鉴2014，威海年鉴2015，潍坊年鉴2015）

三、北方滨海地区乡村院落形态类型及分异

院落式是我国北方地区最为典型的民居建筑布局形式，合院式住宅最基本的建筑空间形态特点就是外墙封闭、庭院开阔。庭院由单栋房屋围合而成，各单体建筑之间呈现独立、围合的布局形态。根据财力的区别适当建造院内建筑，普通民居以单排院、二合院、三合院居多，乡绅富户以四合院、多进套院为主。院落形态根据形势调整，以适应地理环境。

根据实地调研，可将研究区内的住宅平面形式分为两大类：单院式平面、多院组合式平面（图2）。

1. 单院式平面

单院式平面包括单排式合院、L形或双排式二合院、三合院以及四合院，入户大门有中门和偏门两种。这类院落在此地适用范围较广，数量最多，院落大小主要受宅基地限制，院落中单体建筑的大小及数量受使用需求影响较大，建筑及细部尺寸受自然气候、建筑材料等因素控制。

2. 多院组合式平面

多院组合式平面，组合方式丰富，包括垂直组合院落、水平组合院落、自由组合院落、环套组合院落等。组合院落中多存在中心院落或主院落，对全局进行掌控，强调主要空间与次要空间，少数则强调组合，各小院落具备基本功能，由于亲缘纽带等关系而相互毗邻。

图2　北方滨海地区乡村院落形态及分布（图片来源：作者自绘）

四、建筑单体形态分异、规律及影响因素

调研村落中，建筑单体相关数据信息有明显的差异，其建筑材料、形制、尺度各有不同，具体如表2所示。通过对具体数据的详细分析，发现单体的平面、立面（包括墙体与门窗）、屋顶以及整体形态与当地的自然、人文特点密切相关。

自然/建筑数据统计表　　　　　　　　　　　　　　　　　　　表2

	村名	距海（km）	建造时间	开间进深比	正立面窗墙比	北立面窗墙比	墙体	墙厚（mm）	屋顶坡度	屋顶形式	风速（m/s）	温度（℃）	村落类型
1	大连张家村	0	20世纪20年代	0.64	0.2	鲜有北窗	条石基础砖砌墙面	400	0.93	坡顶	5.2	22.5	沿海
2	大连杨家屯	20	20世纪20年代	0.54~0.63	0.3	0.15	碎石填充砖镶边	500	0.6	坡顶	1.5	23.3	山地
3	唐山蚕沙口村	0	20世纪70年代	0.59~0.63	0.35	无北窗	条石基础砖砌墙面	400	0.07	焦子顶/平顶	3.5	15	沿海
4	唐山西刘各庄	48		0.65~0.67	0.414	0.1	块石条石为主砖砌少部分	420	0.09	焦子顶	1	25.2	山地
5	唐山大沟村	122	20世纪50年代	0.64~0.65	0.59	0.16	碎石混凝土墙体砖镶边	360	0.67	坡顶	0.7	26.8	山地
6	滨州岔尖村	0	20世纪50年代	0.85	0.18	无北窗	土坯墙	500	0.3	坡顶	2.6	26.6	沿海
7	滨州西关村	37	20世纪40年代	0.68~0.81	0.23	无北窗	土坯墙砖基础	600	0.48	坡顶	1	27.5	山地
8	威海东褚岛村	0		0.58~0.72	0.15	无北窗	石砌墙砖镶边	420	1.6	海草坡顶	1.2	3	沿海
9	威海慈口观村	22	20世纪50年代	0.60~0.65	0.27	0.05	石砌墙	450	1	苇子坡顶	0.8	2	山地
10	日照李家台村	0	20世纪50年代	0.79	0.17	无北窗	条石基础砖石镶边碎石土培墙	370	0.73	坡顶	1.5	31	沿海
11	日照汪湖村	60	20世纪20年代	0.66~0.91	0.21	0.15	土坯墙块石基础	460	0.91	坡顶	0.5	32	山地

（表格数据来源：作者及课题组自测自绘）注：大连风速/温度瞬时数据测试时间：2018年6月30日17:30；唐山风速/温度瞬时数据测试时间：2018年4月28日17:00；滨州风速/温度瞬时数据测试时间：2018年8月31日17:00；威海风速/温度瞬时数据测试时间：2018年2月28日10:30；日照风速/温度瞬时数据测试时间：2018年8月26日15:30。

1. 门窗

通过图3可明显看出沿海村落中的传统房屋多数没有北窗，且正立面窗墙比远海村落小，通过对比风速数据可发现，近海村落风速明显高于远海村落，因此一定程度上可以体现出，传统乡村住宅通过对窗洞口大小及开启方向的控制来调整风速对房屋室内舒适度的影响，风速越大，房屋窗洞口越小，空间越密闭。

2. 墙体

传统乡村住宅墙体厚度主要受建筑材料的影响，土坯墙厚度最大，石砌墙次之，砖块墙最薄，主要原因由于土坯墙工艺复杂，易损坏。土坯墙主要分为三种：土坯直接制作整块墙体，土坯块砌墙，土坯与植物秸秆编织墙，这其中以第三种最为坚固耐用，前两者易产生缝隙。而建材主要取自当地，受交通和材料成本限制。

3. 屋顶

屋顶形式与材质主要受屋面材质以及地区降水量的控制，如图4降水量与坡度的变化趋势相同，但由于各地区屋顶材料有区别，因此屋顶坡度变化更加强烈明显，地区降水量越大，屋顶坡度越大，屋顶形式越利于排水，日照、威海、大连年均降雨量大于700毫米，其屋顶坡度明显大于其他地区。

4. 平面

沿海村落相比山地村落，其空间自由程度更大，受地形等因素影响小，从北至南，沿海村落房屋的开间进深比，随着温度的升高呈现增大的趋势，开间的增大使每个房间对室外的相对面积增大，散热增加，随着温度的升高，南方地区的开间更大，利于夏天散热，而北方地区农房的开间较小，对外面积减少，利于冬季的保温（图5）。大多数农房为左邻右舍相连的形式，因此山墙面的散热由

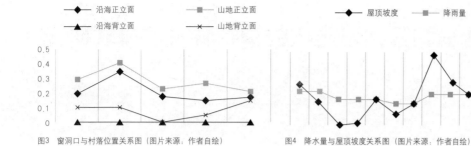

图3 窗洞口与村落位置关系图（图片来源：作者自绘）　　图4 降水量与屋顶坡度关系图（图片来源：作者自绘）　　图5 开间进深比与温度关系图（图片来源：作者自绘）

于相互遮挡，其影响小于前后两个立面。山地村落的宅基地形式主要受地形地貌限制，变化幅度较大，其开间进深比受气候作用影响较弱。

5. 整体形态

唐山地区三个村落中，蚕沙口村农房为焦子顶，空间平面较自由，西刘各庄农房也为焦子顶，空间立面形式较为严谨规整，略有京津地区传统四合院的影子，大沟村农房从屋顶形制到门窗洞口的形式与京津地区传统住宅类似，三个村落都属于同一地区，却出现不同的风貌，是因为他们同时受到旧时关内传统民居的影响及东北地区、内蒙古地区民居的影响。大沟村由于地势限制，其整个院落形态不够严谨，但其屋顶和立面与京津地区民居一脉相承，西刘各庄与蚕沙口则受东北地区影响甚厚，焦子顶的做法更加盛行。

五、结论

通过上述实地调查与对比研究，可以发现，传统乡村住宅在形制上存在分异并具有一定规律，形态特征及分布受村落类型、气候条件、环境等因素影响明显。传统乡村多文明延续。传统乡村多以第一产业为主，其住宅形式受自然和文化环境影响深远，温度、风速、降雨量气候要素、地形地质等地理要素等自然因素对房屋的形制起重要作用，加之乡村的文化背景及传播因素，延续了传统乡村住宅形制。

乡村更新既需要适应农村产业革新，也应注重文化与自然的可持续。乡村住宅形制直接关系居住环境的优劣，结合当地自然与人文环境特点，适度改造基本形态，发扬继承传统的精华，才能建设独特可持续乡村住宅。

注释

① 于璨宁，大连理工大学建筑与艺术学院，博士研究生。
② 李世芬，大连理工大学建筑与艺术学院，教授，博士生导师。
③ 王佳林，大连理工大学建筑与艺术学院，硕士研究生。
④ 田阔，大连理工大学建筑与艺术学院，硕士研究生。

参考文献

[1] 李佳阳，龙灏. 制度环境影响下的乡村自建住宅空间演化——以重庆市城郊型乡村为例 [J]. 建筑学报，2018（06）：94-99.
[2] 罗理. 地域视角下乡村住宅生态低技术应用研究 [D]. 北京：北京建筑大学，2018.
[3] 颜文正. 美丽乡村建设背景下长株潭地区乡村住宅空间形态研究 [D]. 长沙：湖南大学，2018.
[4] 岳晓鹏，王飞雪. 天津农村自建房户型现状及优化设计研究 [J]. 建筑学报，2017（09）：83-87.
[5] 彭军旺. 乡村住宅空间气候适应性研究 [D]. 西安：西安建筑科技大学，2014.
[6] 周静敏，薛思雯，惠丝思，苗青，李伟. 城市化背景下新农村住宅建设研究现状解析——基于期刊文献统计及实态调查分析方法 [J]. 建筑学报，2011（S2）：121-124.
[7] 李丹. 山西后沟古村聚落自然适应性研究 [D]. 哈尔滨：哈尔滨工业大学，2010.
[8] 李世芬，孙薇，于璨宁. 长海海岛渔村住居形态及其多维适应性营建策略研究 [J]. 华中建筑，2018，36（04）：120-124.

基金项目：

十三五国家重点研发计划课题（2019YFD1100801）。
中央高校基本科研业务费重点课题（DUT18RW203）。

里下河腹地水利基础设施与村镇特性关联模式研究初探

徐清清^①　朱　渊^②

摘　要: 水网地区村镇聚落的发展难免会面临诸如填埋水系、增加用地等困境,其根本原因是对水利价值的认识不足。本文以江苏省里下河区域为例,由于其特殊的历史地理演变形成了独特的水乡聚落,但在近现代,村镇空间逐渐丧失特色。因此,本文对里下河地区的水利基础设施从水网体系、水利设施、水利产业、水利文化四个要素入手进行梳理探究,帮助建立水利价值认知体系,为基于水乡特色的村镇聚落空间发展提供参考。

关键词: 里下河腹地　水利基础设施　村镇聚落空间

一、研究背景

2018年中共中央国务院印发《乡村振兴战略规划(2018—2022年)》文件提出要加强乡村基础设施建设,构建生态宜居的美丽乡村。乡村水利基础设施是乡村基础设施中极其重要的组成部分,紧紧结合乡村生活、生产、生态空间。江苏省里下河地区是典型的水乡村镇聚落地区,村镇空间发展和水利基础设施息息相关。尽管有着得天独厚的水利环境,但里下河地区缺乏对水利基础设施的系统梳理,进入现代化建设时代以来,水利基础设施仅停留在单一工程功能,水利基础设施的价值被忽略,村镇空间逐渐丧失特性。乡村水利基础设施在作为一种重要的市政基础设施外,还具备景观基础设施和空间优化的重要因素作用。在满足给排水、防洪灌溉、交通运输等基本功能,水利基础设施还可以带来文化教育、休闲游憩、防灾减灾等多元功能。目前,乡村水利基础设施的建设缺

乏整体系统的策略方法,对水利基础设施的系统梳理具有重要意义,能帮助提出乡村城镇化转型新策略。

二、区域地理水环境变迁概述

江苏里下河地区西起里运河,东至串场河,北自苏北灌溉总渠,南抵新通扬运河(图1)。里下河腹地地区具备独特的地理环境,地势低洼,湖荡密布,河道纵横,产生了极具水乡特征的村镇聚落。而这种丰富的聚落与地理水环境的关系可以从江苏省地区海岸线的频繁变迁中追溯源头。

江苏省地区海岸线变迁7000多年的历史呈现为海侵海退反复交替的过程(图2)。海岸线变迁的早期,里下河地区基本处于浅

图1　里下河地区和腹地范围(图片来源:作者自绘)

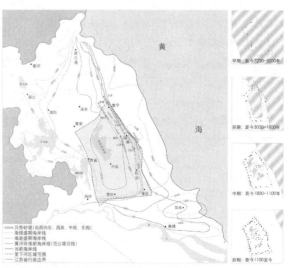

图2　左:江苏省地区海岸线变迁(图片来源:根据《历史时期苏北平原地理系统研究》改绘)
　　　右:里下河水体和聚落分布变化(图片来源:作者自绘)

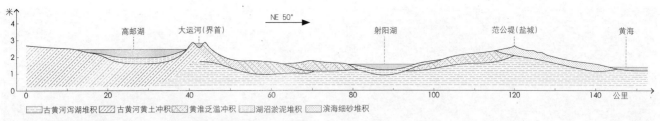

图3 里下河地区东西向剖面（图片来源：根据《历史时期苏北平原地理系统研究》改绘）

海湾状态，东侧形成的西岗砂堤将外海隔开形成内部古射阳湖群雏形的古泻湖。前期，海岸线凹入里下河腹地，呈现半包围的浅港形态。中期，海岸线基本稳定在了东岗沿线。黄河夺淮后，里下河西侧湖泊河床被迫逐级抬高，形成三级地势，里下河地区也因此成为锅底状洼地（图3）。随水而来的大量泥沙使得泻湖湖身逐步淤积，分割成诸多大小不一的湖泊和沼泽洼地[1]，古射阳湖也因此湮灭。后期，海岸线持续东移，里下河地区进一步内陆化，原本连接成片的大规模湖泊更加细碎分散化，最终形成湖荡湿地[2]。在这场陆地和水体的博弈中，里下河地区整体的聚落分布由四周向腹地蔓延。随着生产生活工具的发展，里下河腹地居民围湖造田、屯垦荒地的速度也逐渐加快，加之腹地可活动，空间逐渐增多，村庄聚落和社会组织得到显著发展（图2）。

三、水利基础设施分类和河道网络建构

乡村水利基础设施概念除了应包含由河道、沟渠等组成的水网体系和由人工建造的水闸、堤坝、涵洞等组成的水利设施，也应包括水利相关的文化节庆活动和水利产业，从物质和非物质两个角度综合考虑水利基础设施对构建村镇空间结构的重要影响作用。而其中，河道体系是讨论水利基础设施的基础。里下河地区湖荡发展至今仅留存大大小小的17处湖荡[3]，但河道网络的建设历来都备受重视，例如始建于周朝至清时期完全成熟的里运河，北宋时期修建的串场河南段。中华人民共和国成立后，河道建设速度加快，修建了苏北灌溉总渠、三阳河等重要河道，并整治了用于疏导内部积水的入海水道，最终形成了河网发达的基本水乡格局。里下河腹地河道网络主要由四条入海水道（射阳河、黄沙港、新洋港、斗龙港）串接大量支流组成[3]（图4）。根据现在里下河河道的状况可以将腹地河道依据功能总结为三种类型：（1）仍具备交通运输功能的水道（主要水道），包括东西方向的诸多盐运水道、在黄淮泛滥后利用其留下的沟槽进行开挖的水道、疏导内部积水的归海河；（2）土方堆积形成的水道（次要水道）；（3）人工开凿的专门用于灌溉的沟渠（次要水道）。尽管在陆路交通的冲击之下，这些水系发展到现代，其航运交通需求已经大大降低，但仍对聚落的发展具有重要影响。

四、水网体系与聚落布局

聚落外部水环境直接影响了聚落的布局关系。三种河道类型在

图4 里下河腹地河道分布（图片来源：根据《江苏水系地图》改绘）

影响聚落布局中承担着不同类型的角色。以兴化市崔垛村为例，南北方向下官河和东西方向大溪河垂直交汇将现在的崔垛村一分为五，中间被水环抱的岛状区域是崔垛古村（图5）。下官河和大溪河是里下河主要河道之一，承担排涝、供水、航运等功能。崔垛村外围则是里下河腹地典型的垛田景观，垛与垛之间网状水道是由取土堆积垛田形成的，属于次要水道堆河，它们分布在聚落外围或延伸进聚落内部进一步分散聚落，但总体来说两条主要河流确立了崔垛村互相分离的基本格局。

冒艳楠将里下河戴南镇居民点和水系关系进行了类型总结[4]，而纵观里下河腹地其他村镇聚落样本，尽管河流和聚落布局之间呈现出了多样的关系（图6），但主要河流和聚落的布局关系可以总结归纳为四种主要类型：分割型（流经村镇聚落的一条或多条主要河流相交将村庄分割为均等的几个部分）；偏置型（村镇聚落的大部分区域在主要河流的一侧发展）；半包围型（流经村镇聚落的两条或三条河流交叉或平行分布，将聚落半包围在角落或平行河道之间）；包围型（流经村镇聚落的多条河流互相交叉形成中心岛状聚落区域）（图7）。次要河道和聚落的关系并不呈现某种对应的关系，但其紧紧关系到农业生产，分布在聚落外围的农田景观通过次要河道和聚落空间互相咬合。

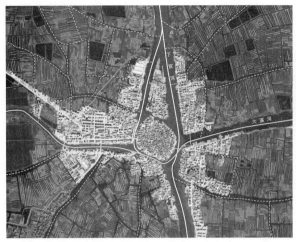

图5 崔垛聚落布局（图片来源：作者自绘，底图为谷歌地图）　　　　图6 里下河部分村镇卫星图（图片来源：百度地图）

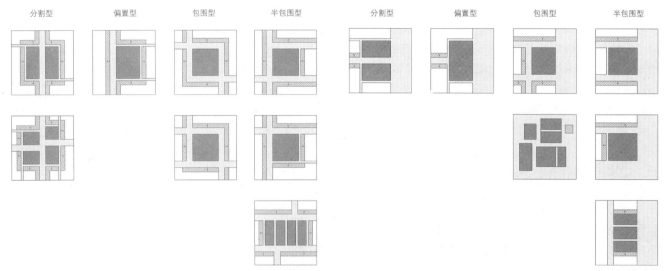

图7 里下河腹地聚落布局类型（河道型）（图片来源：作者自绘）　　　图8 里下河腹地聚落布局类型（湖荡型）（图片来源：作者自绘）

　　尽管里下河腹地的湖荡群逐渐细碎分散化，但仍然留存了大小不一的诸如大纵湖、蜈蚣湖、马家荡、刘家荡等湖荡区域。在湖荡和主要河流共同作用下，湖荡区的聚落也呈现出类似的四种布局关系（图8）。

五、水利设施与农田聚落体系

　　在复杂水文环境的里下河地区，历代都进行了大量的水利开发。以四至河道和多条入海河道为主，在其沿线兴建了一系列堤坝、闸、堰、桥梁等水利设施。腹地的水利设施建设与农业生产和居民生活紧紧相连，自清时期开始，里下河大力圈筑围圩，修筑圩堤，御洪护田，逐渐形成"表里相维、高深相就、经纬相制"的圩田布局[5]。圩内包含了农田、村落，自构成一个小型生态体系。20世纪50年代，为进一步提高御洪和生产能力，里下河全面实施联圩并圩并在新圩区进行河网改造，建立新的排灌水系，形成由中心河和生产河两级河道"丰"字形布局，中心河两端及生产河适当河口建圩口闸或套闸，以利引排和通航[5]。圩边同时设置多个机电灌排站，满足农业高产需求。至此，聚落、土地与水利三合一的圩田聚落体系形成（图9）。

　　在河汊密集、荡区绵亘的区域则采取挖沟取土垫高田面的方法应对雨涝灾害，形成了垛田聚落体系。每块垛田的面积相对较小，互相分散，四面围水，沟沟相通，与河渠相连，垛田与垛田之间、聚落与垛田之间只能依赖船只交通。垛田因面积较小，不便储水，无法种植水生粮食作物，因此生产力相对低下[6]。到了20世纪70年代，大量垛田、垛沟被削平填塞成圩田，以利于机器耕作，提高生产。现存垛田主要分布在兴化地区，展现了里下河腹地特有的农业文化遗产（图10）。

六、水利文化与聚落公共空间

　　里下河地区水环境的问题不仅促使各种水利工程建设，在民间也催生了居民对水的敬畏和神化。腹地聚落中因此兴建了大量宗教寺庙道观，以期通过信仰控制生产生活所面临的动荡的水环境。因

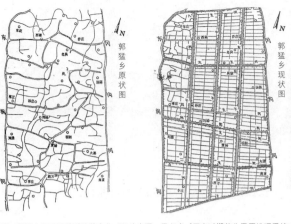

图9 郭猛乡圩田聚落系统的变化（图片来源：吴必虎《历史时期苏北平原地理系统研究》）　图10 兴化垛田（图片来源：百度百科）

图11 沙沟传统灯会仪式路线示意图（图片来源：张海宁《里下河集镇聚落公共空间布局特征与变迁初探》）

此，一些相对大型的寺庙被建制在滨临外河的聚落四角对水空间，例如崔垛古镇的四角分别布置有侯王庙、三宫殿、祖师庙、关帝庙。聚落内部在内河沿岸或不占据主要用地的偏僻处也设置了较多庙宇，大多布局正对河道、桥、街巷之处，联结了聚落内部的公共空间[7]。在里下河腹地部分聚落中还存在大型的水利文化祭祀活动，祭祀路线沿着聚落内部主干街道并串联聚落内部多个重要公共节点，使聚落内部公共空间整体系统化。例如旧时沙沟的灯会与庙会（图11），仪式路线所经过的沙沟古镇重要的三条主干街巷上布局了重要的交通空间、宗教文化空间、商业空间。除此之外，还有水乡习俗赛龙舟活动，例如每年一度的溱潼会船节，通过水上的庆祝活动祈求来年的生活安定，也是居民对水利自然环境的一种公共空间化。

七、水利产业与滨河公共空间

丰富的水网资源促生了里下河地区多样的水利产业，形成了以交通运输、水产养殖、水产捕捞为主的渔业结构。中华人民共和国成立后，里下河地区随着水利治理力度大大提升，航运通顺，水利运输逐渐发展起来，大量的轮船码头沿着聚落主要河流一侧建设起来，区内区外各聚落之间形成了稳定的运输网络。航运盛时，更是形成了"桥下即码头"布局状态[7]。部分聚落例如沙沟镇围绕码头又建设了一批邮局、公社等公共建筑，码头成了联系聚落内外的

重要空间节点，来往穿梭的船只在码头卸货、上下客、交易的日常行为构成了繁忙热闹的滨河景观。

中华人民共和国成立后，一系列鼓励恢复和发展渔业生产的方针政策出台了，渔业的发展获得迅速提升[8]。密布的湖荡成为天然的水产养殖场，围绕湖荡分布的聚落是湖荡水产养殖的主力军，湖荡内部被划分为一块块的围垦养殖区，改变了湖荡水面连绵的格局。长期的高密度养殖也破坏了生态系统，导致水系不畅，水体受到污染，尽管一系列退圩还湖的措施实施了，但短期内湖荡的状态不会改变。

八、里下河水利基础设施关联模式初探

以里下河为例的水乡聚落区域，水利基础设施系统深入村镇聚落空间和居民的日常生活。水网体系奠定了村镇聚落基本布局，并基本划分了聚落区域生产生活空间——因良好的通航运输能力，主要河流包围区或沿线区是聚落主要生活空间，聚落主体区域外沿次要河流大多是农田等生产空间，部分聚落内部的重点商业公共空间直接沿内河布局。因地制宜的水利设施构建方法形成了里下河地区独特的农田聚落体系——圩田和垛田聚落体系。因水而生的水利文化不仅丰富了居民的精神文化活动，也直接影响了聚落公共空间的布局，实现了非物质空间和物质空间的转化。"靠山吃山，靠水吃水"，发达的水利产业建立的水上生产生活体系丰富了聚落滨河空间。水利基础设施的四个要素作为单独的水利要点时能够影响要素周边的一切行为活动，当其不同层级要素之间互相联结形成水利网时，能从根本上影响村镇空间的发展，具备独立性和网络复合两种属性（图12）。宏观层面上，水利基础设施有望成为规划的手段引导村镇空间结构的发展；中观层面上，水利基础设施能够紧结合村镇具体的物质性空间以及非物质的文化经济；微观层面上，水利基础设施渗透进人们的日常生活出行、生产、消费、休闲娱乐等各个方面。从田园到村镇聚落组团，水利基础设施作为线索串联二者共同构建村镇生态景观，将村镇生产生活景观置于这一特殊维度之上。

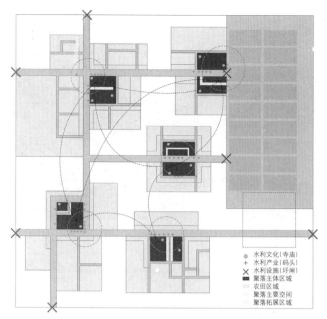

图12 水利基础设施关联模式总结（图片来源：作者自绘）

注释

① 徐清清，东南大学建筑学院。

② 朱渊，东南大学建筑学院，副教授。

参考文献

[1] 吴必虎. 历史时期苏北平原地理系统研究 [M]. 上海：华东师范大学出版社，1996.

[2] 徐少敏. 里下河地区水陆模式转型下的水乡聚落研究 [D]. 南京：南京大学，2016.

[3] 中国科学院南京地理研究所湖泊室. 江苏湖泊志 [M]. 南京：江苏科学技术出版社，1982.

[4] 冒艳楠，刘志超. 里下河地区水系与居住形态布局研究 [J]. 山西建筑，2011，37（13）：30-31.

[5] 江苏省地方志编纂委员会. 江苏省志·水利志 [M]. 南京：江苏古籍出版社，2001.

[6] 胡玫，林箐. 里下河平原低洼地区垛田乡土景观体系探究——以江苏省兴化市为例 [J]. 北京规划建设，2018（02）：104-107.

[7] 张海宁. 里下河集镇聚落公共空间布局特征与变迁初探 [D]. 南京：南京大学，2017.

[8] 江苏省地方志编纂委员会. 江苏省志·综合经济志 [M]. 南京：江苏古籍出版社，1999.

基金项目： 本文为国家重点研发计划课题（2019YFD1100800）资助的部分研究成果。

传统聚落基因图谱：发展脉络、研究方法及未来展望

刘永辉① 李晓峰②

摘　要：对于传统聚落基因图谱的研究，可揭示其生长、发展的内在规律。近年来，聚落的"文化基因"逐渐得到学者的重视，传统聚落基因图谱研究渐入佳境。本文梳理聚落基因图谱的发展脉络与研究方法，在此基础上，结合传统聚落基因图谱研究中存在的问题，在提升数据采集精度、关注三维空间要素、研究时空尺度演化等方面作出展望，是对聚落传统研究的补充，具有一定理论意义与方法论意义。

关键词：传统聚落　基因图谱　发展脉络　研究方法　展望

传统聚落是人类社会生产活动与自然结合的产物，见证着区域内人类的繁衍生息，其空间形态是重要标志。不同地域的传统聚落空间具有自身的典型文化属性，是形成其聚落文化基因的基础。

国内对于传统聚落的研究已经有了长足的发展，从基因图谱角度对传统聚落展开研究是近几年的新方向。对于传统聚落基因图谱展开研究，可揭示其生长、发展的内在规律。刘沛林教授是最早从地学角度提出景观基因图谱构建的国内学者，但若从全国各地传统聚落基因图谱的构建研究来看，还十分缺乏。这几年随着无人机技术、计算机技术的使用，在传统聚落研究的田野调查、数据处理等方面带来了便捷、可视化等优势。本文从传统聚落研究的演进（研究史）出发，在总结当前对于传统聚落基因图谱研究的发展脉络及相关研究方法基础上，探讨该研究方向的基本问题与未来展望，力求为今后的研究提供更加明确的方法论思路。

一、传统聚落基因图谱发展脉络

1. 传统聚落研究的演进

聚落伴随人类的聚居行为产生，其具体形式表征为多规模、多层级的复杂有机系统。传统聚落研究一直是建筑学界关注的重要领域。自1929年朱启钤先生发起成立中国营造学社，之后在梁思成、刘敦桢两位学科巨擘的引领下，传统聚落、乡土民居领域一直是我国建筑学研究的一片热土，成果斐然。[1]

长期以来，传统聚落的研究思路已从早期注重实例介绍、测绘调查、资料整理的"考据"模式，演变为注重跨学科的整合模式，选择社会学、人文地理学、传播学、生态学等学科与建筑学对传统聚落进行交叉研究，研究视野不断拓展。近年来，随着"遗产热"、乡村振兴战略的实施，传统聚落的相关研究热度仍然居高不下。当前国内学者对于中国传统聚落的研究已经走向区划和谱系研究，主要有基于背景环境、结构体系、历史民系、文化地理、谱系分类、基因图谱进行区划的相关研究成果，中国传统聚落的宏观区划研究已较为成熟，典型区域民居谱系、聚落文化区的建构与划分已基本完成。[2]同时，对传统聚落的量化分析已被重视。

拥有大量乡土建筑遗产的传统聚落作为承载乡土记忆与传统文化的重要载体被持续关注，其量化研究方法与手段也随着科技的进步和研究思路的拓宽在不断演进。如无人机、3D扫描等新技术手段的采用，使传统聚落研究的田野调查、数据整理、初步分析效率大大提高。又如GIS的定量分析、空间句法的拓扑分析、犀牛（Rhino）三维模型编程量化分析、摄影测量等利用计算机软件的可视化、直观的辅助分析方法的运用，使传统聚落研究中相关数据的分析、比对更加便捷、高效。[3]同时，如运用Pattern语言的计算机编程方法、人工智能遗传算法的介入使用，开拓了传统聚落量化研究中数据处理的新思路，也为将传统聚落作为保护对象的相关保护与发展规划设计提供了较为可靠的预测性模型。

2. 文化基因与传统聚落

基因为分子生物学概念，是生物有效遗传信息的载体。虽然基因很稳定，但在遗传过程中，基因受到外在或内在环境、条件的影响而出现变化，即所谓的"突变"。20世纪50年代，美国学者阿尔弗雷德·克罗伯（Alfred Kroeber）与克莱德·克拉克洪（Clyde Kluckhohn）提出，在文化的传承与传播过程中也存在与生物遗传现象类似的假说——文化基因。[4]继这之后，"文化基因（Meme）"的概念由英国生物学家理查德·道金斯（Richard Dawkins）在其专著《自私的基因（*The Selfish Gene*）》中首次提出。"文化基因"被阐释为"一个表达文化传播的单位或一个复制的单位"，以基因为分析单位的文化观被提出，从此，文化基因学（Memetics）的研究得到各学科领域的关注。

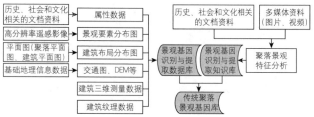

图1 基于GIS的景观基因识别与提取技术路线图 [5]

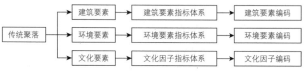

图2 聚落景观基因信息提取流程 [7]

从基因视角分析聚落的思路首次由美国学者格里菲茨·泰勒（Griffith Taylor）于1942年提出。传统聚落呈现各地域环境、气候、民系等自然与人文背景下的特质，是传承历史文化信息的重要载体。传统聚落所承载的历史文化信息在历史的更迭中，一方面保持其特有的个性，另一方面则受到影响而发生变化，这便是其"文化基因"传承与传播的过程。

近年来，国内学者也开始从文化基因的角度研究聚落，并提出相关概念。目前，国内最具代表性的学者就是刘沛林教授，他最早将景观基因的概念引入聚落，并认为聚落同生物基因一样，都有自己独特的属性，聚落之间的差异来自于它们基因的不同。[5][6] 刘沛林教授及其团队，以此为基础对中国传统聚落进行分类研究，最后总结出传统聚落景观基因识别理论（图1、图2）。[5][6][7] 其他一些学者，也从各自基于"文化基因"理论关注聚落，如胡最教授也关注聚落景观基因的表达机制与数据库建立，开展了"基于GIS的湖南省传统聚落景观基因库研究"、"基于GIS的湖南省古村落景观基因空间格局研究"等相关课题。同时，天津大学的李欣博士，基于对湖南通道侗族聚落的研究提出了"空间基因图谱"的概念。

3. 传统聚落的基因图谱

基于"文化基因"理论对传统聚落展开研究，已成为这几年的新方向。但从目前的研究成果来看，"传统聚落基因图谱"的概念虽稍有提及，但并没有明确的定义，同时出现较多类似的概念，如聚落景观基因图谱、空间基因图谱、建筑地域基因图谱等。

传统聚落基因图谱，基于"文化基因"理论，但有所不同的是，它既包含传统聚落的自然环境要素，如地形地貌、气候水文、植被地带等自然信息，又包含其社会文化要素，如传统文化、民俗民风等社会文化类信息。对于传统聚落基因图谱的研究，可以着眼于选址观念、空间布局、建筑形制、结构构造、装饰图腾等方面对不同地域的聚落基因进行文化基因的要素提炼，形成不同按照区域、层级、民系等划分的谱系区分，同时关注传统聚落定性与定量的历史文化信息及其所承载的价值。

从基因图谱角度解读传统聚落，旨在更加系统地解读其地域性的文化基因特征，可更好地描述各地传统聚落生长、发展、传承、衍化的客观规律，也能更加有效地构建传统聚落传承与发展的模型，对传统聚落的保护、发展及相关规划都有积极且重要的意义。

二、传统聚落基因图谱研究方法

近年来，建筑学界的研究者在传统研究方法的基础上融合数学、计算机软件等辅助科学研究方法及新兴的智能技术，对传统聚落基因图谱展开了更为科学的量化分析。主要分为两大类：一类是基于"图论"理论展开，运用空间句法工具，由聚落基因图谱空间要素的拓扑特征出发，依据空间深度、连接度、集成度、智能值等量化指标，以达到研究聚落空间形态的深层结构性特征，进而从空间关系的分析中反映社会组织结构及其文化内涵的目标；第二类则基于"图学"理论，聚焦从聚落基因图谱中抽象出的二维平面图形，采用数学模型、统计分析等手段，对聚落平面形态、结构和秩序等特征进行量化，以建筑面积、民居间距、与聚落方向相关的求心量、建筑方向性序量、边界形状指数、空间分维值等作为其研究的量化指标。[8] 同时，还结合传统聚落的社会、地理等外部影响要素的量化，分析聚落形态的类型，以此进一步探讨不同聚落的形成机制。

1. 基于"图论"的传统聚落基因图谱研究方法：空间句法的应用

空间句法理论与方法目前已是建筑学研究领域中一种成熟的研究方法，其在传统聚落基因图谱研究中的应用也已开展。其核心思想是通过抽象传统聚落的空间现象（即空间的"文化基因"）并构建模型，将空间关系重新映射，使传统聚落中隐含的建筑空间逻辑、深层次结构等基因图谱的内在逻辑可视化。空间句法重点关注传统聚落空间基因的关系，采用基于分割、积累与量化的建模机制，分析传统聚落基因图谱内在的量化指标。

例如，有学者运用空间句法理论中轴线与线段、视域空间和凸空间作为再现空间的基本方式，基于各自计算特点与适用范围，采用线段模型、视域空间模型、凸空间模型等进行传统聚落基因图谱的相关分析。[8] 如关于村域层、街巷层空间的网络拓扑与几何特征的分析，解读街巷层的视觉开放与封闭性特征，解释院落层空间结构的连接性特性（表1[9]）。

传统聚落通过其基因图谱内在的结构逻辑及秩序反映人类聚居的社会关系，二者相互依存与互动。运用空间句法工具，传统聚落基因图谱中建筑与村落的不同基因要素被视为"点"或者"线"，通过点与线所组成拓扑结构的量化分析，其空间基因与文化基因的对应关系得以分析、解释并被可视化呈现。

空间句法参量择定[9]　　　　　　　　　　　　　　　　　　　　　　　　　　表1

	句法参量	建筑学含义	基本方式
村域层	NACH（标准化角度选择度）	可用来衡量街道连续性。值越大表示该线段元素被选择的潜力越高，穿越性交通潜力越高	线段分析
	NAIN（标准化角度整合度）	最大值与平均值可用来衡量街道网络可达性	
	整合度×选择度	最大值表示系统中最有潜力成为目的地和穿越路径的线段，用来寻找街巷系统中数量较少意义较大的街道	
	可理解度	数值R^2大小可衡量人通过局部空间认知全局空间的难度	
街巷层	视觉整合度	数值越高，空间区域在整体街巷系统中越容易到达，吸引交通到达潜力越高	视域空间分析
	视觉控制度	数值大小可衡量某一街巷被其直接相连的空间元素影响的程度	
	视觉平均深度	数值大小可衡量街巷内空间的可视度，即公共私密性	
院落层	整合度×选择度	高数值的院落空间即具有高到达性与高穿越性交通潜力	凸空间分析
	控制度	值越大院落空间穿越性交通潜力越高	
	可理解度	值的高低代表人通过局部院落认知整体院落空间的难度	
	平均深度	值的高低代表人游走在院落中到达某空间的难易程度	

2. 基于"图学"的传统聚落基因图谱研究方法：二维形态的量化

传统聚落基因图谱中对于空间二维形态的量化分析，可以分为宏观、中观、微观三个层次。宏观层次注重传统聚落的总体特征，包括其体系布局（如总体形态、聚落密度、交通分布），选址要素（如水文、地形、地貌、植被）等方面的图形基因；中观层次注重传统聚落的空间特征，包括聚落规模及边界形态、巷道形状与骨架网络、公共空间与开放场所等方面的结构性、秩序性图形基因；微观层次注重传统聚落中建筑的空间特征，包括居住单元的尺度、建筑间距、民居平面形制等范式化的图形基因。

从目前学界的研究来看，对于传统聚落基因图谱各个层次二维形态的量化研究，存在诸多的量化指标作为其二维图形基因的研究与解释方法。其大致的研究流程可以归纳为：首先基于将传统聚落中建筑单体为探索单元，以其平面外轮廓为基本要素，建构聚落基因的总体平面形态并以之为研究对象；其次，通过图底关系的空间视角将聚落层面的物质形态分解为若干方面，如边界、街巷、水系、建筑等方面，并从形态、秩序、结构、形制等视角进行相关的量化研究与解释；最后，形成一套传统聚落基因图谱二维形态的量化指标体系。[10]

例如，马晓东教授关于《江苏省乡村聚落的形态分异及地域类型》的研究。[11]其研究基于江苏省SPOT卫星影像，运用探索性空间数据分析（ESDA）和空间韵律（SM）测度等模型，对江苏省乡村聚落形态的空间分异特征进行定量分析，并进一步划分了地域类型。具体而言，其研究是基于遥感解译的乡村聚落用地数据，对其中心点位置与地块面积属性进行数据提取。运用探索性空间数据（ESDA）中的平均最邻近指数（ANN）、核密度估算（KDE）、频率分布图（Frequency Map）、全局性空间聚类检验（Getis-

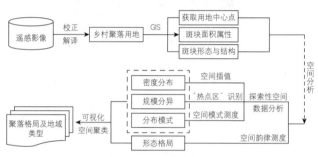

图3　基于ESDA与SM测度的传统聚落研究技术路线图[11]

Ord General G）、空间"热点"探测（Hotspot Analysis）等方法，对传统聚落空间基因中的分布、分异、簇聚及其他异质性格局特征进行解析（图3[11]）。

三、传统聚落基因图谱研究展望

传统聚落基因图谱的研究，是对传统聚落的综合性建构，旨在进一步健全和深化传统聚落研究的谱系蓝图，是传统聚落"文化基因"研究的普适性理论架构，这对目前乡村振兴战略的实施及乡土建成遗产的文化基因挖掘和相关遗产保护很有必要。在关于传统聚落基因图谱的未来研究中，我们还应有意识地从数据采集精度、三维空间要素、时空尺度演化等不同层面，结合实际问题，完善研究的理论体系与方法论体系。

1. 对传统聚落基因图谱的数据采集精度有待提升

目前，摄影测量、无人机航拍、3D扫描等技术在传统聚落田野调查的数据采集和尺度测量中的应用已经较为成熟，虽然新技术的使用大大提高了研究初期田野调查工作的效率，但一些数据的精准度还尚有提高的空间。如建筑角度、高程数据、定位坐标等数据，可随着开元高程数据精度的提高、三维激光技术的应用、优化数据采集与运算设备的软件算法等方式，进一步提高数据的精度。

2. 对传统聚落基因图谱的三维空间要素关注较少

目前对于传统聚落基因图谱的研究普遍缺少三维形态的综合量化方法，特别是针对山地传统聚落而言，更加需要三维的量化研究分析。本文前述的两大类传统聚落基因图谱研究方法主要集中于平原传统聚落，其研究成果的解释维度尚有提升空间。[8]近年来，已有一些学者关注传统聚落的三维形态，探索更加立体的传统聚落基因图谱三维量化与分类方法，如创新性地引入竖向空间和建筑混乱度两方面指标，构件山地传统聚落三维形态的量化指标体系，同时，运用因子分析和聚类分析方法，对传统聚落展开形态基因的特征与类型研究。通过揭示传统聚落三维基因要素的科学表征与分类，可对未来传统聚落形态的规划设计与保护发展提供更加有利的理论构架指引。

3. 对传统聚落基因图谱的时空尺度演化研究不足

目前，传统聚落基因图谱的形态与地域类型要素研究的方法支撑还有待加强，特别是较大时空尺度聚落演化研究的成果还比较缺乏。[12]不同时空尺度的传统聚落在自然环境、地缘关系、社会组织、行政管理、民族民系等不同层面都呈现出同构与分异并存的局面，形成了多样化的传统聚落空间格局，特别是20世纪80年代以来，传统聚落乡土地域的经济社会转型，加速了其空间结构的变迁，时间维度下的地域性空间差异更加突出。[11]因此，基因图谱在较大时空尺度下的差异性也值得关注。

注释
① 刘永辉，华中科技大学建筑与城市规划学院，博士。
② 李晓峰，华中科技大学建筑与城市规划学院，教授。

参考文献

[1] 常青. 传统聚落古今观——纪念中国营造学社成立九十周年 [J]. 建筑学报，2019 (12)：14-19.
[2] 李婧，杨定海，肖大威. 海南岛传统聚落及民居文化景观区划定量方法研究 [J]. 小城镇建设，2020, 38 (05)：39-48.
[3] 李欣，易灵洁. 湖南通道侗族聚落的空间基因图谱研究 [J]. 南方建筑，2020 (02)：89-96.
[4] 赵国超，王晓鸣，何晨琛，李小康. "建筑基因理论"研究及其应用现状 [J]. 科技管理研究，2016, 36 (24)：196-200.
[5] 刘沛林. 中国传统聚落景观基因图谱的构建与应用研究 [D]. 北京：北京大学，2011.
[6] 刘沛林. 古村落文化景观的基因表达与景观识别 [J]. 衡阳师范学院学报：社会科学版，2003, 24 (4)：1-8.
[7] 胡最，刘沛林，申秀英，刘晓燕，邓运员，陈影. 古村落景观基因图谱的平台系统设计 [J]. 地球信息科学学报，2010, 12 (01)：83-88.
[8] 贾子玉，周政旭. 基于三维量化与因子聚类方法的山地传统聚落形态分类：以黔东南苗族聚落为例 [J]. 山地学报，2019, 37 (03)：424-437.
[9] 白梅，朱晓. 基于空间句法理论的冀南传统聚落空间形态特征分析——以伯延村为例 [J]. 装饰，2018 (11)：126-127.
[10] 浦欣成. 传统乡村聚落二维平面整体形态的量化方法研究 [D]. 杭州：浙江大学，2012
[11] 马晓冬，李全林，沈一. 江苏省乡村聚落的形态分异及地域类型 [J]. 地理学报，2012, 67 (04)：516-525.
[12] 朱彬. 江苏省县域城乡聚落的空间分异及其形成机制研究 [D]. 南京：南京师范大学，2015.

项目资助：国家自然科学基金（批准号：51678257）。

从骑楼建筑的分布探析西江水运体系对沿线聚落民居风格的影响

邢 寓① 赵 逵②

摘 要：骑楼作为一种独具特色的商住建筑类型，遍布两广地区。而作为珠江水系干流之一的西江，其流域横贯两广，不仅是两广地区水路交通往来的大动脉，更是建筑文化传播的最佳载体。通过选取西江流域沿线几个具有代表性的集镇圩市及古村聚落，探究并总结其典型的民居风格，尝试从骑楼建筑的空间分布来印证西江水运体系的通达性对于沿线聚落民居风格的影响。

关键词：骑楼建筑 西江 水运体系 沿线聚落 民居风格

一、传播骑楼建筑风格的西江水运体系

1. 横贯两广的西江水运体系

由越城岭、都庞岭、萌渚岭、骑田岭和大庾岭等连绵山岭形成的五岭山脉，是一道巨大的分水岭。岭北的水主要汇入了湘江和赣江水系，而岭的南面，就是河汊纵横的珠江水系。西江，作为珠江水系的干流之一，全长2214公里，是华南最长的河流，为中国第四大河流，长度仅次于长江、黄河、黑龙江。由于大部分西江流域地处亚热带，雨量丰沛，所以其年径流量较大，常年的航运量居全国第二位，仅次于长江，西江自明清时期就为其流域范围内地区的农业灌溉、河流运输、商品贸易和社会发展做出了巨大贡献。（图1~图3）

西江水系的正源为南盘江，发源于云南乌蒙山南部，向南流再转而折向东北，成为贵州与广西的省际界河，北盘江汇入后称为红水河。红水河与柳江相汇后为黔江，黔江至桂平附近接纳支流郁江

后称作浔江。浔江继续东流到梧州附近汇合桂江后才称为西江，最后浩浩荡荡进入广东。西江的支流中，郁江最长，有1179公里，其上游为左江和右江，以右江为源。自左、右江的汇合点三江口到横县，全长210公里，称为邕江（图4）。邕江向东流经南宁市，横县以下才真正被称为郁江。西江的第二大支流是柳江，柳江发源于贵州省独山县境内，蜿蜒曲折地流经柳州市（图5）。西江流域

图1 西江流域地形图
（图片来源：作者在卫星图上改绘）

图2 清初西班牙人绘制广东地图中的西江
（图片来源：作者在老地图上改绘）

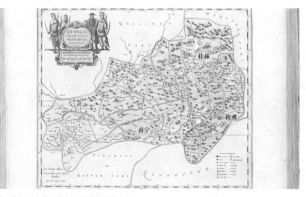

图3 清初西班牙人绘制广西地图中的西江
（图片来源：作者在老地图上改绘）

图4 三江口——左江与右江的交汇点
（图片来源：作者自摄）

图5 柳江与柳州
（图片来源：作者在卫星图上改绘）

横贯两广，不仅是两广地区水路交通往来的大动脉，更是流域沿线文化传播的最佳载体。

2. 骑楼建筑风格的缘起和在广西地区的传播分布

骑楼是西方古代建筑与中国南方传统建筑相结合而演变成的建筑形式，可遮风雨也可蔽日晒，特别适应岭南亚热带气候，且商业实用性好。这种建筑是在适应南方潮湿多雨天气，以及土地稀少、建筑物密集等情况下而建造的。楼下作商铺，楼上住人，其跨出街面的骑楼部分，既扩大了居住面积，又可提供一个舒适的场所，方便商家和顾客进行商品交易买卖。

骑楼建筑风格在清朝末年时传入广东的沿海地区，并逐渐向岭南内陆地区渗透传播。广西开埠以及广东商人大量进入广西，又将这一独具特色的建筑形式引入广西大部分地区。民国时期，广西重要的市镇基本都有骑楼的分布，骑楼商业街是当时广西商业发展的象征。现存较为完整的有南宁、梧州、北海、钦州、玉林、百色等地的骑楼街，这些骑楼商业街至今仍发挥着重要的商业作用。（图6）

二、骑楼建筑风格与西江流域沿线典型圩市、聚落的关联性

1. 广西梧州——西江干流沿线

从梧州所处的区位可以看出，西江流域的几条主要水系，最终都在梧州成为西江的一部分。发达的水系网络和便利的航运交通，为梧州带来了"千年岭南重镇"、"百年两广商埠"的繁荣。商业贸易的发展和持续不断的来自广东的文化影响，都推动了骑楼风格在梧州的快速生长。

骑楼城位于梧州市河东老城区，共现存街道22条之多，总长约7公里，骑楼风格的建筑有560多栋。骑楼城的所有建筑风格大致可以分为仿巴洛克式、混合式、中国传统式和现代式四种，其中仿巴洛克的形式在我国南方城市的骑楼中被广泛应用。梧州的骑楼城中，仿巴洛克的建筑装饰更加简洁，一般多用在女儿墙以及山花的装饰细节当中。可以说，骑楼城就是梧州近现代百年商业贸易繁华的历史缩影和时代见证。（图7）

图6 广西骑楼分布示意图
（图片来源：作者摄于玉林市博物馆）

图7 梧州骑楼城
（图片来源：作者自摄）

2. 广西贵港市平南县大安镇、广西贺州市八步区贺街镇——西江主要支流沿线

（1）广西贵港市平南县大安镇

大安镇在广西贵港市平南县城东南23公里处。大安地处浔江平原东部，位于白沙河与上寺河（古称新客河）交汇处，白沙河北通浔江，浔江是西江干流中游河段的名称。大安镇古名大乌墟，先秦乃百越之地，唐宋人口逐渐聚集，发展于明末，兴起于乾嘉，繁荣于道光。道光时期，西江流域素有"一戎二乌三江口"的说法，大安即三镇之一的"二乌"，可见其商业繁荣。1994年，古镇内的列圣宫、粤东会馆、大安桥被公布为自治区级重点文物保护单位。（图8）

此地很早便有广西、广东商人频繁的贸易往来，古镇主体沿白沙河从西南到东北方向带状分布。虽然老街上不少建筑正逐步更新为现代建筑，但古街仍存有不少三两成组的骑楼，形成了新老建筑错综分布的街巷肌理。古镇上的骑楼多为坡屋顶，少数为平坡结合，山墙高低错落，层次丰富。骑楼街的正立面既有木板门窗，也有拱券风格，但连续廊柱使整体风格和谐统一，富于变化。侧立面多用青砖，部分混以夯土、竹材，极富地域特色。装饰细部上，廊柱间的石雕留有传统雀替形式。廊下的灰空间，曾是人流熙攘、商贸交易的重要场所。除此之外，正街中段的基督教堂及不少中西合璧的建筑保存良好，多用拱券及卷涡作装饰，这都是古镇接纳多元建筑文化后的结果。（图9、图10）

（2）广西贺州市八步区贺街镇

贺街镇位于广西贺州市八步区，是广西著名的历史文化古镇。其历史悠久，文化古迹众多。2001年，临贺古城古建筑群被列为全国重点文物保护单位。贺街镇属临江、贺江交汇处，贺江是西江的重要支流，因流经广西贺州市而得名，其在广东境内汇入西江。贺江一直就是桂东北地区前往广东的水路运输大动脉，可以很顺畅地到达珠江三角洲区域。

贺街镇横跨贺江，分布在两岸，其最主要的河东街历史文化街区位于贺江东岸，由骑楼街、进贤巷、长利巷等街巷组成。河东街兴起于明代，繁盛于清代，在近代兴隆。作为贺江的水运要点，街区在潇贺古道[③]上的中转和集散地位明显。街区内现保留有大量民居、骑楼商铺、会馆、庙宇、码头和祠堂等历史建筑遗存。特别是骑楼街上的骑楼商铺，与沿街的民居巧妙结合，沿着贺江绵延展开，长度覆盖好几个街区，足以见得旧时这里商贸的繁华程度。（图11）

3. 广西桂林市兴安县界首古镇——西江-灵渠-湘江水运通道沿线

界首古镇在广西桂林市兴安县，是一座具有千年历史的古镇。其位于湘江畔，顺着湘江向北可以到达湖南湖北地区，而湘江通过

图8 大安镇航拍图
（图片来源：作者自摄）

图10 大安镇基督教堂
（图片来源：作者自摄）

图9 大安镇骑楼街
（图片来源：作者自绘）

图11 贺街镇骑楼街
（图片来源：作者自摄）

灵渠与漓江相连，漓江最终汇入西江，并进入珠江流域，所以向南可以到达两广地区。因此，这里自古是湖南、广西、广东商人往来的重要通道，是湘桂航运的必经之地。2014年，界首古镇被评为"中国历史文化名镇"。

界首古镇最具有特色的是界首古街，古街始建于明朝，全长1000多米，街上有数百间骑楼，上千个廊柱沿着湘江一字展开，既遮阳避雨，又便于商品交易。界首古街是广西目前保存最完好的骑楼古街之一。界首古街于2006年被评为"全国重点文物保护单位"。

古街上的骑楼沿着江面一字展开，而屋顶又高低不同，在沿江面形成了错落有致的天际线。同时骑楼建筑两边的檐口线也在不同的高度，将双坡屋顶分为长坡和短坡，垂脊还带有一点微小的弧度，从山墙面看过去，屋顶参差有致，展现出优美的建筑意象。骑楼的正立面连廊连柱，多采用木板门窗，立面连续完整、和谐统一，具有独特的韵律美。侧立面多用夯土，并混合青砖、红砖砌筑，具有强烈的乡土气息。屋面铺设传统的黑布瓦，与柔和错落的屋顶曲线相辅相成，相得益彰。

从古镇中上千米的骑楼古街可见当年商贸交易的繁华景象。以前这里的河道宽深，往来贸易频繁，与古街垂直的众多巷道直接通向江边，形成了许多水路转运的码头，两广的商人顺着西江水系再通过灵渠一路行驶到湘江流域，并由此带来了这种中西合璧、多元共存的建筑风格。（图12、图13）

图12 骑楼古街
（图片来源：作者自摄）

图13 骑楼古街
（图片来源：作者自摄）

三、结语

在现代交通不发达的明清时期乃至20世纪初，河流作为最快捷、运载量最大的交通运输载体，不仅是商品货物的最快运输渠道，也是沿线文化传播的最佳载体。一条重要水系的沿线流域，其文化联系通常非常紧密。西江在岭南两广地区就发挥着重要作用。

综上所述，广西骑楼建筑的萌生缘起和发展繁盛直接得益于广西商业的发展和广东商人带来的文化影响，而广西商业发展的基础是西江便利通达的水运体系，广东商人也是凭借着西江水运往返穿梭于两广之间。因而可以说，西江水运体系对于广西地区骑楼建筑的发展起到了直接的推动作用。而西江水运体系的通达程度也决定了这种文化影响力的强弱，从而很大程度地影响到骑楼建筑风格的空间分布，以及沿线聚落民居的风格特征。

注释

① 刑寓，华中科技大学建筑与城市规划学院，硕士研究生。
② 赵逵，华中科技大学建筑与城市规划学院，教授、博士生导师。
③ 潇贺古道位于湘桂之间，连潇水达贺州，沿永州、道县、江华、富川，穿越都庞岭和白芒岭（今白芒营一带）过贺州县（今八步区）南下。修建的潇贺古道路宽为1米左右，至今古道遗留的痕迹在五庵岭村可随处找到。

参考文献

[1] http://blog.sina.com.cn/s/blog_46edff1c0102dyaa.html
[2] 苏仰望. 闽南地区城镇中小套型住宅精细化设计研究 [D]. 哈尔滨：哈尔滨工业大学，2008.
[3] 欧艳. 城市建设中的历史文化传承与可持续发展——以梧州骑楼城的文化建设规划发展为例 [J]. 剑南文学（经典阅读），2013，（11）：481-481.
[4] 滕兰花. 从广西骑楼的地理分布透视两广地缘经济关系 [J]. 西南边疆民族研究，2011，（1）：96-102.
[5] 滕兰花. 近代广西骑楼的地理分布及其原因探析 [J]. 中国地方志，2008，（10）：49-54.

"以纸为媒"

——东山村纸博物馆改造设计

蔡令慈[①] 罗德胤[②]

摘 要： 东山村是一个传统风貌遭严重侵蚀的村落，在历史上是著名的造纸村，现在则得益于杭州发达的互联网产业和快递业而成为纸箱产业村。设计团队以"纸"作为东山村保护与发展的破局点，将传统造纸展示、抄纸体验、纸箱艺术及其衍生出的现代纸艺课程，"装"入了一处由废弃传统民居改成的纸博物馆，使她成为一座融合纸文化展示、体验与休憩的新型公共文化空间，也给类似传统村落提供了一种让传统文化以新的方式得以延续的参考。

关键词： 乡村博物馆　造纸　民居改造

一、项目背景：一个"半好半坏"的传统村落

杭州市萧山区河上镇的东山村，位于道林山下丘陵与平原的交界地带。东山村下辖的金坞、鲍坞和上山头三个自然村内，都保留有一定数量的传统建筑。凭借这些传统建筑以及土纸制作等非物质文化遗产，东山村于2016年被列入第四批中国传统村落名录。它是萧山区唯一入选的村落。

东山村能够入选中国传统村落名录，跟它所在的地理位置有相当大的关系。东山村传统建筑占全村房屋的比例，只有15.6%。放在全国这是一个比较低的数字，但是在杭州市就属于比较高了。中国传统村落名录是一个需要考虑全国布局的文化遗产体系，对经济发达地区和经济落后地区有着不一样的要求。具体到东山村，由于它地处经济发达、历史文化昌盛的杭州，虽然留存下来的传统建筑占比不高，但是历史信息却相当丰富，所以评审专家们认为应该将其列入名录。

其实东山村的情况，在全国范围内并不是孤例。在经济发达的东南沿海地区与大多数省会城市附近，以及经济发展水平并不是很高的二、三线城市郊区，都有数量不等的"半好半坏"的村子入选中国传统村落名录。当遗产专家们面对这些村落的时候，通常也会感到相当棘手。我们既不能放弃保护，也不能在短时期内完全恢复完整的传统风貌。

东山村作为一个典型的"半好半坏"型传统村落，就此具有了普遍意义。如果能为它的保护与发展找到一条可行路径，也就对全国范围内众多其他类似的村落有了参考和借鉴价值。

二、寻找破局：纸业之乡的前世今生

破局点在哪里？我们认为是东山村贯穿传统与现代的一个产业——纸。东山村所在的河上镇，以"纸业之乡"闻名。河上镇的土纸生产已有上百年历史，其古时便是诸、富、萧三县土纸集散地。清朝末年，镇上造纸的槽户多达千家，销往全国各地的土纸给当地居民带来了丰厚的收入。东山村的古法造纸技艺传承至今，村内保留有造纸用的白槽和纸棚等遗迹。经过现代转型，河上镇目前以生产纸箱、纸板为主，有近百家大大小小的造纸厂。这些造纸厂的纸箱年产量达数亿个。江浙一带发达的购物网络和便捷的物流系统是这些造纸厂持续运转的动力。河上镇的造纸业，也由此成为中国互联网经济蓬勃发展的一个时代缩影。河上镇幼儿园的孩子们，甚至把造纸厂的纸板废品变成了各式各样的纸箱艺术作品。

东山村内有十多家包装纸箱加工厂。这些加工厂生产的纸箱被运往杭州其他地区，成为网店和物流中心的快递包装盒。便捷的交通运输网和纸箱需求带来了东山村和城区间频繁的交流，也让村民们实现了本村就业和村内致富。富裕的村民们建造起一栋栋现代小洋楼，这导致东山村的传统建筑和现代建筑混杂，传统风貌被严重侵蚀。

为了重拾乡村活力，同时也为保护传统村落的风貌，设计团队选择以金坞村作为核心区进行乡村改造实验，利用贯穿东山村发展史的纸业生产文化，"以纸为媒"，联结古今，重新唤起东山村的传统文化。[1]

通过小型文化与公共建筑的设计改造来激发乡村活力，是设计团

队的一贯主张[2]，也是近年来为设计同行们经常采用的策略[3][4][5]。经过反复讨论，设计团队决定选择东山村最具代表性的传统民居——旗杆墙建筑群，作为承载东山村纸文化的容器。传统的造纸艺术展示、抄纸体验、现代纸箱艺术及其衍生出的现代艺术课程，被"装"入了旗杆墙这个容器中，使它成为一座融合纸文化展示、体验与休憩的综合性乡村博物馆。

为了实现东山村纸博物馆的改造目的，设计团队采用了四个设计策略重构空间：（1）通过空间重塑，将传统的居住功能转变为公共文化功能；（2）通过对流线的再组织，让空间形成了新的叙事系统；（3）通过对光的运用，让空间营造出不同的氛围；（4）通过新旧材料的对比运用，让老建筑产生具有张力的新审美。

三、功能转换：从家庭居住到公共文化

旗杆墙建筑群始建于晚清至民国期间，因主人获得功名后于院墙外设置旗杆石而得名。旗杆墙建筑群坐东朝西，是由四座民居围合而成的不完全对称院落建筑群。从西侧的正门进入旗杆墙，由近及远，右侧是1号建筑和2号建筑，左侧是3号建筑和4号建筑（图1）。中间的院落既是公共活动场所，也是交通空间。院落内有不同时期的加建，导致杂乱拥挤。建筑内部也因居住分割和缺少采光而显得狭小昏暗。随着原住民陆续迁离，这里也日益破败，木构

架虫蛀、酥化和空斗砖墙破损的现象都很严重。4号建筑更是因为年久失修而坍塌了一间。

东山村纸博物馆作为旗杆墙建筑群改造而成的公共建筑，要在最大程度保留历史特征的基础上，打破传统布局的空间局限来塑造新功能。为了更好地挖掘并利用传统建筑特征，设计团队在工作之初就对旗杆墙建筑群的现状进行了全方位的评估，拆除了严重影响传统风貌的附属建筑，恢复了内院立面和院落空间（图2），同时对历史信息丰富的建筑外墙、传统穿斗式木结构和木雕构件进行了最大限度的保留和加固，还替换了虫蛀和酥化的木结构。

通过拆除部分墙体和横向楼板，原本狭小昏暗的空间得以重新整合。部分木板门窗也被玻璃门窗替换，以增加室内自然采光。这一拆一换，使居住空间变成了适合公共功能的宽敞明亮空间（图3）。设计团队在建筑内部加建了三组木楼梯，同时在建筑外部引入三个锈蚀钢盒，从而创造出纸博物馆的空间新体验（图4）。

通过以上手段，旗杆墙建筑群被改造成一个功能综合的博物馆。一层是开放为主的空间，包括传统造纸展示、抄纸体验、纸箱艺术体验和品茶休憩空间（图5）。二层是半开放的空间，包括艺术教室、办公室和轻纸艺展览等（图6）。

图1 旗杆墙建筑原状（图片来源：作者自绘）

图2 纸博物馆鸟瞰（图片来源：刘松恺摄影）

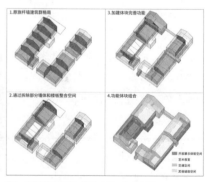

图3 空间改造分析1（图片来源：作者自绘）

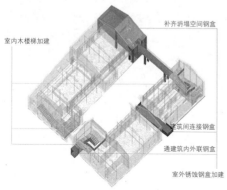

图4 空间改造分析2（图片来源：作者自绘）

图5 一层平面图（图片来源：作者自绘）

图6 二层平面图（图片来源：作者自绘）

四、空间叙事：传统园林手法的流线再组织

在乡村做景观，我们的主张是尽量采用"弱景观"策略。[6] 本设计方案采用了"移步异景"的传统园林手法来贯通室内外流线，同时庭院两侧的建筑通过玻璃幕墙创造出一种相互借景的传统园林意境，从而营造出整体空间的流动性和丰富性。改造后的东山村纸博物馆，具有一个环绕内院生长的叙事系统（图7）。通过竖向墙体的打破和连接平台的加建，形成了两条横向流线；四栋建筑内的四部楼梯，形成了四条竖向流线。

纸博物馆矗立在村内的小溪边。其西侧外墙上有斑驳的历史印迹，也有大小不一的窗户和伸出墙外的一个锈蚀钢板景观盒。纸博物馆的大门上方写着"麟趾呈祥"四个大字，寓意子孙良善昌盛，是居民们对生活的美好愿景。大门外的两侧溪上场地，被修整成素雅的枯山水景观（图8）。

穿过大门，博物馆的院落空间也展现在眼前。庭院内，通透的内立面与简朴的鹅卵石地面相互映衬；空中廊桥、邻里后宅及远处竹林密布的后山，形成了入口沿垂直方向轴线展开的三重借景。

入口左转，是3号建筑的传统造纸展示区（图9）。通高的两层空间，让保留完整的木构架得以充分展现；大面积的玻璃天窗和侧窗采光，也制造出了通透明亮感。3号、4号建筑之间，一层的空斗墙被改成了推拉式隔扇门。原本各自独立的竖向造纸展示区和横向抄纸体验区，因此被连接起来，形成了一亮一暗相结合的空间体验。

位于高台之上的2号建筑，其一层是纸箱艺术展示区。进门左侧的竖向回转楼梯和展台，打破了原本单调的三间式传统布局。1号建筑一层为茶室。透过茶室十一扇连续的玻璃门扇，日光从早到晚的变化将对面3号建筑渲染成了变化丰富的室外景墙。

沿着3号建筑的楼梯向上，在老式八角窗前右转，就进入了二层的轻纸艺展示空间。在这里倚栏而靠，可与一层的造纸展示空间形成视线交互。沿着3号建筑的走廊向东，就进入了4号建筑的艺术教室。再往东，是锈蚀钢盒空间休憩空间。锈蚀方孔板让建筑山墙面变成了一个大的景窗，将屋外的传统民居变成印象画引入景窗框内。

空中廊桥从3号建筑的锈蚀钢盒延伸向2号建筑。站在廊桥上，整个庭院的风景尽收眼底。从空中廊桥进入2号建筑，首先是回转木楼梯，之后是第二间艺术教室。1号、2号建筑的二层之间，有锈蚀钢走廊作为连接，从这里也可以观赏到院内和院外的不同景观。

从锈蚀钢走廊进入1号建筑的二层走廊，一侧是朝向庭院的明亮玻璃木窗，另一侧是第三间艺术教室的磨砂玻璃木隔扇门。不同透明度的门窗，让室内光线产生了微妙而多样的变化。

五、光的塑造：空间氛围营造

东山村纸博物馆利用不同的日光和灯光来营造丰富的空间氛围。天窗和侧窗增加了室内空间与室外环境的对话，使得室内环境随着日光的变化而变化。

传统造纸艺术展示区是东山村纸博物馆最重要的一个空间。在这个两层的通高空间里，天窗将光线引入室内，营造出垂直方向的纵深感。1号、2号建筑的艺术教室，因为原有侧窗的采光较弱，所以也增加了屋顶采光，以便白天的大部分时间依靠自然光也能让这里足够明亮。

东山村纸博物馆的灯光主要从三个方面烘托建筑的结构之美。首先是梁柱规律排布的展览、茶室、教室等空间，采用规律排布的

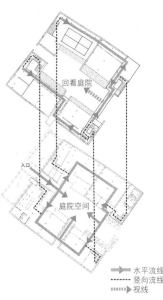

水平流线
竖向流线
视线

图7 流线分析（图片来源：作者自绘）

图8 纸博物馆外立面（图片来源：刘松恺 摄）

图9 传统造纸展示空间（图片来源：刘松恺 摄）

射灯。其次是形状各异的吊灯，用来引导楼梯间的方向感，同时烘托楼梯的节奏美。最后是用侧光来烘托建筑的立面，如外墙立面和老门板的洗墙灯。

六、新旧材料：老建筑的新审美

东山村纸博物馆不是一个传统意义的复古建筑，而是在尽量保留原有墙体和构架的基础上，加入了多种现代材料如锈蚀钢板、透明玻璃和半透明玻璃等，通过现代材料与传统材料的并置应用，让建筑产生了张力，制造了新的审美。这种新的审美也是对传统居住功能转换到现代公共功能的一种呼应，让老建筑说出了新的故事。

锈蚀钢板质感上和纸板相似，呼应了东山村的纸产业，同时它在色彩上又与老木板的颜色相协调。锈蚀钢板在纸博物馆中主要以三个盒子的形态呈现。第一个盒子是4号建筑用来补齐坍塌部分的休憩空间，这个钢盒子的外形延续了原有建筑的双坡屋面形式，侧面采用排列整齐的方孔锈蚀钢板，既与周围建筑协调，也实现视觉上的内外通透。第二个盒子是1号、2号建筑相夹的锈蚀钢折板走廊，解决了两座建筑的高差，同时也起到了景观台的作用。第三个盒子则是插在外墙立面上的景观盒，将内外的风景连接起来，同时又与老墙面形成对比与互衬。

老门窗经过工人细致地清洗后，焕发出历史的光泽。通透的玻璃门窗、半透明的磨砂玻璃门扇组合在一起，让建筑的空间和光影产生了层次丰富的变化。

七、结语

东山村纸博物馆通过四个设计策略创造了承载传统记忆的新公共文化空间。纸博物馆的建成和运营，也给东山村的村民生活带来积极影响。纸博物馆定期举办的与纸艺术相关的活动，不但有东山村的小朋友参与，也吸引了河上镇及周围地区的村民和市民。随着公共活动的举办，东山村与外部世界的交流也日益增加，提升了村民的文化认同感。"通过唤醒人们的文化自觉和自信，是遗产的保护从专业研究和技术保护的领域跨向凝聚社会、造福社区、促进可持续发展的广阔天地，既是中国乡村遗产保护面临的挑战，更是肩负的责任。"[7]

东山村纸博物馆对于东山村而言是一次回溯传统乡村文化的当代实验。它尝试去连接产业与文化，也努力地融合传统与现代。以纸为媒，我们希望这既是一种连接起传统与现代的媒介，也是一种让文化遗产激发出活力的触媒。

注释

① 蔡令慈，北京清华同衡规划设计研究院遗产七所，设计师。
② 罗德胤，清华大学建筑学院，副教授。

参考文献

[1] 北京清华同衡规划设计研究院. 杭州市萧山区河上镇东山村美丽乡村建设规划「Z」. 2018-09：118，140-141.
[2] 罗德胤. 传统村落：关键在于激活人心「J」. 新建筑，2015 (01)：23-27.
[3] 崔愷、郭海鞍、张笛、沈一婷. 江苏省苏州市昆山市锦溪乡祝家甸村砖厂改造「J」. 建筑技艺，2017 (10)：58-59.
[4] 何崴. 激活古村，以建筑为触媒——福建建宁县上坪古村复兴计划记事「J」. 建筑技艺，2018 (05)：48-57.
[5] 徐甜甜. 松阳乡村实验——以平田农耕博物馆和樟溪红糖工坊为例「J」. 建筑学报，2017 (04)：52-55.
[6] 李君洁，罗德胤. 弱景观传统村落需要"弱景观"——关于传统村落景观建设实验的探索「J」. 风景园林，2018 (05)：26-31.
[7] 吕舟. 社会变革背景下的世界遗产发展「J」. 中国文化遗产，2018 (01)：4-8.

太行山区传统村落空间数据库建构研究

张 慧①　汪 杰②　刘晶晶③　肖少英④　王子荆⑤

摘　要： 空间数据库建设是传统村落保护与管理的基础，但目前尚处于探索阶段，缺乏基于地域性的系统研究。本文以太行山区传统村落为例，进行GIS空间数据库建构。首先分析村落空间数据库的构成要素，探讨数据信息采集方法与数据信息存储入库标准，构建数据的层级关系结构和编码体系，进而对数据库框架结构、功能模块进行设计，最后以太行山区大梁江村为例，构建具有地域特色的空间数据库。通过该研究，以期对现阶段我国传统村落空间数据库建设提供借鉴。

关键词： 传统村落　空间数据库　GIS

一、引言

基于三维信息与GIS技术，对传统村落的空间数据信息进行采集和存储，构建空间数据库，是传统村落保护的重要基础。目前，国内已经有学者对此做了初步的研究，如窦银娣等[1]以湖南省传统村落为例，运用GIS进行空间可达性分析；牛海沣等[2]探索了历史文化名村空间数据库的建构路线，用于历史文化名村规划信息的分析、管理和交流；李奎蔚等[3]以峨山地区为例，应用GIS技术构建了区域—村落环境—村庄主体三级模型；傅娟，黄铎[4]以广州增城地区传统村落为例，用GIS技术构建了该区19个传统村落的形态属性数据库等。

传统村落空间数据库可为村落保护提供科学的依据与研究平台，但目前尚无系统性的传统村落空间数据库构建研究，因此，本文将以井陉县大梁江传统村落为例，探讨太行山区传统村落空间数据库从框架设计、数据采集、数据入库到数据库建构的具体步骤，并提出多角度的应用方向，构建具有地域性和系统性的传统村落空间数据库。

二、太行山区传统村落空间数据库构成要素与数据信息采集

1. 数据库内容构成

太行山是中国东部地区的重要山脉和地理分界线，位于山西省与华北平原之间，呈东北—西南走向，绵延400多公里，纵跨北京、河北、山西、河南四省、市。截至2020年，其区域内先后有638个村落被评为国家级传统村落。

太行山区传统村落空间数据信息包括太行山区及其范围内与传统村落相关的几何、物理、自然、人文及其随时间变化的空间数据信息。若基于多学科的交叉研究，由于各学科研究方向的差异，研究内容的重点亦各不相同，如建筑学、地理学、旅游学等，则数据信息应基于多学科内容进行采集。该文主要基于文化遗产保护、建筑学、城乡规划学的学科视角，进行太行山区传统村落空间数据库建构，其数据库涉及内容如表1所示。

太行山区传统村落空间数据库设计内容分类　表1

上位规划	区域发展规划、区域交通规划……
社会现状	人口结构、产业现状……
文化背景	历史沿革、历史事件、史料记载……
自然环境	山水格局、地形地貌……
村落布局	整体布局、建筑布置、道路街巷、排水系统……
传统建筑	民居、会馆、祠堂、寺庙、戏台……
公共设施	给水排水、电力电信、环境卫生……
非物质文化遗产	日常习俗、口头传说、表演艺术、手工技艺……

由表1可知，太行山区传统村落空间数据库包括物质文化遗产与非物质文化遗产数据。物质文化遗产包含从区域到建筑各层级的数据，非物质文化遗产包含了村落中的历史事件、传统习俗、技艺等文字与视频数据，依据数据特性将其分为几何数据与属性数据，其关系如图1所示。

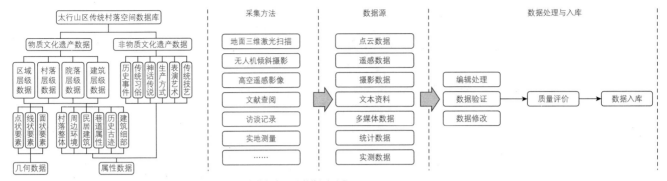

图1 太行山区传统村落空间数据库构成要素框架图　　图2 空间数据信息采集与存储的任务流程图

2. 数据信息的采集

空间数据信息采集与存储的任务是将基础资料转换成GIS可以处理与接收的形式，通常要经过验证、修改、编辑等处理，具体流程如图2所示。

空间数据信息作为空间数据库的数据源，是指建构基于GIS的太行山区传统村落空间数据库所需的各种数据的来源，包括地图数据、遥感图像、文本资料、统计数据、实测数据、多媒体数据、已有系统的数据等，其成果涵盖数字地图、测绘图纸、数据表格、相片资料、语音资料、视频资料、相关文史记录、拓片资料、3D模型、残损报告等内容。

三、太行山区传统村落空间数据信息的存储

1. 空间数据信息的存储类型

空间数据信息的存储类型有四种，分别为矢量数据、栅格数据、文本表格数据和多媒体数据。矢量数据是在直角坐标中，用x、y坐标表示地图图形或地理实体位置和形状数据[5]。栅格数据是将地理空间均匀划分为规则的像元，用行列号表示空间位置，大小反映分辨率。文本表格数据，主要针对一些无法用图像、影音表达的属性特征。多媒体数据指录像、录音、动画等，生动具体，适合向社会公众传播。

2. 存储数据的性质

按照数据的性质和作用分类，太行山区传统村落空间数据库中有三种类型的数据：几何数据、属性数据和非物质文化遗产数据。几何数据主要以矢量数据和栅格数据的形式进行存储，包括村落外围环境、村落总体布局、民居建筑、历史古迹和市政设施等。属性数据是记录空间实体之外的各种性质、特点的描述信息，如建造年代、材料结构、制作工艺和历史记载等。非物质文化遗产数据在本质上属于属性数据，特指那些没有明确的空间实体为载体的属性数据。如经济社会发展状况、民风民俗、民间手工艺、神话传说、文学曲艺等艺术作品，其形式包括照片、文本、影音资料等。

3. 空间数据库的数据结构

由于传统村落空间几何数据库、属性数据库和非物质文化遗产数据库的三种数据都是非结构化且不定长的，建构空间数据库时，需要一套外在的组织关系来联系他们，这套外在关系即数据结构。

（1）数据的层级关系结构。

太行山区传统村落空间数据库的空间数据信息包括保护对象从宏观、中观到微观的全面信息，本文将其分为四个层面，下面以几何数据库为例，其数据层级关系如表2：

太行山区传统村落几何数据关系表　　表2

数据类型	层面	数据内容
几何数据	区域层面	行政区划
		区域规划
	村落层面	周边地形地貌
		周边河流水体
		周边植被分布
		周边农田分布
		整体布局
		道路街巷
		村内河流水体
		公共空间
		村内植被分布
		传统建筑
		公共设施
	院落层面	平面布局
		院落空间
	建筑层面	传统建筑平面、立面、剖面、三维模型
		建筑细部大样图

（2）几何数据库的编码体系。

空间数据库通过统一的ID编码联系几何数据和属性数据，从而表达保护对象的特征和属性。本文几何数据的ID编码格式为四段式，为实现和几何数据的对应和查询，属性数据遵循几何数据的编码方式，分为传统建筑属性、建筑古迹属性、建筑细部属性、巷道属性等，同一个空间实体的不同属性，拥有相同的ID码。比如村落属性数据，编码S-C；环境属性数据，编码为S-H；传统建筑属性数据，编码为S-C-JZ-001……

表3以传统村落的几何数据编码体系为例进行说明：

太行山区传统村落几何数据编码体系　表3

几何数据	宏观层级	中观层级	微观层级	ID编码
几何数据（J）	村落（C）	传统建筑（JZ）	建筑1（001）	J-C-JZ-001
			建筑2（002）	J-C-JZ-002
			……	……
		历史古迹（GJ）	古迹1（001）	J-C-GJ-001
			古迹2（002）	J-C-GJ-002
			……	……
		建筑细部（XB）	细部1（001）	J-C-XB-001
			细部2（002）	J-C-XB-002
			……	……
		巷道（HD）	巷道1（001）	J-C-HD-001
			巷道2（002）	J-C-HD-002
			……	……
		植被（ZB）	植被1（001）	J-C-LH-001
			植被2（002）	J-C-LH-002
			……	……

四、太行山区传统村落空间数据库结构设计

1. 总体框架设计

根据对太行山区传统村落空间数据库的功能需求分析，本文将其结构分为基础层、核心层、系统层、应用层和用户层，太行山区传统村落空间数据库作为系统的核心层，其空间数据库层级划分和框架如图3所示。

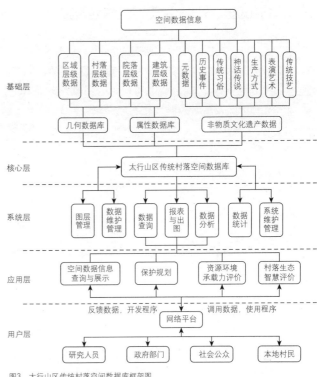

图3　太行山区传统村落空间数据库框架图

2. 应用模块设计

该研究的太行山区传统村落空间数据库，共分为四个大应用模块，分别是空间数据信息的查询与展示模块、保护规划模块、资源环境承载力评价模块与村落生态智慧评价模块。模块具体的应用如图4所示。

四个功能模块之间运行相互独立，对空间数据库进行共享，每个模块的功能内容和特点介绍如下：空间数据信息查询与展示模块可为用户层提供查询服务，为村落保护研究者、村落管理部分提供系统翔实的数据服务。村落生态智慧评价应用模块主要基于采集的三维数据对村落整体的地形环境、居住空间、街巷空间进行量化分析，解读村落选址营造的智慧。资源环境承载力评价模块依据数据库对村落进行社会经济、资源与环境承载力等综合评价，客观量化地反映该村落的综合条件。保护规划模块主要是依据数据库中的图文数据，以及上述的分析与评价结果，辅助村落从建筑街巷到划定保护区边界的保护规划制定。

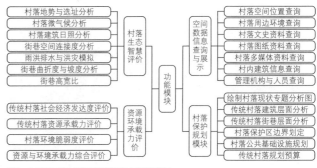

图4　太行山区传统村落空间数据库功能模块设计

五、太行山区大梁江村数据库建构实践案例

大梁江村始建于元末明初，隐藏于群山之中，古风古貌保存完整，现存大量明清时期的石材建筑、木质门窗、碧瓦青砖、斗拱飞檐。建筑建造精细考究，风格古朴典雅，是太行山区民居的典型代表。2010年入选中国历史文化名村；2012年被评为第一批中国传统村落。

1. 大梁江村几何数据

几何数据的录入

大梁江村总平面图通过测绘资料扫描录入，然后结合实地考察和目前大梁江村的实际境况进行校对后获得（图5）。

本案例以井陉县大梁江村武举院为例，说明太行山区传统村落空间数据库的院落层级和建筑层级几何数据的录入方法。按照上文ID编码方法，武举院的几何数据ID编码为J-C-JZ-001，几何数据的内容是与院落建筑的平面布置、院落空间特征相关的平面图形如图6、图7所示。

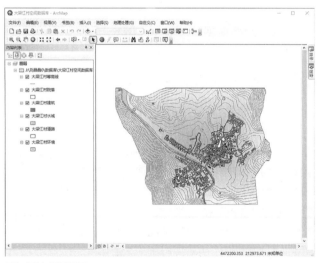

图5 大梁江村总平面图

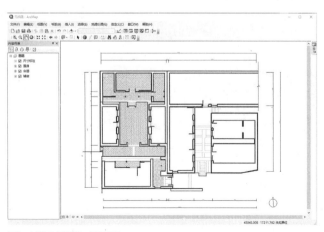

图6 大梁江村武举院一层平面图

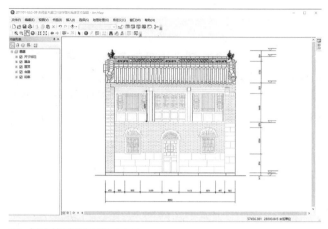

图7 大梁江村武举院东厢房正立面图

根据基本的几何数据图形，可以算出院落和建筑的空间尺寸和面积数据如表4：

大梁江村武举院空间尺寸和面积数据表 表4

住户	宅基地面积	院落宽度	院落进深	建筑首层面积	建筑高度
武举院	460.1平方米	26.5米	18.9米	331.0平方米	9.3米

2. 大梁江村属性数据

武举院建于清代乾隆三十三年（1768年），梁深中武举后所建，有九重庭院，100多间房舍，俗称"一门穿九宅，移步登高楼"。武举院目前以居住和展览两种功能为主，通过空间数据信息采集可得出属性数据中S-C-JZ-001（武举院）对应的属性数据如表5所示。

太行山区传统村落建筑属性数据编码表 表5

属性数据库	ID	属性项（S）	属性值
S	S-C-JZ-001	年代（S1）	清朝
		建筑特点（S2）	历史建筑
		建筑功能（S3）	居住
		建筑材料（S4）	石木
		建筑结构（S5）	砖木结构
		屋顶形式（S6）	坡屋顶
		保护完好度（S7）	需稍加修缮
		翻修记录（S8）	1990年翻修屋顶
		建筑产权归属（S9）	私有
		住户（S11）	梁宝柱
		……	……

将大梁江村武举院属性数据录入空间数据库，结果如图8所示：

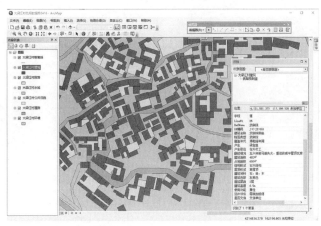

图8 大梁江村武举院倒座属性数据图

3. 大梁江村非物质文化遗产数据

大梁江村武举院非物质文化遗产属性数据如表6：

太行山区传统村落非物质文化遗产属性数据编码表　表6

属性类	子项（Z）	ID编码	属性值	是否延续
非物质文化遗产（F）	历史事件（SJ）	历史事件（Z1）	F-SJ-Z1	武举名叫梁深，因在清乾隆三十三年（1768年）考中举人，大门上悬挂着"武魁"的匾额，所以当地人称梁深为武举。后来梁深的哥哥梁润考中了"文举"。深、润兄弟二人都居住在这所大宅院里，所以五举大院又称举人大院	否
		......	......	......	......

将大梁江村武举院非物质文化遗产属性数据录入空间数据库，结果如图9所示：

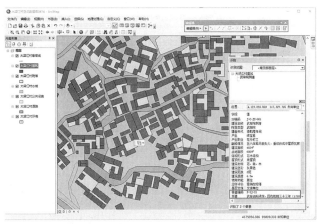

图9 大梁江村武举院非物质文化遗产数据示意图

六、小结

空间数据库建设是传统村落保护的基础，构建系统性的空间数据库可为传统村落的保护与发展提供科学数据与决策依据。本文以大梁江村为例，论述了太行山区传统村落空间数据库的建构方法，包括太行山区传统村落空间数据信息的采集、存储以及空间数据库的设计和建构两部分。然后将空间数据信息分为几何数据、属性数据和非物质文化遗产数据三种类型，并运用统一的ID编码将三种数据类型联系成一个数据网络。接着在空间数据库的建构过程中，以使用者需求为基础，经总体设计确定了数据库功能框架和应用模块，最终存入数据，完成空间数据库的建构。

注释

① 张慧. 河北工业大学建筑与艺术设计学院，副教授，硕士生导师。

② 汪杰. 河北工业大学建筑与艺术设计学院，硕士研究生。

③ 刘晶晶. 天津天华北方建筑设计有限公司，硕士研究生。

④ 肖少英. 河北工业大学建筑与艺术设计学院，讲师。

⑤ 王子荆. 河北工业大学建筑与艺术设计学院，本科生。

参考文献

[1] 窦银娣，彭姗姗，李伯华. 湖南省传统村落空间可达性研究[J]. 资源开发与市场，2015，31（5）：554-558.

[2] 牛海沣. 古村落地理信息系统构建及规划应用——以宁波韩岭历史文化名村为例[A]. 中国城市规划学会，贵阳市人民政府. 新常态：传承与变革——2015中国城市规划年会论文集（04城市规划新技术应用）[C]. 中国城市规划学会、贵阳市人民政府，2015：13.

[3] 李奎莳，李璐，李炳程等. 基于GIS技术对传统村落空间保护研究——以玉溪市峨山地区滇中传统村落为例[J]. 天津农业科学，2017（11）：32-35

[4] 傅娟，黄铎. 基于GIS空间分析方法的传统村落空间形态研究——以广州增城地区为例[J]. 南方建筑，2016（08）：80-85

[5] 程鹏飞，成英燕等著. 2000国家大地坐标系实用宝典[M]. 北京：测绘出版社，2008（10）：93

[6] 吴葱，梁哲. 建筑遗产测绘记录中的信息管理问题[J]. 建筑学报，2007，（05）：12-14.

基金项目： 河北省社会科学基金项目（项目编号：HB15SH047）；2020大学生创新创业训练计划项目（项目号X202010080057）。

聚落潜藏病害作用机理的原理框架构建研究

——以彭家寨与周八家为例

徐佳音[①]　雷祖康[②]　郭娅辛[③]

摘　要: 为探寻聚落环境变迁中自然因素的相互作用,本文提出建立聚落潜藏病害作用机理的原理框架,以湖北彭家寨和周八家两个聚落为研究对象,对两个案例聚落进行潜在地域自然灾害、聚落环境病害、建筑本体病害的调查与梳理,推演聚落中三者之间的构成关系与因果关系,进一步将建筑本体病害与聚落环境病害形成清晰的框架界定,建立聚落环境变迁的潜藏病害作用的原理框架。该原理框架可以作为建筑学术界的论题参照,并对工程实践中关于聚落病害的防护提供有效参考。

关键词: 聚落环境与空间构成机理　潜藏病害作用机理　聚落环境病害　建筑本体病害

聚落遗产保护被纳入遗产保护的议题,成为当下学术热点。由于地理条件和气候的不同,聚落的环境与空间构成肌理千差万别,其潜藏的病害及风险也有所不同,以至于保护准则无法统一,没有参照标准。当下建筑学对聚落的研究已经十分深入,包括聚落的发展历史、聚落的布局特征、聚落的保护改造与开发等诸多方面,但对于聚落环境变迁的潜藏病害作用肌理研究相对较少。但该项研究对于聚落的预防性保护及可持续发展至关重要,因此亟须进行研究、梳理与应用,这正是本文的出发点所在。

本文对湖北地区地形与气候条件不同的两个聚落进行调查分析,研究其聚落环境变迁中潜藏自然灾害的作用肌理,并对其进行原理框架的梳理与构建,为聚落的预防保护提供基础。此原理框架可以对其他气候地区聚落环境变迁中潜藏自然灾害作用机理的原理框架构建提供参考,对聚落遗产的预防性保护提供理论支撑。

一、调研范围及对象

本文研究的对象位于湖北省。湖北省地貌类型多样,但主要以平原、山地为主,山地约占全省总面积55.5%,丘陵和岗地占24.5%,平原湖区占20%。

不同地区的气候差异也较为明显(表1),因此本文在平原—丘陵地区(即介于平原与丘陵之间的地区)、山地地区各选取一个聚落进行调查研究。(图1)

湖北省山地地区与平原地区气候对比　表1

	山地地形区	平原—丘陵地区
温度	年均气温8.9℃,随海拔升高而降低	最高温在40℃以上,最低温-17℃~-15℃
降水	年降水量达1400~1600毫米	年均降水量800~1600毫米
海拔	平均海拔高度1000米	大部分地面海拔20~100米
地质	地质复杂,水流侵蚀作用强烈	主要土类黄棕壤为地带性土壤

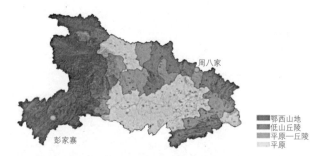

周八家

■ 鄂西山地
■ 低山丘陵
■ 平原—丘陵
■ 平原

彭家寨

图1　选址区位地形示意图(图片来源:作者自绘)

1. 平原—丘陵地区

在平原—丘陵地区中,通过对村庄的调研发现,位于大别山下的周八家村具有平原兼丘陵形态的典型特征,且其建筑构造方式独特,具有一定的历史价值与美学价值。该聚落建筑类型为砖石砌筑,结构完整,受到现代增建影响比较小,保留原始形态较多,但由于人口外迁,疏于治理,建筑存在多种病害问题。因此,选取周八家作为平原—丘陵地区聚落的研究对象。(图2)

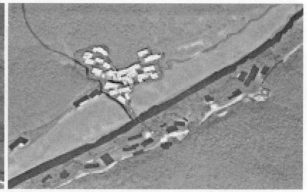

图2 周八家（左）和彭家寨（右）周边环境（图片来源：作者自绘）

2. 山地地区

在山地地区中，位于恩施武陵山北麓的彭家寨，寨顶海拔1300多米高，为典型的山地聚落。由于彭家寨自古封闭，较少受外界扰动，因其年代久远且保存相对完好，被列入第七批全国重点文物保护单位，具有极高的聚落遗产价值与保护价值。但因聚落建筑为木构建筑，加之气候潮湿，滋生了很多建筑病害与环境病害，又因当地地形地质条件特殊，有滑坡、泥石流等自然灾害风险。因此选取彭家寨作为山地环境聚落的研究对象。（图2）

二、平原—丘陵聚落与建筑病害特征案例分析

1. 建筑本体病害

周八家建筑为砖石建筑，建材为当地的石材、土和砖。调研发现周八家存在较多砖石材料的病害问题。

（1）屋顶病害

①屋面生物寄生：在建筑交界处，由于存在屋面高低差，极易积水，造成苔藓植物寄生（图3a）。

②屋瓦破损脱落：施工原因导致个别建筑屋面容易聚集雨水，发生渗漏，常年潮湿以致屋面苔藓、霉菌滋生。部分瓦片因为风化作用表面溶蚀开裂。屋面损害严重，瓦片脱落，暂用简易石棉瓦搭接（图3b）。

③屋架歪斜：建筑屋架整体倾斜，屋脊不成直线，但表面无严重劣化，推测木构架层出现问题（图3c）。

（2）墙体病害

①表层风化：风化是指建筑由于外界自然因素的破坏作用而导致的表面病害。主要表现在建筑表面粉化剥落、石灰花，表面起甲、隆鼓。由于当地气候常年湿润，冻融作用明显，水盐活动作用，加上风

的影响建筑表面风化严重，如表面泛盐、粉化剥落等（图3d）。

②裂隙或局部缺失：周八家裂损病害相对严重，部分建筑屋顶瓦片缺失、建筑构件缺失。大部分墙体有细小裂缝，局部出现较大裂缝，且裂缝中滋生霉菌、苔藓和植物，加速其裂损程度（图3e）。

③表面污染与变色：包括灰尘、泥渍、动物排泄物、风化产物、水锈结壳以及人为造成的油污、烟熏，或者遮盖、抹。周八家建筑在日常使用过程中，厨房有油污附着病害，祭拜空间遭受烟熏病害，局部墙面遭受人为涂写、划痕（图3f）。

④生物病害：包括微生物附着所造成的霉菌，以及植物寄生引起的建筑表面潮湿、开裂（图3g）。

（3）地坪病害

①地面沉降：村内无统一排水系统，排水不畅以至污水下渗，侵蚀地基导致建筑地基沉降，使得建筑围护结构及铺地产生裂缝。

②铺地裂损或缺失：室内铺地因地基沉降产生裂缝，同时在日常使用中人为破坏也导致部分铺地裂损甚至缺失。

③地面潮湿：由于室外排水不畅和房间通风不好导致室内环境潮湿。另外，室内铺地材料的密实型较差，增强了毛细作用，地面潮湿更严重。

2. 聚落环境病害

聚落环境病害可分为三个层级：建筑外域病害、公共场域病害、村域边界病害。

（1）建筑外域病害

村内巷道由于缺乏维护，部分路段杂草丛生，布满青苔，少数铺地石板断裂缺失。2016年的洪灾虽未影响到住宅，但道路受损严重。建筑内院无人整治，杂物无序堆砌，蕨类等低等植物寄生。

(a) 屋面生物寄生
(b) 裂损屋瓦破损脱落
(c) 屋架歪斜

(d) 风化
(e) 裂损
(f) 表面污染与变色
(g) 生物病害

图3 周八家村的建筑病害（图片来源：作者自摄）

（2）公共场域病害

村前的水塘被用作污水排放池，池塘周边堆积了生活垃圾，无人清理。排水渠堵塞，污水聚集在路面上。

（3）村域边界病害

村庄所属农田在2016年洪水期间被水淹没，农作物减产。

3. 地域自然灾害

（1）洪泛灾害

2016年夏，红安全县遭遇特大洪涝灾害，最大降雨量达到了433毫米，周八家村前公路被冲毁，农田被洪水淹没。由于红安地处山区，河流较多，房屋多分布在河道旁，而短时间内的强降水导致河水水位迅速上涨，溢出河道，冲毁道路、桥梁与房屋（图4a）。

（2）火灾

在对周八家的调研过程中发现，靠近后山不少废弃建筑及树木有火灾痕迹，猜测为雷电引起的自然火灾。（图4b-图4c）

（3）雨雪冰冻灾害

2018年1月，当地遭受雨雪冰冻灾害，农作物受其影响较大，同时影响道路交通，造成严重的交通事故。周八家冬季温度较低，雨水充沛，雨雪冰冻灾害主要集中于冬季，严重时部分地区积雪深度达23厘米。

(a) 洪泛
(b) 火灾
(c) 洪泛灾害

图4 周八家的自然灾害（图片来源：网络，作者自摄）

三、山地型聚落与建筑病害特征案例分析

1. 建筑本体病害

彭家寨的建筑为典型的吊脚楼，纯木建筑，因此所受建筑灾害主要是木材料的病害。加上当地湿润多雨的气候环境，建筑又分布在河谷旁边，湿气重，木材所受病害较为严重。

（1）屋顶病害

①屋面生物寄生：彭家寨的屋面生物寄生严重，青苔密布，这与当地湿润多雨的气候有关（图5a）。

②屋瓦破损脱落：彭家寨的屋顶保存较好，但部分屋面存在屋瓦破损脱落的现象，严重的会造成屋面漏水，加重屋面潮湿，造成次生病害（图5b）。

③屋脊裂损：该屋面病害较轻微，少部分房屋存在屋脊裂损的现象（图5c）。

（2）墙面病害

①生物病害：当地不少吊脚楼曾遭受白蚁蛀蚀。又因气候潮湿，木材吸水性较强，很多建筑表面着生苔藓、霉菌，导致木材腐朽变质（图5d）。

②裂损起翘：木材在风、霜害、降水的作用下容易开裂起翘，

裂缝同时也成为变色菌和腐朽菌侵入木材的通道，引起木材的变质与腐朽。同时，因为彭家寨建筑年代久远，有些建筑构件因受力不均也产生裂缝。彭家寨之前裂损严重，但经过科学修复，现状有所改善。现存建筑的结构多有细小裂缝（图5e）。

③表面污染与变色：包括灰尘、泥渍、动物排泄物、潮湿导致木材颜色加深，以及人为造成的油污、烟熏，或者涂抹（图5f）。

（3）地坪病害

①地面沉降：彭家寨部分地面存在沉降现象，一方面由于地下水侵蚀，一方面由于雨水下渗导致。

②地面潮湿：由于当地气候潮湿多雨，所以建筑形式采用吊脚楼，但地坪面没有做防潮处理，潮湿现象仍很严重。

2. 聚落环境病害

（1）建筑外域病害

潮湿的环境导致村内木质桥廊多处构件产生裂纹，滋生霉斑、青苔，部分构件木材腐朽，村口悬索桥的拉索和护栏均锈蚀严重，道路铺地的缝隙内长满了苔藓地衣。

（2）公共场域病害

公共广场杂草丛生，下雨有积水。

（a）生物寄生

（b）屋瓦破损脱落

（c）屋脊裂损

（d）生物病害

（e）裂损起翘

（f）表面污染变色

图5　彭家寨中的建筑病害（图片来源：作者自摄）

（3）村域边界病害

当地属于喀斯特地貌，地面有沉降的风险，进而使得农田道路和广场破坏。

3. 地域自然灾害

聚落处于山谷，前有龙潭河后有陡坡、冲沟，加上降水量多，极有可能会造成泥石流滑坡、洪涝等地质灾害。因为长年梅雨季洪水的冲蚀，村内桥梁柱墩已经损坏严重。

四、聚落与建筑环境病害机理分析

1. 建筑本体病害分析

因为彭家寨与周八家的地理气候有所差异，气候适应性导致其建筑类型有所不同，所以其建筑遭受的建筑病害肌理、表现也有所差异。普遍存在生物病害、裂损病害，但周八家的病害主要是砖石建材的病害，如风化引起的表层脱落和开裂，气候因素导致的微生物和植物栖生等。彭家寨主要是木材的病害，如虫蛀和微生物栖生导致的木材腐朽变质，气候因素导致的木材开裂起翘等。但追溯其病理关系，两者大致相同。

（1）生物病害

一方面由于地理气候影响，调研聚落湿润多雨，会导致植物栖生、霉菌苔藓附着，加之人烟稀少，动物筑巢、排泄行为会加重，加速了生物病害。生物寄生在裂隙处还会加重裂隙病害（图9a）。

（2）风化

风化病害的影响因素较多，一方面由于周期性的温度变化、冻融作用等，另一方面由于泛盐泛碱等水盐活动。另外，一些人为因素也会造成影响，如人为火灾等（图9b）。

（3）裂隙或局部断裂缺失

地基沉降会破坏建筑结构稳定性，产生裂隙、裂缝。偶发的地质灾害地震会造成严重的裂隙和断裂。平时的自然风化、溶蚀也会使病害更为严重。另外，还有一些人为因素，例如周八家"破四旧"时期对建筑墀头造成的破坏等。建筑自身构造也是因素之一。裂隙之间极易寄生植物和微生物，加速开裂（图9c）。

（4）表面污染与变色

表面污染与变色主要是人为造成的。由于环境污染造成的大气粉尘污染，人类活动造成的烟熏、油污、随意涂抹等，另外，水锈

结壳也会造成建筑表面的污染与变色。建筑病害之间并不是独立的，而是相互影响的（图9d）。

2. 聚落环境病害分析

聚落环境病害包括：聚落边界受损或被填埋、农田受损、水质污染、交通瘫痪、场地沉降、场地积水等。通过案例分析可知，周八家的环境病害较为严重，主要是由于村民外迁，无人管治。两聚落都存在因洪泛而导致的聚落边界受损、农田受损问题。周八家遭受过的环境病害还有水源污染、道路损毁、桥梁损坏等。彭家寨因其独特的地质环境，可能会因为场地沉降进而造成场地积水。

对于聚落环境病害，主要是由于自然灾害造成的，如洪泛、山洪泥石流、地震会导致各种环境病害。除此之外，沙尘暴、自然火灾会造成农田受损、水质污染，地基沉降会进而造成场地沉降、场地积水。

3. 地域自然灾害机理分析

周八家曾发生过洪涝灾害。其灾害的源头就是村前的倒水（长江支流）。这些水文地质灾害的发生会进而导致庄稼、建筑受损，直接影响村民的经济收入。2016年特大暴雨曾导致当地洪泛灾害发生。

彭家寨后山坡度远大于周八家，梅雨季节极易发生山洪泥石流灾害，因此现在的彭家寨为避免此灾害在村边修建了泄洪渠。另外，彭家寨由于地质条件特殊，有发生地质沉降的风险。

通过周八家与彭家寨地理气候的分析，对可能发生的洪范灾害影响范围进行了推测（图6）。

（1）洪泛：在河床较浅的情况下，河网不发达，遇上梅雨季强降水，极易发生洪泛灾害（图7a）。

（2）泥石流：较陡的坡地，如果地质疏松，植被较少或为浅根性植物，遇上强加水，极易发生泥石流灾害（图7a）。

（3）地质沉降：地质为石灰岩，遭到地下水或雨水的溶蚀，会造成地质沉降灾害（图7e）。

（4）自然火灾：若当地树木高大，且为高地，易发生由雷电引发的自然火灾（图7d）。

有些地质水文灾害是同时发生的，以致聚落的损坏更加严重。

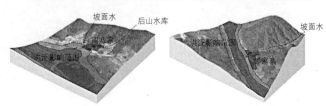

图6　周八家（左）和彭家寨（右）洪泛影响范围推测图（图片来源：作者自绘）

五、病害原理框架的构建

1. 宏观：自然灾害的因果论

自然灾害指自然环境中对人类生命安全和财产构成危害的自然变异和极端事件。它最直接、最快速地作用于聚落。（图7）

2. 中观：聚落环境病害的因果论

聚落是人类聚居和生活的场所，由建筑、聚落环境以及居民群体组成。聚落环境遭受气候、地形、地质、水文等因素造成聚落环境病害，且自然灾害直接快速引发聚落环境病害。（图8）

3. 微观：建筑病害的因果论

建筑病害主要是建筑的材料病害，以及构造或人为所造成的病害。建筑本体病害与聚落环境病害相互影响，会加速彼此的病害程度。（图9）

4. 综合理论框架机理图

表达自然灾害、建筑病害、环境病害和聚落病害之间的作用关系及原理（图10）。

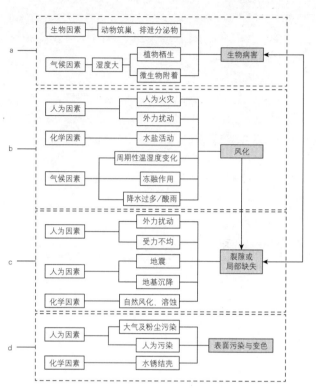

图9　建筑病害因果论（图片来源：作者自绘）

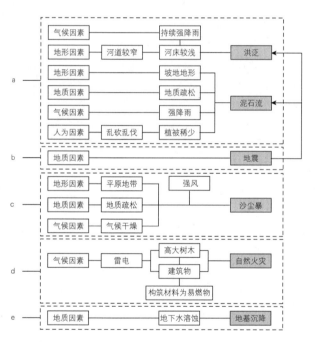

图7　地缘自然灾害因果论（图片来源：作者自绘）

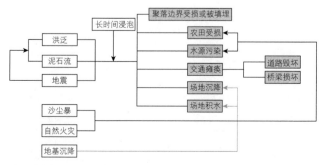

图8　环境灾害因果论（图片来源：作者自绘）

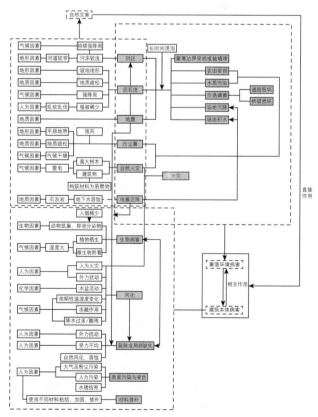

图10　综合理论框架机理图（图片来源：作者自绘）

六、结论

聚落环境变迁的因素有很多，各个因素之间的相互作用也十分的复杂，经过文章的分析梳理可知，其影响因素从宏观、中观、微观依次是地域自然灾害、聚落环境病害、建筑本体病害，并且三者之间有一定的包含关系，同时也有交错部分。总而言之，影响聚落环境变迁的根本原因还是气候、地理、水文，由它们两两相互作用或者三者同时作用又衍生出一系列二级因素，进一步影响其环境变迁。

由于本文篇幅有限，主要讨论了山地丘陵环境对于聚落产生的灾害影响，而未涉及完全平原型的聚落分析，又因各聚落环境变迁因素各有所不同，故无法详尽地剖析每个聚落的潜在灾害，只能选其典型，取其共性，描述各聚落病害类型的主要特征。因此，在聚落保护与修缮建设活动和后续研究中，还应更加全面分析与对比，得出更加详尽的聚落环境变迁各影响因素的机理关系。

注释

① 徐佳音，华中科技大学建筑与城市规划学院。
② 雷祖康，华中科技大学建筑与城市规划学院，湖北省城镇化工程技术研究中心，副教授、博士生导师。
③ 郭娅辛，华中科技大学建筑与城市规划学院。

参考文献

[1] 王立久、姚少臣. 建筑病理学 [M]. 北京：中国电力出版社，2002.

[2] 乔纳森·赫特里德，赫特里德，雷祖康，等. 潮湿建筑：问题成因与治理对策 [M]. 中国建筑工业出版社，2015.

[3] 全国科学技术名词审定委员会. 地理学名词（第二版）[M] 北京：科学出版社. 2006

[4] 石峰，郑伟伟，邱永谦. 环境因素影响下的闽江下游传统聚落布局特征分析 [J]. 建筑学报，2017 (S2)：13—18.

[5] 雷祖康　孙竹青；建筑潮湿病害调查方法研究——以武当山皇经堂建筑檐廊为例，[J]. 建筑学报，2011 (S2)：22—27.

[6] 雷祖康　孙竹青；武当山金顶钟鼓楼附近环境的建筑潮湿病害危机问题调查研究，[J]. 建筑学报，2011 (S1)：34—38.

[7] 王玉静. 武陵山特困区贫困与自然灾害关系耦合研究 [D]. 成都理工大学，2017.

[8] 亚伯，常秀峰，徐冰. 山区村镇洪灾承灾能力评估——以神农架林区为例 [J]. 中国安全生产科学技术，2016，12 (6)：94—99.

[9] 雷祖康，张宝庆. 基于GIS与肌理分析的天山北麓聚落类型分析 [J]. 南方建筑，2019 (01)：1—6.

[10] 王媛媛，王宏卫，杨胜天，等. 艾比湖流域乡村聚落分布格局特征及影响因素——以新疆精河县为例 [J]. 江苏农业科学，2019，47 (6)：254—259.

[11] 郑文升，姜玉培，罗静，王晓芳. 平原水乡乡村聚落空间分布规律与格局优化——以湖北公安县为例 [J]. 经济地理，2014，34 (11)：120—127.

[12] 范孟华. 既有建筑物泛碱问题的探讨 [J]. 建筑科学，2006 (05)：80—82.

[13] 杨洋. 建筑遗产中砖石受潮保护修缮之文献综述 [J]. 华中建筑，2017，35 (08)：125—131.

[14] 刘波. 砌体建筑中潮湿灾害及主要应对措施分析 [J]. 现代商贸工业，2014，26 (22)：175—176.

[15] 戴仕炳，钟燕. 历史建筑的材料病理诊断、修复与监测前沿技术 [J]. 中国科学院院刊，2017，32 (7)：749—756.

[16] Franzoni E. Rising damp removal from historical masonries：A still open challenge [J]. Construction & Building Materials，2014，54 (54)：123—136.

[17] Ron Lucier，IT Center. Infrared Applications in Building Diagnostics. irinfo.Org Pinchin S E. Techniques for monitoring moisture in walls [J]. Studies in Conservation，2014，54 (Supp 2)：33—45.

"非城非乡"：三线建设聚落特征及其比较研究

林溪瑶[①]　谭刚毅[②]

摘　要： 基于"靠山、分散、隐蔽"的国防战备要求，三线建设厂矿单位多选址在偏僻的山区。通过对十堰丹江口市相关三线厂矿及周边乡村比较研究，发现三线厂矿聚落呈现"非城非乡"的特征：形态顺应地形，条块布局；功能满足生产生活一体化需求；社会组织形式上则遵循城市单位制；社会关系上，三线厂矿与当地乡村之间存在从三线建设初期互助依存，中期区隔，到后期区隔减弱的关系。拟探寻"非城非乡"背后成因，提出相应保护再利用策略。

关键词： 三线建设　战备　聚落　非城非乡　保护再利用

20世纪60年代，基于严峻的国际环境，为防备外敌入侵，中共中央和毛泽东主席提出"三线建设"重大战略决策。该时期，大批来自五湖四海的三线建设者奔赴内地山区、农村支援，在此建成了多个工矿企业。近年来，学术界对三线建设的研究成果颇丰，然而从空间及社会层面对三线建设聚落的研究较少，且对于三线工农关系、城乡关系等研究都有待深入。因此，拟在探讨三线建设聚落的选址环境、布局功能形态、社会组织关系的基础上，结合比较研究周边乡村聚落，深入剖析三线建设聚落特征。

一、三线建设聚落的形成背景

中共中央及毛泽东主席出于国防安全考虑及对战争经验的总结，提出大力建设后方工业基地。所以，国防战备是三线建设的主要动因。同时，三线建设延续大庆工矿区范式，没有集中建城市，建成为新型社会主义工矿区[1]。因此，三线建设聚落由国家政权的介入而形成，与城市聚落"计划式"理性演进的形成方式相同。而农村传统聚落是长期适应环境自发式建立，与环境高度协调，属于"自然式"有机演进[2]。

三线建设时期，湖北三线建设也如火如荼地开展，鄂西地区是湖北三线建设的主要战场，其中十堰市是完全由"零基础"兴起的"三线城市"。本文选取的丹江口市（原均县）是十堰市辖区下的城市，三线建设期间丹江口市的丁家营镇和浪河镇引入了大量军工企业。因为这些三线军工企业地处山区，远离城市，更能体现战备初衷。且三线厂矿聚落保存较完整，其聚落特征更能呈现三线时代特色，具有典型性及研究意义。

二、三线建设聚落的建成环境

1. 选址特征

三线建设厂矿选址严格遵守中央指示，以十堰丹江口市三线厂矿为研究对象，三线建设厂矿普遍呈现出"大分散、小集中"的聚落关系。生产工业门类相似的军工厂，集中在同一市镇周边进行选址建设，同时厂与厂之间保持一定距离又互相辐射。丁家营镇的三线军工企业涉及军需服装生产及印染，其中包含总后勤部的3541厂、3545厂、2397医院和解放军第六仓库四家三线军工企业。浪河镇与丁家营镇相邻，军需部工厂集中布置在周边的山谷中，含3602厂、3607厂和3611厂，厂之间同样保持相对合理的距离（图1）[3]。此外出于国防安全考虑，三线建设厂矿普遍遵循"靠山、分散、隐蔽"的选址方针，大部分选址在偏僻山区、农村，在布局方面"被动"适应环境。

农村聚落选址多为依山靠水，有利农耕能满足基本生活条件的田园环境。如丹江口三线厂矿周边农村正是如此选址，且人口数量少，并长期远离政权，村民能以自己意愿建造居民点，聚落呈现小规模分散布局。三线厂矿正是利用自然环境地理优势及农村布局特点，散布其中，混淆敌人的观察，起到隐蔽掩护作用（图2）。而

图1　丁家营镇及浪河镇布置示意图
（图片来源：作者自绘）

图2 丹江口市区及三线厂矿与周边农村示意图
（图片来源：作者自绘）

城市聚落选址强调环境为人服务，多选择临水交通便利，地质肥沃有利民生的平原。城市人口规模大，其中汇聚了大量非农业的社会经济活动，因此为大规模集中布局，不适合三线选址。

2. 形态特征

城市建设由国家介入，并有专业的规划师参与设计，其聚落形态呈现出规则、几何态势，有明确的秩序感（图3）。三线建设聚落虽属于"计划式"演进的聚落，但不同的是三线厂矿在自然地理环境和国家政策的双重制约下共生，其聚落形态呈现的并不是普通城市聚落形态。基于选址方针，三线建设在规划中被迫考虑地形与自然条件的结合，无形中促进了聚落形态的地域性[4]。

通过对丹江口三线厂矿案例实地考察，可以发现其呈现的是因地制宜顺应自然地形，进沟沿山，条块布局的聚落形态（图4）。这种聚落形态也被群众戏称为"羊拉屎"、"瓜蔓式"、"村落式"，因与周边农村聚落自由、不规则的有机形态相似，也达到了隐蔽的作用。但三线厂矿以工业生产为主，其聚落形态又因不同地形条件和生产工艺需求细分为顺沟串联式、顺沟并联式和岔沟集中放射式（图5）。

三、三线建设聚落的社会特征

1. 功能特征

由于三线厂矿普遍地处偏僻，外来职工需就近居住。久而久之，形成一种生产生活一体化的组团聚居状态。为做到"小而全"、"大而全"，三线建设聚落成为一个无所不包的封闭小社会，并逐渐达到城市生活水平。按照空间功能分为生产区、居住区及公共服务区，并根据生产生活需求，按一定模式排布形成有机的整体（图6）。农村聚落也是一个集生活生产于一体的空间，与三线主要区别在于其生产方式为农耕。

生产区作为三线厂矿的主体，反映了该时期建造的最高水平，也是经济和政治的象征。三线厂矿多建在山区，其建设环境并不适合工业厂房生产，也正是因为这样，困境中被迫"创新"，反而创造了高效的空间流线。居住区与公共服务区又可合称为生活区，两区普遍集中布置。生活区是日常生活最重要的空间。在布局方式上，住宅建筑顺应山势地形，灵活布置，不拘泥于采光朝向，这也是三线建设住宅的特色。

随着生活条件的改善，工人俱乐部、文化宫等公共建筑为职工提供了娱乐活动场所。其中工人俱乐部作为关键建筑，往往位于空间布局的核心位置，能聚集人群、举办集体活动。在生活空间秩序中具有统领地位，并作为国家政策上传下达的空间载体，成为国家治理体系中的关键落实点及国家意志体现。我国自古就会通过建筑空间表现权力，传统村落中心位置的关键建筑——祠堂作为宗族力量的象征，加强了整个村落的凝聚力，同时也影响着其村落聚落形态的演进（图7）。

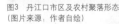

图3 丹江口市区及农村聚落形态
（图片来源：作者自绘）

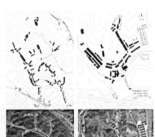
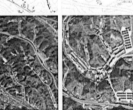
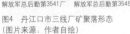

图4 丹江口市三线厂矿聚落形态
（图片来源：作者自绘）

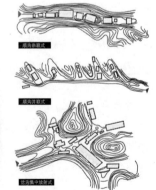

图5 三线厂矿聚落形态模式
（图片来源：作者自绘）

图6 解放军3611厂生产区及生活区
（图片来源：作者自绘、自摄）

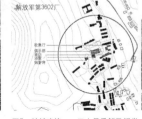

图7 关键建筑——工人俱乐部及祠堂
（图片来源：作者自绘自摄及参考文献[9]）

2. 社会组织形式

经济计划时期，三线厂矿单位是国家大力兴建的"单位制"企业，享有其他单位一样的制度福利。但也有别于普通单位大院，首先在于单位大院多位于城市。以第3611厂为例，厂矿因偏僻及保密性，形成一个相对封闭的生活环境。基于此，单位为保障职工生活，厂区内卫生院、俱乐部、学校、招待所等生产生活设施一应俱全。其次，三线这样封闭、社会性质较单一的集体空间促使职工群体之间形成较强的"业缘"型熟人社会，与农村社会相似，但农村仍以"血缘"关系群体作为熟人社会基础。

三线单位制社会的建立由国家干预，群众生活保障由国家单位负责。而自古农村远离政治权力中心，社会空间普遍由家族形成，总体为自给自足的生产生活。当乡村建设城乡结合，国家政权与乡村组织重构时，产生了集体[5]。因农村宗族意识仍然存在，道德秩序优先于技术性层级，生产大多依旧为农耕，这样的集体生活空间仍与三线集体生活空间有所差异。

3. 社会关系

三线建设促使农村与城市、农民与市民进行一次碰撞与交流，形成了区别于城市单位组织及农村的独特社会关系网。城市单位及农村内分别为相较单一的职工、村民关系网，而三线厂矿除了大量职工为移民，还在本地招工，并与周边农民接触，形成了复杂的移民与土著、工农、城乡关系网。基于此，"三五"计划纲要的三线建设基本方针中就提出要正确处理工农关系。

三线建设初期，工厂与当地农民做到"三不四要"和"四不三要"[3]，两者之间呈现出互相依存、互相支援的关系。周边农村不仅配合三线建设，还在劳动力、土地、建筑材料等方面进行支援，推动了三线建设的顺利进行[6]。同时，工厂也向当地农村提供物质、资金与技术等支援，并共享资源和公共服务设施。从而促进了当地农村发展，改善了村民生活条件。

随着建设逐步完成，三线厂矿与当地农村慢慢产生了区隔。虽然在空间距离上很近，但两者在生产生活方式、收入与福利、户籍身份等方面的反差很大。且三线厂矿多具有军工性质，出于安全及保密考虑，工厂开始修建围墙，从而形成"墙内飞机导弹，墙外刀耕火种"的状态[7]，使城乡交流更少。改革开放后，伴随着城乡体制改革和三线企业的调适改造，两者之间的区隔逐渐减弱，三线企业和"三线人"也更多融入地方。

四、三线建设聚落："非城非乡"

由于受地理环境、建设背景等影响，三线建设聚落在形态、功能及社会方面都具有特殊性，分别呈现出城市和乡村的一些特征，同时又有自身的特点。三线建设聚落形成方式虽与城市聚落相同，属于"计划式"演进。但在形态方面，三线聚落形态与农村聚落形态形似，呈现顺应环境自由、不规则的有机态势，但三线因工业生产需求形态有所调整；功能方面，三线聚落为生产生活一体化的集体空间与农村相似，且厂内各种生活配套设施齐全，达到城市生活水平，是一个无所不包的小社会；社会组织及关系方面，三线厂矿属于"单位制"国有企业，享有城市单位的制度保障，在生产生活方式及户籍身份等方面与农村形成较大差异。同时，三线厂矿在封闭的环境下产生熟人社会又与农村社会相似。但其中的社会关系又不同，厂内移民与土著、职工与农民等关系的交织使其比城市单位与农村社会复杂。并随着不同三线建设时期，工农关系也在不断改变。

三线建设聚落体现了"工农结合、城乡结合"的方针，它是乡村型的城市，也是城市型的乡村。因此，究其本质，三线建设聚落是一种介于城乡之间的聚落，具有"非城非乡"的特征。基于三线建设聚落特性，除了挖掘三线建设内在的历史、精神、遗产价值，也需关注其城乡发展社会价值。

注释

① 林溪瑶，华中科技大学建筑与城市规划学院、湖北省城镇化工程技术研究中心，硕士研究生。

② 谭刚毅，华中科技大学建筑与城市规划学院、湖北省城镇化工程技术研究中心，教授，博士生导师。

③ 工厂做到"不占或尽量少占良田好土，不拆或少拆民房和不迁或少迁居民，不搞高标准非生产建筑；要支援农业用水，要安排农业用电，要给农民留泔水，要给农民积肥料"；当地农民做到"不打扰现场施工，不拿工厂的东西，不抬高物价，不泄露国家机密；要保护工厂，要搞好工农团结，要支援国家建设"[8]。

参考文献

[1] 大庆建成工农结合城乡结合的新型矿区 [J]. 经济研究，1966（4）：24—27.

[2] 刘晓星. 中国传统聚落形态的有机演进途径及其启示 [J]. 城市规划刊，2007（03）：55.

[3] 万涛. 鄂西北地区三线建设工业遗存的空间形态研究 [D]. 武汉：华中科技大学，2017：77—79.

[4] 邹德侬. 中国现代建筑史 [M]. 天津：天津科学技术出版社. 2001：320.

[5] 谭刚毅. 中国集体形制及其建成环境与空间意志探隐 [J]. 新建筑，2018（05）：12—18.

[6] 白廷彩. 豫西地区三线建设的居住形态研究 [D]. 武汉：华中科技大学，2019：109.

[7] 张勇. 介于城乡之间的单位社会：三线建设企业性质探析 [J]. 江西社会学，2015，35（10）：26—31.

[8] 王毅. 论三线建设决策的形成及其实施 [J]. 三峡大学学报（人文社会科学版），2017，39（03）：101—104.

[9] 谭刚毅，任丹妮. 祠祀空间的形制及其社会成因——从鄂东地区"祠居合一"型大屋谈起 [J]. 建筑学报，2015（02）：97—101.

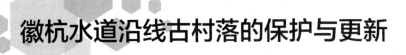

徽杭水道沿线古村落的保护与更新

赵 逵① 安 琪②

摘 要： 徽商于明清时期迅速崛起，富甲一方。其经营产业包罗万象，活动范围广泛，将周边的州、府全部收入囊中，甚至远销海外。其中重要缘由便是徽州位于南北交通要塞，运输便利。本文从徽商通往杭州最主要的水运线路——徽杭水道出发，即从新安江顺流而下，经富春江、钱塘江到达杭州，选取其沿线几个具有代表性的徽派古村落，以期完善徽州文化线路研究并探究徽商在这一线路上留下的古村落遗迹以及保护更新方法。

关键词： 徽商 徽杭水道 传统村落 形态特征 保护更新

徽商，作为中国古代十大商帮之一，崛起于明清时期，并在商界叱咤风云长达400年之久。其经营产业包罗万象，有盐业、竹木业、茶业、典当业等，活动范围也很广泛，将周边的州、府全部收入囊中，如我国浙、苏、鄂、江等，甚至远达日本。这些成就不仅缘于徽商坚持不懈、吃苦耐劳的精神，也与徽州四通八达的地理位置息息相关。

古徽州一府六县，包括歙县、黟县、绩溪、婺源、祁门、休宁（图1），其建筑以及风土人情都具有独特的徽派特色。徽州地处群山环抱之中，陆路运输不便，所以明清时期徽商出行大多依靠水路。本文选取徽商出行最重要的一条水道——徽杭水道，运用文献阅读法、平行比较研究法、实地调研法等探究徽商在这条线路上留下的古村落遗迹以及保护与更新方法。

一、徽商的主要进出线路

明清时期徽商活动最频繁的地方属长江中下游地区，因为这里

商品经济十分发达，许多徽商慕名而来。而徽商在长江中下游地区的进出路线主要分为这几条（图2）：从歙县沿新安江顺流而下到钱塘（杭州），再沿运河舟行到两淮盐中心江都（扬州）；从歙县北上陆行到浙江乌城（吴兴），再舟行至长洲（苏州）；祁门沿昌江上有而下舟行至景德镇，入鄱阳湖南下经赣江，越大庾岭达广州；或入鄱阳湖北上通长江到汉口、长沙、成都等地；歙县北上陆行至太平，沿清弋江北上舟行至芜湖。歙县北上舟至绩溪，陆行到宁国，沿水阳江舟行至芜湖。歙县越黄山，经九华山东麓至贵池可登船溯长江而上至汉口。

其中，徽商通往杭州的水运线路又称徽杭水道，是徽商出行各地最重要的一条水运线路（图3）。首先，徽杭水道在徽州内部将除婺源以外的五县连接起来，对徽州各城镇格局的形成和发展起到了重要作用；其次，徽杭水道将徽州与杭州甚至是江南地区联系起来，对徽州政治、经济、文化的发展起到了极大的推动作用。尤其在南宋迁都临安（今杭州）后，我国的政治中心南移，江浙一带经济繁荣昌盛。而徽杭水道又可连接运河，到达苏州、扬州等地，是

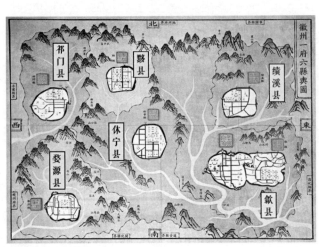

图1 徽州一府六县舆图（图片来源：笔者改绘）

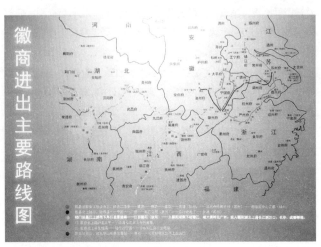

图2 徽商进出主要路线图

徽州对外交通的重要纽带。所以，徽杭水道上游段的新安江又被称为"黄金水道"。

二、徽杭水道沿线徽商古村落特征探析

明清时期，有俗语"无徽不成镇"，徽商的贸易活动，极大程度上造就了沿途繁华的村落与城镇。徽商乐善好施，不仅仅建造徽州宅第，也建设一些学堂、祠堂、善堂、会馆等建筑。让身处异乡的徽州商人有枝可依，也将徽州文化传扬四海。徽州古村落是徽州文化中最为典型的部分，而在徽杭水道沿途有很多保存完好的古村落。如临安两昌地区的房屋几乎都是白墙青瓦的徽派建筑风格。本文选取徽杭水道沿线三个受徽商影响较深的古村落，分别是安徽省歙县深渡镇、浙江省淳安县遂安古城以及浙江省桐庐县深澳村（图4），对其特征进行探究。

1. 安徽省歙县深渡镇

位于昌源河和新安江交汇口的安徽省歙县深渡镇，是新安江上最大的水陆码头，是古徽州重要的水陆门户。而位于镇上的深渡港

是徽商出行浙江的起始渡口（图5）。

由于深渡镇地理位置优越，明清时期很多人择此而居，紧接着就出现了集市，后随着徽商发展，形成商埠渡口。在徽杭公路未开通之前，深渡镇几乎包揽了一半的徽州地区的商品流通量。那时镇上商贾云集，昼夜不息，街上有经营茶业、盐业、典当业、竹木也、餐饮业、客栈等商铺多达数百家，一片繁华的景象。新安江上船只川流不息，将徽州的特产运往江南各地，也将外地的物资带来徽州。深渡港作为徽州商人出行的起始码头，承载了他们的梦想和家人的期望。这里也是徽州六县甚至是邻省最大的物资中转站和零售批发市场。

深渡古镇内部街巷纵横交错，其中主要街道有四条，分别是沿着新安江的外街、通往昌源河的横街、镇上的后街和镇中的内街。街巷和建筑都是典型的徽派做法，宽度较窄，一般只有1~2米，路面由青石板铺成，建筑材质多为白墙青瓦，也有土坯房，山墙面有高低错落的马头墙，韵味十足。（图6）

如今，深渡古镇的街巷格局仍在，徽派建筑外观保存较好，新安江畔也美如画卷。但是在铁路与公路越来越发达的时代背景下，

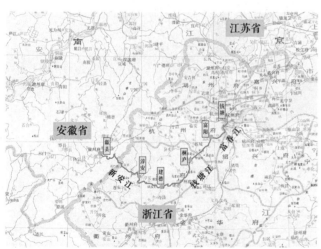

图3 徽杭水道位置图（图片来源：笔者改绘）

图4 古村落位置图（图片来源：笔者改绘）

图5 深渡镇总图（图片来源：笔者改绘）

图6 深渡镇照片（图片来源：网络）

深渡港作为码头的作用已大不如从前，再不复当年千帆过境的景象。古镇如今发展旅游业，是新安江山水画廊的主景区。

2. 浙江省淳安县遂安古镇

遂安古城又名狮城，因其位于遂安县城北部的五狮山脚下而得名，面积有40多万平方米，古有"浙西小天府"之称。这座古城处于江西和安徽过往浙江的交通要隘，属于古徽婺一隅，受到徽州文化影响极深，曾是新安江畔徽商枢纽。

遂安古城的山水环境遵循了中国城镇典型的格局，背山面水，山城相融。古城中共有五个城门，其街巷布局主要呈线形，其中最主要的是贯穿东西方向并连接两座城门的东大街与北大街，直街是南北方向的主要通道，与东大街和北大街交汇于古城的中部，这几条街道相对较直且宽，人流量较大，除了这几条街道以外，其余街道和巷弄宽度较窄，且顺应地势与城中水系布置，有些呈现弯曲的形态（图7）。

古城中的建筑密度较大，以民居为主，商业建筑也是由民居改造而成，部分建筑功能形式为"前店后居"，也有"下店上居"的情况。有着规模宏大的牌坊群，牌坊用料也十分讲究。建筑风格受到徽商影响，功能布局和立面造型都呈现出徽州民居的特征（图8）。

遂安古镇发展鼎盛时期有一万多人居住于此。1959年，随着新安江水库的建立，曾经的千山郡变成了如今的千岛湖。新安江上游暴雨导致水库的水位迅速上涨，遂安县城的房屋和家具还未来得及搬迁就被沉入了千岛湖之下。如今，潜水工作者潜入千岛湖底，在30米深处发现了遂安古镇的城墙和城门，保存完好，精美的雕刻也清晰可见。

3. 浙江省桐庐县深澳古村

浙江省桐庐县深澳村位于富春江南岸，是申屠家族的血缘村落。在清代中后期，由于受到徽商的影响，深澳村出现了一批以贩运草纸为生的商人，他们带动了这一区域经济的发展，现存的建筑也多为这些商人投资建成。（图9）

深澳村古村落中的建筑类型主要为民居、店铺、宗祠、寺庙等，并且其他类型的建筑也大多是由民居改造而来。这里的建筑风格深受徽派建筑的影响，结构简洁，不施油漆，一般都有天井，内部雕梁画栋，以恢宏的大木作装饰为特色，还有精美的木雕、砖雕、石雕，可以清晰地看到徽派建筑特有的马头墙。这些独具特色的风格，极大地影响了深澳村的建筑形态。（图10）

如今深澳古村落的街巷空间格局仍在，建筑外形也保留了古建

图7 遂安古镇总图（图片来源：笔者改绘）

图8 遂安古镇鸟瞰图（图片来源：网络）

图9 深澳村总图（图片来源：笔者改绘）

图10 深澳村鸟瞰图（图片来源：网络）

筑的韵味，但是室内改造过多，未能延续传统，经居民自行改造，室内陈设杂乱无章，房间已不适宜居住。古村落民居人去楼空，建筑物逐渐破败，深澳古镇呈现出一片萧条的景象。

三、徽杭水道沿线古村落保护与更新方法

有民谚曰："徽州和杭州，共饮一江水"。徽州与杭州的联系是密不可分的。现如今，国内很多学者研究徽派建筑较多，但是对于徽杭水道文化线路研究很少，对其保护与开发利用价值认识不足。而实际上，徽杭水道具有不可估量的价值，主要体现在：历史文化价值、审美艺术价值、科学研究价值、社会经济价值。在交通日益发达的今天，徽杭水道的利用率已经大大下降，周边很多珍贵的古建筑也被拆除重建，如何对其保护和更新是一个值得深思的问题。对此进行以下几点总结与思考：

1. 梳理徽杭水道航线交通

交通的便捷程度对于线路的使用率起着决定性作用，随着新安江大坝的建设，千岛湖成为一个旅游景点，带动周边城镇的发展。但是千岛湖的轮渡航线只能到达深渡镇，并未连接下游的富春江，因此应首先对徽杭水道航线进行梳理，疏通水系，还原其本来的航运线路，使过往船只能够顺利通行。另外，新安江大坝在梅雨季节引起的水灾会对沿线聚落造成巨大影响，因此水患治理也是非常严峻的问题。

2. 对周边古村落建筑进行合理保护与修缮

周边古村落建筑存在的普遍问题就是"金玉其外，败絮其中"，建筑外观保存较好，内部实则破败不堪，建筑原始的木结构经过腐蚀而摇摇欲坠，居民在其中随意增加结构柱，经常适得其反。这些具有价值的建筑应由有关部门划为保护建筑，再由专业人士合理修缮，还原其本来面貌。古镇中还存在很多拆真建假，拆旧建新的现象，实在令人痛心。

3. 充分利用古镇资源，挖掘自身特色

每个村落都是独一无二的，重点应该找准定位，挖掘自身特色，充分利用现有资源，才能实现复兴。如深渡镇的特色是位于昌源河和新安江这两条徽州重要航线的交汇口，徽杭水道线路的起始点，可以将重现深渡港当年车水马龙的景象、恢复其作为物资转运场地功能作为突破口；遂安古镇沉于千岛湖之下，可采用先进技术带领游客下水观赏古镇全貌，作为徽杭水道文化线路中一个独具特色的景点，也可以作为考古挖掘的重要素材；而深澳村的特色就是血缘型村落，建筑风格融合江南地区与徽州地区特色，应将吸引居民来此居住或经商作为重点，为古村落带来人气，从而吸引人流，可以进一步发展旅游业。

四、小结

新安江大坝的落成，对徽杭水道沿线的村镇带来了巨大的影响，近期新安江大坝泄洪也造成了黄山部分地区水灾严重，甚至对徽州明代的桥梁造成了不可逆转的破坏。本文以徽杭水道为主线，将周边古村落串联起来，完善徽州文化线路的研究。对于徽杭水道的保护与更新，一定是以保护沿线古村落、不破坏其自然风光为基础，进行一系列更新措施，以实现复兴为最终目标。

注释

① 赵逵，华中科技大学建筑与城市规划学院，教授、博士生导师。
② 安琪，华中科技大学建筑与城市规划学院，硕士研究生。

参考文献

[1] 王月疏. 明清徽商在长江中下游的经营活动研究 [D]. 西安：陕西师范大学，2017.
[2] 张亮. 徽州古道的概念、内涵及文化遗产价值 [J]. 中华文化论坛，2015 (09)：37-43，192.
[3] 陈媛. 浙江桐庐深澳古村落人居环境研究 [D]. 杭州：浙江工业大学，2014.
[4] 王德祺，庄福绪.《梦里徽州——新安江风情图》解读 [J]. 美术教育研究，2010 (04)：40-47.
[5] 范霄鹏，袁媛. 资源观视野下的历史文化脉络——基于遂安古城的姜家商业街建设 [J]. 中国名城，2009 (10)：44-49.

明清江苏淮南盐业聚落特征解析

赵 逵[①] 张晓莉[②]

摘 要: 在江苏沿海人类文明进程中,淮南海盐起到了重要作用,它既是明清经济的重要组成部分,也是沿海聚落发展变迁的主要动因,且江苏海盐聚落自成体系,形态各异。论文根据聚落在盐业经济中所起作用不同,运用文献资料分析法、古地图解读法、比较研究法等,对海盐聚落进行分类,主要划分为场镇聚落与生产聚落两类,并在此基础上对不同类型聚落的分布、形态特征进行分析。以期发掘江苏淮南海盐聚落文化,为海盐聚落保护提供建议。

关键词: 场镇聚落 生产聚落 分布特征 形态特征

两淮盐业是明清食盐之首,其盐课占全国盐税之半,盐运之利更是国家赈灾、公共设施修建、宫廷开支的主要支撑。而清末以前,淮南盐产量占两淮整体产量的五分之四,因此在明清江苏经济与文化发展过程中,淮南盐区曾发挥过重要作用。正因淮南盐课极重,其生产过程由政府严格把控,故其聚落分布与空间形态均深受管理因素的影响。而盐业生产又与农业生产不同,农业生产以改造自然为主,而盐业生产则以适应并利用自然的为主,故江苏淮南海盐聚落在明清长期演变发展中形成了自身独有的分布与形态特征。本文在将在明清淮盐经济发展的基础上,浅析江苏淮南盐业经济影响下的盐业聚落分布和聚落形态,以期弥补江苏盐业聚落的研究的不足。

一、明清江苏海盐聚落的分化

明清时期,盐业经济政策改变带来了海盐聚落的功能完善。汉代以前,江苏东部沿海一片荒芜,人迹罕至,吴王濞招天下亡命之徒煮盐,人口聚集。唐代,淮盐生产初具规模,盐场陆续形成,但当时也仅以生产功能为主,人口相对单一。发展至明代,随着开中法的持续实施,盐业政策的改变,原本完全官营的淮盐,逐渐向商品盐业转化,商人资本在淮南盐业经济中所起的作用渐渐增大。加之开中法实施至明代中后期问题百出,边商从完成纳粮到获取盐利,短则几年,长则十数年,严重阻碍了资金的周转,众多商人不愿继续开中,故出现了边商、场商和行商的分化,使得开中形成了相对完整的产业链,每个过程环环相扣,由不同商人分别负责。其中场商主要负责在场收盐,他们的形成盐业聚落注入了商人资本的同时,也加速了盐业聚落管理、商业、文化等功能的完善。

自然环境的变迁使得生产区与管理区分离,新的聚落随之形成。明代黄河全线夺淮入海,大量泥沙淤积,江苏海岸带大部分岸段出现快速淤进,范公堤以东海涂不断淤宽,荡地面积广袤,形成了大面积的海滨滩涂[③](图1),这一地理环境的变化对淮南盐业经济产生了深远的影响。因淮南盐生产最主要的原料为海水,海岸线东迁以后,原本的产盐聚落不再临海,生产所需的海水无法就近获得,为节省成本,生产区随着海岸线不断东迁,逐渐形成新的生产聚落(图2)。

综上所述,明清海盐政策改变和自然环境变迁,完善了聚落的功能,同时也促进了聚落的分化。原本单一的海盐聚落,分化形成了场镇聚落与生产聚落两类。其中,场镇聚落集管理、贸易、运输、居住等功能为一体,是周边区域的政治、经济、交通中心;生产聚落规模则较小,功能也较为单一,仅以生产为主。

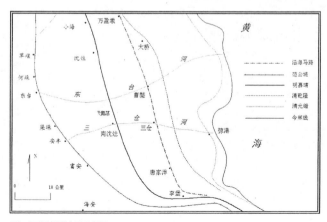

图1 江苏海岸线变迁示意图
(图片来源:引用自鲍俊林.明清江苏沿海盐作地理与人地关系变迁 [D].上海:复旦大学,2014:49)

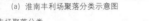

(a) 淮南丰利场聚落分类示意图　　　　　　　　　　　　　　(b) 淮南安丰场聚落分类示意图

图2　淮南丰利场和淮南安丰场聚落分类
(图片来源：作者自绘，底图来源于（明）盐法志．北京：方志出版社，2010)

二、明清淮南盐业聚落的分布特征

1. 淮南场镇聚落的分布特征

明清场镇聚落西侧紧邻江苏东部串场河、运盐河，东侧以范工堤为海防屏障，整体沿海岸线呈南北向带状分布。淮南产盐聚落由汉至唐，逐渐形成，唐末安史之乱过后，淮盐成为政府依赖的税源，为便于淮盐外运，保证盐课，政府疏通修筑复堆河的同时，沿海岸线分段修筑堤坝。历经百年，至宋代原有堤坝年久失修，每当海潮涨漫之时，盐田灶舍尽毁、灶丁生活困苦不堪，盐业生产备受影响，时值范仲淹任西溪盐仓监，召集兵夫急速修复，至此淮南盐场的分布格局初步形成。发展至明清，虽海岸线不断东迁，但因盐业经济的发展，场镇聚落已由最初的生产聚落，转变为集贸易、交通、政治、经济为一体的区域中心，为保证其交

通顺畅，免受潮汐影响，场镇聚落分布格局基本稳定。但聚落规模有所扩展，尤其到了清代，淮南众多场镇聚落已越过范工堤，向东发展，形成西侧以串场河、运盐河为边界，东侧以范工堤为海防屏障的分布格局，且此格局一直延续至今，仍保留完整（图3、图4）。

2. 明清淮南生产聚落的分布特征

（1）带状分布

明代，产盐聚落主要沿海岸线呈南北向带状分布。明代江苏海岸线东迁开始加速，产盐聚落与场镇聚落分离，随海岸线不断东迁。但明代产盐聚落规模较小，根据对比明代嘉靖《两淮盐法志》和清代康熙《两淮盐法志》中灶丁人口数量的不完全统计可以发

图3　明代淮南盐场分布特征示意图
(图片来源：作者自绘，底图来源于（明）盐法志．北京：方志出版社，2010)

图4　明清淮南产盐聚落现代分布示意图
(图片来源：作者自绘，底图来源于谷歌地图)

现，明嘉靖年间淮南盐场灶丁人口的数量，仅为清康熙年间的八分之一，故此时生产聚落规模仍旧较小，数量较少，密度相对较低，仅沿海岸线分布已能满足生产需求，因而生产聚落主要沿海岸线呈带状布局（表1）。

明代产盐聚落分布特征 表1

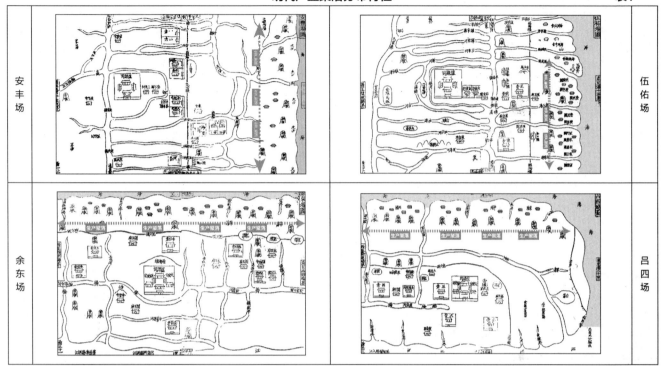

清代，产盐聚落沿灶河呈东西向带状分布。清代海涂较之明代已大规模外扩，淮南盐业生产区的面积不断扩大。同时由于国家财政支出的持续增加，淮南盐课亦逐年增加，灶丁人口不断增长，到清康熙年间，已增长至明嘉靖年间的八倍之多，如明代一般，仅沿海岸线呈南北向分布的生产空间已无法满足生产的要求。故多条灶河疏通，为便于生产聚落逐渐沿灶河聚集，沿东西方向纵深发展，整体沿灶河呈现东西向的带状分布（表2）。

清代产盐聚落分布特征 表2

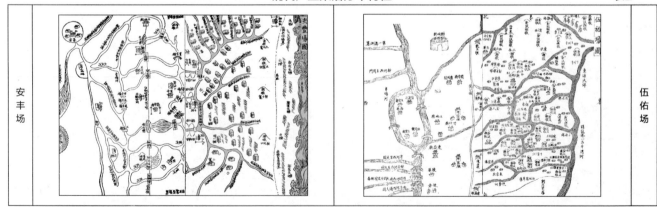

（2）以潮墩、堤坝为防护的分布特征

明清时期，生产聚落均围绕潮墩或堤坝分布。为方便获得海水，淮南海盐产区均紧邻海边，但也因此长期遭受海潮侵蚀。为保证盐业的正常生产，保证灶民的安全，明清政府在江苏东南沿海修筑了大量潮墩和堤坝。根据嘉靖《两淮盐法志》记载："曰东台，距使司二百四十里，分司置焉……避潮墩散列六团，凡十有二；梁垛，距分司凡七里、使司二百四十里……避潮墩散列六团，凡十

有二。"④结合《两淮盐法志》中的配图可知，此时产盐聚落主要以潮墩为海防，聚落与潮墩间隔设置（图5）。

三、明清淮南盐业聚落的空间形态特征

由前文分析可知，淮南盐业聚落的空间形态根据不同类型聚落所承担的职能不同而形成了各自的特征。

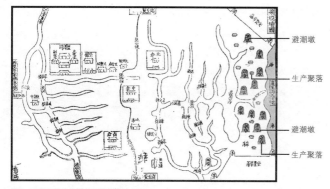

图5　明代海盐生产聚落围绕潮墩布局图
（图片来源：作者自绘，底图来源于明嘉靖《盐法志》，方志出版社，2010）

1. 明清淮南场镇聚落的空间形态特征

（1）四面环水的空间形态

明清场镇聚落整体空间形态为四面环水。这是由于自淮盐出现

起，便采用煎盐之法制盐。据宋代《熬波图》可知，其生产聚落以"团"为单位进行修筑，团有围墙，似于城池，所有生产均位于团内（图6、图7）。至宋代范工堤修建后，海潮不得至，加之明清时期海图外扩，场镇所在之地土壤盐分逐渐降低，促使生产区与场镇分离，使得场镇成为集盐业运输、管理、贸易为一体的多功能城镇，其规模不断扩大，原本团的布局形态已无法满足心理需求，故围墙逐渐被拆除。但为保证盐业外运，故以河道代替。因河道相较于陆路，更利于管控，便于私盐稽查，在一定程度上有利于盐课的稳定。从而场镇聚落形成了四面环水的格局（图8、图9），并一直保存至今。

（2）以管理为核心的空间形态

虽明清时期盐业由官营转为商品，商人资本逐渐介入盐业生产环节，但因盐课之于国家财政而不可替代，使得政府依旧严格把控盐业生产。故场镇聚落虽是周边地区得商业中心、经济中心、交通中心，但唯有其政治功能最为核心，因而场镇聚落内部空间均围绕

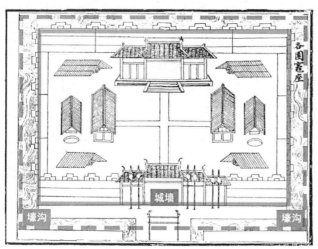

图6　围合的团空间
（图片来源：肖东升根据元陈椿《熬波图》改绘）

图7　团外筑墙
（图片来源：肖东升根据元陈椿《熬波图》改绘）

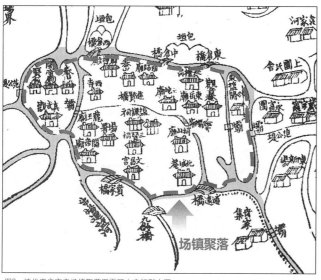

图8　清代嘉庆富安场镇聚落四面环水空间形态图
（图片来源：作者自绘，底图来源（清）周右. 东台县志. 台北：成文出版社，1970：88-89）

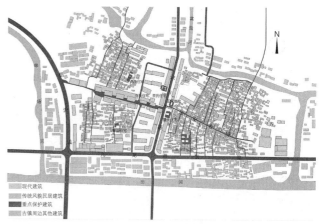

图9　现代富安古镇总图
（图片来源：作者自绘，底图来源于谷歌地图）

管理空间展开。

明代生产区域虽已从场镇空间脱离，但此时的场镇空间组成依旧相对简单，主要由管理空间和文化空间组成，其中管理空间设置于场镇中心处，且位于范工堤西侧，受范工堤保护，文化空间主要围绕管理空间布置，但此时相对自由，如明嘉靖梁垛场（图10）。随着明代后期商人资本的深度介入，人口开始大量聚集，场镇聚落空间亦出现了详细划分。根据清嘉庆《东台县志》梁垛场可知，至嘉庆年间，场镇空间由原本的管理、文化两类，扩展为集管理、公共慈善、文化、商业、农业等空间为一体的综合空间形态，其中管理空间面积较之明代有所缩小，但空间位置未变，仍旧为位于场镇的核心处。文化空间、商业空间和公共慈善空间围绕管理空间设置，农业空间设置于场镇西侧外围，拥有较好的水利条件，同时亦受范工堤保护，免受海潮的侵蚀，保证农业生产（图11）。

2. 明清淮南生产聚落的空间形态特征

明清生产聚落空间组成较为单一，以生产为主，其空间形态亦于生产流程相适应。由明至清，淮南盐业均采用煎盐法制盐，其生产流程主要分为：修建房屋、开辟摊场、引纳海潮、浇淋取卤、煎盐炼盐五步，其中对生产聚落空间产生重要影响的主要是开辟摊场、引纳海潮、浇淋取卤、煎盐炼盐四步。但由于历代文献资料对生产聚落记载较少，且产聚落空间发展至今多有变强，并未得以较好的保存，故而难以做出较为详细准确的分析，仅可根据元代《熬波图》和明嘉靖、清康熙《两淮盐法志》中数幅图片推断一二（图12~图15），即生产聚落的空间形态围绕海盐生产展开，滩场、亭灶等是其主要的功能空间。

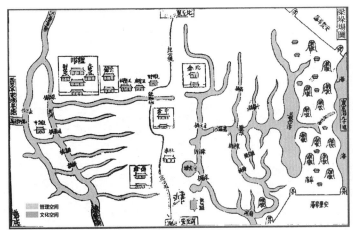

图10 明代梁垛场内部空间形态布局图
（图片来源：作者自绘，底图来源于（明）盐法志，北京：方志出版社，2010：26）

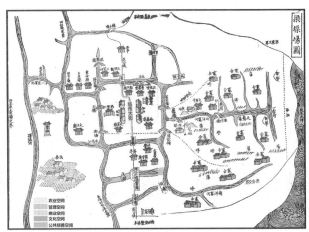

图11 清代梁垛场内部空间布局图
（图片来源：作者自绘，底图来源（清）周右．东台县志．台北：成文出版社，1970：92~93）

图12 灶丁开辟摊场图
（图片来源：《熬波图》）

图13 引纳海潮图
（图片来源：《熬波图》）

图14 浇淋取卤图
（图片来源：《熬波图》）

图15 煎盐炼盐图
（图片来源：《熬波图》）

四、结语

　　明清淮南盐业是国家的财政支柱，是江淮地区的经济核心，亦是江苏东部海盐文化发展的根源。聚落是淮南海盐文化的物质标本，亦是海盐文化传承不可忽视的重要组成部分。本论文通过对明清淮南盐业经济的分析，将海盐聚落划分为场镇聚落与产盐聚落两类，并结合每类聚落在淮南盐业经济中所起的作用不同，对其分布和空间形态特征进行详细的分析和总结。以期为淮南海盐的文化传承与发展做出应有的贡献。

注释

① 赵逵，华中科技大学建筑与城市规划学院，教授、博士生导师。
② 张晓莉，华中科技大学建筑与城市规划学院，博士生。
③ 鲍俊林. 略论盐作环境变迁之"变"与"不变"——以明清江苏淮南盐场为中心 [J]. 盐业史研究，2014（01）：22-29.
④（明）史起蜇，张榘撰. 嘉靖两淮盐法志. 北京：方志出版社，2010.

参考文献

[1] 赵逵. 历史尘埃下的川盐古道 [M]. 上海. 上海东方出版社，2016.

[2] 赵逵. 川盐古道——文化路线视野中的聚落与建筑 [M]. 江苏：东南大学出版社，2008.

[3] 郭正忠. 中国盐业史·古代篇 [M]. 北京：人民出版社，1999.

[4]（明）史起蜇、张榘撰，嘉靖两淮盐法志，方志出版社，2010.

[5]（清）周右. 东台县志，台北：成文出版社，1970.

[6] 鲍俊林. 明清江苏沿海盐作地理与人地关系变迁 [D]. 上海：复旦大学，2014.

[7] 陈饶. 江淮东部城镇发展历史研究 [M]. 南京：东南大学出版社，2016.

[8] 鲍俊林. 略论盐作环境变迁之"变"与"不变"——以明清江苏淮南盐场为中心 [J]. 盐业史研究 [J]，盐业史研究，2014（1）.

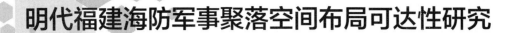

明代福建海防军事聚落空间布局可达性研究

谭立峰① 邢 浩② 周佳音③ 张玉坤④

摘 要： 明代福建饱受倭患侵扰，在抗倭战争中一直存在实际防御力不足，协同防守能力较差的问题。本文基于可达性原理，从烽燧体系、屯兵聚落和驿传系统三个层次分别采用针对性的统计方法，对福建海防军事聚落空间布局进行可达性分析。研究发现福建海防军事聚落密度相对较低，虽然明代福建海防烽传和驿传体系的可达性良好，但最核心的屯兵聚落空间布局可达性较差，加之明中后期驻兵数量锐减，对军事聚落的整体性防御产生了长期的负面影响。

关键词： 明代海防 福建海防 军事聚落 可达性

明代沿海各防区中，以《八闽通志》中记载的明洪武、弘治、嘉靖人口和秋收粮食数量为例，由图1、图2可知，福建防区人口较少，农业等经济发展水平落后于南直隶、浙江、山东等地，与广东持平[1]。但如图3、图4所示，福建防区受倭寇侵扰的程度较深，遇倭患的次数约是广东防区的两倍，与最严重的浙江和南直隶防区差距不大。但依据《筹海图编》中对各地海防卫所的记载，福建防区卫所聚落数量较少，与受倭寇侵扰次数最少的辽东地区持

平，且聚落面密度也较低[2]。通常情况下，倭寇倾向于入侵富庶之地掠夺钱财，人口多且经济发达的地区战事发生较多，然而福建海防却表现出相反的状态，虽然经济并不发达，但不仅频繁遭倭寇入侵，甚至被侵占沿海城池受到连续攻击。这与福建海防聚落分布稀疏，聚落间某一层级可达性较差，军事协同作用发挥不充分密切相关，使得福建防区长期整体防御效力低迷。

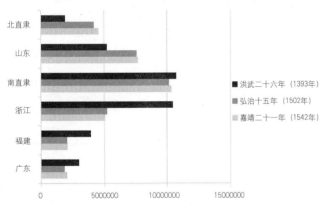

图1 明洪武、弘治、嘉靖海防部分地区人口数量

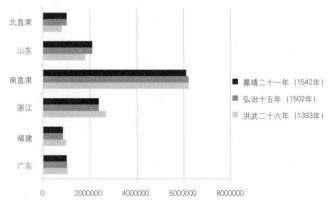

图2 明洪武、弘治、嘉靖海防部分地区秋粮米数量

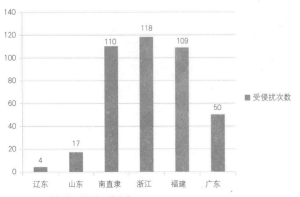

图3 明代海防各防区受倭寇侵扰次数

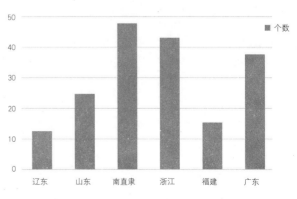

图4 明代海防各防区卫所数量

一、福建海防军事聚落的整体分布

　　福建防区内共有九座州府，沿海地区的四府一州遭受倭寇侵扰程度较深，共设有海防卫城九座、所城十四座（图5）。福建的巡检司城则根据设置位置的不同，可分为内陆巡检司城与海防巡检司城两类。据统计福建海防巡检司共56个，有明确记载单独设置城池的巡检司有41个[3]。如图6所示，其中内陆巡检司城分布较为均匀，沿海地区则分布密集。近海区域还分布着水寨聚落，有各自明确的防守范围，并由相邻近的卫城、所城分派兵员与船只协同防守[4]，其分布如图7所示。此外朝廷在大量建设屯兵聚落的同时，还广泛设置用于观察、通报敌情的烽堠、墩台等小型军事聚落，虽现存遗址较少，但依据典籍记载可知其所在山川的位置分布如图8所示。对于福建防区的驿传聚落，整体布局呈环状，以福州为中心，沿闽江与海岸两个主要方向发展。福建驿路分为北路、东路和南路三条主要干线，其中东路干线的设置，将福建防区沿海四府一州相串联[5]，其空间分布如图9所示。

　　福建防区的倭患集中在明嘉靖时期，明嘉靖以前的153年间，仅遭受11次倭寇侵扰[6]。明初福建整体军事实力较强，在与倭寇的战斗中有胜有负。倭寇也会在发动侵略后的短时间内离开侵略地点，无长期割据某地筑巢的现象。嘉靖之后，福建防区逃兵现象严重，军事聚落修缮不足，在戚继光等优秀抗倭将领支援福建防区之前，明军与倭寇的战斗胜少负多。将嘉靖年间倭寇登陆福建地区海岸的位置和防区内卫、所、巡检司城的分布进行标注（图10），可以发现倭患发生点已深入内陆，部分地区无卫城或所城等较大规模的聚落设置，一旦聚落间可达性较差，相互驰援能力不足，倭寇则可能长时间在陆地流窜。加之明代中期水军巡海制度废除，福建海防远海防线不复存在，水寨内迁使得近海防线向内陆收缩，倭寇常深入福建内陆，发动大范围长时间的侵略行径[7]。

二、福建海防军事聚落布局可达性理论分析思路

　　福建防区内大型军事聚落的数量不足，对聚落间的可达性必然造成一定影响。可达性概念诞生于交通领域，代表交通网络中各节点相互作用机会的大小，代表从一个点到另一个点的容易程度。这里的"点"可以是实体点，也可以是抽象的点[8]。针对不同类型的海防军事聚落，整体性防御下的可达性分析侧重点也有所不同。

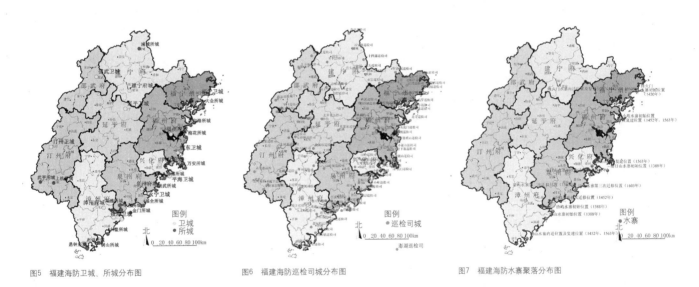

图5　福建海防卫城、所城分布图　　　　图6　福建海防巡检司城分布图　　　　图7　福建海防水寨聚落分布图

图8　福建海防烽堠墩台分布图　　　　图9　福建海防驿站、急递铺、递运所分布图　　　　图10　倭寇侵扰位置与海防聚落布局关系图

在一次完整的抵御倭寇侵扰战斗中，海防军事聚落可分为三个层级：烽堠、墩台发挥战前预警作用；卫城、所城、巡检司城、水寨官兵发挥防御、歼敌作用；驿站、急递铺、递运所发挥请求增员和后勤保障作用。

（1）对于烽堠、墩台信息传递的可达性来讲，相比于听觉传递，视觉传递是更为重要的方面。其战前预警作用要求尽早发现敌情并迅速、准确地将敌情信息传递给屯兵聚落中的防御、歼敌部队。视觉传递可达性即为可视域分析[9]，可视范围越广，对敌情的侦查、监视便更为高效，各烽堠、墩台之间的信息传递也更为可靠。

（2）对于卫城、所城、巡检司城屯兵聚落而言，接收倭情信息后，屯兵聚落中官兵要尽快到达倭寇侵扰地点或以城池为依托组织防御。当倭寇侵扰力量较强，入侵兵力远远大于守卫兵力时，各层级屯兵聚落之间便不得不采取协同防御的方式组织防守与支援。对相互驰援可达性影响最大的因素即为各聚落之间的直线距离。理论上两点之间的直线距离可以用欧氏距离表示。然而现实中，行军速度会受到海拔高程、地形坡度的影响，其驰援路径并非直线。故需利用图层加权叠加工具，将海拔高程、坡度与各军事聚落驰援欧氏距离图层相叠加，最终得到屯兵聚落相互驰援的可达性。

（3）对于以驿路为基础的驿站、急递铺、递运所等军事聚落而言，当防御战争进入准备阶段或是开始进入僵持阶段后，便需要通过驿路传递军事信息、人员、物资，充足可靠的后勤保障是各屯兵聚落持续防御的根本。这需要驿传系统的布局能够满足高效的运输要求，将军事信息、人员、物资以最小成本传递到海防防区各地是驿传系统的主要任务。最小成本距离是通过计算每个像元从成本面或到成本面上最小成本源的最小累积成本距离得到[10]。针对福建海防驿路，其干线建设是以贯穿各沿海府沿卫为目的的，而驿路的建设主要受地形影响。故以卫城、所城为源数据，以福建地区的DEM数据为成本面，对福建海防防区的驿传系统加以分析。

三、福建海防军事聚落布局可达性分析

1. 福建海防烽传体系布局可达性分析

福建海防烽燧体系布局的可达性重点参考其可视域范围。参照《八闽通志》与《筹海图编》等相关记载，最大限度地标注福建地区烽堠、墩台的具体位置情况，得到福建海防防区烽堠、墩台视域分析如图11所示。从地势上，中部福州府、兴化府与泉州府地区内的烽堠、墩台可视情况优于北部福宁州与漳州府南部地区。福宁州、福州府北部与漳州府沿海地区山脉较多，对烽堠、墩台的可视范围影响较大。

但从整体福建海防防区沿岸每百公里设置烽堠、墩台数量约为25座，平均每4公里就有一座烽堠墩台设置。一般条件下人眼在白天可以看到6～25公里外的船只，在夜晚可以看到20多公里外的光

图11　福建海防防区烽堠、墩台视域分析图

亮，登高望远则可以看到更远的地方[11]。以史料记载明确的望海埚大捷为例，明永乐十四年（1416年）六月十四日晚，望海娲负责瞭望的士兵报告广鹿岛方向举火示警有倭寇侵扰状况发生。望海埚现位于大连市金州区赵王屯东的高地上，广鹿岛则位于大连市长海县柳条村，两地直线距离为32.6公里。即使两地之间还有其他烽堠、墩台的设置，广鹿岛至望海娲海岸最近距离也有20公里[12]。这可以证明，虽然福建地区烽堠、墩台的设置中部视野优于南北两端，但整体上烽传体系布局的可达性均能够满足对敌情信息的侦查与传递任务。

2. 福建海防屯兵聚落布局可达性分析

各屯兵聚落或聚落周边地区遭受倭寇侵扰时，可利用相邻屯兵聚落出兵增援速度为主要对象来分析福建海防屯兵体系的驰援可达性。若按照步兵至多日行60里的行军速度设定驰援范围，一日内的增援较为理想[13]。理论上若增援路线为直线在进行欧氏距离分析时，将驰援范围以重分类方式平均分为24等份，每份代表各聚落在一小吋之内可以驰援的距离。如图12所示，图中每个不同颜色色环代表理论上一个小时内屯兵聚落兵力驰援所能到达的范围。但是在实际增援过程中，利用加权叠加方法将海拔高度、坡度与欧氏距离三者各赋权重，合并得到各因素欧氏距离分析图，如图13所示。图中不同颜色代表各驰援军队到达不同地区所需时间，驰援军队应该选择到达需要增援地区时间较短的路径进行驰援，更加贴近实际情况。

从福建海防卫城对周边主要军事聚落驰援可达性分析来看，如图14所示，卫城中仅泉州府城与永宁卫城实现一天内的驰援，其余三座府沿卫城与沿海卫城之间在一天内均无法到达。例如，福州

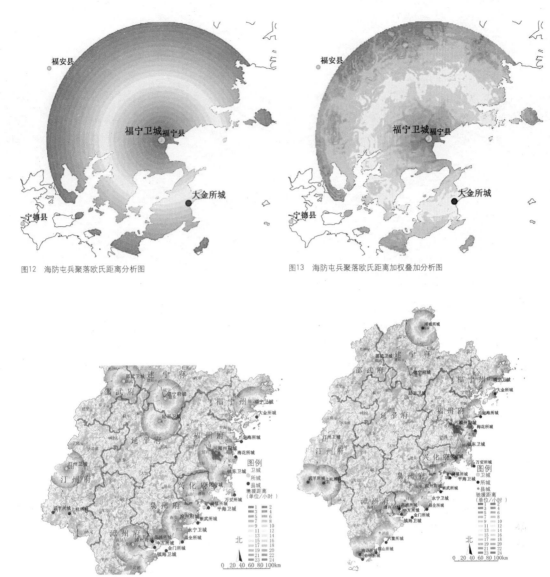

图12 海防屯兵聚落欧氏距离分析图　　　　图13 海防屯兵聚落欧氏距离加权叠加分析图

图14 卫城欧氏距离加权叠加分析图　　　　图15 卫城欧氏距离加权叠加分析图

府城与镇东卫城之间仅直线距离为52公里；兴化府城与平海卫城直线距离为45公里；漳州府城与镇海卫城直线距离为58公里。以各卫城驰援军队日行60里的正常行军速度在一天之内并不能到达事发地点。而从卫城对所城的驰援关系来看，在沿海14座守御千户所城中，仅福宁卫城对大金所城、平海卫城对蒲禧所城、永宁卫城对福全所城的驰援可达性较高，其余11座所城在一天之内也并不能得到相邻卫城的及时增援。如图15所示，从所城相互之间的驰援可达性上看，在沿海14座守御千户所城中，仅有南诏所城与玄钟所城、高浦所城与中左所城之间在一天之内可以相互驰援，其余10座所城相互之间距离较远，驰援可达性差。

对分布密集的巡检司城而言，统计其欧氏距离可发现福建海防防区80%的沿海巡检司城布置在卫城兵力一天之内即可到达的地方，42%的沿海巡检司布置在卫城兵力半天之内即可到达的地方。85%的沿海巡检司布置在所城兵力一天之内即可到达的地方，63%的沿海巡检司布置在所城兵力半天之内即可到达的地方。但是巡检司城兵力较少，至多为100人。加之明代中后期各卫城、所城兵力大量逃亡后，各屯兵聚落依靠自身防御力量很

难独立完成防御大批倭寇入侵的任务。虽然巡检司城对各卫所具有良好的可达性，但这样的兵力数量在明代后期数千入侵的倭寇数量面前并不能很好地缓解各支援地区的防守压力。此外，水寨兵力驰援多以战船作为交通工具。战船航行受季风、洋流影响较大，航速不确定，故本文暂不考虑水寨对周边屯兵聚落的驰援可达性问题。

3. 福建海防驿传体系布局可达性分析

根据杨正泰《明代驿站考》与福建省地方志编纂委员会主编的《历史地图集》，可还原福建防区驿路的基本走势。将所得已知驿路和推测的复原驿路分布图叠加、所城空间布局的最小成本距离，得到图16、图17。由此可知，明代福建驿路干线走势与各府沿卫城最小成本距离分布一致。干线串联各个县治，支线则主要根据沿海卫所间最小成本距离分布情况而设置。各沿海卫所虽没有驿站的设置，屯兵聚落城中或聚落周边均有次级的急递铺设置。而巡检司城的分布对驿传聚落的设置影响不大，但由于巡检司城数量多分布相对密集，对各级驿传聚落依然保持了良好的可达性。

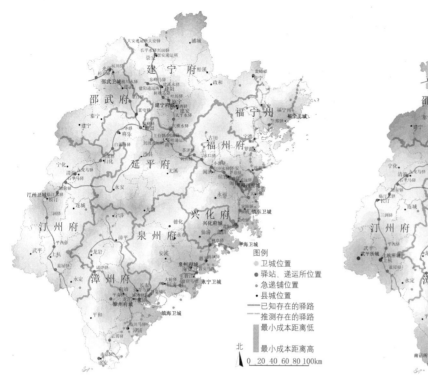

图16 卫城最小成本距离与驿传聚落分布关系图

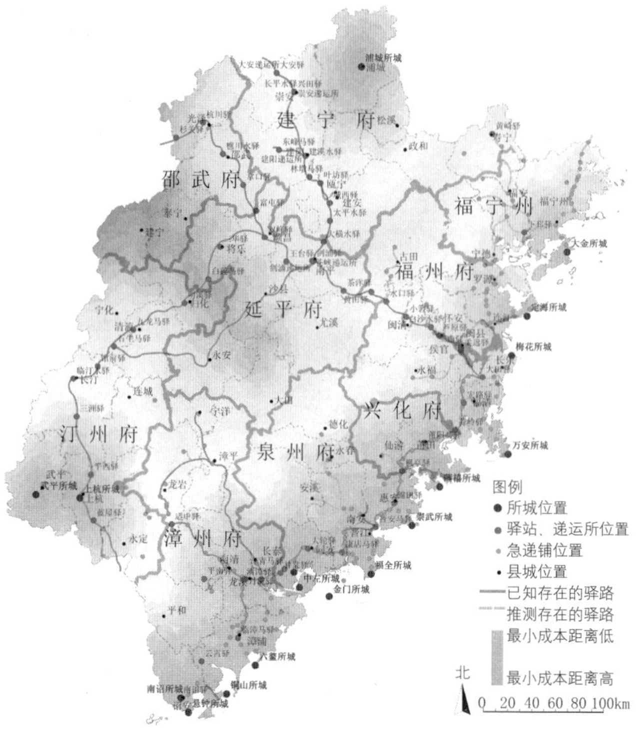

图17 所城最小成本距离与驿传聚落分布关系图

其中福建北驿路干线，按府沿卫城西北—东南走向的最小成本距离将福州府、延平府、建宁府与邵武府连接起来。可以明显看其按照卫城最小成本距离布局的趋势，但对所城分布考虑不多，例如并无驿路通往最北端的蒲城所城。福建东驿路干线则是按照府沿卫东北—西南走向的最小成本距离趋势设置的。虽然并未将沿海卫城、所城涵盖入内，但东路干线总长度约为360公里，其间共分布有驿站16座，平均间距为22.5公里。依据《漂海录》中记载，浙江至辽东范围内"陆驿相距或六十里，或七、八十里"[13]可知，福建驿站设置间距远小于浙江、辽东等地区。以驿马传递军事信息最高速度为一昼夜300里计算，福建东驿路干线将军事信息从北部福州府城传递到南部漳州府城仅需不到2昼夜，具有良好的时效性。同时对沿海卫、所也有良好的可达性，满足物资补给和信息传递的需要。

四、以福宁卫城为例的海防军事聚落布局可达性

福宁州地区海防各级军事聚落密度较低，是整个福建防区相对薄弱的区域。以明嘉靖年间福宁卫城遭受单次持续时间最长的一次倭寇侵扰为例：据《福安县治》记载，明嘉靖三十八年（1559年）三月二十六日倭寇数千人进攻福宁卫城。二十七日，倭寇增兵千余人，分兵南北攻城并占据城外金字山，居高临下发射箭、铳射死、射伤守垛士兵多人。随后又有两千倭寇从小沙登陆，扎营利埕，持续侵扰州城。至四月初，倭寇兵力继续增加反复进攻福宁卫。守城军民以卫城城池为依托，经过七昼夜奋战，才艰难退敌[14]。记载中，此次战役福宁州城并未得到周边屯兵军事聚落的支援，只能以自身防守力量抵抗倭寇侵扰。从小沙登陆并扎营利埕的两千名倭寇

并未遭受任何阻截来看，此时福宁卫周边聚落并未发挥整体防御的作用。图18显示了福宁州地区海防各级军事聚落的布局情况，可以发现：

（1）在敌情信息传递层面

若利用烽燧传递敌情，福宁卫城、大金所城下属烽火台近二十处，倭寇在福宁卫辖区登陆，此处末端烽传聚落密度较高，一个小时之内即可将敌情信息迅速传递到福宁州沿海各屯兵军事聚落。但更远的定海所城则无法利用烽燧传递。若利用驿路传递敌情，如图18所示福宁州驿路向北连接浙江地区，向南城连接大金所城。福宁州东路、南路共有22座急递铺，驿站间的平均间距约5公里，这与文献记载的"凡十里设一铺"[15]相吻合。从福宁卫城至大金所城距离约为27公里，其间设置州前铺、黄沙铺等5座急递铺，平均间距为5.4公里。当大金所城或福宁卫城遭受倭寇袭击时，按日行300里的传递速度，两者之前通过驿传系统传递军事信息则需4个小时左右。而从福宁卫城向定海所城求助增援，则需要绕过宁德县（今为宁德市）与罗源县，驿传距离超过200公里，无法满足一日内及时的信息传递。

（2）在屯兵聚落驰援层面

从福宁州前铺出发通过驿路大概需要4个小时将敌情信息传递给大金所城，大金所城驻防军队在接到增援消息后，大致需要18个小时赶赴福宁卫。以该方式推导，大金所城驰援兵力大致需要23个小时；西臼寨巡检司城大致需要22个小时；高罗巡检司大致需要19个小时；松山巡检司大致需要4个小时；芦门巡检司城大致

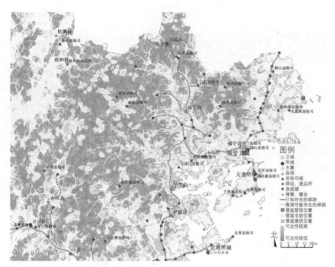

图18 福宁州地区各军事聚落驰援情况示意图

需要2个小时来完成对福宁卫城的驰援任务。而此推算，理想状况下在一天之内福宁卫城仅可集结1座所城和4座巡检司城不足两千人的兵力。加之同一时间，宁德县（今为宁德市）也是倭寇的重要登陆攻击点，将阻断定海所城的增援。所以，面临数千倭寇集中、迅速地进攻，福宁州周边聚落无法也没有足够的兵力及时增援，区域整体性防御性较差，导致倭寇长时间筑巢作乱，福宁卫也只能依托聚落城池顽强防守。

五、结语

在明代东部沿海各个防区中，福建海防聚落数量和承受的倭寇攻击程度不相匹配。虽然烽传和驿传聚落设置密度满足信息与物资传递需求，但是卫城、所城等屯兵聚落数量不足，整体布局不够合理，巡检司城虽密集分布但驻兵数量过少，加之明中期水寨聚落废置上防线退缩，导致无法满足协同作战互相驰援的需求。所以，屯兵聚落相互间可达性较差是福建沿海军事聚落长期防御力不足的重要原因。明初福建兵力充足与宣府镇相当，聚落空间布局存在的问题尚不显著，但至明嘉靖、万历时期，福建防区的兵员逃亡严重不足明初期的三分之一，兵员总量远远少于相邻的浙江防区，与福建海防聚落深受倭寇侵扰也有很强的关联。

注释

① 谭立峰，天津大学建筑学院，建筑文化遗产传承信息技术文化和旅游部重点实验室，副教授。

② 邢浩，天津大学建筑学院，建筑文化遗产传承信息技术文化和旅游部重点实验室，硕士。

③ 周佳音，天津大学建筑学院，建筑文化遗产传承信息技术文化和旅游部重点实验室，博士。

④ 张玉坤，天津大学建筑学院，建筑文化遗产传承信息技术文化和旅游部重点实验室，教授。

注：全部图表为作者自制，图1、图2数据来源于《八闽通志》，图3、图4数据来源于《筹海图编》，图5～图18底图来源于ArcGIS Online。

参考文献

[1] 黄仲昭. 八闽通志 [M]. 福州：福建人民出版社，2006.

[2] 尹泽凯. 明代海防聚落体系研究 [D]. 天津：天津大学，2016.

[3] 顾炎武. 天下郡国利病书 [M]. 上海：上海古籍出版社，2012.

[4] 姜天裁. 明代福建海疆防卫述略（上）[J]. 福建史志，2019（01）：1-5+63.

[5] 郑克晟. 明朝初年的福建沿海及海防 [J]. 史学月刊，1991（01）：50-55.

[6] 朱维干. 福建史稿 [M]. 福州：福建教育出版社，2008.

[7] 严欢. 明福建沿海卫所防御体系的空间量化研究 [D]. 广州：华东理工大学，2016.

[8] 宋明洁，王宏志，邵奇慧，罗静，周勇. 小城镇可达性及其与农村聚落空间格局的关系——以荆州市93个小城镇为例 [J]. 人文地理，2013，28（05）：54-60.

[9] 尹泽凯，张玉坤，谭立峰，刘建军. 基于可达性理论的明代海防聚落空间布局研究——以辽宁大连和浙江苍南为例 [J]. 建筑与文化，2015（06）：111-113.

[10] 谭立峰，张玉坤，林志森. 明代海防驿递系统空间分布研究 [J]. 城市规划，2018，42（12）：92-96+140.

[11] 贾翔，李莉，李琪，陈蜀江，陈孟禹，黄铁成. 基于GIS和可视性分析的鄯善县烽燧系统研究 [J]. 新疆师范大学学报（自然科学版），2017，36（02）：13-22.

[12] （明）茅元仪. 武备志. 卷一百一十一. 军资乘 [M]. 北京：中国兵书集成丛书，解放军出版社，辽沈书社，1989.

[13] 葛振家. 崔溥《漂海录》评注 [M]. 北京：线装书局，2002.

基金项目：本研究受国家自然科学基金面上项目（51678391、51778400）和教育部哲学社会科学研究重大课题攻关项目（19JZD056、18JZD059）支持。

基于地理单元下福温古道及沿线闽地聚落时空演化

张　杰① 郭天慧 陈梦婷

摘　要： 作为文化线路的福温古道，具备了线性遗产的普遍特性，具有重要的研究价值。本文依据行政区划，划分了七大地理单元，基于历史文献解读与现状调研，得出了沿线聚落的谱系，参数化解读了福温古道及沿线闽地聚落的时空演化规律与特征，认为福温古道及沿线聚落兴起于唐代，发展于宋，鼎盛于明清。其空间形态上，呈现沿着古道由点到面的布局特征，其中，山谷、河畔、滨海地段为聚落密集区域，呈现面状分布特征，而山地丘陵地势复杂之处多呈现点状散落分布的特征。在空间演化上，围绕古道呈现空间的离心扩散与向心聚集的双重特征，整体呈现非均质性的演化形态。

关键词： 地理单元　福温古道　沿线聚落　时空演化

一、引言

随着大运河、丝绸之路等线性文化遗产申遗的成功，文化线路作为一种新型的遗产类型，备受社会各界关注。学术界对此的研究也日趋重视，成果也日益丰富。由王志芳、孙鹏（2001）在《遗产廊道——一种较新的遗产保护方法》[1]中将文化线路概念引入中国。俞孔坚（2004、2005）提出了遗产廊道下大运河整体保护的理论框架，并比较了美国与欧洲文化线路的异同[2]。另外，阮仪三、王建波的《作为遗产类型的文化线路："文化线路宪章"解读》[3]（2009）、丁援的《文化线路：有形与无形之间》[4]（2011）与《中国文化线路遗产》[5]（2015）、王丽萍的《文化线路：理论演进、内容体系与研究意义》[6]（2011）、奚雪松、陈琳在《美国伊利运河国家文化线路的保护与可持续利用方法及其启示》[7]（2013）、高晨旭，李永乐的《我国遗产廊道研究综述》[8]（2018）都对文化线路的理论进行了深入的研究，取得了丰硕的成果。

福温古道是连系闽北与浙北两大沿海经济地区的纽带，是人口迁徙的大通道，也是文化传播与商贸通道，具有文化线路的普遍特征，有着重要的研究价值。但随着岁月的流逝，古道早已失去了其原有的功能，其线性、走向及其空间特征等诸多问题亟待深入研究。据此，本文基于行政区划，对福温古道及沿线聚落进行参数化的研究，期望能科学理性地揭示古道及沿线聚落的空间特征。

福温古道约于秦汉时期形成，后因现代设施的建设，古道逐渐衰亡。福温古道其路径由福州经连江、罗源、宁德、霞浦（后改福安）、福鼎至温州，是中原移民南迁、南北经济贸易、文化交流与传播的重要通道。对于古道及其沿线聚落如何量化成了当下亟待研究课题之一。据此，本文基于类型学，对古道沿线聚落进行参数化实验。

二、行政区划下地理单元的划分

福温古道（闽地）沿线地形复杂，贯穿了六个县市，文化多元，因此，本研究借鉴了地理学中"地理单元"概念，将整个古道划分为若干地理单元，通过地理单元来解析古道及沿线聚落。地理单元"是指地理因子在一定层次上的组合，形成地理结构单元，再由地理结构单元组成地理环境整体的地理系统。"②"地理因子"和"地理基质"都被称为"Geographical Factors"，是构成地理整体的基本物质组分和能量组分。地理单元是约定讨论范围内地理整体的基本组成单位，本身带有结构特点，在一定层次上会有对应的地理单元。③

据此，福温古道（闽地段）划分为：福鼎段、柘荣段、霞浦段、福安段、宁德蕉城区段、罗源段、连江段七个地理单元。

三、古道及沿线聚落的时空演化实验

1. 实验前提

实验对象：古道及沿线聚落。

沿线聚落选取依据：据《唐六典》卷三"度支郎中员外郎"条规定④，得知古人每日步行约14公里。⑤据此，本文以古道为中心，两侧推进15公里范围内的聚落为研究对象。

按照时间，对沿线聚落进行筛选，即分为：唐代（及以前）、宋代、明代、清代，四个不同时间维度的聚落，以此量化不同行政区域下古道及沿线聚落的历史变迁。

2. 地理单元下的实验

（1）福鼎段

福鼎段古道总长为95公里，途径官岭镇、白琳镇、点头镇、前岐镇、潘溪镇、宅中乡、人数达到九千户，明初，有少量畲族、回族人入居。乍洋乡、桐城街道等乡镇，沿线共有40个聚落。从聚落地理分布分析，福鼎段沿线聚落多分布于桐城街道和贯岭镇；地形上，多位于山间河谷地带；分布状况上，呈现分散的集聚形态。（表1、图1）纵观福鼎历史，自秦汉时期，有瓯越、闽越族人迁移至境内。随后有大量北方汉人入境，到了三国、两晋以后，北方汉人迁居。

福鼎段古道沿线聚落概况　　　　　　　　　　　　　表1

序号	村名	建制	所属市域	所属行政区域	序号	村名	建制	所属市域	所属行政区域
1	分水关村	清代	福鼎市	贯岭镇	21	花亭村	唐代	福鼎市	管阳镇
2	白琳堂	清代	福鼎市	白琳镇	22	坡里村	宋代	福鼎市	管阳镇
3	战坪洋	清代	福鼎市	贯岭镇	23	金钗溪村	宋代	福鼎市	管阳镇
4	姚岙内	清代	福鼎市	贯岭镇	24	管阳镇	不详	福鼎市	管阳镇
5	贯岭镇	清代	福鼎市	贯岭镇	25	溪坪尾	不详	福鼎市	佳阳畲族乡
6	坪园村	清代	福鼎市	贯岭镇	26	西昆村	隋唐	福鼎市	管阳镇
7	桥头村	清代	福鼎市	桐山街道	27	南村	不详	福鼎市	管阳镇
8	镇西村	清代	福鼎市	桐山街道	28	洋尾村	不详	福鼎市	点头镇
9	塘底村	宋代	福鼎市	桐城街道	29	洋头村	明代	福鼎市	点头镇
10	岩前村	1952	福鼎市	桐城街道	30	乍洋村	宋代	福鼎市	乍洋乡
11	外墩村	明代	福鼎市	桐城街道	31	西昆村	隋唐	福鼎市	管阳镇
12	丹岐村	明代	福鼎市	桐城街道	32	大坪头村	不详	福鼎市	新林乡
13	里岭口	宋代	福鼎市	点头镇	33	双头基村	不详	福鼎市	管阳镇
14	下厝村	宋代	福鼎市	前岐镇	34	举州村	唐代	福鼎市	点头镇
15	王家山村	宋代	福鼎市	东源乡	35	翠郊村	不详	福鼎市	白琳镇
16	后章垄村	明代	福鼎市	宅中乡	36	潘溪村	不详	福鼎市	潘溪镇
17	溪尾岭村	明代	福鼎市	宅中乡	37	金谷洋村	不详	福鼎市	潘溪镇
18	新厝村	明朝	福鼎市	乍洋乡	38	后畲村	宋代	福鼎市	潘溪镇
19	瓦窑	清代	福鼎市	东源乡	39	蒋阳村	清代	福鼎市	潘溪镇
20	唐阳村	清代	福鼎市	管阳镇	40	三十六湾村	清代	福鼎市	潘溪镇

图1　福鼎段古道范围、聚落集聚图

根据对40个沿线聚落的历史文献梳理，得出福鼎段的聚落始建谱系，即在沿线40个聚落中，有详细始建时间的共有35个，其中，始建于唐代（及以前）的聚落有3个，占比0.08%，始建于宋代的共有8个，占比22%，始建于明代的共有10个，占比28%，始建于清代的共有14个，占比40%。

据此谱系可得：古道沿线聚落兴起于唐代（及以前），发展于宋代，明清时期处于鼎盛时期。另外，结合福鼎段驿道的历史文献，福鼎段驿道在明代以前设立了3个驿站，分别是分水驿、白琳驿、桐山驿，明代后，设立10个驿铺，分别是半岭铺、水北铺、岩前铺、王孙铺、顾家阳铺、五浦铺、蒋阳铺、官洋铺、龙亭铺、杜家铺。综上，可以判读出福鼎段古道及沿线聚落的时空演变规律：时间上延续了唐代到明清的发展时序，明清为聚落发展的鼎盛时期，空间上沿古道呈现由点到面的、聚落分散的空间特征（图2）。

（2）柘荣段

柘荣段总长为19公里，途径城郊乡、宅中乡、楮坪乡、东源乡、英山乡等乡镇，沿线分布33个聚落。从聚落地理分布分析，聚落多分布于城郊乡，从地形上分析，多集中分布在山间盆地，且分散分布于高海拔山腰处（表2、图3）。

图2 福鼎段古道及沿线聚落时空演变规律（从左至右依次为唐、宋、明、清）

福温古道中柘荣地区聚落 表2

序号	村名	朝代	所属市域	所属行政区域	序号	村名	朝代	所属市域	所属行政区域
1	梅树坑村	宋代	柘荣县	城郊乡	18	外村	明代	柘荣县	英山乡
2	西边村	宋代	柘荣县	城郊乡	19	后楼村	不详	柘荣县	楮坪乡
3	仙山村	明代	柘荣县	城郊乡	20	坑头村	隋唐	柘荣县	楮坪乡
4	宅里村	宋代	柘荣县	宅中乡	21	郑家洋村	不详	柘荣县	楮坪乡
5	岭边亭村	宋代	柘荣县	宅中乡	22	楮坪乡	唐代	柘荣县	楮坪乡
6	龙山村	宋代	柘荣县	城郊乡	23	洋边村	不详	柘荣县	东源乡
7	前山村	明代	柘荣县	城郊乡	24	东门岔	清代	柘荣县	楮坪乡
8	后井村	宋代	柘荣县	城郊乡	25	湾斗村	清代	柘荣县	楮坪乡
9	西宅村	明代	柘荣县	城郊乡	26	榴坪村	清代	柘荣县	楮坪乡
10	桥头村	不详	柘荣县	楮坪乡	27	白坑村	清代	柘荣县	楮坪乡
11	东源村	唐中期	柘荣县	东源乡	28	陆家村	清代	柘荣县	楮坪乡
12	李家林村	不详	柘荣县	城郊乡	29	彭家山村	不详	柘荣县	楮坪乡
13	溪头村	不详	柘荣县	城郊乡	30	山后村	宋代	柘荣县	楮坪乡
14	南岔村	宋代	柘荣县	城郊乡	31	赤岭村	宋代	柘荣县	城郊乡
15	石鼓兰村	宋代	柘荣县	英山乡	32	仙宅村	清代	柘荣县	楮坪乡
16	祭头村	不详	柘荣县	城郊乡	33	苏家洋村	不详	柘荣县	楮坪乡
17	金家洋村	明代	柘荣县	城郊乡					

图3 柘荣段古道范围、聚落集聚图

纵观柘荣段历史结合沿线聚落的族谱等文献资料，得出柘荣段沿线聚落谱系，即，33个聚落中始建于唐代（及以前）的有3个，占比0.09%，始建于宋代的聚落共有10个，占比30%，始建于明代的共有5个，占比15%，始建于清代的共有5个，占比15%。

据此谱系可得：古道沿线聚落兴起于唐代（及以前），宋代进入鼎盛阶段，明清时期沿线聚落发展较为缓慢。综上，可以判读出柘荣段古道及沿线聚落的时空演变规律：时间上延续了唐代到明清的发展时序，宋代为其发展的鼎盛时期，空间上沿古道呈现由点状分散布局的空间特征（图4）。

（3）霞浦段

霞浦段总长为43公里，途径盐田乡、柏洋乡、三沙镇、水门乡、松城街道等乡镇，霞浦段沿线共有44个聚落。从聚落地理分布分析，多分布在盐田乡、三沙镇两乡镇，在地形上，多分布在海岸滩涂盆地（表3、图5）。

根据霞浦段沿线聚落的族谱等文献资料的梳理，得出霞浦段沿线聚落的谱系，即在沿线44个聚落中，有详细始建时间的聚落共有38个，其中始建于唐代（及以前）的有3个，占比0.07%，始建于宋代的有18个，占比47%，始建于明代的有11个，占比28%，始建于清代的有5个，占比13%。

据此谱系可得：霞浦段古道及沿线聚落衍生于唐代（及以前），宋、明进入鼎盛发展期，清代至民国时期发展较为缓慢。另外，考察驿站建设情况，霞浦段在唐宋时期，境内设立了4个驿站，分别是盐田驿、温麻驿、倒流溪驿、饭溪驿，明后，境内设立19铺，民国时期，经霞浦县城出东门过衡山鼻，登天台岭，经石门坑、芜坪、半岭、杨家溪、钱大王，至龙亭，入福鼎县（今为福鼎市）。综上，可以判读出霞浦段古道及沿线聚落的时空演变规律：时间上延续了唐代到明清的发展时序，宋、明为其发展的鼎盛时期，空间上沿古道呈现由点状、分散布局的空间特征。（图5）

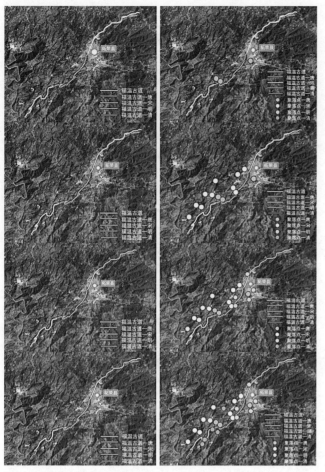

图4　柘荣段古道及沿线聚落时空演变图（从上至下依次为唐、宋、明、清）

<h2 style="text-align:center">福温古道中霞浦地区聚落</h2>

表3

序号	村名	朝代	所属市域	所属行政区域	序号	村名	朝代	所属市域	所属行政区域
1	樊湾村	宋代	霞浦县	盐田乡	15	牛店村	宋代	霞浦县	三沙镇
2	桥头村	明代	霞浦县	盐田乡	16	建头村	宋代	霞浦县	三沙镇
3	■天村	明代	霞浦县	盐田乡	17	横店村	明代	霞浦县	三沙镇
4	环园村	明代	霞浦县	盐田乡	18	东山村	宋代	霞浦县	三沙镇
5	罗源村	宋代	霞浦县	盐田乡	19	浮山村	宋代	霞浦县	三沙镇
6	外村	宋代	霞浦县	柏洋乡	20	青香村	宋代	霞浦县	水门乡
7	青福村	宋代	霞浦县	松城街道	21	溪■村	明代	霞浦县	水门乡
8	岗青村	宋代	霞浦县	松城街道	22	井下村	宋代	霞浦县	水门乡
9	高山村	宋代	霞浦县	盐田乡	23	三园里村	明代	霞浦县	木门乡
10	■仓村	隋唐	霞浦县	柏洋乡	24	青岐村	不详	霞浦县	松城街道
11	洋边村	宋代	霞浦县	盐田乡	25	古岭下村	唐代	霞浦县	松城街道
12	白岩村	宋代	霞浦县	柏洋乡	26	后港村	不详	霞浦县	松城街道
13	蓟兰村	隋唐	霞浦县	柏洋乡	27	赤岸村	不详	霞浦县	松城街道
14	岭尾村	宋代	霞浦县	柏洋乡	28	塔下村	宋代	霞浦县	松城街道

续表

序号	村名	朝代	所属市域	所属行政区域	序号	村名	朝代	所属市域	所属行政区域
29	山兜村	宋代	霞浦县	松城街道	37	丰港村	明代	霞浦县	松城街道
30	利理村	不详	南靖县	松城街道	38	下洋存村	明代	霞浦县	三沙镇
31	上沙村	明代	霞浦县	松城街道	39	二■村	不详	霞浦县	三沙镇
32	小沙村	清朝	霞浦县	松城街道	40	龟山村	明代	霞浦县	三沙镇
33	大沙村	宋代	霞浦县	松城街道	41	溪尾村	清代	霞浦县	三沙镇
34	长沙村	不详	霞浦县	松城街道	42	外坎下村	清代	霞浦县	三沙镇
35	丁步头村	不详	霞浦县	松城街道	43	西山村	清代	霞浦县	三沙镇
36	黑斗村	明代	霞浦县	松城街道	44	东边洋村	清代	霞浦县	三沙镇

图5　左为：古道范围、聚落集聚图，右为：古道及沿线聚落时空演变图（依次为唐、宋、明、清）

（4）福安段

福安段总长为96公里，途径上白石镇、赛岐镇、潭头镇、城阳镇、社口镇、板中乡、溪潭镇、甘棠镇、溪柄镇、城阳街道等乡镇，沿线共有144个聚落。从聚落地理分布分析，多分布甘棠镇、赛岐镇、潭头镇三乡镇，在地形上，聚落多沿蜿蜒的河流两岸分布（表4、图6）。

福温古道中福安地区聚落　　　　　　　表4

序号	村名	建制	所属市域	所属行政区域	序号	村名	建制	所属市域	所属行政区域
1	佳浆村	隋唐	福安市	上百石镇	9	渔洋村	宋代	福安市	潭头镇
2	郑家山村	清代	福安市	上百石镇	10	大坑村	清代	福安市	潭头镇
3	里垄坑村	清代	福安市	上百石镇	11	秀庄村	清代	福安市	潭头镇
4	牛池岭村	清代	福安市	上百石镇	12	坑过村	明代	福安市	潭头镇
5	狮子头村	宋代	福安市	赛岐镇	13	大庄村	明代	福安市	潭头镇
6	薛家垄村	宋代	福安市	上百石镇	14	西洋镜村	明代	福安市	潭头镇
7	村洋村	宋代	福安市	上百石镇	15	高岩村	清代	福安市	潭头镇
8	南山头村	清朝	福安市	上百石镇	16	陈家洋村	明代	福安市	五都

续表

序号	村名	建制	所属市域	所属行政区域	序号	村名	建制	所属市域	所属行政区域
17	南岩村	元代	福安市	潭头镇	49	柳堤村	明代	福安市	城阳乡
18	泥洋村	清代	福安市	潭头镇	50	龙井村	明代	福安市	城阳乡
19	后柘村	唐代	福安市	潭头镇	51	白沙村	明清	福安市	溪柄镇
20	柯洋村	清代	福安市	谭头镇	52	黄澜村	明代	福安市	溪柄镇
21	枢洋村	清代	福安市	谭头镇	53	后岐村	明代	福安市	甘棠镇
22	湖塘板村	清代	福安市	城阳镇	54	龟武村	明代	福安市	溪柄镇
23	阮家坑村	清代	福安市	城阳镇	55	房山村	明代	福安市	溪柄镇
24	楼岗村	清代	福安市	城阳镇	56	大船头村	明代	福安市	溪柄镇
25	林家洋村	清代	福安市	城用镇	57	北山村	明清	福安市	溪柄镇
26	西山村	明代	福安市	城阳镇	58	水田村	明代	福安市	溪柄镇
27	东口村	明代	福安市	城阳乡	59	同台村	唐代	福安市	溪柄镇
28	沙溪村	清代	福安市	社口镇	60	荡岐村	不详	福安市	溪柄镇
29	溪东村	清朝	福安市	城阳镇	61	溪柄村	不详	福安市	溪柄镇
30	长汀村	清代	福安市	坂中乡	62	狮子头村	明代	福安市	赛岐镇
31	坑下村	宋代	福安市	坂中乡	63	宅里村	宋代	福安市	赛岐镇
32	仙源里村	清代	福安市	坂中乡	64	赛岐村	宋代	福安市	赛岐镇
33	炉杨村	宋代	福安市	坂中乡	65	■村	清代	福安市	赛岐镇
34	七定村	宋代	福安市	坂中乡	66	沙岩村	清代	福安市	溪潭镇
35	谢岭下村	清代	福安市	社口镇	67	懒洋村	清代	福安市	溪潭镇
36	兰下村	不详	福安市	社口镇	68	罗江村	清代	福安市	赛岐镇
37	公岐村	随唐	福安市	社口镇	69	田里村	清代	福安市	罗江街道
38	湖口村	不详	福安市	坂中乡	70	上洋村	不详	福安市	湾坞镇
39	阳上村	明代	福安市	坂中乡	71	象环村	明代	福安市	赛岐镇
40	江家渡村	唐代	福安市	坂中乡	72	青江村	明代	福安市	赛岐镇
41	酒窑村	明代	福安市	城阳镇	73	樟港村	不详	福安市	罗江街道
42	秦溪村	公元1245年	福安市	城阳乡	74	八斗村	不详	福安市	范坑乡
43	洋中村	明代	福安市	城阳乡	75	大留村	唐代	福安市	罗江街道
44	石门院村	明代	福安市	城阳乡	76	坑门里村	不详	福安市	罗江街道
45	赤岭村	清代	福安市	城阳乡	77	陈家山村	不详	福安市	溪潭镇
46	程家垄村	明代	福安市	坂中乡	78	上湾村	明代	福安市	溪潭镇
47	溪口村	明代	福安市	社口镇	79	洋头村	明代	福安市	溪潭镇
48	铁湖村	明代	福安市	城阳乡	80	岳秀村	不详	福安市	溪潭镇

续表

序号	村名	建制	所属市域	所属行政区域	序号	村名	建制	所属市域	所属行政区域
81	四坂村	不详	福安市	溪潭镇	113	上塘村	不详	福安市	甘棠镇
82	兰田村	清代	福安市	溪潭镇	114	大坪中村	不详	福安市	社口镇
83	下庄村	清代	福安市	溪潭镇	115	岔洞村	明代	福安市	社口镇
84	潘溪村	不详	福安市	溪潭镇	116	大车村	明代	福安市	甘棠镇
85	倪下村	不详	福安市	甘棠镇	117	眉洋村	不详	福安市	甘棠镇
86	小岭村	不详	福安市	甘棠镇	118	吴山村	不详	福安市	康厝乡
87	山下村	不详	福安市	溪柄镇	119	半山村	1506年	福安市	康厝乡
88	洋中村	明代	福安市	甘棠镇	120	牛山村	明代	福安市	下白石镇
89	洋岙村	明代	福安市	甘棠镇	121	桥头村	明代	福安市	下白石镇
90	观里村	不详	福安市	甘棠镇	122	长坑村	不详	福安市	下白石镇
91	山头庄村	正德十一	福安市	甘棠镇	123	塔里村	明代	福安市	下白石镇
92	后别村	清代	福安市	甘棠镇	124	岩下蛇	明代	福安市	下白石镇
93	吴洋村	清代	福安市	甘棠镇	125	官章村	明代	福安市	下白石镇
94	外塘村	清代	福安市	甘棠镇	126	荷屿村	不详	福安市	下白石镇
95	港岐村	清代	福安市	甘棠馆	127	亨里村	清代	福安市	上白石镇
96	甘棠镇	清代	福安市	甘棠镇	128	坑里垄	不详	福安市	上白石镇
97	南塘村	不洋	福安市	甘棠镇	129	塘楼村	唐代	福安市	上白石镇
98	北门斗村	宋代	福安市	甘棠镇	130	上洋村	不详	福安市	湾坞镇
99	泥湾村	宋代	福安市	赛岐镇	131	半屿村	宋代	福安市	湾坞镇
100	大盘里村	不详	福安市	赛岐镇	132	赤塘村	宋代	福安市	鸿坞镇
101	江兜村	明代	福安市	湾坞镇	133	深安村	约300多年	福安市	湾坞镇
102	梅里村	明代	福安市	湾坞镇	134	田中村	不详	福安市	湾坞镇
103	下塘村	明代	福安市	湾坞镇	135	湾坞村	不详	福安市	湾坞镇
104	炉山村	不详	福安市	湾坞镇	136	马实村	不详	福安市	湾坞镇
105	童聚村	不详	福安市	甘棠镇	137	门洋村	明代	福安市	溪柄镇
106	英岐村	唐代	福安市	甘棠镇	138	东边洋村	不详	福安市	溪尾镇
107	外山村	不详	福安市	下白石镇	139	溪尾村	不详	福安市	溪尾镇
108	井下村	不详	福安市	下白石镇	140	龟山村	明代	福安市	溪尾镇
109	风山村	嘉奉三年	福安市	下白石镇	141	坑源村	明代	福安市	湾坞乡
110	徐江村	不详	福安市	湾坞镇	142	西山村	不详	福安市	溪尾镇
111	长兰尾村	不详	福安市	下白石镇	143	临江村	不详	福安市	溪尾镇
112	林洋头村	唐代	福安市	下白石镇	144	南塘村	隋唐	福安市	甘棠镇

图6　福安段古道范围、聚落集聚图

根据福安段沿线聚落族谱与文献资料，得出福安段沿线聚落的谱系，即144个聚落中，有详细始建时间的聚落共有101个，其中，始建于唐代（及以前）的聚落有12个，占比11%，始建于宋代的共有13个，占比12%，始建于明代的共有40个，占比39%，始建于清代的共有36个。

据此谱系可得：唐代、宋代为福安段古道及沿线聚落的生长期，明代进入鼎盛时期。另外，结合福安段驿道文献，在南宋设立下杯（邳）驿，在明代设立近20个驿铺，在清代设立20个驿铺。综上，可以判读出福安段古道及沿线聚落的时空演变规律：时间上延续了唐代到明清的发展时序，明为其发展的鼎盛时期，空间上沿古道呈现由点状、分散布局的空间特征。（图7）

（5）蕉城段

蕉城段总长为30公里，贯穿整个七都镇、八都镇、城南镇以及赤溪镇等乡镇，分布有38个聚落。从聚落地理分布分析，较多分布在蕉城区。在地形上，多集聚分布在山脚下，并有河流穿过的盆地，少数分布在山区盆地平原（表5、图8）。

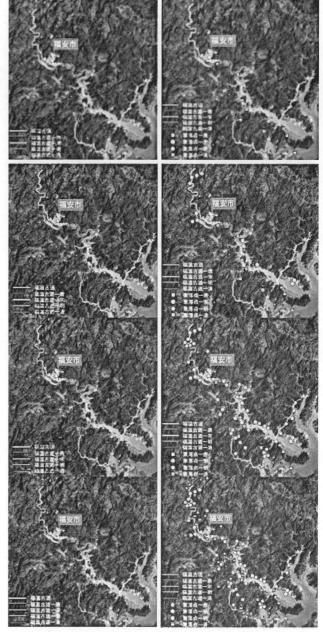

图7　福安段古道沿线聚落时空演变图（从上至下依次为唐、宋、明、清）

福温古道蕉城段沿线聚落　　　　　　　　　　　　　　　　　　　表5

序号	村名	建制	所属市域	所属行政区域	序号	村名	建制	所属市域	所属行政区域
1	绵坪村	不详	宁德市	蕉城区	10	里村	唐代	宁德市	蕉城区
2	猴盾村	不详	宁德市	蕉城区	11	奥村	不详	宁德市	蕉城区
3	山后村	隋唐	宁德市	蕉城区	12	三渔村	不详	宁德市	蕉城区
4	闽坑村	宋代	宁德市	蕉城区	13	七都镇	青铜器时代	宁德市	蕉城区
5	新楼村	宋代	宁德市	蕉城区	14	云淡村	不详	宁德市	蕉城区
6	屿头村	不详	宁德市	蕉城区	15	河乾村	不详	宁德市	蕉城区
7	打石楼	唐代	宁德市	蕉城区	16	东岐村	不详	宁德市	蕉城区
8	仁厚村	不详	宁德市	蕉城区	17	西林村	明代	宁德市	蕉城区
9	八都村	明代	宁德市	蕉城区	18	下岐村	明代	宁德市	蕉城区

序号	村名	建制	所属市域	所属行政区域	序号	村名	建制	所属市域	所属行政区域
19	濂坑村	不详	宁德市	蕉城区	29	下宅村	不详	宁德市	蕉城区
20	井上村	不详	宁德市	蕉城区	30	塔坪村	不详	宁德市	蕉城区
21	郑岐村	不详	宁德市	蕉城区	31	后山村	不详	宁德市	蕉城区
22	增坂村	宋代	宁德市	蕉城区	32	古溪村	唐代	宁德市	蕉城区
23	金涵村	宋代	宁德市	蕉城区	33	福洋村	明代	宁德市	蕉城区
24	上兰村	宋代	宁德市	蕉城区	34	岐头村	明代	宁德市	蕉城区
25	亭坪村	不详	宁德市	蕉城区	35	贵岐村	明代	宁德市	蕉城区
26	金涵村	不详	宁德市	蕉城区	36	湾亭村	明代	宁德市	蕉城区
27	桥头村	不详	宁德市	蕉城区	37	叶厝村	不详	宁德市	城南镇
28	福山村	唐代	宁德市	蕉城区	38	界首村	不详	宁德市	城南镇

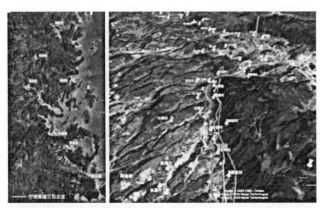

图8　蕉城段古道范围、聚落集聚图

根据蕉城段沿线聚落族谱与文献资料，得出其古道及沿线聚落谱系，即蕉城段的38个聚落中，有详细始建时间的聚落共有26个，其中，始建于唐代的有6个，占比23%；始建于宋代的有5个，占比19%；始建于明代的有8个，占比30%；始建于清代的有7个，占比26%。

据此谱系可得：蕉城段古道及沿线聚落兴起于唐代、宋代，鼎盛于明清。另外，结合蕉城段驿道文献，宋以前，经宁德二都经水道抵霞浦，宋宝庆（1225~1227年）时，废朱溪路，另辟白鹤岭路接罗源，清代由八都经由闽坑、甘棠、赛岐、同台、江家度入福安县。

综上，可以判读出蕉城段古道及沿线聚落的时空演变规律：时间上延续了唐代到明清的发展时序，空间上沿古道呈现由点到面、分散成团布局的空间特征。（图9）。

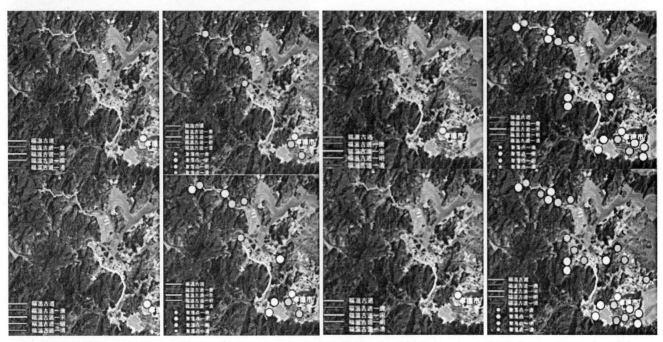

图9　蕉城段古道沿线聚落时空演变图（依次为唐、宋、明、清）

（6）罗源段

罗源段总长为39公里，途径中房镇、起步镇、白塔乡、凤山镇、洪洋乡等乡镇，沿线共有38个聚落。从聚落地理分布分析，多分布起步镇、中房镇，在地形上，多分布于河流入海口的山间盆地（表6、图10）。

根据罗源段聚落家谱与地方文献，得出其古道及沿线聚落谱系，即罗源段沿线聚落38个中，有详细始建时间的聚落共有27个，其中，始建于唐代（及以前的）的聚落有5个，占比18%，始建于宋代的有6个，占比22%，始建于明代的有8个，占比29%，始建于清代的有8个，占比29%。

福温古道罗源地区聚落　　　　　　　　　　　　　　　　表6

序号	村名	建制	所属市域	所属行政区域	序号	村名	建制	所属市域	所属行政区域
1	满盾村	唐代	罗源县	中房镇	20	上长治村	宋代	罗源县	中房镇
2	叠石村	明代	罗源县	中房镇	21	仓头寸	不详	罗源县	中房镇
3	北斗村	明代	罗源县	中房镇	22	蒋店村	唐代	罗源县	起步镇
4	谷洋里村	宋代	罗源县	中房镇	23	兰田村	不详	罗源县	起步镇
5	下湖村	宋代	罗源县	中房镇	24	起步镇	隋唐	罗源县	起步镇
6	王沙村	明代	罗源县	中房镇	25	陈厝村	不详	罗源县	凤山镇
7	圣殿村	明代	罗源县	中房镇	26	新亭村	不详	罗源县	罗源县城
8	坪石村	明代	罗源县	中房镇	27	管柄村	不详	罗源县	罗源县城
9	溪塔村	明代	罗源县	中房镇	28	官仓村	不详	罗源县	罗源县城
10	树林里村	清代	罗源县	起步镇	29	石鳖村	唐代	罗源县	白塔乡
11	曹垄村	明、清	罗源县	起步镇	30	鳌峰村	不详	罗源县	白塔乡
12	护国村	清代	罗源县	起步镇	31	大项村	宋代	罗源县	白塔乡
13	桥头村	清代	罗源县	起步镇	32	应得村	不详	罗源县	白塔乡
14	杭山村	明朝	罗源县	起步镇	33	洋中村	唐代	罗源县	洪洋乡
15	半山村	清代	罗源县	中房镇	34	牛山下村	不详	罗源县	洪洋乡
16	白塔村	清代	罗源县	白塔乡	35	新厝村	不详	罗源县	洪洋乡
17	岭下村	隋唐	罗源县	中房镇	36	长基村	宋代	罗源县	白塔乡
18	洋北村	清代	罗源县	中房镇	37	赤岭村	宋代	罗源县	白塔乡
19	南山村	清代	罗源县	中房镇	38	都堂村	不详	罗源县	白塔乡

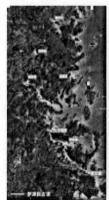

图10　罗源段古道范围、聚落集聚图

据此谱系可得：罗源段古道及沿线聚落兴起于唐代、宋代，鼎盛于明清。结合罗源段驿道文献，宋代以前，罗源段经四明、护国、飞鸾入宁德二都朱溪，宋代经罗源入宁德叠石，清代在沿途设应德、鳌峰、县前、护国、王沙、叠石6铺。综上，可以判读出罗源段古道及沿线聚落的时空演变规律：时间上延续了唐代到明清的发展时序，明清时期进入鼎盛发展时期，空间上沿古道呈现由点到面、分散成团布局的空间特征。（图11）。

（7）连江段

连江段总长为45公里，途径丹阳镇、马鼻镇、蓼沿乡、嵩口镇、官坂镇、潘渡乡、东湖镇、宦溪镇等乡镇，沿线共有60个聚落。从聚落地理分布分析，多分布在丹阳镇、潘渡乡两个乡镇中，在地形上，多分布在一侧为山脉的山谷间盆地（表7、图12）。

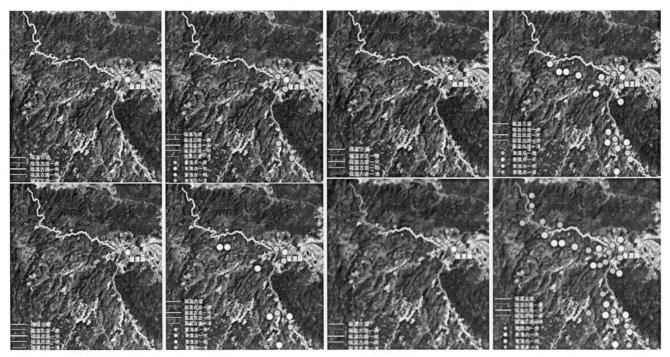

图11 罗源段古道沿线聚落时空演变图（依次为唐、宋、明、清）

福温古道连江地区聚落 表7

序号	村名	建制	所属市域	所属行政区域	序号	村名	建制	所属市域	所属行政区
1	乾山村	明代	连江县	丹阳镇	24	首占村	隋唐	连江县	蓼沿乡
2	苏厝里村	明代	连江县	丹阳镇	25	溪口村	清代	连江县	嵩口镇
3	前园村	明代	连江县	马鼻镇	26	资巷村	明代	连江县	嵩口镇
4	外山兜村	明代	连江县	丹阳镇	27	朱山村	宋代	连江县	丹阳镇
5	溪头顶村	清代	连江县	丹阳镇	28	安后村	隋唐	连江县	官坂镇
6	炉下村	宋代	连江县	丹阳镇	29	上社村	清代	连江县	官坂镇
7	外松岭村	宋代	连江县	丹阳镇	30	陀市村	清代	连江县	潘渡乡
8	兜山村	宋代	连江县	序阳镇	31	岩下村	唐代	连江县	东湖镇
9	旺庄村	不详	连江县	丹阳镇	32	天竹村	清代	连江县	东湖镇
10	坑口村	不详	连江县	丹阳镇	33	祠台村	隋唐	连江县	东湖镇
11	丹阳村	明代	连江县	丹阳镇	34	飞石村	清代	连江县	东湖镇
12	对面厝村	不详	连江县	马鼻镇	35	坨口村	清代	连江县	东湖镇
13	虎山村	隋唐	连江县	丹阳镇	36	白莲村	宋代	连江县	潘渡乡
14	溪尾村	隋唐	连江县	丹阳镇	37	山羊坂村	宋代	连江县	潘渡乡
15	山边村	隋唐	连江县	丹阳镇	38	埕尾村	清代	连江县	潘渡乡
16	新洋村	隋唐	连江县	丹阳镇	39	下桥头村	隋唐	连江县	潘渡乡
17	东坑村	不详	连江县	丹阳镇	40	车轮村	清代	连江县	潘渡乡
18	浦前村	清代	连江县	蓼沿乡	41	保溪村	明代	连江县	潘渡乡
19	杏林村	清代	连江县	蓼沿乡	42	贵安村	清代	连江县	潘渡乡
20	仁坂村	元代	连江县	蓼沿乡	43	坑底村	清代	连江县	潘渡乡
21	利畲村	不详	连江县	蓼沿乡	44	板桥村	唐代	连江县	宦溪镇
22	牛头山村	明代	连江县	晓澳镇	45	倪坑村	隋唐	连江县	宦溪镇
23	周溪村	明代	连江县	蓼沿乡	46	庄埕村	清代	连江县	宦溪镇

续表

序号	村名	建制	所属市域	所属行政区域	序号	村名	建制	所属市域	所属行政区
47	洋头村	清代	连江县	潘渡乡	54	坡西村	明代	连江县	潘渡乡
48	瓦里村	不详	连江县	宦溪镇	55	廷洋村	不详	连江县	潘渡乡
49	降虎村	宋代	连江县	宦溪镇	56	坑底村	宋代	连江县	宦溪镇
50	下濑村	不详	连江县	潘渡乡	57	板桥村	宋代	连江县	宦溪镇
51	东雁村	清代	连江县	潘渡乡	58	宦溪村	不详	连江县	宦溪镇
52	仁山村	不详	连江县	潘渡乡	59	井仔村	隋唐	连江县	宦溪镇
53	坂头村	唐代	连江县	潘渡乡	60	黄田村	不详	连江县	宦溪镇

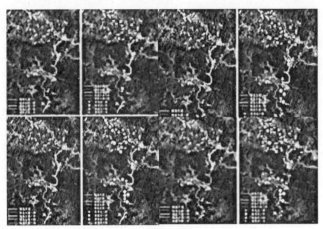

图12　连江段古道范围、聚落集聚图

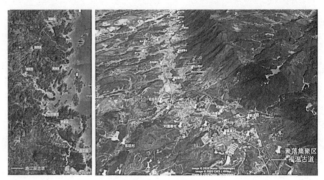

图13　空演变图（依次为唐、宋、明、清）

根据连江段聚落家谱与地方文献，得出其古道及沿线聚落谱系，即沿线60个聚落中，有详细始建时间的聚落共有46个，其中，始建于唐代（及以前）的聚落有11个，占比23%；始建于宋代的有10个，占比21%；始建于明代的有11个，占比23%；始建于清代的有14个，占比30%。

据此谱系可得：连江段古道及沿线聚落在唐至清代发展趋势较为一致，并没有明显的鼎盛时期。另外，结合连江驿道文献，在宋代设有丹阳、陀市、陈山3个驿站，元代增至8个铺递，明清时期福温古道经连江东湖、山冈、飞石、贤义、朱山、丹阳、坂顶到罗源。综上，可以判读出连江段古道及沿线聚落的时空演变规律：时间上延续了唐代到明清的发展时序，发展较为平稳。空间上沿古道呈现由点到面、分散成团布局的空间特征（图13）。

四、实验结论

综上分析得出，福温古道沿线闽地共有347个聚落，其谱系为：始建于唐代（及以前）的聚落有43个，占比12%；始建于宋代的有70个，占比20%；始建于明代的有93个，占比26%；始建于清代的有89个，占比25%。据此，福温古道及沿线聚落兴起于唐代，发展于宋，鼎盛于明清。其空间上，呈现沿着古道由点到面的布局特征，其中，山谷、河畔、滨海地段为聚落密集区域，呈现面状分布特征，而山地丘陵地势复杂之处多呈现点状散落分布的特征。在空间演化上，围绕古道呈现空间的离心扩散与向心聚集的双重特征，整体呈现非均质性的演化形态。（图14）。

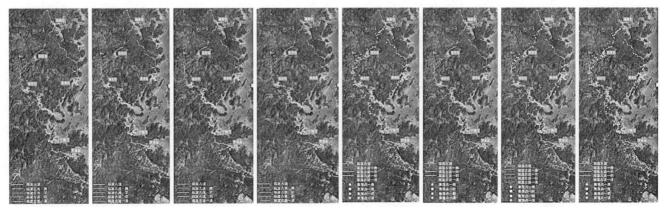

图14　福温古道沿线闽地聚落聚落时空演变图（从左至右依次为唐、宋、明、清）

注释

① 张杰：华东理工大学，教授，博士生导师。

② 左大康. 现代地理学辞典 [M]. 北京：商务印书馆. 1990：29。

③ 黄裕霞，柯正谊，何建邦，田国良. 面向GIS语义共享的地理单元及其模型 [J]. 计算机工程与应用，2002 (11)：118-122，134。

④ 凡陆行之程，马日七十里，步及驴五十里，车三十里。水行之程，舟之重者，溯河日三十里，江四十里，余水四十五里。凡陆行之程，马日七十里，步及驴五十里，车三十里。水行之程，舟之重者，溯河日三十里，江四十里，余水四十五里。

⑤ 唐代以唐太宗李世民的双步（左右脚各迈一步）为尺寸标准，叫作"步"，并规定三百步为一里。一"步"的五分之一为一尺。唐代一尺合现在0.303米，一里合454.2米。即古人每日最少步行约14公里。

参考文献

[1] 王志芳，孙鹏. 遗产廊道——一种较新的遗产保护方法 [J]. 中国园林，2001，17 (5)：85-88.

[2] 李伟，俞孔坚. 世界文化遗产保护的新动向——文化线路 [J]. 城市问题，2005 (4)：7-12.

[3] 王建波，阮仪三. 作为遗产类型的文化线路——《文化线路宪章》解读 [C] //中国文化遗产保护无锡论坛. 2009.

[4] 丁援. 文化线路：有形与无形之间 [M]//文化线路：有形与无形之间. 南京：东南大学出版社，2011.

[5] 丁援，宋奕. 中国文化线路遗产 [M]. 上海：东方出版中心，2015.

[6] 王丽萍. 文化线路：理论演进、内容体系与研究意义 [J]. 人文地理，2011 (05)：49-54.

[7] 奚雪松，陈琳. 美国伊利运河国家遗产廊道的保护与可持续利用方法及其启示 [J]. 国际城市规划，2013 (04)：104-111.

[8] 高晨旭，李永乐. 我国遗产廊道研究综述 [J]. 昆明理工大学学报：社会科学版，2018，v.18；No.107 (03)：107-114.

客家传统聚落个案研究："林寨古村"

冯 江[①] 黄丽丹[②]

摘 要： 首批中国传统村落广东河源市和平县"林寨古村"在历史上并不是一个村子，而是林寨镇内的兴井村及石镇村共同组成的客家聚落。前人对"林寨古村"的研究尚未涉及两个村落之间在形态上的结构性关联。文章讨论兴井村内历兴围（元末明初）的向心性结构、石镇村内厦镇围（清初）带状结构的形成过程，探讨突破村围的四角楼建筑群（清中至民国）的发生与发展，尝试厘清社会经济变迁、陈氏宗族发展与"林寨古村"聚落营建之间的复杂关系。

关键词： 林寨古村 客家聚落 村围 四角楼 陈氏宗族

一、"林寨古村"：一个新的称谓

"林寨古村"并不是一个村子，而是林寨镇内的兴井村与石镇村的合称。

涮江自江西龙南县蜿蜒而下，自西北向东南流经广东河源市和平县境，于东水口汇入东江。沿着涮江河谷，分布着许多村寨、墟市，而林寨，便是涮江流经的沿途规模最大的镇，处在四面丘陵环绕形成的椭圆形谷地中。"林寨古村"位于谷地中央，东、西、北三面环山，南临涮江，是客家聚落选址的典范（图1、图2）

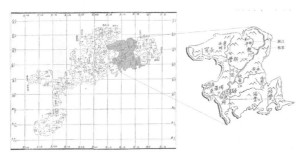

图1 清同治五年广东省全图中的惠州府，龙川与和平通过涮江相连
（图片来源：广州市规划局、广州市城市建设档案馆编《图说城市文脉——广州古今地图集》，广东省地图出版社，2010年版，第32页；作者加工）

图2 康熙《和平县志》中的林寨（图片来源：清康熙和平县境图，作者加工）

林寨旧称林镇隘，属惠州府龙川县仁义图，明正德十三年和平建县后随仁义图改属和平县[①]，民国改称林寨乡。2012年，"林寨古村"列入第一批中国传统村落名录。"林寨古村"内分布着数量众多的客家祠堂与传统宅第，尤以规模宏大、保存良好的四角楼建筑群为特色。兴井村内的历兴围与石镇村内的厦镇围是典型的客家村围，其村落形态格局及建筑类型的历史信息仍保存良好。历兴围整体呈类方形，位于"林寨古村"西北角，厦镇围呈长条舰型，偏于历兴围的东南角，两村之间是大片肥沃的农田及散落于四周的四角楼建筑（亦称方围屋）。据统计，"林寨古村"现有保存较完好的四角楼31座，其中17座已被列为文物保护单位。（图3）

现今的"林寨古村"有居民8000多人，主要为陈姓。据宗谱记载，林寨陈姓的开基始祖陈元坤公于元朝由闽入赣，先定居定南乐德后再迁入粤，最初落居和平附城富坑，元惠宗至正九年（1349年）迁入林镇，创建了历兴围[3]。陈氏宗族在林寨繁衍生息，至今已历25世。在实地调研中，接受访谈的村民都会清楚地

图3 组成"林寨古村"的兴井村与石镇村，两村内的历兴围、厦镇围及四角楼建筑群
（图片来源：航拍图由方舆丈量提供，作者加工）

说明自己是属于兴井村还是石镇村,那些看上去外观极为相似的四角楼建筑群在村民口中的故事里表现出内在的差异,但都认为兴井村与石镇村之间存在着紧密的关联,因此,在"林寨古村"这一新称谓被创造出来时,即被村民广泛接受。

两个村落在动态发展中,各自形成了形态格局与建筑类型上的特点,其中有何异同又有何关联?具体规模宏大的四角楼建筑群为何出现,并最终成为"林寨古村"区别于其他村落的重要景观?下文尝试从社会经济变迁、陈氏宗族的发展等角度尝试解析。

二、从历兴围到厦镇围

1. 向心结构的历兴围

历兴围中央,有一座陈氏宗祠的遗址,现状仅余基址,据村名称始建于明代,为纪念林寨陈姓开基始祖陈元坤公而设。居中的陈氏宗祠统领着历兴围的村落形态,规定着围内建筑的朝向,从中可一窥陈姓氏族营建围村的基本营建思路。

历兴围所在的兴井村位于林寨中部偏北的位置,距离东北边的丘陵小山不过两百米的距离。林寨自北向南是中间低两边高的地形,除去凸起的小山,谷地的高低起伏基本维持在十米以内。历兴围创建于元末明初朝代更迭之际,为在毫无防御性的地形之中寻求宗族的稳定居住条件,陈氏祖先选择了一种向心性的、有利于防御的村落营建方式,自中心往外逐步延伸,并最终集全族之力建起围绕村落的围墙,形成一个接近方形的村围。

目前所见的历兴围形态格局定型于清初第十四世孙陈凌九之时,彼时陈氏宗族已在历兴围稳定发展并接近饱和,村落的格局显得条理清晰、秩序分明(图4)。历兴围共有东西南三座围门,东门体仁门,已不存,南门集熏门,西门聚奎门;西南两座围门均为

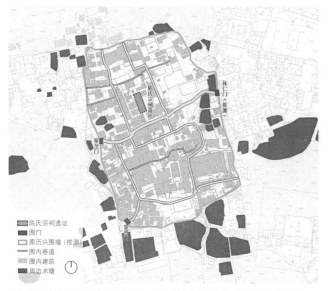

图4 历兴围空间结构示意图(图片来源:底图来源参考文献 [14],作者在底图基础绘制)

单开间独立式门楼,夯土结构外以白灰批荡,单层硬山顶并朝围外开拱门,拱门之上仍可见瞭望所用的小洞。

历兴围的围墙已在近现代村落的扩张中消失殆尽,取而代之的是在村围基址上所建的绕村道路。围内有一条贯通东西的主路,南北方向则有较多支路。围的南侧稍偏东是集中的水塘,既是整个村围水渠系统的重要组成部分,也在环境地势上具有一定的作用。背山面水的客家传统营建观念得到体现,因而围内建筑朝向多为南向东偏转15°。围内现存民居多为堂屋或堂横屋,围四周有部分方形围屋,整体布局整齐有序,呈现曾经进行过细致地擘画。

2. 带状结构的厦镇围

陈氏十四世凌九公是规划及兴建厦镇围的关键人物,村中流传的故事中,陈凌九在十一世纯一公及其家人的指点下,发现了这块原为蔡姓废弃的基址,买下基址进行长远的谋划[6]。凌九公共五子,由长至少分别取名济士、济清、济民、济川、济时。在陈凌九的最初规划中,厦镇围的基址符合人们在传统文化理念中的认知,基址被从东至西均匀地分给五个儿子,围绕基址的南侧排布着五口水塘,临水塘建五座房屋并各设一书塾,厦镇围就因此沿东西展开的方向开始了营建活动。

如今看到的厦镇围是一个长椭圆形的村落,占地约4公顷,东西长达320米。据村中残存围墙及族谱记载,厦镇围在较长时间维持在长约200米,宽约70米的村围之内,清末房屋的建设突破村围后至民国时期发展为如今的规模。在这320米的跨度内包含了宗祠、庙宇、学堂、当铺、戏台、广场、民居、村围以及穿越半个村落的花街(商业街),建筑遗产多达280余幢,足以表明厦镇围作为单姓聚居具有完善的社会组织和严谨的村落格局。厦镇围在最初规划时即以坐北朝南为主要建设朝向,围内所有建筑均大体朝南,或略偏东、偏西10°。围内建筑均为夯土外墙,民居多为两堂两横或三堂两横式堂横屋,亦有单独的堂屋,建筑多为双层且天井狭小,外墙则多以白灰批荡。三座围门均匀地分布在南侧的围墙之间,从东至西分别为美聚东南门、明远门、光裕门,明远门和光裕门附近各凿一眼水井,至今仍为村民使用。水塘以正对围门的小道为界限,作为防御的有力工具最大限度地缩小敌人进攻村围的范围,平时亦承担鱼塘的养殖功能及防火防洪的功能。

厦镇围内有两座祠堂,东西并列,相隔90米,均为陈氏后人为供奉五世祖所建。四世祖骥公有三子,靠东的昮鼎公祠供奉长子昮公与三子鼎公,靠西的昱公祠所供为次子。祠堂均坐北朝南,自南向北院落地坪逐渐升高。或许由于基址面积的限制,昮鼎公祠第一进建筑被压缩为一面照壁,上载"天官赐福"字样,开口亦避开正南而向东西各开一小口(图5)。据相关村史记载,村中原有两座庙宇,均位于东侧围墙内,坐东朝西、南北并列,北侧为文庙(孔子庙),南侧为武庙(关帝庙),关帝庙于清嘉庆年间被移至据村东南边800米的古云山脚下,孔子庙则在民国初年废私塾立学堂推新学制的风潮中被拆除,并在原址建起一座朝阳学校并使用至今[6]。

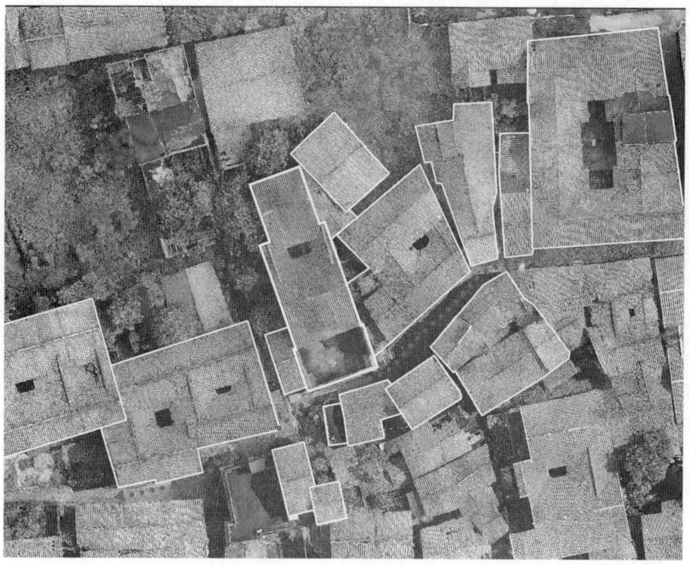

(a) 叧鼎公祠航拍总平面（图片来源：方舆文量，测绘小组成员加工）

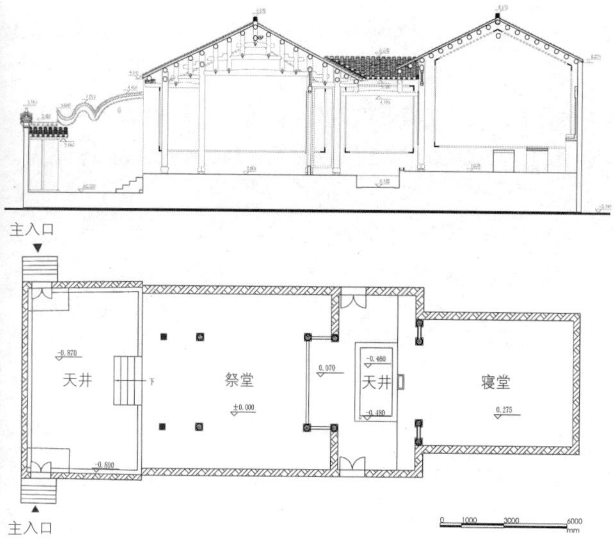

(b) 叧鼎公祠平面图、剖面图（图片来源：参考文献 [15]，作者加工）

图5 叧鼎公祠

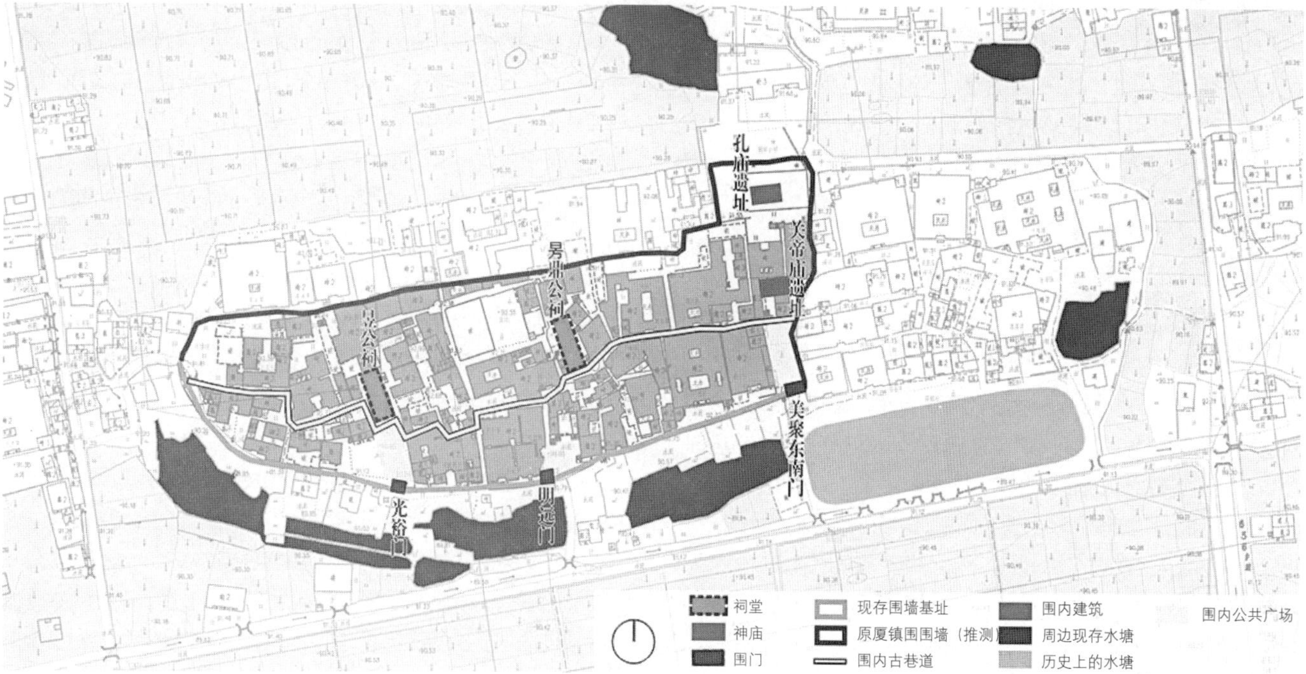

图6 厦镇围空间结构示意图（图片来源：底图来源参考文献 [14]，作者在底图基础绘制）

围内有一条贯穿东西的主要巷道，自东向西经过关帝庙旧址、叧鼎公祠及昱公祠，两端直至围墙，将厦镇围分为南北较为均等的两部分。巷两侧紧密排布围内的府第式民居，面向巷道的一侧大部分另隔一间开放做买卖，自关帝庙至昱公祠一段活动最为频繁，曾经是厦镇围内进行各类商业活动的“花街”，叧鼎公祠更是在重要节日担当戏台的作用。

厦镇围内的村落形态至此显得清晰明了（图6）：三座围门分别与关帝庙、叧鼎公祠、昱公祠相对，其间的水井及广场作为村落重要的公共空间，与围门及祠堂庙宇共同形成厦镇围东西方向并列的三个重要空间节点。祠堂与庙位于围内中心部位，成为统领全围建筑的重要标志，古巷以带状的形态将三个节点串联，规范了两侧民居的走向及界面，此时的厦镇围已形成完善的条带状村落格局。

三、突围：四角楼建筑群的兴起与发展

1. 官道与私路

在和平建县前，龙川县的和平及仁义两图历来联通赣南及粤东北边界，成为东江流域地区经过龙川县抵达赣南的重要交通要塞，

和平建县后原隶属于仁义图的林寨则始终延续与龙川县的地理关联。东江主干经龙川县东水口后分为两支，往西为浰江，直通林寨后往北经过和平通往龙南；另一支自东水口往东后折向北通往定南。据县志记载，定南至和平段水路险僻，尤以下车墟至油潭水"三十余里皆石崖壅水"，因而贸易运输路线往往经和邑即改车走陆路（图7）。[1]。林寨在这一条贸易通道中承担了重要的中转作用，商队由水路通往浰江停靠在林寨码头改陆路往北送至各地，这一官方商道自北向南运送木材、厘竹、芒秆、石灰、茶麸、茶叶、松香、木炭等山货；自南往北运回食盐、咸鱼、布匹，至民国时还有洋纱、药材和军火[7]。

清乾隆四年（1739年），赣州府定南县计划拓宽联通两省的河道，以解决赣南至粤东北段的水运问题，但遭到和邑举人朱起玟等贤邑上书痛陈"凿河六害"，其中最为重要的"一害"即原有路上驿道是除梅岭外唯一与赣南相通的道路，和邑山多田少土瘠民贫，长期的商贸解决了沿途百姓的生计，仰仗挑担糊口的沿途平民或将因水路的开通而无以为继[1]。凿河计划最终未能实施，其中缘由未被详述或许还有关于自北宋以来一直经久不衰的贩卖私路。自北宋起实行盐区划分专卖，虔州（赣州）被划至浙淮盐区，然而从地理上看虔州与粤相接，食广盐更为合理，因此这与地方社会实际存在深刻矛盾的政策催生了一条经久不衰甚至被沿途官府所包庇的私盐贩运路径[8]。与赣南相接壤的连平、龙川及和平历来是广盐输赣团体的重要通道，其中一条输送线路即从粤东沿海的海丰地区起经永安、河源、龙川、和平抵达赣南，直至中华人民共和国成立前未曾断绝[9]。

由此，林寨在相当长的时间里成为粤赣地区无论是官道抑或私路贸易路线水上运输的终点和陆上运输的起点，往来商贩在林寨码头络绎不绝，陈氏宗族也不断参与到各路商业贸易的组织中。同时与所有崇文重教的客家宗族一样，陈姓后人陆续通过科考获取功名，至于清中期已有"七举九岁贡"，考取功名的举人回乡设立书塾，从商的族人在村内设置当铺，官商并重是陈氏宗族发展壮大的重要途径。

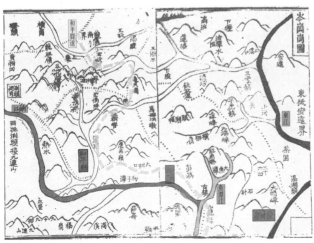

图7 历史上和平境内的陆上驿道（图片来源：清乾隆二十八年和平县岑岗峒图，作者加工）

2. 从府第式民居到方形围屋

在对和平县现存保存较为完好的民居统计中，被记录在册的有76座围屋，围屋的建设时间最早不过清初，绝大多数出现在清中后期[10]。从更大的范围看，围屋建筑实存的最早建设时间为明正德至嘉靖年间，"围（屋）"一词的出现最早则在明末清初官方记载的县志如《安远县志·武事》中，而在赣南地区的围屋大量出现及形成规模和特色则在清中晚期，赣南地区现存超过600座的围屋中，有70%建于清道光后。③地理上与赣南地区紧密相连的和平在建筑的建造和形式上延续了赣南地区的特点。76座围屋中，有31座位于林寨古村及其周边的区域中，不得不说在陈氏宗族的经营中林寨古村表现了其强有力的个性，陈氏宗族在古村建筑类型的转变上起了至关重要的作用。

和平位于粤东北丘陵及山区地带，与西侧的连平、北侧的定南、龙南县交界，这一区域自北宋起便被外界称为"粤赣边界盗区"，它们之间形成了一个看似封闭实则交流频繁的活动区域，也是官府所忌惮的流寇频发之地[8]。从北宋贩卖私盐的盐寇开始直至清末持续的地方小股农民起义，这片地区一直处于局部的动荡之中，除却王朝中后期农民对官府的起义、朝代更替时的战争，另还有流民的迁徙对原住民土地的侵占导致的民间宗族械斗。此外，明朝政府设置南赣巡抚，尤以王阳明为代表，对粤赣交界地带的流寇实行剿扶并行的政策，这一"以盗治盗"的管制方略在一定程度上激化"新民"与原住民的矛盾，无意中维持了"贼盗"、"流寇"的不断产生，从而在长期的制盗过程中官府与盗贼始终存在相互合作又互相冲突的关系，却从未真正解决过此类问题。[12]。凡此类种种造就了这片区域客民长久不安的心理状态，也是防御型村围和民居经久不衰的根本社会原因。

在方形围屋兴起之前，历兴围及厦镇围内的民居均为规模较小的堂横屋或只有堂屋，它们是客家地区最为常见的民居形式之一。堂屋是以正堂加两厢组成的三开间平面布局，一般为两进带中部一个天井或三进两天井；堂横屋则在堂屋基础上加上两边的横屋组成，中间的堂屋是核心空间，两边横屋以堂屋中间为轴对称布置横屋间。堂横屋堂屋的尽端一般设有祭祖空间，其余堂屋皆为厅堂，是屋内议事的公共空间，横屋间则为居住功能。历兴围与厦镇围中堂横屋数量众多且排布整齐，较之粤东堂横屋的开放性，林寨古村内的堂横屋更为内向和封闭，正立面朝外仅在正堂处开较大的正门，两旁的横屋则一般不能直接与室外联通，外墙较高且天井狭小，在外观上体现的防御性较一般堂横屋大，因而村民也称这类民居为府第式民居，在整体结构上与此后的方形围屋较为相似。林寨古村现存规模最大、内部装饰最为精美的堂横屋是位于厦镇围内美聚东南门西侧的司马第，系由陈氏十七世陈鸿铭于清嘉庆初期（1797年）兴建的三堂一横式民居。司马第总面阔18米，总进深25米，占地450平方米，高7米，建筑主体为土木结构，墙体均采用三合土夯筑并外覆白灰批荡，建筑的横屋及堂屋的两厢屋顶结构都采用了硬山搁檩。司马第室内比室外地坪高出0.5米，从南到北三进的地坪呈递进关系，这也是厦镇围内多进建筑的特点，第一进的天井比第二进天井要大得多，面阔6米、进深3米的天井为中堂预留了足够的前庭空间（图8）。中堂的梁架结构及装饰是司马第内最为精美的部分，主体三进抬梁式的木构架均施木雕，蜀柱下端刻为典型的瓜状，梁底均设有繁复的金漆木雕，大梁两端底部另设龙形雀替；司马第内共有32根柱，全部都在堂屋部分，除去入口处两根方形石柱，其余全部为圆形木柱，柱底均设麻石柱础，其中以中堂8根直径350毫米的木柱最为壮观；中堂地面为青砖铺设麻石包边，靠北侧两金柱间设有木雕屏风，上置"乐善不倦"牌匾。从总体上看，司马第呈现水平方向延伸的趋势，垂直方向上的防御性并非其建设重点，朝向南侧第一进建筑甚至是高度上最矮的部分，可以看出司马第仍依托于整体的村落，仰仗宗族集体的力量保全财产安全。司马第的建设具有一定的标志性，它是陈氏宗族此后大型民居建设中的最后一座堂横屋，也标志着宗族内部层级的分化及防御诉求的转变。

林寨内的方围屋可以看作是由内部的堂屋加上外围的廊屋组成的堡垒，根据规模的大小可分为"九井十八厅"或"回"字形平面布局，平面四周凸出四个角楼作为炮楼因而也被称为四角楼。林寨的四角楼外墙均为夯土墙，内加入河石及细砂作骨料，比纯生土墙

更为坚固，外加批荡的夯土墙增强了抵御雨水的性能，因而屋顶形式可以改原有的悬山为硬山顶，使得高11~13米之间的外墙更如悬崖峭壁，高不可攀；外墙最厚处可达80厘米，整座楼仅设一个主入口，位于主立面正中或偏于角楼一隅，除此外墙仅在每隔4米高度位置等距开窄口，用以侦查及射击。堂屋之前的倒座部分供家仆居住，主人及亲属均在堂屋两侧的厢房，第一进院落往往很大且多设水井以供内部使用，堂横屋一样，四角楼的堂屋是核心部分，地坪从外至内逐步上升，上堂内设祖先牌位，中堂系最重要的公共空间，因而其梁架结构及装饰最为精美。（图9）

转折出现在几乎与司马第建设同时期的清乾隆末期（1794年），彼时陈氏十六世的陈兴堂官从四品朝议大夫候选知府，他创建的永贞楼是第一座突破两个村围的四角楼，并引领了聚落的层级变迁。永贞楼位于厦镇围北偏东约150米的位置，坐北朝南，前后都是大片的农田，距离最近的丘陵约450米，总面阔36米，进深36米，占地1296平方米，南侧设有一个半圆形水塘，是一座"回"字形方围屋（图10）。永贞楼正面仅开一宽1.5米的拱形门，上部为红砂岩拱形门套，下设两根麻石门套，门厚度亦有0.5米，分为内外两层，内层为木门，外层设铁闸门；顶层设跑马廊，即一

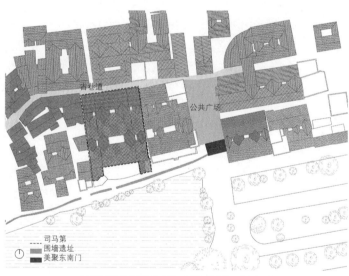

(a) 司马第总平面（图片来源：参考文献[15]，作者加工）　　(b) 司马第平面图、剖面图（图片来源：参考文献[15]，作者加工）

图8　司马第

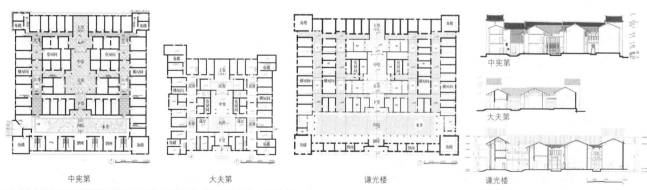

(a) 林寨古村内三座四角楼的规模与平面格局（图片来源：参考文献[15]，作者加工）　　(b) 林寨古村内三座四角楼沿纵向轴线的剖面（图片来源：参考文献[15]，作者加工）

图9　林寨古村内三座四角楼

图10 永贞楼屋顶航拍图（左）、正立面及屋顶走马廊（右）（图片来源：方舆丈量）

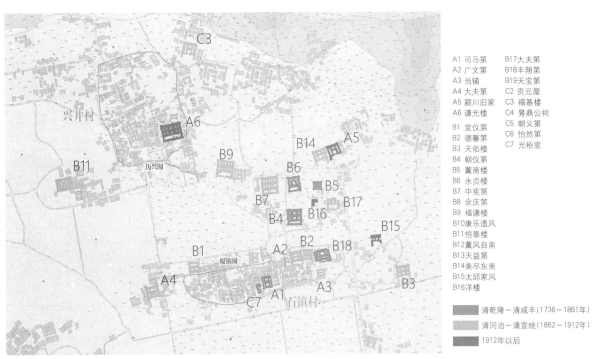

A1 司马第   B17 大夫第
A2 广文第   B18 丰翔第
A3 当铺   B19 天宝第
A4 大夫第   C2 贡元屋
A5 颍川旧家   C3 福基楼
A6 谦光楼   C4 鼐鼎公祠
B1 宣仪第   C5 朝义第
B2 德馨第   C6 怡然第
B3 天佑楼   C7 光裕堂
B4 朝仪第
B5 薰南楼
B6 永贞楼
B7 中宪第
B8 余庆第
B9 福谦楼
B10 康乐遗风
B11 恒泰楼
B12 薰风自南
B13 天益第
B14 美尽东南
B15 太邱家风
B16 洋楼

■ 清乾隆～清咸丰（1736～1861年）
■ 清同治～清宣统（1862～1912年）
■ 1912年以后

图11 林寨古村重要建筑营建时序（图片来源：参考文献 [14]，作者作部分调整）

圈联通平面的外廊道，战时可供侦查及逃逸，为达到连通目的，夯土结构在四层的位置改为砖柱承檩（图10）。陈兴堂所在的时期已是陈氏宗族发展趋于强盛的时期，人口的繁盛和经济的发展使其成为林寨望族，陈氏内部分支繁多，此时村落的扩张已不太可能延续原有的形式进行整体搬迁，或许基于壮大的愿望，又或许为了炫耀自己的财富，陈兴堂选择了以家庭为单位的扩张，成为此后陈氏宗族效仿的榜样。永贞楼在建设上达到了防御的顶峰，这在作为第一座孤立于村落之外的建筑上显得易于理解，失去了宗族群体的共同力量，建筑只有从形式和建造技术上进行改进才能满足防御的需求。

3. 聚落组团的层级变迁

永贞楼兴建后至民国的一百多年间，陈氏宗族在历兴围与厦镇围的周边及两者的中间地带陆续建设了20座四角楼，他们的建设者多数为取得功名的族人或其后代，也有经商者在村内建设。（图11）

从建设的时序上看，最初突破村围的四角楼系在清嘉庆至咸丰年间，永贞楼被建起后五十余年第二座四角楼薰南楼才被营建，它是陈氏富商陈豫年于清道光二十七年（1847年）在永贞楼旁建起的当铺，随后不久（1861年）朝议大夫陈鸿鉴又于永贞楼南侧建起一座四角楼民居朝仪第，至清道光年间陈丰仪在厦镇围东侧建立丰翔第。此时的聚落格局仍未有太大变化，两座村围仍是陈氏宗族主要活动的两个村落组团。

四角楼的大规模建设集中在清末同治至宣统年间，仅仅50年的时间里被建立起来的四角楼多达12座，其建立者多为陈氏十九世中的不同房支，可见此时四角楼的建设已蔚然成风，且已突破最初仅为防御的目的，开始成为宗族支系谋求权力及用以炫耀的载体。此时的村落格局已大为不同，两个村围的四周四角楼林立，无论从建筑规模还是数量上都已达到相当的程度。建立四角楼的陈氏家族都以楼内堂屋为核心，甚至于将本房支的祖先牌位安置于四角楼内的上堂位置，而此间的宗祠建设几乎停滞，宗族原本祠宅分离的内部结构被各房支祠宅合并的四角楼结构所替代，村落走向了多核心的组团结构。

民国时期仍有三座四角楼被建设起来，其中规模最大的一座四角楼是位于兴井村的谦光楼，这座占地2700平方米、共有324间房的大型四角楼是陈氏二十一世陈步衢于1920年兴建，据村史记载，该楼系其母因看到亲属都建有四角楼而逼陈步衢建设的[13]。谦光楼造型精美，内部装饰繁复，第一进院落四周还建有精巧的双层门廊，总造价达到了20多万银元，无论从规模还是建造工艺上都实属难得。在对建筑防御诉求并没这么大的民国时期陈步衢仍坚持开展如此浩大的工程，可见此时的四角楼已成为有地位的陈氏族人民居建设的必然选择。另外两座四角楼颍川旧家及太邱家风则分别在1929年及1940年创建。中华人民共和国成立后村中四角楼建设停止，林寨兴井村及石镇村的此种多核心村落组团结构一直延续至今。

四、结论

"林寨古村"是一个单姓聚落，在看似复杂的现状背后是陈氏宗族自落基始的辛苦耕耘，逐渐壮大并最终兴盛的发展脉络。

陈氏宗族的祖先从赣南迁至林寨，将赣南地区的围堡式聚落形式带入林寨，于流民时期建立起了典型的单核向心性村围，经历了明清两个时期的发展后延伸出一个多核心的子村围，清中至清末四角楼的大规模建设中冲破了原有的组团，形成新的多核心村落组团。除却朝代更替时的社会大动乱，粤赣边界自北宋起至清末持续不断的流寇盗匪活动是此种村围长期的根本社会原因。自王阳明建县以来采取的管制手段无意中维持了流寇盗匪的长期活动，在此消彼长的动态平衡中催生了这一区域数量众多的防御性民居及聚落。为了抵抗持续的不确定性动乱，必须集中宗族的全部财力并团结一致才能维持围堡式村落这一类浩大工程的日常运转。围屋代表了一种更为自由的防御形式，也昭示了宗族社会在强盛时期后出现的内部分化及斗争，宗族的自保不再依赖于集体的团结协作，而转变为依靠更精湛的建筑技术，以更具防御性的独立式围屋取代集体的村围。

林寨的地理位置为其带来了大量商业机会，众多私人商业活动给陈氏宗族带来了巨大的财富。林寨古村中的四角楼自清中至清末大量出现，此时的陈氏宗族依靠科考及商贸已然成为当地最为强盛的宗族，四角楼不仅是维护财产安全的必然考虑，也成为宗族各支系炫耀权力及财富的载体。

鸣谢：文中测绘图根据华南理工大学建筑学院2016级历史建筑保护班测绘图整理。指导：冯江；助教：黄丽丹；测绘：翁一鸣、王宇欣、郭璞若、闫瑾、周颉、林建辉、王琼、麦洁鸣、区启铖、聂畅、黄晨、吴佩珊、伍兆琳、丁开源、蔡治文、吴颉、黎宜峰、杨浩、修文文、徐凌芷。部分航拍图由方舆丈量科技有限公司提供，谨致谢忱。

注释

① 冯江，华南理工大学建筑学院，教授，博士生导师。

② 黄丽丹，华南理工大学建筑学院，硕士研究生。

③ 万幼楠. 赣南围屋及其成因 [J]. 华中建筑，1996 (04)：79-84.

④ 明正德十二年南赣都御史王阳明平定常年于粤赣交界地区活动的三浰贼寇，后正德十三年奏请设县，割龙川之和平、仁义、广三三图，河源惠化图共四图，并立和平县，见参考文献 [1]。

参考文献

[1] 故宫博物院. 故宫珍本丛刊. 第172-174册，地理·都会郡县·广东：[清乾隆二十八年] 和平县志 [M]. 影印本. 海口：海南出版社，2001.

[2] 广东省地方史志办公室. 广东历代地方志集成. 第19册惠州府部：康熙和平县志 [M]. 影印本. 广州：岭南美术出版社，2006.

[3] 和平县陈氏联修族谱编辑委员会. 陈氏族谱. 和平：和平县印刷厂，1993.

[4] 陈氏凌九公房谱理事会. 凌九公房谱. 和平：和平县印刷厂，2002.

[5] 玉珊公房谱编委会. 陈氏玉珊公房谱. 和平：和平县印刷厂，2005.

[6] 陈小白，和平县四连中学. 山城史话 [M]. 和平：和平县新闻出版办，2002.

[7] 陈小白. 浰江水上运输 [C] //陈仰天. 林寨古村. 和平：林寨古村旅游景区开发公司，2011.

[8] 黄志繁. "贼""民"之间——12-18世纪赣南地域社会 [M]. 北京：生活·读书·新知三联书店，2006.

[9] 司雁人. 背负肩挑贩盐去——读颜伯焘《盐关叹》略论历史上河源地区私盐贩运 [EB/OL]. (2017-11-19) [2019-07-31]. http：//www.heyuan.cn/wenxue/content/2017-11/19/content_153812.html.

[10] 陈建华. 河源市文化遗产普查汇编·和平县卷 [M]. 广州：

广东人民出版社，2013．

[11] 万幼楠．赣南围屋及其成因 [J]．华中建筑，1996（04）：79-84．

[12] 万幼楠．王阳明与围堡建筑的兴起 [C]．//第十八届明史国际学术研讨会暨首届阳明文化国际论坛论文集．北京：中国明史学会，2017．

[13] 陈仰天．林寨四角楼 [C]//陈仰天．古村旧俗．和平：和平印刷厂．2012．

[14] 北京华清安地建筑设计有限公司．林寨建筑群保护总体规划．2018．

[15] 华南理工大学建筑学院2016级古建班．林寨古村测绘图集，2019．

基金项目：中央高校基本科研费资助项目。

图像学视域下鄂东南民居建筑装饰审美特征研究

——以通山王明璠府第为例

冷先平① 高佳豪② 周海燕③

摘　要： 传统民居建筑装饰既是优秀的历史文化资源，也是民居建筑文化的物质载体。本文以鄂东南王明璠府第为主要研究对象，借助图像学理论，分析民居建筑的门墙、梁坊等构件的装饰图案所承载的社会习俗与文化内涵，进而分析得出鄂东南民居中装饰图案的地域性和象征性特征，探索装饰图案反映的审美观，以期为民居建筑装饰的文化审美研究提供理论参考。

关键词： 建筑装饰　艺术符号　图像学　审美特征

一、引言

　　明清时期，传统民居的形式演变伴随着经济与社会的不断发展，分布格局凸显，对于民居建筑装饰构建的处理精巧优美。民居建筑不仅是居住场所，更是时代文化表达的物质载体，代表着一定时期、环境下的历史、社会形态、风土民俗、习俗等美学与文化内涵。朱光潜曾言："美是客观事物形态、特质适合主观意识形态且交融在一起形成完整形象的特质"[1]美的呈现与教化蕴藏着建筑装饰文化与艺术的多元化特征，本文借助图像学阐释理论探究受众视觉接受下的装饰纹样与形态的审美意蕴。

二、鄂东南地区环境特征

1. 自然地貌环境

　　作为区域地域文化产生和发展传承的自然土壤，地理环境以其地形、地貌等多方条件很大程度上决定着聚落、乡村乃至城市的形成与发展。鄂东南地区地处长江中游以南，是湖北与湖南、江西两省接壤地区，包括三个地级市：黄石、鄂州、咸宁，各县市：阳新、崇阳、赤壁、武穴、黄梅、嘉鱼、通山、通城等。湖北地处中国地势第二级阶梯向第三级阶梯过渡地带，整体略呈自西北往东南倾斜的趋势，区域内地貌类型多样。位于湖北省东南部的鄂东南地区，北部是连绵的大别山脉，南部为蜿蜒的幕阜山脉，地势南高北低，河流谷地纵横的特征更使其湖泊总数近"千湖之省"的三分之二。从"吴头楚尾"，到"江南西"道，再到"南唐"，鄂东南地区以其高峻奇秀兼备的山河条件孕育了灿烂的城居文明，成为中国地理南方的"鱼米之乡"。

2. 气候环境

　　气候条件往往决定了区域内水文、土壤、植被等自然特征，从而影响着人们的生产及生活方式，在此基础上进一步促成各地区间的文化差异，并形成了中国风格迥异而多样化的传统民居建筑装饰艺术（图1）。湖北地处亚热带，典型的季风性湿润气候，为境内带来充足的光能、丰富的热量和充沛的降水，受限于气候因此鄂东南多堂屋，通风散热良好。

3. 历史人文环境

　　周朝中期，本在楚之西的鄂侯国扩张，侵占扬越，将其亦更名为"鄂"，即东鄂，楚逐步统一南方以开放包容的姿态接纳了南方

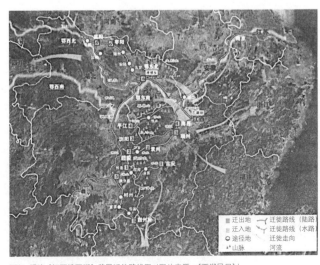

图1　明清"江西填两湖"移民迁徙路线图（图片来源：《两湖民居》）

各族的文化差异，并在过程中不断强化各族对统一国家的观念认同，形成强烈的本土意识、民族意识及集体凝聚力，后至明洪武年间，伴随移民迁入（图1），以宗族血缘关系为纽带的家族式聚居的移民带来了地域特色的营造技术与建筑装饰纹样，加之楚文化的渊源发展，使得鄂东南地区的传统民居建筑大多体现了移民源地的建筑风格、营造技法及装饰特征。

三、明清时期鄂东南民居建筑特色

受移民源地（以江西籍为主）宗族组织严密的特点，以及自身自楚并越时培养的对同根同族强烈认同感的影响，鄂东南地区各聚落形成以宗族血缘为纽带的传统聚居方式。据此，鄂东南地区传统民居在整体上逐步细化为注重方位主从关系的平面特征。

1. 平面形态

鄂东南地区传统民居以"间"为基本居住单元，通常采用"三间制"或"五间制"，即开间沿面阔方向并排连接形制，多将天井设在进重式住宅前后堂屋之间的两侧，俗称"双天井"，居中的堂屋用于日常会客及议事，两侧辅助用房用于休憩。开间相连围合天井形成一个居住单元组，其规格通常为"五间三天井"或"三间一天井"，不同数量居住单元组进行纵向或横向延展排布组合，以供不同层级使用规模需求。

2. 构建方式

鄂东南传统民居受限于地域情况地理条件，区别于南方常见的穿斗式及北方多用的抬梁式的砖木混合结构，喜用木作装饰，抬梁式构架一般用于主要厅堂，穿斗式构架一般用于明、次间的分隔。

四、王明璠府第建筑装饰审美特征研究

1. 建筑历史概况

府第一词出自《汉书·王莽传上》："自四辅、三公有事府第，皆用传。"王明璠府第又称作"大夫第"，位于通山县吴田村，1901年王明璠因功授受封四品"朝议大夫"，其大门额书有"大夫第"的门匾之故。"总占地1200平方米，总布局三面环水。宅院建筑宏大，主体建筑内部空间较大，以宗祠为中轴线布置，宗祠前设戏台，宗祠两侧布局通深五进的住宅，共十一间，由两组"五间三天井"和中间单开间的家祠组合而成，每进设置天井厢房，天井院落也较一般的住宅开阔，整个建筑采光通风效果好，门留巷互通院子内外。宗祠作为主轴线的建筑采用抬梁式木结构，采用硬山隔檩做法，偏房则均依两侧外墙搭建。"[2]总体装饰来看，大夫第

以木雕和石雕为装饰手法，在山墙、格栅、梁坊、柱杵等构件装饰。大夫第是湖北省目前现存单体规模最大的清代民宅，曾享有"湖北第一宅"之称，为湖北省重点文物保护单位，全国历史文化名村。

2. 装饰工艺特点

（1）木雕

木雕因其装饰图案由人赋予了意义的象征语言，因此以建筑为媒介实现了文化传播。大夫第木雕的使用技巧达到了出神入化的境界木雕，其使用的装饰部位在门、窗、栏杆、斗栱等得到了充分的展示，使得木雕技术成为当地主要的装饰利用手段。大夫第的木雕装饰也十分丰富，门窗、栏础以及梁枋等木制结构上都雕刻了精美的纹样，具有独特的地域性和象征性。

①藻井：天井前的戏台位于阁楼二层，戏台高度高于人的视线，戏台小巧而精致，顶部藻井（图2）为八角形样式，且绘制八卦图样，寓意吉祥。

②大木作梁、撑拱：燕子步梁与元宝梁都会驾于枋上用于承接屋顶重力，燕子步梁两侧形似燕尾上翘，担当屋面重力传接者的同时装点了横向梁间结构。鱼与"余"谐音，寓意年年有余，鱼属水性，代表每家每户每年的美好期望，水纹又代表着水流波纹，这也预示着人们不受火灾、祈水保平安的理念。（图3）

图2 王明璠府第藻井（图片来源：《鄂东南大屋民居堂屋空间研究》）

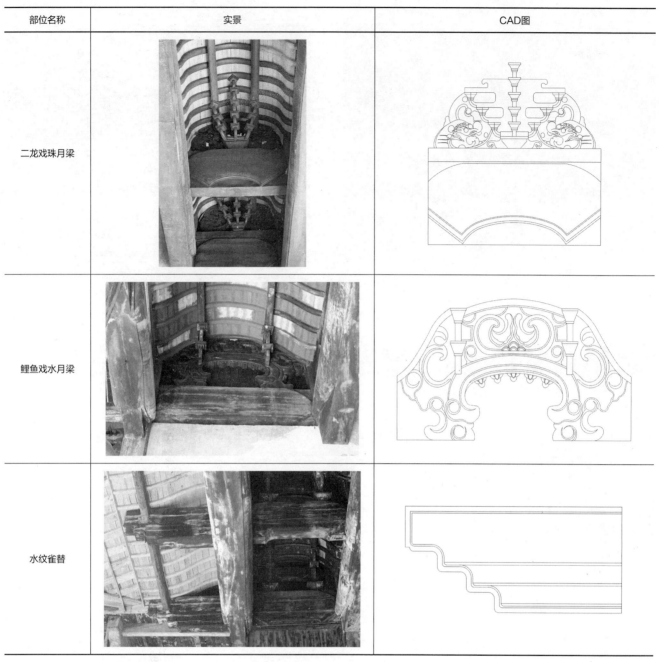

部位名称	实景	CAD图
二龙戏珠月梁		
鲤鱼戏水月梁		
水纹雀替		

图3 月梁、雀替（图片来源：作者自绘）

③门窗：大夫第门窗分为几何形和动植物纹样两种形式的表达载体。拐子纹雕刻纹样在大夫第的漏窗（图4）、梁头等部位广泛的使用。植物花草的纹样装饰以松、竹、梅、菊、莲纹样的使用较为广泛，在隔扇门窗、栏板以及垂花、雀替、墀头等构件上使用非常广泛，如借梅菊莲（图5）等冰清玉洁象征性品质的植物刻画在隔扇门格心和垂花，来传递寓意赞美君子的高尚品格，故以类纹样装饰建筑。如藤蔓以曲形缠绕生长，融合了花草蔬果与飞鸟"花鸟喜丰收"木雕组合表达了屋主祈喜的美好愿望。

（2）石雕

由于大体量建筑须依靠坚实的基座和建筑承重构件来保持坚固，所以建筑的柱子、柱础、额枋、基座大都采用石材作为材料，

石料以其生性坚硬且耐腐蚀的特点一直较多地应用于建筑基座抬高及暴露性较高的室外部位，如在门枕石、拴马桩、抱鼓石、柱础等，有效填补了木制材料易腐蚀的缺陷。技法上一般使用平活、凿活或圆身。

①山墙：大夫第山墙是云纹式（图6），当地人称为"猫拱脊"，坐头似"飞凤"，丰富了建筑山墙的轮廓形态，具有一定文化意蕴的代表构造，体现了韵律感的外在美感。

②墀头：墀头是伴随硬山式山墙产生，分为上部戗檐板、中部炉口及下部炉腿三部分成对使用，伸出檐柱的墀头有效支撑了前后出檐，为边墙挡水的同时便利了屋顶排水大夫第墀头（图7）饰以枭混线装饰，侧面形态如同半展状态的书卷，体现了屋主读书人的身份。

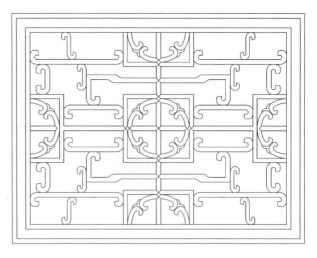

图4 拐子纹漏窗（图片来源：作者自绘）

图5 隔扇门格心寒梅、菊花群组合（图片来源：作者自绘）

图6 王明璠府第"猫拱背"和檐口装饰画（图片来源：作者自摄）

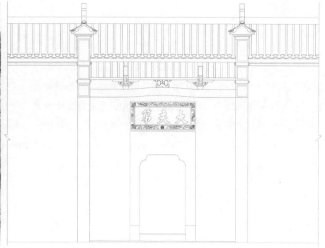

图7 大夫第卷轴式样石雕堞头（图片来源：作者自绘）

图8 宝瓶柱础（图片来源：自摄）

③柱础：建筑正门两侧立柱饰以曲形砖砌石作装饰（图8），侧面形态如同半展状态的书卷，也正体现了屋主读书人的身份。宝瓶自古以来寓意祥和。

3. 装饰的审美特征

德国美术家沃林格曾言："装饰艺术的本质，在于一个民族的艺术意志有了纯真的表现，构成了对艺术进行美学研究的出发点和基础"。美的形式是一种自由主动性的产物，每一种类似生命体态的直观结构，具有普遍审美性。而审美对象是与主体发生审美关系的融合，具有自然、艺术、社会等内涵特征的对象，并非仅仅依靠图案形式来打动人，而且有超越形式的意蕴层在其后，这就要求审美主体在审美接受活动过程中具有一定的理解力，并且具有透过形式层深入意蕴层的情感渗透力。

（1）尚美意象的审美心理

《说文解字》中："吉，善也；祥，福也，"，《庄子·人间世》："虚室生白，吉祥止止"，吉祥图案和楹联代表着居住民众基于儒

道佛三家文化积淀的思维观念，大多呈现透过象征手法表达福禄寿喜的吉祥寓意，意象强调的是人的意趣与情感所发挥的作用，是外界事物的形象同人的主体情感相互融合之过程。大夫第的建筑装饰图案取自了很多带有吉祥寓意的象征物体，以吉祥长寿有灵气动植物、直观寓意文字为刻画源构体表达平安生活的寓意，宅中央大小天井28个，既是排水需要，又是"四水归堂"、"天人合一"观念的见证，透露着古人求吉祥纳福的美好期盼。

（2）朴素雅致的审美特质

大夫第民居装饰深受儒家折中主义思想的影响，强调人和环境的和谐关系，其整体的建筑的构建材料来源于当地地区，使民居与建筑外观呈现出整体和谐，其所体现出来的灰色基调，外墙为灰砖砌成，檐口涂成白色，绘有精美"青龙腾云"墨画，同样颜色淡雅朴素。装饰图案以反映居住人民的生产生活劳动内容为主题，通过装饰纹样的谐音、文字刻画、符号隐喻、象征表现手法来表达居住主体祈福追求美好愿景、向往美好生活的心理以及不断追求克服困难的不屈意志。这既是宅院建里的朴素生活观念，又是多元样式装饰"既雕亦琢，复归于朴"的审美特点与朴素创作观念。

（3）意蕴通俗的审美趣味

美国图像学研究者潘诺夫斯基从图像题材分出三类，提出"第一是自然的图像题材；第二是约定俗成的题材；第三是内涵意义"，[3]审美主体在观澜过程中受到客观审美对象的视觉刺激，产生了审美意趣，通过这样一种方式更好地感知题材内容蕴含的文化。受到历史环境生活条件制约的装饰图形在建构时大多取材于生活之中自古以来的祈福象征文字或历史典故，历史审美经验相似，内容轻松涉及与图画相关的生活趣味物体如花鸟、山水、虫鱼、瑞兽等，诙谐又易于让民众接受并感知意象，陶冶情操，体会装饰纹样背后的"雅、俗、静"的审美意趣。

五、结论

通过图像学理论透析民居建筑装饰自然与文化的和谐统一，宗族文化教育作用下的道德和价值取向，装饰构建纹样的地域特色。民居建筑装饰图形纹样不仅仅是视觉信息接收物，其审美意蕴的传递是在特定历史情境中，社会约定俗成的意识下进行文化传播的现象，装饰图形基于风土习俗、宗教信仰、生活伦理等文化内涵在人们的脑海中形成信息传递的感知场，使精神层与视觉感官紧密相连，形神兼备，使得民居建筑装饰具有重要的传承和保护意义。

注释

① 冷先平，华中科技大学教授，研究方向：民居建筑装饰，艺术设计传播学。
② 高佳豪，华中科技大学在读博士，研究方向：民居建筑装饰文化传播研究。
③ 周海燕，华中科技大学硕士研究生，研究方向：民居建筑装饰。

参考文献

[1] 朱光潜. 论美是客观与主观的统一 [J]. 哲学研究，1957（4）：11—36.
[2] 李百浩，库金杰. 荆楚第一大夫第——通山王明瑶府第 [J]. 中华建设，2006（11）：40—41.
[3] 冷先平. 中国传统民居装饰图形及其传播 [M]. 北京：科学出版社，2018.
[4] 楼庆西. 雕梁画栋 [M]. 北京：清华大学出版社，2011.
[5] 杨国安. 明清两湖地区基层组织与乡村社会研究 [M]. 武汉：武汉大学出版社，2004.

项目课题： 国家社会科学基金项目（15DG55）。

江西传统村落建筑类型学探析

——以宜丰县下屋村为例

马 凯① 王在位② 赵子铭③

摘 要： 对江西省宜丰县下屋村传统村落进行村落风貌和建筑风貌的研究，深入了解该村落的历史文脉和建筑布局，探索其文化价值。通过田野调查及文献查阅，将村落中的建筑进行图像归纳分类、拓扑变形、类型学研究，探析下屋村建筑的基本类型和组合方式、轴线空间序列、建筑结构以及建筑装饰，发掘其历史文化内涵与价值。期待通过从当地居民角度出发的合理资源开发与经营管理，改善富含当地文化特色的民居旅游景点，传承古村历史文化，带动村落的经济发展。

关键词： 下屋村 历史文脉 建筑布局 类型学研究

一、村落概况

下屋村位于江西省宜春市宜丰县芳溪镇南端，距县城约12公里。下屋村自明初始建，至今约有700年的悠久历史，村中以熊为主姓，村民都为五盐熊氏后裔。明初，九世熊彦恭，由宜丰县城南库下迁居芳塘镇上屋建村，九世祖熊彦恭为上屋开基祖。后熊彦恭第三子凯南公，于明永乐间由芳塘镇上屋分居下屋建村，凯南公为下屋村开基祖。

下屋村四周群山环绕，依山傍水，自然资源丰富，村内古香樟有百余来棵。下屋村现存清代民居35栋，古门楼6座，这些古建筑具有浓厚的赣派特色，例如熊雄故居、柏东翁祠、含章翁祠、公络翁祠等。下屋村人才辈出，是中国共产党早期领导人、黄埔军校政治部副主任熊雄烈士的故里。下屋村于2019年6月被列入第五批中国传统村落名录。

二、村落布局

下屋村位于长塍港河谷盆地，整个村庄坐北朝南，村子背后有高大的主山作为屏障，使村落整体上形成"负阴抱阳"的态势。村子正前方为低矮的小山丘，为古村的案山，作为对景。村前有月牙形的水塘和弯曲的水流，长塍河水道向南突出，称"冠带水"，以免基址被冲刷。

下屋村村落布局以熊氏祠堂为核心，周边古建筑群分布缘其围绕，呈喇叭形状的空间布局。村落外以寨墙围绕，桥为联系，内以核心建筑群为引，以水渠为界，以十数条呈"井"字形分布的街巷

图1 下屋村航拍图

作为沟通，且与周边自然村落相连。在村落空间中，下屋村的古建筑集中于村子西部，民居逐渐向西南延伸，书院环祠堂或民居而建，义仓置于祠堂内；墓群则置于村旁东部，文昌阁建于长塍河畔，镇水口，其上横跨杠吉桥，为"关锁"之意。村落地势较高，水网系统发达，沟渠纵横，引入活水自流排污的同时一定程度上避免了洪涝水患的侵害。（图1）

三、建筑风貌

1. 建筑平面布局

江西的传统民居基本平面为矩形，通常面阔三间，一明两暗，明间为厅堂，次间为卧室，中轴对称，结合东西厢房形成围合天井

的三合天井或者四合天井，多个天井单元沿中央轴线串联形成两进院落或多进院落的建筑布局。

然而，江西不同地区为适应当地气候和文化特点，对传统赣派建筑的形制进行适当地变化。以下屋村为例，当地建筑为扩大建筑体量，三开间变五开间甚至七开间，两侧另加排屋使建筑横向加宽，纵向仍采用天井单元串联。下屋村中保存较好的传统民居包括熊雄故居、柏东翁祠、诚之翁祠、富有翁祠、逊园翁祠等民居建筑，凯南翁祠、士先翁祠、天禄翁祠这三座祠堂并联组合形成"熊氏三祠堂"。通过对10栋民居建筑的平面图进行拓扑变化，简化为不同空间类型组合而成的平面以及其组合方式，然后通过类型学归纳得到基本单元和三种主要的组合方式。（图2、图3）

（1）基本平面类型

以熊雄故居的主体建筑平面为例，下屋村中民居建筑的基本平面类型为一栋一高寝，即面阔五间，进深七间的矩形平面，明间主要分为两部分，包括用于日常起居活动的厅堂和用于祭祀祖先的高寝，次间由木隔墙划分为八间卧房，二层为储藏间和阁楼，建筑主

入口设计成内凹的"八字门"。次入口主要位于北侧外墙，与内部高寝空间相连，东西侧墙上门洞则与两侧排屋相连，联系建筑主体空间与辅助功能空间。

在此基本平面类型中，面阔五间导致厅堂两侧分布有八间卧房，为解决卧房的自然采光通风问题，在其南北两侧分别设置小的内院或者天井。由于中央轴线没有天井，厅堂空间与高寝空间直接相连，厅堂与入口大门直接相连，日常采光可以依靠门洞实现，设计为内凹的"八字门"在实现采光的同时起到一定的遮挡视线的作用，另外门扇外采用半高的矮阔门，关闭的时候下部遮挡视线，上部采光通风。由剖面图可以看到高寝空间明显高与厅堂，高出的部分利用高侧窗来采光通风，高大明亮的空间更加凸显祭祀空间的庄严肃穆。（图4）

（2）平面组合类型

下屋村内的大多数民居建筑同传统赣派建筑一样，以天井为中心进行纵向串联，结合两侧排屋形成体量更大，满足家族居住生活需求的民居建筑。但由于当地较为特殊的一栋一高寝的基本平面类

图2 熊雄故居

图3 诚之翁祠

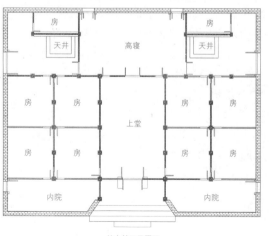

基本单元平面图

基本单元剖面图

图4 下屋村民居基本单元图

型，在纵向组合的方式上与传统天井院落的民居略有不同，主要体现在天井周围的空间。通过对该村落10栋民居建筑的平面进行拓扑变形和类型学研究得到三种主要的平面组合类型，包括一栋一高寝、两栋一高寝以及三栋一高寝，主要以纵向串联的天井院落进行分类。建筑主体单元保持形制的不变，而两侧排屋可根据场地现状以及功能需求进行体量变化，从而形成丰富多彩的建筑平面（图5）。

一栋一高寝的原型进行横向发展，即东西两侧增加排屋，形成一栋一高寝带侧排屋的类型，排屋由一条室内通廊与主体建筑连接，用以补充主体建筑缺乏的生活辅助功能，如储藏间、厨房等，主要代表建筑为熊雄故居。一栋一高寝的原型进行纵向发展，两栋串联为两栋一高寝原型，三栋串联则为三栋一高寝原型。两栋一高寝原型中，不同于传统四合天井单元中的南北主屋与东西厢房围绕中央天井，该原型由两栋一栋一高寝直接串联，为实现传统四合天井单元的四水归堂以及前后厅堂的自然采光与通风，将前一栋的高寝部分改变为天井。尽管如此，其天井周围的空间除南北侧的厅堂外，东西侧不再是厢房，而是由木隔墙分隔的侧边小天井，虽然木隔墙起到一定的空间限定作用，但其本质上的空间感受已与传统四合天井不同。主要代表建筑包括柏东翁祠、公洛翁祠、富有翁祠、诚之翁祠等。三栋一高寝原型相较于两栋一高寝，即又增加一栋建筑原型，在串联的组合方式上保持一致，从而形成两进院落的整体布局形式，轴线空间开阖交替变化，空间感受更加丰富。主要代表建筑为逊园翁祠。在两个原型东西两侧分别加排屋即形成两栋一高寝带侧排屋的类型以及三栋一高寝带侧排屋的类型。

2. 空间序列

（1）入口空间

入口空间为具有当地特色的内凹"八字门"，以熊雄故居为例，门斗内凹的同时在前沿增加了两片八字墙，将入口空间划分为一个矩形空间和一个梯形空间，整体模仿三开间的牌楼形式。门斗立面的八字墙顶做檐口，形成檐下复檐的复杂构造，墙面采用雕刻和绘画等艺术进行装饰，内部矩形空间的墙壁及门洞采用木结构，顶部月梁、衬枋、盘斗都雕刻有复杂的花纹进行装饰，上方吊顶也采用棋盘格式附加复杂的木雕艺术。入口内凹形成的灰空间作为缓冲空间，给居民以及来访者遮风挡雨的同时也起到过渡室内外空间的作用。作为建筑的门面，以八字形内凹的空间处理结合华丽的彩绘以及雕刻艺术，打破单调的外墙面，增加入口的空间感和虚实变化，丰富建筑立面的装饰效果。

（2）下堂空间

下堂空间作为建筑的门厅空间，具有建筑出入的交通功能，因南侧入口灰空间的存在，该门厅的室内外空间的过渡作用不再重要，结合两侧卧房的日常生活，下堂空间起居活动的功能性更加突出。该空间的基本形制得到了很好的传承，因而各建筑的下堂空间基本相同。唯一不同的就是下堂空间与天井空间的连接形式，通常为直接相连，空间连通，更为开阔。另外一种通过屏风木隔墙来分隔两个空间，实现遮挡视线的同时空间隔而不断，空间体验更为丰富，但带来的不足就是减少下堂空间的采光量，空间相对灰暗封闭。

（3）天井空间

天井空间作为南方民居建筑中的重要空间类型，对居民的日常生活起到十分重要的作用。下屋村的民居建筑中包含有轴线上的天井空间和侧边卧房旁边的小天井空间，位置不同其功能也不尽相

建筑	建筑平面图	一次变形	二次变形
熊雄故居			
柏东翁祠			
含章翁祠			
公洛翁祠			
德寿翁祠			
均斋翁祠			
诚之翁祠			
敏斋翁祠			
富有翁祠			
逊园翁祠			

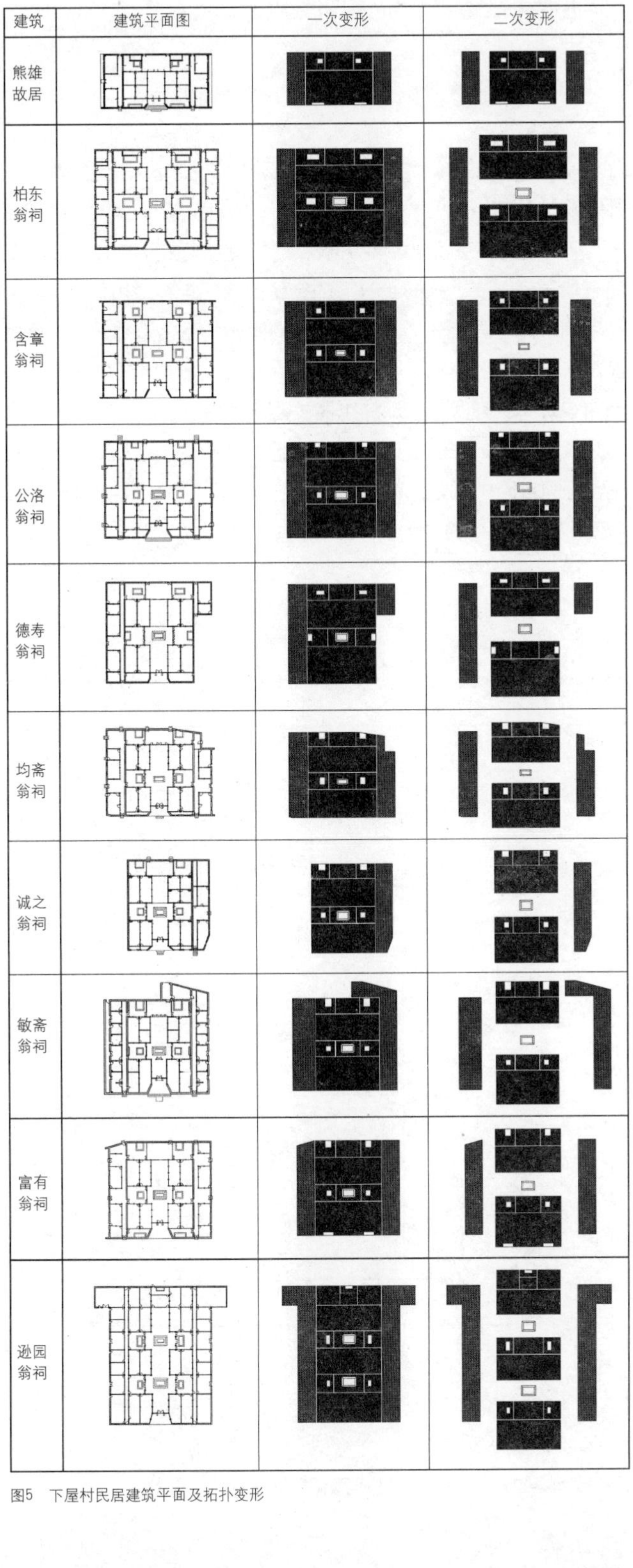

图5　下屋村民居建筑平面及拓扑变形

同，最主要的功能即为给建筑采光通风以及收集和排放雨水，但轴线上的天井空间同时作为天井单元纵向串联形成多进院落，联系上下厅堂形成"一收一放，一平一仄"的空间变化。围绕天井周围的檐下和廊下空间作为民居中最具有活力的空间，给居民带来享受自然和生活的趣味体验。建筑中的天井类型也有很多，主要分为水形天井和土形天井，土形天井主要位于轴线上的天井空间，水形天井主要位于两侧的小天井空间，按其位置可以分为独立型、靠外墙型、靠内墙型，水形天井四周砌筑有矮墙来防止滴落的雨水飞溅导致卧房木隔墙潮湿腐烂。

（4）上堂空间

上堂空间作为轴线空间序列的中心空间，包含有日常起居、家庭议事、招待宾客、婚丧嫁娶等多种功能，成为民宅的起居活动中心和精神中心。上堂空间的形制也很统一，通常为进深大于开间的矩形空间，南侧与天井空间直接相连，北侧与高寝空间联系，空间内部东西侧均为木墙。同下堂空间类似，空间变化集中在北侧与高寝空间的连接方式，常见的为通过木墙隔断，木墙上等分为八扇可开启的门扇，通常情况打开两侧的门扇进行交通联系，而中间六扇关闭来分隔空间，起到遮挡视线的作用。另外一种形式是直接打通两个空间，实现空间的连续性和通透性。

（5）高寝空间

高寝空间作为轴线序列的结束空间，以熊雄故居为例，其基本

形制为开间大于进深的矩形平面，该空间与上堂部分常用可开启门扇的木隔墙进行分隔，北侧与外墙直接相连，常对称开两个小的门洞作为次入口，东西两侧由木隔墙将天井空间和高寝空间分隔，整个高寝空间呈较为封闭的状态，为解决其采光通风问题，将该空间竖向拉高，高出部分即可采用东西侧的高窗进行采光通风。高侧窗的花格栅与高寝顶部的雕花顶棚作为该空间的主要装饰部分，以其复杂的雕花增添丰富的装饰效果。宽阔高大的室内空间，加上两侧高侧窗的采光通风以及顶部天花的室内装饰，共同营造一个高大明亮、庄严华丽的祭祀空间。也正因为高寝空间的重要性，该村落民居建筑的命名不同于其他民宅，通过"翁祠"的命名来突出当地民宅中高寝空间的祭祀文化。

（6）序列空间的比例关系

沿中央轴线的序列空间包括八字门的入口空间、下堂空间、天井空间、上堂空间以及高寝空间，重点对其开间和进深的比例关系进行研究得到各空间的基本特征，八字门的入口空间相比于其他空间更加灵活多变，开间和进深的比例关系接近1∶1和1.7∶1。天井空间形制较为统一，开间和进深的比例关系接近1.6∶1，平面呈现横向矩形的形式。厅堂空间包含下堂、上堂以及高寝，其形制均较统一，开间与进深的比例关系分别接近0.9∶1、0.7∶1和1.8∶1，下堂和上堂呈竖向矩形的形式，两者开间大致相同，而高寝开间与天井更接近，呈横向矩形的形式。整个序列空间开阖交替变化，空间体验丰富。（表1）

各建筑轴线序列空间开间与进深比例关系 表1

建筑	八字门	天井		堂		
熊雄故居	1.83∶1	—		上堂		高寝
				0.66∶1		1.77∶1
柏东翁祠	1.05∶1	1.71∶1		下堂	上堂	高寝
				0.89∶1	0.75∶1	1.83∶1
含章翁祠	1.15∶1	1.76∶1		0.89∶1	0.74∶1	1.80∶1
公洛翁祠	1.21∶1	1.72∶1		0.93∶1	0.69∶1	1.89∶1
德寿翁祠	1.79∶1	1.57∶1		0.67∶1	0.68∶1	1.68∶1
均斋翁祠	1.68∶1	1.67∶1		0.95∶1	0.77∶1	1.97∶1
诚之翁祠	1.50∶1	1.61∶1		0.88∶1	0.62∶1	1.86∶1
敏斋翁祠	0.99∶1	1.59∶1		0.84∶1	0.70∶1	1.63∶1
富有翁祠	1.08∶1	1.51∶1		0.90∶1	0.69∶1	1.56∶1
逊园翁祠	1.52∶1	前天井	后天井	下堂	中堂	上堂	后堂
		1.65∶1	1.78∶1	0.90∶1	0.75∶1	0.77∶1	1.55∶1

3. 建筑结构

江西赣派建筑采用穿斗式木构架，该结构相比于北方抬梁式木

构架，施工更加方便快捷，适合于南方湿润多雨的气候条件。下屋村的民居建筑均采用穿斗式木构架，以熊雄故居为例，该一栋一高寝带侧排屋的类型中，主体建筑采用双坡屋顶的穿斗式木构架，高

寝部分高出前面的屋架采用插梁式木构架，为解决屋顶排水的问题，在与南侧屋顶交接地方附加一个小的两坡屋顶，将雨水排至高寝两侧的小天井中。厅堂内部采用彻上露明造，将木构架直接露明，以结构作为室内装饰元素，空间更加高大开阔；高寝部分空间高大，为增强室内装饰效果采用屋顶天花的吊顶处理；两侧的卧房通过木梁承托的木楼板将室内空间划分为上下两部分，下部空间用于日常起居，上部空间用于储藏。坡屋顶木构架的结构处理，使得建筑空间不论是纵向还是横向都存在高低起伏变化，内部空间体验更加丰富。

4. 建筑雕刻装饰

下屋村的民居建筑装饰多种多样，最主要的是雕刻装饰，辅助以彩绘装饰，营造华丽的居住空间。由八字门的入口空间到高寝空间，可以看到不同类型、不同内容的雕刻装饰。雕刻装饰主要包括砖雕、石雕和木雕及灰塑，雕刻手法包括阴刻、阳刻、浮雕、镂空雕等。砖雕和灰塑多位于入口空间的八字墙上，结合彩绘模仿牌楼的华丽壮阔；石雕多位于建筑入口大门的石墩和内部柱础等处；木雕分布广泛，不论是入口空间的月梁还是居住空间的花窗，抑或是高寝空间的天花，都有精美华丽的木雕艺术。雕刻内容遵循明清时期纹样的原则——"图必有意，意必吉祥"，图案通常富含吉祥寓意，多为中国传统吉祥寓意的花卉植物、人物场景等，蕴含传统民居的古色古韵。（图6）

四、结语

下屋村作为宜丰县的一个重要的传统村落，拥有丰富的自然资源和人文精神，孕育出了许多历史人物以及近代革命先烈，如熊雄，其民居建筑是江西民居的重要组成部分，具有当地的文化和地方特性。以类型学的方法对该村落民居建筑进行研究，归纳总结得到的三种平面组合原型，包括一栋一高寝原型、两栋一高寝原型以及三栋一高寝原型，建筑围绕中心天井纵向和横向发展形成更大的建筑空间，虽然增加了家庭成员的居住空间，但也带来了卧房的采光通风问题，而侧天井的运用解决该问题的同时丰富了天井类型和建筑空间。深入探究民居建筑的轴线序列空间，归纳出各空间的基本形制，重点发现该村落民居建筑中不同于传统赣派建筑的空间类型，包括八字形内凹形成的入口灰空间和位于序列末端的高寝祭祀空间。"八字门"的构造打破单调的立面，丰富建筑造型和光影变化，"高寝"的特殊形式，有效解决了寝堂的采光通风，以其独特的平面布局形式反映了当地"宅祠合一"的民居特色。通过对下屋村民居建筑的类型学研究和序列空间形态研究，为江西传统民居增添了向横向和纵向拓展的居住空间新形式，也为进一步研究下屋村传统村落的保护和发展打下了基础。

注释

① 马凯，天津大学建筑学院，博士研究生；南昌大学建筑工程学院，讲师。
② 王在位，南昌大学建筑工程学院，本科生。
③ 赵子铭，南昌大学建筑工程学院，硕士研究生。

参考文献

[1] 五盐熊氏八修族谱，光绪二十九年癸卯八修.

[2] 王苟生，刘团起，刘晓鹏. 芳溪镇志 [M]. 江西省宜丰县芳溪镇镇志编纂委员会，2002.

[3] 黄浩. 江西民居 [M]. 北京：中国建筑工业出版社，2008.

[4] 姚赯，蔡晴. 江西古建筑 [M]. 北京：中国建筑工业出版社，2015.

[5] 刘洋，任嘉欣，李双海，陈丹阳，郑诚乐. 传统村落的公共空间探究——以江西宜丰县下屋村为例 [J]. 现代园艺，2020，43（09）：143-147.

[6] 陈丹阳，王桂兰. 传统村落街巷空间智慧营建研究——以芳溪镇下屋村为例 [J]. 艺术科技，2018，31（11）：228-229.

[7] 王茵茵，车震宇. 阿尔多·罗西类型学视野下对古村落形态研究的思考 [J]. 华中建筑，2010，28（05）：131-133.

[8] 吕欣荣. 基于拓扑变形的金溪县传统聚落村口空间营造初探 [J]. 华中建筑，2019，37（07）：116-121.

[9] 帕特里克·舒马赫，郑蕾. 从类型学到拓扑学：社会、空间及结构 [J]. 建筑学报，2017（11）：9-13.

[10] 谭刚毅. 合院的创化：类型和场所的叙事与再织——读王维仁的建筑 [J]. 世界建筑导报，2014，29（04）：10-11.

[11] 谭刚毅，陆元鼎. 两宋时期民居与居住形态研究 [J]. 新建筑，2003（05）：76-77.

[12] 张锦翌. 古村落保护策略研究——以枣阳市前湾村为例 [J]. 绿色环保建材，2019（11）：60-62.

[13] 严轮. 基于村民视角的庐陵地区传统村落保护研究——以钓源和燕坊为例 [J]. 地方文化研究，2016（05）：31-36.

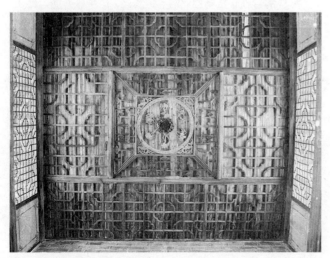

图6　高寝天花

基金项目： 江西省高校人文社会科学研究项目：江西省信江流域传统村落空间形态研究（项目编号：YS19235）。

乡土营造研究中的几点问题探讨

——纪念刘致平先生诞辰110周年

李 浈[①] 刘军瑞[②]

摘 要：首先介绍乡土建筑的概念和遗存概况，然后通过材料、工艺、形制和管理四个方面说明了乡土营造的动态性和模糊性特征，进而引出匠师在营造活动中"设置变量以消解误差"、"各因物宜为之数"、"利用预应力技术"等应对策略，最后指出"口述史"方法有能够契合乡土营造的匠作制度，呈现研究过程，表达研究者的观点。作者认为，乡土营造研究的核心是匠师经验，目的是发现营造智慧、归纳起因相同的现象，实现"物、人并现"的历史研究。

关键词：乡土营造 模糊性 动态性 应对策略 "口述史"方法

"乡土建筑"一词是由费孝通先生的名作《乡土中国》延伸而来，"乡土"是包含中国基层社会的一种特具体系，支配着中国社会的各个方面。乡土建筑内涵有二：一是地域性，指营造之初分布于广大县乡村的民居、祠堂、书院和寺庙等建筑。二是营造方式，它由民间匠师营造，是没有建筑师的建筑，设计和施工一体化，因而能够因地制宜、就地取材、因材致用，因人而异，尊重当地农耕文明下的风俗和传统，营造技术至今仍被传承。其主体是国家历史文化名村名镇，中国传统村落，国家级、省级、市级三级文物保护单位和县级以下的文物保护点中的乡土建筑。

一、乡土营造的相关之"法"

乡土建筑属于区域性文化，由于山川阻隔、气候各异、民族不同都会造成建筑风格的不同。其核心议题：（1）说法——匠语。工匠在营造过程中使用的语言，主要包括形制、材料、构造和工具等名词和表达工艺的动名词两类。（2）营法——匠意。包括：营造思想、忠孝节义、昭穆观念、儒道释等宗教影响等；营造手法，仿生象物、象天法地；功能需求，日常起居和婚丧嫁娶、逢年过节使用及大型家具如棺材、花轿等的布置和移动；尺度设计，开间、进深、竖向和细部的尺度设计。（3）造法——匠技。包括三方面：造，抬梁、穿斗、插梁架、硬山搁檩、平囤顶等典型建筑类型的材料准备、动土动木、上梁挑脊、盖屋泥饰以及乔迁新居等程序；作：木作、砖瓦作、石作、泥作、彩画作等的材料准备、加工与拼装等，也包括营造工具的名称、功能和操作要点；功限料例：用工用料定额等。（4）用法——习俗。营造过程中的仪式和仪文；拜师、学艺、出师和执业等传承习俗；处理使用功能、产权等。

（5）传法——保护和利用。乡土营造技艺是复原和修缮这些建筑物的关键，应被保留、记录并传给下一代的研究者或工匠。

二、乡土营造的动态性和模糊性

朱启钤先生用代表匠师视角的"实质营造"和代表屋主视角的"考工之事"表述传统营造。乡土建筑的动态性是其材料、工艺和实体随着时间发展会呈现不同的态势。模糊性是指上述态势的发展并没有明显的界限。因此，乡土营造和中医、中餐一样，是一种经验性的知识。

1. 材料性能的活用

材料的特性包括荷载、防腐、防潮、防虫等方面。例如：（1）木材。不同树种、同一树种生长在不同位置和时间长短、同一树种本身的横纹和竖纹，同一棵树不同部位、砍伐后搁置时间长短等因素均会造成材料性能不同。匠谚："榆木万年活"反映了匠师已经注意到榆木会随时间变化产生持续徐变。另外，木材的劣化与环境明显相关。匠歌云："干千年，湿千年，干干湿湿两三年。"反映出干湿度对木材性能的影响。（2）夯土。夯土是传统营造中一种重要的建筑材料，在无雨水冲刷或浸泡的时候有很好的承载力和耐久性，这一点在干旱少雨的四川省阿坝州汶川县布瓦寨有多处超过三百年的夯土碉楼，同时在雨水充沛的福建也有大量夯土碉楼存在，可以得到验证。另外，西安有俗语"湿塌"，是说夯土墙底部被雨水冲刷浸泡以后就塌了，其引申的含义就是一件事情的失败。

2．工艺精度的选择

为了应对材料的不匀质性及其随时间徐变的特性，工匠的经验就十分重要。以最具中国特色的榫卯工艺为例说明。匠谚曰："紧车卯子跋拉房，桌椅板凳手按上。"[③]形象地概括了不同木作对榫卯制作的不同要求。大致意思是撇开不同材料的特性不讲，车子构件榫头略大于卯口，是靠外力打进去的；房子榫头略小于卯口，特别是穿斗结构中，穿枋过厚可能会将柱子撑裂；而桌椅板凳则是榫卯大致相当，安装中略微用力就可以。在实际操作中，这些都是需要工匠灵活掌握的经验。

3．形制等级的应用

中国传统的礼仪是"进门分大小，出门一家亲"，如同人的等级一样，乡土营造中重要的是排出顺序，差异大小并无严格界线，此所谓有法无式。

高低。左昭右穆，昭比穆高一个等级，反应在建筑上是主房高于左厢房，左厢房略高于右厢房，务必分清高低，高多少则由匠师凭经验控制。例如，在四川，无论正房厅房列子到两山约加高二寸多，房右山升起的高度不能高过左山，右耳房高度不得超过左耳房。课题组的调研和文献阅读表明，在山西、山东、江苏、台湾等地乡土营造也有类似的做法。

宽窄。建筑多建为方正，或前小后大的形状，是多年来形成的传统建造方式。

4．管理方式的多元

屋主通过观察营造团队的现场、作品或口碑来判定营造人员的水平高低。有营造经验的屋主对于材料、功限、料例和过程等较熟，而使用者则长于房屋的使用功能以及建筑本身质量的优缺话题。

乡土建筑由于屋主自身对营造技艺不精通，因此常常在营造中引入竞争来加强管理。对场出现的条件：（1）建筑规模较大，多是寺观、书院、宗祠等公共建筑。（2）营造人员充足，有多个营造团体有能力参与。（3）工期较紧，一个营造队伍不能如期完成任务。（4）要有一定的施工精度以便配合。根据李乾朗先生调查："中国南方浙、闽、粤及台湾一带，很普遍可以发现一座传统古建筑由两组匠师合作完成的实例……分别由两组匠师施工，建筑物的高低宽窄相同，但细部却各异其趣……"[④]

工料分离：屋主自行购买建筑材料，可避免匠师在购料过程中索要回扣的恶习。包工方式：如果是做日工，屋主要监督匠师出勤情况，也要避免匠师有工无活，还要注意监督匠师不得大材小用；如果是做包工，要防止匠师不顾及施工质量地赶工。

三、匠师的营造经验的丰富性

匠师们的营造策略除了因地制宜、就地取材、因材致用和牺牲性保护外还体现在以下方面：

1．设置变量消解误差

施工中不可避免地会产生误差，为了避免将误差积累为错误，就需要有效地将误差化解，因此各种做法都要留有余地。通常的做法是在两个大的构件之间插入一个小构件，两个硬的构件之间插入一个软构件，按照"抓大放小、欺软怕硬"的博弈原则进行调整。这类构件有：抱框、瓜柱、垫块、驼峰、磉石、斗和灰缝等。

2．各因物宜为之数

对需要大量制作的外形复杂或尺寸相同的物件如：楗子、榫头、雕刻等，制作模板作为参考，以物量物，可省去反复读数，减少出错。测量不同大小的物体选用不同长度的尺子：丈杆、六尺、五尺、三尺、二尺、一尺、八寸尺、五寸尺等，尽量做到"各因物宜为之数"，方便操作且不易出错。例如：《周礼·考工记·匠人》记载"室中度以几，堂上度以筵，宫中度以寻，野度以步，涂度以轨。"其中的几、筵、寻、步、轨等都是以尺为基础的，即尺是基本模数，其余的几个是扩大模数。

3．预应力技术的应用

在乡土营造中因为灰浆、砖材、木材等材料会产生徐变，匠师用预应力的方法巧妙解决。例如，砖石砌筑拱券的技术难题是拆除券胎后，券就会发生反弧、裂缝，甚至塌落。"为了避免这种现象，前辈匠师的办法是在砌券前把原定失高加大。平口券也使其起拱，使拱券筑成变形后，失高回到原定的限度以内。"[⑤]又如，闽南乡土建筑墙体的"出砖入石"工艺。人们经常将条石和碎砖混合砌筑墙体，"石块多以垂直方式摆放，且上下交互错开，碎砖片间卧砌其中，且两者并未处于一个表面上，石块一般比碎砖块凹入少许（约1厘米）。这样形成的墙面，经长时间的风雨等侵蚀后，由于砖块的强度较之石块来得低，墙体表面就会趋于平整。"[⑥]

四、"口述史"方法的有效性

乡土营造口述史方法是受过专业训练或有一定经验的访问者就乡土营造的匠语、匠意、匠技、手风和匠俗等议题向当事人、见证人或传承人进行访问，并对笔记、录音或录像等史料进行整理、分析、辨别，进而与文献记载比对，并结合实物进行验证，最终得出结论的研究方法。由于乡土营造的文献缺乏，且测绘不能证实匠师意图，因此其研究的路线应是"取之口述，符之实物"。

1. 契合匠作制度及传承模式

陈耀东先生认为师徒间的"口传技法，如尺法，各种基本尺度、技术规定、操作程序甚至一些禁忌，即当地的匠作制度。"⑦这些制度是保密的，传承的方式是师徒、父子的口传身授。一方面是因为匠师文化水平不高，另一方面因为担心泄密，不允许后代做文字记载。例如，"建筑工匠中所流传的'木匠看三，瓦匠看二'，意思是普通房屋出檐部分的宽度应是柱高的十分之三，由木匠掌握；屋前露出台阶的宽度应是柱高的十分之二，由泥瓦匠掌握。"⑧

2. 展现研究的过程

口述史方法通过呈现过程，可使读者了解研究者的前提、方法、过程和结论，可类比餐饮界的"明厨亮灶"，可以证明学术合法性。因此，首先口述样本要合理，在条件允许的情况下，尽可能地多访谈工匠，并且注意匠师的空间分布以及其与建筑遗存的匹配。在口述成果中，为了避免侵犯他人隐私，一般来说受访者的个人信息如：姓名、年龄、地域、联系方式等不是完全公开的。为了提高口述史料的可信度，需对研究目标、问题、过程、抄本等真实完整记录，并应在公共图书馆备案。

3. 表达研究者立场

研究者宜采用"信以存信，疑以存疑"的原则，对口述史料的可信度做出评价。例如，刘致平先生的示范。（1）歧义的材料。坪上张宅"主人坚持说是明代造的……笔者以为此宅不能早过清初"。刘先生记录了屋主和自己的论证。（2）片面的材料。威远严家坝郭宅。"承宅主郭学林1945年12月5日函告数事，虽所述修造原因未必确切，但也相当重要……"刘先生对于地方大户"慈善营造"的故事并不赞同，但认为这些史料也反映出了重要的信息。（3）可信的材料。"……清宣统元年傅樵村氏曾著成都通览一书内容很丰富而且记载详确，傅氏是成都人，据他的自序知道他大半生的经历耗费在修造的监工及著述此书上。所以，对于当时的工料价值方面的叙述是很可靠的……"⑨

五、结语

归纳起因相同的现象。一个能够长时间地服务于乡土社会的建筑系统，自有其合理的技术内核和文化内核，但是这种自成逻辑的文化和现代的科学技术只能部分契合。乡土营造中材料、工艺、形制和管理的动态性和模糊性决定了匠师经验的重要性。

乡土营造研究最基本的事实就是："一栋传统建筑，先有匠师来建造，再有学者来研究。"因此，研究中不宜直接套用现代工程制度，应该回归田野，了解匠师和屋主真实的材料、营造和文化逻辑，对其中的设计智慧、管理智慧、伦理智慧等进行总结来增加世人营造之智源。

学者们通过对民间匠师的口述史料的收集整理，将原本承载于匠师本人的口口相传的技艺纳入国家建筑学研究生教育体系，使其避免"人之不存，业将终坠"的历史循环。匠师的姓名和其技艺一起流传后世，真正做到传其人、传其事、传其技艺、传其时代，实现"见物见人"的历史研究。

注释

① 李浈，同济大学建筑与城市规划学院教授，博士生导师。
② 刘军瑞，同济大学建筑与城市规划学院，2015级博士研究生；河南理工大学建筑系，讲师。
③ 李浈. 近世传统建筑木作工具的地域性比较 [J]. 古建园林技术，2002，9：38.
④ 李乾朗. 对场营造 [J]. 古建园林技术，2011（03）：51.
⑤ 张家骥. 拱券升拱的传统定制与做法规则口诀 [J]. 古建园林技术，1987（06）：56.
⑥ 赖世贤，郑志. 闽南红砖传统砌筑工艺及其启示 [J]. 华中建筑，2007（2）：157.
⑦ 陈耀东.《鲁班经匠家镜》研究——楼开鲁班的大门 [M]. 北京：中国建筑工业出版社，2010：3.
⑧ 钟敬文. 民俗学概论 [M]. 上海：上海文艺出版社，2009：59.
⑨ 参考文献 [1]：126，159，180，191.

参考文献

[1] 刘致平. 中国居住建筑简史——城市、住宅、园林（附：四川住宅建筑）[M]. 北京：中国建筑工业出版社，1990.
[2] 李浈. 营造意为贵，匠艺能者师——泛江南地域乡土建筑营造技艺整体性研究的意义、思路与方法 [J]. 建筑学报，2016（2）：78-83.
[3] 李浈，刘军瑞. "口述史"方法在乡土营造研究中的几个问题探析. 见：中国建筑口述史文库 [第三辑]. 上海：同济大学出版社，2020：214-226.
[4] 王汎森. 执拗的低音：一些历史思考方式的反思 [M]. 北京：生活·读书·新知三联书店，2014.

基金项目：国家自然科学基金资助项目，编号：51738008，51878450；山东省高等学校青创人才引育计划"传统村落保护管理与活化利用服务团队"。

安徽水圩民居地域性及设计元素研究

——以李氏庄园圩为例

王彦波[1]　李晓峰[2]

摘　要： 2014年住房和城乡建设部编纂的《中国传统民居类型全集》将水圩民居列为安徽江淮流域特色的传统民居形式之一。水圩民居地域特色鲜明，在布局上从外到内，分别修建有圩沟、围墙和碉楼。内敛而不失威严，主要为了防御，李氏庄园圩就是按照种格局营造的。

关键词： 水圩民居　地域性　设计元素

水圩民居建筑是江淮流域具有代表性的传统建筑。分布在安徽江淮流域的水圩民居建筑，大多是明清和民国时期的建筑，现存较好的主要是豪强地主的庄园。

位于安徽省霍邱县马店镇的李氏庄园圩，曾是全国四大地主庄园之一。其平面布局呈方形，外有圩沟、圩墙、碉楼，圩内布有大小不同的三合、四合院，墙上置枪眼，四周设炮楼、更楼。整个庄园建筑布局合理，结构严谨，既具清代建筑特点，又颇具农村地主庄园特色。

目前，国内建筑学领域对水圩民居的关注较少，仅有数位学者对水圩民居展开了研究。本文通过对李氏庄园水圩的研究，分析水圩民居的地域性成因及其设计元素，为水圩民居的保护与发展提供基础资料。

一、地域性成因

1. 充沛的水源

安徽境内有三大水域：淮河、巢湖、长江（图1）。其中淮河、长江横贯省境，把全省分为淮北、江淮、江南三大区域。江淮流域支流众多，河网密布，同时我国五大淡水湖之一的巢湖位于江淮之间，为境内提供了充沛的水源。

2. 圩田的兴修

圩田（图2）是水利与地理专业的研究对象，在建筑学内涉及较少。其是两宋时盛行于江淮、钱塘江流域的一种水利田。其修筑办法主要是把低洼的土地或沼泽、陂塘、湖泊、河道、河边沙地

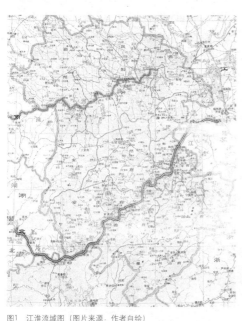

图1　江淮流域图（图片来源：作者自绘）

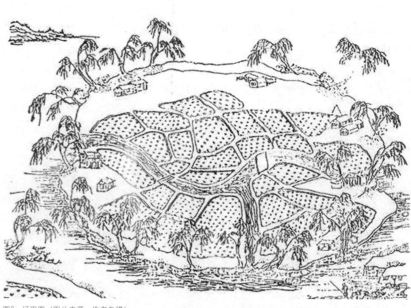

图2　圩田图（图片来源：作者自摄）

等用堤围起来，辟为农田（其中多数是新辟田），以防止水旱，收灌溉之利，并扩大耕地面积。北宋人范仲淹解释圩田说"江南应有圩田，每一圩方圆数十里，如大城，中有河渠，外有门闸，旱则开闸，潦则闭闸，拒江水之害，旱涝不及，为农美利。"[1]

我国圩田技术首创于江南。早在春秋、战国时代、吴、越就在太湖流域筑堤断绝外水围田，促进经济发展。秦汉后不断向周边地区推广。江淮地区修筑圩田，滥觞于三国。孙吴为与魏、蜀抗衡，在沿江大力推行屯田，以充军需。

安徽圩田，其范围包括江东圩田的大部和江淮之间圩田。历史上著名的"江东圩田"，实际上大部分是指皖南的圩田。"江东"之称，始于北宋天圣八年（公元103年），分江南东路和江南西路，简称"江东"、"江西"。"江东"辖境相当今南京以西、鄱阳湖以东的太平、宁国、当涂、宣城、广德、贵池等地，江淮圩田包括望江、巢湖、无为等地。[2]

江淮圩田首先发源于中西部的沿江地区，然后由西向东发展。宋代以前，圩田主要集中在安庆、和县附近地区。两宋时期，巢湖流域圩田兴起。明代，皖北圩田向湖泊、河网进军，原有圩田的地方继续扩筑增修，许多原无圩田的地区兴筑了圩田，如合肥宋代圩田36座，到明代增至约5座；和州由宋代数座至明前期发展到70余座，到明后期又增至143座。就连属于丘陵地形的寿州也兴起了围塘垦田。

3. 水圩民居的形成

在圩田区域生活的居民，在享受水利之便的同时，雨季来临，河川洪水宣泄不畅，会淹没大量良田，并长期积水，给居民的生命与财产安全带来威胁。在人们的生产生活和水体的这种不断互动过程中，逐渐形成了兼具防洪与灌溉的圩村，这种村庄与圩田密切相关，相互影响，共同组成一个完整的生产与生活系统。

在皖西北的淮河流域，存在着一种比较特殊的圩村类型，属于一种圩寨式聚落，圩寨是集防御与居住功能为一体的聚居形式。这里需着重指出的是，圩寨最初并不具有浓厚的军事化色彩，而是基层民众生产生活所在。皖西北地区，人多聚族而居，村外筑栅栏土围，意在防盗和家畜走失，濒河湖低洼之地又在于防水。[3]因太平军北伐经由此地，民情骚动，捻军趁机兴起。在清政府的倡导下，民间兴办团练，大量修建圩寨以自保。在皖西地区团练基础上建立起的淮军，是镇压太平天国运动和捻军起义的主要力量之一。1864年后，大批淮军将领荣归故里，在原有圩寨的基础上对其翻修、扩建，或另选新址重建，圩寨建筑逐渐由军事防御设施向将门府第转变。20世纪初年，随着李鸿章为首的淮军兴衰更替以及清政府的覆灭，淮军将领后代的政治地位发生变化，圩寨建筑的文化内涵由将门府第演变为普通的地主庄园。李氏庄园圩（图3）就是这样一个典型的圩寨式水圩民居。圩寨虽属于堡寨家族的一员，但又因处在圩区，呈现出浓郁的地域特色。

综上所述，安徽水圩民居在功能上主要分为两大类：圩村和圩寨。前者的目的是御天，而后者更偏向于御人，本文研究的是圩寨式水圩民居。

二、设计元素

1. 圩沟

水圩民居建筑的防御主要手段，通过四周围合的圩沟完成。李氏庄园圩占地70多亩，其中圩沟面积约占总面积的40%。四周开挖超过10米宽的圩沟，分为前后两道（图4）。其圩沟最宽处为18.6米，最窄也有10.2米，开挖深度达3.5米。李氏庄园圩防御的首要设计元素就是圩沟部分，耗资巨大修建圩沟，把庄园和外界彻底断开，增强防御功能。从建筑防御能力分析，它对军队抗击能力有限，主要防御土匪的入侵，令其面对如此宽度的圩沟一筹莫展。

李氏庄园圩修建主体工程是圩沟部分。李氏庄园圩始建于咸丰六年，动用了上千劳力、工匠，耗时10年方建成。在当时的生产条件下，修建圩沟耗费4年的时间，达到所有费用一半，只有家族行为，才能完成。根据水圩民居建筑的特点看，它是微型的城，完

图3 李氏庄园圩航拍及鸟瞰（图片来源：作者自摄）

全依照修建城墙标准来实现。从当地县志图片资料看，无论是明朝还是清朝，城池的修建，很多都是按照方形布局，和水圩民居建筑布局一样。从中可以推断出，一方面是圩区民居建筑自身的传承，经过历代慢慢延续下来；另一方面是受到城池格局的影响，二者相互依存，规模大即城，规模小即类似的水圩民居建筑。

圩沟的土方量极大，建造过程中，将挖出的土方，堆砌夯实成庄园的台基。由于庄园四周都是水域，台基高出周边田地1米左右，保证庄园不被水淹没，如此解决了挖掘水圩时产生的土方量，节约了工程造价、时间和工程量，并且都是环保可再生材料。

在封建社会的体系下，农业对村落的维持是根本作用，也是经济的主要来源。"英邑僻处山隅，山多田少。田傍溪河者，为河田筑堰，灌溉田属冲垅者为岸，田塘水灌溉，然塘堰繁碎，每当蛟水暴发，兴废不常，非若平原水圩各有定制也，因阙而不举云。"[4]一万立方米的水量灌溉作用，可以覆盖方圆200米以上的距离，从村落的布置看，庄园圩和东边老圩、大腰圩、双圩子等相距不远（图5），形成圩子群，相互交叉。遇到水涝季节，水圩又可以收纳田地多余雨水，快速而高效，再集中排出，保证了农业的生产力。

2. 围墙

圩沟是李氏庄园圩防御的外部元素。依照古代城池体系设计，庄园四周垒砌围墙，使得防御能力增大几倍，但仅凭圩沟的防御能力远远不够。几十年前的冬季气温常有−10℃的情况，加之围墙垒起，形成一定的风洞效应，水圩内易结厚冰，人可穿梭，如若没有围墙，等于把村庄暴露在外。这时围墙不但彻底隔开与外界联系，还维持了传统建筑的内向型布局特点。"居住区用壕堑围绕，显然是出于防御的目的。"[5]李氏庄园圩的围墙总长532米，宽度达到

0.7米，高度有3.5米，沿着圩沟边修建而成。圩沟和围墙组合，正好吻合古代城池的防御体系，形成"铁桶阵"，对来犯之敌产生心理震慑。

庄园圩的围墙用砖石砌筑，用条石从水底垒砌，出台基后上接城砖（图6）。考虑防御的需求，修建得特别宽厚，围墙修建在水圩内侧，临近水体，怕被侵蚀造成崩塌，宽墙也易于扎实。从墙体的材料结构看，宽大墙体万一发生倒塌，将是重大事故。其下部又靠近水体，所以用石材修砌，隔绝潮气和打牢根基。为加强防御，砖墙上有卧、跪、立三排射击孔。

3. 碉楼

李氏庄园圩在围墙的东、西、北三面共有6座碉楼（现仅存4座遗址），突出在墙外。碉楼三面都有射击孔，攻防实用性强。建碉楼目的是瞭望和攻防。围墙和水圩是被动防御型建筑，而碉楼是攻防兼备型，如没有围墙和水圩阻隔作用，单凭借碉楼，防御和进攻能力大为削减，只有三者形成组合，才能事半功倍，发挥攻防最大效用。

李氏庄园圩入口门楼在正南面，是整座圩子的唯一出口。要想进入该庄园，必须经过多道关卡，在规划上减少出口，就为提高防御能力。庄园圩内三宅也称东、西、中院，三院的三个头道门楼前为第一道圩沟，圩沟上高悬三座吊桥，木制桥面，出入落桥，御敌高悬。"城门就是在城墙上开辟的门，是出入城池的口，也是城池防御的一个薄弱环节，是战争中敌人攻占的重点部位……因为对于防御性要求极高的城池来说，城门的数量自然是越少越好……"[6]在整个古建筑中，我国人民都十分重视门楼的设计，这是身份的象征。门楼是单层楼房，外墙用砖石砌筑，修建有射击口，射击口沿外墙部分设计有双开小木门，不用之时关起，看起来似窗户，不惹眼（图7）。

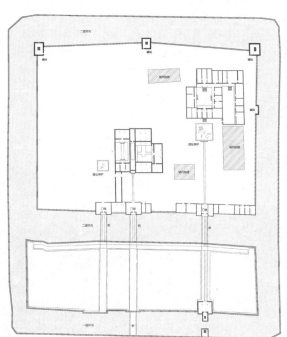

图5 圩子群位置图（图片来源：作者自摄）

图4 李氏庄园圩测绘图（图片来源：作者自绘）　图6 李氏庄园圩圩沟、围墙（图片来源：作者自摄）　图7 李氏庄园门楼（图片来源：谷歌地图）

三、结语

李氏庄园圩由于地处在大别山的尾端，地势平坦，在无险可守的情况下，继承了传统建筑的特点，把城防的体系和古代的民居建筑特点运用到水圩民居建筑之中。庄园圩的圩沟如同小城里的壕沟，而围墙是简易的城墙，6个碉楼和城墙的防御垛功能一样，每个水圩民居建筑都是小型的城。水圩、围墙和碉楼三种建筑元素，正好构成了李氏庄园圩的防御体系，达到完美组合，升华了攻防能力，在当时的社会条件下，对当地出现的"兵匪毛捻"之患都起到了很强的抵御作用。

注释

① 王彦波，华中科技大学建筑与城市规划学院，硕士研究生。

② 李晓峰，华中科技大学建筑与城市规划学院，教授、博士生导师、副院长。

参考文献

[1] 宁可. 宋代的圩田 [J]. 中国农村科技，2011：72-77.
[2] 张志超. 安徽圩田初探 [J]. 古今农业，1991：54-57.
[3] 牛贯杰. 十九世纪中期皖北的圩寨 [J]. 清史研究，2001：24-32.
[4] [清] 同治《六安州志》，卷之二，形势，第14页.
[5] 中国科学院科学史研究所. 中国古代建筑技术史 [M]. 北京：中国科学出版社，2000：24.
[6] 王其均. 中国建筑图解词典 [M]. 北京：机械工业出版社，2007：118.

传统山地村落的生态人文适应性研究

——以浙江酉田村为例

许 娟[①] 林斯媛[②]

摘 要： 本文主要从两个层面探究了酉田村形成与发展过程中的动态平衡。从自然生态的视角出发，以其山水格局探究其如何依据山形地势形成现有的村落格局，从其空间网络出发，研究支持村落生产和生活的生态系统，其内在的能量转换。从人文性角度出发，探究村落形成发展背后的文化内涵和内在社会体系。基于传统山地村落特色和价值，总结其可持续发展策略并提炼其核心保护要素，对乡村营造和城市建设都有一定启示意义。

关键词： 整体格局 山地村落 空间网络系统 生态适应性 人文适应性

一、引言

酉田村是浙江丽水市松阳县三都乡的一个古村落，因田园风貌保存完好，2014年被列入中国传统村落名录。不同于大多村庄选址于山脚，酉田村位于半山腰上（图1）。背靠青山，村前一塘，高山台地，引水不易，水贵如油，故名酉（油）田村。窄小的村口、高耸的地势，阡陌交通，田埂纵横，山峦此起彼伏，梯田层层叠落，得天独厚的地理优势促成了酉田村这个与世隔绝的世外桃源。

系统视野下，传统村落多体现为"山林-水系-农田-村落"四大部分组成的生态格局，一般山多水多，与农耕作物、村民作息协调循环、相辅相成。然而高山台地之上，水源无力自主向上输送，环环相扣的四要素中水系一环资源紧缺。这般形势下，酉田村深扎丛林山腰已有600余年之久，其生态与人文是如何适应环境，发展至今，生生不息，属实耐人寻味，有待后人考究。

二、地域环境下酉田村的形成与发展

1. 山地地势与村庄起源

据《酉田叶氏宗谱》记载，元末明初，叶氏祖先叶俭迁居松阳，后世子孙叶崇于明嘉靖四十三年（1564年），在酉田创置田地，从此在此安居。山地丘陵地区，村落与山体互为图底，地形的起伏带来了丰富多变的空间层次，村庄就势沿着等高线展开，形成了紧凑连续、参差错落的建筑肌理。村口狭小加之山路难行（图2），梯田稻作又让村民自给自足，削减了与外界往来的必要，由此形成内向型封闭的酉田村，世代聚居着叶氏后裔。

古村选址中，由山势围合而成的，这背山面水的生态格局在客观上符合农耕社会的生产和生活实情。连绵的山脉几乎环绕了整座酉田村，仅余入口的间隙，形成了山风谷风的循环系统，促进大气

图1 半山腰上的酉田村（图片来源：作者自绘）　　　　图2 酉田村村口视角（图片来源：作者自摄）

流动与水源循环。村口的水塘是村里仅有的稳定水源（三条山泉丰水期流经、枯水期干涸），是村里福相的存在。作为村民生命财产安全的第一道防线，村口的防御却较为薄弱，酉田村利用山谷夹持和入口修筑围寨、引水神坐镇以佑平安，在窄小的入口后铺陈开来，豁然开朗。

图3 酉田村总图与梯田示意组图（图片来源：作者自绘）

2. 梯田稻作生计模式

斯图尔德（Julian Steward）提出，村落的生计模式与生态环境之间相互依赖的关系对于乡村的发展尤为重要。对于酉田村（图3）而言，这种关系即为梯田稻作。

梯田的诞生是由于山地没有平原充足的水田，村落为能有田地种菜、农耕自足，于是改造山地。而后梯田反哺，契合山地层层高差的设计为村落增加了大面积耕地，优良的通风透光条件有利于作物生长和营养物质的积累，对村民治理坡地水土流失和蓄水的作用亦十分显著。酉田村四周除了山体便是大片梯田，主要作物为茶叶、玉米和稻谷。家家户户门前种植小面积菜地，并配有蓄水井和舂米装置（图4）。

梯田稻作虽是生态环境使然，但在后续发展中，这种生计模式深刻影响了酉田村的道路交通、灌排系统及建筑组团的规划设计。梯田间的田埂道路需顺应梯田纹理，平行于等高线，机动车流线不得跨越梯田只能在外围铺设，垂直方向利用步行交通解决通达性问题。同时，由于缺少河流湖泊补给，梯田灌溉时，水的分配与利用不容浪费。灌排系统全村协调，从下往上依次放水，然后从水源处引入最上一层梯田的水。

3. 建筑空间聚合形态

由于梯田稻作需要时空管理的原因，为赶上作物特殊的时令时节，需要比往常多出几倍的劳动力，也一定程度上决定了酉田村建筑的组团布局、聚落规模和聚集程度（图5）。一面陡坡为林，一面低洼为塘，外围分布着梯田，酉田村的民居建于山体与池塘交界的缓坡处，既不占用耕地，又可避免水涝，层层小高差下建筑负阴而建，保证基本的采光。

虽说耕地与劳动力的比例确定后，住户分散布局、各自的农田就近安置对管理及交通的便捷程度来说效率最佳，但梯田稻作的生

图4 酉田村民居前菜地、蓄水井及舂米装置组图（图片来源：作者自摄）

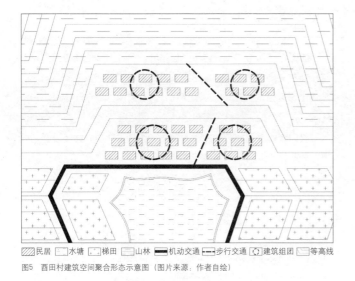

图5　酉田村建筑空间聚合形态示意图（图片来源：作者自绘）

计模式要求酉田村的民居以高度集中的姿态协作发展。其一是各户人家的作物在播种、除草除虫、丰收等重要时节需要的劳动力远超出一家具备的劳动力，若非邻里乡亲的帮助，难以在作物最适宜的时辰完成操作。其二是村里的交通路网与灌溉管道从经济成本角度也不便特地修建通向分隔甚远的家家户户。

值得一提的是，酉田村周边方圆二里除东南方位有一村落与之相近，并无其他人烟。同样位于山地，聚居而生，推测该村为酉田村村里人口过剩而采取的部分村民向类似地区析出的新村落，以祖辈流传的生活方式生存发展。

4．节水蓄水与生态循环

比起梯田稻作需要的引水取水，酉田村村民的智慧更在于节水蓄水。通常情况下，酉田村住户利用台地高差临界的空间，处在上一层的宅门前场地可用来储藏杂物或种植农田，处在下一级的屋后空地被归上一级管辖，作为水塘，锁住降雨，置于屋前，取水便捷（图6）。这样无需发达的水利系统，省时省力，同时地势低的住宅正好为地势高的住宅稳固水土，抵御流失。不过也有特殊情况，当上一级屋前场地有限，或处理高差的空间甚小仅够安置台阶，村民利用古法开挖水井，加之木竹引泉，滴滴均被装入储水。最低一级的住宅与中央大水塘比邻，可直接至水塘取水，水聚旺乡，财结水聚，屋前有塘，不怕五王。每当降雨，雨水便会盈满每户的集水盆，用来冲洗衣物、打扫卫生，可谓物尽其用。

六百年来，酉田村与时间和气候有着秘密的约定，村民深谙万物生长的规律，听天地、吃山水，有着独到的生存秘诀，梯田、鱼塘用水恰到好处地适应并利用了生态水循环（图7）。水分蒸发、降雨、从高处山林流淌至村里，再循环。作物单纯依赖土壤肥力生长不能拥有饱满挺拔的体格，它们所需的更多养分实则来自于循环的水层中夹杂着的腐殖质、微生物、浮游生物等营养物质[③]。酉田村的生态水循环无意间利用自然降水将水肥播散进梯田里，将山林中的腐殖物洗刷、冲下、沉积作为作物生长的基底，大大增强了土壤肥力，为村民来年的丰收助一臂之力。

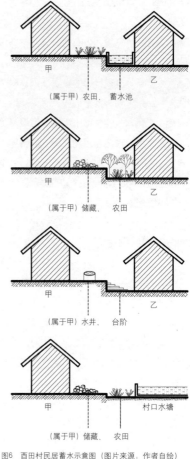

图6　酉田村民居蓄水示意图（图片来源：作者自绘）

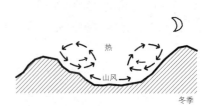

图7　酉田村生态水循环示意图（图片来源：作者自绘）

三、酉田村人文生态适应性

相较于酉田村与大地合而为一，与自然环境亲密无间的自然生态适应性，其背后隐性的人文性也潜移默化地影响着村落的发展和变迁，值得当代人重新审视和思考。古人从选址到自发营造，从传统堪舆理论到宗教礼制，无不体现出人们内在的精神寄托，希望借由传统文化理念去维系家族内在的稳定和秩序。

1．"天人合一"理念下的村落选址

酉田村四周被群山翠竹环绕，仅有两条道路与外界相连，环境较为闭塞，古时可以较好地抵御外敌，同时负阴抱阳，背山面水，最大限度地接受自然光照并享有良好的景观视野。村落整体呈阶梯状地匍匐于山地之中，充分利用地形地势，尽可能减少对自然的破坏，暗示了中国人传统观念中的整体山水格局意识。其中梯田既与村庄是一个整体，又融合于村庄与自然之间。群山环绕的封闭，让酉田村只能在一个内向的环境中寻求自身的发展，受制于环境，但也发展于环境，与自然、与天地、与神灵的关系更加密切，与人们追求"天人合一"的思想不谋而合。

2．传统文化观念下的村落布局

（1）生态观影响的水口

古村落的山水格局深受生态观影响，村落入口多选在两山夹持处或面山面溪处。酉田村山脚下的村口水塘（图8）和三颗迎客松正体现出古人对和谐的人与环境的追求，其不仅营造出村落的入口环境，更包含了古人内在的某种精神诉求。由两山之间围合形成的空间利于空气沿着山形地脉流动，遇到曲折断口会停聚累积，产生"气的集聚，即古语云"可使气行之而有止"。

（2）礼制文化下的宗祠

酉田村作为历史传统村落，也是叶氏家族聚集的血缘村落，古时在礼制文化下，宗族关系是维系家族发展兴旺的重要纽带，人们尤其重视以宗祠为主的公共建筑。酉田村中，叶氏祠堂（图9）、社庙、张叶上社等多分布在村子外围，靠近村口处，一方面作为进入村落内部的节点，对社会行为起着一定约束作用，另一方面，其相对独立的选址，也便于举办祭祀等仪式性的活动，方便人群的集散。

（3）文化族群下的民居建筑

酉田村的发展始于元末明初，叶氏家族在此安居，不断发展壮大。值得一提的是，自清嘉庆年间至今，家族共有7代行医，并出了多位松阳名医，可见族群之间存在一定内在文化牵引，谱系悠久。现位于山坡之上的叶起鸿故居，为一个三合院式建筑，背靠群山，面对层叠的梯田，景观优越，可以推测其为原始的定居点之一，其后多户人家在山脚下依次建立，即现保存较为完好的历史文化建筑，随着家族势力的扩张，人们依据自己的喜好选择基地自发地建造，村庄以一种看似变化无序，实则具有内生秩序和系统性中有机生长（图10）。此外，酉田村深厚的传统文化还体现于其重视教育，清代有叶氏私塾，民国初期建有小学，办学历史超过300

图8 酉田村村口水塘（图片来源：作者自摄）

图9 酉田村叶氏宗祠（图片来源：网络）

图10 酉田村村落生长肌理猜想（图片来源：作者自绘）

年，培养出一批人才。区别于当代大都市陌生人的社会关系，酉田村正是在这样一种隐性的文化族群背景下有机生长的。

四、传统村落的当代启示及保护与发展

1. 整体思维下的传承与保护

单德启老师曾说："中国民居最宝贵之处在于背后的精神层次——即整体思维的思想方法和综合功利的价值观。"酉田村整体思维的发展一方面体现于其与自然的相互因借，与大地景观相融，建筑顺应地形，宗祠等仪式性空间成为维系族群的纽带；另一方面在于生产关系对自然生态的尊重，梯田作为人与自然生态环境的能量交互、生产交换的中介角色，被充分结合和利用，当地人的生产生活方式根据时令的变化，进行采摘与劳作，体现出传统的作息方式与可持续的发展。

如今，文化族群的离散使得乡村资金、人力流失，同时很多老房子因年久失修，接近衰败，宗祠等凝聚人群公共活动的空间也逐渐没落，失去生机。但传统的依据梯田耕作的产业方式仍然存在，经过历史积淀形成的传统建筑文化和生产关系仍适应着当地的发展。

2. 可持续理念下的更新与发展

工业化的发展和冲击，加剧了城乡发展的不平衡，造成了生产要素的单向流动，传统的农业、农民和农村的封闭关系被打破[4]，即传统村落原有的自给自足的体系被瓦解。如何重塑农村使其适应当代性是需要思考的问题。

传统村落中老房子或更新改造，或维持原貌，一切外来干预的力量需要基于村落整体的原则。一方面要回归人的生活本身，满足其基本的生活诉求，创造人们需要的日常空间；另一方面，让老房子提升环境品质，维系新的生产和生活需求，需要有选择地加以改造和更新。酉田村中，叶氏宗祠修缮后作为村里的宗族活动、文化活动及老年活动场所；废弃牛栏改造后变身为接待中心、休闲场所及民宿；观景长廊作为游客及村民休息的场所。这些转变都在不断地使其适应当代的需求，在可持续发展的理念下呈现有机更新。

五、总结

传统村落由自然地理环境和社会文化环境共同构成，在一步步地动态发展中，村落逐渐形成一个有机的系统，适应着人们的生存生产和生活。酉田村作为一个传统山地村落，在生态方面，充分利用自然地形开发耕地，形成梯田稻作的生计方式，但需要注意的是耕地虽契合山地地势，但需要适度开发，否则破坏太多树林植被易造成水土流失。同时在一个内向封闭的缺水环境中，酉田村很好地利用水循环进行生产劳作，体现出原始的智慧。在文化方面，古人重视宗族关系和家庭人伦，这样的虔诚与信仰让家族文化得以源远流长。中国乡村是一个系统，正是由于这样一个系统支撑，古人可以完成从日出而作到日落而息的一系列生产和生活，其营造智慧应当可以成为当今城市建设的样本。

注释

① 许娟，东南大学建筑学院，研究生。
② 林斯媛，东南大学建筑学院，研究生。
③ 引自刘超群，王翊加，朱珠. 作物如何塑造聚落——以云南省绿春县瓦那村为例 [J]. 建筑学报，2020（06）：13.
④ 引自同济大学建筑与城市规划学院教授张尚武的报告《乡村振兴：参与、创新与行动——两个团队的实践与思考》。

参考文献

[1] 刘超群，王翊加，朱珠. 作物如何塑造聚落——以云南省绿春县瓦那村为例 [J]. 建筑学报，2020（06）：9-15.
[2] 孙炜玮. 乡村景观营建的整体方法研究——以浙江为例 [M]. 南京：东南大学出版社，2016：86-87.
[3] 赵威，李翅，王静文. 传统山地村落的生态适应性研究——以京西黄岭西村为例 [J]. 风景园林. 2018. 06. 26.
[4] 孙美灵，靳高阳等. 浙江古村落入口空间"安全感"的营造手法研究 [J]. 北京林业大学学报，2014. 13（03）.
[5] 杨贵庆. 对村落要做"无"的设计 [J]. 建筑时报，2015.05.13.

基金项目： 本文为国家重点研发计划课题（2019YFD1100800）资助的部分研究成果。

闽南传统民居到祠堂建筑的衍变初探

——以厦门翔安洪氏小宗为例

李美玲^① 成 丽^②

摘 要： 闽南传统建筑受多方面因素的影响，形成了独具特色的风格，是古人营造智慧的集中体现。自宋代祭祖活动庶民化以来，受礼制和家族发展的影响，百姓祭祖经历了"祭于其寝"、"建祠于宅"、"联宗立庙"的过程，部分民居逐渐衍变为祠堂，成为独立的家族祭祀场所。文章以厦门翔安洪氏小宗为例，基于建筑现状问题及产权归属的矛盾，挖掘民居到祠堂的衍变动因，梳理变更的内容及过程，探讨其对现代社会民间历史建筑保护的启示意义。

关键词： 闽南传统建筑 祠堂 祖厝 民居衍变 遗产保护

一、引言

我国古代对修建祠堂有严格的等级限制，如《礼记·王制》记载："天子七庙，诸侯五庙，大夫三庙，士一庙"，百姓只能"祭于其寝"，至宋朝方可"建祠于宅"；明嘉靖年间朝廷"许民间皆得联宗立庙"；清朝对祠堂的兴建持鼓励态度，促进了民间祠堂建筑的大发展。

闽南地区历来宗族观念浓厚，具有慎终追远的传统，保存了诸多与祭祖相关的传统祠堂、祖厝和民居建筑。祖厝来源于民居，因家族发展、成员外迁，其功能逐渐趋于祠堂，可谓等级最低的房族祠堂雏形，采用共有的家户轮值管理制度[1]。随着子孙繁衍导致的产权归属复杂化以及对祭祀空间需求扩大化，祖厝会逐渐被改造为家族祠堂。因此，民居、祖厝到祠堂的衍变不仅反映了建筑功能和类型的变化，也反映了闽南地区的传统人文信息。

目前关于传统民居与祠堂的关联和衍变的研究成果，多基于社会文化角度，如林丛华、曹春平、庄景辉、吴奕德、郭志超、林瑶棋等学者的著作中，都曾涉及祭祀先祖的场所从居室到祠堂的衍变情况[2-5]，但是缺乏从建筑本体、风格、材料、技术、措施等方面展开的具体研究。本文以厦门翔安洪氏小宗从民居、祖厝到祠堂的衍变为例^③，总结现状问题和使用中产生的矛盾，挖掘改造的原因，梳理衍变的方法，对比改造前后的不同，探讨其对现代社会民间历史建筑保护的启示意义。

二、洪氏小宗初始形态

洪氏小宗位于厦门翔安区新店镇祥吴村，始建于清光绪十二年（1886年）。由前埕、埕墙、下落、榉头、顶落、过水廊和护厝组成（图1、图2）[6]，占地面积452平方米，建筑面积256平方米，通面阔约14米，通进深21米。

主体建筑坐东朝西，为典型的闽南传统三间张两落双护厝格局，因地盘面积限制，其护厝进深较小，约1.8米；北侧护厝后期坍塌，仅存地基。主体建筑为砖、木、石结构，下房、大房及后房带阁楼。下落面阔三间，进深六步架，三川脊硬山板瓦屋面，边路铺设三路筒瓦，三川脊中段内侧铺设一路筒瓦；顶落面阔三间，进深十一步架，燕尾脊硬山板瓦屋面，边路亦为三路筒瓦；榉头面阔一间，进深三步架，硬山板瓦屋面；护厝面阔六间，进深三步架，马鞍脊硬山板瓦屋面。下落、顶落和榉头面向天井一侧的檐口使用了瓦当和滴水，提升了等级和装饰效果。

洪氏小宗原始功能为居住，后随着家族壮大、子孙增多，家族

图1 洪氏小宗外观（图片来源：洪争取 提供）

图2　洪氏小宗布局图（图片来源：郭星、李美玲 绘）

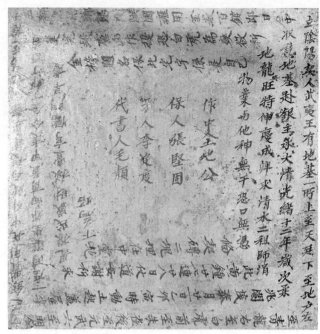

图3　洪氏小宗砖券（图片来源：作者自摄）

成员逐渐搬离，至2010年已无人居住，逐渐成为祖厝，承担供奉祖先牌位和日常祭祀等功能。至2018年，除顶厅作为祭祀祖先的厅堂外，其他房间基本闲置、饲养家禽或堆放杂物；南侧护厝后部屋顶局部坍塌，前部有租户居住；前埕和天井杂草丛生。

虽然建筑局部屋顶坍塌，部分构件遗失或损坏，但整体格局和梁架结构仍保留传统民居风貌，且木构件雕刻精美，具有较高的历史和艺术价值，是典型的闽南传统建筑。洪氏小宗自建成后没有经历大规模修缮，至2018年家族成员自筹经费筹划重修事宜，委托专业设计单位制作修缮设计方案，2019年5月1日开工，2020年2月底竣工，总造价约130万左右。

三、洪氏小宗衍变动因

1. 产权归属问题

家族子孙到了一定年龄，长辈会为其分房居住，两落大厝分房形式较为固定，一般按照"先落后榉头"的原则[7]。清末，洪氏家族第十六世洪国雍举家迁至翔安，成为该地洪氏小宗的开基祖④（图3），传承至今已有七代，产权归属复杂，一间房间常由多人共有，每个人对房屋的使用方式也不相同，不利于管理和家族内成员的团结。

2. 祭祀空间狭小问题

祠堂的祭祀空间一般为顶落、步口、过水廊、天井及下落，场地较为开敞，大多为灰空间。洪氏小宗日常祭祀由家族派代表进行祭扫，祭祀空间主要在顶厅；当需要举办大型的祭祀活动时，因顶厅与各房之间有板墙隔开，空间显得局促狭小，难以容纳较多族众同时祭拜，入门后视线所及范围也较小（图4）。

为了解决上述现存的矛盾和问题，洪氏家族后人在尽可能保护古建筑文化遗产的基础上，结合实际需求和创新的方法，对洪氏小宗展开修缮和改造工作，进一步明确了以祭祀为主的祠堂功能。

四、洪氏小宗衍变方法

1. 改造变动

（1）空间布局

为了实现从封闭空间向开敞空间、从多人所有向集体共有的转变，首先需拆除建筑内部隔墙、门扇等，打破原有的空间界限，模糊处理产权归属。同时，顶落两侧后房拆除隔墙后，也在面阔方向加设了笼扇隔出配祀空间（图5）。北侧已经不存的护厝暂不复建，仅在后部加建卫生间，解决日常使用问题；南侧护厝取消了租住功能，改为祭祀或家族大型活动时制作饭食的开敞空间。

（2）墙面

顶厅、下厅与两侧房间之间的隔墙下部原为半厅红，上部为木隔断。隔墙拆除后将这几处半厅红的红砖按原做法移至顶落山墙和

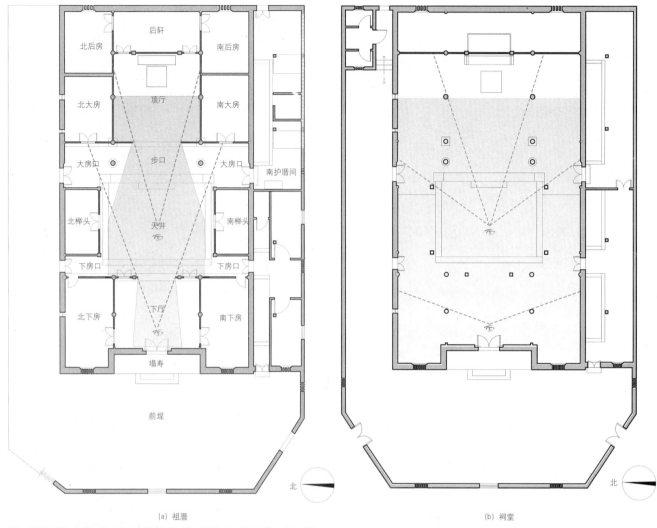

(a) 祖厝　　　　　　　　　　　　　　　　　(b) 祠堂

图4　祖厝和祠堂祭祀空间（红色为可看见神龛的区域）及视线对比（图片来源：作者自绘）

(a) 修缮前　　　　　　　　　　　　　　　　(b) 修缮后

图5　洪氏小宗顶落前后对比（图片来源：作者自摄）

过水廊两侧墙体下部，上部墙面重新抹灰，最大限度地保留了原材料和做法；过水廊墙面镶嵌了此次的修缮碑记和捐修记录。

（3）地面铺装

地面铺装的变化主要体现在红砖尺寸及高差处理上。修缮时按照祠堂建筑的等级和规格，室内地面砖依据原铺砌方式更换为规格较大的红砖。仍可使用的原有室内外地面砖也尽量保留，主要铺设在步口、塌寿和前埕等较为明显的位置。此外，拆除榉头间隔墙之后，榉头和顶落步口地面存在170毫米的高差，通过在顶落步口两侧设置石砱收边解决，同时形成一级踏步。

(a) 修缮前

(b) 修缮后

图6 洪氏小宗下落屋脊装饰对比（图片来源：作者自摄）

（4）装饰及色彩

装饰和用色是体现建筑类型和等级的主要元素。洪氏小宗从民居提升为祠堂，重点从以下几个方面做出了装饰层面的调整：修补正脊脊堵花鸟题材的堆剪和灰塑彩绘，修复燕尾脊两端的竖龙，显示祠堂建筑的特点（图6）；在沿用原有木构架的基础上，仅增加托木等构件，提升了等级和装饰效果；将拆卸的隔扇门窗上的雕花板钉挂在下落大通、大楣等构件上，在保留古物的同时，也起到了很好的装饰作用；梁枋、木柱涂刷黑、红色大漆，氛围庄重，装饰部分配以金、绿、蓝三色，突出层次，木柱施以红底金字楹联，表达了建筑性质、家族文化和族人的价值观念。

（5）小木作装修

小木作装修的改变主要包括门窗等维护与分隔构件以及神龛等室内的家具陈设。衍变后保留了五套对外的板门，民居中常见的下巷路两端的巷头门也得以保留（闽南地区的祠堂建筑一般只有上巷路两端的巷头门）。板门均涂刷黑色大漆，在门环高度以红底金字写"祖德"、"宗功"、"继序"、"不忘"等字。正厅、侧厅两侧加设笼扇，原顶厅朝向天井处的笼扇拆除后安置在巷头门一侧的墙壁上，既作为装饰，也保留了传统构件。

改造后保留了后墙、山墙窗和木窗扇（一般的闽南祠堂无后墙及山墙窗）；同时，按照闽南祠堂建筑正面窗象征祖先眼睛、不能被遮挡的地方风俗，正面墙体仅保留了石棂窗，拆除了木窗扇。

此外，顶落新做了装饰华丽的神龛、供案和八仙桌，神龛内供奉祖先牌位，供案两端供奉土地公和文昌帝君[⑤]。顶落和下落增设了彰显家族历史和地位的牌匾，下落侧厅放置桌椅，供族人待客、喝茶、议事（图7）。

（6）其他

除了建筑本体方面的变动，负责修缮工程的洪氏后人在改造后的天井上部安装了金属网，可阻挡落叶和禽类，使祠堂内部保持相对洁净、干燥。相较于部分传统建筑在天井处加设透光封闭的有机玻璃或塑料阳光板的做法，此种金属网保留了天井的通风效能，提升了空间内的舒适度，是值得借鉴的创新之处。

2. 保留修复

（1）梁架结构

修缮过程中原有梁架结构基本按原样保留，仅更换了糟朽或蚁蚀的构件。与原生祠堂的插梁式构架有所不同，洪氏小宗的每榀梁架都有中柱落地，且下落面向天井处比一般祠堂多两根木柱，保留了由穿斗式民居梁架衍变而来的痕迹（图8）。

（2）外立面及屋面

外立面保存状况较为良好，仅局部灰塑及彩绘装饰风化、褪色或缺失。本次修缮以原样修补为主，如对看堵、水车堵、运路、规尖、镜面墙的灰塑和彩绘等（图9）；其他素面墙体仍以蛎壳灰砂浆修复。屋面则采用全揭瓦检修的方法，更换了糟朽的扁椽和酥碱的望砖、瓦件等。

（3）前埕及埕墙

前埕地面原有红色条砖多数碎裂，埕墙局部倒塌、抹灰大面积脱落。修缮时补配地砖，按照原有做法重新铺设，并依据原始地盘范围恢复了埕墙、院门，修复了花窗。

图7 下落休憩空间（图片来源：作者自摄）

(a) 顶落修缮前　　　　　　　　　　　　　　　　　　(b) 顶落修缮后

(c) 下落修缮前　　　　　　　　　　　　　　　　　　(d) 下落修缮后

图8　洪氏小宗梁架前后对比（图片来源：作者自摄）

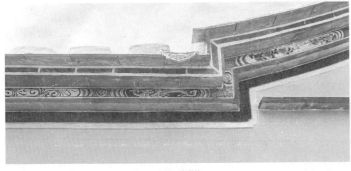

(a) 运路彩绘　　　　　　　　　　　　　　　　　　(b) 规尖灰塑

图9　洪氏小宗彩绘及灰塑（图片来源：作者自摄）

五、结语

修缮、改造前的洪氏小宗常祭仪式较简单、时间较短，建筑大多处于关闭状态。改造后可作为家族公共空间和老人活动中心开放，为议事、喝茶、聊天、休闲提供场所。从洪氏小宗衍变的过程，可以窥探闽南传统祠堂的一种形成方式，其中产权归属复杂和祭祀空间狭小起到了主要推动作用。

本案的可贵之处在于闽南民间根据发展需要，基于对文物保护理念的认知，自发地为古民居寻求出路，委托正规设计院出具修缮方案，聘请地方匠师组织施工，家族人员自行统筹监管。在具体修缮和改造的实施过程中考量并平衡了实际需求和文物保护的矛盾，尽可能尊重历史原貌，保留原始信息，为当代传统建筑的保护、更新与利用提供了有益的参考和借鉴。

注释

① 李美玲，华侨大学建筑学院，硕士研究生。

② 成丽，华侨大学建筑学院，副教授。

③ "大宗""小宗"为俗称，房族祠堂称上一级的宗族祠堂为"祖祠"或"大宗"，自称"小宗"；次房族祠堂亦称其上一级的房族祠堂为"大宗"，自称"小宗"。参见陈支平，徐泓. 闽南文化百

科全书 [M]．福州：福建人民出版社，2009：313．

④ 修缮过程中在顶厅地下挖出两块砖券，记载了洪氏小宗的建造历史和产权信息。

⑤ 常规情况下，土地公和文昌帝君会分别安置在顶厅两边的侧厅，但因洪氏小宗保留了侧厅后墙的窗户，按闽南传统风俗，不便供奉神像，故暂置于供案两侧。

参考文献

[1] 陈支平，徐泓．闽南文化百科全书 [M]．福州：福建人民出版社，2009：316．

[2] 林从华．缘与源——闽台传统建筑与历史渊源 [M]．北京：中国建筑工业出版社，2006：235-251．

[3] 曹春平，庄景辉，吴奕德．闽南建筑 [M]．福州：福建人民出版社，2008：48-51．

[4] 郭志超，林瑶棋．闽南宗族社会 [M]．福州：福建人民出版社，2008：60-65．

[5] 陈文．厦门古代建筑 [M]．厦门：厦门大学出版社，2008：69．

[6] 曹春平．闽南传统建筑 [M]．厦门：厦门大学出版社，2016．

[7] 顾煌杰．闽南沿海地区传统民居格局研究 [D]．厦门：华侨大学，2019：97．

基金项目：教育部人文社会科学规划基金资助项目"闽南传统建筑营造术语综合研究"（项目批准号：20YJAZH016）。

共生与互渗：武汉里分历史街区公共空间保护与更新策略研究

——以汉润里为例

王　锟[①]　胡珺璇[②]

摘　要： 历史街区作为城市文化遗产及文脉传承的重要场所之一，受到本身发展的局限性和各种天灾战乱以及人工改建活动的影响，导致部分空间功能及其文化价值的缺失。本文基于汉润里历史街区的文化内涵、空间肌理、建筑要素等方面去发掘场所本身所包含的历史文化序列、民间文化事物以及空间结构语汇对于保护与更新方式的影响，形成"共生互渗"的更新改造模式，为保护武汉里分老社区以及各地历史街区文化遗产提供可借鉴的方法。

关键词： 历史街区　公共空间　汉润里　共生互渗

历史街区中的公共空间作为多元功能的承载体，需要随着时代的变迁以及使用人群的需求进行适当调整与完善。汉润里以其独特的建筑形式和优越的地理位置成为里分建筑类型中的优秀代表，具有丰富的里分文化底蕴，而目前纵观里分街区的发展历程及实际现状，但场所本身的设计局限性以及各种外部条件的消极影响使得部分改善策略难以取得成效。国内外诸多关于历史街区公共空间成功案例的经验告诉我们，历史街区公共空间是极具设计规划价值潜力的区块之一。如何将历史街区公共空间在符合当今社会发展的环境下进行更新改造已经成为当代城市建筑功能合理化以及民居建筑遗产保护的一个重要环节。

一、汉润里街区历史概况

1. 追根溯源

汉润里作为里分建筑类型的重要组成部分，"润"字有"润泽乡里"的含义。始建于1917年，并于1919年正式建成，在1967年时称之为"兴国里"，1972年重新更名为"汉润里"。整体建筑为砖木混合结构，由35栋二层高等级住宅单元独栋联排别墅组合而成，整体建筑面积约8613平方米，其作用主要是华商周扶九委托集成公司在租界进行房地产开发进行商用。从汉润里的建筑空间结构的演变来看，在20世纪30年代左右基本形成，在20世纪60年代开始出现高密度的棚户住宅区，在20世纪90年代以后随着城市化进程加快高层建筑成为房地产开发的主要形式，使得城市整体的肌理形态发生改变。

2. 汉润里街区的改造背景

随着老汉口城区的复兴，汉润里作为保存较为完整的较大规模里分住宅，逐渐构成了整个城市街区文化传承及功能延伸的重要组成部分，在城市规划的过程中得到了不同程度的保留、修复与改建：在2009年底更是被列为武汉市105处二级保护建筑之一，与相邻的文华里、同丰里、宝润里、崇正里和汉安村等共同组成了"上海街同丰社区"；在《汉口一元片区保护规划》中，汉润里被归为上海村里分建筑片区，以"文化休闲区域"作为改建目标；由于城市化进程的不断加快，居住人口的增加导致汉润里的住宅居住密度分布不均，出现了居民自发对于街区内部空间改造的现象，主要包含水平方向的巷道空间利用以及垂直方向的建筑立面和顶面空间扩建等方式。

二、汉润里街区现状概况

1. 内部巷道空间形态

汉润里街区的内部公共空间主要由巷道空间与建筑前后天井单元组成，主巷道与次巷道垂直分布的行列式空间布局方式，这种形式将汉润里整体分割为南北两个部分，结构肌理清晰且等级分明。天井作为汉润里内部空间格局中的重要组成单元之一。随着汉润里整体格局的变化，局部天井单元也失去了原有的公共空间的作用，使得汉润里逐渐形成了以主巷道、次巷道和支巷道主的"大门对大门，后门对后门，一窄一宽"的巷道式空间特征，并通过这种布局

图1　汉润里入口正面　　　　　　　　　　图2　汉润里入口背面　　　　　　　　　　图3　汉润里街区外部公共空间

形式实现了主要生活行为方式与次要生活行为方式的合理划分。汉润里巷道空间的垂直布局均为2层建筑高度，天井单元与2层建筑房屋交替出现形成了垂直方向的天井与房屋序列。

2. 外部公共空间格局

汉润里街区的外部公共空间主要相对开放的城市沿街空间和与周边建筑区域围合而成的梯形区域。外部环境分布有武汉市美术馆、武汉市图书馆、汉口商业银行旧址以及武汉旅游特色街区——吉庆街，形成公共服务、文化教育、商业宣传等多元性功能区域分布。中山大道相邻的沿街空间部分主要以商业功能与居住功能为主，整个空间由顶层居住空间和三层商业售卖空间构成，二层空间以凹凸变化的浅色细部装饰与三层顶面的西式檐下装饰形成装饰语汇上的对应关系。沿街空间周边的门楼以"过街楼"作为主要建筑形式，并与建筑山墙形成连接关系，也称为"牌楼"或"过街门楼"，以方形或圆拱造型作为门户设计形式，图1、图2主要作为使用人群的出入口，同时也是划分区域范围的界碑（图3）。

三、汉润里街区公共空间功能定位与更新策略

1. 历史遗产性功能定位

定位——城市的历史遗产性地标。汉润里因其优越的地理位置、独具特色的空间布局形式及保存较为完整的建筑体系，在良好适宜的设计更新策略的引导下，能够实现空间合理利用的大幅度改善以及更为长远的文化发展价值：在空间布局上，以"二开间"和"三开间"两种标准住宅户型为主；在建筑装饰上，汉润里住宅建筑不饰以过多繁复冗杂的装饰细节，充分表现出里份建筑丰富的建筑遗产价值及文化价值。

2. 共生渗透性更新策略

（1）历史文化序列的共生渗透

汉润里位于江汉路与中山大道所形成的城市商业中心附近，在当时所在位置附近设有许多具有一定历史传承价值的文化宣传机构与出版机构，且在汉润里出入口周围已经形成了一定程度的商圈，例如汉口当年最大的商号之一——口信诚杂货店，就位于此处。中国第一家图像出版性质的民营出版机构——良友图书出版公司，也于汉润里附近设立了其公司的分支机构，以及在1935年原汉口华商总会在汉润里附近进行办公，且由于汉润里本身是作为近代房地产开发的商品型建筑之用，使得汉润里本身鲜明的近代商业文化元素与艺术文化价值继续影响着汉润里街区整体格局的变化。

（2）民间文化事物的延续传承

由于汉润里街区本身作为具有多种功能的建筑空间，是以使用人群的行为活动作为空间结构序列变化的中心，在城市文脉的延续中孕育着丰富的民间文化内容，例如汉口地区的雕花剪纸艺术始于南北朝，其源远流长并孕育于精彩绝伦的楚文化沃土，以"镂金作胜"、"剪彩为人"之古荆民俗为特点。20世纪70年代先后出现了盛国胜、何红一、沈松柏、刘士标、骆清霞等一批剪纸名家，剪纸工艺遍及武汉三镇。通过分析公共空间的部分所承载使用人群的公共性活动及行为需求，将现代设计手法与一些具有地域特色及民间文化的活动形式相结合，如地方戏剧、曲艺、民间美术和传统手工技艺（图4~图6）等非物质性的历史文化事物，以原貌修复、遗迹展示以及功能交互等设计方式，使得传统的民间艺术文化在新时代的语境下呈现新的物质表现形式。

图4 汉派剪纸（图片来源：网络）   图5 汉剧（图片来源：网络）   图6 木版画（图片来源：网络）

四、汉润里街区风貌保护与更新设计构想

1. 巷道解构——营造多元性内部公共活动空间

在巷道空间设计方面：由于原始巷道空间本身设计具有局限性，且经过数百年的自然侵袭以及人为破坏等因素，导致多元化公共空间的缺失，使得居民缺乏能够充分进行公共性活动的场所。汉润里内部公共空间改造以强调文化遗迹保护优先性与场所记忆性作为设计规划的核心概念，以局部景观节点作为整体空间的共生渗透要素与介质，进而形成完整的巷道场地体系。在不影响现有场地的正常功能使用的基础上，保持主巷与次巷、支巷之间的初始联系状态以及巷道交接节点的连续性。在巷道空间的立面设计上通过垂直空间延伸以及绿化提升手段，以屋顶平台、空中廊架等形式实现对垂直方向上公共空间的功能拓展，并通过不同类型的植物配置以及屋顶绿化的布置形成空中庭院式的布局，使得整体空间形成"虚实相生"的空间节奏性。（图7）

2. 装置植入——引入叙事性与功能性结合的空间语汇

针对局部公共空间节点的设计方案为以"荆楚剪纸"作为主题的公共集体记忆性文脉装置设计（图8、图9），根据对于汉润里使用人群对于公共空间使用情况的调研情况对于装置进行功能性设计。首先确定装置功能性体块的结构与布局形式，再对于文脉性体块进行表现形式及材质的深化，两者相互配合协调形成主动性的文化输出方式，并对公共空间内的使用人群进行关于汉口文化记忆探索的引导，以"集体文脉记忆"作为思考原点，让人们与装置之间产生互动进而与历史事件及文化符号相关联。通过具有诠释元素的空间装置设计以及艺术元素的介入可以在新时代的语境下还原历史进程中的文化氛围，从而加强整个历史街区与使用人群日常生活需求以及文脉延续之间的联系性。

3. 空间延续——拓展区域周边环境空间网络

基于对汉润里街区公共空间使用限度与改建区域状况进行相关

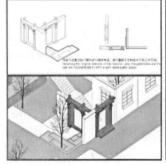

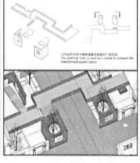
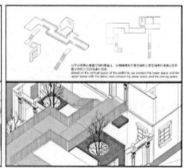

图7 巷道空间构成策略

图8 装置效果图

图9 装置三视图及构成分析

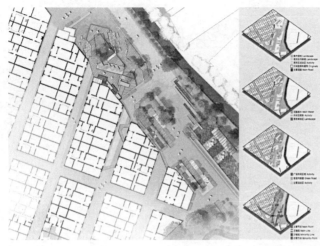

图10 空间延续策略及其结构分析

调研，街区内闲置建筑空间主要集中于外围的异形户型与已拆迁的文化里分建筑区域将汉润里街区外部空间总体设计规划部分分为：规划结构、竖向设计与部分外围建筑立面设计。在规划结构方面，整体立足于汉润里所处的周围居住区现状以及建筑使用情况，综合考虑场地周边拆除用地较多、基地位于汉口城市中心区域且附近分布有多条城市干道的现状，总体规划结构形成了"三心、一环、冠状组团"的设计特征："三心"是指以基地东北方向的滨水休闲区域、集中水体绿化景观区域以及阶梯抬升休闲广场；"一环"主要是指基地内使用道路形成的环线贯穿于整个设计规划内，对于历史街区的原始状态保留与场所步行性进行优先考虑，与基地周边的城市干道呈联系较为紧密的平行关系。（图10）

五、实施建议与展望

　　传统历史街区的遗产文化性、历史传承性以及公共功能性的更新策略研究对于激活老城区整体活力具有不可替代的作用，此研究将汉润里历史街区公共空间定位为综合性历史文化休闲区，形成文化休闲与街区功能相结合的模式去激发使用人群的历史记忆感、区域归属感以及文化认同感；既尊重及保留使用居民的公共空间使用空间，也引导整体空间与周边环境的和谐共融，形成"共生互渗"的公共空间环境更新策略。在尽可能减少对于原始场地干预的基础上去推动里分的更新改造适应社会的发展，适应市民的生活生产活动，适应大众的精神文化需求，成为推动城市功能配置趋向合理化因素中的一部分，使得汉润里历史街区成为城市文化休闲与里分文脉传承的新地标。因此，对于城市历史街区公共空间进行合理的更新设计是十分有必要的，使得历史街区的文脉价值得以延续，城市建设的生机活力得以恢复。

注释

① 王锟，华中科技大学建筑与城市规划学院。
② 胡珺璇，华中科技大学建筑与城市规划学院。

参考文献

[1] 李百浩，徐宇甦，吴凌. 武汉近代里分住宅研究 [J]. 华中建筑，2000 (3).

[2] 李百浩，孙震. 汉口里分研究之一：汉润里 [J]. 华中建筑，2008 (1).

[3] 阮宇翔，彭旭. 汉口原租界传统街区的城市空间设计 [J]. 武汉理工大学学报，2002 (5).

[4] 王汗吾. 汉口汉润里 [J]. 武汉文史资料，2012 (02)：52-55.

[5] 廖慧. 武汉里分住宅公共空间更新探讨 [J]. 华中建筑，2010 (11).

[6] 周红，李百浩，周旭. 汉口里分空间布局及其建筑特色研究 [J]. 武汉理工大学学报，2010 (2).

[7] 陈李波，吴诗瑶，徐宇甦. 医养理念下的里分建筑适老社区改造模式研究——以汉润里为例 [J]. 华中建筑，2018，36 (01)：63-68.

[8] 甘圆圆. 武汉里分公共空间与外部城市公共空间利用联系探究——以法租界内海寿里和昌年里为例 [J]. 华中建筑，2014，32 (08)：138-141.

人文背景下传统民居建筑演进链条解析

——以陇南徽县尹家坪为例

李佳洁[①] 叶明晖[②]

摘　要： 厘清传统民居的演进过程一直以来都是学界所不懈追求的研究之一。围绕传统民居建筑演进机制研究，现阶段大部分学者集中关注历史背景下的中心发展区域，而人文活动作为居住生活的基本行为，始终贯穿在传统民居建筑演进过程中。本文以陇南徽县尹家坪为例，通过实地调研、全面考察，结合口述历史、家谱整合以及查阅古籍文献等方法，在人文背景下分析该聚落传统民居形成的历时性节点。在此基础上，以人文活动为节点，并将其串联成线，进而呈现出传统民居演进特征，旨在"以小见大"，反映出人文背景下传统民居建筑的演进历程，为更深入认识传统民居建筑的发展提供多维视角。

关键词： 人文背景　传统民居　演进过程　链条

一、引言

传统民居作为我国乡村文化遗产的重要载体[1]，在如今不断城镇化的进程中正面临破坏和消亡的危险。伴随我国对传统民居发展及保护制度的进一步建立，各地区在各级政府的主导下都广泛开展了传统民居的调查及研究。多年来，学者们围绕着历史背景清晰的中心区域，从社会学的宗族视角[2]、历史角度的断代[3]以及礼仪观念的等级制度[4]去探究民居的演进过程，成果显著。但中国仍存在大量处于边缘地区的传统民居聚落，其历史背景因其地区边缘性而不甚明了。传统民居形成过程不完全是自上而下的制度结果，也不完全是自下而上的自然过程[1]。由此可见，传统民居的形成受到社会、文化、经济等多方因素的影响。但究其根本，传统民居聚落是古代劳动人民为满足生产、生活需求而形成的人类聚居场所[5]，其形成必然与人文活动事件有着直接的联系。

本文以陇南徽县尹家坪为例，从人文背景出发，通过"口述历史、家谱整合、文献收集"的方法，将当地人文事件进而串联成线，在此基础上对尹家坪的传统民居形成进行解析。通过此种方法，认清传统民居形成的历时性，使得传统民居的演进机制可辨、可识，促进传统民居动态化发展。

二、尹家坪人文事件链条梳理

人文活动事件作为展现人类生产生活的基本元素之一，对人文事件进行链条式的呈现必然能够反映当地村落的基本情况。因此，对处于地域边缘的尹家坪中，以人文元素作为针线，通过当地老人

及文物守护者的口述历史，结合尹家尹家坪一族及谢坪一族家谱整合及古籍文献参考，将对尹家坪有重大影响的人文事件进行筛选梳理，进而串联成线，呈现尹家坪的人文图景。

1. 初始时期："尹家坪"前身"刘家坪"

据当地老人及文物守护者的口述，尹家坪始称刘家坪，为刘家世代居住，在此繁衍生活。刘家先祖在何时，以何种形式迁入此地定居已无考证，但"尹家坪"村落在刘氏一族手中已形制初定。按张永权教授及张士伟副教授对尹家坪的考证，其尹家老宅屋顶中的一片瓦片背面记有"嘉庆二十年（1815年）六月初日"，比之前在尹家西院一座偏房上保留的一块"山明水秀"门头匾额题书落款"道光乙未年（1835年）"早了20年。由此可知，尹家已在1815年开始在此地大兴土木，届时已成当地高门大户。进而可推断，刘家在此地定居或已追溯至明末清初。

据口述，刘氏族人因当地独特的地理环境及地形而定居于此。刘氏先祖初来此地时，见周围四面环山，丘陵众多，"尹家坪"被环抱其中。选址地势狭长，山大沟深，坡陡路窄，整个走势沿山谷呈东西走向分布。依照中国传统文化的观点，当地处于大殿山脚下，与其邻村分坐东西，大殿山如雄伟的官家殿堂如守护神般立于其中，使其堂下之地。刘氏一族就此定居，在"尹家坪"繁衍生活数代。

刘家坪时期，刘氏族人根据古人的传统思想和当地的地形地势，已经在此地修房建屋，房屋依山势而建，整体走向顺应地势。尹家坪村落由此进入雏形期，村落轮廓已大致可见。

2. 发展时期：尹氏族人迁入

据近几年从尹家坪尹氏一支及谢坪尹氏一支获得的总共三幅尹氏家族家神画像及简略谱牒可知，尹氏家族远祖世居蜀川，后因逃荒溯嘉陵江流域至成县境内（图1）。据文物守护人讲述可知，远祖迁徙至成县定居并在当地组建尹家寨（后成尹氏族人后裔外出经商聚集的寨子）。随着生活逐渐稳定，族中有兄弟二人分流至徽县"刘家坪"，在刘家大户中谋生，因二人忠厚勤劳、头脑灵活，其中一人遂升任刘家管家先生。后刘家家道中落，迁居两当县，将本家一半财产变卖给尹氏弟兄，尹氏弟兄始得成家立业，改刘家坪为尹家坪。（图1、图2）

据尹家坪两幅尹氏谱牒，上有头戴素金顶戴官帽，身着鹭鸶（七品）补子服饰的文官及孺人坐像，谱牒中央位置最高处绘有"本门三代宗亲"神位，左右有"故高祖尹公讳守业神主"、"故高祖母侯氏神主"与"故高祖尹公讳守魁神主"、"故高祖母陈氏神主"牌位。由此可知，其在刘家大户中任职的兄弟二人为尹家坪尹氏一世祖尹守业、尹守魁。

随着刘氏时期的没落，尹家坪尹氏时期正式到来。尹氏一族迁入，开始在此地糯耕细作，在借助当地农业的自然优势基础上，整个家族开始不断发展，并在一段时间内发展成一定规模，族人数量增多，村落规模开始扩大。尹氏一族的迁入，使得尹家坪村落进入发展期，尹家坪如获新生，为之后的民居发展奠定了人文基础。

3. 鼎盛时期：由工农转商而入仕

尹家坪尹氏一族因尹守业、尹守魁两兄弟在刘家大户做工而开创基业，遂在尹家坪生根，后借助农业生产而稳定了根基。随着尹家不断发展，尹氏族人营生开始向商业转型。据嘉庆《徽县志卷之一·山隘要路》记载："（徽）县东南百二十里山石关峡，自田家河逾江，经梨演头，思义川而至入沔、略黑河路。石栈深沟，崇岗密箐。自关峡转东，北为圆山子，通两当后川子路。山高僻险，皆宵小出没之区"。可见尹家坪临近严坪，位于由嘉陵江田家河码头经徽县东沟峡山道通往两当云屏、勉县的古道上（图2）。在此要道沿线之上，使得尹氏族人由工农转商，开始借助当地优质的自然资源从事农业产品加工业、农具生产制造业，经营榨油坊、磨面坊。不仅如此，更是借助位于古道沿线的优势，开始茶叶、食盐贩运等商业经营。在尹家资本积累扩大之后，又在严坪周围开采金矿。正是尹家借助区位优势开展的这一系列商业行为，使得尹氏一族资金日渐雄厚，为家族聚集而居，进而为后代入业儒、从政打下的重要经济基础。也正是因经商一由，族人常年在外奔波，开始出现了尹氏一族的分居点，谢坪尹家、成县尹寨便是在这个时期产生和发展的。

在古人"士、农、工、商"等级制度根深蒂固的基础上，天下人皆以"政者，正也"，"士不言政，则失其天下之责"等观念为宗旨，所以古人认为只有入仕从政才是真正的"大道"。故而在尹家积累大量财富之后，在社会之中的地位却没有明显提升，族中众人开始选择入仕一途。据尹家谢坪一家家谱可见，先祖图像便身着鹭鸶（七品）补子服饰。尹家坪一族更是后代有处士多人，六世祖尹科居国子监太学生，尹修获六品军功。不久，尹氏一族成为当地名门望族。

尹氏鼎盛时期，尹家坪开始进入成熟期，因尹家族人不断进取向上，整个家族发展势头迅猛。在奠定了一定的经济基础之后，尹坪家村落进一步扩大，整个村落结构开始定型，民居建筑向更多的内容发展。（表1）

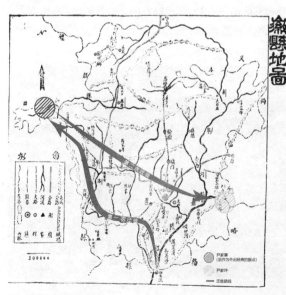

图1 尹氏家族迁徙图
（图片来源：民国《徽县志·水经注疏》）

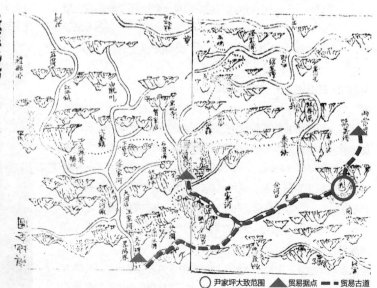

图2 尹氏家族贸易古道图
（图片来源：嘉庆《徽县志卷之一·山隘要路》）

村落结构演进 表1

时期	初始时期：雏形期	发展时期：发展期	鼎盛时期：成熟期
村落布局	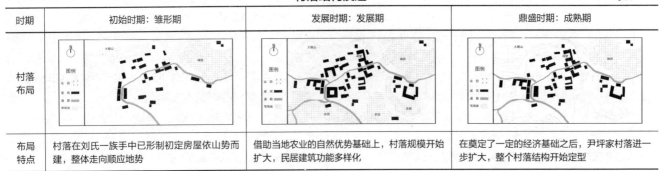		
布局特点	村落在刘氏一族手中已形制初定房屋依山势而建，整体走向顺应地势	借助当地农业的自然优势基础上，村落规模开始扩大，民居建筑功能多样化	在奠定了一定的经济基础之后，尹坪家村落进一步扩大，整个村落结构开始定型

4. 衰退时期：尹志老爷的亡故和土地改革

据民国《徽县志》"南乡农民打盐店"一节便记载时任民团头目的尹志（炽）老爷因盐商掺假而奋起为民请命，与官府相对的事迹。

直至中华人民共和国成立后实行土地改革，尹家祖上的一应家产全被没收后分给贫下中农。族中几座较大的宅院作过小学教室，当过村上的办公室。至此尹家族人分崩离析，据家谱残留记录，族人有远至深圳、省城就业定居，职业多为政府干部、老师、警察等。

尹志老爷的遇害，致尹家坪进入没落状态延续至中华人民共和国成立。期间民居使用性质开始发生变化，村中的整体风貌开始遭受到一定程度的破坏，"传统尹家坪"开始消失。

三、尹家坪传统民居演进特征解析

通过以上对尹家坪有重大影响的人文事件截取和串联，其人文脉络基本可以形成一线性链条形式：刘氏一族的初始时期—尹家迁入的发展时期—尹家经商入仕的鼎盛时期—尹志死亡后的衰退时期。根据这一人文事件链条，将之对应到尹家坪传统民居的形成节点，从而对尹家坪传统民居的演进特征进行解析。

1. 民居形成缘起——环境地形

古人认为建筑大环境必须符合"一六共宗，二七同道，三八为朋，四九为友之来龙立穴"的选址原则[6]，如不合此原则，基本上可说为无地或虚花假穴，这里的龙是指山脉走势而形成的一种空中气流。尹家坪属于高山峡谷区域，平均海拔在1100米左右。刘氏先祖初来之时，见村落四周丘陵众多，群山似龙般绵延，山脉之间形成畅通的空中气流。更有大殿山耸立于尹家坪和严坪之间，像一座雄伟宫殿守护着严家坪世代。

尹家坪因环境地势而选址于此，故其建筑整体布局顺应地势，依据古街道成片区布置（图3），村落整体呈东西走向，大致形成

一个条形状。这种科学的适应人居环境的营建方式，提供了传统村落空间结构自发建设的新模式。

2. 民居发展动因——家族变迁

尹氏家族从川蜀地区溯嘉陵江流域迁徙到陇南地区后，本在成县定居，期间组建尹家寨。后因尹守业、尹守魁两兄弟在刘家做工，在刘家没落后迁入此地，尹氏族人的勤劳肯干为原来死气沉沉的尹家坪增添了活力。正是尹家族人的迁入，使得尹家坪得到了发展。

在尹氏迁入之后，借助当地优异的自然农业进行发展，很快便发展到一定规模。村中开始新建民居，并且建筑功能开始多样化，祠堂、书院、绣楼、客房逐渐产生。村落布局也开始基本围绕家族祠堂为中心向西、南、东方向发散布置（图4），尹家坪村落重心开始出现，民居整体布局开始出现变化，有明显的人文因素导向。

3. 民居成熟内因——家族营生

尹家坪尹氏家族的崛起基本按照由工农转商进而入仕这一路线进行。在尹家农业发展到一定规模后，家族利用其位于商贸古道的优势转而从事商业活动，借助古道上的贸易往来，尹家开始与其他区域进行经济、文化交流。

图3 建筑顺应地势依据街道
（图片来源：作者自摄）

○ 祠堂辐射圈层

图4 建筑依据祠堂发散
（图片来源：作者自摄）

在尹家资金累积和文化交流频繁的基础上，尹家坪建筑形制开始发生变化，逐渐由顺应当地地势而建的"一"字形民居开始向更具高门大户象征的合院式民居转变。尹家坪民居形制的改变也不是一蹴而就的，同样也根据人文事件链条的发展逐渐演进而来，分为："一"字形"锁子厅"式、"一"字形挑檐式以及合院式（表2）。除此之外，尹家坪建筑装饰也在尹氏家族的文化基础上开始由简入繁，从最开始鲜有雕刻的门框、窗格、栏板，到集木雕、石雕、砖雕于建筑一身的优美装饰，且图案独具特色，数量众多，造型古朴，题材丰富，寓意深刻。尹家坪民居的整体格局也在这个时期走向成熟并开始定型。

建筑形制演进 表2

建筑形制	"一"字"锁子厅"式	"一"字挑檐式	合院式	
图片示意	正厅	正厅	正厅	正厅
人文事件	刘氏先祖选址	尹氏家族迁入	由工农转商而入仕	
产生时期	初始时期	发展时期	鼎盛时期	
产生原因	环境地形	家族变迁	家族营生	

4. 民居风貌损坏——家族衰败

尹志老爷为民请命遭歹徒陷害，其子尹少爷也因病早逝，尹家主房不再，尹氏家族开始走向下坡路，直至中华人民共和国成立后的土地改革，民居开始为政府所用。

尹氏家族因社会变革而衰败，这一时期尹坪家内民居建筑的使用性质开始发生变化，开始由居住建筑向公共建筑转变。尹家坪的社会文化结构遭到改变，民居建筑的传统性开始受到破坏，整个村落的整体风貌不再。

随着现代化的不断深入，传统民居受到了不同程度的破坏，尹家坪也没有幸免。尹家坪传统民居的发展开始停滞不前，逐渐没落，村落整体格局再无发展。

四、结语

尹家坪传统民居建筑因尹氏家族的浮沉起伏而不断演进，透过尹氏家族的人文活动链条：刘氏一族的初始时期—尹家迁入的发展时期—尹家经商入仕的鼎盛时期—尹志死亡后的衰退时期，其传统民居建筑的主要演进脉络基本形成环境地势定选址—家族迁入改布局、加功能—家族营生定格局、改形制—家族衰败坏风貌这一线性链条。其200余年的兴衰演进在一定程度上也是我国传统民居建筑演进变迁的缩影，深刻反映在人文背景下传统民居建筑演进历程中，为更好地了解传统民居建筑发展提供了多为视角。

注释

① 李佳洁，兰州理工大学设计艺术学院，硕士研究生。
② 叶明晖，兰州理工大学设计艺术学院，副教授。

参考文献

[1] 何依，孙亮. 基于宗族结构的传统村落院落单元研究——以宁波市走马塘历史文化名村保护规划为例 [J]. 建筑学报，2017（02）：90-95.

[2] 何依，邓巍. 基于主姓家族的村落空间研究——以山西省苏庄国家历史文化名村为例 [J]. 建筑学报，2011（11）：11-15.

[3] 李冰，耿钱政，杜楠华，苗力. 北方滨海丘陵地带古镇形态演变研究——以庄河市青堆子古镇为例 [J]. 城市建筑，2018（24）：122-125.

[4] 李晓峰，周乐. 礼仪观念视角下宗族聚落民居空间结构演化研究——以鄂东南地区为例 [J]. 建筑学报，2019（11）：77-82.

[5] 黄盛，王伟武．基于结构主义的徽州古村落演化与重构研究——以西溪南古村落为例 [J]．建筑学报，2009 (S1)：44-47．

[6] 米建菘．建筑与风水营建思想探析——杨尚昆同志陵园建筑设计中的选址艺术与建筑风水营建思想 [J]．重庆建筑大学学报，2008 (03)：17-21．

[7] 孟祥武，王军，叶明晖，靳亦冰．多元文化交错区传统民居建筑研究思辨 [J]．建筑学报，2016 (02)：70-73．

基金项目：国家自然基金"北茶马古道传统民居建筑谱系与活态发展模式研究"（项目编号51868043）。

数字技术在隆盛庄村落保护研究中的应用探析

高 超① 周 江② 王卓男③

摘 要： 数字技术凭借着高效、便捷、精确、开放等优势特点近几年在传统村落的保护研究中得到了一定的应用与推广。随着互联网产业的快速推进为传统村落的保护与发展提供了新思路，带来了新机遇，因此对数字技术有了更深度的应用需求。本文将三维激光扫描、无人机倾斜摄影的数字技术手段引入隆盛庄村落的保护研究中，用于探讨数字技术在传统村落保护研究中的实践方式以及可应用的领域。

关键词： 传统村落 隆盛庄 数字技术 三维激光扫描 倾斜摄影

数字技术在传统村落的保护与可持续发展领域蕴含着巨大潜能，也将是推动传统村落深化研究的主要技术手段。正如Malcolm McCullough在2005年出版《Digital Ground》一书中提到"数字技术俨然已成为社会的基础结构形式，同样也改变了建筑学"；数字技术与建筑学科的深度交融为今天全球建筑的可持续性发展作出了重要贡献，并引导先进技术在古建筑、遗产建筑等传统领域得到充分发挥[1]，也正是基于数字技术在建筑学领域的应用积累为传统村落的保护研究提供了参考。本文通过运用三维激光扫描、无人机倾斜摄影等数字技术术对内蒙古传统村落隆盛庄进行大量的信息数据采集，并结合多源数据融合与开发展开对数字技术在传统村落保护中的应用研究。

一、传统村落隆盛庄概述

隆盛庄村位于内蒙古自治区乌兰察布市，始建于清乾隆年间，是一个以农商结合为典型特征的西北传统聚落，也是该地区规模最大的集镇，于2012年被住房和城乡建设部列入第一批中国传统村落名录。清乾隆年间放宽汉民蒙地垦荒政策，使得晋、冀两地大量移民进入该地区从事农耕活动，聚落形态便逐渐形成，随着后来的旅蒙商人在该地区活动频繁，便形成了以农为本、以商为主的聚落形态。在地理位置上，隆盛庄村南接内地，北依草原，凭借晋蒙、冀蒙两大商道交汇外这一得天独厚的交通枢纽优势，商业得以迅速发展，成为闻名遐迩的商业重镇[2]。隆盛庄村悠久的历史文化、保存完整的聚落形态以及数量可观的传统建筑遗产使其成为内蒙古地区最为宝贵的传统聚落资源。

二、数字技术引入隆盛庄村保护研究

1. 三维激光扫描

相较于传统的外业人工测绘，三维激光扫描技术的时效性更

高，测量精度更为准确，数据样本采集量充足，其生成的点云数据（Cloud Point）能够直接关联到相关软件进行不同的成果处理，共享程度高。采用三维激光扫描所获取的建筑整体数据模型和单站数据使得建筑信息得以准确记录并还原，便于后期建筑几何数据的读取与应用。

由于传统村落的传统建筑遗存数量多，需要获取的建筑数据信息量庞大，传统人工测量工作的方式不仅需要大量的人员投入和较长的工作周期，还易造成信息汇总时数据混乱甚至丢失的情况。将三维激光扫描技术应用于在隆盛庄村落传统建筑的测量工作与几何数据采集，充分利用其对数据处理、储存和管理方面的优势，同时在较短工作周期内获取更准确的数据。通过三维激光扫描仪基站对隆盛庄村的传统建筑进行室外的表面与室内的空间数据采集，其中包括结构、材质、色彩与装饰等信息内容，特别是在造型复杂、构件较多的古建筑的测绘中，三维激光扫描技术的优势得到充分的体现[3]。所获取的点云数据经计算机软件的处理能够同AutoCAD、Sketch up、3D Max等专业工程软件进行对接，软件的自动化程度极大地提高了后期传统建筑制图的效率和准确性，为村落信息档案建设与后续的保护方案设计提供了可靠的技术支撑。

2. 无人机倾斜摄影

无人机倾斜摄影技术是通过无人机搭载摄像头与传感器等设备获取地面立体的点云与影像数据，并使用计算机生成真实反映地面信息的三维模型，该技术多用于对区域空间环境进行高效、精准的测绘和监测工作，近年来随着消费级无人机使用的智能化与易操作性大幅提升，推动无人机倾斜摄影技术得以广泛应用。

将无人机倾斜摄影技术引入隆盛庄村的研究中能够形成地空一体化的协同测绘体系，村落信息数据从宏观到微观实现全面掌控，同样也是对地面三维激光扫描对顶部数据获取不完整的补充，有效

确保测量建筑的空间位置和顶界面的数据精度，并且提高村落三维模型生成与可视化表现效果。无人机倾斜摄影技术应用能够真实反映隆盛庄村落环境和建筑之间的关系，促进对村落自然景观、空间节点、色彩构成[4]、建筑风貌和质量等构成要素的准确分析，为隆盛庄的村域空间整体性研究与规划提供参考。

三、数字技术在隆盛庄村保护研究的方法实践

1. 三维激光扫描技术获取传统建筑几何数据

使用三维激光扫描技术获取隆盛庄村传统建筑信息实践操作过程可分三个阶段：前期准备工作、建筑几何数据采集、建筑几何数据处理。

（1）前期准备工作

通常来说，采用三维激光扫描技术进行扫描任务前的准备工作主要包括：①对测量对象的场地与周边环境勘探，隆盛庄村传统建筑三维激光扫描的前期准备工作先对其相关的建筑环境如街巷、院落、建筑室内等情况进行现场勘探调研；②制定村落传统建筑测量方案，根据村落情况制定分区测量方案，由主街将村落空间划为组团部分并以各个部分的次级街巷为单元组织测量，分区测量意在将村落化整为零，便于测量工作有序推进；③确定扫描仪站点与标靶球的分布，根据院落空间形式（一进院或二进院）、建筑层数、开间和高度来确定扫描站点、标靶球的位置和数量；④规划测量工作路径，隆盛庄村的建筑类型分为商肆、民居、宗教和公共建筑，不同的建筑类型有着不同的建筑组合形式，合理规划工作路径防止出现多测或漏测等情况；⑤优化测量方案，最后阶段对测量方案进行优化，精简测量站点数优化测量路径从而减少扫描重叠造成数据的大量冗余。需要注意的是，由于应用领域与扫描对象的客观特征之间存在差异，工作内容要根据现实条件的需求进行适应性调整和补充。

（2）建筑几何数据采集

建筑几何数据采集主要是通过三维激光扫描设备进行测量的操作过程。隆盛庄村的测量使用的Leica ScanStation C10三维激光扫描仪，经过仪器架设和水准调平等步骤后做设备的调试与

参数设定，并开始激光扫描和纹理拍照。调试设备时要确保三个以上的标靶球在扫描范围内，参数设定是根据实际情况选择扫描精度和模式，如对院落空间、建筑檐下和室内部分为保证扫描结构的完整性需要设定全景扫描，其他情况则是确定扫描角度设定标准扫描。

（3）建筑几何数据处理

三维激光扫描仪将扫描结果生成点云数据，通过相关专业软件对点云数据进行滤波、降噪、拼接、特征提取与配准合并等一系列处理，形成能够准确还原测量对象几何信息的点云数据。处理后的点云数据可以用于三维重建（图1）、正射影像图获取、点云数据管理以及对其他软件平台的数据共享等方面。隆盛庄村历史建筑的点云数据经处理后形成了一个较为全面的村落点云数据库，将建筑立面和内部结构的点云数据应用到村落建筑的逆向工程，为建立建筑几何模型与CAD（图2）文件为村落建筑保护、修复和改造等活动提供数据支撑。

2. 无人机倾斜摄影技术获取村域空间信息

通过使用大疆Phantom 3旋翼无人机展开对隆盛庄村落整体的低空倾斜摄影作业，从无人机放飞到数据处理的整个过程需要经过四个操作阶段：飞行任务调研、飞行航线预设、航拍数据获取、航拍数据处理。

飞行任务调研是倾斜摄影工作的前期准备阶段，通过明晰需要获取村落数据的面域进行航拍范围的确定，进而规划合理的航拍外扩范围和重叠率，以保证数据采集和覆盖的完整性。根据村落的地形、建筑高度确定飞行高度和分辨率。

飞行航线预设则是将航拍范围的地理信息数据导入无人机地面站的控制软件中，在规划的航拍范围内调整飞行线略和角度，通常为保证对地面数据信息采集的完整程度最大化，航线尽量与地面建筑对角线平行设置，隆盛庄村的倾斜摄影采用的是单镜头拍摄，需要进行多次的十字飞行以达到数据的需求量。

航拍数据获取是将飞行参数、起飞点和返航点设置好后把无人机放飞进行村落信息的数据采集阶段。通过无人机搭载的摄像头对村落进行影像采集和照片拍摄，拍摄过程会将飞行参数、方

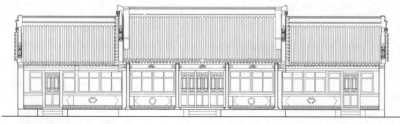

图1 段家大院正房CAD图（图片来源：作者自绘）

图2 段家大院点云模型（图片来源：作者自绘）

位、图像信息等进行记录，在后期可根据这些标记信息做拍摄数据处理。

航拍数据处理则采用相关的三维模型生成软件对拍摄的图像信息进行处理，将图像导入软件后输入拍摄过程所记录的相关信息并调试参数，通过三角网格的图形计算，最终生成倾斜摄影三维模型（图3、图4）。

3. 隆盛庄村落传统建筑三维数字模型

隆盛庄三维数字技术建模是村落综合信息数据开发利用的方式，是基于多技术协作与数据互补条件下的数据可视化的表现形式。建立隆盛庄村建筑三维数字模型的目的有四个方面：第一，通过3Dmax、Sketch up等建模软件将所获取的建筑几何数据信息、结构信息和装饰信息综合到三维数字模型上，实现数据信息的可视化管理；第二，基于点云数据信息对损坏严重的建筑进行逆向建模（图5～图7），针对不同建筑进行修复与保护的适应性策略研究；第三，使用三维数字模型开展村落整体的改造设计工作，包括民居建筑改造、街巷界面和公共空间改造（图8～图10），以提升村落的人居环境质量，同时也包括未来村落产业升级转型所需的新功能建筑的设计，着力于隆盛庄村的可持续发展；第四，通过将模型数据与BIM、GIS、VR、WEB等技术进行协同处理，构建集数据管理、社会研究、公众交互体验于一体的村落综合信息平台，推动隆盛庄村的数字化建设。

图3 村落局部空间倾斜摄影模型（图片来源：作者自绘）

图4 民居倾斜摄影模型（图片来源：作者自绘）

图5 建筑残损现状（图片来源：作者自摄）

图6 复原设计线框图（图片来源：作者自绘）

图7 复原设计三维模型（图片来源：作者自绘）

图8 街巷现状（图片来源：作者自摄）

图9 街巷空间营造设计线框图（图片来源：作者自绘）

图10 街巷空间营造设计三维模型（图片来源：作者自绘）

四、数字技术在传统村落保护研究中的应用启示

1. 完善传统村落数字档案形式

建立传统村落的数字档案是对其进行研究与保护的重要方式，在"留住乡愁"、"一村一档"与加快建立和完善传统村落档案信息的大背景下，数字档案建设能够推动传统村落档案逐步向多元性、共享性、公众性的可持续化方向发展，扩展传统村落档案信息的功能价值。目前，我国传统村落数字档案建设仍处于发展初期[5]，建档时会出现类目划分不清晰导致信息覆盖不全面的情况，尤其对于传统建筑，如果想要全面准确地记录其相关信息则需要大量的数据整理。通过将数字技术获取的建筑数据信息进行多方整合处理生成精确的三维数字模型与二维图纸则能够涵盖相关建筑几何数据，同样也能够在模型上附着其他属性信息，提高了数字档案信息的整合程度，可视化的特点也丰富了数字档案的表现形式。

2. 推动传统村落数字信息平台构建

传统村落数字信息平台是一个为村落保护、研究与开发等工作提供数据获取和多方交流的信息场所，是将村落的各类信息内容通过数字化的手段进行输出和展示的重要窗口，也通过这一方式使村落数据信息得到最大程度的利用。我国提出建立传统村落数字博物馆也是数字信息平台的一种形式。数字技术在传统村落的应用则极大地提高了村落基础数据信息的获取效率和可靠性，同时数据生成的自动化程度更高，信息转换更便捷，加快了村落信息更新的时效性，这些技术优势能够有力推动传统村落的数字信息平台构建与发展。同样，在后期的发展过程中可以针对管理群体、研究群体与公众群体来构建特定内容的传统村落数字信息平台。

3. 开拓传统村落线上旅游新模式

提高传统村落的经济活力是其长久发展的重要保证，也是其最根本的保护方式。随着数字时代的到来，互联网产业已经成为推动经济增长的新引擎，传统村落也开始通过互联网探索新的发展模式。特别在2020年新冠疫情暴发的全球局势下，促进如云课堂、云办公、云旅游等产业形式的发展，也为传统村落提供了新的发展思路，伴随着5G、3R（VR AR MR）技术的日趋成熟，使得开

拓传统村落线上云旅游也成了可能，因此，将数字测绘、建模技术与虚拟现实体验的人机交互技术相结合则为构建传统村落新的游客体验模式提供了基础保障。

五、结论

数字技术在传统村落相关研究中的应用很好地解决了大量数据采集的工作时效性，同时极大地提高了数据的可靠性与管理的便捷性。准确的数据信息为传统村落的保护决策提供了重要的参考依据，也为多领域学科在统一框架下进行数据共建共享提供了可能。通过对隆盛庄村的保护研究中引入数字技术的实践，希望能够探索出适用于传统村落保护的技术手段与操作流程，同样为传统村落的数字化建设提供新的启发。

注释
① 高超，内蒙古工业大学建筑学院、内蒙古绿色建筑工程技术研究中心，研究生。
② 周江，内蒙古工业大学建筑学院、内蒙古绿色建筑工程技术研究中心，研究生。
③ 王卓男，内蒙古工业大学建筑学院、内蒙古绿色建筑工程技术研究中心，副教授。

参考文献
[1] http://main.dmctv.com.cn/villages/15098110701/VillageProfile.html.
[2] 王莫. 三维激光扫描技术在故宫古建筑测绘中的应用研究 [J]. 故宫博物院院刊，2011（06）：143-156，163.
[3] 胡岷山. 三维激光扫描技术在古建测绘中的应用——以教学实验课程为例 [J]. 建筑学报，2018（S1）：126-128.
[4] 党雨田，庄惟敏，常强. 乡村建筑策划与设计新工具——无人机倾斜摄影获取真三维模型技术探析 [J]. 华中建筑，2020，38（02）：32-37.
[5] 何永斌. 攀枝花民族传统村落档案的历史性重构：困惑与路径 [J]. 攀枝花学院报，2019，36（03）：1-7，31.

世界自然遗产地九寨沟的村寨变迁

刘弘涛① 朱珊珊② 邹文江③

摘　要： 世界自然遗产地九寨沟内分布着9处藏族的传统村寨。这9处传统村寨作为自然遗产地文化遗产活态的见证，承载了当地藏族居民的历史文化、宗教信仰和传统的生产生活方式，是构成具有世界遗产价值完整性的重要组成部分。景区开放前，这些村寨里的藏族原住民仍过着较原始的农牧生活，景区开放后的30多年间，经历了从原始到现代的巨大转变。藏族村寨受到旅游发展和现代文明的冲击，传统风貌更新严重，代表传统藏寨遗产价值的特征要素在迅速消失，九寨沟藏族村寨风貌的保护已刻不容缓。本文基于文献查阅和实地调研对九寨沟藏族村寨的特征和遗产价值进行评价，并针对现状问题提出风貌保护的策略。

关键词： 世界遗产地　九寨沟　藏族　传统村落　保护更新

一、九寨沟景区概况

　　九寨沟风景名胜区位于四川省阿坝藏族羌族自治州九寨沟县西南部的漳扎镇境内（图1、图2），因沟内分布着9个藏族村寨而得名九寨沟。九寨沟作为风景名胜区和世界自然遗产，因其独特的自然环境而受到世界瞩目的同时还是以藏族为主体的少数民族聚居地，沟内的安多藏族已有近2000年的定居史。这些藏族人和藏族文化经过千百年来与当地环境的磨合，所创造出来的人文景观早已是九寨沟整体景观中不可或缺的重要组成部分。历史上的九寨沟由于交通不畅自我闭塞，鲜少与外界交流，在中华人民共和国前仍然过着艰苦原始的农牧生活，但也因此保留了原始自然的传统文化和人文风貌[1]。

二、九寨沟传统村寨外部环境

1. 九寨沟传统村寨选址特征

　　首先，九寨沟是典型的林区，区域内多山且地形陡峭，高差变

化极大，因此，地形地貌是当地村寨选址的重要限制因素。其次，九寨沟区域的生产方式主要为半农半牧，生产生活都离不开充足的水源、阳光和适宜的气候，因此，与水源的距离、基地朝向以及海拔高度同样是村寨选址重要的考虑因素。另外，除了生产生活等实际生存的需要，当地的宗教信仰和区域民族形势也是影响村寨选址的重要因素之一。需要特别指出的是，由于古时自然环境、生产条件等的限制，以及科学知识和正确环境认知的缺乏，导致藏寨的选址不可能是面面俱到的，通常是经验和实际条件妥协的结果[1]。

2. 九寨沟传统村寨形态特征

　　受自然地理条件影响，中华人民共和国成立前九寨沟景区人口稀少，适合生产建设的用地面积小且分散，村寨的规模都不大，在几户到二十几户之间不等。因此原始的村寨并没有明显的形态特征，而是建筑垂直于等高线错落分布在较为平缓的坡地上，形成有机的组团式布局，整体结构较为松散。九寨沟景区村寨的这些形态特征从目前历史平面形态尚存的几个寨子中可以明显地看出来（图3）。位于九寨沟县漳扎镇西南部，距离九寨沟景区8公里，拥

图1　九寨沟县区位图
（图片来源：作者自绘）

图2　九寨沟景区在县域中的位置
（图片来源：作者自绘）

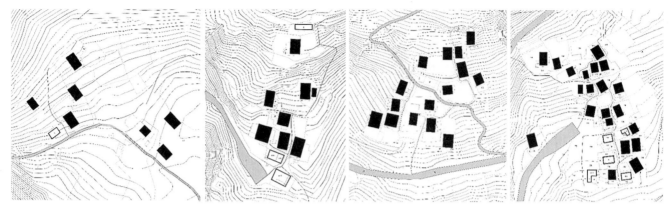

图3　九寨沟景区村寨平面图（从左至右分别为黑角、尖盘、老荷叶、盘亚寨）
（图片来源：作者自绘）

有相似地理条件的中查村沃姑寨、格下寨、夺都寨、泽姑寨、波日俄寨等 5 个寨子也有类似的形态特征[1]。

三、九寨沟传统村寨内部特征

1. 功能布局特征

在九寨沟，坡地上的村寨通常会将向阳且更加平坦的位置留给农田，建筑一般分布在坡地的中后方坡度较陡的位置且相对集中，较为平坦且规模较小的村寨则建筑相对松散，农田分布在建筑周边。村寨最重要的功能空间是晒坝，晒坝中间为平整的空地，侧面架设有晒架，在收获季节晒坝用来晾晒粮食，而其余时间则是村子重要的公共活动空间[1]（图4）。

2. 民居结构特征

九寨沟景区因地处林区，木材资源丰富，因此建筑采用全木结构承重。结构整体由梁柱组成承重构架，各构件之间用榫卯连接，柱子为通柱，各层"楼板"是在梁上放置楞条，再在上面铺设木板而成。屋顶结构与建筑整体结构脱离，是在二层"楼板"上单独立柱搭接而成。当地典型的木结构民居总共"三层"（图5、图6）：一层架空不设内墙，正面出口用木板封闭可开合，主要用作圈养牲畜；二层用木板围合并划分内部空间，主要用作生活空间；三层为阁楼，前后开敞可用木板封闭，主要用作堆放粮草和农具[1]。

3. 民居建筑材料装饰特征

九寨沟景区的民居建筑外立面主要保持材料的本色不加粉饰，

图5　九寨沟景区民居典型剖面图
（图片来源：作者自绘）

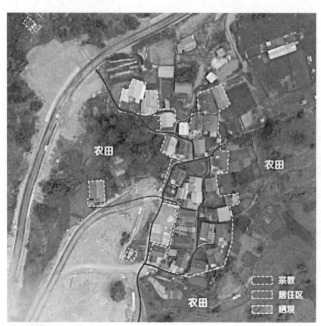

图4　九寨沟景区典型村寨用地及功能示意图
（图片来源：作者自绘）

图6　传统民居正立面照片
（图片来源：作者拍摄）

图7 传统民居窗花样式
（图片来源：作者拍摄）

图8 民居建筑悬挂经幡
（图片来源：作者拍摄）

图9 传统民居屋顶
（图片来源：作者拍摄）

也没有复杂的装饰构件，因此窗花就成了建筑主体上最重要的装饰构件。在传统的民居中，出于对保暖性能的考虑，整个立面仅正面有1~2扇方形的双层小木窗，其内侧为实木板做的活动窗扇，冬季可封闭，外侧为固定的窗花，窗花一般不粉饰色彩或为红色，几何形态（图7）。此外，在建筑上悬挂经文木板和经幡也是重要的装饰形式（图8）。

景区内虽然年均降雨量不大，但旱雨季明显，因此当地藏式民居普遍采用木板瓦坡屋顶。这种瓦片通常采用油松、红松等防水性能强的松科植物制成，称为榻板，当地人又称"榻子"。榻板按截面形状可分为长方形的汉式榻板和梯形的藏式榻板，九寨沟的藏式民居普遍采用汉式榻板[1]（图9）。

四、传统村寨的现状问题

1. 建筑风貌的变迁

中华人民共和国成立后的九寨沟民居风貌变化主要有四个阶段（图10）。第一阶段为1984年景区开放以前，由于生产力水平低下，经济落后，民居基本延续传统的建筑形式，农牧业生产是民居功能的重要组成部分，居住条件仅能满足基本的居住需求，属于风貌演变的停滞期。第二阶段为1984年至20世纪90年代初，随着景区的开放，居民逐渐开始参与到旅游经营中，经济条件逐渐改善。这个阶段民居的改造多是在原有建筑的基础上对二层居住空间以及屋顶进行局部翻新，由于都是居民自发进行，就地取材，没有突破传统民居的形式和风格，属于风貌演变的萌芽期。第三阶段为1991年至20世纪90年代末，九寨沟成立了联合经营公司，居民

家庭旅馆的床位可以纳入统一管理并分红，大量新的建筑如雨后春笋般出现。这个阶段的民居虽然在建筑形式功能上突破了传统，但在建筑结构、材料上仍然延续了传统建筑的风貌特点，属于风貌演变的发展期。第四阶段为20世纪90年代末至今，新建的建筑因为无法就地取材且采购而导致木材价格高昂，因此大多采用现代结构和材料（2017年地震前多为砖混，地震后重修的多为框架结构）。虽然大多数建筑都采用了坡屋顶，并在立面上进行了许多装饰以协调风貌，但此时的住宅风貌显然已经发生根本性的转变，属于风貌演变的转型期[1]。

2. 景观风貌更新

由于九寨沟是世界自然遗产、国家级风景名胜区和国家级自然保护区，所以景区内的自然景观得到了非常好的保护，生态逐年恢复。但是，由于用地紧张和环保政策的推行，村寨的人文景观发生了巨大变化。由于不再从事农业，原来村寨周边的农田闲置，加之村寨本身的不断扩张，用地紧张的村寨的这些土地被新建的建筑占用，用地较为宽裕的村寨多余的土地便被荒废，或是杂草丛生或是堆满了各种建材、杂物等。村寨与当地自然长期磨合形成的和谐景观结构被破坏，农业景观消失[1]。

3. 村寨空间形态变化

景区开放以来，沟内村寨的形态变化有两个主要的演变趋势，一个是受旅游开发和交通干道影响逐渐发展为沿公路的线型布局，另一个是受村寨规模的增长和其所处的地理空间环境影响进而产生相应的形态。景区开放前九寨沟内一直维持着传统的农牧业生活，村寨规模主要是自然增长，景区开放后人口增长，经济条件迅速改

第一阶段　　　　　　　　　第二阶段　　　　　　　　　第三阶段　　　　　　　　　第四阶段

图10 民居演变各阶段典型风貌
[图片来源：《九寨沟文化散论》2001年（左一），作者拍摄（右二，右三，右四）]

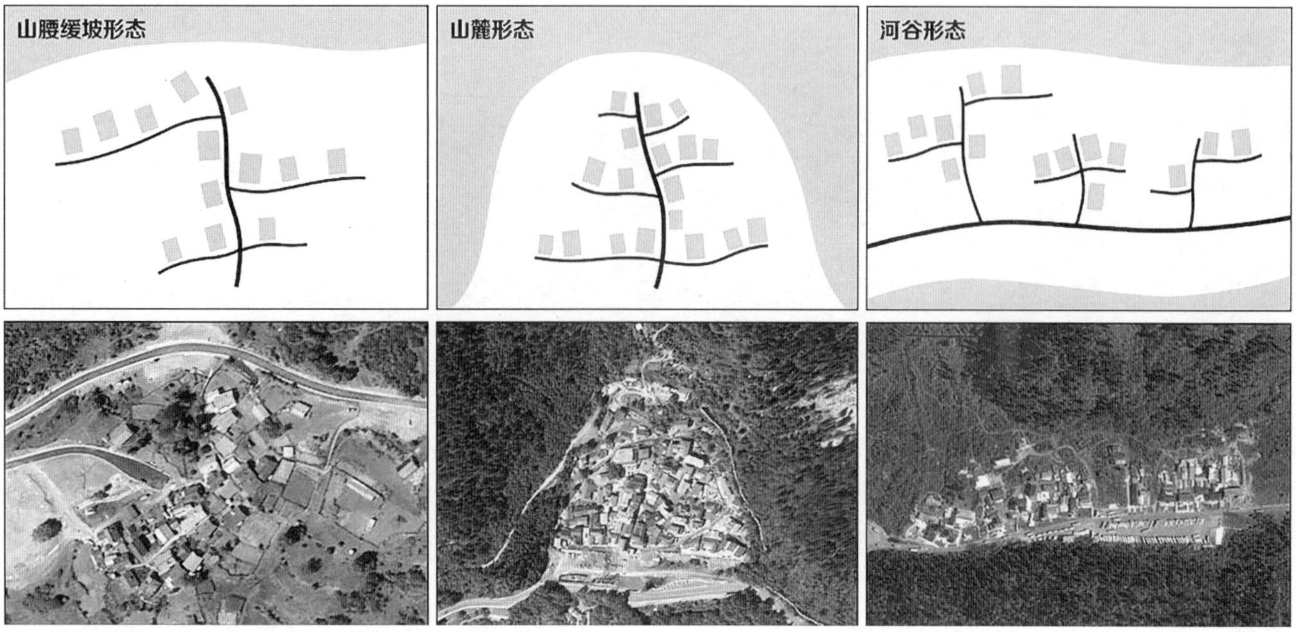

图11 不同地理空间环境村寨形态的演变
（图片来源：作者自绘）

善，再加上集中居住的政策，旅游开发等外力因素的共同作用使得村寨规模迅速扩张，村寨所处的地理空间环境开始明显影响着村寨形态的生成，原本没有明确形态的村寨逐渐发展出不同的形态特征（图11）。经过调研分析，除去运用现代规划方式规划的新荷叶寨以外，在原址上逐渐发展起来的村寨目前按形态大致可分为组团型和带型两种[1]。

4. 选址安全性问题

如今景区内主要经营旅游业，物资几乎全部来自沟外，且居民生活水平不断提升，因此村寨择址对农牧业生产资料和生产条件的依赖逐渐消失，对交通和居住环境的要求成为首要考虑条件。在旅游的"自发式参与阶段"许多居民就为了旅游经营而开始自发向山下更靠近主干道的位置搬迁。后来，管理局为了规范经营进一步保护景区内的生态环境，将居民集中搬迁到靠近主要道路的四个寨子中居住，形成了今天的村寨格局。然而，选址的变化也增加了村寨遭受滑坡、泥石流等次生灾害的风险[1]。

五、九寨沟传统藏族村寨风貌保护策略

结合九寨沟的实际情况和相关规划的要求，本文提出生态性、原真性、保护与发展并进、公众参与以及渐进式保护的原则。良性的、可持续的风貌保护离不开完善制度的支撑，因此保护策略先从制度入手，通过设置专门的风貌保护机构，制定相关法律法规，与时俱进的专项规划体制和保障资金的支持等方面，来保障居民能够充分参与并获得专业性的意见。

村寨是居民赖以生存的空间，无论是对于村寨的保护还是具体建筑的保护都应该以保障居民的生活为优先，再平衡建筑风貌的保护。因此，在村寨风貌的保护过程中不拘泥于对村寨和建筑的原样保存，以传承当地文化和历史信息为主，抓住当地传统风貌的主要特征，在发展的过程中将其保护传承下去。在建筑层面，针对传统风貌的建筑采取修复或重建的方式将其风貌延续下去，针对风貌较差的功能性民居，短期通过改造等手段协调村寨整体风貌，长期通过引导更新的方式让混乱的民居风貌逐步恢复传统特征。在村寨层面，充分考虑九寨沟特殊的生态保护要求，建议平衡生态保护和村寨人文景观的保护，一方面控制村寨规模，梳理寨内空间，另一方面恢复生产性景观，让村寨重新回到与自然相融合的状态[1]。在选址安全性层面，针对威胁九寨沟藏族传统村寨安全的，可能引发局部滑坡、泥石流等地质灾害的降雨量、坡度变化等风险源要素进行动态监测，以便实时了解和监测村寨周边的灾害发生、风险变化情况[5]。

注释

① 刘弘涛，西南交通大学建筑与设计学院，副教授。
② 朱珊珊，西南交通大学建筑与设计学院，博士。
③ 邹文江，西南交通大学建筑与设计学院，研究生。

参考文献

[1] 西南交大世界遗产国际研究中心. 九寨沟风景名胜区村寨更新过程中的风貌保护策略研究 [R]. 2020.
[2] 西南交通大学世界遗产国际研究中心. 九寨沟震后建筑受损调研报告 [R]. 2019.
[3] 西南交通大学世界遗产国际研究中心. 九寨沟世界遗产地村寨灾害调查报告 [R]. 2018.

[4] 四川省城乡规划设计研究院. 传统村寨空间布局研究报告 [R]. 2018.

[5] 刘弘涛, 朱珊珊. 世界遗产地九寨沟内藏族村寨预防性保护研究. 第三届建筑遗产保护技术国际学术研讨会论文集 [C], 2019, 36-46.

基金项目: 该文由四川省科技厅重大专项课题〝九寨沟世界遗产地藏族村寨灾害风险管理关键技术研究及示范应用〞资助（编号: 2019YFS0077）; 中国文物保护基金会〝九寨沟景区藏族村寨建筑遗产风险管理体系研究〞课题; 国家重点研发计划课题（编号: 2019YFC1520800）支持。

前王庄村石头民居建筑形制考

姜晓彤[①] 张婷婷[②] 胡英盛[③] 黄晓曼[④]

摘　要： 石头民居是山东地区民居类型的代表之一，村落中的石头民居在服务民生的基础上营造出独具地域特色的民居类型。文章通过对前王庄村的田野调查以及口述史访谈的方法进行研究，重点分析了前王庄村中民居的建筑形制及单体建筑，从建筑实录的典型院落中深入剖析并进行论述。旨在明确典型民居建筑形制，完善山东地区传统民居建筑研究的资料，以此为研究更深层次的传统民居建筑提供研究基础和参考建议。

关键词： 前王庄村　石头民居　建筑形制　建筑单体

一、村落概况

1. 村落背景

前王庄村（图1）位于山东省菏泽市巨野县核桃园镇，又名"石头寨"，在整个镇的东北方向2.5公里。据《王氏族谱》及《前王庄村志》记载，明洪武年间（1368~1398年），王氏自山西洪洞县大槐树迁移至曹州，又经过几次迁徙，才定居于此，立村名王庄。正德年间，村北建成新村名为后王庄村，所以该村改名为前王庄村，并且沿用至今，村中均为王姓。[⑤]前王庄地处济宁与菏泽相接的位置，在历史上，曾经多次划分归属，直至1959年改属山东省菏泽地区。村落东连嘉祥县，西接定陶县，南邻成武、金乡县，北靠郓城县。由于该地理位置多元交汇，村落呈现围合的防御式布局，建筑形制内涵丰富，建筑立面特色鲜明。整个村落地势西高东低，为黄河冲积平原。由于这一带山体较多，因此周边村落也多为石头民居。早期的民居在山腰。后期为方便村民就地取材、开山采石，慢慢向山下平地拓展。

2. 村落格局

从整体布局（图2）来看，村子呈不规则矩形，南北距离稍长，约260米，东西距离稍短，约220米；村子的东、西、南、北四面砌

图1　前王庄村整体风貌（图片来源：作者自摄）

图2　前王庄村整体格局（图片来源：作者自绘）

有石寨墙，将整个村寨围合起来，戒备森严。村中共设置有三个寨门，分别是北寨门、南寨门和西寨门，由于东面是海壕子可通过吊桥进出村寨，因此没有设置寨门。三个寨门中，北寨门最大最高，南寨门和西寨门较小，北寨门、西寨门目前已经不复存在，海壕子也被填平用作宅基地。西寨墙上，曾有多个碉堡楼（现已毁），寨墙内每天有打更者，整个村子的防御性极强。村中院落多为四合，宅院相连，与一般民居相比建筑墙壁较厚，一道宅门的背后有四五道门栓，即便有"乱汉"进入宅院，也很难攻破。由于前王庄村民居为可上人的平顶，因此在屋顶的垛口处会备有一些碎石，如遇到匪患、敌患，可站在屋顶应对匪敌，一家遭袭便可八方支援。

二、民居建筑形制

1. 典型平面形制

前王庄村的民居建筑平面形制方正规矩，为合院式，为避免像棺材盒子，讲究前部比后部略窄10～30毫米。此次课题组选取9栋典型院落，主要包括平房和楼房两种形式，总结出四种平面布局类型，分别是三合院和四合院，常见为一进四合院，少数为二进四合院，以下按照测绘样本编号依次进行列举（表1）。

院落形制　　　　表1

院落样本	1号院	2号院	3号院
院落平面			
院落类型	四合院	三合院	四合院（二进院落）
院落说明	该院落坐北朝南，位于村落门楼西侧，主入口位于东南角，占地面积205平方米。院内建筑正房四间，其中堂屋为三间，东西屋为两开间，地势平坦	院落坐西朝东，位于村委东面，主入口位于西南角，占地面积120平方米。院内建筑围合成"U"字形，东楼为村落典型的二层楼样式，屋顶建风屋于西北角，西屋因年代久远坍塌	院落坐西朝东，位于村落偏北方向，主入口位于东南角，地势北高南低，占地面积392平方米。院内堂屋、东屋、西屋均为三开间，其中堂屋竖向为三层，是村落内最高的单体建筑，东屋分为上下两层
院落实景			
院落样本	4号院	5号院	6号院
院落平面			
院落类型	四合院	三合院	四合院

续表

院落说明	院落坐北朝南，位于村落东北方向，巷道末端，占地面积为314平方米。北屋、东屋、后建杂物房为三开间，南屋为二开间。西屋北侧设石质楼梯	该院落坐南朝北，形制规矩方正，主入口位于东北角，占地面积为165平方米。院内主屋为四开间，北屋、南屋均为两开间。大门使用桃木	院落坐西朝东，位于村落南北大街西部，占地面积238平方米。院内堂屋为主屋，西屋为二层楼，堂屋、东屋为三开间，西屋为四开间，南屋为两开间
实景照片			
院落样本	7号院	8号院	9号院
院落平面			
院落类型	四合院（二进院落）	四合院	四合院
院落说明	院落坐北朝南，位于村落西南方，宅基地南北狭长，为矩形，由过道屋分割院落，占地面积为338平方米。西墙为与邻居的共用院墙	院落坐北朝南，位于村落最北端，占地面积为326平方米。院内由堂屋、东、西屋，南屋和过当围合而成，其中堂屋、南屋为三开间，东、西屋为两开间	院落坐北朝南，位于村落北侧，占地面积为330平方米，主入口位于东南角。院内北屋和南屋为三开间，东、西屋为两开间，其中北屋为两层，其屋顶东南角设有风屋
实景照片			

（图片来源：作者自绘、自摄）

2. 立面形制

（1）屋面

前王庄村民居屋顶主要分为硬山顶和平囤顶两种类型。硬山顶类型通常用于院落大门，屋脊为交错叠放的通风脊样式，屋面铺青瓦，瓦面装饰多样，植物纹样居多，四条边脊与屋面坡度一致（图3）；平囤顶，当地民居屋檐前后等高，屋面的倾斜方式与房屋起脊方式相关，一侧起脊，屋面一般向院内倾斜，为"一流水"，即单侧排水；中间起脊，则形成缓坡面，水可向两侧排出，为"两流水"（图4），两种排水形式均是将水引流至阁流（排水构件）排出；而前后檐墙无拦板墙时，则会无组织排水，称之为"满檐窨"，流水方式与院落周边环境有关，讲究"肥水不流外人田"。

图3　硬山顶屋顶形式
（图片来源：作者自摄）

屋面拦板墙可分为带女儿墙和垛口两种样式，为青砖一顺一丁垒砌，砖缝采用灰泥抹平。早期栏板墙高800毫米左右，后期因晾晒农作物的需求，女儿墙（图5）遮挡阳光，容易有阴暗面，降为100毫米左右；垛口（图6）的高度则需要可遮挡人，厚度为300毫米，垛子之间的间隙称为"口"，间距为200毫米，具有一定的防御作用，遇敌时会派人在此放哨。

（2）墙体

民居墙体为石材层层错缝垒砌，最理想的垒砌方式为"骑中缝"，即下一行相邻两石块的对缝正好为上一行石块的中点。垒砌首先挑选规整石应用于建筑四角和临街一面，然后选取高度相当的石材垒砌前墙和后墙，以保证外观规整美观，这面墙被称之为"外皮"（图7）；而剩余的边角料及乱石用于建筑内部，再抹灰，这种称之为"帮里子"（图8），墙厚约为530毫米。房屋使用的石材厚度由下至上依次递减，满墙石穿插于前墙的四角和门窗洞口等位置，其他部位可不用，使建筑整体稳定坚固。

门卡石和门窗洞口的拱券为外墙节点（图9），门卡石多为弧

形形制，因为相较于矩形，圆形垂直面短，更好打制。半圆形拱券由青砖砌制，其上装饰凹凸纹路，除良好的承重特性外还有着装饰美化的作用。

（3）门窗

前王庄村门窗木材过去选用椿木、榆木，现在主要用松木，门常见为方子门（图10）和券门形式；窗可分为木窗（图11）、砖窗、石窗（图12）三种类型，其中木窗较为常见，有五棂、七棂、九棂之分。

三、民居建筑单体

1. 主屋位置的确定

前王庄村民居建筑的建造多始于主屋，再建配房，也可以根据经济条件选择同时建造或先后建造。主屋位置的选取决于基地的位置，基地位于路西则西屋作为主屋；基地位于路南则堂屋作

图4 屋面形式
（图片来源：作者自摄）

图5 女儿墙
（图片来源：作者自摄）

图6 垛口
（图片来源：作者自摄）

图7 建筑临街外墙
（图片来源：作者自摄）

图8 建筑内墙
（图片来源：作者自摄）

图9 建筑外墙节点
（图片来源：作者自摄）

图10 方子门
（图片来源：作者自摄）

图11 九棂木窗
（图片来源：作者自摄）

图12 石窗
（图片来源：作者自摄）

为主屋。在前王庄村中，人们认为左为上首，因此主屋在竖向高度上最高。

2. 开间与进深

前王庄村民居建筑的开间与进深的尺寸有一定的考究。主屋一般为三间，常见的面宽为1.8丈，进深为8尺~9尺，内置两个梁头，满外一般六尺一间。

前王庄村民居开间的类型可分为以下四种：

第一种称之为内三停，正房三开间、净开间、三等分。第二种称之为外三停，总尺寸三等分，中间略大。第三种是主屋的主要卧室，空间稍大，其余两间空间大致相当，主屋右边的空间稍大，主入口设置在东南方向，主屋的西间略高；第四种为凑料形式，根据屋主拥有的建筑材料来决定房屋的开间，也有通过凑檩子的方法来决定。

前王庄民居建筑的进深尺寸用檩的数量表示，较为常见的为四路檩与五路檩，各檩中轴线等距。偶见三路檩与六路檩，檩和檩的间距相等。为了兼顾建筑结构的审美功能可以使用双檩来弥补单根檩子太细的缺陷，通常四路檩较好看。前王庄民居建筑进深的宽度各空间之间略有不同，主屋宽度最宽，其次是东屋，最后是西屋，即主屋进深＞东屋进深＞西屋进深。

3. 竖向高度

前王庄民居建筑的房屋高度根据上梁高度来权衡，从高到低的次序依次为主屋、东屋、西屋、南屋，且堂屋比东屋高1米，东屋比西屋高300毫米，屋顶起脊不超过300毫米。前王庄民居建筑的后檐比前檐高，前后檐檩的高差一般不小于200毫米。村中民居入口处略高于东屋且不能高于主屋，讲求大门要抬头不要低头，因此营建时在竖向高度上这样处理院，能使得院子"抬起头"。入口进入后的过道屋高于西屋，建造时也可和东屋一般高或略高。梁头到水台的高度一般是4.8尺或4.9尺，低一点的为4.5尺~4.6尺。窗洞距离地面约1.8尺。栏板墙四周、梁头和墙交接处、水台四角都要保证高度相同且要超级水平。

4. 细部及其他

前王庄村主屋和院落大门可以同宽。配房大门小于主房，东西厢房门相对且一般大。建造主屋时，一般留1度夹道（平伸双臂，两指尖的距离为一度）。主入口在东南角时有夹道，主入口在西南

或东北角时，一般不留夹道，该做法是民间祖传下来的具有地域特色的形式。主屋、东屋和西屋的间距约800毫米。

四、结语

前王庄村是鲁西南地区石建民居的代表，拥有大量明末清初时期的传统民居，孕育着深厚的历史文化。整个村落的民居建筑特色鲜明，具有强烈的防御性，以石头为主的营建智慧底蕴深厚。本文通过对前王庄村典型民居建筑形制的研究，厘清了前王庄村石建民居形制的几种类型，并对单体建筑的营建规则有了翔实的考证。从一定意义上加强了对山东地区传统石建民居的保护，更是延续了多元文化交融的民居营建智慧。

注释

① 姜晓彤，山东工艺美术学院，硕士。
② 张婷婷，山东工艺美术学院，硕士。
③ 胡英盛，山东工艺美术学院，副教授。
④ 黄晓曼，山东工艺美术学院，副教授。
⑤ 前王庄村村民编纂（编纂年代不详）. 王氏族谱. 王道德家收藏。

参考文献

[1] 李浈. 营造意为贵，匠艺能者师——泛江南地域乡土建筑营造技艺整体性研究的意义、思路与方法 [J]. 建筑学报，2016 (02)：78-83.
[2] 孙艳玉. 山东省菏泽市核桃园镇前王庄村保护与发展设计研究 [D]. 山东工艺美术学院，2018.
[3] 成斌，罗川淇，董馨怡，吴霞. 藏式白碉房民居平面形制与特征研究——以乡城县仲德村为例 [J]. 城市建筑，2020，17 (07)：104-107.
[4] 庞钰，张旺锋，张永姣，薛东. 甘肃传统民居建筑单体平面形制地域分异研究 [J]. 地域研究与开发，2019，38 (06)：158-164.
[5] 蒋蓁蓁，翟辉，雷体洪. "一颗印"式民居的建筑形制与传统家庭文化的研究——以昆明地区为例 [J]. 华中建筑，2016，34 (07)：135-138.

基金项目： 山东省社会科学规划研究项目"城镇化进程中山东典型院落文化遗产保护策略研究"（15CWYJ12）。

基于场地特征的川西林盘景观保护与生态规划策略

周　媛①

摘　要： 随着城乡一体化建设的加快以及农村土地集约化的推行，林盘景观不断被侵占，其特有的空间形态、景观特征等遭受极大的破坏。本文基于形态学空间格局分析（MSPA）方法，对不同年份成都市第二圈层林盘聚落空间形态格局进行动态分析，在提取"山、水、林、田、路、居"场地特征的基础上，提出多元化的林盘景观保护与生态规划策略。本研究成果为林盘景观保护利用和生态规划提供借鉴与参考。

关键字： 形态学空间格局　场地特征　景观保护　生态规划　川西林盘

一、引言

川西林盘是成都平原集生产、生活和景观于一体的典型乡村聚落空间[1]，它是川西农耕文化的载体，在维护川西平原人居生态环境质量和区域生态安全等方面具有重要作用。随着城乡一体化建设进程的加快以及生产、生活方式的改变，传统林盘数量急剧减少，林盘空间结构形态、文化价值、生态功能等遭受了极大的破坏，林盘生态环境质量降低，其特有的乡土文化及传统习俗正逐渐消失。近年来，成都市正努力打造"青山绿水抱林盘，大城小镇嵌田园"的世界现代田园城市[2]，林盘也受到越来越多学者的关注与重视。国内外学者主要对林盘聚落形态特征、演变机制、景观价值、文化内涵、植物群落特征、景观可达性、弹性规划、生态保护与发展等方面展开研究[3-7]。但在林盘景观保护与生态规划中，如何平衡城乡发展与林盘保护之间的关系，识别不同林盘的重要程度，根据其重要性有针对性地划定林盘保护的核心区域等方面的研究相对较少。基于数学形态学原理的形态学空间格局方法（Morphological Spatial Pattern Analysis，MSPA）能准确地从林盘分布图中获取相互独立的七种景观类型，包括核心、连接桥、边缘、孤岛等，识别林盘聚落空间结构中的核心林盘斑块，并确定相互之间的重要程度[8]。近年来，第二圈层大量传统林盘被破坏，林盘数量急剧减少，林盘密度不断降低。因此，本研究利用MSPA方法对2001年、2005年、2011年、2015年成都市第二圈层内的林盘聚落空间形态格局进行分析，阐明林盘聚落空间形态格局动态变化特征，基于林盘景观场地特征提出"山水林田路居"的保护与生态规划策略，从而为林盘景观生态保护规划提供科学依据。

二、研究区概况与研究方法

1. 研究区概况

成都市位于四川省中部（30°05′~31°26′N，102°54′~104°53′E），海拔在450~750米之间，属亚热带湿润季风气候区，雨量充沛，四季分明。成都市常年最多风向是静风，年均气温为15.2~16.6℃，年均降水量为873~1265毫米。本文研究对象包括龙泉驿、郫都、温江、双流、新都和青白江区组成的成都市第二圈层，总面积约为3261.96平方公里。

2. 数据与研究方法

（1）数据来源与预处理

本文的基础研究数据包括2001年、2005年、2011年、2015年的成都市Landsat TM卫星遥感影像数据，影像轨道号为129-39，包括7个波段，空间分辨率为30米，数据来源于中国科学院计算机网络信息中心和美国地质勘探局（USGS）数据平台。采用目视解译方法获取城市第二圈层土地利用数据。通过地形图和实地采点验证，解译精度达89.2%。依据2010年颁布的《城市用地分类与规划建设用地标准》（GB50137-2011），结合林盘聚落特点，将研究区内土地利用类型分为农田、林盘、道路、城市建设用地、村镇、林地（地形坡度≤15°）、河流水体、山地（地形坡度>15°）八种类型。

（2）基于MSPA的林盘聚落空间形态格局分析

在获得成都市第二圈层土地利用shapefile格式数据的基础上，利用GIS技术对基础数据进行预处理，将用地类型中的林盘属性值设为2，其他各种用地类型设为1，空白区域属性值设为0，并将其转化为TIFF格式的二值栅格数据。因此，包含城市土地利用信息的栅格数据就划分为前景（林盘）和背景（其他土地利用类型）两种主要景观类型[8]。本研究利用Guidos软件对栅格数据进行MSPA分析，选择8领域连通性原则，设定边缘宽度为1，栅格大小为11米×11米的研究尺度分析林盘景观空间形态格局，得到包括核心、孤岛、连接桥、环、分支、边缘、穿孔七种不同的景观

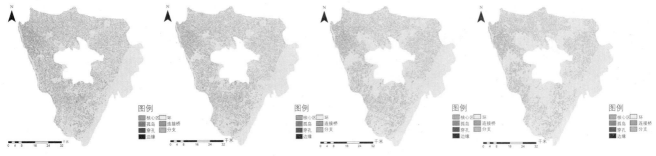

(a) 2001年基于MSPA的景观类型分布图　　(b) 2005年基于MSPA的景观类型分布图　　(c) 2011年基于MSPA的景观类型分布图　　(d) 2015年基于MSPA的景观类型分布图

图1　基于MSPA的不同年份成都市第二圈层林盘景观类型分布图

类型（图1）。在对不同年份土地利用数据分析结果统计分析（表1）的基础上，阐明林盘聚落空间形态格局动态变化特征，提取出具有重要意义的林盘核心区作为林盘聚落景观生态保护的依据。

不同年份MSPA分类统计表				表1
占MSPA总面积的百分比　景观类型	2001年	2005年	2011年	2015年
核心	60.59	60.38	60.23	59.65
连接桥	0.07	0.09	0.07	0.07
孤岛	0.05	0.07	0.11	0.16
边缘	37.21	37.36	37.46	37.87
穿孔	0.04	0.04	0.03	0.03
环	0.01	0.01	0.00	0.00
分支	2.03	2.06	2.10	2.22
总计	100	100	100	100

三、结果与分析

1. 基于MSPA的林盘聚落空间形态格局分析

由表1可见，成都市第二圈层2001年、2005年、2011年、2015年的林盘面积分别约为460.045平方公里、423.38平方公里、358.42平方公里、300.54平方公里，林盘核心区面积分别约为278.74平方公里、255.64平方公里、215.88平方公里、179.27平方公里。2001～2015年，成都市第二圈层林盘面积比例由14.1%降低到9.2%，林盘核心区面积由278.74平方公里锐减到了179.27平方公里，从图1可以看出，林盘核心区变化的范围主要集中在温江东部、双流中西部和北部、龙泉驿西部、郫都东南部以及新都中部地区。因此，林盘生态保护与规划建设工作刻不容缓。边缘区是核心区与外部非林盘空间的过渡地带，具有边缘效应，随着城乡一体化建设的加速发展，具有边缘效应的林盘单元面积也不断被侵占。穿孔区与边缘区相似，也具有边缘效应。在林盘景观生态保护中，可根据边缘区与穿孔区的范围大小划定相应的缓冲区域以适应边缘效应，从而对林盘核心区域形成较好的保护作

用。连接桥的林盘面积减少的速度相对较慢，由于研究区内的林盘斑块较为分散，较为破碎，作为结构性廊道的连桥接需连接不同的核心林盘斑块，因此作为连接桥作用的林盘单元的分布也较为分散。作为"踏脚石"斑块的孤岛林盘，在空间格局中分布相对孤立，面积相对较小，景观连通性低。环在林盘空间格局中所占相对较小，它与连接桥、分支、穿孔等具有一定的连通性。

通过上述分析可以看出，随着城乡建设的加速推进，林盘核心区面积不断减少，对核心区林盘具有重要缓冲和保护作用的边缘区与穿孔区面积也不断减低，它们的生态功能逐渐减弱。在林盘景观保护与生态规划中，可将核心区林盘范围划定为重点核心保护区域，将边缘区与穿孔区域范围划定为一般保护区域，将环、连接桥、分支与穿孔区域划定为生态发展区域，可进行一定的生态规划建设。以此划定林盘景观保护与生态规划的范围，从而促进林盘景观的可持续发展。

2. 林盘聚落景观场地特征

林盘地形环境特征：地形地貌是林盘分布的基础。成都市整体地势差异显著，西北高，东南低，地形地貌复杂。林盘聚落在各个高程上的分布较为均匀，林盘分布则不受限于地形高程的分布，林盘分布整体呈现随高程的降低，林盘密度降低的趋势（图2）。

林盘水系特征：林盘与水系具有密切的联系，水系分布对林盘的形态与分布具有重要影响。林盘一般分布在河流水系旁或与水系的距离相对较近，个别林盘内还有池塘。因此，可以结合水系特征，注重林盘与水体空间位置关系进行林盘景观生态规划设计。

林盘道路特征：道路系统是林盘聚落的基本骨架，它将林盘聚落中的单个林盘单元进行串联从而形成一个纵横交错的林盘聚落有机整合空间。林盘聚落内的路网结构主要包括网络式路网结构、鱼骨式路网结构、复合式路网结构等[9]。

林盘农田特征：成都平原地区农田相对较为规则，一般长约50～80米，宽约20～50米，农田的规模较小，也是成都平原精细小农作方式的具体体现[10]。农田的分布主要与灌渠、地形、道路等要素的分布密切相关。林盘周围的农田斑块在不同的季节可形成

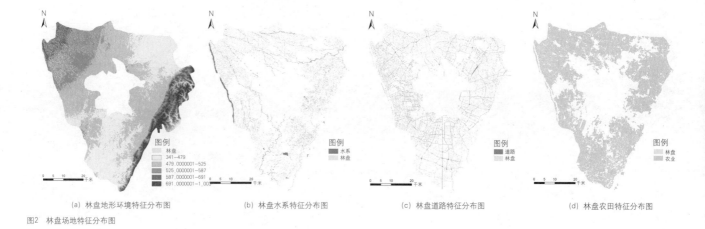

(a) 林盘地形环境特征分布图　　　(b) 林盘水系特征分布图　　　(c) 林盘道路特征分布图　　　(d) 林盘农田特征分布图

图2　林盘场地特征分布图

独具特色、色彩斑斓的天然画卷，色彩基调丰富，对川西林盘聚落的色彩构成具有重要作用。

林盘林地特征：根据树木对林盘的围合程度，一般可以分为封闭式林盘、自由式封闭林盘、无树木围合的情况[9]。封闭式林盘主要由乔灌木与竹木围合形成较为封闭的林盘空间；而自由式封闭林盘则是由于自身环境的影响，树木对林盘建筑形成的围合空间相对自由，疏密相间，虚实结合。无树木围合的林盘一般多为新建林盘或受城市化影响而形成的建筑周围无树木围作合的林盘空间。在林盘周围分布的树木种类较为丰富，包括水杉、银杏、枇杷、柑橘、桂花、竹木等，它们对林盘生态环境微气候调节产生了重要作用。

林盘民居建筑特征：川西传统民居建筑风貌以院落式为主，建筑组合形式基本为"一字形"、"L字形"、"凹字形"及"回字形"。林盘民居院落平面布置形式灵活自由，可根据生活需求由一种布置形式转变为其他布置形式。同时，为了适应自然生态环境条件，林盘民居建筑空间也相对多样。如充分利用廊檐、天井通风散热趋潮；庭院内部利用阴沟或后高前低的地形排水；利用出挑屋檐挡阳遮雨；利用天井、穿堂、过厅通风等。传统民居竹编夹泥墙构造与稻草铺盖屋顶的生态做法，不仅就地取材，节约成本，也是与周边自然环境有机融合的重要体现。

3. 林盘聚落景观生态保护规划策略

通过对林盘景观空间形态格局与林盘场地特征分析，我们可从系统的角度出发构建多层次、多元的林盘保护与生态规划策略。为了对林盘聚落进行合理的保护利用，协调林盘保护与土地集约利用之间的关系，可在林盘聚落土地利用生态适宜性综合评价的基础上，根据林盘聚落空间形态格局分析科学划定林盘核心保护区域、一般保护区域、生态建设区域，从而使规划者能够全面、科学地对林盘聚落进行保护与生态规划建设。

在林盘景观保护与生态规划中，充分尊重林盘周边的地形地貌，根据自然地形重新梳理"山水林田路居"的关系，凸显场所精

神特点，形成良好的微气候环境。其中，合理设计林盘聚落中的水系空间，营造层次丰富的岸线，增强水体景观性。道路建设应完善路网系统，划分道路等级，优化道路景观，将道路与水体景观相结合，形成相辅相成的水—路网系统，增加景观丰富度。可将现代农业生产与传统农田景观相融合，呈现具有地域特色的农作物景观。将农田、林灌木、湿地等要素引入农田景观建设中，形成稳定的农业生态景观系统。结合地方产业，发展产业景观，在农田中选择合适的区域发展旅游产业，以带动第三产业的发展。同时结合林盘内的经济作物的种植，将林业发展与游憩景观相结合，以增加林盘空间环境的活力。在林盘聚落中建立一定尺度的开放空间，形成林盘内部的休憩空间，突出乡土文化和民俗风情。对传统的川西民居宅院，应在其建筑特色继承的基础上不断创新。院落规划时，充分考虑房屋的采光和通风等，结合当地环境及地方文化习俗对宅院的围合、院落空间等进行灵活设计，结合植物、景观小品的合理配置形成丰富多彩的院落空间。

四、结论与讨论

本研究运用MSPA方法，对2001年、2005年、2011年、2015年成都市第二圈层内的林盘景观空间形态格局进行动态分析，提取林盘景观"山、水、林、田、路、居"的场地特征，提出林盘景观保护与生态规划策略。结果表明：随着城市化进程的加速发展，人为的对林盘景观的干扰加强，大量的林盘核心区域面积锐减，林盘破坏严重，地域文化特色逐渐消失。在林盘景观保护与生态规划中，基于林盘景观空间形态格局分析，科学划定林盘景观核心保护区域、一般保护区域以及生态建设区域，并从不同方面提出多元化的林盘景观保护与生态规划对策，以期为林盘景观的保护与发展提供新的思路。

注释

① 周媛，博士，西南民族大学副教授，从事城市景观生态、城市绿地系统规划研究。

参考文献

[1] 胡殿全. 成都市近郊林盘的保护与规划设计研究——以成都市温江区林盘为例 [D]. 成都：四川农业大学，2011.

[2] 成都市规划管理局. 世界现代田园城市规划纲要 [EB/OL]. 2010，http://www.cdgh.gov.cn/structure/lm_gardenciW/gardencitv_zyjh.

[3] 周媛，陈娟. 川西林盘景观格局变化及驱动力分析 [J]. 四川农业大学学报，2017，35（2）：241-250，255.

[4] 薛飞，党安荣，朱战强等. 成都龙门山三坝乡林盘乡村景观规划研究探索 [J]. 风景园林，(5)：106-113.

[5] 卢昶儒. 川西林盘植物群落景观特征研究 [D]. 成都：西南交通大学，2012.

[6] 王瑶. 基于GIS的成都郫县林盘聚落演变分析研究 [D]. 北京：北方工业大学，2019.

[7] 陈秋渝，杨俊熙，罗施贤，等. 川西林盘文化景观基因识别与提取 [J]. 热带地理，2019，39（2）：254-266.

[8] 周媛. 多元目标导向下的成都中心城区绿地生态网络构建 [J]. 浙江农林大学学报，2019，36（2）：359-365.

[9] 王寒冰. 川西平原聚落空间形态研究 [D]. 成都：西南交通大学，2019.

[10] 王小翔. 成都市林盘聚落有机更新规划研究 [D]. 北京：清华大学，2012.

基金项目： 国家自然科学基金资助项目（51508483）；西南民族大学中央高校基本科研业务费专项资金项目（2018NQN51）。

溧水遇园曾家大宅院抢救性保护与文化传承探索

袁绍林①

摘　要： 当前许多传统民居建筑面临实体消失的严峻现实，对其保护修复、文化传承、活化再生等问题的研究刻不容缓。本文针对"溧水遇园曾家大宅院"古建保护的成功案例，系统探索了"抢救性原真保护策略"和"整体性文化再生策略"，并提出体系化、规范化、专业化、信息化的抢救性保护技术体系，希望为中国传统民居的保护与文化再生，做出一些有益的探索。

关键词： 抢救性保护　传承　活化　再生　文化传承

一、引言

中国古代民居建筑的抢救性保护、整体性活化与再生等问题，是当今业界和学界面临的重要议题与挑战。一方面，古代民居建筑历经长年的风雨侵蚀及战火的毁坏，绝大多数已经破败不堪，面临大面积房倒屋塌、材料损毁、古迹湮灭的窘境，对它们的保护刻不容缓。另一方面，大量传统民居遗迹由于所在地区经济和思维局限等多种原因，保护修复工作不受重视、困难重重，而且往往缺乏有效的方法体系，以及对活化再生的深度思考。因此，探寻一种传统民居建筑"传承·活化·再生"的系统性策略，是十分必要的。[1]

"溧水遇园曾家大宅院"保护项目是一次针对传统民居建筑群比较完整系统地抢救性保护实践，整体工作历时四年，已经取得了较为完整的建设成果。整个建筑群位于南京市溧水遇园的核心区，继承了中国明清时期徽派官厅式、民居式和苏派庭院相结合的江南园林式建筑风格。该建筑群由19栋不同形制的单体建筑组成，包括诚静堂、百子堂、香榧楼、古戏台等，形成了"六巷一路二街"的空间结构，庭院30多个，房屋数百间。曾家大宅院的保护过程着重运用了两大保护理念：首先，突出"抢救性"保护的理念，主要体现在对于建筑布局与功能空间抢救性保护、建筑用材突出"意物两全"、建筑装饰原真的抢救性保护等；其次，突出异地保护后的"传统民居活化与文化再现"，侧重"诚静堂"的活化及其文化内涵的传承与再现、"百子堂"与"香榧楼"背后的文化挖掘、传承与再现等。

总之，"溧水遇园曾家大宅院"倡导"抢救性"保护与"传统民居活化与文化再现"相融合的古建再生策略，运用体系化、规范化、专业化、信息化的技术体系，探索、传承和发扬古人的优秀精神文化内涵和相关哲学思想，让曾家大宅院见证古老悠久的历史，绽放新时代异彩。（图1）

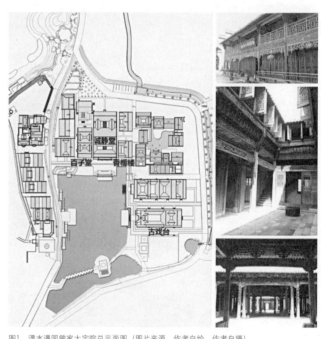

图1　溧水遇园曾家大宅院总平面图（图片来源：作者自绘，作者自摄）

二、曾家大宅院的保护理念

1. 突出"抢救性"保护的理念

（1）对于建筑布局与功能空间抢救性保护

首先，为保护曾家大宅院明清时期徽派的官厅式、民居式和苏派庭院相结合的江南园林式建筑风格，在总平面上采用了水乡村落布局。其次，为了保护原有布局，在选址上负阴抱阳，背山面水，同时在传统功能上，既注重为对外交往提供足够的空间，又充分满足内在私密氛围的需要，使上下长幼有序，内外男女有别；还原起居、生活、学习、宗教、文化、娱乐、会友等一应俱全的功能。

设计上尊重原建筑布局与功能空间，大宅院以诚静堂为中心主楼，从两侧徐徐展开其余建筑（图2）。在诚静堂的左后侧、百子堂的正后方为家祠，为还原其雄伟、庄重的空间感，抬高了建筑基地，并以四合院官厅式建筑结构进行布局。其中，只有主楼诚静堂大门朝南正开，两侧的百子堂、香榧楼和秀楼的正门都向主楼诚静堂侧开启。诚静堂正门一般只供主人、主人子女或客人等出入。侧门则供佣人和管理人员等出入进。在香榧楼的右侧从南向北分别设置了和顺堂，还原了大宅院的接待场所，亦为宅院管家处理对外事务和接待客人吃住的场所。宴宾馆与和顺堂相连，为宾客休息的之所。

（2）建筑用材突出"意物两全"

在基于建筑材料的耐腐、抗裂、防虫等物质属性的研究上，曾家大宅院建筑群用材的选取与使用极为考究，充分融合了当地传统文化与社会习俗，可谓"意物两全"。[2]除了要选择耐腐、抗裂、防虫等优质的建筑材料（如柏木、银杏、株木、铁力木、榉木、樟木、香榧木、楠木）外，还要根据使用人的性别和意愿去选取材料。[3]（表1）

（3）建筑装饰原真的抢救性保护

为将遇园细节进行"原真性"再现，设计者特地请来古建筑专家、雕刻家和古建修复的非遗传承人，从木雕、石雕、砖雕等"三雕"进行重点考虑，采用了除虫、防腐、修复、重构等数十道工

图2　溧水遇园彩色平面图（图片来源：作者自绘）

曾家大宅院诚静堂、百子堂、香榧楼平面布局及所使用木材示意图 表1

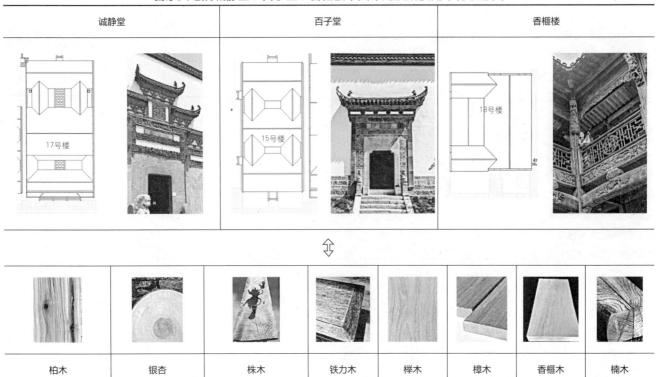

诚静堂	百子堂	香榧楼
17号楼	15号楼	18号楼

柏木	银杏	株木	铁力木	榉木	樟木	香榧木	楠木

（来源：作者自绘）

序。通过对建筑装饰原真的抢救性保护，非常完整地保护了该建筑群的雕刻，保护其原貌：曾家大院有大小门楼上百座，在造型上有八字门、一字门、垂花门、如意门等，十多种形制，门楼装饰上有砖雕、木雕，也有画像砖、石组合雕；所雕刻的内容、造型、雕刻手法等既内容丰富，且寓意深远；既造型别致，又各不相同，既充分展示其雕刻技艺，又形象地表现出了所雕内容的人文故事，栩栩如生；其雕刻题材繁多，内容丰富，技艺娴熟，展示了几代主人独特的治家，宗教信仰，行为规范的理念。（图3）[4]

其中，大宅院主楼诚静堂的建筑装饰保护尤其复杂，八字砖石相结合的门楼，从上至下分别雕有"恩荣""斗栱"、"元宝"、"麒麟""文武百官览圣旨图"两边雕楼，琴、棋、书画图，"诚敬堂"九狮图，两边各"八仙图"，左边竹菊，右边梅兰，其他以"卐"字镶边，共有3层，每一层都有象征意义，每一幅雕刻和文字都有其特殊意义，如"恩荣"说明该门楼的为皇帝所赐，能获此殊荣的必须功高的权贵，在修复过程中还要求对其历史文化有一定的了解。

在大宅院主楼诚静堂左侧是儿孙居住宅院"百子堂"，在其修复过程中还原了门楼砖雕"百子闹元宵"图，而在右侧给女性居住"香榧楼"，则还原了门楼图案"琴棋书画"。这些精细的雕刻构件，在漫长的岁月中历经风雨侵蚀和人为破坏，深浅浮雕细节模糊、圆雕透雕断折破损也是难免之事。遇园在修复保存的过程中，通过对雕刻构件整体艺术风格的把握以及对雕刻主题的理解，补全严重残缺的区域，重塑原有人物或动物的缺失部分，达到"修旧如初"的效果，从而实现建筑文化和艺术价值的延续。

2. 突出"古建活化与文化再现"

（1）曾家大宅院的整体造型的活化与艺术再现

在建筑造型艺术上，针对其使用功能和使用人的爱好，对该建筑群共计十九栋建筑（且不包括庭院中的亭台楼阁等），都再现了其各自不同的造型设计，很好地传承了我国传统民居的文化和建筑与艺术。

在建筑的屋顶形制方面，也注重造型活化和艺术再现。既有重檐歇山顶，重檐硬山顶、卷棚顶等；建筑的梁架方式上保留了架梁式、穿斗式。架梁与穿斗结合式运用，斗栱、飞檐、翘角等造型随处可，庭院、天井等设置得传统又极具美感，实属清代建筑的典范。

对曾家大院门楼的造型活化和艺术再现，突出了项目整体的文化再现，是建筑造型艺术的高度体现。门（门楼）是中国传统建筑中最重要的组成部分，是家家户户的总通道，又是主人的"门面"，还是反映了主人的社会地位。大宅院主楼诚静堂，她是八字砖石相结合的门楼（图4），门楼的书"诚静堂"三个字，传说是曾家家训中最重要的行为规范内容之一，所谓"诚"及内不欺己，外不欺人；"静"及非淡泊无以明志，非宁静无以致远。但将此二字雕刻在门楼上，是时刻告诫家人，要守此二字之精神。

曾家大宅院之木雕

曾家大宅院砖雕

曾家大宅院建筑柱础　　　　　　　曾家大宅院建筑窗花

图3　曾家大宅院建筑装饰细部展示（图片来源：作者自摄）

图4 曾家大宅院诚静堂正门（图片来源：作者自摄）

（2）诚静堂百子堂香榧楼的文化挖掘

建筑材料的使用往往蕴含不同的文化寓意，该项目的活化中也非常注重其文化再现。主楼诚静堂的建筑用材非常考究，其用材多用大料。三进两天井及两中堂所有梁柱均为百年以上的银杏、柏木、铁力、仁心樟木等，直径40以上，最大的直径65厘米，柱高13米，彰显出高贵磅礴的沉静气质。位于诚静堂一侧百子堂，顾名思义寄托了曾家对男丁兴旺的美好愿望，是为曾家男子所居之所，故建筑用材多为百年柏木。位于诚静堂另一侧的香榧楼，所选用的建筑材料多为极其名贵的香榧木，该种香榧树对人体极有好处且有种淡淡的香味，以香榧比喻女性，是家中女子所居之处。（图5、图6）

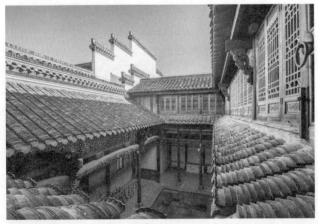

图5 香榧楼内院香榧木艺术效果

图6 百子堂百年柏木艺术（图片来源：作者自摄）

三、"抢救性"保护与"古建活化与文化再现"融合的传统民居再生策略

1. "传承·活化·再生"面临"抢救性"保护的挑战

中国古代民居建筑基于原真性原则的抢救性保护，以及其整体性活化、再生是当今古建保护领域面临的重要课题与挑战。面对挑战，需要开阔思路，寻找新路，以谁认领、谁保护、谁受益的方式，将民间资本导入古建文物保护。文物古建，弥足珍贵，不可再生。留下真实的文化遗产，才能使中华文明有迹可循。

2. 传统文化视角下的传统民居再生策略

建筑作为一种文化表现形式，在满足人们日常生产生活的功能需求的同时，还应体现人类的科学思维、价值取向和审美情趣。[5]"文化"，是人类智慧的结晶[6]。古建筑是一个时代，一个历史，一个国家、一个社会的政治、经济、文化变迁真实记录和缩影，真实反映了当时的经济社会文化生活。[7]为了传承优秀的文化，我们倡导其再生策略需要注意体系化、规范化、专业化、信息化等重要问题。

（1）体系化：以弘扬传统文化、唤醒中国人的文化认同、重塑国人文化自信为目标，形成系统"传承·活化·再生"的保护性策略体系。

（2）规范化：民间保护古建的行为应该有一个明确的行业规范、规定，有关部门应更加与时俱进、努力创新，制定并出台相应的法规、政策，保护和激励他们全心全意参与到中国古建园林保护和传承的事业中。[8]

（3）专业化：民间参与古建保护的力量虽然初具规模，但在多方面还有进一步提升的空间与迫切需求。建议该领域的行业协会、研究会进一步加强专业性的指导，建立一个业务研究、交流的共享平台，让传统民居的民间保护得以更好地发展和提升。[9]

（4）信息化：引进多种高科技手段，从信息的采集、收录、复建、管理、入库、平台建设等多个领域，构建智慧化、信息化数据平台，保障古建保护、复建过程的精确性。[10]

注释

① 袁绍林，中国民间文艺家协会、中国建筑与园林艺术委员会副会长，中国实学研究会理事。

参考文献

[1] 唐晔. 基于都市再生理念的建筑遗产活化与更新——以澳门社区图书馆为例 [J]. 美术大观，2019（11）：118-120.

[2] 黄秋妍. 文化旅游导向下乡村环境整合设计策略与实践 [D]. 镇江：江苏大学，2019.

[3] 4年打磨，传统古村落"遇园"亮相溧水，[Online] http://www.njdaily.cn/2019/0313/1758776.shtml（2019/3/13）.

[4] 袁绍林. 大宅院的总体布局及门楼文化. 曾家大宅院古建保护复建设计资料.

[5] 吴蔚，何镜堂，曼哈德·冯·格康，彭礼孝. 何镜堂与曼哈德·冯·格康对谈 [J]. 城市环境设计，2018（02）：216-219.

[6] 王英. 历史街区面向游客的文化传达研究 [D]. 北京：清华大学，2015.

[7] 杨辉. 古建类文化遗产易地保护研究 [D]. 西安：西北大学，2015.

[8] 袁绍林. 让更多的古建园林在新时代绽放异彩——关于民间力量参与古建保护的体会和思考. 曾家大宅院古建保护复建设计资料.

[9] 同上.

[10] 袁洁，赵卫东. 基于信息分类的中国古建构件库平台设计 [J]. 四川建筑科学研究，2010，36（01）：202-204.

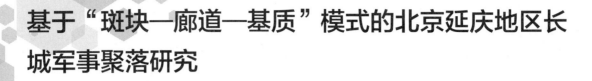

基于"斑块—廊道—基质"模式的北京延庆地区长城军事聚落研究

尚筱玥① 李 严② 张玉坤③

摘 要： 长城沿线军事聚落是长城防御体系的重要组成部分。基于"斑块—廊道—基质"模式，从点、线、面三个维度聚焦北京延庆地区的长城军事聚落，利用ArcGIS平台分析聚落斑块密度等指标、建立最小累积阻力面模型，对其空间分布特征与国家文化公园游步道网络构建可能性进行研究。从整体性出发探讨长城聚落与周边村落的关系，将点状的军事聚落与线状的长城廊道进行资源整合，为当代长城军事聚落活化利用提供一定的借鉴。

关键词： 长城军事聚落 景观生态学 GIS平台

一、引言

万里长城是中国古代伟大的军事性防御工程，它并不是一道单独的墙体，而是由长城本体和沿线的军事聚落所组成的一个完整的防御体系。其中，军事聚落包括驻防合一的镇城、路城、卫所、堡寨，驿传系统中的驿站、递运所、急递铺，烽传系统中的烽燧、墩台等。

近年来，中国已经形成九大类遗产地管理体系[1]，多头管理机制和重复性规划导致了一系列效率低下、衔接不畅的问题。因此，学界开始积极引入规范、统一遗产地的管理体制，如国家公园[2]、遗产廊道[3]、文化线路[4]、线性文化遗产[5]、自然圣境[6]等概念。利用整体性视角，综合性方法来整合遗产地资源，进行统一的规划管理。遗产地的保护目前多从典型遗产出发，利用试点区域展开讨论，如稳步推进的10处国家公园体制试点、国家文化公园重点建设区等。

"斑块—廊道—基质"模式是景观生态学中组成景观的结构单元[7]，适用于不同尺度的景观生态系统。目前常用的研究思路为通过景观生态学与聚落遗产的交叉研究，利用GIS平台分析聚落空间特征，寻找聚落与周边环境的联系，进行总体规划设计。在传统聚落的研究中，仍以借助遗产廊道的整体性理念进行保护与利用的居多[8]，也有部分学者聚焦在线性交通遗产及周边聚落上，着重强调"线"的重要程度[9]。或是采用量化手段计算聚落周边的景观格局，预测聚落发展态势[10]。

二、研究对象

1. 研究区域概况

北京地区的长城位于农耕文明和游牧文明的交融分界，是长城聚落建筑最密集的区域之一，其"山川纠纷，地险而狭"的丰富地貌和保存较为完整的长城防御体系造就了长城对外展示的窗口，蕴含着文化内涵与民族精神。北京延庆地区位于北京市西北部，古代承担了前线作战与后勤保障双重功能，现代是国内外宾客了解长城文化的重要阵地（至今累计已接待外国元首、政府首脑516位），被选为首批长城国家公园的试点区域。该区域仍保持有较多的军事聚落（图1），并在一定程度上反映了长城防御体系的规律和分布特征，军事营城沿长城修建，网状结构，等级分明；驿传系统相关聚落分散均匀，联系周边城市地区；烽传系统相关聚落线性分布，层层传递。

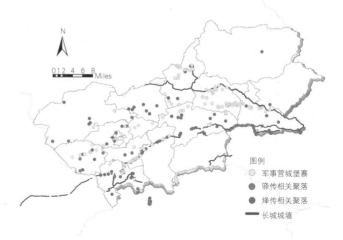

图1 研究区域（图片来源：作者自绘
资料来源：八达岭特区办事处、文献【12】、课题组研究）

2. 研究区域现状问题

延庆地区长城沿线的军事聚落不仅是军事文化的载体，也是长期以来戍边军民自然演变的结果。随着城市化发展和不可避免的自然损毁，聚落的保护发展面临以下问题：

（1）空间特征碎片化

军事聚落有一部分依靠长城修建，另一部分分布在平坦的腹地，已完全转化为民用村落，改造和重建导致空间特征破碎，失去了原有的防御文化特征。

（2）旅游资源不平衡

延庆地区旅游资源呈现"南强北弱"的格局，长城廊道特征不明确，墙体内外旅游资源不均衡。八达岭及附近的基础设施水平明显优于其他地区，遗产修复着重于长城本体，军事聚落疏于关注。

（3）管理制度不全面

许多村落在文物普查之后缺少后续管理的跟进，居民尚未树立起聚落保护的意识，对长城防御体系也没有明确的概念。各村落分属于不同的景区管辖，亟须功能、空间和管理的全域协同整合。

3. 研究思路

斑块在景观生态学中指一个与周边环境在性质和外观上不同的相对均质性的区域。类比到长城沿线军事聚落中，是军事聚落节点及周边点状文化遗产的遗存，具有斑块密度、多样性等特征。

廊道在景观生态学中指不同于两侧环境的唯一线性要素，它通过线性通道联系起点状聚落斑块，在长城沿线军事聚落中，既是有形的交通廊道，也是无形的视觉廊道。

基质是斑块镶嵌的背景系统，其分布范围广，连通性强。

基于景观生态学的"斑块—廊道—基质"模式（表1），从点、线、面三个角度对长城沿线军事聚落进行空间特征分析，探讨资源整合问题并提出相应的活化利用策略。通过长城全域视角分析聚落的防御性特点，反过来聚落的研究也可以支撑长城文化体系的完整度。

"斑块—廊道—基质"模式研究思路　　　表1

景观生态学概念	长城军事聚落研究	应用分析
斑块	军事聚落节点及周边点状遗产	核密度分析
廊道	交通廊道（长城道路、驿道、游步道）	交通网络分析
	视觉廊道	视域分析
基质	广泛的自然、廊道交织网络	适宜性分析

（表格来源：作者自绘）

三、"斑块—廊道—基质"模式构建研究方法

1. 斑块特征分析

根据资料梳理和数据统计，延庆地区目前遗存军事聚落近200处，其中长城沿线10公里内聚落分布约占68%。进一步对军事聚落进行核密度分析（图2），根据其现存保护价值赋予数值。延庆地区聚落斑块大多集中于长城沿线，南山路的八达岭段最为密集；东路长城分成了三段集聚点，密度低于八达岭段。同时，聚落点在腹地形成了与南山路段长城平行分布的带状聚集区。整体形成了"一横两纵，连绵不断"的空间结构，为之后研究整体聚落保护网络奠定了基础。

2. 基质适宜性分析

（1）最小阻力模型的构建

本文基质面的适宜性分析运用遗产廊道网络常用的模拟分析，根据不同基质对聚落活动的阻力值不同，运用最小累积阻力面模型，评价延庆地区的阻力值分布，以此来探究潜在的廊道构建网络。

首先将构成要素分为基础环境、用地适宜、旅游影响三类（表2）。基础环境为土地利用，从林地到建设用地阻力值逐渐变大；用地适宜要素分为坡度、高程、道路因子，其中道路因子要着重考虑长城本体城墙；旅游影响考虑视觉通廊和植被覆盖度。基于以上分类，邀请专家为阻力值评分，分值越高则阻力越大，对极低阻力值，低阻力值，中阻力值，高阻力值和极高阻力值，分别使用1、5、10、20、40的评分标准，3、15等数值作为取中数值，最终得到6项要素的阻力值评分图。

基于以上成果，运用通过一致性检验的AHP层次分析法，计算每项要素所占权重。将阻力值评分图叠加后得到综合阻力成本图。（图3）

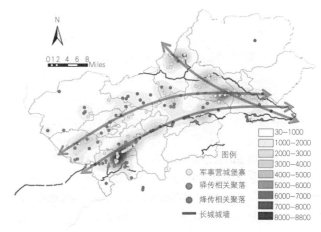

	30—1000
	1000—2000
	2000—3000
	3000—4000
	4000—5000
	5000—6000
	6000—7000
	7000—8000
	8000—8800

图例
○ 军事营城堡寨
● 驿传相关聚落
● 烽传相关聚落
— 长城城墙

图2　军事聚落斑块核密度分析（图片来源：作者自绘）

阻力面构成要素评分 表2

分类	要素	阻力值评分				权重
基础环境	土地利用	林地	水系	耕地	建设用地	0.372
		1	5	15	20	
用地适宜	坡度（度）	0-5	5-15	15-20	20	0.249
		1	5	10	40	
	高程（米）	500	500~800	800~1200	1200	0.094
		5	10	20	40	
	道路因子	长城通道	1公里缓冲区	交通道路	1公里缓冲区	0.186
		1	5	1	3	
旅游影响	视觉廊道	能看到		看不到		0.061
		1		20		
	生态景观	植被覆盖度高		植被覆盖度低		0.038
		5		10		

（表格来源：根据AHP层次分析法自绘）

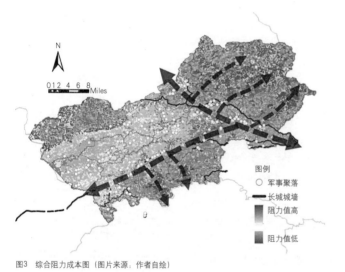

图3 综合阻力成本图（图片来源：作者自绘）

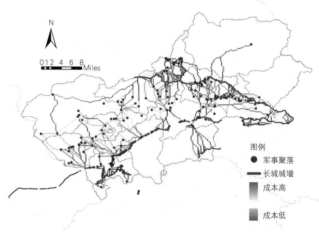

图4 潜在廊道模拟分析（图片来源：作者自绘）

（2）综合阻力成本图

从综合阻力成本图上可得，高程较低的山谷是旅游开发的潜力区域，多数军事聚落位于阻力值较低的区域，腹地的聚落相对阻力值平均。该图与核密度分析图的重合部分集中在长城沿线，因此遗产廊道网络适应于沿长城线架构，并沿山谷走向形成鱼骨架的结构。

3. 廊道模拟分析

因地制宜选取的阻力面构成因素，综合评价后得到的值代表了北京延庆地区聚落的开发阻力，一般此分值越高，则路径成本越大。在此基础上进行最小路径成本分析（图4），模拟出聚落之间，聚落与长城之间潜在的遗产廊道，用来明确、恢复和开发聚落点之间的联系。同时寻求模拟廊道与实际道路的匹配程度，可

筛选构建建议的游步道网络。

四、延庆地区军事聚落网络构建成果

1. 军事聚落空间结构示意

基于"斑块—廊道—基质"模式，将军事聚落梳理成点、线、面三种视角，整体性探讨长城聚落的空间结构，构建起以军事聚落为点，长城廊道与交通、视觉廊道为线、基础环境为面的长城聚落空间网络（图5）。以一主两辅为聚落凝聚核心，长城两带与绿色廊道为串联骨架，从宏观尺度上梳理真实完整的聚落信息，绿色廊道可作为游步道规划提供方向与基础，从而为长城国家公园的试点规划建设提供新的视角。

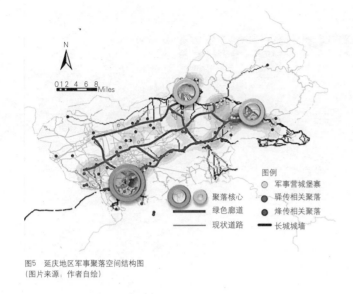

图5 延庆地区军事聚落空间结构图
（图片来源：作者自绘）

图例
○ 军事营城堡寨
○ 聚落核心
— 绿色廊道
— 现状道路
● 驿传相关聚落
● 烽传相关聚落
━ 长城城墙

2. 建立统一规范的管理机制

（1）联动适宜的解说系统

解说系统可以良好地传递历史信息，使人们切实感受长城的文化内涵。解说系统应同样以点、线、面的模式进行展示。在密集的聚落节点建立小博物馆或驿站，通过不同主题的展示馆去丰富单调的聚落遗产；在长城沿线和驿道沿线每隔固定长度增设标识系统，使人们体验线性的遗产廊道；同时积极保留延庆地区的非物质文化遗产和民俗文化，提升民族认同感。

（2）公众参与长城评价体系

公众参与和聚落遗产的结合，不仅满足了有关遗产保护的法律要求，而且还满足了本地居民的需求。针对长城沿线军事聚落的评估应采取公众参与的方式，该群体通常对他们居住的环境有详细的了解。通过调查了解更详细的信息，无论是聚落历史还是非物质文化遗产都有所补充。但是，原住民更为关注附近的聚落景观，缺少对完整景观与整体空间的认识，是需要解决的弊端。

五、结论与建议

本文基于"斑块—廊道—基质"模式梳理了由景观生态学对应传统聚落研究的基本方法，利用GIS平台可开对三种角度进行分析：由基础概念出发，明确研究范围，分析相应特性，提出具体策略，整合得到聚落网络构建结果。梳理该体系能够快速地计算出整体层面的空间分布特征，有利于保护聚落信息，维护长城防御文化的连续性和完整性，建立了一种简单高效的模式，为长城国家公园提供较为科学的借鉴。

然而，该方法仍有所欠缺，评判标准在赋分过程中受专家影响过大，应在多方利益主体的参与下，了解各方需求进行评价。

其次，阻力面构成要素的选取应采纳更多详细信息来支撑最终结果。

注释

① 尚筱玥，天津大学建筑学院，硕士研究生。

② 李严，天津大学建筑学院，副教授。

③ 张玉坤，天津大学建筑学院，教授。

参考文献

[1] 刘锋，苏杨. 建立中国国家公园体制的五点建议 [J]. 中国园林，2014，30（08）：9-11.

[2] 杨锐. 论中国国家公园体制建设中的九对关系 [J]. 中国园林，2014，30（08）：5-8.

[3] 王志芳，孙鹏. 遗产廊道———种较新的遗产保护方法 [J]. 中国园林，2001（05）：86-89.

[4] 李伟，俞孔坚. 世界文化遗产保护的新动向——文化线路 [J]. 城市问题，2005（04）：7-12.

[5] 俞孔坚，奚雪松，李迪华，李海龙，刘柯. 中国国家线性文化遗产网络构建 [J]. 人文地理，2009，24（03）：11-16，116.

[6] 杜爽，韩锋，马蕊. 世界遗产视角下的国外自然圣境保护实践进展与代表性方法研究 [J]. 风景园林，2019，26（12）：85-90.

[7] Forman R，Godron M. 景观生态学 [M]. 肖笃宁，等译. 北京：科学出版社，1990：20-75.

[8] 王卓. 基于遗产廊道理念的重庆都市区抗战遗产整体性保护与利用 [D]. 重庆：重庆大学，2018.

[9] 刘雪丽，李泽新，杨琬铮，陈璐，高燕妮. 论聚落交通遗产的活化利用——以茶马古道历史古镇上里为例 [J]. 城市发展研究，2018，25（11）：93-102.

[10] 储金龙，李瑶，李久林. 基于"斑块—廊道—基质"的线性文化遗产现状特征及其保护路径——以徽州古道为例 [J]. 小城镇建设，2019，37（12）：46-52，60.

[11] 陈婉蓉. 北京延庆地区明长城城堡型村落保护研究 [D]. 北京：北京建筑大学，2019.

[12] 李和平，王卓. 基于GIS空间分析的抗战遗产廊道体系探究 [J]. 城市发展研究，2017，24（07）：86-93.

[13] 詹庆明，郭华贵. 基于GIS和RS的遗产廊道适宜性分析方法 [J]. 规划师，2015，31（S1）：318-322.

[14] 袁艳华，徐建刚，张翔. 基于适宜性分析的城市遗产廊道网络构建研究——以古都洛阳为例 [J]. 遥感信息，2014，29（03）：117-124.

基金项目：本文受以下基金资助：国家自然科学基金51878437、51878439、51878439；河北社科基金HB19YS036；教育部人文社科基金17YJCZH095。

平民视角下风华镇自建住居演变研究

王伟栋①　林大同②　张嫩江③

摘　要：基于平民视角，从居住者需求的角度出发，结合马斯洛需求层次理论，探究风华镇住居演变的影响因子，总结当前村落营建中可行性策略，为东北民族特色淡化区域住居的营造提供理论基础。

关键词：平民视角　风华镇　马斯洛需求层次理论　自建住居　演变研究

　　东北地区传统民居是在特定的自然环境和社会历史环境下形成的，具有鲜明的地域特色和民族特征。[1]建筑学界学者对东北民居做过大量的研究，但民族特色薄弱的非典型地区却少有人关注。通过对风华镇的调研走访，探究风华镇自建住居演变过程中为适应生产生活方式变迁进行的调整与变化，归纳自建住居演变的影响因素。在当前城镇开发的大背景下，只有在注重平民文化和居住诉求的基础上，建筑的更新才具有更强的适应性。

一、研究区域及方法

1. 研究区域

　　风华镇位于吉林省西北部，松花江南岸，隶属松原市宁江区（图1），辖区内有17个自然屯。风华地区种植业发达，畜牧、养殖业发展迅速。本文通过对辖区内风华、新兴、薛家、常家、前长岭、华家、新风等七个自然屯（图2）进行调研走访，对风华镇自建住居演变过程进行梳理总结。

2. 研究方法

（1）平民视角

　　平民一词最早出现于《书·吕刑》中"蚩尤惟始作乱，延及

于平民。"原指平善之人，后泛指老百姓。平民技艺，是平民生活经验和建造经验的总结。具有传统低技艺，低廉实惠；因地制宜，物尽其用；实用理性，悉寻美观；口头传授，兼承兼失等特点。[2]

　　本文以平民的视角，对风华镇村民生产生活方式、家庭模式、住居形式的变迁，家庭邻里间的和睦氛围，房屋的自设计建造所展示出的平民思维与智慧进行分析，探究新形势下平民对住居需求的变化。

（2）马斯洛需求层次理论

　　马斯洛需求层次理论是亚伯拉罕·马斯洛于1943年提出的，其基本内容是将人的需求从低到高依次分为生理需求、安全需求、社交需求、尊重需求和自我实现需求五种需求。[3]这些需求都是按照先后顺序出现的，当一个人满足了较低的需求之后，才能出现较高级的需求，即需求层次。[4]

　　运用马斯洛需求层次理论，将平民的住居需求由低层次向高层次划分为生产生活、房屋建造、人际交往、家庭结构、自设计参与五个层面（图3），在生存、归属、成长方面探究民居的演变因素。

图1　松原市区位图
（图片来源：作者自绘）

图2　风华镇区位图
（图片来源：作者自绘）

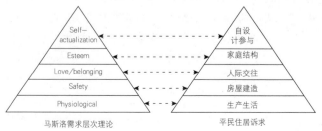

图3　理论关系图（图片来源：作者自绘）

二、住居需求

1. 生产生活

在生存需求层面上，无处不体现平民为适应自身需求发展所进行的改变。中华人民共和国成立前风华镇住居多为土木结构的夯土或土坯平房，以两开间为主（图4），长辈与晚辈同住一室，进入卧室须经过灶台，普遍存在空间狭小、私密性差、交通流线混乱等问题，卫生环境较差。

20世纪80年代初期，半砖半土结构的"砖挂面④"及全砖结构房屋出现。室内火墙火炉等取暖设施的增加，使炕不再作为唯一的室内取暖设备，炕的位置逐渐由南向北转移，起居活动空间增加（图5），每个空间的独立性得到加强，相对于之前的布局，混合功能的空间形式逐渐向专一的功能空间转化。[5]

20世纪90年代砖木结构、砖混结构的"起脊"房（图4）逐渐代替了平屋顶的房屋。开间尺寸不再受屋架承重的影响，空间划分更加自由，卧室厨房空间进一步优化，实现了餐寝居功能的分离。

2010年以后，水套炉、煤气灶等现代设备的引入使得传统柴火灶功能逐渐弱化，厨房空间缩小，仅烹饪使用（图5）。开放式起居空间的出现，使餐居空间界限变得模糊，各功能空间独立性及私密性逐渐增强，餐寝居功能趋于完善，逐渐形成了传统型、过渡型、现代型三种类型的居住模式。房屋平面演变主要有以下几方面原因：①营造材料技术的更新，让空间设计更为灵活；②"炕"功能逐步弱化，新技术的引进使烹饪不只依赖于灶台；③私密性需求增加，餐寝居逐步分离，室内卫生间的引入都是对私密性需求的体现。

2. 房屋建造

住居自建过程彰显着平民的智慧创造，展示着平民超乎专业训练的娴熟的建造技艺，打地基、砌墙体、立柱脚上梁柁、上檩椽、钉扒板、打苇帘、编苇笆、踩碱土、抹碱泥、铺油毡……平民以口述的形式将平屋顶住居建造娓娓道来。[6]本文将从基础处理、墙体砌筑、梁柱构架、屋架构造几方面（图6）探究平民对安全需求的"有效"表达，如何将营建与生活经验的有机结合。

（1）基础处理：土木结构的房屋一般不设基础，只将场地粗略平整处理，由于缺少考虑基础埋深，房屋结构并不稳定；砖木结构房屋在建造前对预砌墙体位置的外围四角下挖土槽，待挖到沙土时，放水下沉两次，并用沙土回填保证基础的稳定。20世纪90年代后期开始采用砖地基替代沙土，基础构造的不断升级保证了房屋结构的稳定。

土木结构	"砖挂面"	砖木结构	"起脊"房

图4　风华镇自建住居演变形态（图片来源：作者自摄）

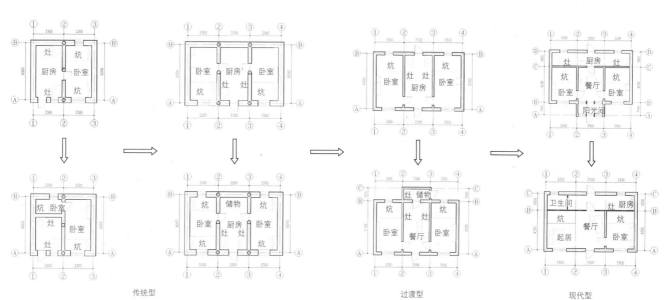

传统型　　　　　　　　　　　　　　　　　　过渡型　　　现代型

图5　风华镇自建住居平面及功能演变（图片来源：作者自绘）

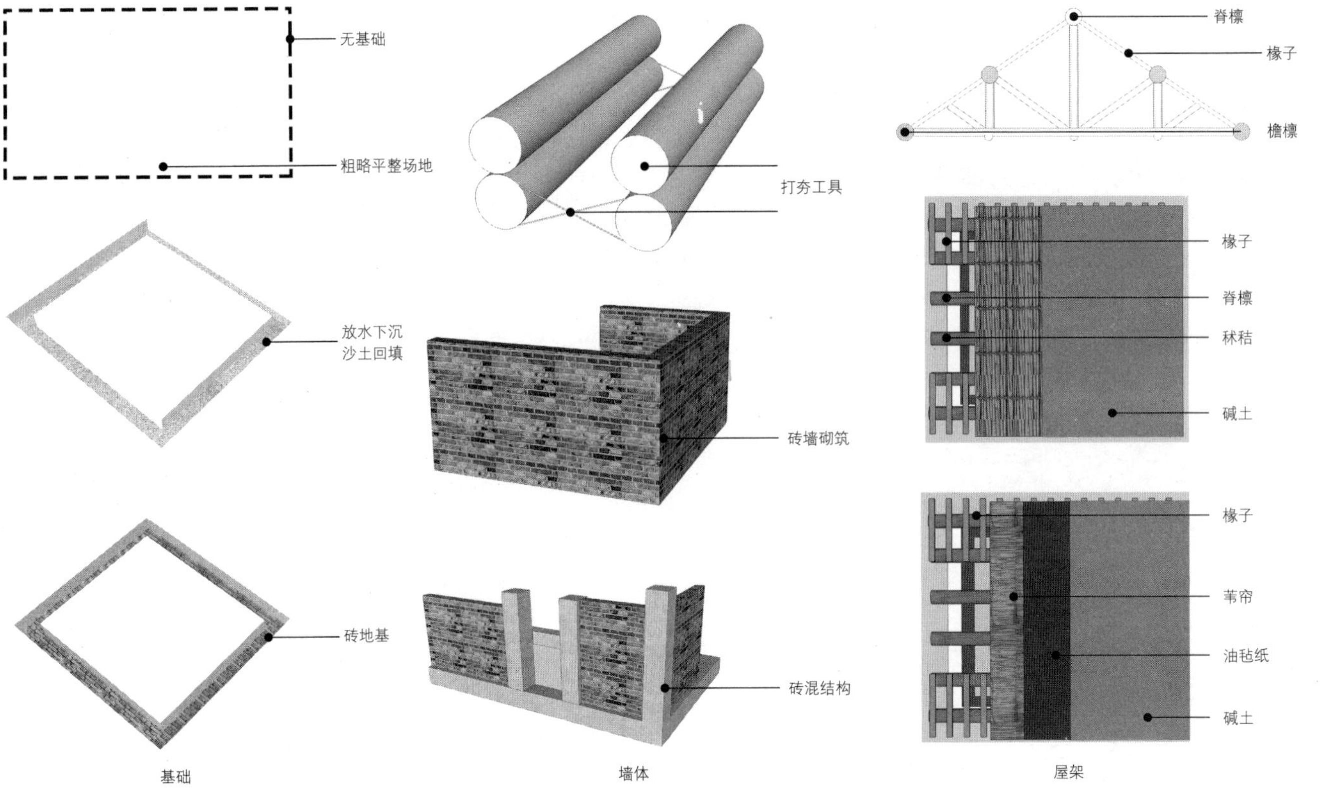

图6 营造技艺的演变（图片来源：作者自绘）

（2）墙体砌筑：土墙垒砌有扳墙、土坯墙砌筑、夯土打墙三种方法，土砌墙体具有良好的保温隔热性能，且便于就地取材，但需定期修缮维护。砖墙则由瓦工匠人根据房主的设计要求负责砌筑，墙体砌筑材料的升级，除经济技术材料因素外更体现出人们对安全需求的增长。

（3）梁柱构架：中华人民共和国成立前受经济建材等方面的限制，土房梁柱构架简单，通常在桁的下面设立柱脚，防止桁因跨度太大而发生形变，部分洼土地区，在每侧山墙上放置三根柱脚以此保证房屋的稳定性。砖木结构房屋用砖墙代替了柱脚的承重作用，砖砌墙体的承荷载能力较夯土墙也有了较大提升。"起脊"房新型屋架结构只需两侧山墙承重，室内隔墙不承重，空间划分更加自由。

（4）屋架构造：土木结构的房屋立桁后，开始铺设脊檩，檩与檩之间以榫卯结构相接，并通过不同高度的托木搭设在桁上。檩另一头需出挑山墙面，檩铺设完后围绕屋檐钉一圈挂椽。风华镇以种植业为主，水资源丰富，秫秸和芦苇成了经济实用的保温材料。屋顶直接在檩子上铺设秫秸或是苇帘，以提升冬季室内的保暖效果。在铺好的帘子上用土压实踩牢，并抹上一层碱土防水。起脊房在屋架构造上有了较大的提升，保温层也由秫秸帘苇帘换成了木碎屑和珍珠等材料。匠人或房主根据房屋尺寸提前制作好"三角架"⑤，三角架的出现减少了屋架繁琐的工序，在美观性和后期防雨维护上具有独特的优势。

3. 人际交往

（1）以"炕"为活动中心的转移

东北冬季寒冷漫长，炕成为家庭邻里间活动交流的物质载体。炕过去作为室内唯一的热媒，除休息外，人们娱乐交往、家庭劳作都在炕上进行。东北人待客往往称"上炕"以示对客人的热情。随着维护结构物理性能的提高，室内舒适度提升，活动不再受室内温度的制约。同时现代家具的引入，也使得人们的交往场所由炕逐渐转移到沙发餐桌，交往方式也变得丰富多样，逐渐替代了以炕为中心的生活方式，炕的重要性逐渐降低。

（2）以"院"为中心的交往场所的转变

20世纪90年代前，受经济条件和科学技术制约，传统交往方式以情感和生活经验交流为主，随着网络等新兴信息传递工具的出现，传统交往方式正发生转变。东北地广人稀，宅地宽余，东北人的一切生活与生产设施都包含在大院之内，在院内储备粮食饲养牲畜，种植蔬菜，设碾坊、磨坊以加工粮食。[7]因此，院落也成为邻里的社交场所。春种秋收日常劳作，邻居会前来帮忙，劳作中的交谈构成平民院落中和谐的生活场景图。互联网的普及使人与人之间交流变少，相比于过去在劳作中的情感生活经验交流，人们更倾向于通过看电视上网建立与外界的联系。

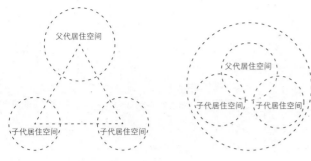

图7 居住模式对比图（图片来源：作者改绘）

4. 家庭结构

与西方文明不同，在中国传统中，同居共财是多数家庭的居住模式。然而这种居住模式下，家庭成员的生活中的确存在了大量问题，其中父子两代生活习惯上的矛盾和家庭隐私问题就大量涌现于世人面前（图7）。[8]因此，居住空间自然会受实践考验而自发调整。

20世纪四五十年代，受经济水平家庭人口因素制约，住居大多都是两开间，父母和子女两代人共居一室。老人住炕头，子女住炕梢；老人住南炕，子女住北炕。两代人生活起居产生干扰，私密性无法得到满足。在演变过程中，子女居住空间转移到"外屋"，尊重需求得到体现。直到砖木结构三开间住居的普及，老、长、幼辈的空间划分界限也从传统的长辈住外屋，[9]晚辈住里屋的居住形式，变得越显模糊和随意，逐渐从传统大家庭式过渡分化出现代小家庭的变化过程。经济因素制约、家庭模式、生产生活方式变迁致使家庭成员间的尊重需求增加，促使人们不断追求更高一层次的需求。

5. 自设计参与

作为马斯洛需求层次中的最高峰。马斯洛认为：在自我实现的创造性过程中会产生一种所谓的"高峰体验"的情感，感受到短暂而豁达的极乐体验。[10]在建造房屋前，房主会根据宅基地的大小、家庭的使用需求、经济状况等因素，确定房屋的开间尺寸及建筑样式，一般确定每个开间尺寸为一丈，进深尺寸为一丈八，这是风华镇平民在理性经济的思考下，在自建住居的演变过程中总结出的宝贵经验。芦苇、秫秸、杨树、碱土广泛存在于当地自然环境中，房主会在建造前收集合适的材料，以备建造时使用。相对于城市中，由建筑师统一规划设计的住宅不同，平民在自建住居的风格上拥有自己设计的权利，屋顶形式墙面装饰门窗样式都由平民根据自己实际情况进行选择，各家虽风格存在差异，但都体现了平民在自建住居的建造设计中自参与所获得的成就感、自豪感、满足感。在自建住居的整个建造过程中，房主是房屋的设计者；材料的筹备者；风格的决策者；建造的参与者；后期维护的修缮者。平民自设计理性实用的思维在住居的整个生命周期内得到延续。

三、结论

基于平民视角，将平民住居需求划分为：生产生活、房屋建造、人际交往、家庭邻里、自设计参与五个层次进行分析，与马斯洛需求层次理论中的生理需求、安全需求、社交需求、尊重需求，自我实现需求相对应进行梳理：①风华镇住居模式从土木结构的传统型发展至今天的现代型住居，由混合功能空间形式过渡到专一化功能空间，说明在生理需求上已得到满足。②新型建筑材料的引进和建造技艺的提升，安全需求得到保证，并向高一层级需求发展。③以"炕"为活动中心的转移和以院为中心的交往场所的转变，说明交往方式在发生改变，以适应不同时期不同条件下的交往需求。④传统观念下居住模式的改变，使"长幼尊卑"模式变得模糊，尊重需求方式发生转变。⑤在住居演变中，建造材料、建造方式、建造角色虽发生改变，平民的自设计思维始终得到体现。

通过层级需求理论对风华镇自建住居的演变进行分析，在住居层面演变研究基础上，基于平民的视角，挖掘平民营建中的平民思维及平民文化在生产生活中的体现。探讨自建住居在现代发展过程中所存在的适应性特征，对东北民族淡化地区住居发展提供参考。

四、讨论

在松花江流域传统农耕生产方式的影响下，形成了独特的平民思维下的住居形态。在以后的研中，有必要从两方面进行探索：（1）除风华镇外，东北其他地区拥有大量的自建住居类型及不同的适应性特征，结合层次需求理论对不同地区自建住居进行归纳总结。（2）在当前城镇开发的背景下，提升平民文化在住居更新中的重要性，避免样板式的模仿设计。

注释

① 王伟栋，内蒙古科技大学建筑学院，副教授。
② 林大同，内蒙古科技大学建筑学院，在读研究生。
③ 张嫩江，同济大学建筑与城市规划学院，在读博士生。
④ 正立面为砖砌，两侧山墙为夯土结构的房屋。
⑤ 三角形木质屋架结构。

参考文献

[1] 周立军，陈伯超，张成龙，等. 东北民居 [M]. 北京：中国建筑工业出版社，2009.

[2] 刘芳超. 乾安平民自建住居研究 [D]. 天津：天津大学，2010.

[3] 百度百科. 马斯洛需求层次理论：[Z].

[4] 戴维·霍瑟萨尔. 心理学史 [Z]. 郭本禹译. 北京：人民邮电出版社，2011.

[5] 屈潇楠. 山东菏泽乡村民居建筑空间形态演变与设计实践研究 [D]. 长春：吉林建筑大学，2019.

[6] 刘芳超，罗杰威. 自建住居文化对提升当前居住品质的启示 [J]. 建筑与文化. 2014 (11)：122-123.

[7] 李同予. 东北汉族传统合院式民居院落空间研究 [D]. 哈尔滨：哈尔滨工业大学，2008.

[8] 于谦. 从家庭合院到邻里院落 [D]. 青岛：青岛理工大学，2014.

[9] 张群. 辽宁盖州暖泉汉族传统民居使用变迁与更新研究 [D]. 沈阳：沈阳建筑大学，2018.

[10] 许燕. 人格心理学 [M]. 北京：北京师范大学，2009：321-322.

基金项目：本文受国家自然科学基金地区项目（51868060）资助。

宁夏干旱区传统村落营建中的生态智慧解析

——以海原县菜园村为例

黄晓茜① 崔文河②

摘 要：宁夏城镇建设的现代化进程相对滞后，生态环境恶化一直是当地人居环境面临的首要矛盾。菜园村作为宁夏干旱区的典型村落，且是新石器时期一直延续至今的古村落，在村落空间营建中具有丰富的生态智慧。本文以菜园村为例，研究村落在选址布局与山水环境、空间格局与街巷体系、建筑形式与材料使用三方面的生态智慧，以探讨传统生态智慧在当代村落营建中的适应性，为我国西北干旱地区城乡人居环境建设提供理论素材和设计参考。

关键词：宁夏 菜园村 生态智慧 干旱地区 村落营建

一、前言

中国的历史古村落在长期的演化过程中，由于生产力条件较低，通过长期的自然适应和人工改造，逐渐形成人与自然相融的人居生态环境典范，是集聚传统生态智慧的一座宝库。这些传统生态智慧凝聚着前人营建家园的创造性经验，为古村落赋予了独特的生命力，成为不可缺失的灵魂。

宁夏干旱区位于黄土高原干旱带，有着无数的沟、壑、塬、峁、梁、壕、川，属黄土丘陵沟壑地带。此区域生态脆弱，干旱少雨，是我国最大的回族聚居地和全国最贫困地区之一。在当前城市化、生态移民进程加快的形势下，宁夏干旱区村落建设过程不但没有继承与发展村落营建的传统生态智慧和优势，反而渐渐脱离地域资源条件的约束与民族地域文化传承，使得资源损毁与人居矛盾加剧，原本特色鲜明的少数民族传统聚落慢慢失去本真。

二、宁夏干旱区传统村落概述

宁夏干旱区是指宁夏中部多年平均降水量在200～400毫米之间的干旱地区，即黄土高原中部干旱带，涉及宁夏10个市、县（区），91个乡镇，106万人口，土地面积占全区总面积的52%。该区地形复杂，沟壑纵横，海拔1300～2100毫米。气候为典型大陆性气候，日照强烈，风沙大，降雨少，蒸发量大，植被生长季节短，植被成分较单一[1]。该区因降水严重不足（降水置在250毫米以下）和风沙的危害，天然草场退化，生物多样性下降，植被覆盖度仅为15%，土地荒漠化和沙化现象严重。该区域地表水、地下水奇缺，水质差，属于严重缺水地区，人畜饮水十分困难[1]。

宁夏气候干旱、地形复杂、生态环境脆弱，结合当地黄土高原特殊的地形及干旱缺水的客观环境，这些资源以点、线型要素的形式，散布在区域内的山川、峡谷、河流附近，凭借良好的营建方式逐渐演变形成强调适宜性、地域性，其生态智慧在新村的发展中值得思考。当地村落由于具有相似的地域特征，聚落的社会文化背景和村民意识形态，使得这些村庄在村落营建生态智慧方面采用的一些习惯性手法或延续传统的经验手段具有很强的共性，对其研究具有重要的价值。因此，通过研究菜园村的生态智慧，以此为生态智慧的研究范式去探究因地制宜的策略方法，为宁夏的现代化城乡建设探讨一种新的解决思路和手段。

三、菜园村——新石器村落

菜园村（图1、图2）在宁夏回族自治区南部偏西的海原县境内，地处我国第二阶梯上的黄土高原西部南华山北麓，是个具有史前文明的回族村落，村内有数眼泉水（暗河）涌出，汇成"菜园河"，沿村西蜿蜒北流[2]。此地历史悠久，文化遗存极为丰富，早在四千多年前，先民们就在这片古老的土地上辛勤劳作，繁衍生息，创造了光辉灿烂的历史文化。多处新石器时代晚期的原始文化遗址，就分布在现代自然村周围的山、峁、梁、塬上，其中尤以菜园遗址最为典型。在菜园遗址中发现半地穴式与窑洞式的房屋，多为单人仰身屈肢葬、竖穴侧龛墓的原始文化遗存，这在西北地区尚属首次发现[3]（图3）。菜园新石器文化遗存在一定程度上体现地域特征，跨越时空，凝聚四方，辐射四方的特点，在中国古代文化史上占有重要地位，是全国重点文物保护单位[3]。现状菜园村位于菜园遗址的东北部，既是对新石器文化遗址的继承与延续，又保留了菜园遗迹的核心区。

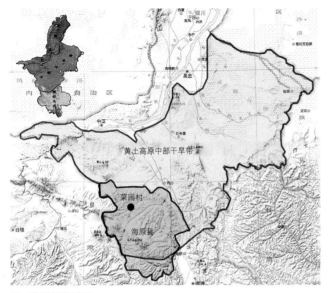

图1 菜园村区位分析图
（图片来源：宁夏地图 作者改绘）

图2 菜园村平面图
（图片来源：作者自绘）

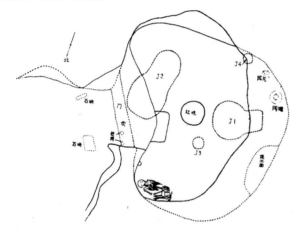

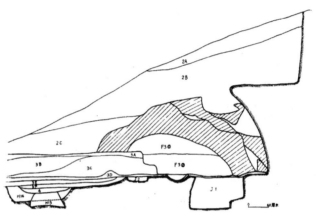

图3 菜园遗址中的窑洞——林子梁遗址F3平面图、剖面图
（图片来源：引自《宁夏海原县菜园村遗址、墓地发掘简报》）

从整体山水环境上看，菜园村三面围山且源水一路向北，是典型的山水格局。菜园河"光彩泉"源源不绝，这里的村民早已习惯在这片阳光温暖、背山靠水的山坳里安居乐业，享受着群山环抱、林木齐拥的世外桃源一样的生活。村落南部已经分布大量的建筑呈组团式分布，村落北部建筑沿道路线状分布，且西北方清真寺为主要集中区域，由此可见，菜园村的村落发展形势是由南向北。村落街巷受地形影响较大，纵横交错，蜿蜒曲折，整体风貌极具特色[4]。作为"史前窑洞之祖"目前村中东部还保留有相当一部分废弃的靠崖式窑洞（图3），未经保护，亟须修缮。菜园村历经五千多年的变化沧桑，一直延续留存至今，是充分考虑了村落的环境，巧妙利用地形、选址等实现了趋利避害、适应气候并发挥主观能动性的特点，因此村落营建中具有众多的生态智慧等待挖掘。

四、村落空间的生态智慧解析

1. 村落选址布局与山水环境

作为新石器时期就存在的菜园村，直至今日，自始至终都在此地"生根发芽，枝繁叶茂"。通过实地勘察、测绘，查阅相关历史文献等方式，推测菜园古人在聚落选址与布局方面之所以依然选择在此地，主要考虑到以下几点因素：

（1）村落选址布局

古人在聚落选址时以生产、生活条件要素最为优先，而山地地貌具有地理区位与环境优势。菜园村新石器时代遗址靠山临沟，背风向阳，接近水源，面积达10平方公里[2]。村落群位于南华山以北，靠近山地的区域有林场，较为平坦的区域内有多处水库、泉眼，村庄则穿插布置其中，墓地与村落的联系十分紧密，几乎成为村庄的边界、村与村之间的缓冲地带。

现今，菜园村的北部低丘及西南侧山脉能有效阻挡侵袭的寒风，使其冬季日均温度明显高于其他地带温度，十分有利于村民存活过冬，为当地的生存发展提供了良好的条件。同时，东北向阳坡的建筑，均能取得优质的光照和热环境条件（图4）。村落的选址布局受到多方面的因素影响，其选址特征与我国半坡原始聚落的遗址具有共性。"筑城以卫君，造廓以守民"[5]，指出菜园村在地形上符合"山环

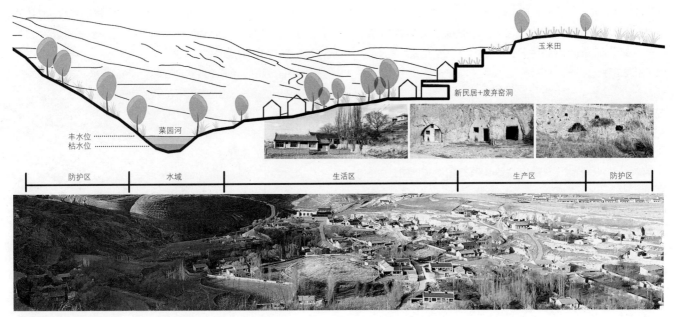

图4 菜园村聚落选址典型剖面
（图片来源：作者自绘）

"水抱"的地理格局，既有军事防御之险，又有取水、交通的便利。以四面环山的山水环境充当防卫的天然屏障，且在村落外围有窑址与古墓，与我国原始聚落相似，均体现一种适者生存、趋利避害的本能。

（2）村落山水环境

生产技术水平越落后对自然的改造能力就越小，就越要被动的适应自然环境。古人水利工程技术水平有限，最初所选的聚居点大多邻近河畔以满足基本生存需求。在中国古代农业社会的背景下，适于耕作的土地周边往往伴随着聚落的生长与发展，地处北方的聚落在形成之初更加注重选址与水系的关系，既要满足聚落一切的生活、交通需求，又要最大限度地规避水患、保障安全。

菜园河一水环抱村落，赋予村落生命；农田是村落的粮仓，位于菜园村东部，半抱环绕村落。村内有山泉溪水的源头，因此适宜乔木与灌木生长，既可涵养水源、防止水土流失、调节村内微气候，还可提供营建所需的木材资源。菜园村与周围山体的关系相互融合，村落西南侧背靠山脉，为靠山型传统村落的典型代表。这些环境先天优势造就了村内优良的传统聚落生态环境，构成了"聚落—环境"的有机一体化。

2. 村落空间格局与街巷体系

村落格局的宏观层面解析以村落为整体，将自然山体、水系、农田和院落、街巷、节点等要素相结合，形成"村落整体+自然环境"的组合模式[6]。（图5）

（1）村落空间格局

菜园村整体布局大多顺应地势布局，同时又符合回族聚落的空

间特色。依据山体的自然形态进行光照通风、泄洪排水，东部阳坡依台地布局，上侧为农田，下侧为主要村民居住地，整体坐北朝南；依据传统伊斯兰教文化——以西为贵，将西侧仅有的平坦土地建立清真寺，中部作为墓地与公共区域，村落向东、北、南三个方向生长。村落南部已经分布大量的建筑呈组团式分布，村落北部建

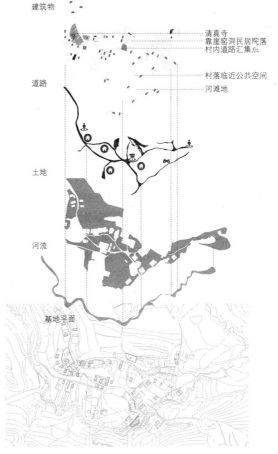

图5 菜园村场地元素分析
（图片来源：作者自绘）

筑沿道路线状分布，村落东部建筑沿台地分布（图6）。村落在布局时充分考虑了聚落与山体径流和水系之间的适宜空间位置关系，以确保既可以临近水源满足生产生活需要，又可以免受雨季大量降雨时引发水患。

（2）村落街巷体系

菜园村由于周边地形因素的限制，三面环山，出入单一，街巷体系整体呈枝状分布。街巷系统主要由贯穿整个村落的南北主路以及从主路延伸出来盘根错节的众多小路构成（图7）。村内主街为两条，呈南北走向，北侧起始公路，南侧蜿蜒山道出聚落边界，深入遗址与山体深处。菜园村的夏季炎热干旱，盛行风向为东南风，城中道路如此走向可以引导盛行风贯通全村，降低气温，达到通风散热、净化空气的效果；冬季较强的西北风则可被聚落内部曲折的小路所阻挡，弱化风势，减少对两旁民宅的影响。

菜园村的街巷空间营建善于因地制宜，巧借四周高中间低的地形走势来组织主路，满足通行要求的同时，使处于沟谷地带的村落主路具备了强大的泄洪能力（图8）。此外，明沟和暗渠通常结合设置在主路两侧，接收来自支路和院落排出的雨水，是街巷排水体系的重要组成部分，也是聚落街巷雨水汇集的主要部分，聚落内的雨水经由明沟和暗渠最终排向更低处的山谷内[8]。街巷排水系统由这三部分相辅相成，形成了丰富的空间环境，共同起到调节聚落内部生态环境的作用。

3. 村落建筑形式及其材料使用

村落处于黄土高原沟壑地区生态环境恶劣，干旱少雨、黄土层厚、分布广、取材方便，所以当地百姓多用生土建房，形成了独具特色的生土建筑体系。

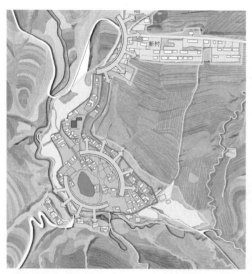

图6 菜园村村落空间格局
（图片来源：作者自绘）

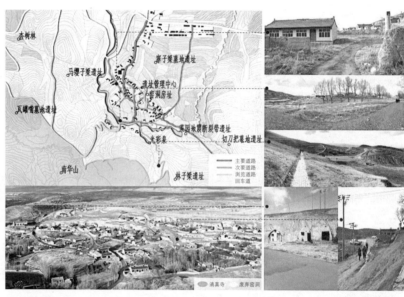

图7 菜园村村落街巷体系
（图片来源：作者自绘）

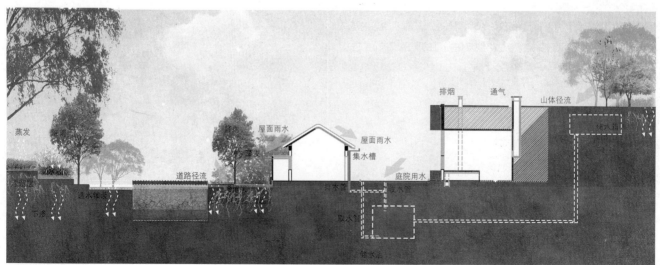

图8 菜园村街巷排水体系分析图
（图片来源：作者自绘）

（1）村落建筑形式

菜园村属于黄土高原边缘，土层深厚、气候干燥，这里的建筑形式主要是靠崖式窑洞与土坯房。

①靠崖窑

靠崖窑大多依山就势，山坡、土沟、土台边远地带，在高度上沿等高线布局，平面上则沿着冲沟、山、台地的自然曲线或折线进行排列。有的窑前是开阔的平地，洞口多用土坯、砖块砌成拱形门样；有的是在窑前修建合院，院内布置土坯房。窑洞入口处只设一个小门，门上留一个三角气孔，无窗，室内首先是一盘大炕，与炕相连的是灶，再往里则是粮食及柴草存放空间，有的是沐浴室，有的则是礼拜空间。这样的窑洞实际上是一个综合体[7]（图9）。窑洞本身兼具室内外空间的所有特征，室内空间更是将吃、住、储藏、洗浴、礼拜、甚至牲畜的夜间栖息都纳入进来，同时还具有一定的防御功能。

②土坯房

土坯房在菜园村分布较广，以菜园村马家宅为例。建筑屋顶坡度极缓，用夯土墙围合一个院落空间，以应对风大、沙多的恶劣气候。围墙内部可以创造一个微气候圈，内部种植果树、花草，养殖牛羊，可以调节院落小气候的风速、温度和湿度，在环境气候恶劣的条件下，创造出较为适宜的生活空间。黄土高原地区为了节约耕地，人们选择在不宜耕种的陡坡上建设窑洞村落，是丘陵沟壑区乡村聚落值得深入研究的发展途径。现今，当地居民对生土建筑有错误认识，认为窑居、土房子是贫困的象征，所以经济稍好些，就弃窑改建砖瓦房，这种现象在当地很常见。但是砖瓦房的蓄热保温性能远不及窑洞，材料价格却高出很多，且需要投入大量人力和运输成本，很浪费资源（图10、图11）。

（2）建筑材料使用

菜园村的建设材料主要包括天然和人工材料两部分：天然材料主要有黄土、木材、石材、芦苇、沙麦草等；人工材料包括土坯砖（垡垃、胡基）、砖、瓦、石灰等（图12）。土坯房墙体采用生土夯筑或者土坯砖，即胡基。土坯房建造使用的木构件较少，通常将梁直接担在墙壁上，梁上搭檩，檩上担椽，椽上铺芦苇覆草泥[2]（图13）。由于气候严酷、自然资源匮乏，生土材料最易取得、最易加工故使用范围也最为广泛。建筑材料的可塑性等优良特性发挥得淋漓尽致，

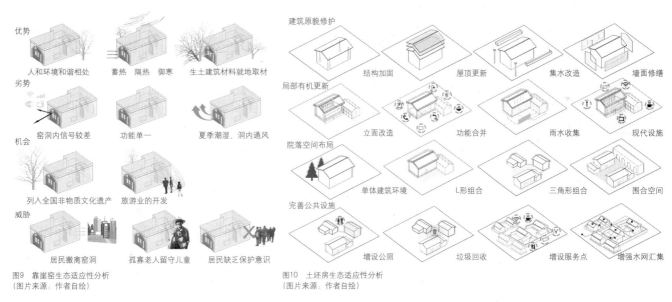

图9 靠崖窑生态适应性分析
（图片来源：作者自绘）

图10 土坯房生态适应性分析
（图片来源：作者自绘）

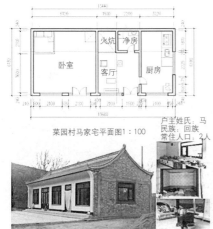

图11 菜园村马家宅测绘图与调研照片
（图片来源：作者自摄及自绘）

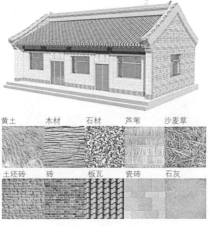

图12 马家宅建筑SU模型及建筑材料使用示意图
（图片来源：作者自绘）

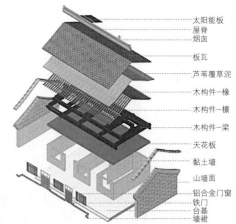

图13 马家宅建筑结构示意图
（图片来源：作者自绘）

这些技术操作方法灵活而紧密地结合了地方资源配置和地域生产生活需求。

菜园村在选址布局时，充分考虑了山水环境、防洪排涝等因素，体现了传统"宜居"的思想；在村落总体格局中，将山水农田与建筑融合，形成天人合一的和谐相融环境；村落路网结构与水系结构相辅相成，在村落总体格局环境的影响下，融于村落建筑中，源源不断。菜园村历经五千年多年的变化沧桑，从村落的选址布局、空间格局、道路体系再到建筑材料（表1），充分考虑了村落环境，以尊重自然、"天人合一"为基本原则，营造了一个融于生态中的山区型传统村落。

菜园村传统村落营建生态智慧分析 表1

村落层面				单体建筑层面			
顺应山势	背山向阳	河谷台地	上牧下耕	墙体拉筋	物质资源利用	就地取材	防洪避灾
选址位于山体坡度相对平坦的地方	背靠大山，坐北朝南	位于河谷高处，避免水患威胁	上为高山草甸，下为河谷滩地	石砌墙体内部放置横向水泥，起到拉接筋作用，减少地震灾害	牛羊粪便、山林枯木枝叶做燃料，废物利用	以砖为主体，同时与水泥框架、石头、枝条等地方材料综合运用	出于防洪考虑，街道两侧的院落会抬高地基，往高于路面3~5米

（图表来源：作者自绘自摄）

五、结语

菜园村经历了千百年历史长河的洗礼，承载着自然环境赋予它的独特魅力。在得天独厚的自然环境中，"天人合一"的思想下，选址营建，繁衍生息。村落总体格局融于山水环境中，街巷、水系因地制宜而生，凝聚了深厚的传统生态智慧。生态智慧引领下的宁夏干旱区传统村落保护研究，其核心是基于对干旱区传统村落社会—经济—文化—环境系统地认知进行合理分析、感知与判断，进而实现传统村落人与环境的和谐共生。

注释
① 黄晓茜，西安建筑科技大学艺术学院。
② 崔文河，西安建筑科技大学艺术学院，副教授。

参考文献
[1] 海原县地方志编纂委员会. 海原县县志 [M]. 银川：宁夏人民教育出版社，2012.
[2] 燕宁娜. 宁夏西海固回族聚落营建及发展策略研究 [D]. 西安：西安建筑科技大学，2015.
[3] 许成，李文杰，李进增，陈斌. 宁夏海原县菜园村遗址、墓地发掘简报 [J]. 文物，1988（09）：1-14.
[4] 李钰，张沛. 宁夏西海固地区乡村聚落规划方法构建与策略更新研究 [J]. 建筑与文化，2014（10）：55-57.
[5] 陈莹. 宁夏西海固地区传统地域建筑研究 [D]. 西安：西安建筑科技大学，2009.
[6] 辛儒鸿，曾坚，黄友慧. 基于生态智慧的西南山地传统村落保护研究 [J]. 中国园林，2019，35（09）：95-99.
[7] 赵宏宇，解文龙，卢端芳，杨波. 中国北方传统村落的古代生态实践智慧及其当代启示 [J]. 现代城市研究，2018（07）：20-24.
[8] 陈勇越. 基于治水节水的传统村落空间模式研究 [D]. 吉林建筑大学，2018.

基金项目：宁夏回族自治区重点研发技术重大（重点）项目（子项）"宁夏乡村生态安全格局及人居生态智慧提炼关键技术研究"（项目编号：2019BBF02014）；国家社会科学基金项目"甘青民族走廊族群杂居村落空间格局与共生机制研究"（项目编号：19XMZ052）；国家民委民族研究项目"多民族杂居村落的空间共生机制研究——以甘青民族走廊为例"（项目编号：2019-GMD-018）。

传统民居类型与特征研究

——以旧关村为例

林祖锐[①]　秦　旭[②]

摘　要： 山西阳泉旧关村历史悠久，秦皇古驿道穿村而过，是太行山中部战略攻防与商路要道，深受兵防关隘文化与商业文化的交互影响。本文以旧关村内原秦皇古道遗址为主要调研范围，采用实地调研与文献研读相结合的方法，重点梳理旧关传统民居的类型与分布，对其独特自然与人文环境而形成的空间布局、营建技艺、装饰艺术等进行剖析，挖掘其深层文化内涵，以便全面把握该地区传统民居价值特色，为进一步保护传承民居建筑文化提供借鉴。

关键词： 旧关村　传统民居　类型与特征

一、旧关村历史溯源与遗产现状

1. 旧关村历史溯源

旧关村历史悠久，距今已有两千多年的历史。旧关村位于太行山中部山麓、晋冀交界，古代亦名井陉口，又名故关、固关镇。春秋时期属晋国边陲，战国时期属三晋门户，天险锁钥、峰奇径绝，是太行山中部的重要战略攻防要地，为兵家必争之地。从辽代到明清，由于防御功能的转变，在旧关往西8公里处新筑新关一座，从此有了新、旧关之分，新关取名固关，旧关（原固关）改称古固关又称旧关。现旧关村就是沿故关古道兴建发展而来。明代以后，秦皇古道改为驿道，故关古驿道是畿辅咽喉，通京御道。明至清两代，旧关店铺云集，车马昼夜不停。

2. 旧关村建筑现状

旧关村内建筑类型众多，建筑特色鲜明，涵盖元、明、清等各个时期的建筑，有着丰富而深厚的历史价值、科学价值、艺术价值。现存的建筑遗产多聚集在口坡街与南头街（原秦皇古道遗址部分）附近。

村内传统民居建筑多为明清时所建，且多为四合院，也有三进或多院组合而成。民居建筑以砖石结构为主，将军柱多出现于正房建筑中。在本村有代表性的传统建筑有官房、天裕店、大镇店、小镇店、西店、茂盛店、全神庙、故关公馆、杨家院等，其中官房、故关公馆、天裕店、西店等建筑大都保存着原来的建筑风貌，它们独具特色，又相互映照，有着浓浓的文化气息。而有些传统建筑因年代久远、维护不善等原因，现已破败不堪，急需抢救性修复，尤以民国小学、小镇店等为代表。我们根据现有村内传统民居的保存

现状与建筑重要性，将官房、全神阁评为建议文保单位，将大镇店、小镇店、天裕店、故关公馆、福和堂与戚位等评定为建议历史建筑。（图1）此外，村内还现存有古井、古树、大量的古石碑等各类文化遗迹，集中体现了明清的乡风民俗。

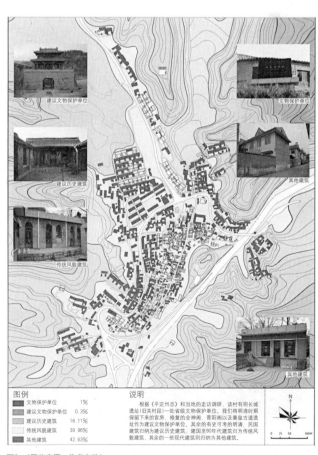

图1　[图片来源：作者自绘]

二、旧关村传统民居建筑类型

在明清时期，村落沿"西头街-南头街-口坡街"发展，形成"丁"字形布局，街道两侧店铺云集，古驿道车马昼夜不停，便于村民及过往商人交流，促进村落早期的商业发展。因而商道驿站文化在这里十分流行，为此也保留下了一大批堂号、商铺、驿站等传统民居类型。

1. 商铺类传统建筑

因受明清时期古驿道商业文化的影响，很多建筑因商而建，因商而兴，是旧关乡土建筑中非常重要的组成部分。商铺建筑一般沿街店面修建，以方便商家与顾客交流。这其中又可大致分为两类。第一类是以堂号命名的传统商业建筑。在旧关地区，一些世代经商的大族都在此开设了堂号，兴建商铺，如"东顺运、怀心宁、东太和、义和成"等。其中，义和成（图2）是其中保存较为完好的商铺类建筑。义和成为清代建筑，分前中后三节院，中院主房坐东朝西，右侧有一门道通往后院，两山墙料石砌筑，青砖白灰膏挑檐。整个建筑属前瓦后平砖瓦石木结构。第二类则是直接以店铺功能命名的传统建筑，如油店、当铺院等。油店（图3）顾名思义就是卖油的店铺，其位于口坡街路东，坐南朝北，依地形南高北低而建，正南面石碹窑洞两眼（大横窑一眼，小顺窑一眼），东西两侧是硬山瓦顶楼房，是一座典型的四合院。

2. 驿店类传统建筑

驿店类建筑，即旧时供传递公文的人中途休息、换马的地方，

图2 义和成（图片来源：作者自摄）

图3 酒店（图片来源：作者自摄）

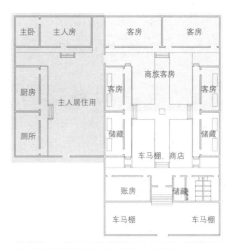

图4 驿店类建筑平面图（图片来源：作者自绘）

也可为来往客商提供住宿。同样受到驿道文化与商业文化的影响，驿店与商铺类建筑类似，基本沿街店面并排修建，并从店面进深方向发展宅院，逐渐发展形成前店后宅、下店上宅等建筑形式。前店后宅式在旧关村驿店类建筑中最为常见，其店面与住宅之间可以用庭院进行联系，也可以通过厢房进行联系。与纯住宅相比，前店后宅式民居平面布局较形式多样，通常会根据街道的走向和地形的变化来确定民居的平面布局，但基本以店前放车马，正院主要给往来客商居住使用，主人家则居住在侧院。这一类以大镇店较为有代表性。大镇店始建年代不详，到清康熙年间初具规模，大镇店位于丁字街路北，占地面积200平方米，建筑面积120平方米，有三个大院一个小院，两座马棚院，院内四周有高高的围墙，大门往里是一条青砖铺的通道，把三个大院和一个小院分隔为东西两旁，院与院有便门相通，店门口有上马石一对，两边有东西马棚和存放车辆的场地，东面的大院为客房、账房和放货物的地方，西面的大院为主人家居住，后面的小院有北房两间，大南房三间小南房两间，为勤杂人员居住（图4）。下店上宅式则较为少见，以福和堂与戚位最有代表性，其空间布局形式很简单，即楼下窑洞式建筑以经商开店为用，并在窑顶上又盖起最为典型的戚位（旧时招待戚人的地方），后用于自居。

三、旧关村传统民居建筑特征

1. 空间布局特征

旧关传统民居，依照山势和环境而建造，形成较强的防御性平面布局。在旧关村，同族同姓经常聚居在一起，为了更好地处理家庭的组织关系，传统民居多采用并联和穿套相结合的平面布局方式。各单体民居建筑大都采用院落式布局，因势构岩，随形生变。由于旧关村村域范围内整体地势呈现西高东低的放射性洼地状态，因此旧关村的大多数建筑顺应地形，依山而建，有机的分布于山坳之中，散落于山坡之上，与山体自然地融为一体，建筑层次丰富，自山下向上望去，建筑层层叠叠，错落有致，鳞次栉比，高低有序，这使得平面空间更加立体化，山势与建筑相互依存、相映成

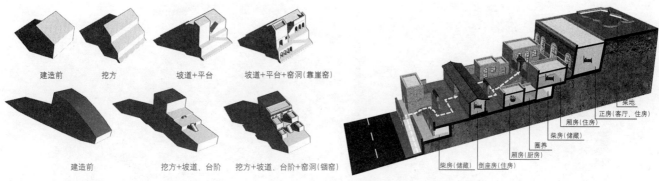

图5 依山势建造图（图片来源：作者自绘）　　　　　　　　　　　　图6 院落竖向布局图（图片来源：作者自绘）

趣。同时传统民居院落的进深大小随地形的变化而变化是地形对建筑平面影响的最主要体现，当地形较为平缓时，院落进深大，反之则小。另一方面，因深受传统儒家思想与当地窑洞建筑布局的影响，院落多横向组合，北部窑洞院院相通，一般核心院落布置在中间，依次向西侧展开东西院及偏院。院落与院落按照纵向、横向，或者纵横兼有的形式而组合。院落与院落之间，以及院落与外部空间之间的联系，则会因地制宜地处理成富于变化的空间，体现了旧关村劳动人民的智慧和高超的空间创造力。（图5、图6）

2. 营建技艺特征

旧关村建筑因地制宜，依山就势，建筑材料大多是就地取材，以石砌建筑居多。在当时战争不休的年代，建村奠基人建村先建暗道，然后在暗道上修建房屋。既能躲避战乱，又能走水，避免水患的发生。在20世纪70年代以前修建的民居建筑，正房多采用平顶的窑洞形式，且多以将军柱（图7）作为其主要结构构件，厢房主要以砖石砌筑的多坡顶木结构房屋为主，很多由抬梁式木构架支撑，梁上搭有檩条。20世纪70年代之后的民居建筑则是多以砖混结构为主的平房。其中，天裕店是旧关村较为有代表性的传统建筑。天裕店，坐落在南头街路西，据传此院落始建于明代，但时至今日仍整体保存良

好。前院三间大瓦房一明两暗，南北均为马棚，临街是门房、客厅和店铺。偏南有一间低于正房是二门过道，进了过道，是一座四合院，东南西北四个面合在一起，形成一个方字形。天裕店建筑结构巧妙、雅致。五间大瓦房坐西朝东，屋顶是青瓦硬山顶，主屋露明柱廊檐，墙体底层为条石，上用灰砖砌筑，屋内隔屏风、雕花门窗已拆下保存在屋内，屋脊上有卧兽，南配房为灰瓦单檐硬山顶，东配房和北配房都是露明柱廊式，院内用青石铺地，院中心有花池。

在石砌技艺方面，旧关村的福和堂与戚位（图8）则较为有名。其坐落在南头街路东，为三眼石碹窑洞。碹窑的石料都从西岭开采，然后用地滚车将石料运回村里，再由匠人精细加工垒在墙上，整个前墙一寸三錾，一錾到底。垒墙的时候，每垒一行石头铺上一层棉纸，中间不准插进铁片。墙体用灰色斗子砖砌筑，屋顶是硬山式瓦顶，廊檐下立四根露明柱。

3. 装饰艺术特征

旧关村不仅建筑设计考究规范，在装饰艺术上也精美别致，富有变化，这主要体现在巧夺天工的雕刻艺术上。这些雕刻工艺精良，题材广泛，蕴含了丰富的历史文化信息。

图7 窑洞门（图片来源：作者自摄）

图8 石砌技艺（图片来源：作者自摄）

图9 缠龙纹（图片来源：作者自摄）　　　　图10 窗格（图片来源：作者自摄）

石雕，村落内传统建筑的墙基石、柱础石、拴马石、门蹲石等都是用石料雕琢而成，由于用途不同，形态各异，艺术手法迥然有别。村内存在较多的抱鼓石常常置于宅门两侧，起固定门框、插放门槛的作用，形态多为圆鼓子，且多用大鼓边缘饰盘长，大鼓之下或有莲瓣、荷叶衬托。或正面凿菊花，四角围饰如意纹，外框作竹节纹，隐喻节节升高，竹报平安。此外，在旧关官方内还发现几块碑石，其中一块雍正谕旨碑的碑帽正反两面雕刻有缠龙图文（图9），形象生动，为不可多得的雕刻佳作。

木雕，多出现于檐下、梁架下、门窗等位置，应用低浮雕、高浮雕以及立体雕刻等多种雕刻技法，其主要功能是美化环境。木雕刻内容以连续的几何图案和藤蔓植物为主，卷曲蔓草纹和牡丹纹饰代表人丁兴旺，富贵长命，绵延不绝，辅以瑞兽珍禽陪衬，花卉祥云点缀，整体装饰显得丰富而饱满，具有强烈的视觉冲击力，反映了人们对美好生活的良好祝愿和民俗文化的深厚底蕴。在杨家院窗格（图10），帅丰科旧院天裕店屋内隔屏风、雕花门窗、屋内斗栱处，都有许多木雕，其雕刻精美细致，可窥见画匠们的非凡功力。

砖雕，砖雕在境内主要存在形式有影壁、墀头、佛龛、门楼、脊领等，雕刻的均是连续图案，所饰花纹各不相同。在杨家下院正门上的砖雕最有代表性。

四、旧关村传统民居文化特征剖析

旧关村自然环境优美，拥有丰富的建筑遗产和深厚的历史文化底蕴。古道文化、关隘兵防文化、晋商商业文化给旧关村建筑类型与特征上刻下了深深的烙印，使其从聚落整体形态到建筑细部都拥有独特的魅力。

1. 商道文化影响

自明代晋商兴起以后，山西与全国各地的经济与文化交流日益

频繁，而秦皇古道作为重要的古商道因此而形成。此古道推动力山西经济发展与文化交流，沿线的聚落也日趋繁盛，

在清朝达到鼎盛。旧关村就是沿线较为有代表性的传统村落之一。受驿道文化与晋商文化的影响，旧关村许多建筑因商而建，因商而兴，留下一大批商业建筑遗产。从街道业态分析图（图11）中我们看到，传统驿店商铺类建筑基本沿秦皇古驿道修建，通常沿街设置店铺、车马店等，再向内延伸形成院落布局，并逐渐形成了以古驿道为核心，慢慢向外建设传统民居的村落布局形式。由此可见，驿道与晋商文化对旧关传统村落建设有着深远的影响。

图11 （图片来源：作者自绘）

2. 关隘文化影响

旧关位于太行山中部山麓，晋冀交界处，历史上称为井陉关，井陉口，又名故关、固关镇，是太行八陉的第五陉，旧关是著名的险关要隘，正是因为其特殊的地理位置，这里历来都是兵家必争之地。在那战乱不休的年代，建村奠基人建村先建暗道，然后在暗道上修建房屋。既能躲避战乱，又能走水，避免水患的发生，深刻反映出了古代人民的建造智慧。其中，官房、故关公馆、监房、巡检司等都是旧关关隘军事文化最为典型的代表，这些传统民居建筑也基本沿秦皇古道修建，使得古道成为旧关多种文化承载的集中反映体。

五、总结

旧关还有太多的东西值得挖掘，太多的设计匠思等待发现。只有认真透彻地了解它的建筑类型与特征，才能更加珍视传统建筑文化，坚定我们的保护信念，从而将保护规划落到实处。另一方面，传统村落文化生命力激活与延续面临村落空心化、文化变迁、建筑遗产破坏等困境，我们理应有针对性地解决，让传统民居在新时代焕发新的文化活力，切勿让其失去文化生命力。

注释

① 林祖锐，中国矿业大学，教授。
② 秦旭，中国矿业大学。

参考文献

[1] 山西省阳泉市娘子关镇旧关村传统村落保护发展规划. 2019.
[2] 林祖锐，张杰平，张潇，丁志华. 井陉古道沿线商贸型传统村落空间形态演变研究——以山西省平定县西郊村为例 [J]. 现代城市研究，2019 (09)：10—16.
[3] 赵新良. 诗意栖居——中国传统民居的文化解读 (卷二) [M]. 北京：中国建筑工业出版社，2007.
[4] 林祖锐，李恒艳. 英谈村空间形态与建筑特色分析 [J]. 建筑学报，2011 (S2)：18—21.
[5] 何依，李锦生. 关隘型古村镇整体保护研究：以山西省娘子关历史文化民镇为例 [J]. 城市规划，2008 (1)：93—96.
[6] 林琳，杨凯妹，卢道典，等. 传统村社组织对聚落空间形态演变的影响：基于山西水北村的证实 [J]. 建筑学报，2018 (3)：113—117.

中国传统民居地理研究进展

康勇卫①

摘　要： 从传统民居的地理环境、传统民居的地理区划两个方面对传统民居地理研究做了初步梳理，并提出未来研究应注意的问题。

关键词： 中国　传统民居　地理环境　地理区划　研究进展

关于传统民居，学术界众说纷纭，见仁见智。中国住房和城乡建设部对传统民居有如下界定：具有地域或民族特征，在传统生产、生活背景下建造，采用地方材料与传统工艺、由工匠和百姓自行建造；用于百姓家庭或家族居住[1]。

1957年，刘敦桢的《中国住宅概说》以民居平面形制为主题来阐释重点区域的居民住宅，标志着中国传统民居研究的开始。以此为起点，民居研究历经三个时段，即20世纪50年代的创立时期、20世纪60年代有选择的调查和测绘时期和20世纪80年代至21世纪初的有组织的研究时期[2]；这与中国学术发展的阶段特征基本一致[3]。期间，校企合作的"中国建筑研究室"对传统民居也做了大量测绘、调查和深入研究（1953～1966年）[4]。由中国民族建筑学会牵头的传统民居学术会议已召开了24次（1988～2019年），不定期出版了系列会议论文集，从中看出传统民居研究内容日益丰富，研究时空范围不断延伸，研究方法也有持续的创新。

区域传统民居研究丛书一览　　　表1

著者或牵头单位	丛书/分册名称	出版社	出版时间
	《中国传统建筑解析与传承》（分省卷）	中国建筑工业出版社	
	《中国民居建筑丛书》（18本）	中国建筑工业出版社	
赵新良	《诗意栖居——中国传统民居的文化解读（共三卷）》	中国建筑工业出版社	2009
中国艺术研究院建筑艺术研究所	《中国传统建筑营造技艺丛书》（全10册）	安徽科学技术出版社	2013
	《中国乡土建筑丛书》	清华大学出版社	
	《巴蜀乡土建筑丛书》	中央文献出版社	2011
汉声杂志	《乡土建筑系列》	汉声杂志社	
	《中国民居五书》	清华大学出版社	2010
华南理工大学	《南方民系民居建筑丛书》（6本）	华南理工大学出版社	2019-

传统民居是文化地理景观的重要组成部分，传统民居地理是文化地理研究的重要分支之一。传统民居主题也出现在宗谱记事、文人小说、稗官野史里，其地域性、人地关系耦合性、文化传承特征决定了该主题是历史地理学研究的重要内容。关于传统民居地理，我们认为它的研究对象应该是传统民居的空间差异和空间组织以及传统民居与地理环境之间的关系，具体包括传统民居的选址与布局特征、传统民居形式与风格的分异状况、传统民居的地域特色、影响传统民居的地域因素及其作用机制等方面[5]。当前，地理学视角的中国传统民居研究主要从两个视角展开，历史地理研究从宏观聚落向中观民居群体延伸，建筑学研究者从微观建筑测绘向中观建筑文化延伸，二者在中观尺度相遇，传统民居的地理环境是有机联系的桥梁。2020年1月7日在中国知网以关键词"中国传统民居地理"为搜索对象，发现343篇文献，从相关性角度对147篇文献做了剔除处理，对关键词间的共现网络关系作了可视化分析，发现传统民居的地理环境的解释与地理分区主题文章数量近年来呈快速上升趋势。（图1、图2、表1）

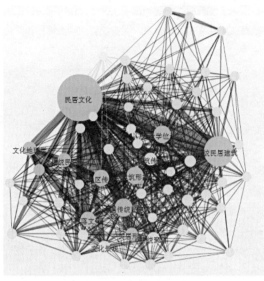

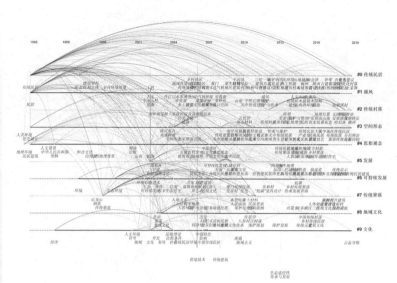

图1　关键词"中国传统民居地理"共现网络关系（图片来源：CNKI）　　　图2　传统民居地理研究主题时间演变轴线图

一、传统民居地理环境相关研究

民居环境指民居周边的自然环境、村落环境及民居场所环境，具体有大、小环境之分，"大环境"是民居所在的聚落地理环境，"小环境"是民居内部的生活环境。传统民居大环境研究侧重营建前的选址讲究及建成后环境内在科学成分的分析，研究成果主要有：沙润讨论了自然地理要素对中国传统民居建筑格局、形式、风格、特色等方面的影响[6]；陆泓、陆浩从建筑文化地理视角切入，研究建筑文化与社会环境、地理环境之间的关系[7]。武勇从宅、村、城镇三个层面以及阳宅选择三法对传统民居中的专业理论作了梳理[8]，林振德从民居选址与宅形条件、室内空间布局、民居环境的审美意蕴等方面对民居与"大小环境之间"的关系作了阐释[9]。很多情况下，大小环境可以转换，尤其在堪舆理论笼罩的乡村，此种情形尤甚。

中国传统民居小环境的研究主要有：刘加平等对中国窑洞民居冬暖夏凉做了解释[10]；孙河江对西藏甘南地区传统民居改善屋内舒适度做了减少热量损耗的探索，并分析了青藏高原冬天传统民居的缺陷及建筑保暖创新[11]；苟少奇对西藏古村落民居气候应对战略做了探索[12]；李哲等对湖南湘西土家族木结构的传统民居散热通道的进行了提升尝试[13]。以上研究选取区域均为环境对民居发展影响较大的西藏、西北及民族地区，较好地反映了传统民居中人地关系互动的场景。民居小环境研究是运用现代技术对传统民居进行测量与分析，这方面的研究古今中外已能对话。

以上研究文章主要从影响民居发展的自然环境、物理环境、节能技术及舒适度方面展开，对传统民居周边自然环境及室内微气候做了较多的关注，以典型个案为多，重点分析了传统民居环境的合理性、不足以及技术提升可行性，给当前区域民居环境改造以有益的启示。但传统民居环境改造技术的区域适用性与普及性问题随之而来。台湾学者汉宝德从环境与形式的关系入手，得出民居功能、空间、材料服从于环境的结论。

传统民居地理环境的演变是一个复杂的过程，由起初的"地强人弱"向后来的人地和谐演进，相应产生各种图腾崇拜、敬神信仰以及供奉祖先牌位习俗，可见，居民文化氛围首先从民居内部产生，其后就是人定胜天的思想笼罩传统聚落，民居的文化性成为此时主要的地域特色。当前，人地和谐，绿色、生态民居成为人们追求的宜居目标。但此时居民对文化的追求已由原来的物质文化层面向精神文化层面转变，由民居外在场景重回室内文化布置以及氛围的营造。要认识传统民居文化演变的空间差异，传统民居地理分区是前瞻性工作。

二、传统民居地理分区相关研究

地理学关注民居建筑的类型、结构、建筑用料、民居相态与布局、使用情况等方面，通过探讨众多物质文化景观和非物质文化景观分布情况，通过变迁的过程探寻其历史因素[14]。1841年发表的《人类交通居住与地形的关系》，就开始了聚落或民居地理学研究，主要从房屋类型、村落形式及其与环境的关系来展开。后阿·德芒戎对法国农村民居分布做了考察，并对长形、块状、星形三种农村聚落形态做了分析[15]。刘沛林在挖掘传统村落景观基因基础上，提炼其图谱，以此为基础对传统村落景观做分层分级区划[16]。传统民居为村落景观的主体，只以其提炼后的平面形状来区分，不具有说服力；传统民居特征提炼需考虑较多因素，平面布局只能反映自然选址和居民营建能力的不同。

传统民居作为传统聚落景观的重要组成部分，因其地域环境及地域居民选择的差异性，造成了各具地域特色的民居，特色区域如何圈定成为地理学者当前重点关注的话题。美国学者邵仲良两本书（《中国农村的传统建筑——民居的文化地理》《中国浙江民间建筑——房屋与文化》）从文化地理的角度进行了聚落文化及民居文化地理的研究。王文卿等从影响传统民居构筑形态的气候、地形和材料三方面要素，对中国民居做自然区划；从文化结构三要素：物质、制度、精神入手，探讨中国传统民居的人文背景区划[17]、[18]。翟辅东从民居文化的区域性因素入手，探索民居文化地理[19]，区划侧重于宏观层面，从自然和人文两方面入手。蔡凌提出中国传统民居研究的层次与架构，即建筑—村落—建筑文化区[20]。刘大平、李晓霁引入文化地理学的研究方法，对中国传统建筑文化做了探索[21]。华南理工大学肖大威团队将建筑学与文化地理学相结合，提出民居文化地理的概念、研究内容、目标与方法，并借助文化地理学方法研究民居，重点以广东梅州地区为例做实证研究[22]，2015~2018年调研及研究区域扩展至贵州、海南、广西及福建。李浈从传统营造的"尺系"入手，辅以匠系、派系、手风等方面进行甄别，对中国传统民居做了单要素分区[23]。常青院士以民族、民系的语族—语支（方言）为背景的建筑谱系为依据，尝试从"聚落形态"、"宅院类型"、"架构特征"、"装饰技艺"、"营造禁忌"方面，探究各谱系分类的基质特征和分布规律[24]。

传统民居区划问题地理学者同样关注，多集中在对传统民居外在影响要素方面，对民居本身的中微观分区研究还比较薄弱。周宏伟对传统民居地理研究对象、研究方法及当前研究的不足做了初探，为区域传统民居地理研究提供了参考，并指导完成了川渝、山西、陕西、甘肃区域传统民居地理博士论文的写作。在文献综述基础上，熊梅认为民居集合（聚落）的研究正走向多学科取向，而多学科的集成研究促成多视角的肌理解读。特别是历史地理学视角的民居集成研究，将为多时段传统民居发生发展、多层级空间分区及转换、民居文化格局成因及机制研究提供了可能[25]。

以上对影响区域传统民居发展的地理因素做了梳理，并结合自然环境、民族、民系、方言、传统匠作技艺等民居发展相关要素，对全国及部分区域传统民居建筑做了谱系或地理分层分级区划，多偏重于宏观空间，分法较为粗略。对地域传统民居专题区划研究主要集中在民系方面，受历次行政区划调整和移民因素影响较大，而政区范围的稳定性和自然地理单元的完整性，使得此种影响变得较为稳定，从而积累了传统要素。

三、传统民居地理研究局限及展望

1. 现有研究局限

目前，地域传统民居研究者聚焦于局部区域，微观层面的实证案例较多，宏观尺度把握不足。地域传统民居研究选题分散，有深度的文章较少，尚未形成研究体系。比如，传统民居发展演变过程还没有系统完整地梳理，民居时空分异格局、过程、规律及民居群体间关系等方面关注度也不多，少有民居时空要素流动及成因、机制的系统分析成果。由此造成传统民居保护与建设实践缺乏顶层指导或区域差异化分类指导。

地域传统民居文化的梳理及影响因素的提取，现有成果多从微观视角入手，聚焦于传统民居细部，也有从聚落及传统民居的空间形态分析中挖掘背后的文化支撑因素，但多尺度空间传统民居文化提取及转换路径的探讨成果却不多。在传统村落保护与古建修复工作的共同促进下，当前传统民居的调查测量、价值挖掘、保护对策与利用方式是学界关注重点。此时，理论提升的理想主义让位于编制相似度较高的保护规划文本的现实主义：获取保护经费、规划经费、评审费是其出发点。

总的来说，现有传统民居研究成果形式多限定于定性描述、个案分析，内容集中在传统民居的形制、架构、发展演变及保护等方面；量化研究体现竖向立面、横向规模、建筑模数、材质比例方面，该方面研究成果不多，既有成果往往需要精细比对以统一尺度标准。地理学者在区划及机理阐释方面好于建筑史学者，但区划依据还停留在建筑分类或建筑类型中的原型，这就需要学科对话。

2. 研究展望

随着传统民居保护力度的加强以及人们在历史记忆唤醒后民居有机更新的推广，传统民居研究将成为多学科关注的研究主题。一些基础性研究主题可能在未来持续加强，比如文献民居的复原与再现、传统民居的断代、传统民居的数字化展示、传统民居的改造以及传统民居营造技艺等方面。研究方法及视角将不断得到拓展，过去学术界往往关注民居建筑本身，而对建筑外围的社会关系与文化联系则关注不够，或者在分析建筑布局及营建过程中的各种规则时，将从多元文化方面来解读。实际上，在民居建筑营建的全过程均有人的主观思想的影子，即使民居建成住进去，就有居民居住文化的不断注入，这需要研究者持续挖掘。民居口述史的整理从一个侧面说明了研究者对民居背后故事的重视程度。

当前，中国传统民居地理研究空间尺度已从聚落层面细化到民居中观层面，乃至其他空间维度。尽管区划原则和划分方法呈现多样化结果，但从不同侧面反映了传统民居地域分布情况。传统民居是历史时期人地关系互动的主要场所，是人对周边生存环境改造的主要反映地，而这种互动、改造程度具有区域性，同时具有动态性、层次性，要全面客观地展现区域民居的空间分布规律及影响因素的空间关系，需要民居大样本支撑，从民居地理学要素、流动、格局、机理中提炼传统民居发展历程中的居民—民居间的耦合关系与规律。基于有限传统民居样本的地域区划，更应关注传统民居本身的地域特征差异，而不是外在的诸多影响因素。

中国传统民居地理研究也将走向世界。中国有多样的气候资源，相应地产生了多元风格的传统民居。处在同纬度地带或者同样气候条件的其他国家其传统民居同样值得我们关注，如果说中国将现代化新建筑市场让给国际市场，那么在传统民居领域我们有扳回一局的胜算，继而在传统与现代转换的过程中完成由自己主导的全胜。随着旅游市场的开放，一带一路战略营建项目的延伸，中国民居建筑将随着建设项目走向全球，那时将出现全球传统民居地理新的研究主题。

注释

① 康勇卫，江西师范大学，讲师。

参考文献

[1] 关于开展传统民居建造技术初步调查的通知 [EO/EL]. http://www.mohurd.gov.cn/zcfg/jsbwj_0/jsbwjczghyjs/201312/t20131216_216548.html，2019-10-10.

[2] 陆元鼎. 中国民居研究五十年 [J]. 建筑学报，2007 (11)：66-69.

[3] 王贵祥. 方兴未艾的中国建筑史学研究 [J]. 世界建筑，1997 (2)：38-40.

[4] 陈薇，"中国建筑研究室" (1953-1965) 住宅研究的历史意义和影响 [M]，建筑学报，2015 (4)：30-34.

[5] 周宏伟. 中国传统民居地理研究刍议 [J]. 中国历史地理论丛，2016，31 (4)：9-17.

[6] 沙润. 中国传统民居建筑文化的自然地理背景 [J]. 地理科学，1998：18 (1)：58-64.

[7] 陆泓，陆浩. 华夏建筑文化地理研究 [J]. 云南民族大学学报 (哲学社会科学版)，2002，19 (3)：83-88.

[8] 武勇. 中国民居与环境 [J]. 中外建筑，1996 (2)：22-24.

[9] 林振德. 中国传统民居与环境关系浅析 [J]. 华东理工大学学报 (社科版)，1999 (3)：50-53.

[10] Liu Jiaping etc. The thermal mechanism of warm in winter and cool in summer in China traditional vernacular dwellings [J]. Building and environment，2011，46 (8)：1709-1715.

[11] Sun, Hejiang；Leng, Muji.Analysis on building energy performance of Tibetan traditional dwelling in cold rural area of Gannan [J].ENERGY AND BUILDINGS，2015 (96)：251-260.

[12] Gou Shaoqing；Li Zhengrong.Climate responsive strategies of traditional dwellings located in an ancient village in hot summer and cold winter region of China [J].BUILDING AND ENVIRONMENT，2015：(86)：151-165.

[13] Li Zhe，Shi Lei.Improvement of thermal performance of envelopes for traditional wooden vernacular dwellings of Tujia Minority in Western Hunan, China [J].JOURNAL OF CENTRAL SOUTH UNIVERSITY，2016：23 (2)：479-483.

[14] (美) H．J.德伯里.王民译. 人文地理——文化社会与空间 [M]. 北京：北京师范大学出版社，1988：181-189.

[15] 阿·德芒戎. 人文地理学问题 [M]. 葛以德译，北京：商务印书馆，1993：279-317. [A. De munrong. Trans. Ge Yide. Human geography [M]. Beijing：Commercial Press，1993：279-317].

[16] 刘沛林，中国传统聚落景观基因图谱的构建与应用研究 [D]，北京大学，2011.

[17] 王文卿，周立军. 中国传统民居构筑形态的自然区划 [J]. 建筑学报，1994 (4)：12-16.

[18] 王文卿，陈烨. 中国传统民居的人文背景区划探讨 [J]. 建筑学报，1994 (7)：42-47.

[19] 翟辅东. 论民居文化的区域性——民居文化地理研究之一 [J]. 湖南师范大学学报，(社科版) 1994 (4)：108-113.

[20] 蔡凌. 建筑 村落 建筑文化区——中国传统民居研究的层次与架构探讨 [J]. 新建筑，2005 (4)：6-8.

[21] 刘大平，李晓霁. 中国建筑史与文化地理学研究 [J]. 建筑学报，2005 (6)：68-70.

[22] Tao J，Chen HS，Zhang SW，Xiao，DW．Space and Culture：Isomerism in Vernacular Dwellings in Meizhou，Guangdong Province，China [J]，JOURNAL OF ASIAN ARCHITECTURE AND BUILDING ENGINEERING，2018：17 (1)：15-22.

[23] 李浈. 营造意为贵，匠艺能者师——泛江南地域乡土建筑营造技艺整体性研究的意义、思路与方法 [J]. 建筑学报，2016 (2)：78-83.

[24] 常青. 我国风土建筑谱系构成及传承前景概观——基于体系化的标本保存于整体再生目标 [J]. 建筑学报，2016：577 (10)：1-9.

[25] 熊梅. 我国传统民居的研究进展与学科取向 [J]，城市规划，2017，41 (02)：102-112.

课题资助： 国家社会科学基金项目 (18CZS071) [Foundation：National Social Science Foundation of China.No.18CZS071] 。

传统民居文化意象的空间解析

——以江西吉安地区为例

王志刚[①]　葛修琪[②]

摘　要： 吉安地处江西腹地，其传统民居是赣中民居的典型代表。本文从尺度、界面、序列的当代理论视角对该地区传统民居实例进行解析，对其空间特色进行归纳。同时，从风水、习俗等传统文化视角去理解空间特色的成因及意义，对其文化意象进行解读。

关键词： 传统民居　文化意象　吉安地区　空间特色　文化内涵

传统民居中蕴含的空间特色与文化内涵值得我们深入研究，并对当前农村住宅设计具有重要的借鉴价值，但现有民居研究大多局限于对形式的客观描述，对其成因和意义的关注较少，因此我们引入文化意象这一概念对传统民居进行深入的空间解析。文化意象可以分为传统视角和当代视角，传统视角的文化意象是指传统文化、习俗等影响和指导传统民居空间形式的文化因素，当代视角的文化意象是指用现代建筑设计的理论和观点理解的传统民居所蕴含的空间特色。本文以江西吉安地区的传统民居为例，在实地调研的基础上，从尺度、界面、序列等方面对其空间特色进行系统分析，并从传统文化、习俗等角度对其文化意象进行深入解读。

一、吉安地区传统民居及调研范围概述

吉安地处江西省中部、赣江中游，素有"文章节义之邦"、"状元之乡"等美誉，孕育出了以儒学文化、族居文化等为主的庐陵文化。自古以来，江西便有许多家族累世聚居，形成了完整的宗族制度和崇宗敬祖的文化传统。其传统民居的规划与建设都曾受到堪舆理论的巨大影响。本文的调研区域包括吉安市富田镇匡家村、文家村、王家村，吉州区兴桥镇钓源村，吉水县金滩镇燕坊村，井冈山市拿山镇长塘村，泰和县碧溪镇（现已划归井冈山市）太湖村以及泰和县螺溪镇爵誉村等。（图1、图2）

图1　吉安地区区位示意图
（图片来源：作者自绘）

图2　调研样本村落示意图
（图片来源：作者自绘）

二、传统民居的文化意象及空间解析

吉安地区传统民居可分为"一明两暗"单体式、天井院式、天井式等类型。"一明两暗"单体式民居多由一明间、两次间共三开间构成。明间为堂屋，用于会客与祭祀，两暗间划分为多个房间，多用作卧室和书房。民居入口大门正上方的屋顶上平行面宽方向通常有一道构造性开口，被称为"天门、天眼"，用于解决室内的采光、通风问题。天井院式民居通常在"一明两暗"式单体前用院墙或倒座围合出院子，这个围合的空间，尺度和空间体验与天井相似，但围合程度又有北方"院落"的感觉，属于一种中间形态，因此被称为天井院。天井院是独立于正屋的外部空间，民居单体和院落界限分明、相互独立。天井式民居以天井为中心布置上堂、下堂等生活居室，天井不同于院落，应属建筑的内部空间，正堂内不设天眼等构造，完全借助天井采光通风。即天井与正房之间是相互依赖、不可分割的关系。本文从空间尺度、空间界面与空间序列的角度对上述三种类型的民居空间进行分析。

1. 空间尺度

"一明两暗"式民居单体的总面宽与总进深均为11~12米左右。民居入口通常不紧贴道路，而是向内凹入约0.6~1.2米，形成由室外到室内的过渡空间。明间的开间与层高均为4~4.5米左右，两暗间开间约3.5米，层高约3~3.5米。

"一明两暗"式单体与附属用房、倒座房围合出内院，形成了内院式天井院民居（图3）。天井院的面宽变化较大，从而民居总长度的变化范围也较大；院落与倒座房进深均约为4~6米，正屋总进深约为11米，民居总进深基本在20米左右。图4所示的燕坊村州司马第是在典型的内院式天井院民居平面的基础上变形而产生的：州司马第在一明两暗的正屋东侧加建一侧壁半天井式的书房，从而加大了正屋主体的面宽，天井院的面宽也随之拉长，而原位于

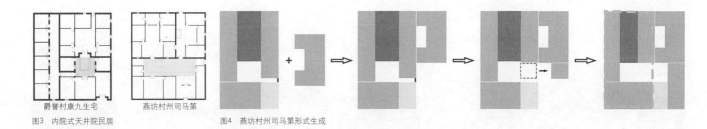

图3　内院式天井院民居

爵誉村康九生宅　　燕坊村州司马第

图4　燕坊村州司马第形式生成

天井院东侧的附属用房也随天井院的伸长移到了东侧并向南拉伸至与宅门平齐，从而形成了州司马第的平面布局。可见，天井院的空间尺度具有可变性与灵活性，其尺度、比例可依据住宅的实用需求如加建书房、用地限制等灵活伸缩，且天井院进行尺度伸缩时，主要是通过面宽变化而影响民居整体格局，而进深方向上变化不大，在纵向的堂屋主体范围内依然保持严整对称的格局。

与天井院民居相比，天井式民居的井口尺度较小，约为1~2.5米。与天井院民居较强的包容性与适应性不同，天井式民居具有较为严格的形制要求，即环绕天井布置上堂、下堂、上下房、厢房（厢廊）等居室，空间尺度的变化范围较小，空间组合的灵活性较小。

2. 空间界面

在一明两暗的民居单体中，天门、天窗的使用使得沿堂屋进深方向上空间的属性发生了分离，明间堂屋从前至后可分为"天门空间"、"正厅空间"和"壁后空间"三部分。天门空间有三种平面布局，其面宽有与正厅相同和大于正厅两种形式，空间具有一定的灵活性与可变性。（图5、图6）

正厅是民居中重要的公共活动空间与精神空间，承担着交往、起居、祭祀等功能。在不同形式的"一明两暗"式民居中，各厢房的墙体及开门位置虽有所不同，但均不在正厅空间的两侧开门，即使进入各房的流线互相穿套也不破坏正厅空间的界面完整性，使正厅空间两侧界面封闭、完整，不受各房流线干扰，空间围合感得以增强。正厅空间的高宽比约为1：1，空间围合感适中，具有向心的空间氛围，适宜进行祭祀、供奉等活动。（图7、图8）

民居单体与井院进行空间组合后所形成的天井院民居和天井式民居在井院的空间界面上具有不同的特征。天井院式民居的正屋仍采用天门天窗这一室内化的采光构造，自身机能完备，故而正屋立面不需要向院落开敞，封闭性很强。如在燕坊村州司马第中，天井院的空间界面由正屋的砖墙立面及附属用房开窗较少的木隔扇立面构成，天井院四周的空间界限明确、空间封闭性强，使得天井院具有较强的空间围合感与向心性（图9）。而在如图10所示的天井式的太湖村保安队长宅中，上堂、下堂及厢房的立面向天井敞开，以

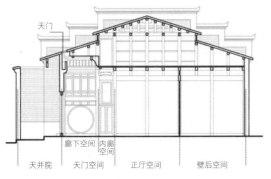

图5　堂屋空间属性划分
（图片来源：《江西泛天门式民居的传播与演变》）

天门　廊下空间　内廊空间

天井院　天门空间　正厅空间　壁后空间

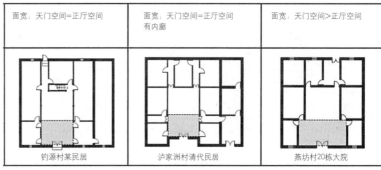

面宽：天门空间=正厅空间　　面宽：天门空间=正厅空间 有内廊　　面宽：天门空间>正厅空间

钓源村某民居　　泸家洲村清代民居　　燕坊村20栋大院

图6　天门空间平面布局
（图片来源：作者自绘）

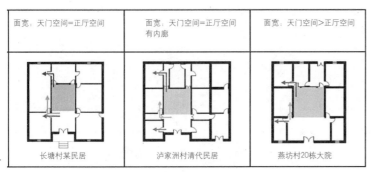

面宽：天门空间=正厅空间　　面宽：天门空间=正厅空间 有内廊　　面宽：天门空间>正厅空间

长塘村某民居　　泸家洲村清代民居　　燕坊村20栋大院

图7　正厅空间界面与流线示意图
（图片来源：作者自绘）

钓源村某民居

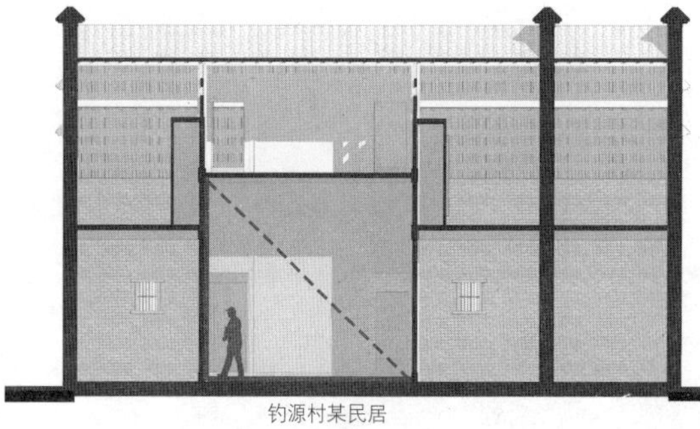

图8　正厅空间高宽比示意图
（图片来源：作者自绘）

图9 燕坊村州司马第空间界面
（图片来源：作者自绘）

图10 太湖村保安队长宅空间界面
（图片来源：作者自绘）

天井空间为核心，周围空间内外交融、相互渗透，空间界面开敞通透、界限模糊，在高强深院内给人以别有洞天之感。

3. 空间序列

在一明两暗的民居单体中，天门空间的顶界面有提升高度、设藻井、设通高等多种处理方式，增加由天门、天眼射入的光线，使天门空间较为高敞明亮，与端正严肃、形式统一的正厅空间形成鲜明对比。正厅空间的层高低于天门空间，其界面封闭完整，布局统一，围合感较强；由天门空间透入的一束集中光射入正厅，通过明暗对比更加强了正厅空间的围合感。壁后空间的层高通常低于前堂，空间较为低矮昏暗。即在堂屋的纵剖面上，通过顶面三段式渐次减小的标高变化界定出不同的空间，塑造出以正厅空间为核心的纵向空间序列。（图11）

引入井院空间与附属用房后，天井院民居中的下堂—天井院—正屋构成了内院式天井院民居的空间序列。由于下堂与正屋不在同一轴线上，故而空间序列并非"直来直往"。如在燕坊州司马第中，门厅与面向院落的半开放空间所组成的下堂空间主要起到引导、过渡的作用，天井院由两侧的檐下灰空间与中心的院落组成，在门厅空间与檐下空间的层层引导与衬托下，天井院显得更加明亮而充满生气。流线转折后，沿廊下空间向内行进，再经转折，穿越天井院即可到达正屋。在这一空间序列上，伴随着流线的转折，经历了半封闭—半开放—室外—半开放—室内空间这一由封闭到开放再到封闭空间的过渡与转换，空间过渡自然、曲折有情。而天井式民居的空间序列则是直来直往、通透连贯的，如太湖村保安队长宅以中轴线为主导方向，门厅—天井—正堂—壁后构成了天井式民居的空间序列。在门厅空间的引导与衬托下，作为空间序列高潮的天井空间给人以豁然开朗之感，更加衬托出正堂空间的端正严整。且天井式民居各空间之间没有明确的界限，主要是通过纵剖面上顶界面的高低、内外、虚实的变化，使通透连贯的空间不显单调，而是层层递进、逐渐过渡、高低错落、虚实结合。（图12、图13）

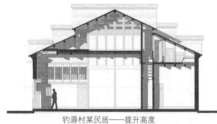
钓源村某民居——提升高度

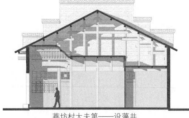
燕坊村大夫第——设藻井

匡家村某民居——通高

图11 堂屋空间序列（图片来源：作者自绘）

宅门 门厅 过渡空间 檐下 天井院 檐下空间

图12 燕坊村州司马第空间序列
（图片来源：作者自绘）

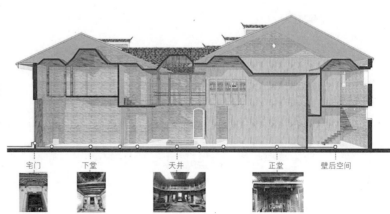
宅门 下堂 天井 正堂 壁后空间

图13 太湖村保安队长宅空间序列
（图片来源：作者自绘）

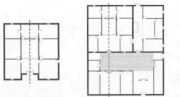

燕坊村州司马第

文家村天井式民居

图14　堂屋空间的主体地位
（图片来源：作者自绘）

图15　民居空间的围合与渗透相平衡（图片来源：作者自绘）

综上，在空间尺度上，天井院民居没有严格的形制要求，院落尺度具有较大的灵活性；天井式民居的井口尺度较小，空间灵活性较小。在空间界面上，天门、天眼不仅是采光构造，更起到了划分空间界限的作用，天门空间界面高敞开放，正厅空间界面封闭完整；天井院空间的界面封闭、围合感强；天井空间的界面开放、空间相互渗透流通。在空间序列上，"一明两暗"单体式民居在紧凑的布局中仍塑造出了天门空间—正厅空间—壁后空间这一完整的空间序列；天井式民居以中轴为主导，通透连贯的空间层层递进；而天井院民居弱化了对中轴秩序的严格要求，空间序列曲折有情。

4．传统文化意象的现代解读

（1）崇宗敬祖的文化传统

以上各类型的民居都在空间尺度、界面、序列上突出了堂屋空间的主体地位，在民居中建立起主次分明的空间秩序。当地崇宗敬祖的文化背景通过堂屋空间的主体地位反映出来，形成了传统民居以堂屋中轴为主导方向、主次分明的空间特色。（图14）

（2）传统文化理念

人通过空间所具有的尺度与比例、围合与渗透、序列与流线等特征产生对这个空间特有的感受，形成人的空间体验。传统文化中最关键的概念"气"含有类同今日"空间"、"环境"、"氛围"、"心理场"的意义。其所追求的宅居环境处于合宜的"气"中，可理解为使宅居空间具有令人感到舒适安全的空间氛围，使人具有美好的空间体验。因而，可从空间体验的角度将传统文化理念与现代建筑理论联系起来。

从现代理论的角度来看空间尺度，与整体格局不相符合的大尺度空间缺乏围合感、领域感，而显得空旷松散；而空间尺度过小则空间氛围紧迫压抑。在民居实例中，较大规模的民居采用较大的空间尺度，其堂屋、天井等空间较为高敞，而规模较小的民居则空间尺度较小，其空间则较为紧凑。空间具有适宜的尺度，方能给人和谐、舒适的空间感受。

在空间界面上，宅居宜成围合之势，但又要注重围合藏蓄与疏导流通的平衡。如图15所示，不同类型的民居都表现出围合、内聚的特征，虽然不同民居的空间围合程度有所不同，但都达到了围合与渗透的平衡。

在空间序列上，层次丰富、虚实结合的空间更为合理。无论是天井院民居曲折的流线还是天井式民居的直线型流线都通过空间的对比与衬托，塑造出"曲折有情"的空间序列，人们行进其中，步移景异，进而获得愉快的空间体验。

综上，在文化内涵上，在宗族文化的影响下，各类型民居都通过空间尺度、空间的围合与渗透、空间序列等空间处理方式突出了堂屋空间的主体地位，形成了传统民居以堂屋中轴为主导方向、主次分明的空间特色，体现着宅主人对神灵与祖先的尊重。同时，各类型民居都具有空间尺度适宜、空间围合与渗透相平衡、空间序列曲折有情的特点，使宅居空间具有令人感到舒畅安全的空间氛围和空间感受。

注释

① 王志刚，天津大学建筑学院，副教授。
② 葛修琪，天津大学建筑学院，研究生。

参考文献

[1] 黄浩．江西民居 [M]．北京：中国建筑工业出版社，2008．

[2] 王其亨．风水理论研究 [M]．天津：天津大学出版社，2005．

[3] 芦原义信．外部空间设计 [M]．北京：中国建筑工业出版社，2013．

[4] 余易．建筑风水十三讲 [M]．北京：北京科学技术出版社，2010．

[5] 潘莹，田甜．江西泛天门式民居的传播与演变 [J]．建筑遗产，2008（04）：22—28．

[6] 潘莹，施瑛．探析赣中吉泰地区"天门式"传统民居 [J]．福建工程学院学报，2004（01）：94—98．

[7] 王其均．宗法、禁忌、习俗对民居形制的影响 [J]．建筑学报，1996（10）：57—60．

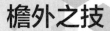

檐外之技

——闽西北地区楼阁式建筑翼角、挑檐做法探析

张嫩江[①]　宋　祥[②]

摘　要： 闽西北地区金坑文昌阁是福建省级文物保护单位，具有楼阁式建筑的典型特征。楼阁式建筑可用作观景，亦可为景。金坑文昌阁即为金坑村的一个标志性建筑，其檐口之外所涉及的构造营造影响着其作为标志性建筑的特征。通过对影响其檐口处形态的翼角和挑檐做法进行剖析，探讨了该建筑的营造特色，进而促进传统营造技艺的传承与保护。

关键词： 营造技艺　翼角　挑檐　楼阁式建筑　闽西北地区

金坑文昌阁建筑具有楼阁式建筑的典型特征，即建筑内部上层有可上人的楼面，并有通向上层的楼梯[1]。木作在文昌阁建筑营造中不仅起到承重作用，且有围护以及装饰的作用。已有的乡土营造研究中，民居建筑作为考察对象居多，而民居多以单层形态存在，且屋顶形态多为硬山或悬山，更加注重的是内部空间的功能性。楼阁式建筑具有垂直空间形态，会出现不同于民居的构造特征，并且蕴含着不同于民居的营造思维，相对于民居的功能性，楼阁式建筑往往更加侧重于其外观的标志性。福建地区楼阁式建筑既有研究中主要以闽西客家楼阁为关注对象，如曹春平[2]、李筱茜[3]关于闽西客家地区楼阁建筑的研究，包含对闽西土木楼阁建筑的类型学划分以及典型案例的分析。福建地区具有丰富的自然与文化环境，根据语言、民系特征，戴志坚教授将福建民居分为各具特色的七类[4]：位于闽语方言区的闽南民居、闽中民居、闽东民居、闽北民居和莆仙民居，位于闽客过渡区的闽西北民居和位于客家方言区的闽西民居。金坑村属于闽西北地区，目前对这一区域楼阁式建筑研究较少。在乡土建筑营造技艺的研究方面，李浈教授团队近些年关于我国南方地区乡土营造技艺的研究较为深入[5]，致力于挖掘闽、赣、浙等地区的乡土建筑营造特色。本文立足于团队已有的研究积累，通过对金坑文昌阁翼角及挑檐特征的分析，深入研究当地乡土建筑营造技艺，促进传统营造技艺的传承与保护。

一、金坑文昌阁概况

金坑村是福建省邵武市金坑乡政府所在地，地处闽赣二省三县（黎川、光泽、邵武）交界处，是历史上由赣入闽的主要通道之一。属于武夷山脉西段。文昌阁是金坑村文昌宫的核心主体部分，建于清乾隆年间（1736~1795年）。文昌宫坐西北朝东南，与北桥、观音殿一同组成村北水口建筑群。

图1　文昌阁建筑（图片来源：作者自摄）

文昌阁立于文昌宫天井甬道尽头的平台上，占地69.9平方米。平面呈方形，总共三层。一、二层面阔与进深均三间，内四柱，周圈十二根檐柱，共十六根柱，呈九宫格的平面柱网形式，檐柱与内柱尽皆对位，并以梁栿拉结。三层一间见方四柱。文昌阁总高12.39米，一至三层逐层缩进，三重檐四角攒尖顶（图1）。

二、檐口处细样特征

1. 翼角

闽西北地区民居多为硬山屋顶，因此翼角的营造较少涉及。金坑文昌阁在翼角处理上表现出不同地域做法的融合。

翼角外观最大的特征是屋角顺势翘起。在我国北方，当翼角无仔角梁时，只靠老角梁与檐椽的截面产生高差形成翼角起翘，如南

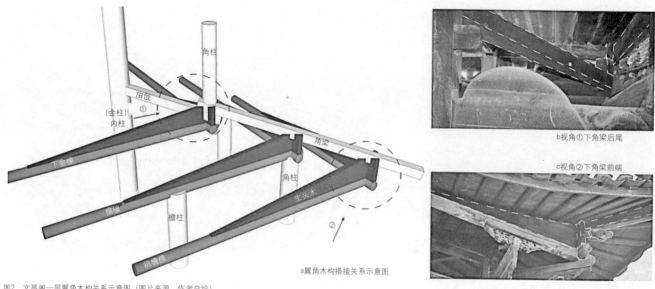

b视角①下角梁后尾

c视角②下角梁前端

a翼角木构搭接关系示意图

图2 文昌阁一层翼角木构关系示意图（图片来源：作者自绘）

禅寺大殿，由于高差十分微小，因此建筑檐角起翘较小。翼角做法逐渐发展，最终形成较为稳定的南北方翼角做法。北方翼角做法中使用老角梁和仔角梁配合使翼角产生起翘[6]。南方做法为水戗发戗或嫩戗发戗[7]，水戗发戗主要以屋面瓦筑起的小脊形成起翘，嫩戗发戗则是通过木构的搭接形成起翘，涉及主要木构件为戗山木（生头木）、老戗和嫩戗。金坑文昌阁翼角木构搭接关系形成明显起翘，但其涉及主要木构件为生头木、老角梁。这似乎与南方无飞椽的水戗发戗中所涉及的木构件极为相似，但不同的是水戗发戗的木构并没有形成起翘。

金坑文昌阁翼角的木构搭接关系可从以下两个方面去剖析（图2）：第一，老角梁与生头木相交。生头木是南方翼角做法中常用的构件，其作用是使翼角椽逐渐升起过渡到角梁高度，老角梁直接落于挑檐檩相交处。但在金坑文昌阁中，老角梁前端被抬起，未直接落于挑檐檩相交处，而是落在生头木相交处（图2c），引起老角梁前端高度增加，因此形成起翘所需要的高差不仅有角梁与椽子截面的高差，还包含了抬起的高度，因此造成翼角起翘明显。第二，由戗、老角梁、二层角柱叠交于一处。翼角中，角梁的受力平衡是一个关键考虑要点。清官式做法中，角梁的后尾构造做法一般有三种：扣金造、压金造和插金造。一般压金造和插金造在南方地区使用较多。金坑文昌阁翼角后尾并未采用以上三种任一做法，而是简单的叠置关系：老角梁压在由戗上，二层角柱压在老角梁后尾端。这三个构件重叠将压力作用于下金檩搭交处，最终通过驼峰斗拱、乳栿将上部重量传递给柱。在力的平衡关系上，原本这种角梁与由戗叠置结合远不如压金造中的榫卯结合（仔角梁尾部作成等掌刻半榫与由戗端部的压掌刻半榫结合）能够平衡角梁前端所承受的重力，但正是由于二层角柱的叠置使老角梁后尾也产生了向下的受力，使老角梁前后两端受力平衡，进而可以保证屋顶的稳定。而这种叠置关系使老角梁底皮高于正檐椽底皮，老角梁与正檐椽的上皮高差更大，因此带来翼角的起翘更明显。

翼角角梁前端与生头木相交这种做法，在邵武地区还见到另一

种类似做法：挑檐檩搭交处立一短柱，短柱上承角梁[8]。由此可见，当地利用角梁的抬高使翼角木构产生起翘的做法较常见。

在一层老角梁前端与生头木相交处，看到一个带兽头的小构件（图3），垫于老角梁和生头木之间，推测其有三个作用：一为增加角梁与下部生头木相交处之间的接触面，当老角梁与生头木相交时，接触面越大，则越稳定；二为垫高老角梁，通过这一垫块可以增加抬高高度，也使老角梁前端高度与后尾保持平衡；三为彰显层次的装饰构件。

文昌阁二、三层的翼角做法前端均与一层相似，后尾则采用插金造。这是由于内柱为三层通柱，角梁尾端与内柱相交，因此通过后尾插接可以使角梁受力平衡。

金坑文昌阁翼角的做法中，在生头木、老角梁等木构件作用下，结合楼阁式建筑垂直延伸的特征，为达到角梁的受力平衡，有效利用木构件之间的搭接关系，形成了翼角的木构起翘。

图3 文昌阁翼角前端（图片来源：作者自绘）

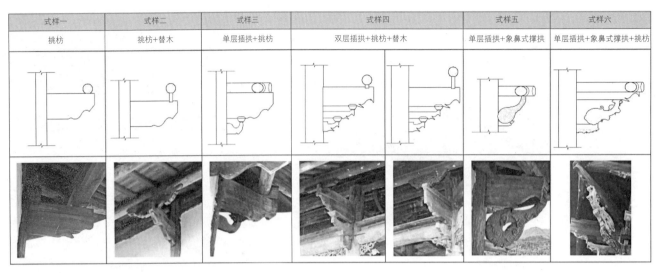

式样一	式样二	式样三	式样四		式样五	式样六
挑枋	挑枋+替木	单层插栱+挑枋	双层插栱+挑枋+替木		单层插栱+象鼻式撑栱	单层插栱+象鼻式撑栱+挑枋

图4 斜撑式样图（图片来源：作者自绘）

2. 挑檐斜撑

在文昌阁建筑中每层外檐檐下位置均布置斜撑起到出挑承檩的作用，同时通过结合内侧及整体梁架也起到加固结构的功能。另外，斜撑中采用不同形态的木构件，例如象鼻式撑拱和替木上雕刻丰富，具有明显的装饰效果。

根据斜撑中所包含的木构件类型和组合方式，可以将此建筑中的斜撑分为六种（图4），由构造和装饰简单到复杂的顺序为：（1）挑枋；（2）挑枋+替木；（3）单层插栱+挑枋；（4）双层插栱+挑枋+替木；（5）单层插栱+象鼻式撑栱；（6）单层插栱+象鼻式撑栱+挑枋。根据斜撑与梁架的关系，可分为软挑和硬挑。其中一层挑檐方式，均为软挑，为斜撑一端插嵌在檐柱上。二层和三层的挑檐方式为硬挑，是建筑内部穿枋直接延伸形成斜撑。斜撑的分布大致规律为一层构造最为复杂，二、三层相似次之，这与各层的内外梁架结构关系是相符的。一层主要用到的是式样四和六，二层中有式样一、二和三，三层中有一、二和五。双层插栱主要用于一层，能有效增加斜撑出挑受力，二、三层由于是硬挑多为单层插栱或挑枋。而替木的使用与否决定于挑枋与檩条之间的距离，其具有增加接触面使结构更加稳定的作用，同时，具有雕饰的替木主要用于一层和二层的南侧檐下，既具有垫托作用，又具有装饰作用。

其中式样三、五和六主要用于角柱斜45°方向挑檐斜撑，是展示面最多的木构，因此撑栱构件上有丰富的雕饰。与一层斜撑式样六构造复杂不同，三层采用的式样五中撑栱的用料明显较一层粗壮，且雕饰轮廓明显，人站在地面上观赏清晰可见。而一层式样六中撑栱雕刻精细，近距离观赏时细节清晰。这样的设置使建筑能够较灵活地展示其美观性。

在斜撑木构件中较有特色的构件为插栱中斗的做法（图5），插栱是一种基于南方穿斗体系下起出挑作用的一种构件，在福建、江西、浙江地区均较常见。斗敧内颛明显，而这种做法在北方地区清以后就很少见，宋式斗敧一般是此做法。斗底有一块方木，与皿斗形态略有相似，斗底加垫皿板的做法最早见于商周铜器，战国时沿用[9]，并在汉代应用更多，皿板的使用持续到南北朝时期，隋唐虽未见皿板实物，但在五代的福州华林寺大殿中再次出现。而宋《营造法式》的斗式图中却并未出现此构件，由此可以推断，自宋代以来，皿板这一建筑古制在北方已经不再使用。而据学者研究发现皿斗不仅在闽西北乡土建筑中出现，乃至南方传统建筑中也得以保留[10]。斗的整体比例关系似并没有严格遵循材分制或斗口制，斗耳部分较短，且与传统斗耳方形截面不同，呈现近梯形截面。在已有的研究中认为插栱与丁头栱的区别即插栱是不受尺度限制的[11]，因此猜测这种斗耳做法应是融合当地工匠手风的一种做法。

在挑檐斜撑的营造中，构件做法上与中国传统建筑木作发展一脉相承却又呈现出独特的地域做法，同时针对楼阁式建筑垂直特性，将构件的结构性与装饰性综合考量，灵活布置。

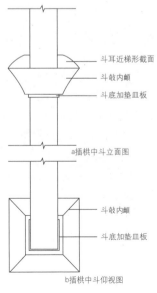

斗耳近梯形截面
斗敧内颛
斗底加垫皿板

a插栱中斗立面图

斗敧内颛
斗底加垫皿板

b插栱中斗仰视图

图5 斗的做法示意图（图片来源：作者自绘）

三、营造特色

1. 三角飞檐

　　翼角中角梁前端抬高，进而使木构产生起翘，呈现三角飞檐的形态。金坑文昌阁檐口无飞椽，翼角通过角梁与生头木叠加抬高来实现起翘，另有在挑檐檩搭交处立短柱抬高角梁前端的做法，相较于我国南方地区较常见的嫩戗发戗和水戗发戗，这些处理方式简单有效。常见做法中的生头木只起抬高檐椽过渡至角梁高度的作用，而金坑文昌阁中生头木的高度决定了翼角起翘高度。水戗发戗翼角虽然也为生头木和角梁组合构件，但无木作起翘，嫩戗发戗中翼角起翘主要靠老戗和嫩戗，另需设置扁担木、菱角木和飞椽共同实现起翘，较为复杂。而金坑文昌阁的这一做法，融合了水戗发戗和嫩戗发戗两种做法，巧妙地进行抬高，实现了木构起翘，又结合屋脊瓦作使屋面檐口及脊部形成更为柔和明显的曲线。

2. 栱撑共檐

　　在金坑文昌阁中，挑檐的做法包括插栱式挑檐（式样三、式样四）、斜撑式挑檐（式样五、式样六）和简单梁头式挑檐即挑枋（式样一、式样二）。有学者研究象鼻式斜撑的出现，集中分布在赣东、闽北、浙中、浙西内陆历史文化线路上[12]。这与历史上经由浙西、赣东地域陆路水路交通以及闽西客家移民通道的交往对邵武地区建筑样式的影响有关，且多种信息表明邵武地区乡土建筑受赣东地区影响较大。在金坑文昌阁中斜撑式挑檐其上构件装饰性明显，布置于角柱斜45°方向，使其在各立面均可很好地呈现其装饰效果。简单梁头式挑檐基于内部梁架关系，在二和三层以梁头伸出檐柱完成挑檐。插栱式挑檐中均为偷心斗栱，出一挑或两挑。

四、结论

　　翼角处借助生头木高度抬高角梁前端使木构起翘呈现"三角飞檐"，简单有效，是一种地域特征明显的做法；挑檐做法中"栱撑共檐"，不同类型的挑檐在金坑文昌阁中互见，与历史上浙西、赣东地域陆路水路交通以及闽西客家移民通道的交往对该地区建筑样式的影响有关，而且受赣东地区影响更甚。

　　通过对金坑文昌阁翼角和挑檐的营造特色进行分析，有助于挖掘文化交错地区乡土建筑的联系与区别，促进乡土营造技艺的传承与保护。

致谢

　　感谢李浈教授的指导，感谢一起参与金坑文昌阁测绘的博士研究生张之秋、硕士刘圣书和臧梦雅。

注释

① 张嫩江，同济大学建筑与城市规划学院，在读博士研究生。
② 宋祥，内蒙古科技大学建筑学院，讲师。

参考文献

[1] 马晓. 中国古代木楼阁 [M]. 北京：中华书局. 2007.

[2] 曹春平. 闽西客家地区的天后宫与文昌阁 [J]. 古建园林技术，2004（01）：46-51.

[3] 李筱茜，戴志坚，邱永华. 福建客家楼阁筑苑 [M]. 北京：中国建材工业出版社. 2018.

[4] 戴志坚. 地域文化与福建传统民居分类法 [J]. 新建筑，2000（02）：21-24.

[5] 李浈. 营造意为贵，匠艺能者师——泛江南地域乡土建筑营造技艺整体性研究的意义、思路与方法 [J]. 建筑学报，2016（02）：78-83.

[6] 马炳坚. 中国古建筑木作营造技术 [M]. 北京：中国科技出版传媒股份有限公司. 2012.

[7] 侯洪德，侯肖琪. 图解《营造法原》做法 [M]. 北京：中国建筑工业出版社. 2014.

[8] 李久君. 赣东闽北乡土建筑营造技艺探析 [D]. 上海：同济大学. 2015.

[9] 傅喜年. 傅熹年建筑史论文集 [M]. 北京：文物出版社. 1998.

[10] 林琳.《营造法式》中的丁头栱及其相关概念辨析——兼论日韩建筑中所见的插栱和丁头栱 [J]. 建筑史，2018（01）：88-102.

[11] 张十庆. 从样式比较看福建地方建筑与朝鲜柱心包建筑的源流关系 [J]. 华中建筑，1998（03）：121-129.

[12] 丁艳丽. 艺播习传——文化传播视野下浙闽营造技艺探析 [D]. 上海：同济大学. 2019.

基金资助： 国家自然科学基金（51878450）（51738008）；内蒙古自治区自然科学基金（2020MS05040）。

运河与长江岸线影响下的扬州城格局变迁

成佳贤①　宋桂杰②

摘　要： 自然地理的变迁对城市格局产生推动作用。扬州位于运河和长江交汇处，水系变迁影响了扬州城的格局。文章通过梳理先秦至明清各时期运河和长江岸线的变化，得出水系对扬州城市格局的影响：秦汉时期，扬州是闾里制度格局下的"单城"。唐朝，扬州城呈现厢坊制度下的"多城"。长江北岸南迁，产生大片陆地，城市形态也从"口"字形发展为"吕"字形。唐以后，城市格局变小，到明清时期，新旧两城，呈"井"字形，城河共生。

关键词： 运河　长江岸线　扬州城　格局　变迁

一、引言

　　长江和运河作为我国自然和经济地理的一横一纵，对经济社会发展造成了深远影响，并较早形成了城市体系，二者交汇于扬州，共同塑造了扬州的城市格局。

　　公元前486年吴王夫差开邗沟，筑邗城开启了扬州城建城史。扬州城内水系丰富，符合城市选址条件，而且也为大运河的开凿提供了绝好的条件。随着时间的推移，城市经济发展，自然地理变化，从城壕环绕的"方"字形军事小城到多城，水系发达的经济大城，城市规模不断壮大，到唐代时期最为繁盛。唐以后因战争原因，城市规模才有所减小。然而扬州城址一直未有大的变化，后人都是在旧城遗址上新建城市，这也就形成了扬州独特的"叠城"形态。[1]

　　扬州城以邗沟为发端，又凭借大运河使得城市规模扩大，经济繁荣，获得了"扬一益二"③的美誉，所以扬州城的发展，城市的格局与运河、长江有着极大的关系。本文将以运河与长江岸线的历史变迁为线索，探讨两者对扬州城市格局的影响。

二、不同时期下的扬州城市格局

1. 先秦时期建"口"字形邗城

　　长江奔流不息到扬州，南北江岸愈见开阔成喇叭状，从喇叭湾起点仪征，沿着北岸线：瓜埠、胥浦、湾头、宜陵[2]一路向东汇入海湾。[3]秦时，长江扬州段北岸在蜀岗之下，蜀岗东有小茅山，西有观音山，此处水系发达，是绝佳的建城选址。同时，宽阔的江面成为天然的屏障，使得南北交通困难，所以扬州在古代一直都是兵家控制中原的军事要地。春秋末期，吴王夫差余长江北岸的

蜀岗之上开筑邗城，并凿邗沟，沟通南北，邗沟的开凿为吴国控制中原提供了重要保障，使其可通过邗沟运送粮草、士兵等，邗城则用来储备军需④。

　　在对邗沟的发掘中，1987年在蜀岗城址进行考古勘探与挖掘，通过对城岗东部挖掘出的春秋时代印有几何图案陶片的研究，得以确认古邗城（图1b）的范围。古邗城的城址范围在学界一直存在争论，纪仲庆先生认为邗城与汉代广陵城址一致，朱江先生认为广陵城西半区是古邗城，而王勤金先生与之相反，认为东半区是古邗城[4]。本文认为广陵城西半区为古邗城城址范围。根据考古发现，春秋时期邗城又分内外两城，内城为边长1100米、1400米的高台，主要是宫殿建筑。外城为1400米、1600米，其作用是对内城起到保护。城市建成区面积1.5平方公里[5]。

　　长江在春秋时期河面宽阔，北岸就是蜀岗，古邗沟自邗城西南处连接长江，一路向东北，到达古邗城南面，向东到城东南角再向东一段后北上，入淮河。在扬州城考古发掘中发现扬州城北，东到黄金坝，西至螺蛳湾桥的这段水道任有保存。[6]

　　此时邗城（图1b）呈"口"字形，依古邗沟而建，城四周有城壕，东西各设一道门，北面设一道水门[7]，南面是蜀岗断崖未设城门。根据历史推测，古代邗城的建设，分内外两重城，内城为高台式，主要是宫殿建筑，外城则作为内城的屏障，起到保护作用。邗城的建造具有很高水平，据《吴越春秋》记载，大城陵门八以象天，北门八以法地，象天法地⑤的道家思想运用其中。

2. 两汉至六朝时期"口"字形邗城东扩

　　长江水在入海口处受到海湾强大潮水的挤压，开始逆向回流，由于长江入海口的东移，北岸的南移，河道向近河口的转变以及大江和曲江的形成，在施桥羊尾处又受到江心沙屿的阻挡，因而形成

(a) 长江与邗城（图片来源：根据《基于3S技术的扬州2500年间城市演变分析》改绘）　(b) 邗城（图片来源：自绘）

图1　春秋时期长江、邗沟和扬州城关系图

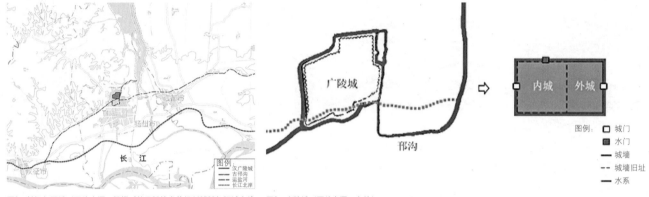

图2　长江与邗城（图片来源：根据《基于3S技术的扬州2500年间城市演变分析》改绘）　图3　广陵城（图片来源：自绘）

了"陵山触岸，从直赴曲"⑥的广陵潮，导致古邗沟水道在东晋时期发生一次重大改变。东晋时期，江都城以南的沙洲逐渐淤积，长江北岸南移，邗沟在长江的出水口也逐渐堵塞，对邗沟水源造成了很大影响，其中最直接的影响就是使得江都断水，江都城下河水逐渐干涸。所以，为了解决这一问题，邗沟水道开始做出改变（图2）。邗沟不再直接通长江，而是向西流去，直至今仪征境内的欧阳埭连通长江，这也正是后来的仪扬运河：西从仪征欧阳埭引长江水，向东经三汉河、扬子桥，向北直至广陵城，从引水口到广陵城约六十里。这在《水经注》中有所记载："江都水断，其水上承欧阳埭，引江入埭，六十里至广陵城。"

邗沟历经多次修凿之后，到东晋时期开始稳定下来，形成了特定的线路。其线路在《汉书·文艺志》和《水经注》中都有记载：从欧阳埭将江水引入，到观音山旁的邗城西南角，绕道至铁佛寺南边的邗城东南角，再经螺蛳湾到黄金坝，最后一路北上。

地理上的改变推动了后期邗城（图2）的发展。两汉时期，长江北岸位置也由春秋时期的"邗城的西南角滨临长江"到后面的"蜀岗以南五华里⑦"。春秋末期，楚国建造广陵城（图3），而后汉朝迁都于此，并向东扩建，气势宏大。汉内城建在邗城遗址之上，内城以东即外城，也称东郭城。广陵城介于南北之间，吴军北上必由邗沟，魏国南下必经广陵。因此，广陵城是江淮地区的军事重

镇。广陵城分大小城，城南以蜀岗断崖为界，西墙自观音山下向北至西河湾西北处，转而向东至江家山坎形成北墙，东墙自江家山坎向南700米，再向东200米后继续向南至铁佛寺以东结束[7]，广陵城城周"十四里半"，城门设置在古邗城基础上在南面又开一道水门，城东、西、北三面环以城壕，南面有邗沟，面积约3平方公里。[5]

3. 隋唐时期"吕"字形城-港双核结构

隋朝时期，炀帝在广陵城的之基础上，于蜀岗东峰营建江都城，分宫城和东城，为不规则多边形。宫城与东城相连，城内有东西、南北各一条大道。宫城是皇帝、皇后、嫔妃的住所，平面呈长方形，南北1.4公里，东西1.3公里。东城为亲王与百官的住所，平面呈不规则曲尺形。广陵城内有长1860米、宽11米的东西长街和长1400米、宽10米的南北大街，城周长约7公里，面积约5平方公里。[8]

隋朝时期陆续开凿了广通渠、通济渠、山羊渎、永济渠，疏浚了江南河，沟通了东西南北，实现了中国历史上第一次真正的融会贯通，凭借着优越的地理位置，扬州成了海上丝绸之路的重要起点和著名港口7，南可通杭州，北可至洛阳、北京。四通八达的水路使得扬州在唐代必定成为通商大港，经济飞速发展，城市扩张。

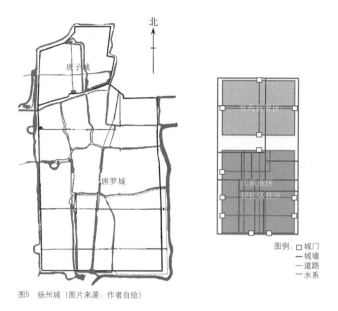

图4 长江与扬州城（图片来源：根据《基于3S技术的扬州2500年间城市演变分析》改绘）

图5 扬州城（图片来源：作者自绘）

同时在这个时期，长江北岸不断南移，淤积使得瓜州出现，让扬州有了自己的港口，形成了独特的"城市"、"港口"双核结构（图4），带动扬州的发展。长江北岸南移，砂石淤积，瓜州渐涨，横亘在扬子津入江口，过往船只能绕行瓜州进入运河。此时，第二个连接邗沟和长江的口岸出现——伊娄河。这不仅节约了船只通行时间，也为邗沟持续的水源提供了保障。据《旧唐书》记载：开元二十五年（公元738）冬，伊娄河在时任润州刺史的齐澣的主持下开凿，伊娄河贯穿了瓜州，使往来船只通行距离由原来的30公里缩短到10公里，既减少了船只在长江通行的损耗，又为政府减少了大量管理经费。齐澣还在入口处设立了伊娄埭，建设斗门，征收赋税，为扬州经济带来发展。因此，大运河的入江口也随之南迁到瓜州，自此伊娄河将长江、运河、淮河连通，唐朝末期的瓜州建起城堡，到宋代则发展成巨型城镇。

长江北岸的南移产生大片陆地，于是在扬州城南新建了罗城，旧城则称为子城（图5）。功能分区上，官衙府署区聚集在子城，蜀岗之上，居高临下。工商业区和居民居住区则是聚集在罗城，蜀冈之下。在里坊制度的影响下，罗城棋盘状布局，规格严整，分区明确。[9] 子城和罗城，两城相连，运河穿城而过。据《雍正扬州府志·城池》记载："唐为扬州，城又加大，有大城又有子城，南北十五里一百一十步，东西七里三十步，盖联蜀岗上下以为城矣。"先有市后有城，因为市场的形成而发展成城市，这是唐代扬州城的形成方式。罗城以子城东城壕向南延伸的河道作为其中轴线，罗城的建设都与运河等水系有着密切关联：罗城的建设虽受到"里坊制"的影响，四方规整，但是内部的结构都沿着水系展开，仓场、馆驿、市肆、民居、作坊都沿水系建设。罗城位于子城东南方，其北城墙的西半段即是子城的南城墙，因蜀岗地势原因，东半段的西边一半是西北－东南走向，而东边一半基本呈东西走向。此时的扬州城经济活跃，人口众多，扬州城也形成了五大功能分区："钞关——东关街"的运河集聚区，"埂子街——多子街——新胜街——教场街——彩衣街"的商业区，旧城的文化教育区，新城的手工业生产、经销区，以及瘦西湖风景游览区。[7]

发达的水系使得漕运在隋唐时期得到迅速发展，江淮地区成为

图6 长江与扬州城（图片来源：根据《基于3S技术的扬州2500年间城市演变分析》改绘）

经济重地。长江与邗沟的存在使江都成为南北水路交通的交汇点，要冲之地。江都自此成为全国各地物资的转运集散港口，随之城市开始发展，蜀岗之下，河道两侧的市街和码头相继出现。路、桥的布局也初步形成。除去延用漕渠和漕沟，唐代的邗沟多称官渎。漕运需求日益增大，隋唐时期的扬州主要做了两方面的努力：一是自扬州城南西七里港开凿河渠向东经禅智寺桥连通旧官河，维护和修缮连接长江与淮河的邗沟。二是解决扬州城南河道的淤积，开凿伊娄河使河道顺利通入长江。

4. 宋元时期"吕"字形三城格局

由于筑城政策，历经战争的扬州一直沿用五代时期的旧城，直到两宋之际都未得到修复。到南宋时期，由于需要抵抗金兵，扬州又是险要之地，不得不修筑城池。南宋时期的扬州城（图6）有三座城：宋大城、堡城、夹城。

宋大城（图7）是在唐代罗城的基础上建的，是三城中最南面的城池，宋大城南面、东面邻近运河，北邻柴河，西接市河，四面环水。宋大城周长约12公里。堡城是在唐子城的基础上修建的，

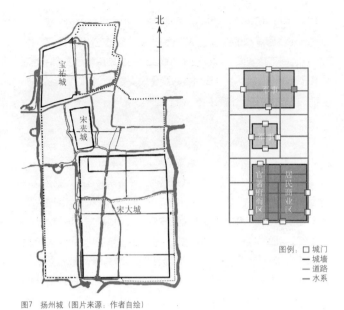

图7 扬州城（图片来源：作者自绘）

是三城最北侧的，南、北墙长度分别为1300米与1100米，较唐子城稍短一些，也就是截取了唐子城南北墙的部分，沿用了西墙，新建了东墙，所以在规模上有所减小。[10]其周长约5.6公里。夹城位于大城和堡城之间。这种三城的城市格局，有利于抵抗战争，三城互相照应，蒙元骑兵迟迟没有攻下。扬州城总面积约145.79公顷，城市围墙周长约4951.51米。

"里坊制"在宋代废除，市井变得开放。在宋大城内，商业都沿着交通要道分布：商业区在市河以东，街坊场巷楼集于城内两条东西大道边。行政机构多位于市河以西。城中水系发达，有浊河、官河（市河）、邗沟等，这些河道也是商业活动的聚居地。[10]

到宋元以后，淮河淤积，河床抬高，导致河水逆流，加之长江水道变迁，长江北岸南移等原因，北部入江河流也随之增加。宋初时，邗沟称淮南漕渠，宋代加快对河流的整治，把解决淮河带来的风险作为重点，邗沟的修筑工程和运输管理进入了鼎盛时期。

宋代时期，在今扬州宝塔湾向北绕到黄金坝之间开凿古运河。唐时已有部分河流存在，宋代天禧二年（1018年）古运河的开发由江淮发运使贾宗主持。据《宋史·河渠六·东南诸水上》记载："二年，江淮发运使贾宗言：诸路岁漕自真、阳入淮、汴，历堰者五，粮载烦于剥卸，民力罢于牵挽，官私船舟，由此速坏，今议开扬州古河，绕城南接运渠。"[11]古运河由城南门外转向向东再转朝北开凿，至黄金坝与运河主线连通，避开城市，绕城而过，保护了城市的完整性。古运河代替了邗沟，作为运河主要航线使用，邗沟因此而淤塞。今天，扬州运河的起点在邵伯，运河从湾头绕至五台山北麓，沿着扬州东城壁向南，绕城向西流经扬子桥与仪征运河相汇。古运河在五台山与古邗沟相接，在扬州城南门与城内漕运河相接。河流相接，水系发达。

5. 明清时期建新城回归"口"字形

明清时期，黄河对扬州的影响逐步增加超过淮河。明末开始，

扬州地区河水泛滥，水害频繁。由于扬州地势南低北高，古运河不具备蓄水功能，能蓄水的三湾又处于下游，南下的河水下泄迅速，致使运河北部河水不足，漕运船只常常搁浅。明万历二十五年（1597年），扬州江都运河在二里桥处水流直泄，无法蓄水，严重影响了盐船和漕运船只的安全行驶，为此巡盐御史杨光训令扬州知府郭光复对运河进行整治。郭光复带领百姓从南门二里桥河口向西开凿新河，忽折向南，忽折向东，到姚家沟与原始河道相接，原本平直的河道被改为曲折形的。新河道称之为新河或者宝带河，也就是现在的"运河三湾"。此法减缓了迅疾的河水流速，为河道留住了水流，过往船只得以顺利通行，生动体现了扬州先民尊重自然、顺应自然、保护自然、利用自然的特点。这种河道整治技术在当时中国运河工程技术上具有一定的代表性。[11]

与此同时，坍江一直影响着古运河南端的瓜洲。清康熙五十四年（1715年），长江干流向北挺近，直趋瓜洲，坍江自此开始，并日益严重，瓜州面积渐小，直至清光绪二十一年（1859年），瓜洲城不复存在。今天的瓜洲是唐瓜洲的北关。

明初，在原城西南处筑城，这就是明旧城（图9），"周九里，

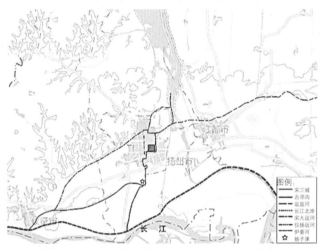

图8 长江与扬州城（图片来源：根据《基于3S技术的扬州2500年间城市演变分析》改绘）

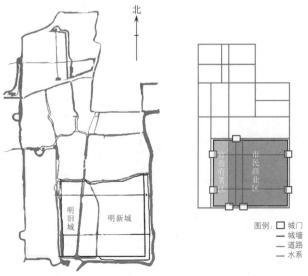

图9 扬州城（图片来源：作者自绘）

计一千七百五十七丈"。随着人口增加,旧城规模偏小,居民开始向城外转移,居民们大多选择在运河边居住,为此,在旧城东修筑新城。明新城平面呈"口"字形,南北长2000米,东西宽1000米。此时明新旧城面积总计月5平方公里。明城有城门七座,运河自城南向西后向北,绕城而过。明旧城主要是官署、学校等公共机构的用地,城内有东西向和南北向轴线,河道平直,街道、建筑、道路都沿河布置,道路网规则。而新城则是商业区,"市肆稠密,居奇百货之所出,繁华甲两城,寸土拟于金云"[8]所以旧城多士人,新城多富商。清代沿用了明城,未有扩建。[7]

由于扬州城的优越位置,盐业兴盛,手工业、商业发达,各类市场商铺以及茶馆随处可见。居民大多选择沿水系筑房,尤其盐商,因而形成富商大甲聚居的繁华居住区。这些建筑依河而建,布局存在随意性,形成了曲折狭小的街巷,与高大的建筑外墙形成强烈对比。

三、结语

长江与运河水系在促进扬州经济发展的同时,也深刻地影响了扬州的城市形态。

长江岸线南移为扬州城带来了巨大的发展空间。秦代的长江北岸位于蜀冈之下,扬州城只能建在蜀冈之上,东汉时期,长江岸线开始南迁,到东晋时期,长江岸线向南迁移10公里到达扬子津附近,带来了335平方公里的城市发展空间。奠定了唐朝建设罗城的

地理条件。唐代长江岸线继续南迁10公里到达瓜州附近,进一步加强了建设唐罗城的条件。从唐代开始,扬州城突破了蜀冈的界限,在蜀冈下建罗城,城市格局由秦汉时期的单城格局变为南北双城格局。唐代以后,长江岸线并未发生较大变化,所以后期的扬州城都是在唐代基础上建设的。

运河的发展为扬州城带来了繁荣。吴王夫差开邗沟筑邗城于蜀冈之上,当时的邗沟是用来运输粮草,扬州城的作用之是军事阵地。隋朝时期开凿、疏浚了一系列运河,使得南北连通,扬州凭借其优越的地理位置,成为重要港口,漕运、盐运发展。到唐时鼎盛,扬州城也从军事重镇转化为经济重镇,人口增加,城市发展,形成了独特的"城—港"双核格局。唐以后水系变化不大,宋元时期运河由穿城改为绕城,明清时期为疏通淤塞开凿"运河三湾",而漕运、盐运受到战争的影响,扬州经济开始衰败,城市发展受到限制,城市格局也不断变小。

国家统一时期,大运河作为南北枢纽,造就了扬州汉、唐、清的三次辉煌。这是由扬州作为长江、大运河交汇口并且靠近大海的地理所决定的。以唐代为例,随着唐帝国的建立与兴盛,中国经济进一步发展,扬州城因其地利以及唐在扬州设立管理漕运的江淮转运使等原因而一跃成为仅次于两京的经济城市及国际都会。"扬一益二"经济社会的发展带来了城市形制的转变,扬州城在唐代中、晚期迅速发展,扬州唐罗城具有从中古封建封闭型里坊制城市、向以经济生活为主的开放式城市格局过渡的特征。

国家分裂时期,大运河地位下降,扬州则不可避免地作为战争

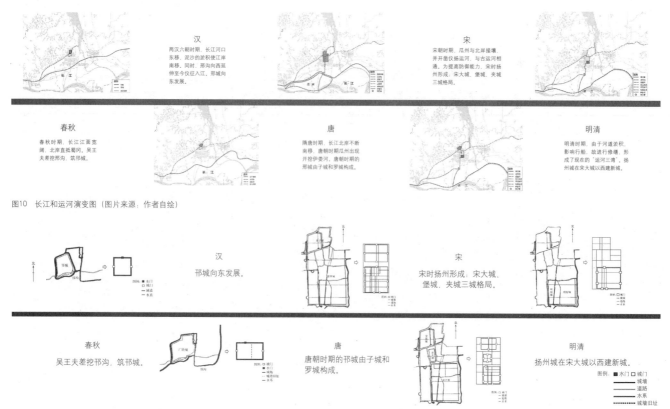

图10 长江和运河演变图(图片来源:作者自绘)

图11 扬州城市格局演变图(图片来源:作者自绘)

前线而陷入衰落的境地，此时运河更多地作为城防体系的组成部分而存在。如后周时期的周小城和南宋时期的扬州城，他们的规模都较小。宋大城以潮（漕）河、二道河等水系作为防御城壕。

从各个时期来看，扬州城的兴建、扩建、改建等一系列建设都与大运河的开凿、修缮，长江北岸南移有着密切关联。从先秦时期邗沟的开凿到两汉六朝时期河口向西迁移伴随着城市的向东扩张，到隋唐时期开凿新运河、长江北岸南移，城市向南发展，形成了独特的"城-港"格局。宋代开始，战争不断，扬州开始走下坡，形成三城模式，运河作为城壕，防御能力强，再往后到明清时期，居民依河而市，发展出新城。由此可见，运河水系、长江岸线，对城市格局产生了重大且深远影响。

现代扬州城不断发展，成为国家历史文化名城。在发展之时，如何保护历史古城，发展历史古城；保护运河，振兴运河等问题是城市规划建设者所面临重要问题。本文从城市规划角度，探寻了水系对扬州城市格局的影响，从而把握扬州城市发展的前后传承关系和历史发展脉络，将有利于我们解决这些问题，帮助我们更好地理解扬州城，保护扬州城，发展扬州城。

注释

① 成佳贤，扬州大学建筑科学与工程学院。

② 宋桂杰，扬州大学建筑科学与工程学院，副教授。

③ 唐，时谓天下之盛，扬州第一，益州第二。益州为成都。

④ 历史学家童书业在《春秋末吴越国都辨疑》中认为邗城是吴国的都城。

⑤ 象天法地是中国古人在观测天象、勘测地理的前提下，根据天象和自然的运行规律发展来设计和规划城市、园林、器物的设计理念。

⑥ 太平御览地部·卷三十三。

⑦ 华里，古代长度单位，1华里=0.5公里。

⑧ 焦循《扬州足征录》。

参考文献

[1] 汪勃，王睿，王小迎，牛莉. 江苏扬州蜀岗古代城址的考古勘探及初步认识 [J]. 东南文化，2014（05）：57-64，66.

[2] 印志华. 从出土文物看长江镇扬河段的历史变迁 [J]. 东南文化，1997（04）：13-19.

[3] 孙林，高蒙河. 江南海岸线变迁的考古地理研究 [J]. 东南文化，2006（04）：11-17.

[4] 赖琼. 扬州城市的空间变迁 [J]. 湛江师范学院学报，1996（04）：84-88.

[5] 杨静，张金池，庄家尧，毛锋. 基于3S技术的扬州2500年间城市演变分析 [J]. 北京大学学报（自然科学版），2012，48（03）：459-468.

[6] 王虎华. 扬州城市变迁 [M]. 南京：南京师范大学出版社，2014：18-50.

[7] 朱芋静. 扬州城市空间营造研究 [D]. 武汉：武汉大学，2015.

[8] 中国社会科学院考古研究所，南京博物院，扬州市文化局，等. 扬州城考古工作简报. 考古，1990（1）：36-45.

[9] 文物出版社. 扬州城1987-1998年考古发掘报告. [M]. 北京：文物出版社，2010.07.

[10] 何适. 从内地到边郡——宋代扬州城市与经济研究 [D]. 上海：上海师范大学，2016.

[11] 汪勃. 扬州唐罗城形制与运河的关系——兼谈隋唐淮南运河过扬州唐罗城段位置. [J]. 中国国家博物馆馆刊，2019.

基金项目： 江苏省文物科研课题"大运河（江苏段）水文化遗产价值评估及梯度开发策略研究"（编号2018SK07）资助；教育部人文社会科学研究规划基金项目"场域理论视野下的江南佛寺空间演进及当代建构研究"（编号17YJAZH070）。

以三个案例谈潮汕乡土住屋排水系统

——不同聚居模式下的设计研究

柯纯建[①]　李麟学[②]　夏　珩[③]

摘　要： 本文主要以不同聚居模式的潮汕民居为研究对象，以水为切入点，对其传统、建造进行分析，揭示乡土住居的生态文化思想，并通过比较研究，提出生态与文化之间密不可分的关联，进而提出在全球化的冲击下值得我们借鉴的传统设计思想。而其中核心在于屋主、工匠、工人联合工作，用最经济有效的方式去建造他们约定俗成的理想中的住屋。这种住屋体现了最真实的社会关系，是他们的生产、生活的建筑物化，是经济、技术和人的本质需求融合的容器。

关键词： 潮汕乡土住屋　生态文化　水　聚居模式

一、潮汕乡土住屋的概况与聚居模式

1. 潮汕乡土住屋概况

潮汕地区坐落在广东东部，南海之滨，文化积淀厚实，有自己独特的语系以及建筑形式，在许多地区仍存有大量的风土聚落，许多传统的建造技艺仍留存至今。当地民居除了表现出独特的文化风格之外，还与当地的气候息息相关，在对潮汕民居水的解读中，可以了解到它的环境、气候，还可以读到潮汕民居的类型、模制与等级系统以及潮人的历史，都是当地气候、生产、生活、社会关系相互作用的真实结果。

2. 潮汕典型聚居模式与调研案例综述

潮汕民居有三种典型的聚居模式，分别是：小家庭聚居模式、大家族聚居模式与土楼聚居模式。本文分别选取了对应的三个典型案例：东里方寨、前美乡新向东、道韵楼进行调研与研究。（图1）

（1）东里方寨——小家庭聚居

东里方寨位于汕头市潮阳区沙陇镇的东仙村，建于清乾隆二十八年（1763年），是潮汕地区小家庭聚居模式的代表：以祠堂为中心的聚居模式，内分布有亲缘关系的小家庭宅院，呈均质、梳式布局，是占地12544平方米的方形巨寨。它坐东南朝西北，寨四周各边长112米，寨墙现高5.7米，四角建有更楼，共开北东西三门，北门为正门，正对祠堂。寨内整齐排列22座传统宅院，计有房466间。在寨的四周围建有36套两房一厅的护寨厝，后因人口增加依旧寨格局建新寨。（图2、图3）

图1　三个案例的地理位置示意图（图片来源：根据地图自绘）

图2　东里方寨照片（图片来源：《潮汕老屋》，193）

图3　东里方寨区位示意图（作者据潮汕地图绘）

图4　前美乡新向东区位示意图

图5　道韵楼的区位示意图

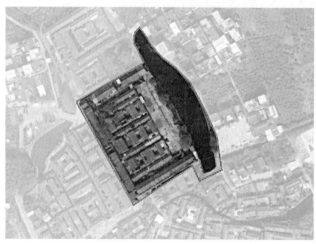

图6　永宁寨周边（根据谷歌地图绘）

（2）陈慈黉故居——大家族聚居

陈慈黉故居亦名新向东位于汕头市澄海区隆都镇前美乡，是潮汕传统"从厝式"住宅，是大家族聚居模式的代表，具有强烈的向心性。（图4）

从1910年开始，由陈慈黉及其儿子们先后建造了郎中第（亦称老向东）、寿康里、善居室（下文称新向东）和三庐四座中西合璧的建筑。笔者主要针对新向东进行了调研，其余的三座宅第及其发源地永宁寨只是作为联系与比较案例。

（3）道韵楼——土楼聚居

道韵楼位于潮州市饶平县三饶镇南联村，是一个正八边形的土楼，建于明万历十五年（1587年），内切圆直径有101.2米，总面积达15000平方米。道韵南楼的正中有一个游客信息中心，原来是他们的议事厅，最开始建造土楼的时候，先有议事厅，这个议事厅是作为整个土楼的工地指挥部存在的，建成之后，1958年起曾经一直是他们的公证处。（图5）

二、潮汕乡土住屋排水系统调研及分析

1. 择水而居，理水为脉

笔者调研与走访的案例中，与世界上所有的乡土聚落相同，潮汕传统聚落也是择水而居，多为生活、生产、气候适应性的考虑。其中，非常典型的是前美乡永宁寨的寨墙与水池的关系（图6）。

永宁寨建于低洼地上，前有水池护卫，临水寨墙降低高度（由8米降到4米），墙体剖面见图8，寨墙是可以上人的，外侧有凭栏，寨内的人既可以登上寨墙凭栏远眺，又可以作为防卫巡视，同时也遮挡了外面的视线图。寨内阳埕分上中下三层，前低后高，一方面方便他们看戏时男女分座，同时站在中翰第门口可以直接远眺

图7 永宁寨临水寨墙剖面图 图8 永宁寨寨墙与水池（图片来源：作者自摄） 图9 象埔寨西湖公祠嵌瓷

图10 格兰纳达立面瓷片（图片来源：作者自摄） 图11 新向东瓷片装饰 图12 巴塞罗那瓷片装饰（图片来源：作者自摄）

该地区最重要的山脉——莲花山以及广阔的田园风光。寨内的人既可以登上寨墙凭栏远眺，又可以作为防卫巡视，同时也遮挡了外面的视线。（图7～图9）

这实际上是符合当时防卫、景观、隐私以及日常生活使用的空间处理方法。其背后有对于生活空间设计有价值的内容。

2. 防水防潮体系

（1）屋顶

决定潮汕地区屋顶坡度的气候因素主要有两个，一个是台风，另一个是降水，尤其是24小时强降水。全国灾害数据显示，广东省风灾害与暴雨，洪涝灾害频次及灾害程度居全国之首，而潮汕地区由于地理区位，又居广东之首。为了适应这个气候，潮汕地区的屋顶坡度很平缓，基本上不超过1∶4，有些地方甚至是1∶5；然而在湿热的气候条件下，平缓的坡度并不能起到很好的隔热降温效果，于是潮汕乡土住屋多采用双层甚至三层瓦的屋面以提高隔热性能，采用陶制瓦片来代替望板望砖，预留细小的孔洞以散潮，当地称为风水"金钱眼"；双层瓦屋面对于台风天气又是不利的，它们又增大座灰的用量，在屋顶用砖块、瓦片压住砖瓦、增加重量，防止台风掀屋顶。

抓住主要矛盾，并且利用材料性能、构造做法不断修正，以达到对气候的良好适应，是其应对气候最为突出的特点。

（2）装饰——陶瓷

陶瓷是当地最为普遍的一种装饰材料，这是由于当地临海，海风与雨水都有强腐蚀性，同时本地的土质以及制瓷工艺的传统形成的。

无独有偶，在巴塞罗那、马拉加、格兰纳达这样的环地中海城市，海风也带有很强的腐蚀性，当地的制瓷传统，也形成了当地普遍采用彩色的瓷片拼接或者碎瓷来装饰的特点。在迥异的文化之下，因为气候的相似性，相同的建造材料得以使用，而装饰风格的迥异，也正好代表了他们各自迥异的文化。（图10）

在新向东的瓷片装饰中（图11），由于潮汕侨民的贸易活动，他们采购中亚、南亚甚至是意大利瓷砖的同时，也带来了它们的装饰风格，装饰风格更多受伊斯兰风格的影响，与同受伊斯兰文化影响的格兰纳达地区，显示出了惊人的相似度（图12）。

可以说，气候在一定程度上决定了材料与构造及建造工艺，但是形式却更多地受到了文化的影响。

（3）墙身、柱身的防雨防潮

由于潮汕地区屋顶的坡度平缓，出檐短甚至不出檐，这为建筑的台基、墙身的防潮造成了不利，于是三砂土作为当地最主要的墙身材料，大量使用贝灰是一种顺应自然的方式，利用地域优

图13　外石柱内木柱（图片来源：作者自摄）　　图14　木柱与石柱的结合（图片来源：作者自摄）　　图15　底部石头上部木头的柱子（图片来源：作者自摄）

势，对气候做出堪称完美的适应性策略，贝灰的加入，大大提高了墙身的防潮性能与抗压性能，既能很好地抵抗空气中海风带来的盐分的腐蚀，又能克服传统土墙，墙体过厚的弊端，大大节约了建造用地。

柱子多在靠近檐口的部分采用石柱或者下部采用石柱用以抵抗反溅水及檐口飘雨，内部空间仍多采用木柱，这也是应对气候与经济性综合作用的结果。（图13～图15）

（4）地面的防水防潮

檐廊的地面都有5%坡度散水，室内的地面多采用大阶砖，大阶砖下面先铺干净的河沙垫护，干净的河沙透气并且不会返潮，大阶砖也是陶土烧制，也有透气跟不反潮的特点，所以地面的潮气容易散发，并且通过天井、冷巷的通风组织，即使在春天的返潮天气，地面也能保持干燥。

（5）天井的防潮

利用传统"过白"与"昌"字效应，组织通风，利于散潮。

3. 取水体系——水井

由于在生活中井的地位非常重要，也被赋予了很多的文化及生活愿景。如新向东的"德"、"雅"、"慧"三井；道韵楼的八卦井，而永宁寨的八卦井，设计最为精巧（图16）。

永宁寨的公井位于阳埕下埕北侧，直径3米，露天石井，八角形。井中还有一方形的木制井圈的小井，形成大井套小井，其作用是地下井水通过小井经过过滤再到大井中，从而起到净化水质的作用。该水井曾经负担全寨人民的生活饮用水。

4. 排水体系

排水体系直接体现了潮汕乡土住屋的聚居模式与社会关系，以

图16　永宁寨八卦井（图片来源：作者自摄）

及潮汕人民对于"财富"与"宗族"的观念。

在传统文化中，水是"财"的象征，潮汕民居在处理汇集到天井的雨水时，却采用了非常迂回的排水暗沟以及隐蔽的出水口。

从图17～图20四个案例中，祠堂的位置与排水体系的关系可以看到，道韵楼与象埔寨都是排水体系的起点，祠堂位于最高处，最靠内部的位置，而东里方寨与新向东，则是位于最前端，在排水系统的处理上也略有不同。道韵楼是从祠堂开始，排水明沟穿家过户，最后汇集到村庄主出入口，正对祠堂的位置，排到外部的半月池。它其实体现了彼此之间非常亲密，近乎原始共产主义的社会关系；而象埔寨，虽然祠堂位于最内部，但是排水体系，以高效便捷为原则，设置了4个排水口；东里方寨的排水体系则进一步体现了"宗祠"与亲缘的关系，具体体现在，在他们均质、梳式的排水体系中，排水体系特意绕到远离进入池塘的另一端，两次经过祠堂的前方，这既是"隐蔽迂回"原则的再次体现，也是祠堂空间重要性的直接体现。新向东的排水体系的组织，基本上也遵循了快捷有效的原则，水集中到巷道，再从巷道排出，其空间形式虽然仍保留着向心的特征，但是排水体系并不严格遵循这个特征，而是在二者之间的平衡。

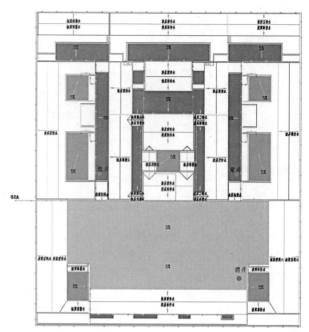

图17　道韵楼排水体系（作者测绘）　　　　　　　　　　　图18　新向东排水体系（作者测绘）

图19　东里方寨排水示意（作者自绘）

图20　象埔寨排水示意（作者据网络图片绘）

三、潮汕乡土住屋水系统特点总结

1. 乡土性——根据气候条件以及地域选取材料，根据材料特性以及相互的构造关系联合解决应对气候问题。

2. 被动性——抓住主要矛盾，并根据实际的环境条件以及舒适度要求，不断修正，并不断解决相互矛盾的气候要求造成的要素之间的相互制约，最终获得舒适的、耐用的居住环境。

3. 全过程可持续——建造材料长年风化，能回复他们最初的状态：土、石。

4. 附魅——将朴素的技术经验总结赋予对美好生活的愿望，

在传承过程掩盖技术经验因素。

5. 决定材料、构造的是自然、经济因素。

6. 形式是由文化决定的，但反过来影响文化，是文化传承与发展的物质载体。

注释

① 柯纯建，汕头大学长江艺术学院，讲师；同济大学建筑城规学院，博士。

② 李麟学，同济大学建筑城规学院，教授、博士生导师。

③ 夏珩，深圳大学建筑与城市规划学院，助理教授。

参考文献

[1] 陆元鼎. 中国民居建筑年鉴1988-2008. 北京：中国建筑工业出版社，2008.

[2] 陆元鼎. 中国民居建筑 [M]. 广州：华南理工大学出版社，2003.

[3] 陆元鼎，魏彦钧. 广东民居 [M]. 北京：中国建筑工业出版社，1990.

[4] 陆元鼎. 岭南·人文·性格·建筑 [M]. 北京：中国建筑工业出版社，2005.

[5] (美) Charles·W·Moore, Water And Architecture, New York: H. N. Abrams, 1994.

[6] 拉普普. 住屋形式与文化. 台北：明文书局，1987.

[7] (台湾) 林会承. 传统建筑手册——形式与作法篇. 台北：艺术家出版社，1989.

[8] 汉宝德. 明、清建筑而论. 台北：出版者不详，1981.

[9] (日) 中村好友. 住宅读本. 北京：中国人民大学出版社，2008.

[10] 陆邵明. 建筑体验——空间中的情节. 北京：中国建筑工业出版社，2007.

[11] (美) 斯蒂芬·R·凯特勒. 生命的栖居：设计并理解人与自然的联系. 北京：中国建筑工业出版社，2008.

[12] (美) 生态发展设计指导原则The Guiding Principles of Sustainable Design [M]. 美国国家公园出版社，1993.

[13] 西姆，Stuart Cowan. 生态设计，1995.

[14] 中建建筑承包公司. 中国绿色建筑/可持续发展建筑国际研讨会论文集 [M]. 北京：中国建筑工业出版社，2001.

[15] 李百战. 绿色建筑概论 [M]. 北京：化学工业出版社，2007.

[16] 美国绿色建筑委员会. 绿色建筑评估体系 [M]. 北京：中国建筑工业出版社，2002.

[17] 陆琦. 广东民居 [M]. 北京：中国建筑工业出版社，1990.

[18] 吴庆洲. 中国客家建筑文化 [M]. 武汉：湖北教育出版社，2008.

[19] 黄浩民. 江西民居 [M]. 北京：中国建筑工业出版社，2008.

[20] 曹春平，庄景辉，吴奕德. 闽南建筑 [M]. 福州：福建人民出版社，2008.

[21] 林嘉书. 土楼——凝固的音乐和立体的诗篇 [M]. 上海：上海人民出版社，2006.

[22] 刘森林. 中华民居——传统住宅建筑分析 [M]. 上海：同济大学出版社，2009.

[23] 戴志康. 中国气质——大宅第 [M]. 上海：文汇出版社，2006.

[24] 陈志华，李秋香. 宗祠 [M]. 北京：生活·读书·新知三联书店，2006.

[25] 林凯龙. 潮汕老屋 [M]. 汕头：汕头大学出版社，2004.

[26] 舒阳，李海英. 建筑——传统与诗意的文本 [M]. 北京：中国纺织出版社，1999.

[27] 汤国华. 岭南湿热气候与传统建筑 [M]. 北京：中国建筑工业出版社，2005.

[28] 李哲扬. 潮州传统建筑大木构件 [M]. 广州_广东人民出版社，2009.

[29] 余英. 中国东南系建筑区系类型研究 [M]. 北京：中国建筑工业出版社，2001.

[30] 肖旻. 闽粤边缘区传统民居类型研究 [D]. 华南理工大学，1996.

[31] 陈榕滨，陈晓云. 风对潮汕民居的形响. 华中建筑，2005，05：148-151.

[32] 吴国智. 潮州民居营造法借鉴与运用. 规划师，Planners，1995 (02)：26-43.

[33] 李乾朗. 台湾古民居排水法. 建筑创作，ARCHITECTURAL CREATION. 2000. 04：63-65.

[34] 周浩明，华亦雄. 中国传统建筑环境中水的低技术生态应用. 华中建筑，Vol. 24. 2006. 05：117.

[35] 黄伟. 云南提督黄武贤. 汕头：未出版传记，2002.

[36] 沈冰虹. 岭南第一侨宅——陈慈黉故居及其家族 [M]. 汕头：汕头大学出版社，2002.

川西传统民居建筑与园林的现代传承

——成都武侯锦里二期

张　莉①

摘　要： 四川传统民居建筑与园林有着悠久的历史，在特殊的地理文化背景和气候环境下形成了自身独特的特点。当代建设中如何传承传统建筑和园林的特点，形成创新是对川西传统民居建筑园林研究的主要目的之一。本文从建筑布局、建筑元素和园林元素三方面总结了川西传统民居建筑园林的特点，以成都武侯锦里二期为例阐述了其在规划设计实践中如何传承特点形成创新，并总结出建筑和环境有机融合设计才能将传统民居建筑园林表达内涵完整的传递下去。

关键词： 川西地区　传统民居建筑　四川园林　锦里二期

一、引言

　　川西传统民居建筑历史悠久、风格特点明显。川西独特的地理文化背景和气候孕育了极具地域特色的川西传统民居建筑和园林。不同于北方地区主流的官式建筑有较大影响力，在四川，民居建筑对当地建筑类型和风格的形成有着很大影响。民居建筑是各地区建筑发展的原型，是地域特色的主要载体。四川地区的传统建筑布局总的来说活泼自由，自然随和，有序而不严苛。川西民居建筑不拘泥于法式、经典、多元融合。粗犷之中带有巧丽的自在表达，呈现出别具一格的气质品格。民居建筑在布局上既有北方宽大的院落，又有南方精巧通透的天井。天井式院落比北方小，而比南方大。武侯锦里二期规划设计集结了川西民居建筑与园林的典型特点，传承了川西地区建筑与园林文化，是川西传统民居建筑与园林有机融合的成功案例。

二、川西传统民居特点概述

1. 建筑布局特点

　　川西民居的平面布局形式主要有"一"字形、曲尺形、三合院、四合院及其组合体。

2. 建筑元素

（1）穿斗木架

　　川西传统民居大多采用穿斗结构。穿斗结构用料小，构造简单，取材容易，扩展简便、灵活。人们在适应和利用地形上因地制宜、填挖筑台，灵活的穿逗架实现了挑、坡、吊、架等多样化的处理，以简便的方法获得更多的建筑空间。川西传统建筑木架外露，结构体系也是建筑形式特征的表达手段。传统木构架类型有穿斗式构架和抬梁式构架二种。穿斗构架施工方便，结构紧密，整体性能稳定，构造做法较为简单而又灵活，易于取材。

（2）出檐

　　川西民居建筑大多出檐深远，这是应对湿热多雨的气候环境的做法，同时大出檐避免了夏日阳光直射院内，使得院内在夏天也可以保持阴凉。店宅沿街通常也有大出檐，或设柱廊，临街檐下，扩大经营空间，又可避雨乘凉；在庭院内，人们经常可以在屋檐下"摆龙门阵"。大出檐的特点也成了四川民居的"象征"。

（3）天井

　　川西民居中以院落式布局为主的建筑，称之为"天井院"，四川民居天井与房屋比例大约为1：3。民间通常以天井的数目来描述住宅规模大小，天井的多少也是家族地位财富的象征。四川庭院比北方小，又较南方天井院大，大多呈方形或扁方形，宽而浅，利于迎风纳凉。少数为南北向狭长的条形天井，与山陕移民有关。天井的出现和变化与四川盆地的气候有着密切的联系，有的天井院四面房间全部开敞，利于通风、排湿、采光。大户人家院中的天井也是建筑空间的组织手段，使得各个房屋之间有了秩序。大小形状不等的天井，使建筑群体有分有合，有主有从。

（4）封火墙

封火墙又称为"风火山墙"或"马头墙"。四川地区深受移民文化影响，源自不同地区的马头墙形式传入之后与当地建筑不断融汇演化，使得四川建筑的封火墙造型多样、形态各异。民居建筑的山墙一般形体简洁，在门房两侧排布高出屋面。四川地区的封火山墙主要分布在成都平原到川南地区的街镇民居、祠庙会馆中，比起洁白秀丽的江浙地区的山墙，其色彩为白、灰、褐、土黄色，砖石材料质朴天然。且四川地区的许多山墙是舒缓的弧线，做成弧形的"猫背拱"式样。封火山墙常在山墙外侧面拼不同色彩的砖，形成一定的图案作为简单装饰。墙面通常是清水砖面饰以白灰勾缝，外侧面做出各种灰塑花饰。在山墙前后端面的埠头上有较细致的处理，采用砖层挑出叠涩，或用瓦和灰塑做出各种花饰。山墙上铺脊瓦，呈阶梯形并在每一阶端部起翘，最上方一叠类似于山墙的"正脊"有的施有中堆，弧形的在下端两面做起翘装饰，轻盈飘逸。

（5）屋脊装饰

青瓦叠脊是四川民居的一大特色。通常正脊平直，正中做中堆，至两端部微微升起曲线形成翘角。也有少数将瓦片堆积分层，巧妙地堆出镂空图案的屋脊形式，瓦片简洁朴素而不乏韵律感和指向性，充满乡土气息。中堆还有叠砌成菱花形、官帽形、铜钱形等各样。

（6）门窗栏杆

川西民居建筑中的门窗、栏杆起到了安全防护，采光通风，空间隔断及装饰的作用。四川地区的门窗栏杆与地理气候相适应，产生了各种不同的形态。作为单体建筑的入口，板门是最为常见的质朴的形式。在一些沿街布置的建筑中，木板门位于街道边，直接作为房屋入口，木门常不加任何装饰，具有可拆卸性。人们会在板门上粘贴或绘制、雕刻门神。在宅院内部常采用格门即"隔扇门"。隔扇门多个并排在一起，有的并不能合开，只起到隔断作用。每扇门有上下两块较高的裙板，裙板间有较矮的绦环板，上下两端经常也各有一块绦环板。下方的裙板和绦环板一般不做装饰，有的亦有浮雕图案。上方的窗心，是隔扇装饰的重点，图案繁多。

3. 园林元素

四川园林通常依山傍水，淳朴自然。川西传统园林以朴素著称，与风格朴素的建筑相得益彰、融为一体。园林以山水园林、名人园和川西林盘建筑园林最为有名。在园林的空间营造上，将小中见大、曲径通幽运用到了极致。四川园林与江南园林医养都讲究山水构园，大多都以水池为中心。四川园林擅长天然环境下的山石造型，自然江河动态水构园，体现"真山真水，山静水动"的自然景观特征。蜿蜒曲折的回廊、豁然开朗的景象也在四川园林中有很多体现。园林材料的选择一般也为就地取材，这使得园林的景观能更好地贴近自然。与川西民居建筑园林通常以建筑为中心展开，民居

外环境建立在自然的山水园林背景下，民居建筑内园林布局根据民居建筑布局形式产生变化同时与川西人们热爱户外活动的生活方式紧密相连。

三、武侯锦里二期介绍

1. 项目背景

锦里位于成都市区，紧邻武侯祠，历史上锦里曾是西蜀最古老、最具有商业气息的街道之一，早在秦汉、三国时期便闻名全国。现在的锦里是"全国十大城市商业步行街"之一，是武侯祠旅游景区的一部分。锦里街区由一期和二期两部分组成。一期锦里兴建于2001年，于2004年建成，街道全长350米，占地16亩，总建筑面积6500平方米，建筑为清末民初的仿古建筑，以三国文化和四川传统民俗文化为主题，打造旅游、文化、休闲于一体的传统街区。锦里一期开放后，旅游、商业十分繁盛，但由于规模不大，难以容纳较多的人流。2006年，政府提出在一期的基础上开发二期工程，对除刘湘墓区外的整个绿地进行规划设计，重点打造范围临一期用地西侧的地块。

2. 锦里二期规划设计构思

（1）保护利用

保护现有的历史文化资源，传承川西传统民居建筑与园林的形式特点，追寻四川人共同的记忆。打造成川西民居建筑与园林当代表达的名片。

（2）推陈出新

避免简单的复制，在保护和传承的基础上勇于创新，主要在于技术的创新和手段的创新，设计除了满足锦里二期的功能需求，更要营造梦回三国的意境，体会这个时代成都特有的悠闲情调和现代生活品位。

（3）水岸锦里

水是生命的源泉，成都平原更是处于长江上游"上水"的位置，自古就有"巴山蜀水"的称谓，而四川传统园林更是围绕着水展开，山水融合、建筑与园林应有机融合。

3. 设计原则

（1）主次分明，甘当配角

锦里二期的打造是武侯祠历史文化片区的延伸，以武侯祠为核心，以锦里一期为基础，形成延伸段空间特质。

（2）整合完善，协调发展

整合锦里一期和武侯祠的优势特点，从现状出发，用仿川西传统民居建筑与园林的形式来营造山形水势融合的三国文化旅游片区。

（3）尊重历史，发扬传统

发扬川西传统民居建筑和园林的特点，在建筑空间与自然环境的体验传统文化。

（4）合理利用，适度更新

利用现状、通过科学规划，形成锦里二期建筑和园林的可持续发展。

4. 规划内容

锦里二期用地位于一期北侧，武侯祠西侧，占地约2万平方米，规划设计要考虑武侯园区、南郊公园、刘湘墓的统一打造，建筑风格为川西民居建筑，强调建筑与园林的协调关系。建筑布置形式多元，有传统民居的"一"字形、曲尺形、三合院、四合院等。建筑结构有传统的木穿斗结构建筑，也有为满足使用需求的钢筋混凝土仿古结构，建筑外立面和谐统一。在建筑从层高和体量上也模仿川西传统建筑，以1~2层的小体量建筑为主。建筑元素上采用川西民居建筑的大檐口、小天井、封火墙、川西传统建筑的雕花木门窗等。建筑材料的选择上以本地传统材料为主，如山木、青砖、小青瓦。园林的规划设计与建筑相协调，朴素典雅，以水为脉络核心展开，有开阔的湖面、潺潺的溪流、与建筑相辉映的水街，整体布局形式和建筑有机融合，形成建筑中有园林、园林中有建筑的意境。

5. 建成后使用情况

锦里二期建成后建筑面积为8000多平方米，街道长500米，依托武侯祠园林区的生态环境，引入了川西民居建筑和园林相融合的设计理念，充分展现了川西传统建筑和园林的魅力，锦里二期自锦里延伸到原南郊公园的西、北面，扩大了川西民俗的展示范围和内容，形成对武侯祠的三面环绕，与锦里一期川西古镇街巷空间不同，其展现了川西民居街、巷、院，园的特点，成为国内著名的"古街"。既是吃、住、行、游、购、娱的理想场所，替代部分游客服务中心的功能，又能遮挡相邻单位的现代建筑，保证整条街内部风格的统一。自2009年开放以来，受到民众的肯定，成为成都的热门旅游地，其规划设计也得到了专业人士的肯定。（图1、图2）

图1　锦里二期湖面

图2　锦里二期水街

四、总结

川西传统民居建筑自古以来都遵循这"以人为本，自然和谐"的核心理念。自然环境是孕育建筑的摇篮，是建筑赖以生存的基本条件和物质基础。建筑与之所依存的环境是骨肉相连、密不可分的，唯有这样建筑才能将其所要呈现的面貌和表达内涵完整地传递下去，否则将失去其魅力和鲜活的生命力。锦里二期传承了川西地区传统民居和建筑的特点，融入了园林和建筑相辅相成的理念，并在此基础上根据场地现状、人群使用、特色文化方面做了相关研究且结合现代建筑技术等在川西民居和川西园林方面有很多创新，是川西传统民居现代表达的代表。

注释

① 张莉，西南民族大学建筑学院，高级工程师。

参考文献

[1] 蔡璐阳. 成都平原传统民居建筑装饰研究 [D]. 成都：西南交通大学2007：16—44.

[2] 张先进. 四川古典园林初探 [J]. 四川建筑. 1995 (01)：29—32.

[3] 谢伟. 川园子——品读成都园林 [M]. 成都：成都时代出版社, 2007.

[4] 许志坚. 论川西古典园林 [J]. 中华文化论坛. 2003 (04)：39—43.

基于VR实验的山地型传统聚落空间认知特征研究

——以河北省井陉县大梁江村为例

马雪莹[①] 彭元麓[②] 苑思楠[③] 张 寒[④]

摘　要: 山地聚落因其地形地貌的影响呈现出有别于平地聚落独特且丰富的空间形态，而当前聚落空间研究多基于平面开展，对于山地地形影响下所产生的聚落空间的意义尚有待进一步解读。本研究从认知视角出发，解读山地聚落空间的形态特征，选取大梁江村这一典型山地聚落为样本，旨在揭示山地聚落空间形态特征对人的认知影响。研究使用VR技术模拟山地聚落环境开展认知实验，利用同一平面建构无高差的虚拟聚落环境作为对照样本，获取人在山地与平地两组实验环境中的行为轨迹、视点分布等认知行为数据，并结合主观问卷研究分析聚落空间形态与人的空间认知行为之间的关系，对比得出山地聚落所特有的空间认知特征。本研究揭示了山地聚落有别于平地聚落的空间认知特征及其对人认知行为的影响，从认知视角完善了当前山地聚落空间形态特征的描述体系，同时对VR空间认知实验技术在山地聚落研究中的应用进行了探索。

关键词: 山地聚落　空间认知　VR实验　大梁江村

传统村落由于其历经岁月沉淀，是历代居住者共同心血的营建，具有区别于其他聚落类型独有的、自组织的空间形态特征，是传统村落保护与延续过程中至关重要的价值取向。而当前对于聚落形态的研究中，一方面较少以山地型传统村落作为研究对象，使用比较研究的方法剖析山地型传统聚落所区别于平地型聚落的空间形态特征；另一方面，以人这一空间体验主体的认知视角出发的研究也较为有限，并极少着眼于山地型传统聚落。

本研究从认知视角出发，解读山地聚落空间的形态特征。研究使用VR技术模拟山地聚落环境开展认知实验，利用同一平面建构无高差的虚拟聚落环境作为对照样本，获取人在山地与平地两组实验环境中的行为轨迹、视点分布等认知行为数据，并结合主观问卷研究分析聚落空间形态与人的空间认知行为之间的关系，对比得出山地聚落所特有的空间认知特征，从而探析山地聚落有别于平地聚落的空间认知特征及其对人认知行为的影响，并对VR空间认知实验技术在山地聚落研究中的应用进行了探索。

一、空间认知研究与虚拟现实实验

有关空间认知的传统研究最早源自于以绘制认知地图为主要手段的认知心理学领域，20世纪60年代以来，出现了一批使用定量方法来描述空间的客观表征的方法；20世纪80年代研究方法由英国学者Bill Hiller创立的空间句法理论，逐渐成了网络拓扑分析所采用的主要研究方法。近年来，虚拟现实技术的发展使得在虚拟环境中直接观察行为主体从而使空间认知的研究直接建立在对于人类生理行为的研究上成为可能。国内目前关于虚拟现实技术在城市及建筑空间认知的研究中亦已有一定的研究成果，被逐渐拓展到聚落空间认知的领域中。同济大学徐磊青教授及其指导的学位论文利用虚拟现实技术进行了一系列城市建成环境中的空间认知及寻路行为研究。严钧（2007）最早将虚拟现实技术运用到聚落研究中，而这一时期包括此后若干年虚拟现实技术在聚落研究中的作用则仍以空间重建虚拟再现为主。天津大学苑思楠（2018，2019）等利用虚拟现实认知实验及数据分析可视化的相关方法分析人在虚拟环境中的站点、视点及视距，进行了传统村落空间形态研究以及人在传统村落环境中的视认知行为研究，展示出了虚拟现实技术作为一种可以近距离直接观测人在空间中认知过程并获取行为数据的工具在空间认知领域与传统建筑学领域应用的潜力与前景。

总体而言，当前从空间认知角度进行的聚落空间研究目前还比较有限，存在较大的挖掘空间。近年来随着虚拟现实技术的不断发展，该技术在空间认知研究方面的优势也逐渐显示出来：一方面，它是解析人在建成环境中的认知与行为机制最直接的方式；另一方面，虚拟现实技术使得复杂的建成环境可以被简化、在实验室中进行人的行为解析，大大降低了认知实验的操作难度与成本，因而基于虚拟现实技术的认知实验正逐步成为空间认知研究的有力工具之一，其在村落空间认知特征的研究中正逐渐发挥着巨大的作用。

二、研究内容与方法

1. 聚落概况

大梁江村位于河北省井陉县域太行山区内,地处太行山东麓终端的晋冀交界之处。由于地处崇山峻岭之中,交通不便的同时也获得了重岩叠嶂的山峦作为保护屏障,村子数百年来未遭受过多的灾乱,村落传统风貌得以持续性地保留下来,现仍有保存完好的明清古民居院落162座。

2. 量化分析

本研究使用DepthMap软件以及ArcGIS中的插件sDNA工具(Spatial Desnity Network Analysis)对样本村落进行拓扑特征分析,同时使用数理量化的方法进行了村落网络密度分析及可视化,用于作为虚拟现实实验主观评价结果的相关性分析参量。空间句法是由英国建筑师和城市学家Hillier和Hanson发展的一种城市空间分析理论和方法,它通过将城市的空间网络抽象成彼此相互交叉的线段,来量化线段与线段之间的拓扑连接的关系。DepthMap与sDNA作为两种空间拓扑分析的工具有一定的相互替代性,sDNA的优势主要体现在其处理三维空间网络时使用的是三维路网中的真实道路长度而非投影长度,同时计算角度变化也由平面角转而为立体角。

3. 虚拟现实实验

用于进行虚拟现实实验场景搭建的村落场景信息主要获取于实地调研过程中的航拍模型以及街巷内景图像信息。在使用Rhino进行三维模型制作后,将模型及贴图材质信息导入Unity 3D软件中进行进一步场景材质调整与光影渲染。

虚拟现实实验主要借助于头戴沉浸式VR头盔及VR万向移动平台进行,其中,头盔为HTC Vive Pro Eye,万向移动平台则由Virtuix Omni公司出品。实验过程中被试者需要通过在万向移动平台中的实际步伐移动来控制自身在虚拟环境的中行动,同时转头、转身等行为也将在虚拟环境中保持与实际行为一致。

实验分为两个部分。第一部分为聚落整体性体验,被试者将由村口进入村落,并自由漫游15分钟,在15分钟的实验过程中,被试者的行为轨迹、视点分布等数据将被记录。整体性实验部分有两个实验环境,分别为依据真实村落场景建立的山地聚落环境和使用该村落同一平面建构的无高差聚落环境(即两个聚落环境除有无高差外完全一致),两组环境形成比较实验。实验结束后,被试者均需完成村落形态主观评价的问卷及认知地图绘制。第二部分为聚落片段体验,实验选取了村落中四段长度相当,在高度变化、坡度、曲折程度以及视野宽阔程度存在一定差异的街巷片段,安排被试分别体验每个片段后,填写涉及片段空间形态特征的主观评价问卷。此类实验亦设置有山地型与平地型对照实验。

三、村落形态量化分析

本研究着重使用定量研究方法对大梁江村的空间拓扑形态特征进行了研究。量化分析结果主要用于与空间认知实验中获取人们的在样本聚落中的认知与行为数据进行比较分析,探讨山地聚落空间形态特征的认知意义。

1. 基于DepthMap的空间拓扑特征分析

本研究在DepthMap软件中使用轴线图模型进行的拓扑分析涉及参量包括整合度、穿行度。整合度反映计算单元吸引到达交通的能力,而穿行度反映计算单元吸引经过交通的能力。本研究根据村落尺度设定了100米、200米、300米、500米与n五种分析半径,对每种分析半径下的整合度和穿行度值均进行了计算分析(图1),可以看出当分析半径至300米及以上时,村落整体的空间结构开始显现。

2. 基于sDNA的空间拓扑特征分析

sDNA分析中使用的计算模型为依据大梁江村测绘数据在软件

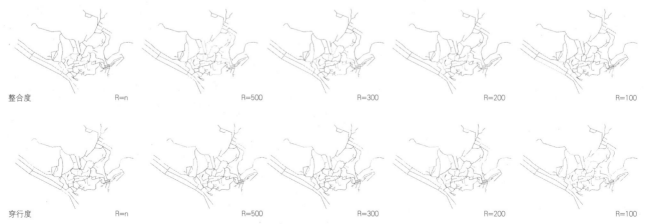

整合度	R=n	R=500	R=300	R=200	R=100
穿行度	R=n	R=500	R=300	R=200	R=100

图1 基于Depthmap的大梁江村空间拓扑特征分析

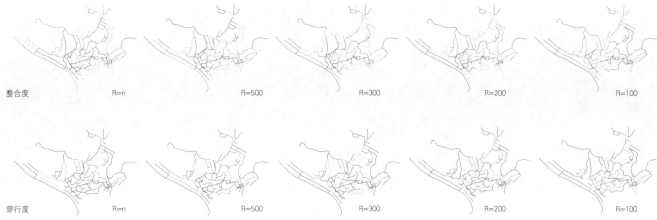

图2 基于sDNA的大梁江村空间拓扑特征分析

中绘制各道路中心线得到的三维道路网络图，基本保证了真实道路情况的吻合，分析的单元设定为两个岔路口之间道路。sDNA分析中主要涉及的两个参量为整合度与穿行度，这两大参量与空间句法中常使用的整合度与穿行度是等效的，图2为100米、200米、300米、500米与n米五种分析半径下sDNA分析得出的整合度与穿行度计算值，总体来看sDNA与DepthMap分析所得的结果差异不大，村落的主要结构在两个模型中保持一致。

四、虚拟现实实验与结果分析

本次共招募43名实验志愿者，其中山地实验组25人、平地实验组18人，每场实验约历时45分钟，最终获得有效样本实验组20人，对照组14人。

1. 运动轨迹分布分析

实验后获取的被试者轨迹坐标点可通过导入Rhino软件显示于村落平面图中，再通过ArcGIS软件进行密度分析可对被试运动轨迹分布的密集程度进行可视化（图3），图中色彩由冷到暖代表该处运动轨迹点密度由低至高。

两个实验组轨迹点密度分布均呈现从入口到村落深处密度逐步下降的趋势，在岔路口、广场以及道路转折处出现局部较高的轨迹点密度。二者主要差异在于被试者探索范围，在大致相同的实验时间内，山地组平均探索距离为501米，平地组为1098米，相差超过两倍之多；其可能的产生原因有以下两点：（1）在山地组实验中被试的移动速率会按照所经过路段的坡度进行折减，但经过测算山地实验组的总体速度大约为平地组的0.9倍，因而并不是影响被试探索距离差异的主要因素；（2）对两组实验中被试者两次或以上经过同一路段的次数进行统计，山地组平均为3.95次，平地组平均为2.7次，即在山地聚落的探索中被试者会更多地走"回头路"，一定程度上阻碍了其探索更远的距离。

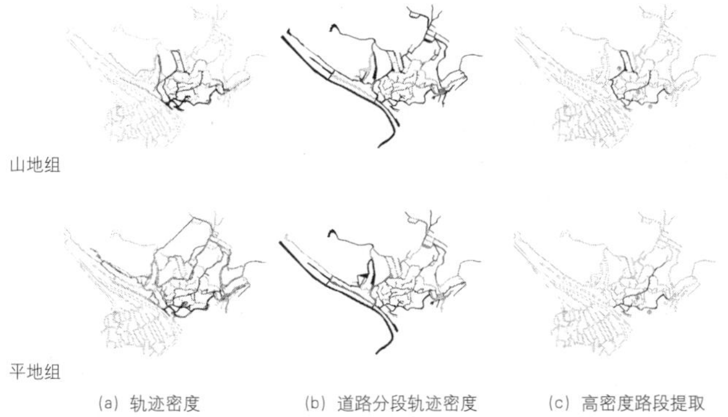

通过对被试者在实验环境中运动轨迹点密度的可视化，村落的道路结构亦得到了初步显现。通过计算人流在每段道路上的线密度，将结果与空间网络拓扑分析中的分析单元实现两组数据的一一对应，可以对二者进行相关性分析，最终的可视化结果如图3-（b）所示。山地组中出现了轨迹点密度最高三条道路，如图3-（c）所示。将实验结果与拓扑分析结果相比较可发现，使用Depthmap计算的整合度和穿行度测算结果与轨迹密度分布较为相似，尤其道路②、③始终处于整合度、穿行度核心；sDNA中计算穿行度分析结果也较为一致，sDNA中计算得到的整合度核心与其他三者及实验结果都有明显偏离，基本可以认为这一参量与人在聚落空间中的运动分布关系不大。此外，两种测算工具所得结果均在计算半径为300米及以上时逐渐与实验结果吻合，更低的计算半径本身也不能反应空间整体的拓扑结构。尽管sDNA工具使用的计算模型为三维道路网络，但两者并未体现出明显差距。

2. 头轴点分析

已有实验研究论证了人在运动过程中海马体神经细胞会控制头部方向与视觉注视方向保持一致，二者也倾向于与运动方向保持一致，头部轴线点因而是重要的视认知参数。本次实验将实验过程中被试者头部轴线向正前方发射出的射线触及实体的交点坐标导出，并将未与实体发生碰撞产生交点的数据舍去，可视化结果如图4所示。

山地组

平地组

（a）轨迹密度　　　　（b）道路分段轨迹密度　　　　（c）高密度路段提取

图3 运动轨迹密度分析（上排：山地组；下排：平地组）

山地组   平地组

图4 头轴点分布

统计头轴点落在实体上的比例可发现，山地组有93%头轴点落在实体上，而平地组仅为总数80.1%，在山地聚落中，被试者的头部轴向射线更多地被物质实体所承载，被试者90%以上的时间都面朝建筑、道路、草地等物质实体，而平地聚落中被试者更多地望向天空或远处。

此外，从整体来看头轴点的密度分布也与运动轨迹点的分布呈现出类似特征，即山地组聚集在村落入口较小范围内，平地组则更为分散，抵达更远距离。对于山地组而言，头轴点密度最高的区域为较为开阔的岔路口和广场处的地面，此处也是运动轨迹点密度较高的地方，说明被试者不仅更多地经过此处，也大多在此停留或放慢速度，同时伴随着低头的动作。另一类头轴点的高密度区为道路发生转折处的建筑立面。

3. 主观问卷评价

本次实验的主观问卷设计有三个部分。第一部分要求被试针对村落整体对若干空间形态客观指标的估计值；第二部分对标实验设计中的局部空间体验，要求被试对体验过的四段村落空间的形态指标进行排序；第三部分为认知地图绘制及绘制依据。

主观问卷的第一部分为问询到的空间形态特征指标包括道路平均宽度、建筑平均层数、岔路口个数，最终结果如表1所示。

被试对村落整体对若干空间形态客观指标的估计值统计结果   表1

	建筑层数估计平均值	道路宽度估计平均值	路口个数估计平均值
山地组	1.28	3.48	58.5
平地组	1.43	3.73	62.1

对于"建筑层数"的估计两组数值接近，说明人们判断层数依然主要依靠门窗等建筑本身的特征，因而受地形影响不大。在"道路宽度"的估计上，两组数据差异不大且均与村落道路平均宽度3.63米接近，可见无论山地地形存在与否，人们都能对道路宽度做出较准确的判断。而"岔路口个数"的估计平地组则略高于山地组，但二者均距真实个数80个有较大差距，这固然是由于游览范围有限导致，但二者差距显然不如实际探索范围那样显著，侧面说明对照组探索了更大范围更多发生在村落边缘地带，对增进对村落核心地带（即路网密集处）的认知帮助不大。

主观问卷的第二部分针对实验设计中的局部片段空间体验提出，题型为针对XXX就A、B、C、D四段道路进行排序，最终统计结果如表2所示。

被试对四个村落空间片段特征排序值   表2

排序数值	曲折程度		长度		视野开阔程度		空间丰富程度	
	山地组	平地组	山地组	平地组	山地组	平地组	山地组	平地组
A	2.10	1.77	2.60	1.77	2.35	3.15	1.50	2.00
B	2.25	2.92	2.75	2.92	3.35	2.85	3.00	2.92
C	2.75	3.46	2.75	3.46	2.55	1.46	2.75	2.85
D	2.90	1.85	2.00	1.92	1.75	2.54	2.40	1.92

比较四段路段平均排序值可发现：被试者认知中的"视野开敞度"对地形变化最为敏感；相同的路段中，山地环境下"体验丰富度"评价更高，可见高差变化对空间丰富程度的体验影响较大；由于两组的平面完全相同，严格定义中曲折度基本没有发生变化，但被试者的主观评价却有明显波动——由于地形变化，四处片段中有两处的视野明显变窄，被试者对其的曲折度评价也明显上升。

主观问卷的第三部分为认知地图绘制。研究中提供了一组截取自村落内部的具有一定辨识度的场景图片，位置均匀分布于村落的各个地带，内容涵盖了各类环境要素，包括广场、建筑、楼梯、植物、桥梁等，被试者可从中选择自己印象深刻的图片序号，并将其填写在自己所绘制的认知地图中，除了统计各类型意象要素出现频率，意象深刻、认知地图数据清晰与否也应能量化评估，因此要素评价计分按照了如表3所示的方式进行，最终统计结果如图5。

空间意象等级计分标准　　　　表3

空间意象记忆及呈现情况	意象等级评分
仅挑选并认为有印象	1分
有印象，但在认知地图中位置标记错误	2分
有印象，且在认知地图中位置标记错误	3分
提供样例外的其他要素	2-5分

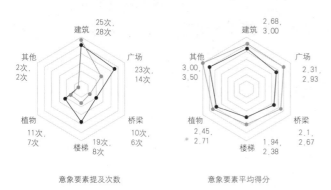

意象要素提及次数　　　　　　　意象要素平均得分

图5　认知地图要素统计

统计数据显示，在实验组和对照组中，"建筑"和"广场"无论被提及的次数还是意象强度平均分都位于前两名，实验组中的"楼梯"类被提及19次，仅次于建筑和广场，然而平均分仅1.94分，为各类中最低。总体而言，通过空间体验能够给被试者留下特征性印象并可作为回忆村落形态依据的仍以建筑与广场为主。

五、小结

实验证明：在虚拟现实环境中，人们对山地聚落的探索距离要显著小于对同等情况下的平地聚落，同时在平地聚落中的探索范围覆盖的道路更长；山地聚落街道拓扑结构对人的空间运动分布有着显著影响，空间网络拓扑分析工具所揭示的核心地带基本与实验中人的空间运动分布的高密度地带相符；与无高差的平直的道路相比，山地聚落中的有坡度的路段吸引了人们的更多关注，这同时表现在头轴点和视点分布上；山地聚落的地形在人们对道路宽度、建筑层数等客观参量判断中的影响不大，不管山地地形存在与否，人们都能够较为准确地做出判断。

本研究以对比实验研究山地聚落的空间形态特征的认知意义研究采用科学实验的控制变量法，在保持聚落除地形外其他空间形态特征不变的条件下，构建对照组，通过对比实验获取被试者在山地

和平地两种环境下的客观认知行为数据与主观认知评价，从而对山地地形对认知行为的影响展开研究；对包括Depthmap及sDNA这两种空间网络拓扑分析工具在山地环境中的有效性进行了测试，发现道路网络的平面拓扑结构对山地环境中的人的空间运动分布依然发挥着决定性的作用，而sDNA并未显示出明显优势。

本研究在以往聚落形态研究的基础上加入山地聚落特有的三维形态特征，完善了山地聚落空间形态描述体系。通过以大梁江村为样本案例的空间认知对比实验，提出了人在山地聚落中有别于平聚落的认知与行为规律；建立了较为全面的空间认知实验数据采集与分析框架，实现了从全方位多角度获得人在实验环境中的认知与行为数据，发掘了不同类型数据之间的联系，共同为认知机制的解释提供支持；通过对大梁江村的空间形态特征描述及空间认知实验研究，深入解析了山地聚落空间形态与空间认知之间的联系，从而深入剖析了以大梁江村为代表的北方山地聚落空间形态特征的认知意义。

注释

① 马雪莹，天津大学建筑学院，硕士研究生。

② 彭元麓，天津大学建筑学院，本科生。

③ 苑思楠，天津大学建筑学院，副教授。

④ 张寒，天津大学建筑学院，博士研究生。

参考文献

[1] 梁保庆. 中国历史文化名村　大梁江 [M]. 北京：中国文联出版社，2012.

[2] 严钧. 虚拟现实技术在传统聚落保护中的应用研究 [A]. 全国高等学校建筑学学科专业指导委员会. 2007年全国高等学校建筑院系建筑数字技术教学研讨会论文集 [C]. 全国高等学校建筑学学科专业指导委员会：全国高校建筑学学科专业指导委员会建筑数字技术教学工作委员会，2007：6.

[3] 苑思楠，张寒，张翚. VR认知实验在传统村落空间形态研究中的应用 [J]. 世界建筑导报，2018.

[4] 苑思楠，张寒，何蓓洁，张玉坤. 基于VR实验的传统村落空间视认知行为研究——以闽北下梅和城村为例 [J]. 新建筑，2019 (06)：36-40.

[5] 比尔·希利尔，杨滔. 场所艺术与空间科学 [J]. 世界建筑，2005，000 (011)：24-34.

[6] 杨希. 近20年国内外乡村聚落布局形态量化研究方法进展 [J/OL]. 国际城市规划：1-16 [2019-08-19].

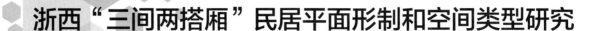

浙西"三间两搭厢"民居平面形制和空间类型研究

摘　要: 浙西是指地理上的浙江西部地区,论文所指范围为南宋时期古严州区域和兰溪区域以及衢州的龙游。这片区域的民居有着共同的单元细胞模式——天井式三合院"三间两搭厢"。村落其他的民居皆由这种小型民居组合而成。本论文以"三间两搭厢"民居为聚焦对象,分析浙西"三间两搭厢"民居平面形制、组合变化、大木梁架以及搭接的细节讨论等。

关键词: 浙西　天井式三合院　三间两搭厢　民居

一、"三间两搭厢"再定义

"三间两搭厢"民居,这个名字最早出现在陈志华先生的《新叶村》②中,书中写道:"多数住宅由正房,两厢,天井组合成"。陈志华先生的《诸葛村》③书中又进一步解释为:"这是小型住宅,最大量的。正房三间,两厢各一间,当中为天井,前有照壁墙。厢房进深小于正屋次间面阔约九十厘米,他的檐檩架在正屋的次间的檐檩上。这样天井大致可以和堂屋同宽"。丁俊清先生的《浙江民居》④书中写道:"这是中大型住宅的基本单元,是三合院又称半合或三间两过厢,是浙西最流行的类型,适合核心家庭居住,几乎可成为浙西民居的代名词"。在村民口述中指出本村是由"三间两搭厢"这种民居构成的,但是很多村落并不用"三间两搭厢"来命名他们的民居,每个村子有着自己独特的命名习惯,区域间相似,所以"三间两搭厢"的名字从狭义的角度讲,是指建德龙游等区域村落细胞建筑的命名名称。从广义上讲,凡是以正房三间、两厢、天井为平面构成的三合院民居,整体框架为木构框架,外围以封闭的砖墙围合,满足以上诸点的浙西民居都可以命名为"三间两搭厢",这是"三间两搭厢"建筑学上广义的定义。

二、"三间两搭厢"的平面形制和权利空间

在梁思成先生的《清式营造则例》中写道:"凡四柱之中的面积,都称为间。"如果按照梁先生的注解,民居"三间两搭厢"也是不成立的,怎么算也不只三间,那这又怎么解释呢?则需回看到《清式营造则例》绪论:"木构架所用的方法是四根立柱的上端,用两横梁两横枋周围牵制成一间。再在两梁之上架起层叠的梁架以支桁,桁通一间支左右两端,从梁架顶上脊瓜柱上,逐级降落,至前后枋为止,这是构架制骨干最简单的说法。这间所以是中国建筑的一个单位,每座建筑物都是由一间或多间合成的"。可以看出,四柱是指抬梁结构中构成主空间的四柱,而非所有的四柱。《营造法原》⑤中的描述:"南方房屋每多连四界,承以大梁,支以两柱,

此间之地位,称为内四界"。《营造法原》所叙述的内四界与《清式营造则例》绪论中的间都是形容同一种抬梁结构的主空间。在张十庆先生的《中日古代建筑大木技术的源流与变迁》⑥一书中写道:"间为空间构成的基本单元,主空间是由若干间并列而成,称为空间构成的核心,次空间是以庇檐的方式所形成的主空间的扩展部分"。以一面、两面、三面、四面的庇檐方式,形成主空间的四种不同的空间扩展形式"(图1)。在民间工匠的命名习惯中也可得出间的整体概念,五开间建筑命名为:"左二间,左一间,中间,右一间,右二间"。从各种书中以及工匠实践中我们可以得出,"间"是中国民居建筑的重要基本单元。民居房屋多以间的横向组合为主,多数为三间。

"三间两搭厢"民居正房以三间两面的形式居多,即三间主空间,前添一面、后添一面。两侧面不添加,为砌筑山墙围合。前添一面多为廊弄,起到联系厢房与正房的作用。廊与弄从功能上是相同的,起到连系避雨等功能,但是在尺寸上比廊要窄小一些。"三间两搭厢"民居平面的后一面的应用主要在中堂,中堂后金柱位置为安置太师壁的地方,太师壁后设置楼梯或出口。厢房也称为配房,是有别于正房的称呼,体现其附属性。厢房这种称呼多见于清代的文学作品中,如《西厢记》⑦中西厢指西侧的厢房。民居"三

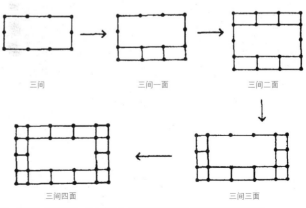

三间　　　　　三间一面　　　　　三间二面

三间四面　　　　　三间三面

图1　间与面（图片来源:张十庆先生《中日古代建筑大木技术的源流与变迁》）

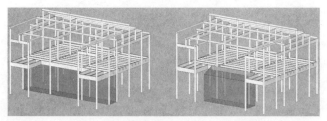

图2 廊弄在"三间两搭厢"民居中的位置（来源：作者自绘）

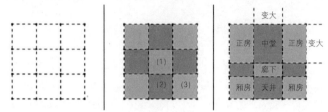

图3 九宫格分析和三间两搭厢分析（图片来源：作者自绘）

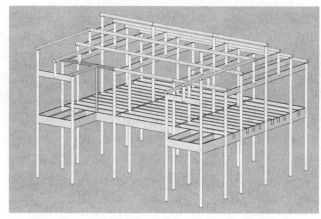

图4 厢房与正房的搭节点（图片来源：作者自绘）

是搭接节点出现的最大原因之一。

间两搭厢"与北京四合院里的厢房虽然位置以及附属地位相似，但是又有很明显的区别，北京四合院是单层，而民居三间两搭厢为二层，北京四合院厢房和正房用抄手游廊连系，而三间两搭厢民居是用廊或弄相连，空间非常紧凑。在调研中发现，廊的设置大多在正房构架前添一面的位置设置，也有不借用正房的前添构架的。在天井位置单独设置一前廊，增加两柱子，与正房的柱子形成四柱空间，整体单坡坡向天井。有些民居两侧厢房会挑出披檐与单坡相连一起坡向天井。如图2所示，左侧为廊弄设置在正房下，右侧为添加斜坡廊弄，在天井进深保持不变的情况下，这种形式的厢房进深会增加。

"三间两搭厢"民居的平面形制非常接近变体的九宫格，九宫格是有关空间基础训练而发明的一种训练形式。借助九宫格训练对民居三间两搭厢的权利与空间问题展开一点关联性思考。九宫格中每一个格子都有不同的空间属性。在平面中每一个空间都代表一定权利的话，中堂的地位是被放大的。如果我们把朝向外部环境优劣隐去（"三间两搭厢"本身是四面围合的封闭空间），我们得到的九个格子里有三种不同的空间属性，分别为图3中的（1）（2）（3）。中堂是所有房间面积中最大的，在进深与面阔尺度上都是加大的，天井是开敞的景观空间，中堂正对其。甚至厢房会缩小面阔，让天井与中堂保持一致。原本处于（1）位置的中间空间被压缩为廊下，这里是装饰的重点，牛腿以及天花很多雕饰都会围绕这个空间展开，这个廊下也是进入中堂的前导空间，这里也是生活中利用率较高的空间。

三、"三间两搭厢"的"搭"

搭，在"三间两搭厢"的民居中是一个关键节点，搭的出现主要是厢房的面宽小于次间的面宽，在厢房与正房的交接点上省略一根柱子，厢房与正房形成搭接关系。之所以厢房要退一定的距离，是因为厢房会向天井挑出凸窗和屋檐，如果不后退就会挡住正房正间中堂的采光，面宽缩小的厢房，使得中堂与天井大致同宽。这也

搭这个节点具体指哪个连接位置？《儒学影响下的浙西乡土建筑》[8]第二章中写道："两厢进深较浅，其檐檩搭于正房次间的檐檩上，故而得名'三间两搭厢'。"（图4）红色为正房檐檩，绿色为厢房檐檩，黄色为立柱。窗户以及栏杆需要立柱来安装，这一立柱出现在大多数案例中。一层多不设置立柱，是因为厢房多数情况是不围合的，是半室外空间。从节点考虑，黄色立柱使得檐檩搭接这个关系变得较弱，"三间两搭厢"民居的"搭"更多的可能是指厢房的穿枋搭接在次间的穿枋上。因为这个节点在视觉角度上比较直接和明显。图5是笔者调研的不同地区的正房与厢房枋的"搭"接照片。

从整体性考虑，这个"搭"字更可能是厢房搭接在正房上的意思，因为厢房的所有的檩，穿枋，还有格栅都要搭接到正房次间上（图4）。第二点是因为"三间两搭厢"又名"三间两过厢"，这个"过"也是从整体考虑的。

与浙西相邻的徽州区域也盛行三间两厢这种小型天井式三合院民居。从平面形制上对比，徽州地区的厢房比较狭长，其厢房又叫作廊厢，它本身比较像廊（图5）。值得一提的是徽州地区正房的柱子随着厢房面阔的缩小而移动，因为柱子的挪动，使得厢房四角柱子比较完整，没有出现"搭"这个关系，这种移柱情况在浙西地区很少出现，在浙西地区如果一层厢房需要围合，会出现增添柱子的情况（图6）。

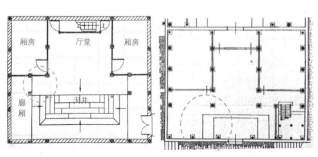

图5 徽州三间两厢和浙西三间两搭厢对比（图片来源：《徽派民居传统营造技艺》《诸葛村》）

图6　搭节点 龙游、徽州、淳安、建德（图片来源：作者自摄）

四、"三间两搭厢"组合与变体

"三间两搭厢"为浙西古村落的基本构成细胞，其本身还有很多变体，包括：三合、对合、假对合、三进两明堂等。最常见的变体为对合式，即由两个"三间两搭厢"对合在一起，形成两进一天井的形式（图7）。对合后的"三间两搭厢"形成了四合院的形式，但是天井并不是增加了两倍，它的尺寸增加的有限，还是比较狭长。随着地基的变化，对合后的南向正房的进深是可以缩短的，有的进深只有一个廊子的宽，这种房子叫假对合式（图7假对合式）。两个"三间两搭厢"背对串联就形成了背对式，前后两个天井，房子会敞亮一些。单房子的进深并没有增加两倍，进深增加有限。还有直接前后串联的，这种形式非常方便以后分家，把正中门堵上，前后就形成了两个独立的"三间两搭厢"民居。串联的"三间两搭厢"民居也可以变成前厅后堂楼的做法，前面一个"三间两搭厢"变成一个敞开的三间大厅，用来招待接客，后面的用于居住。"三间两搭厢"也可并列一起，也可以其中之一扭转。如图7并列式这种非常灵活多变的布局是可以由地基不同而变化的。还有一种相对来说比较大型的——三进两明堂（图7），它是一个对合后面再接一个"三间两搭厢"而成。三进房子的屋脊会一个比一个高，是为了讨连升三级的彩头。"三进两明堂"后面的一进除了中央相连，也会在廊弄或厢房处开侧门，方便每一进与外部联系。"三间两搭

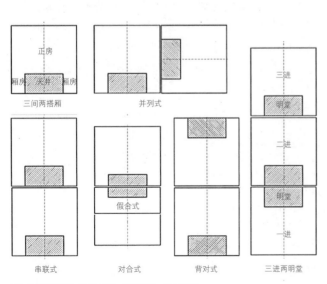

图7　"三间两搭厢"组合与变体（图片来源：作者自绘）

厢"民居的出入口非常灵活，可从中间天井进入、厢房进入、也可以在廊弄进入、太师壁后也可增加后门。"三间两搭厢"民居楼梯位置设置也较灵活，有的在厢房，有的在太师壁后，还有的会在正房的侧面增加一个楼梯弄，这些灵活的出入口和楼梯设置，使得在形成村落时，民居单体可以灵活组合，也为大家庭分割成小家庭提供了可能性。

五、"三间两搭厢"的大木梁架

三间两搭厢的民居正房多数时候为梁架两步（步指步架）柱子落地，在调研中也发现有一些是步步落地的情况。穿斗民居最开始是以步步落地为开始的，从《鲁班营造正式》[9]梁架插图中可看出。在我国有些地区民居依然保持着步步落地的营建习惯。在浙江很多民居的营建中逐渐从步步落地向两步落地发展，最终两步落地成为主流。明清以后政治中心移到北方，这里有一部原因是北方抬梁营建方式对其的影响。如图8第一组为步步落地，中间主空间为两步，每步尺寸较大，不会大过双步，过大稳定性就比较差。第二组主空间为四步，减掉了两柱，每步较合理。这三组木梁架的穿枋，前两组木构架的穿枋还会出现整个贯穿的现象。第三组木架穿枋没有贯通，这种做法为浙北民居混合结构中边榀常见的做法。浙北民居中间榀架多抬梁，在边榀时候中柱落地。这种木构架穿枋较前两组都要大一些，向抬梁的演变更进一步。在浙西民居"三间两搭厢"中最常见的为前两组木构架形式（正房），并且以中间的两步落地，穿枋贯通的梁架形式居多。

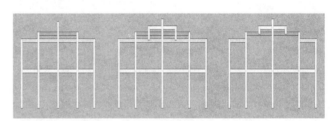

图8　步步落地与双步落地分析（图片来源：作者自绘）

本文探讨了民居"间"的表述关系，分析了三间两搭厢正房空间。分析了三间两搭厢中堂的绝对权力。探讨了三间两搭厢"搭"的细部节点和梁架问题，分析了其民居组合和变体。深知论文有很多错误和不足，望学者不吝赐教！

注释

① 李思明，中国美术学院，硕士研究生。

② 李秋香，陈志华. 新叶村. 北京：清华大学出版社，2011.

③ 陈志华，李秋香. 诸葛村. 北京：清华大学出版社，2010.

④ 丁俊清，杨新平. 浙江民居. 北京：中国建筑工业出版社，2009.

⑤ 姚承祖，张志刚. 营造法原. 北京：中国建筑工业出版社，1981.

⑥ 张十庆. 中日古代建筑大木技术的源流与变迁. 天津：天津大学出版社，2004.

⑦ 王实甫. 西厢记. 北京：人民文学出版社，1998.

⑧ 张力智，儒学影响下的浙西乡土建筑 [D]. 北京：清华大学博士学位论文，2014.

⑨ 天一阁藏本. 鲁班营造正式 [D]. 上海：上海科学技术出版社，1988.

参考文献

[1] 梁思成，营造法式注释 [M]. 北京：中国建筑工业出版社，1983.

[2] 梁思成，清式营造则例 [M]. 北京：中国建筑工业出版社，1981.

[3] 姚承祖，张志刚. 营造法原 [M]. 北京：中国建筑工业出版社，1986.

[4] 张仲一等. 徽州明代住宅 [M]. 北京：中国建筑工业出版社，1957.

[5] 潘谷西，何建中. 营造法式解读 [M]. 南京：东南大学出版社，2005.

[6] 张十庆，中日古代建筑大木技术的源流与变迁 [M]. 天津：天津大学出版社，2004.

[7] 中国建筑设计研究院建筑历史研究所. 浙江民居 [M]. 北京：中国建筑工业出版社，2007.

[8] 杨新平. 浙江兰溪民居//陆元鼎. 中国民居建筑. 广州：华南理工大学出版社，2003.

[9] 王仲奋. 婺州民居营建技术 [M]. 北京：中国建筑工业出版社，2014.

[10] 杨新平. 浙西民居//丁俊清，杨新平. 浙江民居 [M]. 北京：中国建筑工业出版社，2009.

[11] 李秋香，陈志华. 新叶村 [M]. 北京：清华大学出版社，2011.

[12] 陈志华，李秋香. 诸葛村 [M]. 北京：清华大学出版社，2010.

[13] 陈志华，楼庆西，李秋香. 俞源村 [M]. 北京：清华大学出版社，2007.

[14] 楼庆西，陈志华，李秋香. 郭洞村 [M]. 北京：清华大学出版社，2007.

[15] 陈志华，李秋香. 婺源 [M]. 北京：清华大学出版社，2010.

浙江传统聚落的信仰行为与公共空间的形态特征研究

张卓源① 魏 秦②

摘 要： 本文通过对于乡村公共空间闲置等问题的研究，发现乡村公共空间活力低下的原因与空间无法承载村民的民俗生活有着较大的关联性。论文通过区域比较法等民俗学的方法，归纳得到包括祭祖、仪式等乡村民俗类型及其在聚落中的布局特征。本文以浙江省下田村香菇庙会和新市古镇竹墩村祭祀为例，分析村落原有信仰建筑的使用现状及村民民俗行为特征，分析村民行为特征及民俗的文化根基下的公共空间特色，为今后乡村公共空间的规划与建设提供可借鉴的理论依据。

关键词： 民间信仰 信仰建筑 乡村公共空间 形态特征

一、研究背景

1. 问题分析

改革开放至今，我国经历了快速的城镇化发展，给传统村落公共空间带来剧烈改变的同时，也影响着村落未来的发展方向。最初乡村的自发性建设、缺乏前瞻性的规划以及对于城市建设模式的生搬硬套使得村落原有的地域性逐渐丧失，形成千村一面的景象。"'传统村落空间'是一个由自然空间、社会空间、文化空间、公共空间构成的'复合空间'"③。由于当下乡村生活的巨变，乡村公共空间难以承载现有的乡村生活；同时村民的日常文化、娱乐活动也没有匹配的场所承载，公共空间利用率低下、被闲置，这些进一步加剧了乡村活力的衰败。

2. 民间信仰与民俗活动

民间信仰主要包含信仰观念、领袖、仪式、组织、纪念物遗存。民间信仰在最初的保护过程中往往被忽视，并且民俗保护的"去神化"现象严重：廊桥上的神龛被清除、祈福庙会的性质被改变。民间信仰有可被感知的外显形式：信仰仪式，如庙会；信仰遗存，如庙宇等。民俗活动同时也有其无形的传统价值观念、社会组织结构等。剥离了人们在民俗仪式、建筑与构筑物、手工艺品上隐含的传统价值观念和思维方式，民俗活动的生命力也无法得到延续。只有关注信仰仪式与精神内涵的不断发展与变化，才能把握信仰型民俗活动与乡村公共空间的特征。

3. 乡村公共空间

乡村公共空间是承载村民日常活动的主要场所，乡村公共空间的活力高低与否直接影响着村民日常乡村生活的活力。适宜的乡村公共空间不仅提供村民进行日常行为活动的场所，更能保证乡村地域民俗与信仰的延续与发展，为村民提供良好物质环境的同时也通过村民文化共同体的增强限定出村落的精神边界。相似自然与人文背景的村落，其公共空间的形态特征与组织逻辑也有相似之处。本文关注于浙南山区中特色香菇产业衍生出的民间信仰与浙东水乡丝绸产业的民间信仰，分析两种不同信仰下乡村公共空间的形态特征。

二、香菇产业民间信仰影响下乡村公共空间特征

1. 民间信仰的历史渊源

浙南山区民间信仰的产生根植于当地的香菇产业，当地群山环绕、道路险阻，菇民通过外出或在临近山中种植香菇来保证生活收入。菇民返乡后在信仰建筑五显庙中举办香菇庙会，合家团聚并交流菇业信息。在南宋时期，民间信仰在传入浙江省内后也产生了分化与生长，产生了各地富有地域特色的信仰组织、信仰仪式和信仰圣迹五显庙（图1）。因受龙泉、庆元、景宁三县的特色香菇产业影响，当地人民从精神上祈求外出平安、香菇丰收，以及菇民共商销售、分享种植经验等信息。在五显庙旁边并置体量小远于五显庙的观音殿，其功能是寄托人们多子多孙的期望。

图1 下田村五显庙 (图片来源: 网络)

2. 民俗行为与民间信仰建筑

庙会活动是祭神庆典、新年和举办产业协会三者的合一，其组织者同时承担其他菇民活动的组织。庙会有许多级别，往往以村或多村联合的"一方"④为单位，最高级别的是龙井、庆元、景宁三县共同举办、由菇帮协会三合堂承担主办的庙会。下田村庙会便是由其所在的"一方"进行组织。庙会的主要活动是做戏，并且由六个村从农历六月十三开始，每个村轮流表演五天。上午主要活动是迎接来自整个菇民区的众人来五显庙庙中参拜（图2），戏曲表演主要集中于下午和晚上（图3）。

五显庙整体是一进院落，局部二层，正立面前有一个与庙宇等宽的广场，布置有奇数个香炉，是进入建筑前的准备空间。沿纵轴线依次为牌楼、穿堂、戏台、天井、春亭、正殿，天井两侧二层为看楼。当举行重大活动，正门打开，两侧的灰空间进行人员签到、食品发放等活动，为整体信仰活动的准备部分。戏台的设置与信仰仪式中戏曲观赏活动有关。人们也会在天井摆满条凳，与背后正殿里的神明们一同观看戏曲，这时建筑内部因为戏曲加强了空间与精神上的整体性。

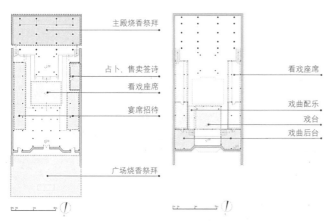

图2 五显庙一层平面功能图 (图片来源: 作者自绘)　图3 五显庙二层平面功能图 (图片来源: 作者自绘)

3. 民间信仰下公共空间的形态特征

（1）地理方位

五显庙是五显信仰中级别较高的信仰场所。在一个村落的层级内部，往往坐落在村落较外围的区域，临近村入口及水口位置。原因主要有以下三个：首先，浙南村落往往位于山区，聚落的整体结构受自然环境影响较大；其次，这些村落往往为血缘型村落，村落内部受到宗族关系的影响，民间信仰建筑与活动场所主要存在于村落主体的外围；最后，香菇产业是整个村落的经济命脉，选址水口，寄托了村民希望村落长久延续的愿望。

（2）空间现状

村内民居受高差影响为阶梯状布置，道路沿等高线蜿蜒联系起村内的数个广场与主要的公共建筑。现存村内广场部分为民俗建筑的原有活动场地，出现最早也一直得以保留至今；另一部分为荒废宅基地平整后的闲置空地，配套设施较为缺乏，民俗活动发生较少。村落内广场主要围绕五显庙及庙前广场布置，部分办公建筑内部院落也在活动时作为临时活动场地对外开放。

三、养蚕民间信仰影响下乡村公共空间特征

1. 民间信仰的历史渊源

已有数千年历史的新市古镇位于浙江省德清县，是一个典型的江南水乡。杭嘉湖平原土质肥沃、水网密布，很久以前先人们就填补低洼水池变为农田。由于该地带地势低洼，每年雨季到来都会受到洪涝灾害的侵袭，劳动人民将地势低洼地带的淤泥挖出，筑在塘边，高地种桑、塘内养鱼，逐渐形成了桑基鱼塘的传统生态农耕模式，用以减轻水患和增加收益。湖州桑基鱼塘生态农耕模式始于汉越、三国时期吴时杨俊成推广，在明代中期兴起高潮，清代形成了成熟的桑基鱼塘模式。

2. 民俗行为与民间信仰建筑

养蚕一般在清明前后开始，蚕妇们郊外踏青时往往购买蚕花佩戴。新市古镇所在的浙江湖州地区有轧蚕花、划龙船的盛会，同时也是养蚕之前所进行的准备蚕具工作和动员大会。为了祈祷丰收，蚕农们总要在养蚕季节到来前祭祀，逐渐演变成蚕花庙会。蚕花庙会是新市古镇蚕神信仰的盛大活动，庙会活动主要以街巷巡游为主。其中开幕等活动在广场或体育场进行，之后沿主要干道及古镇觉海寺路进行春游活动，行进到刘王庙前，则进行轧蚕花等农事表演及赛事，之后在市河进行花灯活动。傍晚举行社戏观演等活动，刘王庙内的戏台及宽阔的内院为观众的大量聚集提供了适宜的场地，戏台的题记等文物也是浙江省省级文物保护单位。

图4 刘王庙（图片来源：网络）

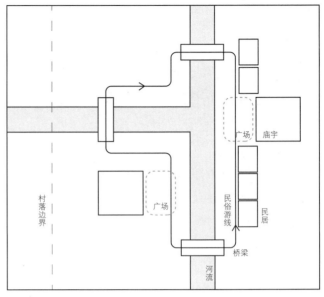

图5 民俗活动空间抽象图（图片来源：作者自绘）

刘王庙（图4）经历明清两代重修，其主要建筑坐北朝南，沿纵向中轴线依次排布：有正殿、偏殿、石门楼等。刘王庙历代香火鼎盛，每年新市传统蚕花庙会，新市镇区及周边方圆百里的信徒，皆来进香祈福，江南戏班大部到刘王庙戏台演戏。蚕花庙会的与会者众多，刘王庙也与附近觉海寺，西永灵庙等形成了一个蚕花庙会、民俗文化中心。

3. 民间信仰下公共空间的形态特征

（1）地理方位

原有民间信仰民俗活动主要围绕刘王庙，沿市河与古镇街巷展开。新市古镇河网密布，主要道路也沿河布置，次级道路则与河网交错、沟通主要道路。因庙会往往集中于清明前后两天，有时间短、人流量大的特点，因此，道路、广场与信仰建筑能为民俗活动提供足够活动场地的同时也能有良好的被观看的角度，以便居民观赏。

（2）道路网络

因为古镇内交通以水路与陆路并行，往往河岸两侧最富活力，临街店铺大多为骑楼的形式，店门前灰空间为平日居民通行提供良好物理环境的同时也为民俗观看提供了适宜的场地。因为水乡民居稠密，独立存在的广场较为稀少，往往以庙前广场的形式存在，例如刘王庙与附近觉海寺，西永灵庙都以广场与沿河道路连接，既能够强调纵向轴线神灵祭祀的崇高，也可以作为室外祭祀等民俗信仰活动的场地。并且通过临街廊下空间与数个广场共同形成民俗活动时的系列活动场地。以新市古镇为代表的浙北平原水乡传统村落公共空间（图5）也有相似之处：村落原有主要道路沿河道并行，通过庙前广场串联起沿河庙宇，次级道路交错沟通沿河道路。沿河展开的公共空间系统也是信仰民俗活动发生的场地。广场等面状空间往往为社戏等停留观赏活动，道路则是游走街巷活动的发生场所。随着蚕神庙会的不断发展，庙前广场及其他公共空间也逐渐得到有效利用，但如果能提高配套服务设施品质及对民俗活动进行更加充

分的展示与宣传，就能在提升村民生活品质的同时吸引游客参与到民俗活动中，对桑蚕文化有更深入的了解。

四、结语

两种民间信仰影响下的聚落公共空间形态有相似之处：二者都为农事生产有关信仰，这决定了它们的发生频率都为一年一次，除常见的信仰仪式之外，二者都包含农事交流、比拼等生产性娱乐活动，因此大部分活动都发生在信仰建筑配套广场之上。但由于二者耕作环境与村落自然环境的不同，在公共空间的形态与组织都不尽相同：香菇产业村落往往外出劳作，发生在村落内部的信仰活动无法模仿原有生产环境，因此信仰活动更强调对神灵的敬畏，同时也进行香菇行业的商业交流。核心民俗活动更多地局限在以五显庙前广场为中心的临近广场中，因为没有游走展示行为，在街巷中民俗发生频率最低，整体呈现环五显庙的面状公共空间。蚕神信仰村落的生产活动发生在村落内部，与菇神信仰相比，信仰活动更加紧密地围绕养蚕缫丝这一生产过程。民俗活动空间与生产空间有较多的重合，也催生出游走街巷、广场庆典此类的活动来联系生产空间与神灵的信仰空间，村落内部广场被街巷这一民俗空间有效串联成为环状的公共空间体系。

注释

① 张卓源，上海大学上海美术学院建筑系，研究生。

② 魏秦，上海大学上海美术学院建筑系，副教授、博士。

③ 李兴军. 关于传统村落空间重构的思考 [J]. 原生态民族文化学刊，2019，11（05）：70—76.

④ 尹福生. 龙泉龙井五显庙的香菇庙会调查 [J]. 东方博物，2008（03）：112—118.

参考文献

[1] 李兴军．关于传统村落空间重构的思考 [J]．原生态民族文化学刊，2019，11（05）：70-76．

[2] 尹福生．龙泉龙井五显庙的香菇庙会调查 [J]．东方博物，2008（03）：112-118．

[3] 陈芳芳．没落的民间记忆——甘肃省礼县盐官镇盐神庙及其庙会考察研究 [J]．民俗研究，2009（04）：188-204．

[4] 陈金凤．宋代婺源五显信仰的流变及其相关问题 [J]．地方文化研究，2014（06）：84-95．

[5] 李向振．迈向日常生活的村落研究——当代民俗学贴近现实社会的一种路径 [J]．民俗研究，2017（02）：16-23，157．

[6] 陈晓祎．民俗文化振兴促进乡村软治理研究 [D]．杭州：浙江财经大学，2020．

基金项目：本论文获得教育部人文社科研究一般项目规划基金（项目号：16YJAZH059）。

基于村民心理特征的传统村落保护

——以阿坝州马尔康市西索村村民为例

倪 霞[①] 孟 莹[②]

摘 要： 传统村落是中国优秀传统文化的空间载体，具有极高的历史文化价值。由于城镇化的快速发展导致传统村落数量锐减，传统村落保护迫在眉睫。研究以传统村落西索民居为例，从村民心理特征的角度出发，通过现场观察、问卷访谈等方法对西索村村民心理活动调查，对村民在传统村落保护中表现出的心理特征和行为表现进行分析，得出村民在参与保护的意识、对保护持有的态度以及对保护内容的认知等方面的特征，针对这些内容提出西索村传统村落保护的方法、路径和措施等策略，以期通过该研究为我国传统村落保护进行多方面的探索，对乡村振兴起到借鉴意义。

关键词： 村民心理特征 传统村落 保护

一、引言

传统村落作为重要的文化遗产，蕴含了丰富的历史文化信息，是村民千百年来的智慧结晶。在我国在快速城镇化过程中，大力推进新农村建设，村庄盲目搬迁和改建导致传统村落受到不同程度的破坏。2012年，住建部等三部委就传统村落保护与发展专门印发了《关于加强传统村落保护发展工作的指导意见》，强调传统村落保护发展的重要性。到2018年底，国家先后公布了5批次传统村落名录，对3750个村落进行了相应内容的保护。近几年来，许多学者对传统村落保护进行了多方面的研究，比如周乾松认为，各级地方政府应加大对传统村落保护的财政投入和政策支持，尊重村民自治和参与的权利[9]。戴慧从环境心理学的方法出发梳理对传统村落空间环境的认知途径，从人的感知及心理、行为角度探寻适用于传统村落保护和利用的方法，以期用来科学指导传统村落传承和发展的方向[5]。何峰基于人居环境科学视角进行历史文化名村整治规划研究，提出了调整用地布局、整治一般建筑、完善公共设施、优化景观环境等整治对策[8]。这些研究大多是从保护主体、保护内容、保护策略等方面进行的研究，鲜少从心理特征角度对传统村落保护进行研究，因此，该研究从传统村落保护与发展中的村民心理特征入手，探索传统村落保护的有效途径、方法等，对传统村落保护进行多方面的探索，以期为国家乡村振兴战略实施起到借鉴作用。

二、传统村落保护的主体

传统村落保护涉及诸多参与主体，现实中的参与主体主要包括政府、村民和企业三大主体。政府是传统村落保护的直接领导者；企业是当前传统村落保护的重要主体，是投资者和受益者；村民是传统村落保护的主要力量和直接参与者，是村落保护的根本。村民是传统村落文化与习俗的载体，直接影响传统村落文化的传承，村民对村落保护的意愿直接关乎上述内容。因此，研究从村民心理特征分析与传统村落的关系，从而指出村民主体与传统村落保护的重要性。

1. 村民心理特征与村落的关系

村民的心理特征是对外界刺激的反应，会通过某些行为表现出来。村民是传统村落的直接使用者和保护责任人，村民心理特征会影响人们的行为，村民的活动和行为关系着村落原貌的保护和村落保护措施的执行。传统村落保护整个过程中关注村民心理特征，参考村民意见，保障村民的话语权和参与度，让村民不会有抵触心理和怀疑心理。传统村落的保护和传统村落村民紧密联系，如果缺乏村民保护的意愿和行为，传统村落就失去了保护和传承的基础。因此，我们在解决传统村落保护问题时，应兼顾传统风貌保护和现代村民生活需要，充分征求村民意见，丰富村民生活形态和生活方式，提高传统村落村民的生活幸福感，发挥村民的主体性作用，让他们亲身参与保护、规划、管理、监督等一系列工作。

2. 村民心理特征与传统村落保护的关系

传统村落作为一种带有文化底蕴的乡村，无论是从村民的使用还是从村民的保护来看，都离不开村民心理行为需要。研究着重于从村民心理特征来分析对传统村落保护的影响。传统村落面临着现代化与传统化的矛盾中，更多人选择向城市流动，尤其是年轻人。这些人是村落未来的主人，不仅是村落物质文化和精神文化的拥有者和继承者，而且是决定村落能否发展的中坚力量。所以，当传统村落需要保护与村民心理活动息息相关，我们只有在充分了解村民心理特征后，才能更有效地结合当地的风俗文化特点，提出适合当地传统村落保护与发展的方法、模式、策略等内容。

三、西索村村民心理特征分析

1. 西索村概况及数据获取

（1）西索村概况

西索村是国家公布的第二批传统村落名录之一。它位于阿坝州马尔康市（今马尔康县）卓克基镇，梭磨河和纳足沟交汇的山麓谷地地带，主要由新村和旧村两部分组成。整个村落紧密相连，道路弯曲狭窄，建筑布局紧凑，拉近了邻里间的距离。该村有107户村民，共349人。目前在西索村居住的村民大多数是原土司商人、民间和工艺者的后代，家庭人口结构大多是3～4人。年轻劳动力都外出打工挣钱，留下的是年纪较大或是在当地谋生的一些人，还有一些在当地上学的邻村适龄孩子。

（2）数据获取

研究数据获取的主要方式是对当地村民进行问卷调查和访谈，采用入户调查的方式发放了210份问卷，其中有效问卷152份，有效率72.38%。对村民进行随机访问，访谈人数10人，其中50岁以上年龄老人4人，20～50岁年龄4人，20岁以下年龄2人。调查内容涉及保护态度、保护措施、参与程度、传统村落发展意愿等内容。

2. 村民问卷调查和访谈的心理特征分析

（1）问卷调查分析

研究对上述数据运用SPSS软件对数据进行处理分析。结果显示被调查的村民中61岁以上占41.94%，18岁以下占29.03%，19～35岁占16.13%，36～60岁占12.9%；其中学生占48.15%，企业工作人员占25.93%，个体经营者占1.85%，公务员占1.85%，其他职业（农民、自由工作者等职业）占22.22%；被调查村民中有65%认为当地村民参与传统村落保护非常重要、30%村民认为村民参与重要。传统村落现有的保护和发展中充分考虑了村民意见，19.05%的村民完全同意，33.33%同意，在谈到对传统村落未来发展的态度时，超过半数村民认为保护和发展应该同时进行，在

图1　年龄构成
（图片来源：作者自绘）

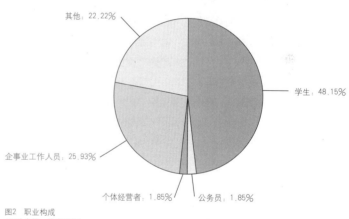

图2　职业构成
（图片来源：作者自绘）

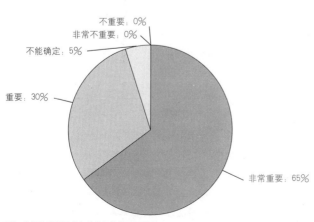

图3　您认为当村民参与村落保护的重要程度
（图片来源：作者自绘）

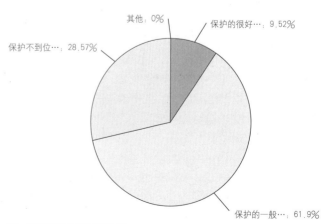

图4　您觉得村落文化保护现状如何
（图片来源：作者自绘）

保护的基础上合理开发，14.29%的村民希望传统村落维持原有模式，拒绝开发。（图1~图4）

（2）访谈结果分析

通过对当地退休教师、村主任和其他8名长期生活在此处的村民访谈，大多数村民对村寨保护和发展没有很好的建议，他们比较满足现有的生活模式，谈到对国家政策在传统村落保护和发展的实施，他们纷纷表示国家近几年制定了系列对村落的保护和发展的政策，对未来村落的保护和发展抱有美好的期待，相信未来传统村落的保护会更加全面。当村民被问到对传统村落未来的保护与发展时，大家都纷纷表示希望本村能得到更好的发展，但是根据传统村落的保护现状又担心未来的发展是否会影响环境，会对人们的生活造成破坏。当询问他们是否愿意参与传统村落的保护和发展工作时，大多数村民表示愿意积极参与，少部分村民（年迈的老人）表示对未来村落的保护和发展没有兴趣，认为现有的生活方式和生活条件很好，比较安于现状。

3. 西索村村民心理的村落保护评价

（1）想要发展又怕影响环境的矛盾心理

当地村民希望政府通过旅游发展等一系列措施对传统村落进行建设和发展，促进当地旅游业发展，带动当地农产品的销售，进一步提升经济；但是随着游客的增多，对当地环境带来了一定的影响，问卷调查中28.57%的村民认为传统村落保护不到位，61%的村民认为传统村落保护得一般，只有9.52%的村民认为传统村落保护得很好，证明在现有的传统村落保护中大部分人是不太满意的，认为现在的村落发展都着重于旅游带来的效益，忽视了传统村落的历史文化的活态传承，他们想要发展村落的同时也怕影响原有的生态环境。

（2）参与意识逐步提升，权力意识逐步增强

在调查中发现，随着旅游业的逐渐发展，村落村民意识到村落的发展逐渐现代化，了解传统文化和习俗的村民逐渐减少，在政府的政策宣传感知下，村民逐渐参与到传统村落的保护和发展中。开始将民居打造成民宿，村民渐渐开始参与旅游的发展和管理，村民在感受到收入增加的同时也意识到环境在逐步恶化，希望政府在发展当地经济的同时，保护好村落原有的文化历史。这种保护不仅是对建筑的保护，还有对当地活态文化的传承，对原本民风民俗、生活方式和生存方式做到保护和传承。

（3）对村落保护持有美好愿望的心理特征

通过采访发现：随着旅游业的发展，慕名而来的游客越来越多，极大地提升了村落当地村民的收入。大多数村民依靠国家政策扶持，对自己房屋进行装修、重建，吸引游客入住，他们认为旅游的发展能明显增加收入，对村落的发展有着美好的期待，他们也相信通过政府的努力，传统村落的保护也会越来越成功。但是随着近几年的发展，到了旅游淡季，因为游客数量较少，收入较低，又因为天气寒冷，大多数有条件的村民都选择离开村落居住。村落村民就希望政府能制定更好的政策发展村落经济，保护传统村落文化。

四、基于西索村村民心理特征的保护策略

1. 提高村民参与度

通过对村民心理特征的研究，发现当地村民对传统村落的保持积极态度，我们可以根据居民村民这一心理特征，找到符合村民意愿的保护计划，在保护计划实施前和村民进行沟通交流，充分尊重村民意愿，充分满足村落村民物质和生活的基础上，丰富村民生活形态和生活方式，改善村落养老、教育和医疗水平，提高传统村落村民的生活幸福感，以当地村民需求为中心对传统村落发展需要合理的规划保护方案，提高村民参与度，同时还可以让他们亲身参与到传统村落保护的计划和管理过程中。

2. 树立主动保护意识和鼓励规划发展参与

通过对村民心理特征的分析和了解，发现村民对于传统村落的保护持怀疑态度，一方面希望村落得到很好的发展，另一方面又怕规划发展让传统村落遭受到破坏，我们需要通过对这一心理特征分析，然后找到村民对传统村落保护与发展中持冷漠态度的原因，对这些原因逐一分析，找到解决办法，并加强教育，让他们了解到传统村落保护的重要性，让他们树立主动保护的意识，了解保护对个人和国家的必要性。

3. 创造舒适的人居环境

通过对村落村民心理特征的分析了解发现，村民渴望发展村落落后的生活条件创造舒适的生存环境，但是也希望政府在发展的同时多注重村民本身的建议，让村民参与到村落保护的建设中，设计出充分满足村落村民物质和生活的村落保护规划，创造舒适的人居环境的同时保留和发展原有特色建筑和村落生活生存方式，让村民在感受舒适的新环境同时，体验原有的生存方式。

五、结论

不同村落的村民表现出的心理特征是不一样的，所表现出的行为特征也不同，研究传统村落的保护时都应注重当地村民的心理特征。通过西索村村民心理特征与村落保护关系的研究，分析了村民在传统村落保护中的心理表现，为传统村落保护明确重点和研究方向提供依据。主要的结论和启示如下：

1. 西索村大多数村民对传统村落的保护持积极看好的心理，但是也存在过度发展不利于传统村落保护的疑虑，我们针对西索村村民所表现出的心理特征提出针对性的保护策略。传统村落的保护和发展任重而道远，我们在研究不同村落的保护时应该对当地村民进行心理特征调查和分析，根据当地村民的心理特征，对传统村落的基础设施、环境保护，进行改善和发展，设计出与当地村民息息相关的保护规划。

2. 通过对西索村村民心理特征的调查分析发现，村民心理特征会影响人们的行为，村民的活动和行为关系着村落原貌的保护和村落保护措施的执行。村民在传统村落保护中的心理特征主要有以下几个方面：参与意识不高、缺乏信任感和归属感、对传统的怀旧情结、对外界的排斥与怀疑、传统乡土意识根深蒂固等心理特征，我们应该在解决传统村落保护问题时，应兼顾传统风貌保护和现代村民生活需要，充分征求村民意见，做到以人为本，充分满足村落村民物质和生活的基础上，丰富村民生活形态和生活方式，提高传统村落村民的生活幸福感。

注释

① 倪霞，西南民族大学建筑学院，研究生。
② 孟莹，西南民族大学建筑学院，教授。

参考文献

[1] 李沛帆. 基于居民满意度的传统村落保护研究 [D]. 石家庄：北师范大学，2015.

[2] 周建明. 中国传统村落保护与发展 [M]. 北京：中国建筑工业出版社，2014.

[3] 徐文辉. 美丽乡村规划建设理论与实践 [M]. 北京：中国建筑工业出版社，2016.

[4] 娄晓梦，孟莹. 基于居民心理特征的棚户区色彩营造策略 [J]《规划师》论丛，2016（00）：41—45.

[5] 戴慧. 基于环境心理学的传统村落环境保护和利用研究——以皖南屏山村为例 [C]. 建筑与文化，2017（08）.

[6] 李伯华，刘敏，刘沛林. 中国传统村落研究的热点动向与文献计量学分析 [J]. 云南地理环境研究，2019.

[7] 王小明. 传统村落价值认定与整体性保护的实践和思考 [J]. 西南民族大学学报，2013（2）.

[8] 何峰，柳肃，易伟建. 基于人居环境科学视角的历史文化名村整治规划研究——以湖南省张谷英村为例 [J]. 热带地理，2012.

[9] 周乾松. 我国传统村落保护的现状问题与对策思考 [J]. 民族建筑，2014.

[10] 朱毓旻. 基于居民感知的传统村落旅游发展制度安排研究 [D]. 上海：华东师范大学，2016.

[11] 黄芳. 传统民居旅游开发中居民参与问题的思考 [J]. 旅游学刊，2002.

[12] 王聪. 民族地区传统村落的保护和发展 [D]. 成都：西南民族大学，2017.

[13] 李铌，刘烁. 传统村落保护与活化视角下的社区营造策略研究 [J]. 中外建筑，2019.

[14] 张静莹，张超. 传统村落"自组织"保护的村民意愿分析——以浙江省兰溪市为例 [J]. 建筑与文化，2009.

[15] 卢松，张捷. 古村落旅游社区居民生活满意度及社区建设研究——以世界文化遗产皖南古村落为例 [J]. 旅游科学，2009.

[16] 邱扶东，马怡冰. 基于居民感知的传统村落文化遗产保护 [J]. 北华大学学报，2018.

基金项目：中央高校优秀学生培养工程项目（项目编号2020YYXS52）。

北方民居院落特征营造的时代性传承与发展对比研究

——以陈慰儒故居与北方传统四合院为例

张成燊① 张琬莹②

摘 要： 随着近代社会生产方式的大转变，传统四合院的居住单元也受到了前所未有的冲击。文章试图以北方传统四合院和民国时期兴建陈慰儒故居为例，从院落的整体规划营造出发，对比研究两者在院落尺度、平面形制等诸多方面的特征层次。通过分析北方传统四合院到陈慰儒故居的院落物质空间形态的异同，探讨传统四合院空间在"乡绅城市化"背景下"中西合璧"的适应性营造特征。

关键词： 陈慰儒故居 中西合璧 乡绅城市化 营造特征

传统四合院作为日常性的居住单元映射了某种微缩社会生产结构特征。在我国传统封建社会中，重农抑商和科举制度造就了知识分子以农村生活为中心发展的模式。近代以来，大量工商企业在城市兴办，西式新学逐渐替代科举贡院，社会乡绅城市化浪潮由此产生。近代"乡绅城市化"和传统四合院营造特征的演变发展具有某种同构的意味，在促进中国近代城市的发展的同时，不可避免地对城市组构单元中的传统四合院在新时代下的发展产生了重大影响。

本文以根植于不同地域与时代背景下的开封陈慰儒故居和北方传统四合院为例，通过院落空间物质形态构成进行分析，试图阐述"乡绅城市化"发展下社会生产大变革下的空间形制多种适应性的传承与发展。陈慰儒故居作为折中主义建筑发展阶段的中西合璧文化产物，是传统北方四合院在中原环境与外来文化背景驱动下的时代呈现。两者在院落空间特征层次上既有相似，又有差异；文章将从院落规划营造到院落重点空间多方面的比对，深入探究两者在不同社会文化背景上的传承与发展，从而更清晰地认知两者间的异同。

一、北方传统四合院与陈慰儒故居的营造特征

北方地区尤其以华北地区黄河流域为代表，拥有广袤的平原地带，历经多朝更迭，历史悠久的黄河文明孕育了中国传统建筑形制的典型范例——四合院。这里对于地区的理解不仅限于地理维度上的概念，更是一种文化上的界定。受中原正统儒家思想影响，从自然环境到文化观念发展，院落空间的构成也体现了传统礼法制度对于社会结构的认知，形成了较为规律性的主从关系。作为一种被严格界定的布局形制，除去一定的封建内容外，更多的空间特征营造是在地居民生活生产方式的呈现。

陈慰儒故居位于开封双龙巷历史文化保护街区，始建于1933年，为我国首批留美归国的水利专家（时任河南河务局局长）陈慰儒先生设计建造，这座身处中原传统以及近代西方文化冲击时代背景下所产生的特有的地方居住形态，作为如何构建新的家宅院落的体系，以及如何因地制宜地灵活组织各类使用空间，并融于传统的文化，成为营造规划的关键。

1. 北方传统四合院营造理念

（1）宗法礼制下的哲学内涵

传统四合院得以历代发展演变至今，在一定程度上反映了中国古代社会传统深层的价值观与宇宙观。地方院落形态的发展史即城市变迁史，也可以说是传统社会思想的发展史。在中国几千年来儒家正统思想的影响下，"宗法礼制"不可避免地渗透到传统四合院院落设计的布局理念之中。

儒学思想中的"礼制"讲求传统社会中个人与社会的平衡，既是宗法制度的体现，也是家国伦理的行为准则。长期以来受礼制影响下的传统院落，其营造布局形制遵从传统文化观念，厅堂作为文化意义上的实体，内庭院是空间的核心。这种虚实相映的居住形态决定了院落格局秩序的不同：主房坐北朝南居中布置，强调中轴线布局及门堂分立的组织序列，两侧为厢房及其他的辅助用房，反映在居住空间的布局上包括家族中尊卑有序和内外有别。家庭长幼有序、男女有别、合族而居的等级秩序体现了北方地区传统四合院建筑对权力意识的强烈追求和对人性化意识的压制。（图1）

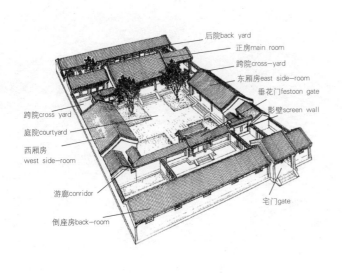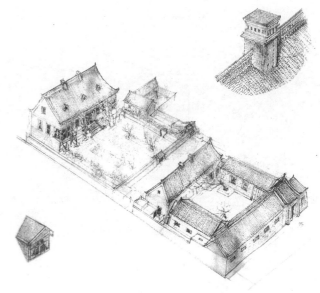

后院 back yard
正房 main room
跨院 cross-yard
东厢房 east side-room
垂花门 festoon gate
影壁 screen wall
跨院 cross yard
庭院 courtyard
西厢房 west side-room
游廊 corridor
倒座房 back-room
宅门 gate

图1 传统北方四合院与陈慰儒故居

（2）风土环境适应性

传统四合院作为一个室内外分隔明确的完整居住形制，构成了北方城市聚落的城市物质空间的基础单元。北方传统四合院大都反映了与胡同街巷相关的城市空间布局特征，是社会经济发展到一定程度私有制强化的表达，具体表现在内放性的院落形态。同时随着街市的逐渐兴起，该布局形制具有很强的空间延展性，可形成从单进院落到复杂多重院落及轴线空间的群体组合。以华北地区为典型，气候干燥，四季分明，传统四合院在风雨四季的气候适应性营造上也有其特有的一面，北方传统民居多为南朝向，背靠高地抵御冬日寒风，这不仅是私密性的需求，也是因防风作用被广泛推广的原因之一，同样大门通廊设有影壁墙，除遮挡视线外还能有效地阻挡寒风。因传统院落建筑屋檐多为木材，为避免外墙长期受雨水的侵蚀，大多在山墙面用封护檐式，并广泛应用悬山顶的屋顶制式。北方传统四合院院落规划充分体现了北方城郭文化发展与自然环境的适应和发展。

2. 陈慰儒故居规划主要思想

（1）"乡绅城市化"的发展演变

陈慰儒故居所处的双龙巷历史片区是城市居住单元重要区域，从宋代里坊制的瓦解发展延续到清末，历来都是人烟阜盛的市井繁华所在。到近代更是积聚了大量党政机构及名人会馆，今天我们能看到这一片区大量留存的名人故居。这种现象基于"乡绅城市化"农村基层组织的逐步改变必然所带来生产方式与居住结构的变迁以及意识形态上对西方科技文化与社会结构的融合，体现在居住单元院落表达上就是功能为主导的发展新模式。

陈慰儒故居规划营造正是将满足特有家庭结构的功能需求摆在了重要位置，使得院落空间具有不同于传统四合院的空间关联。整体规划延续了北方传统四合院形制特征，由正堂和厢房围合成一门一户的院落；结合特定的功能需求对传统四合院"内向封闭式"空间模式进行适应性发展。整个院落不仅包含后院家庭的活动场所，还兼顾前院人流往来的办公及接待需求；最大程度上避免了单一的穿行空间对流线组织上的交叉影响，做到了公私互不打扰。院落布局各房屋以暗门相通，院与院之间有通廊连接各建筑单体以环绕连续的路径连成一片，形成了内在空间平面相对自由的功能性特征以及外在形制周正严谨的合院营造布局。（图2）

（2）中西合璧的地方形态

陈慰儒故居具有典型的中国传统四合院与西方"草原住宅"的融合特征。除去表现外在的风格特征外，整体布局上讲求与自然环境的配合，内部空间以壁炉为中心布置展开，整体空间既做到分割独有又连成一体，既有传统的建筑风格，又对传统建筑的封闭性有所突破。一方面陈慰儒先生虽早年留美深受西方文化影响，但对于家乡仍存有无限的眷恋与不舍；另一方面陈慰儒故居根植于自古繁荣的中原地带，累世而成的文化底蕴使得自身有一种强烈的归属感。因此，转换到院落表达上，陈慰儒故居院落形制主体遵循"家国同构"、"前庭后院"的传统营造观念，与同时期建造的"拿来主义"的西方独立的建筑单元大相径庭。同时受中原地区气候水文特征与材料工艺的影响，将传统四合院院落空间处理方式进行了时代性在地性的环境转译，院落局部采取转折、偏移、内外空间的连续性与独立性处理，而非完全严格的定制化的中轴建筑格局，形成其"和而不同"的院落空间形态。（图3）

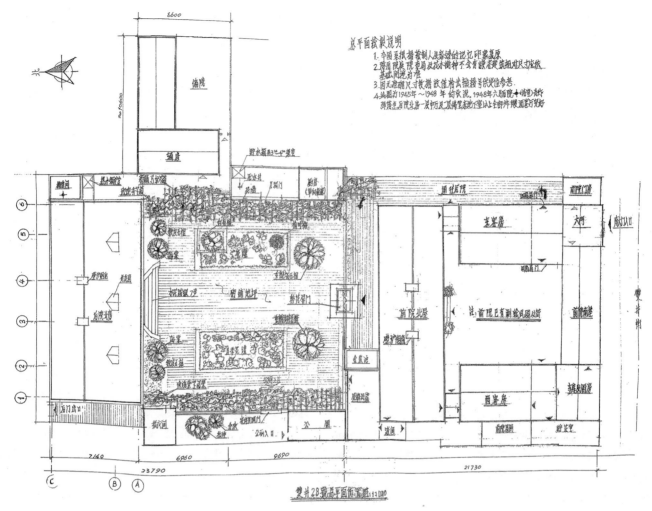

图2　陈慰儒故居规划手稿

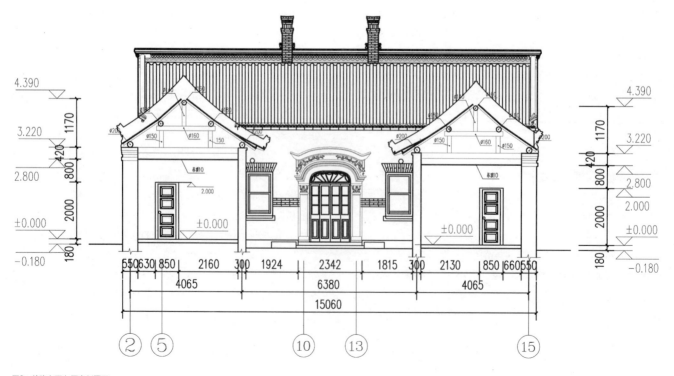

图3　前院东西向厢房剖面图

二、陈慰儒故居与传统四合院的院落空间比对

1. 院落空间形制

陈慰儒故居留存较为完好的前院为典型的四合院尺度空间院落。前院院落主体由正房、东西厢房及倒座组成，与传统北方四合院不同，院落整体虽然由前后院两进院落构成，前院作为主要的对外接待区，布局对称，雕刻细致精美。东南角入口设有过道型的独立门楼，与独立的临街房相连。正堂门前设有西方柱式纹样的石雕，建筑为两层布置，露明的梁架尺度较大，统一采用较为陡峭的硬山式屋顶。

后院主体建筑虽毁于战火，但院落的格局形制一直留存至今。根据现存资料显示，主体独立砖木混合的楼房（三层含阁楼与半地下室），气势宏伟，与独立庭院院墙围合形成一个特有的内部开放空间。后庭作为居住生活空间的重要组成部分，由院墙檐廊及相关辅助用房围合而成，院内种植有遮阴树，架有花架来改善庭院的纳凉状况。南向采用经典的三段式构图，设有七个踏步的大台基，使得传统院落中的自然风物融入居住的生活场景。既有着西方建筑的雄伟气势，又兼具东方与自然契合的独特神韵。整体院落空间相对于封闭的北方传统四合院，空间更为舒展和开阔。

在平面形式上，陈慰儒故居前院为"回"字形布局，内部围合成一个独立的内庭院，两侧厢房仅面上庭院开窗洞口，使得室内空间的私密性较强，建筑内部空间各自独立的同时又联通一个连续的整体。主房延续传统"明三暗五"的平面制式，不同于传统正房作为主要的使用空间（当心间面阔最大），当心间主要起到了现代空

间中交通转换职能（包括主要使用空间向两侧引导以及竖向交通布置），从而形成特有的次间面阔大于当心间的奇观。考虑到中原冬季寒冷，平面通过壁炉与中心墙体的结合，使得整个房屋结构温度上升，无论是正房还是两侧厢房，壁炉均居中布置，使得整个空间围绕壁炉展开。由于陈慰儒故居特有的混合结构营造技艺，进而克服了诸多对于传统木构架空间使用的局限性问题。（图4）

北方传统四合院单体布置形式较少，多为院落组合呈现。平面形制以并联式、串联式等为典例，串联式即院落布局强调沿轴线纵向展开，并联式即多个院落单元组合内部横向延伸。这种形式可满足多功能使用下的建筑空间，加强内部之间的交通联系。这种常规的平面布局主要来源于宗法礼制下中轴对称的传统建筑观念，同时因人口密集且地势平坦，利于多进院落院宅拓展。

2. 细部特征处理

正房是整个院落的中心空间，采用明三暗五的传统制式，在南侧入口处装饰有西方柱式的纹样，形成一个独具特色拱券形石雕，门板为可折叠的西式门扇（图5）。整体内部地面为架空的木地板，吊顶层始建带有弧形的线脚，明间与次间通过墙体分割，同时在两侧墙体内部嵌有西式壁炉，与外部造型中正房屋脊的烟囱形成功能与样式的完美结合。为满足现代的采光通风需求，内部不囿于传统的南向院落开窗形式，在四个方向均有窗洞口及贯通其中的门廊连接。明间主要作为节庆大典及祭拜先人，两侧为主人日常生活之用。与传统四合院不同，陈慰儒故居正房将空间一分为三也将日常生活等行为联系在一起。

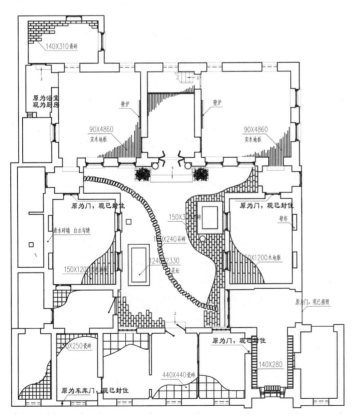
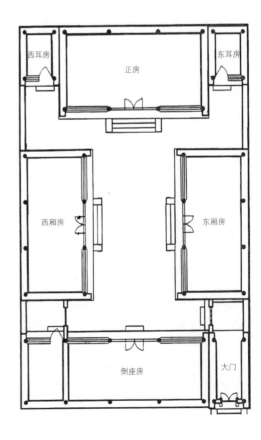

图4 平面形制对比（左为陈慰儒故居前院平面图；右为北方传统四合院平面图）

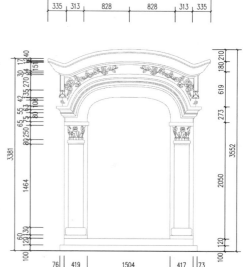

图5　正房南入口经典柱式雕刻（左为实景照片；右为测绘图稿）

图6　细部处理（从左至右：上下推拉窗，水平折叠门，吊顶通气口）

　　整个院落的细部特征还体现在精致的雕饰及功能形式一体化的营造技艺。其中石雕为增进建筑华美而制成，不同部位均对应不同的形式和内容；传统北方四合院中石雕主要体现在大门抱鼓石、角柱石等入口处鲜明部位。陈懋儒故居石雕艺术既有基于传统墀头的纹饰，也有吸取西方经典柱式的形态。滴水和瓦当形式各异，其中大多带有文字和其他画像的装饰，这都是我国古代建筑设计与生产工艺相结合的装饰艺术。门窗的做法不同于传统"卍"字门窗扇，门扇为四扇折叠推拉型。靠内院墙上的窗子都是上下榫卯推拉窗，院子外同时设有高窗，也有推拉窗，整个在保证内部通风采光的同时，整个房间具有良好的保温性能。由于地下水位较高，外加城建发展院内外高差越发明显，为了防止室内潮湿，空铺木地板将整个院子架空在离地900毫米的砖垛上，且至今保留完好无损。伴随着架空层的防潮通风需求，内院靠近地面的墙体上发现了几个金属带花纹的贴面及正房二层吊顶贴面存在不同样式的通风口处理，这些细节的处理无不体现了时代性对建筑功能性及防护特征的呈现，也使整个院落能够长久地存在下去。（图6）

三、结语

　　在全球化加剧、地域文化日渐消失的今天，建筑趋近于对某些固定的风格、形式的追逐，造成了地域性时代特征文化精神的丧失。传统四合院空间作为中国传统民居文化内涵、内在思想的重要载体，研究传统民居院落空间是深度挖掘民族建筑文化的有力手段。如果说北方四合院建筑院落空间集中体现传统封建社会基本家庭网络单元。陈懋儒故居不仅外在承袭传统形式中西合璧建筑风格，内在更是在"乡绅城市化"背景下适应环境、灵活布局、带有功能需求指向性的布局与现代多元居住理念。希望借此能够引起人对于社会生产与人居环境设计的思考，并为中国传统民居院落时代性文化内涵研究与保护提供一定启示。

注释

① 张成燊，东南大学建筑学院，硕士研究生。
② 张琬莹，华北水利水电大学建筑学院，硕士研究生。

注:

图1（右）/图2源自陈慰儒先生后人提供。

图1（左）源自《中国古建筑木作营造技术》。

其余均为自行拍摄及测绘图集。

参考文献

[1] 陆元鼎. 中国民居建筑年鉴（1988-2008）[Z]. 中国建筑工业出版社，2008.

[2] 张玉坤，李贺楠. 中国传统四合院建筑的发生机制 [J]. 天津大学学报（社会科学版），2004（02）.

[3] 孔宇航，韩宇星. 中国传统民居院落的分析与继承 [J]. 大连理工大学学报（社会科学版），2005；95.

[4] 唐孝祥. 试析中国传统民居建筑的文化精神 [J]. 城市建筑. 2004（02）.

[5] 徐辉. 巴蜀传统民居院落空间研究框架 [J]. 建筑学报2011（02）.

现代技术与
民居营造

基于口述史的山东传统石砌民居营造研究
——以泰安地区传统村落为例

徐　烁① 　胡英盛② 　黄晓曼③

摘　要： 鲁中地区地形山地连绵起伏，当地居民因地制宜，就地取材，开山取石，建成了独具特色的石砌民居，而针对山东地区石砌民居营造相关的文献资料匮乏，记录并不全面。通过对泰安地区多个具有代表性传统村落的实地调研、测绘和口述史的方法，对山东石砌民居的营造过程以及营造技艺、营造习俗等进行系统的研究。在梳理工匠、屋主等相关人员口述史料以及典型院落测绘资料的基础上，总结泰安地区传统村落的营造过程以及营造技艺。望此次成果可以为同类型的石砌民居建筑的保护及延承提供借鉴。

关键词： 口述史　泰安地区　传统石砌民居　营造

一、概述

民居建筑由于不同的地域具有丰富多样的类型，匠人们根据当地不同的地域特性，就地取材，选取适合的原材料来营建当地的乡土建筑，在营建的过程中由于各地文化的差异进而产生了不同的营造习俗。泰安地区位于鲁中地区，由于山地众多，村落大多依山势而建，工匠们开采山石来营建民居建筑，形成了具有独特肌理的传统村落。

本次研究针对泰安地区的传统村落进行了实地的调研，共走访17个村落，选取具有代表性的四个村落进行重点考察。四个村落分别是：泰安市岱岳区道朗镇二奇楼村、泰安市肥城市峪山村、泰安市肥城市五埠村、泰安市肥城市鱼山村、泰安市东平县朝阳庄村。在四个村落进行翔实的测绘调研，采访共计11位匠人。本文根据匠人描述对照测绘图以及照片，阐述泰安地区的传统石砌民居形制，在口述史语境下对营造过程及营造技艺进行记述。

二、形制

形制部分包括营造尺度及院落类型两方面内容。营造尺是当地匠人对人体工学的经验认知，它对建筑、院落的体量具有决定作用。院落布局反映了泰安地区传统村落民居的基本属性，合院形式代表当地居民的文化根基和地域性。

1. 营造尺

泰安地区营造尺1尺长度为540毫米，工匠所使用的尺寸换算口诀为1米等于1.85营造尺。瓦匠与木匠所使用尺子不同，瓦匠使用二尺杆，木匠使用三尺杆。木匠所使用三尺杆中部有一个水槽，水槽内注水有找平的功能。制作营造尺的传统方法为三巴掌加三指为一尺长度。在泰安市峪山村发现的二尺杆长度为1080毫米，换算为1尺=540毫米。（图1）泰安地区传统村落的房屋形制通常满外为一丈等于十尺，墙厚为一尺，房间进深为八尺。

2. 院落类型

泰安地区院落类型主要分为四合院、三合院和二合院。调研村落中三合院类型居多，通常屋主首先建造主房，随后建造两侧耳房与院墙，形成三合院的院落类型。较为狭长的地基屋主会选择建造二合院，峪山村调研过程中出现屋主将主房建为二层的二合院形式。因四合院当地认为最有面也最舒适，所以条件优渥的家庭会选择建造倒座，形成四合院的院落类型。（图2~图4）

图1　泰安市峪山村二尺杆
（图片来源：作者自摄）

图2　四合院类型
（图片来源：作者自绘）

图3　三合院类型
（图片来源：作者自绘）

图4 二合院类型
（图片来源：作者自绘）

三、营造工序

营造工序包含8个具体步骤，第一步进行选址，第二步准备建房所用石材以及木料，第三部开挖地槽，第四步回填也称"打碱角"，第五步砌墙，第六步上梁檩，第七步盖屋顶，最后一步上门窗。

1. 选址

中华人民共和国成立前院落的选址是根据个人所在村落，由村民自己开垦土地建造房子，所以院落分布并不规则，通常经济条件好的屋主会请专人看地基，经济条件不好的屋主直接请工头确定地基的方位。中华人民共和国成立后由大队统一划分地基。

2. 备料

建房所用的石料来源于周边的山上。最原始的开采方法是使用坚固的鹅卵石砸开石头，随后发展为使用大锤和铁撬开采，开采石材的工具从左到右分别为秤子、垫子、短铅、长铅（图5），捶打工具有大锤子、中锤子、小锤子（图6），撬的作用为起石头，撬一头称为直铅，另一头称为撅子（图7）。最后发展为打炮眼放炮。挑选石材的过程中要看石性，石头的纹路有横层次和纵层次。横层次石材采用水平开采方式。纵层次的石材视石头大小而定，较小的石材通过转动可转变为横层次。较大的石头用"秤子"开采。一般更倾向于开采纵层次石材，因为纵向纹路的石材好施力、好开采。

在挑选石材方面，作为上门石和过门石的石条子要求较高，其次是角子石，然后是面石，最后是渣子石，渣子石也叫暗插石，用以墙体填缝使用。

3. 挖地槽

挖地槽又称为"出地契"，地槽是指碱脚以下部分。挖地槽首先要丈量地基，分析周边地形情况。然后地槽挖到较为坚硬的台基为止，深度在600毫米左右。因村落大多分布于山地上，周围有较硬的岩石台基，所以地槽深度较浅。按照采访工匠的说法，在挖地槽之前要进行奠基仪式，工匠头确定地槽的四个角以及开工的时间。

4. 打碱角

挖好地槽之后向地槽内填石料，石料大小不均匀，层层罗列。碱脚的宽度要大于墙体宽度，高度与过门石高度一致，约300毫米左右，碱角上平即可。

5. 砌墙

在砌墙的过程中要预留出门窗的洞口位置。砌墙至3.3米左右的高度，要根据梁头大小预留梁头洞口，当地称为"梁窝子"。预留"梁窝子"之后，进行上檐和上溜子，檐子有20°～30°的倾斜角度，目的是为了防止雨天积水。屋檐子上方为拦水墙和"水溜子"。拦水墙为一行或三行石材，通常不为双数。从外立面上看"水溜子"通常位于稳梁石上方，位置并不固定，可做偏移，但要避开门窗的位置。房屋封顶之后，墙体的外立面进行勾缝，内立面进行抹灰。

6. 上梁檩

上梁时工人将绳子系在梁的两端，将两端梁头分别抬起放入墙中预留的"梁窝子"中，为保证不漏梁头，梁头伸入墙体300毫米左右。平顶类型房屋采用单梁（图5）或者二梁（图6）的形式，坡屋顶的房屋采用二梁托叉的梁架形式。（图7）二梁托叉的屋面坡度大小的推算公式为草屋顶房间进深一尺升高七寸，瓦屋顶房间进深一尺升高五寸。

图5 单梁
（图片来源：作者自摄）

图6 二梁
（图片来源：作者自摄）

图7 二梁托叉
（图片来源：作者自摄）

檩条数量通常为单数，檩条间距基本相等。布檩的方式根据檩条木料而定，木料规整且粗壮，采用扣槫的布檩方式，檩条大头开母榫，小头开公榫。（图8）排布上有两种形式，一种是遵循"太阳晒公不晒母"的原则，即东西方向公榫朝向东方，南北方向公榫朝向南方，另外一种是中间檩条全部开公榫，两侧檩条为母榫。在施工时，上檩有两种形式，一种为木匠将檩条在地上截到适宜长度后抬到具体位置。第二种为先将檩条放置在具体位置上然后截出适宜长度。如檩条材料不规整较细，则采用乱搭头的形式。（图9）

7. 盖屋顶

泰安地区传统村落屋顶形式分为种，一种为平屯顶形式，另一种为坡屋顶。两种类型的屋顶有不同的营造工序。

（1）平屯顶

平屯顶由下至上为梁、檩、笆箔、刺猬泥、小槌顶以及大槌顶。檩条上完之后铺设笆箔，笆箔厚度为40毫米左右。刺猬泥压在笆箔上，刺猬泥由黄泥和麦秸段儿混合而成，刺猬泥的厚度通常为30毫米左右。刺猬泥晒干之后的工序为槌顶，槌顶分为小槌顶和大槌顶，首先上小槌顶然后上大槌顶。（图10）

（2）坡屋顶

坡屋顶由下至上为梁、檩、笆箔、刺猬泥、红瓦或者草顶，当地称上草屋顶为"戴草帽"。其中坡屋顶所使用的笆箔与刺猬泥做法与平屯顶做法相似。草屋顶是由山上的黄草编织而成。（图11）

8. 上门窗

在整体完工之后，木匠根据预留的门窗洞口的大小制作门窗。窗框上通常留有一道缝隙，当地称为"气眼"，主要作用为防止窗框受压变形。窗框一般厚度为50毫米，窗棂为底面35毫米×35毫米的长方形木条，窗中穿条宽为35毫米，厚度为4毫米，居窗棂上端与下端放置，一般为两条。

四、构造工艺

构造工艺作为营造技艺的细节，根据建成顺序，概括为：墙体做法和屋顶做法。屋顶做法细分为笆箔做法和槌顶做法。

1. 墙体做法

墙体采用"干插缝"的方式，石材一层压一层交叉砌筑，不使用水泥和沙子。满墙石根据石材的量而定，可有可无，没有满墙石的情况下，外皮和里子需要咬合。房屋封顶之后要对墙身外立面进行勾缝处理，勾缝的目的首先是为了防止虫钻和鸟筑墙，其次是为了取暖。勾缝使用刺猬泥摔入墙缝中。内立面抹灰使用的刺猬泥共分为三层。第一层麦秆含量多，黄泥含量少，目的是增加摩擦力，

图8 扣槫
（图片来源：作者自摄）

图9 乱搭头
（图片来源：作者自摄）

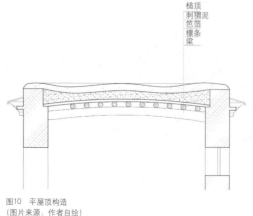

图10 平屯顶构造
（图片来源：作者自绘）

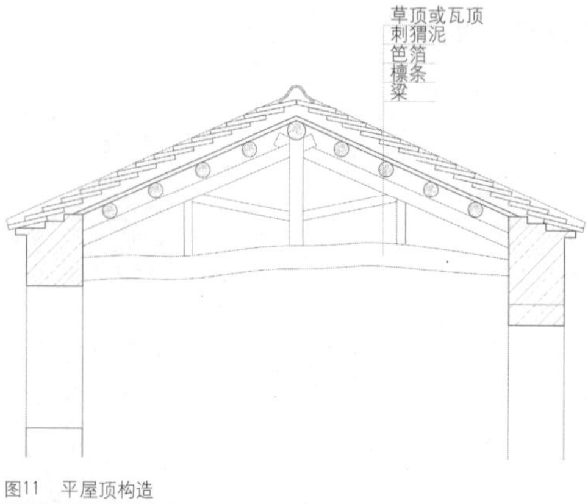

图11 平屋顶构造
（图片来源：作者自绘）

使之牢固。第二层使用软糯且短小的麦秸，加大黄泥的配比。第三层使用细腻的黄泥进行抹平。

2. 屋顶做法

（1）笆箔做法

笆箔的做法分为两种，第一种做法为先在檩条上横向拉一根棉线作为固定线，三五根苇子系为一把，依次排列，固定在棉线上。另一种做法是将高粱秆或者秫秸用棉线绑成直径50毫米左右的"把子"，将高粱秆的根部伸入墙内，依次排列。笆箔的厚度为30毫米左右，入墙宽度为50毫米左右。三间房铺设笆箔通常5～6个人用一上午的时间完成。

（2）槌顶做法

槌顶分为小槌顶和大槌顶，小槌顶由石灰、砂子和泡软化的麦秸组成，大槌顶由石灰、砂子和疙瘩石组成。上过大槌顶后在槌顶没干时，使用木棒当地叫法为"guada子"通过不断地敲打将大槌顶槌出浆来，这样槌顶干后不容易出现干裂的情况。槌顶的厚度在50毫米左右。

五、营建习俗

营建习俗包括两方面内容：第一营建过程中的仪式，第二营建过程中的禁忌。习俗反映了当地居民的等级制度、邻里关系和匠师关系等文化内涵。

1. 仪式

首先，在开工的第一天要举行奠基仪式，仪式过后要请所有工匠吃饭。其次，上梁时要进行上梁仪式。仪式有：拉火鞭，将写有"某月某日上梁大吉"的红纸贴于梁上。上梁日也要请所有工匠吃饭。最后，完工请四邻六舍和亲戚朋友吃饭，当地称为"温居"。

2. 禁忌

院落一般为方正院落，院落不应前大后小或者缺角，院落中主房为辈分高或者主事人的住房。传统为老年人住，孩子与儿媳妇不能住主房。主房的开间数通常为单数，一间房或者三间房，当地说法为"两间不为主"。

六、总结

随着现代生活方式的转变以及发展，传统村落的营造技艺随着匠人们逐渐老去而面临着消逝，营造习俗也在慢慢被人们所淡忘。对泰安地区进行调研的过程中也遇到了传统村落变为空心村的情况。宝贵的建筑遗产亟须进行记录与保护。经过课题组一系列的采风、口述史访谈以及现场测绘，整理出一套相对完整的泰安地区营造过程以及习俗。整个营造过程包括选地基、备料、砌墙、上梁檩、盖屋顶、上门窗五个过程，每个过程对应着严谨的营造思想。对于后期传统村落的修复与改造，可以提供重要参考价值。在搜集这些资料的过程中，亲历过营造过程的匠人口述资料是第一手的资料，口述史研究是传统民居研究的有效方式之一，但也存在例如匠人所述是否存在偏差、匠人是否带有主观色彩等很多的问题，所以需建立一个口述史研究的体系来标准化口述史研究的过程，使传统民居的研究更加多样化。

注释

① 徐烁，山东工艺美术学院建筑与景观设计学院，硕士。
② 胡英盛，山东工艺美术学院建筑与景观设计学院，副教授。
③ 黄晓曼，山东工艺美术学院建筑与景观设计学院，副教授。

参考文献

[1] 李浈. 营造意为贵，匠艺能者师——泛江南地域乡土建筑营造技艺整体性研究的意义、思路与方法 [J]. 建筑学报，2016（02）：78-83.

[2] 王树声. 黄河晋陕沿岸历史城市人居环境营造研究 [D]. 西安：西安建筑科技大学，2006.

[3] 刘妍. 匠艺的秘密与门槛——闽浙编木拱桥技术人类学研究 [J]. 建筑学报，2020（06）：28-33.

[4] 吴琳，唐孝祥，彭开起. 历史人类学视角下的工匠口述史研究——以贵州民族传统建筑营造技艺研究为例 [J]. 建筑学报，2020（01）：79-85.

基金项目：山东省研究生导师指导能力提升项目"小城镇建设与村落民居更新过程中环艺设计研究生创新实践能力培养"准号：SDYY17172。山东省社会科学规划研究项目"城镇化进程中山东典型院落文化遗产保护策略研究"准号：15CWYJ12。

浅析国外传统民居的生态策略在现代建筑中的地域性表达

黄馨予[①]　李军环[②]

摘　要： 由于人类生活区域分布广泛，不同地区面临着不同的自然环境，使得各地的民居建筑有着各种不同的地域性特征。同时，传统民居建筑通常将建筑作为自然环境的一部分，两者之间是一种被动适应的关系。所以传统民居经过长时间的实践积累，留下了许多可以适应各地区环境的生态策略。本文主要通过分析国外的乡土民居建筑，总结他们在建筑上应对各自环境的策略，以及与现代技术进行结合的可能性，为寻找符合当今发展趋势的生态乡土建筑提供思考途径。

关键词： 国外传统民居建筑　传统生态策略　地域性建筑

一、引言

早期传统民居的建造，大部分都是使用者的自发性行为，是基于所处地区的文化、气候等地域特征而建成的，一般使用当地传统的技术、材料和工匠，一些民居建造过程中也会加入建造者的个人的习惯和主观想法，这一系列做法的目的都是给居住者提供一个舒适的、适应当地生活的居住环境，以此来提高使用者的生活水平。因此，这样的传统民居解决的核心矛盾就是居民生活与自然环境之间的矛盾。通过查阅整理各种信息后，可以把气候特征作为区分居民生活环境的主要因素，比如可以将国外的传统民居大致划分为干热地区、湿热地区和寒冷地区等，这样分别来分析不同气候条件下，传统民居应对环境的策略。

二、国外传统民居的生态策略及在现代建筑中的运用

在分析传统民居应对不同的地域气候特征中，可以从不同方面进行，比如建筑朝向、建筑结构、平面形式或建筑材料等，通过这些条件来改变建筑中的温度、湿度、光照和风向从而影响居住者的生活环境。

1. 国外传统民居的生态策略

（1）干热地区

干热地区的气候特征是昼夜温差大，表现为日气温高、夜间气温降低，降雨量小。对于这样的气候特征，降低热量在建筑中传导的速度十分重要，白天让热量缓慢进入室内，晚上减少热量的散失。因此采用高热容的建筑材料，在传统民居中是常见的做法。比如通过组合土砖、黏土、泥、石等材料，让建筑成为一种白天吸热、晚上放热的"热接收器"。另外在建筑布局方面，尽可能采用简单的建筑形体，以最小的阳光照射面积来容纳最大的建筑体积。同时还可以减少建筑与建筑之间的距离，增加室外的阴影区域，并通过增加整个建筑群的规模来减小向阳面（图1）。比如，印度干热地区的泥土住宅（图2），民居形式通常采用木材作为建筑骨架，以密梁的形式上覆细枝柴草作为屋顶，为调节室外气温又用夯土加固屋顶。四面的土墙仅作为维护构建，没有承重的作用。这些民居的房屋形式大多采用正方体，且相互紧靠在一起，这样既可以减少暴露于外界的表面积又获得了最大的建筑体积，也可以使相互紧靠的房屋形成更多阴影，减少日晒区域，起到满足室内的舒适要求。

另一种应对干热气候的方式是让建筑处于地下，这是利用地表几乎无限的热容。比如，在美国西南部、突尼斯南方、法国卢瓦尔河谷及西南部地区，房屋是从峭壁表面挖进去的。这也和我国一些地区窑洞的做法十分相似。在典型的干热气候区的撒哈拉沙漠里马特马塔的宅屋，就是将所有房间都安排在至少9米深的土层下，这样比建在地表的任何房子都凉快。其形式是中部为9米×9米的方形露天庭院，设有蓄水池，既有蓄水的功能也起到了调节周围湿度的作用。另外，从中心露天庭院向四周挖出各类房间与储藏室，每个房间的屋顶都是拱形的，边角也都做了圆角的处理（图3）。

还有一些地区则通过置入庭院，改善居住区域的微气候来有效应对干热环境。比如，印度北部的旁遮普地区的宅屋，其建筑四周为厚厚的泥墙，由于防晒而减少了门窗，使室内终日保持荫凉（图4）。在傍晚及温暖的夜晚，家人就在屋顶或墙壁围合的庭院内活动，寒冷的夜晚则移至室内。而白天则通过庭院来调节气候，同

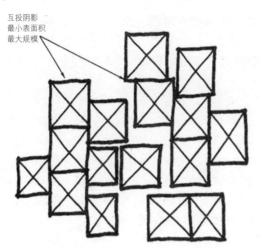

图1　干热地区住宅群示意图
（图片来源：阿摩斯·拉普卜特《宅形与文化》图4.2）

图2　印度干热地区的泥土住宅

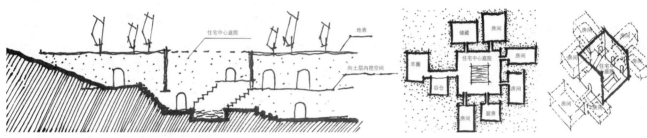

图3　撒哈拉沙漠里马特马塔的宅屋剖面、平面及剖轴测示意图
（来自阿摩斯·拉普卜特《宅形与文化》图4.3绘制）

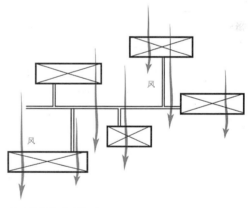

图4　旁遮普地区的宅屋（图片来源：网络）

图5　湿热气候下住宅群示意图

时也起到防止风沙的侵扰作用，庭院内栽种植物、蓄有清水，遮蔽起来时，就能起到冷却井的作用。它通过蒸发来降低地面的温度和辐射，从而改善了宅院的微气候。这样种植植被和蓄水的庭院既可供家人进行室外活动，也在干热地区起到安慰和镇定的心理作用。还有一些地域，如阿拉伯半岛南部将庭院与"烟囱拔风原理"结合起来，高大建筑的中心庭院狭窄且深，像烟囱一般，由于热压和气压的变化，庭院狭腔将室内的热空气向上排出，以此来调节室内的温度。

（2）湿热地区

湿热地区的气候特征是降雨量大、湿度高、气温相对温和、日

温差或季节性温差较小而辐射强烈，因此这里的住宅在建筑遮阳方面有较高的要求。因为温差较小，所以干热地区热传导缓慢的厚重墙体已经没有了意义，且厚重的墙体还会妨碍通风。湿热地区需要低热容的开敞式建筑和尽可能的前后通风。因而，产生了狭长的形体、分散的布局和轻便通透的墙体做法（图5）。

比如，马来亚居民和亚瓜人就用竹片作地板，还将屋子架高，使气流从屋下穿行。加上当地居民睡吊床的习惯不仅能让气流从背后流过，而且在摇晃中让空气流动。对于降雨量大和日照强度的地区，传统民居也做了十分科学的处理。比如，佛罗里达州西米诺尔人的宅屋通过巨大的屋顶陡坡将大量雨水迅速排走，同时也起到阻挡阳光辐射的作用。深远的出檐还可以防止日晒雨淋，并使房屋能

够在雨天通风（图6）。

（3）寒冷地区

应对寒冷地区的气候环境主要考虑是在保暖方面，减缓热量在建筑中散失的速度，因此维护墙体方面与干热地区十分相似。保暖可以从两个方面考虑，增加产热和防止散热。增加产热最常见的办法是在室内设置炉子，最初是在中间设置大炉子，在之后的住宅中逐渐演变成壁炉。在防止散热方面，一般住宅会采用简洁的平面，尽可能减小对外的表面积，使用绝热性良好的厚重材料并防止漏风。所以，寒冷地域的住宅也类似于干热地区采用紧凑布局和地下或半地下的方式。

同时在寒冷地区，风也是影响生活的自然因素之一。比如，普罗旺斯的北部常有寒风侵袭，当地的房屋一般建造在谷地，建筑北侧高南侧低，采用坡屋顶的形式，起到了很好的引导风向的作用（图7）。再比如，爱斯基摩人和蒙古人都生活在暴风区，他们的冰屋和蒙古包接近半球的做法，通过这种弧形的屋顶也能很好地引导风的方向（图8）。另外，爱斯基摩人的冰屋由地道进入，弯曲的地道起到了挡风作用。一组住屋共用一个主入口，连接各个空间的通道都置于其内，从而更有效地阻挡了寒风。地道中设有调节空气的过渡空间，抬高的地板亦可挡风。入口有时与风向平行，以避免冷风直吹人；有时处在上风向，用低矮的雪墙遮挡（图9）。

2. 国外现代建筑中传统生态策略的运用

（1）"开敞空间"和"管式住宅"

印度建筑师查尔斯·柯里亚，当代地域建筑的代表人物，在他的作品中经常利用当地的建筑材料和建筑技术来回应当地的气候环境，将印度传统建筑技术中符合生态思想的合理策略运用到现代建筑中。

在建筑材料方面，柯里亚运用大量的地方砂石、砖和土等材料，这些材料在对气候呼应的同时，大大降低了经济上的消耗，提高了建筑的效能。在建筑形式上，柯里亚主要解决干热气候下建筑遮阳和通风的问题，提出了"开敞空间"和"管式住宅"两种建筑形式。

"开敞空间"是印度传统建筑不可或缺的一部分，是当地环境下应运而生的产物。比如，甘地纪念博物馆的形式是多个简单的单元体块组合而成，类似于上述提到的"以最小的阳光照射面积来容纳最大的建筑体积"这种做法，单元体块之间连接紧密，互相产生阴影遮挡。建筑中的"开敞空间"则是露天庭院，庭院的功能也与印度北部旁遮普地区宅屋的庭院功能类似，起到调节微气候的作用。吸收传统民居中的这些生态策略与现代的技术、材料相结合，形成了新的建筑形式，甘地纪念博物馆中建筑与环境之间、体块与体块之间，通过开口的墙壁、通透的玻璃和开敞的庭院，融合在一起（图10）。

"管式住宅"也特别适合炎热干燥气候条件，是在一处狭窄的条形体块内，通过对内部空间进行处理，使整个建筑如同一个通风口（图11）。这种内向形态的想法在于将住宅封闭，形成内部屏蔽的空间，以挡住强烈的辐射，同时又把住宅做成横向的通风口，起到通风的作用，空气穿过管式住宅被发散加热，然后沿着两个搭在一起的坡屋面之间断开的屋脊向上散出去。这种做法也类似于阿拉伯半岛南部住宅的"庭院拔风原理"，将"拔风原理"运用到剖面设计中。"管式住宅"在低层高密度的住宅群体中，既可创造小型化的阴影户外空间，又有效地解决了室内空气流通的问题，来适应印度的气候特征。

（2）高密度建筑群

印度另外一个建筑师多西的作品中也有许多来源于传统民居的意象。比如人寿保险公司混合收入住房（图12），采用了高密度低层住宅的形式。也类似于之前在干热地区提到的"最小的暴露于外

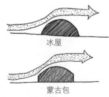
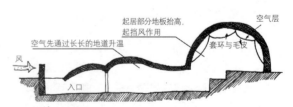

图6 佛罗里达州西米诺尔人的宅屋
（图片来源：阿摩斯·拉普卜特《宅形与文化》图4.8）

图7 防御北风的普罗旺斯住宅
（图片来源：阿摩斯·拉普卜特《宅形与文化》图4.17）

图8 风对冰屋和蒙古包的作用
（图片来源：阿摩斯·拉普卜特《宅形与文化》图4.12）

图9 冰屋剖面示意图
（图片来源：阿摩斯·拉普卜特《宅形与文化》图4.14）

图10 甘地纪念博物馆局部图及平面示意图

图11 管式住宅剖面图及平面图

图12 印度人寿保险公司混合收入住房

图13 联合国教科文组织巴黎总部地下办公楼群

界的表面积和包含最大的建筑体积"的方式。使用当地的砖、石和土等材料，房屋形式大多采用正方体，且相互紧靠在一起，相互紧靠的房屋造成更多阴影，减少日晒区域，满足室内环境生活需求。由于泥砖墙的导热性差、保温时间长，白天室内温度低，晚间土坯散热后室内温度高于室外，以此来建造人们的理想居住场所。

（3）地下覆土建筑

联合国教科文组织巴黎总部设置地下二层办公楼群（图13）的做法，就类似于上述提到的马特马塔的宅屋将建筑置于地下以应对炎热气候的策略，办公楼共六个下沉式开敞庭院，该庭院即可作为室内双侧天然采光井。运用多个庭院解决自然采光通风，调节微气候，建筑屋面被厚厚的土层和植被覆盖，使室内有冬暖夏凉的节能优点。

三、国外传统民居的生态策略总结

对于上述不同地区的传统建筑应对环境的策略进行分析和总结，可以发现这些策略更多表现在建筑群体的布局方式、建筑的形态、建筑的空间和建筑的材料运用上。

1. 建筑群体中的策略

无论是干热地区还是寒冷地区，都需考虑减小热量在建筑中的传导速度，一个是防止热量从室外进入室内，一个是防止热量由室内向室外散失，两者的原则是一致的，因此建筑单体采用简洁的平面，让单体与单体之间紧密相连，尽可能减小对外的表面积，使建筑的室内环境尽可能小地受外界环境影响。另外，干热地区建筑通过减少单体与单体之间的距离，还可以让建筑外立面更多地处于阴影之中，增加室外的阴影区域。

而湿热地区气候闷热，更多地考虑建筑通风的问题，因此建筑单体与单体之间应该是分散式布局，让建筑尽可能前后通风。

2. 建筑形态上的策略

在建筑的形态方面，现代建筑中地下建筑或覆土建筑都能看到传统民居地下宅屋的影子。随着人口的增长，地面建筑密度越来越大，更多的建筑师开始开发利用地下空间，将地面空间还给自然。同时，由于泥土的导热系数和蓄热系数，均小于大部分常用建筑材料，所以处于地下或覆土的建筑保温隔热性能更好。由地下宅屋的形式也演变出了更多适合现代建筑的局部做法，如入口的下沉广场、下沉式花园、屋顶覆土花园等，这些都体现出建筑节能节地与环境融合的生态策略。

在利用建筑形态应对风环境中，建筑屋顶起到了很大的作用，坡屋顶或拱形屋顶都有引导风向的作用，将屋面倾斜相应的角度，顺应风向，可以减小风对建筑的阻力（图14）。

3. 建筑空间中的策略

在对传统民居空间的分析过程中可以发现许多地方都有被动式节能的策略，比如空气热动力学原理蒸发制冷或"烟囱拔风原理"等。具体策略有，炎热环境下的现代建筑中可以多处置入水院或荫院，由于室内外热压力差导致空气流动，将热空气引入水院或荫院，通过水体蒸发制冷或绿植吸热，使居住环境得到良好的降温、加湿和净化（图15）。还可以采用建筑底层架空脱离地面的形式，

图14 风对不同形式屋顶的作用

图15　建筑室内与庭院的热交换

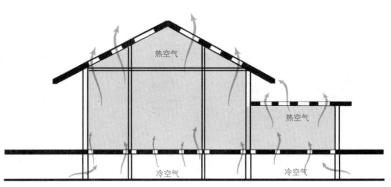

图16　底层架空方式热交换

屋顶和楼板可以设置多个通风孔，底部架空荫凉处空气的温度低于室内的温度，在气压和热压的作用下冷空气可以从底部的通风口灌入室内，热空气则可以由屋顶处通风口排出，从而缓解房间内的闷热（图16）。

四、结语

传统民居的思想是将人和建筑看作周围环境的一部分。建筑与环境的关系是一种被动适应的关系，传统民居的生态策略正是在这种被动适应的关系上逐渐形成的。随着科学技术的不断发展，各种新的技术产生并被应用到建筑上，如能够改变室内气候的空调系统。但由于这些新技术的产生，也使人与自然越来越疏离，打破了人类社会与自然界的平衡，产生各种有害的废物污染环境。所以，在当今建筑的发展中，将实践积累了几千年的传统民居中的生态策略重新进行思考，借鉴其中可行的部分与现代的技术进行结合，既是对传统技艺的发展传承，也符合当今建筑向绿色生态发展的潮流。

注释

① 黄馨予，西安建筑科技大学建筑学院。
② 李军环，西安建筑科技大学建筑学院，教授。

参考文献

[1] 阿摩斯·拉普卜特. 宅形与文化 [M]. 北京：中国建筑工业出版社，2007：86-101.
[2] 汪芳. 查尔斯·柯里亚 [M]. 北京：中国建筑工业出版社，2003.9.
[3] 刘婷. 当代公共建筑覆土设计研究 [D]. 哈尔滨：哈尔滨工业大学，2009
[4] 颜俊慧，徐敏. 巴克里希纳·多西建筑作品中在地性特点探究 [J]. 城市建筑研究，2018.10：31-33.

传统藏式民居：迈向装配式建筑

高政轩[①] 何 瑾[②] 田福弟[③] 李 君[④] 梁 敏[⑤]

摘 要： "碉房"与"崩科"的石木混合构造，加上藏式木刻纹饰，形成传统藏式民居的特点。2017年以来，甘孜州的两个政策对传统藏式民居提供机会，也带来挑战。首先，为了保护森林资源，全面禁止森林砍伐。其次，为了提升城乡风貌，新建民居应结合传统技艺与现代技术。

这篇文章探讨两个议题：一、在政府禁伐与城乡风貌政策中，传统藏式民居木结构建筑装配化的可能性有多大？二、传统藏式民居的装配式木结构建筑产业化与市场化过程中，外部环境的潜力与契机是什么？

关键词： 传统藏式民居 装配式建筑 崩科 营造性

一、文化传承与环境保护的两难：公共政策的外部间接负效应

2017年以来，甘孜州的两个公共政策对传统藏式民居的传承与发展提供了机会，也带来了挑战。首先，为了提升城乡风貌，新建民居"应结合传统技艺与现代技术"[⑥]。其次，为了保护森林资源，甘孜州全面禁止森林砍伐[⑦]。这两个公共政策，前者以文化传承之名，后者是因环境保护之故，彼此相对独立，各有其目标、价值与策略。

这两个公共政策施行的过程中，夹挤出的外部间接负效应是，当地木材价格增加，品质与货源供应不稳定，其中的议题是：在全面禁止森林砍伐之后，除非是像长青春科尔寺火灾这样的特殊情况[⑧]，甘孜州不再有大量、稳定的本地木材供应。那么，传统藏式民居，也就是需要"使用大量木材"的藏式井干式木结构建筑，要怎么传承？又要如何"结合传统技艺与现代技术"？

针对藏式新建民居"如何结合传统技艺与现代技术"这个议题，目前已有一些使用轻钢结构与其他新型材料的藏式装配式建筑。譬如，2018年四川省装配式建筑产业协会参与了由省经信委牵头组织的甘孜州道孚县藏式民居（"崩科"）轻钢结构装配式改造项目。另外，针对上海对口援建的日喀则，上海交大船舶海洋与建筑工程学院的建筑工业化研究团队在西藏自治区日喀则市住建局的大力支持下，推出以钢结构为主体结构的高原装配式建筑，使用小石块（当地采石场的产品废料）为结构保温的一体化预制墙板。但是因为文化偏好、城乡风貌、居住舒适性、建筑品质、造价成本等的因素，普遍大众对于钢结构装配式藏式民居的接受程度不算太高。

近年来，藏区各地政府出台相关政策，进一步要求特定地区的新建民居必须延续传统藏式民居的营造方式与构筑性，以维护在地文化，改善城乡风貌。譬如，理塘县政府规定理塘县仁康古街的建筑高度不得超过9米，而且第三层楼必须是"崩科"，也就是全用木材垒盖而成的传统藏式木结构建筑。因此，如果传统藏式民居的建造仍然要保有其传统藏式的木结构营造方式与构筑性，而不是采用钢结构等其他现代材料与工法，那么，将传统藏式民居的构筑与营造，导向"装配式木结构建筑"，是否会是可行的解决方案？

以甘孜州理塘县为例，本文探讨两个议题：一，传统藏式民居木结构建筑装配化的可能性有多大？二，传统藏式民居的装配式木结构建筑产业化与市场化过程中，外部环境的潜力与契机是什么？目前产业链缺少什么环节？

二、S&W：传统藏式民居的营造性

传统藏式民居，属"楼式民居"，建筑大多为二层加局部三层，功能垂直分层分区，结构大多为内用木梁柱承重，外用墙壁承重的混合结构，墙体向上逐渐收拢，墙身有收分，建筑有外放脚，屋面平顶，门窗小，外观封闭、结实。传统藏式民居的特点是石块垒砌加上井干式木结构的石木混合构造，以及在墙、门、窗、柱、梁、檐、"巴苏"[⑨]、"八卡"[⑩]等外露木构件的藏式雕刻与纹饰。

依照石砌与木构的营造性（Tectonics）[⑪]分类，传统藏式民居的石木混合构造可区分为"碉房"与"崩科"。"碉房"的构筑方式是以黄土、片石或石块垒砌的土墙或石墙筑成外墙筒，用木梁、椽子承托楼面或屋顶；"崩科"的木构营造性则从"崩科"一词的藏语字面意义便可理解[⑫]，其建造方式是将原木，也就是连树

皮都没剥的"毛料",加工成圆木或方木作为基本构件,再将构件水平向上层层叠加垒盖成墙体,用自身重量与屋顶重量将墙体压实,并在构件相交的端部砍上卡口层层交叉衔楔垒摞咬合连接,构件端头外探加长,以此组成的井字形木墙体筑成一个承重外墙筒,用木梁、椽子承托楼面与屋顶。整幢房屋不用一颗钉子,也不用砖瓦,建造方便,建造工艺不复杂。在过去,往往是一家一户不需要外人帮助,在短时间内就可以建起一间房子,而且新房建好就可以居住,冬暖夏凉,衔楔整架结构特别防震。

传统藏式民居的"崩科"与吉林长白山原乡木屋村落的"木刻楞",以及云南滇西摩梭人依山傍水的"木楞房"等利用当地丰富森林资源就地取材、因地制宜的民族特色建筑相同,都是"井干式木结构",属于《木结构设计标准》规范体系中的"方木原木结构"[3],其营造方式已有一套成熟的制作工艺,本身已具备装配式建筑的"预制生产、现场拼装"特点。但是目前"崩科"的建造方式,仍然是"吃工地、睡工地"的工匠与劳动力,以纯手工或半手工的方式,在施工现场"现场制作、现场安装"。与"装配式木结构建筑[4]"的系统集成、生产管理、绿色建材、运输施工等方面相比较,传统藏式民居在加工损耗、物料管理、施工环境、与房屋品质的综合效益等方面,仍然有很大的改进空间:

首先,因为当地原木材料的品质差异大,树径规格尺寸大小长短不一,现场木料加工无法"因材切料",加工损耗率非常高。其次,原木毛料没有经过烘干程序,导致木材变形不可控,极易造成沉降开裂,门窗洞口尺寸不易控制,工匠只能根据现场尺寸"测一点、做一点,半年后再来补一点"的方式来修正不一致的木材变形率,因此安装难度高,人工费用也高。最后,工人因成本考量大多不会购买精细度与安全性高的工具,而是非常简易低廉的工具,加工机械化程度不高,不仅施工精度不高,出现过非常多的工伤事件。现场加工木渣废料占用大量的施工界面,施工场地狭窄,机械起火或者人为火种易引起火灾,施工安全性有极大的隐患,不利于安全文明施工。

先不论建筑的精度、保温、防水、造价以及建筑寿命,也不论居住舒适性是否能达到建筑法规的节能计算要求,目前传统藏式民居的营造方式与构筑方法所需的整体费用就几乎是采用国内装配式木结构企业工厂预制,现场安装的1.5倍。譬如,2020年在理塘县仁康古街盖一间105平方米,一层楼的"崩科",其所需的墙体结构材、地板、墙板、装饰板材、与雕花用木料,需要花费7万元购买74立方米的毛料,再花费6万元的木工人工费将这74立方米的毛料加工成35立方米的精细料。这意味着"崩科"的原木结构墙体加工损耗率达到40%,藏式装饰木墙板与地板,因毛料等级参差不齐,加工成板材的加工损耗率达到55%。

三、O & T:传统藏式民居木结构建筑装配化的潜力与契机

由于生态保护的国家战略需要,政府日益强化甘孜州、阿坝州

与西藏的森林保护,在禁伐政策之后,市场供应的当地木材越来越少,品质越来越不稳定,价格也日益高昂。在调研中发现,目前在甘孜州,几乎所有用于藏式装饰的地板以及墙板材料都是用当地原木毛料加工而成。未经加工烘干的毛料,2020年的理塘县本地毛料价格为950~1050元/平方米,加上加工费、材料损耗、二次加工、油漆,加工成成品的本地板材价格至少达到了2100元/平方米。与此相比,2020年7月进口的北欧或北美板材运到甘孜州的价格也仅仅是2000元/平方米。因此,如何让藏式木结构建筑走上装配化之路,成为市场接受的产品?也许,根据甘孜州的木材市场辐射范围来升级当地既有原木加工厂或新设装配式木结构工厂,同时合理使用进口木材规格料与板材,会是其中的关键。

目前在环保政策的驱动下,国家对进口木材实行了零关税。除了海运,未来的蓉欧班列成都港将成都变为内陆城市的陆运港口,使得进口木材能低成本的进入内陆。北美或北欧等地的进口木材有非常成熟的规格料体系,烘干、防虫、材料刨光等加工工序都已经完成,能实质性的降低原材料成本与加工成本。甘孜州目前外来木材价格偏高,很大的一个原因是目前当地木材零售商都是几十根或者几百根木条的零星采购,材料的采购以及运输未达到批量而无法统筹规划,供应链各环节与运输成本相对较高。市场大小决定了木材进口规模,木材进口规模直接决定了原材料价格。如果能一次采购10个集装箱货柜,也就是500立方米,则可以从材料原产国直接以海运或陆运运至当地,减少中间环节与物流转运,每立方的材料成本可降低约10%。如此,质量更优质的进口板材的价格就会低于用当地原木毛料加工的板材。而与此相对的,是当地森林砍伐的经济效益降低,以及当地森林保护的意识提升。

四、TOWS:全生命周期的传统藏式民居木结构建筑装配化

近二十年来,中国的木结构企业借鉴国外的工业化生产经验,在设计、原材料、结构计算、节能、墙体构件、节点、耐久性、外围护、现代化的生产线加工设备等诸多方面对井干式木结构建筑体系做了大量的改进与优化,使得井干式木结构形成一套完整的产业链条,构件工艺精良、卡接严密,符合现代人的审美与居住舒适性的要求。

因此,通过引进外来烘干木材,借鉴国内装配式木结构企业的生产管理概念和经验,以现代化工厂机械生产加工,当地人安装的模式进行统筹,统一原材料综合利用,提高材料利用率,优化传统藏式民居的营造方式,可以解决甘孜州当地木材供应的需求问题与材料耗损大的问题,其社会效益是优化手工艺人工作环境以及安全文明施工保障的问题。当有传统手艺的技术工匠不再是"吃工地、睡工地"、"哪有工地哪里去",收入不稳定,生活不固定,而是有更稳定的就业、更高的收入,藏式传统建筑营造技艺在现代市场化的社会中,将得以突破"仅是保护性的传承与保存"。

相对于目前国内许多仅是追求"装配率"以及"为了装配式而装配式"的装配式建筑，将传统藏式民居的制作技术、生产管理、运输施工、现场安装和使用维护等方面导向现代装配化，从"现场制作、现场拼装"的传统井干式木结构，转型成"工厂预制、现场拼装"的现代井干式木结构，将更具经济可行性和可建造性。因此，不同于过去许多传统藏式民居的研究着重于描述建筑风貌特色的宗教意义与空间的文化意涵。本文着重于探讨传统藏式民居的营造性与建筑装配化的可能性，也为藏区文化传承与环境保护的两难，也就是公共政策矛盾的外部间接负效应，提出可能的治理对策。

注释

① 高政轩，伦敦大学国王学院地理学博士，四川大学建筑与环境学院副研究员。

② 何瑾，成都蓉成小雨集成木屋有限公司，负责人。

③ 田福弟，营口小雨木屋，副总经理，《装配式木结构建筑技术标准》GB/T 51233-2016审查专家、《木结构设计标准》GB50005-2017审查专家。

④ 李君，康奈尔大学建筑艺术规划学院城市与区域规划系，硕士研究生。

⑤ 梁敏，理塘县地方志办公室主任、理塘县政协经济与科技委员会主任。

⑥ 见《甘孜藏族自治州人民政府关于进一步做好城乡提升战略风貌改造规划设计工作的通知》，2017年。

⑦ 见《中共甘孜州委甘孜人民政府关于严格落实十六条措施加强森林资源保护管理的意见》与《甘孜州森林资源保护管理"八个严禁、八个坚决"》，2017年。

⑧ 2019年，理塘县政府以特批的方式提供木材砍伐指标，来解决长青春科尔寺因火灾而需重建寺庙的木材供应问题。

⑨ "巴苏"是窗、门上方的梯形挡雨篷，上方中间设有门神挂像盒，其构件一般有五层重叠而成，从上至下依次为狮头梁、挑梁面板、挑梁、椽木面板、椽木。

⑩ "八卡"是窗框两侧从"巴苏"下缘到窗框下部的梯形黑色带。

⑪ "营造性"（tectonics）探讨的是构筑物或人造物（artifact）与其背后的时代气息、环境因素、民族特点，以及代表了一个时期的地区诸多综合体现水平。关于"营造性"，见Kenneth Frampton，2001。

⑫ "崩科"一词来自藏语，"崩"指"木头架起来"，"科"是"房子"，"崩科"，指木头架起来的房屋。

⑬ 装配式木结构建筑按承重构件选用的材料可分为轻型木结构、胶合木结构、方木原木结构以及木混合结构。2017年11月20日修订发布的《木结构设计标准》——GB50005-2017中，把井干式木结构纳入到规范体系中的"方木原木结构"，给这种古老的建造体系在法规层面予以认可。见《装配式木结构建筑技术标准》，GB/T51233-2016，中华人民共和国住房和城乡建设部，2017。

⑭ 装配式木结构建筑是指主要的木结构承重构件、木组件和部品在工厂预制生产，并通过安装而成的木结构建筑。其特点是采用系统集成的方法统筹设计，在生产管理、绿色建材、运输施工、现场安装和使用维护等方面要求实现全过程协同。装配式木结构建筑在建筑全生命周期中应符合可持续性与模数协调的原则，建筑产品和部品应系列化与多样化，通用化预制木结构组件应符合少规格、多组合的原则，且应满足装配式建筑标准化设计、工厂化制作、装配化施工、一体化装修、信息化管理和智能化应用的"六化"要求。见《装配式木结构建筑技术标准》，GB/T51233-2016，中华人民共和国住房和城乡建设部，2017。

参考文献

[1]《甘孜藏族自治州人民政府关于进一步做好城乡提升战略风貌改造规划设计工作的通知》，2017年。

[2]《中共甘孜州委甘孜人民政府关于严格落实十六条措施加强森林资源保护管理的意见》，2017年。

[3]《甘孜州森林资源保护管理"八个严禁、八个坚决"》，2017年。中华人民共和国住房和城乡建设部，《木结构设计标准》GB50005-2017，中国建筑工业出版社，北京，2017年。

[4] 中华人民共和国住房和城乡建设部，《装配式木结构建筑技术标准》，GB/T51233-2016，中国建筑工业出版社，北京，2017年。

[5] Kenneth Frampton, 2001, Studies in Tectonic Culture: The Poetics of Construction in Nineteenth and Twentieth Century Architecture, The MIT Press.

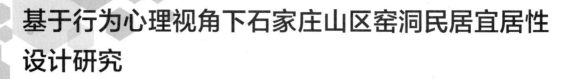

基于行为心理视角下石家庄山区窑洞民居宜居性设计研究

——以井陉县七狮村为例

杜江飞① 赵 兵②

摘 要： 本文通过实地调研石家庄周边山区传统窑洞民居，总结其窑洞民居的基本形式，调查并分析了七狮村村民对于居住空间舒适性基本心理行为需求，但该类民居现状并未满足宜居性要求。因此，本研究以"人为中心"，分析在村民在窑洞民居空间中生产、生活的行为心理特征，并以人的心理为出发点，把握居民的行为心理和窑洞民居建筑空间设计的契合点，以此提出石家庄山区窑洞民居进行宜居性保护设计与更新的策略。

关键词： 行为心理 窑洞民居 民居建筑空间 宜居性 改造更新

一、绪论

乡土建筑承载着中国传统文化的精华，是乡土文化的物质载体，是地域文化的传承与展现。窑洞民居是我国典型的传统乡土建筑，是由原始的"穴居"发展演变而来，可见其悠久的历史传承。但是随着农村居民生活水平的不断提高，现有的窑洞民居已经不能够满足居民的心理需求，历史悠久的窑洞民居在新的历史转折点也面临着停滞和倒退的状态。因此，要想对窑洞民居进行传承与保护，以人为中心解决行为心理的需求问题迫在眉睫。本文以石家庄山区窑洞民居为例，尝试运用行为心理的视角，对当地的窑洞民居提出以人为中心的更新与保护策略[1]。

二、七狮村窑洞民居概况

1. 七狮村概况

七狮村历史悠久，距今约有1200多年的历史，现全村共178户，611口人，现存有明、清时期特色的窑洞、石楼院、石头四合院数量众多（图1），是华北地区鲜有的保存完整、规模巨大，尚在使用的土窑建筑群。赋有"南阁北阁一里多，拉拉溜溜七狮窑"的美誉。

2. 七狮村窑洞民居的基本形式

（1）七狮村位于太行山的东麓，依据村内窑洞不同的建造位置，将窑洞分为靠崖式和独立式两种不同的类型。

图1 七狮村（图片来源：网络）

①靠崖式

七狮村靠崖式窑洞基本可归于土窑，占七狮村窑洞的70%左右，土窑沿山体等高线依次排列，在山体下面进行挖掘，从而进行窑洞建造，此类窑洞外表少有装饰，只将裸露的黄土做找平处理，保存原生态，融入山体，浑然天成（图2）。随着生活条件的不断提升，也是为了防止窑洞前脸经雨水而遭受破坏，开始了使用当地的青石对窑脸进行保护，这种窑洞被称为靠崖式接口窑。

②独立式

七狮村独立式窑洞多为石窑，占七狮村窑洞的30%左右。多采用太行山当地的石头作为建筑原料，经过精工打磨成石块，箍成的窑洞民居建筑。独立式石窑建筑采用石拱承重的方式，墙体厚度在65～115厘米之间，单口窑内宽约3米，纵深5～6米。石窑不受

图2 土窑（图片来源：网络）　　　　　　　　　　　　　　　图3 石窑（图片来源：网络）

依山修建的束缚，多建在平坦地带，同时以石窑为主体形成砖石混杂的合院布局，坚固耐用（图3）。

（2）七狮村窑洞民居的院落形制及平面

七狮村窑洞民居的院落形制受当地地形影响多为合院型和"一"字形布局，靠崖式土窑平面布局丰富多样，多为两窑并联和三窑并联，单口窑洞为可分为客卧一体窑、套窑、拐窑、字母窑等不同的形式，因此单口土窑的纵深最长可达到30米，土窑的修建可根据使用者的需求和土质环境分为单双层和多层。独立式石窑因建造技艺和材料的限制，平面布局相对单一，多为一层石窑，以合院结构为主。

三、七狮村窑洞民居居民的行为心理及其变化

"行为心理"并不是心理学中的一个流派，而是人在特定空间中所产生的行为活动和心理反应[2]。本文以七狮村窑洞民居为例，进行问卷调查，研究七狮村村民的心理趋向并分析村民的心理趋向与窑洞建筑的关系，了解当地村民喜欢的窑洞空间环境与人本身的行为心理之间的关系，从中分析窑洞建筑与村民心理行为的对立矛盾关系。

1. 村民的行为心理对窑洞民居的影响

随着生活条件的普遍提高，村民对居住环境的要求也从一开始满足遮风避雨的条件向多方面发展，对住所的行为心理也由生理行为向多维度发展。在此，在实地调研中观察七狮村居住窑洞村民在窑洞中的行为心理，将村民的行为心理分为生理行为、家务行为、工作行为、休闲行为、交往行为、精神需求六大部分[3]，但现有的窑洞民居并不能满足村民的行为心理与需求，村民在窑洞中生活，行为心理受到了严重的阻碍，亟待解决。

2. 窑洞民居对村民的行为心理的影响

村民在长久的窑洞生活中，逐渐形成了自己的行为心理偏好。

村民对窑洞民居围合的空间、趋于自然的色彩、拱形的屋顶结构、紧凑而舒适的空间尺度等空间形式形成了地域性行为心理，分析这些行为心理有利于在更新与设计中保留村民经过岁月沉淀的行为心理，保护地域性民居特征。

四、村民行为心理视角下窑洞民居存在的问题

1. 窑洞民居由早先的"冬暖夏凉"到如今的"夏湿冬冷"

由于生活水平的提高，行为心理的变化，七狮村窑洞建筑的代名词以由从前的"冬暖夏凉"转为如今的"夏湿冬冷"。因石家庄属于温带季风气候，夏季潮湿多雨，冬季寒冷干燥，因窑洞建筑墙体厚，夏季温度虽然在22~28℃之间，但室内夏季过于潮湿，冬季温度比室外高十几度，正因如此，其冬季不符合农村建筑冬季的采暖的温度要求，因此造成窑洞内冬冷的现状。

2. 窑洞民居室内宽度小，功能分区混杂

窑洞建筑因其建造环境与技艺的限制，山体的窑洞建造对土质有严格的要求，且室内开间约为3~5米，纵深较长，可超过10米。因此，单口窑洞内往往承担着多重功能，出现私密的卧室与客厅混合布局、卧室与储藏空间混合布局、储藏空间与客厅混合布局、客厅与厨房混合布局的情况，从而导致行为心理中的生理、家务、工作、休闲、交往等混为一体的杂乱现状，没有动静分区、公私分区等。

3. 开窗小，光线昏暗

因窑洞民居特殊的建造环境，只能一面开门窗，且开窗宽度也有所限制，进深超过10米，所以造成室内白天采光不足，光线昏暗。从行为心理的角度看，光线昏暗影响村民的基本生理行为。长期生活在昏暗的环境中，影响居住者的身心健康。

4. 窑洞民居建造年代久远，建筑结构遭到损毁

七狮村窑洞建筑建造年代久远，村民在居住中缺乏维护，部分窑洞建筑出现了裂缝等问题，因黄土层表面没有防水层，在遇到暴雨等极端天气时，雨水沿裂缝处渗透，破坏黄土原本的结构，可能引起拱券等结构性破坏，甚至出现局部塌陷的危害，严重影响村民的生命财产安全。

5. 基础条件差、发展受阻，遭到遗弃

在调研中了解到现居住窑洞的村民基本年龄在45岁以上，因七狮村窑洞民居不能满足当代人的行为心理需求，遭到了年轻人的遗弃，窑洞被当代年轻人定义为贫穷的象征，如何传承和创新当地窑洞民居，使其满足当代年轻人的行为心理需求，使年轻人成为乡土建筑的传播者和弘扬者。

五、七狮村窑洞民居的宜居性更新与保护策略

1. 行为心理视角下的窑洞民居建筑的室内改造对策

（1）"夏湿冬冷"环境改造

"夏湿冬冷"环境改造主要为室内湿热环境和保温的改造，要想满足人在室内行为心理的生理、休闲、交往等行为的需求，一个宜居的室内环境非常重要，对室内湿热环境进行改造，使当下的窑洞民居"冬暖夏凉"，实至名归。

①洞室内防潮保温处理

在室内墙面和地面铺设防水层，具体做法是首先使用沙灰将墙面抹平，然后使用素混凝土饰面，再涂一层沥青防水，最后地面铺设吸水地砖，墙面大白抹平（图4）。

②窑洞室外防潮密封处理

窑脸部分，首先使用沙灰将墙面抹平，在此基础上做防水处理，然后贴一层40～60厘米的聚苯板，再做一层沥青防水，最后用青砖或者当地青石饰面（图5）。窑顶部分，若黄土比较厚，充分利用黄土的蓄热性，适当在顶部做防水处理；若黄土层较薄，则采取双层防潮保温措施，在窑顶的黄土层中间首先铺一层水泥板做

防水，在防水上加炉渣等防潮材料，然后用砂石混凝土找平，最后在顶部回填黄土以增加室内保温（图6）。

③窑洞通风改造

在窑洞的窑脸前面增设阳光房，冬季调节百叶，控制太阳辐射。对进入窑内的清风进行预热，减少冷湿空气进入室内。同时满足村民提供休闲娱乐的行为需求。在阳光房增设换气风扇，加大室内风速的循环流动，降低室内潮湿度。

（2）功能分区

功能分区的设置，在进行动静分离，隐私与公共区域分离的同时，兼顾当代年轻人交往、娱乐、工作等行为心理空间。观察七狮村村民的在室内的行为心理特征，调查其行为心理需求，将窑洞进行合理分区，增设必要的功能分区。

（3）增加采光

增加采光，避免人居住窑洞室内建筑过于昏暗而使人感到压抑，有利于保障人行为心理的生理、工作、休闲、交往等行为的顺利进行。

①采用现代技术增加窑洞的开窗面积，去繁就简，缩小窗户窗棂的宽度，减掉繁琐的装饰图案提取经典装饰部分，加上玻璃的结合，玻璃窗的开窗面积越大，光通量就会越大，如有条件可安装中空双层玻璃。

②窑洞室内墙壁装饰材料改造。因为窑洞纵深较长，通过窗户直射到窑内的光线面积有限，窑洞室内采光多为通过太阳直射然后由墙面散发出来的漫反射从而形成室内光环境。因此，窑洞内墙面的使用有利于反射的浅色系，可使用石膏抹面、大白粉刷墙面或者白色硅藻泥来增加室内漫反射。

（4）结构修复

窑洞的结构遭到破坏，村民居住精神会处于高度紧张的状态，在行为心理上会对所居住的窑洞产生抵触心理，严重损害了村民的各种行为需求，甚至危及生命安全，因此对窑洞结构的修复是各种行为心理需求最基础的前提条件。

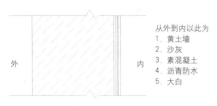

图4　室内防潮密封处理（图片来源：笔者自绘）

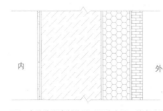

图5　窑脸防潮密封处理（图片来源：笔者自绘）

图6　窑顶防潮密封处理（图片来源：笔者自绘）

对窑洞结构的修复中因为黄土的结构不能够承受较大的工程负荷，应该以传统工艺为主、现代技术为辅，例如局部使用钢架结构、钢筋混凝土、砖石砌筑等形式进行修复，尽量保持窑洞建筑的原始风貌。出现结构问题应及时进行加固和修复。

2. 行为心理视角下的窑洞民居建筑的模块化改造

七狮村的窑洞建筑年代久远，近些年新建窑洞屈指可数，窑洞建造技术也出现了断代现象，窑洞民居面临着停滞和倒退的危险，如何在新时代下将窑洞民居符合现代年轻人的行为心理需求，是窑洞民居在继承和更新中迫切要解决的问题。

在七狮村实地调研中，村民们根据自己的行为需求和居住环境条件逐渐修建房屋，从而形成了"一"字形、"L"形、"回"字形等多种空间布局。本次对七狮村村民自觉依据自己的行为需求形成的民居空间布局，进行模块化更新设计。首先将"一"字形窑洞布局中的窑洞作为基础固定模块，然后根据具体的地理环境和当代人的行为心理，将石窑或者砖石结构的模块进行自由组合，从而形成"L"形、"U"形、"回"字形。在设计模块化过程中应结合七狮村村落的整体风貌，参考当地的风俗习惯与行为心理特征，设计乡土而又符合现代人生活的窑洞民居。

六、结语

通过对井陉县七狮村窑洞民居进行实地调研，归纳总结了七狮村窑洞民居的类型及其布局。分析了当地人的行为心理，总结出了窑洞民居的室内功能分区混乱、室内光线昏暗、建筑结构损坏等问题[4]。提出了整合空间布局进行模块化设计、结构修复、增加采光、防风防潮等保护与更新的策略，使其符合年轻人的心理需求，并希望七狮村窑洞民居在当代得到传承和发扬。

注释
① 杜江飞，西南民族大学城市规划与建筑学院。
② 赵兵，西南民族大学城市规划与建筑学院，教授。

参考文献
[1] 田芳. 石家庄山区窑洞民居保护与更新设计策略研究 [J]. 装饰，2018.
[2] 鲁豫坤. 从行为心理出发的彝族传统民居设计研究 [D]. 昆明：昆明理工大学，2014.
[3] 谢宏丽. 基于行为心理的中国传统住居模糊空间研究 [D]. 长沙：湖南大学，2010.
[4] 马玉洁. 石家庄西部窑洞民居保护与更新策略研究 [D]. 石家庄：河北工程大学，2018.

基于口述史方法应用的岈山村乡土营建

万 杰① 胡英盛②

摘 要: 泰安市岈山村历史悠久,民居建筑与民俗文化巧妙结合,构建了独具特色的山地民居建筑形式。通过实地调研、测绘、工匠采访等,基于口述史的方法从民居布局、营造、工序和习俗等方面进行研究,再现岈山村营造技艺和民居建筑形态,使得传统营造技艺和营造习俗得以传承,传统民居建筑得以保护。

关键字: 口述史 传统民居 营造技艺 习俗

岈山村位于山东省泰安市肥城市南部偏西的孙伯镇,地处山区,因地制宜,巧妙利用当地石材构建房屋。清朝初期周氏家族搬迁于此建村,因该村坐落于岈山脚下,故命名为岈山村(图1)。由于早期平原地区易受洪水侵袭,而岈山村位于山区,地势起伏大,利于洪水的排放,因而在当时得到了很好的发展。现如今村中有二百一十户,六百七十余人。

一、院落平面布局

岈山村四面环山,海拔较高,山涧之间形成多处瀑布与水潭,山上植被较为丰富。村落四面环山,院落选址顺应地势呈片状分布,布局较灵活,在院落内部呈现不同程度的高低落差。岈山村内平面方正形式的院落布局最为讲究,前后一般长短为最佳,常见的平面布局为二合院、三合院、四合院以及二进院落。

三合院(图2)在村中较为常见,主屋同样坐北向南,两侧东西屋面阔、进深不统一,布局相对灵活。三合院主要为主屋、东西屋或加敞棚而围合成"凹"字形,东西屋设置住房、饭屋、杂物间。

四合院(图3)主要以主屋、东西屋、大门与南屋围合而成,

与大门及南屋空间形成过道,主屋与东西屋之前留有夹道,夹道多用于喂养家禽或堆放杂物,比传统的四合院布局更加灵活,空间层次更加丰富,院门常设在东南或西南角,与茅子(厕所)相向。

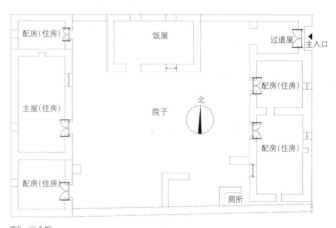

图2 三合院
(资料来源:作者自绘)

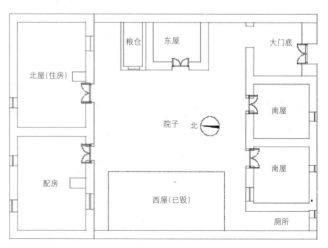

图3 四合院
(资料来源:作者自绘)

图1 泰安市岈山村区位示意图

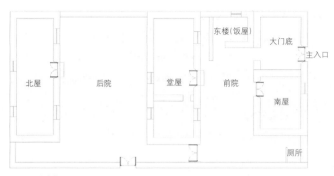

图4 二进院落
（资料来源：作者自绘）

二进院落（图4）布局在村中较少，屋主多为富裕人家，此院屋主与后院原为亲戚关系，后买入与其原本院落合为一体，因此布局上在三合院基础上再加后院与一排主屋，一进院主屋与院墙之间留有过道，通往后院，以此形成二进院落。

二、民居营造

岈山村单体建筑院落整体布局完整，道路系统完善，院落规整且保存较好，建筑单体质量较好，主要包括主屋、东西屋的配房、南屋、厨房、厕所等，个别院落包括牛栏和敞棚等。

1. 墙体

岈山村传统民居建筑墙体分为夯土和石墙两种形式，石材多就地取材于附近山顶。单体建筑外墙一般为大块平整加工过的石块儿，称为外皮，堆砌采用"模砖对缝"的方式（图5）。而墙体内部为碎的碴石头加"刺猬泥"填充，称为里子。"刺猬泥"为当地说法，材料为麦秸与土加水按比例混合在一起。满墙石根据材料而定，若无满墙石，外皮和里子需要咬合。墙体外立面上有孔，是在石墙上搭脚手架留下的，当地人称之为"架眼"。围合的院墙一般以夯土为主，墙体材质主要包括石材、夯土和木材。

2. 屋顶

村落屋顶保存多数还是原始的状态，房屋建筑前后檐高度相同，材质为常见的沙石，四周有两排砖石垒砌高出屋面，屋脊中间高于两侧便于排水，剖面呈"W"状。屋顶构造由下至上为梁、瓜柱、檩条、苇箔、夯土层、砾石层（图6），岩板伸出墙体约100～150毫米。厕所、敞棚和厨房等依托院墙的建筑则是外高内低，在岩板之上都设有溜子（图7），其穿于屋顶两侧凸起砾石层之下，低于屋面，可供屋顶排水。岈山村的溜子分两种，一种造型为直的，制作上相对简单；另一种为向两侧弯曲的造型，制作上相较于直溜子更加繁琐。第一种多用于院内，第二种则多用于院落外，因为要避免排水直冲邻居或者马路。

图5 墙体垒砌
（图片来源：作者自摄）

图6 梁架结构
（图片来源：作者自摄）

图7 溜子
（图片来源：作者自摄）

3. 门窗

大门皆为两开门形式，门扇由多条纵向木板用铁钉固定而成，背面又以多根压木横向加固，安装门轴抵住横木，再用两根纵木压住横木，外侧门板装有铁环和铁链，闭门外出时需将铁链穿过铁环后外侧加锁用于防盗。院内单体建筑一般主房为双开门，其余多为单开门形式。房屋门窗上多有錾刻的斜纹条石，其作用是为了起到承重的作用，防止建筑墙体对木制门窗压坏，以保证门窗的使用寿命。大门的承重结构为两种：一种为方形长条石（图8），一种为带有錾刻花纹的拱券（图9）。屋门条石上方有方形的洞口"磕坛儿"，进深半尺左右，可以存放物品，同时可以减轻条石的压力，防止条石被压断。

最具特色的窗户形式为具有装饰的石雕窗，图案多为铜钱（图10）、万字（图11）等。除此之外，较常见的形式为窗棂木制长条作窗框支撑，间距相同垂直交叉的木窗（图12）。

三、营造工序

岈山村的民居建筑在建房时有着系统的建造工序，本文依据对当地匠人及村民的采访，总结为以下步骤：

1. 择地

地基按户划分，地基的大小与人口相关，根据地形和朝向选择合适地基。选择地基时，村民依据个人情况选择是否找相关专家，然后根据地基地形和专家的意见定大门的朝向。根据地基的高低、宽窄，使用白灰在地面上画出地槽区域，最后确定地基的区域面积。

确定地槽区域之后开始挖地槽，地槽深度根据地形而定，岈山村为山地地形一般为挖到硬底为止。根据石匠口述多为挖到地下较硬的岩石即可停止，如没有较硬的土质或者岩石就需要打夯，打夯的作用是为了使得建筑在垒砌墙体的时候不易倒塌。

2. 备料

材料的多少，根据建房的布局来计算。石匠就地开采石材，选

择纵向满墙横向跨度大的石材，用于房屋檐下四角、充当门窗洞口条石、过门石、台阶、墙内等。因长石条开采难度大，需要花费人力、财力，所以石材的准备数量会根据家庭条件发生变化。其他所需石材相比条石，小而厚，且数量较多，一般会边建房边开采。

木材数量和院落大小有直接关系，选材上以楸木为最佳，其次用杨木，越粗越好。木工所使用的工具主要有：手工锯、木工刨、木锉刀、手工凿、量尺、砂纸等。

3. 垒墙

把地基的杂草或石头清理干净，院子一般清整平整定主屋的位置，主屋为整个院子最先修盖的房屋，铺地工铺至碱角，在挖好的地基之上回填至和过门石齐平后开始垒墙。

墙体所需的石材多就地取材于附近山顶，村民手工开采后用板车或手工托运至地基处，因手工开采石头，石块大小不均，石匠根据建房经验区分石材的材质和大小，把石头运用在不同的位置发挥其功能。垒墙石材分为拉外皮和包里子，地基和拉外皮使用的是大块儿规整的石材，内里面多用小石块，包里子指的是墙体中间多使用干碴石即碎石作填充。房屋内立面通常抹一层白灰或红泥，其材料多为当地沙、土加石灰或干草等加入混合而成的黏土抹平内里，因其黏性不大容易导致墙体裂缝和变形，所以当地建筑多为外平而内乱的现象。

4. 上门窗

垒墙之后要先上门框和窗框，开工后石匠和木工分工合作，如果窗子没做好，也可以预留门窗洞口，待木工做好门窗后期塞进提前预留的位置，所以门窗框有缝的都是窗框后来塞进去的做法，上门窗框之后再搭门上石以及窗上石。

5. 垒上平

垒上平是当地上梁架和屋面构造的说法，上梁架在梁头的位置要预留出梁头的洞口，洞口大小根据梁头的大小而定，梁头进墙半尺左右，梁头高度跟檐板高度大致相同。上梁之后，木匠将檩条在

图8　方形样式
（图片来源：作者自摄）

图9　拱券样式
（图片来源：作者自摄）

图10　铜钱石窗
（图片来源：作者自摄）

图11　万字石窗
（图片来源：作者自摄）

图12　木窗样式
（图片来源：作者自摄）

地上扣好，由瓦工抬上去安装，将檩条在屋顶上试好再截断以避免木料截短。梁檩条上完之后需要在其上压用三至五根苇子系成的笆箔，笆箔厚度大约30~40毫米。压笆箔将刺猬泥运到屋顶上然后摊开，在上面再撒一层麦秸，铺匀后再在上面铺一层比较稀的泥抹平。上过刺猬泥找平之后槌顶，槌顶即铺屋顶的最上一层，分为两种：一种为小槌顶——石灰、麦秸、砂子，麦秸软和才能用。另一种为大槌顶——白灰、砂、小石头掺一起，称之为大混；砂、白灰掺一起，称之为小混，配比由工匠根据石量、厚薄来定。为增强密度夯实屋顶，用棒槌出浆，由于槌顶不能留生碴子，所以必须在一天内做完。

6. 室内装饰

早期民居室内装饰简单，墙面多用上文提到的墙体材料——"刺猬泥"对墙体抹平缝隙，防止墙体干裂不平整，富裕家庭为了美观会在抹平墙面后上白灰，以此也能达到室内明亮的效果。地面常不铺装，保留原始土地的状态。

四、营造习俗

1. 营造仪式

传统民居中，之所以营造习俗能够得到传承，多是伴随着人们对美好生活的向往和追求，农耕时代生产力不足的状态下，民居建筑的营造习俗寄托着人们对生活的期望。

（1）开工

动工前屋主宴请包工头商议开工日期。开始建房时需放线、放鞭炮、烧香，并在梁底下放一双红色的筷子。开工后由老石匠把控总进度和质量。

（2）上梁

岈山村房屋多为石木结构，建筑墙体为石材垒砌，梁架为木材所搭建，木梁稳定房屋才能结实稳固。为了表示重视，人们建房时依据当时条件都要举办上梁仪式。在上梁时要放鞭炮，并且用毛笔在红纸上写"上梁大吉"贴在梁上，吃的饭菜比平时也更好些。岈山村建房在村里是头等大事，修盖房屋有邻里互帮的风俗，即一家盖房，邻居亲友都来帮忙。这些帮工不是户主特意相邀，也不求工钱，全凭人情往来。村民间相互帮忙，不仅节省了时间和金钱，同时促进了邻里之间的关系。

2. 营造禁忌

村民认为北和东为上，所以北屋和东屋建筑略高。建房以主屋为首，主屋的屋高为整个院子最高的建筑，一般东屋的高度要高于

西屋50毫米以上。院落形制多见方正，前后一般长为最佳选择，前大后小或前小后大都不可。村中的台阶及窗棂等数量以三、六、九的单数为最好，窗户的制造过程中，窗棂不选择七根或八根。院内有多种寓有吉祥之意的植物，如石榴树、枣树等有多子多福的寓意。

营造习俗是传统民居营造过程中重要的一部分，凝聚了当地工匠的营造智慧和村民的传统文化，习俗对传统民居的研究同样具有重要意义。

五、结语

本文在对岈山村传统民居研究中，通过口述史的方式总结出较为完整的民居构造、营造工序和建造习俗，意在保护和发展的过程中将传统文化与民居建筑有效结合，还原其历史原真性。由于经济发展和人口老龄的原因，完整的营造技艺逐渐失传，本文采访信息的完整性有待继续考证和补充。因此，岈山村还值得进一步挖掘其历史文化价值，以对山东传统民居形成完整、连续的文化脉络提供一丝线索。

注释
① 万杰，山东工艺美术学院，硕士。
② 胡英盛，山东工艺美术学院建筑与景观设计学院，副教授。

参考文献
[1] 陆元鼎. 从传统民居建筑形成的规律探索民居研究的方法 [J]. 建筑师，2005（03）：5-7.
[2] 冯骥才. 传统村落的困境与出路——兼谈传统村落是另一类文化遗产 [J]. 民间文化论坛，2013（01）：7-12.
[3] 朱光亚，龚恺. 江苏乡村传统民居建筑特征解析 [J]. 乡村规划建设，2017（01）：14-28.
[4] 潘鲁生. 古村落保护与发展 [J]. 民间文化论坛，2013（01）：22-24.
[5] 李渝，雷冬霞. 历史建筑价值认识的发展及其保护的经济学因素 [J]. 同济大学学报（社会科学版），2009，20（05）：44-51.
[6] 李渝. 营造意为贵，匠艺能者师——泛江南地域乡土建筑营造技艺整体性研究的意义、思路与方法 [J]. 建筑学报，2016（02）：78-83.
[7] 胡英盛，卜颖辉. 山东巨野李氏庄园景观环境调查研究 [J]. 设计艺术（山东工艺美术学院学报），2017（04）：97-104.
[8] 王媛. 对建筑史研究中"口述史"方法应用的探讨——以浙西南民居考察为例 [J]. 同济大学，2009（05）52-56.

基金项目：山东省社会科学规划研究项目"城镇化进程中山东典型院落文化遗产保护策略研究"（15CWYJ12）。

基于GIS与形态分析的太行八陉传统村落分布、类型及形态特征

苑思楠① 王晓琼② 高 颖③

摘 要： 探索地域传统村落的保护与更新首先需要立足整体、见木见林[1]。本研究旨在厘清太行八陉传统村落的分布、类型及形态特征。研究对象为太行八陉50公里范围内"中国传统村落名录"中的传统村落。宏观层面，采用GIS，得出1016个太行八陉传统村落的空间分布特征。中观层面，依据形态定量研究方法进行类型划分，得出滏口陉、井陉的传统村落类型特征。微观层面，采用空间句法解析样本村落内部空间形态特征。本研究从整体出发，为地域村落的保护与更新提供了数据支持与基础研究。

关键字： 太行八陉 传统村落 分布特征 形态 类型

随着"十九大"《国家乡村振兴战略》的提出，为更好地保留乡村空间特质，厘清各个地区村落独有的空间特征对于村落更新及发展的重要实践意义与理论意义。太行八陉是我国北方传统村落较为集中的分布区[2]。目前已有的太行八陉传统村落研究[3][4][5]存在"研究视角重微观、轻宏观"、"研究方法多定性描述少定量分析"的情况。从地理学角度出发在宏观尺度研究其空间分布特征的研究尚未出现，关于太行八陉区域传统村落类型划分及其独有的空间形态特征尚未探明。针对以上问题，依据梳理后的太行八陉线路与1~5批《中国传统村落名录》，确定研究对象为太行八陉线路50公里范围内的1016个中国传统村落，在宏观、中观、微观三个层面分别对太行八陉传统村落空间分布特征、类型划分、村落内空间形态进行研究，旨在挖掘太行八陉传统村落独有的空间特质，为太行八陉传统村落的保护与开发提供理论支持。

一、太行八陉概述

太行八陉位于自然环境与文化地理环境复杂的太行山脉中，从北到南依次为：军都陉、蒲阴陉、飞狐陉、井陉、滏口陉、白陉、太行陉、轵关陉，是历史时期晋、冀、豫三省穿越太行山互通有无的八条交通要道和商旅通衢，也是自古兵家必争的重要军事关隘要塞的所在之地[6]，其重要的地理位置与文脉价值孕育了大量具有研究价值的传统村落（图1）。

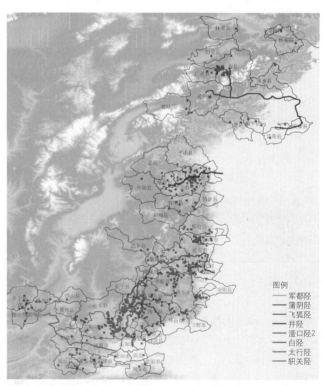

图1 太行八陉示意图

图例
— 军都陉
— 蒲阴陉
— 飞狐陉
— 井陉
— 滏口陉2
— 白陉
— 太行陉
— 轵关陉

二、研究方法与数据来源

1. 研究方法

（1）最邻近点指数（R）

最临近点指数（R）是表示点状事物在地理空间中相互邻近程度的地理指标，最邻近点指数R定义为实际最邻近距离与理论最邻近距离之比。点状事物空间分布类型为随机分布时的最邻近距离为理论最邻近距离。当R=1，点状事物分布为随机型；当R>1，点状事物分布为均匀型；当R<1，点状事物分布为集聚型。本文通过最邻近点指数分析得出太行八陉传统村落空间分布类型。

（2）核密度分析

核密度是用来描述空间中元素分布密度的参量，可以直观看到聚落的集聚位置、集聚大小和形状。本文通过核密度分析得出太行八陉传统村落空间分布的集聚特征。

（3）缓冲区分析

缓冲区是对一组或一类地图要素（点、线或面）按设定的距离条件，围绕这组要素而形成具有一定范围的多边形实体，从而实现数据在二维空间扩展的信息方法。本文通过缓冲区分析，得出陉（道路）影响下的村落空间分布特征。

（4）形态指数定量分析

中观层面聚落形态的类型划分借助聚落边界形态指数分析方法[7]得出。具体公式如下：

$$S = \frac{P}{(1.5\lambda - \sqrt{\lambda} + 1.5)}\sqrt{\frac{\lambda}{A\pi}} \quad (1)$$

$$S_{权均} = S_{大} \times 1.4010 \times 0.25 + S_{中} \times 0.5 + S_{小} \times 0.5611 \times 0.25 \quad (2)$$

（S指聚落边界形态指数，P为聚落边界周长，A为面积，λ为边界长宽比，即聚落边界图形的长轴与短轴的比值）

S值	λ 值	聚落类型
S≥2	λ<1.5	团状倾向的指状聚落
	1.5≤λ<2	无明确倾向性的指状聚落
	λ≥2	带状倾向的指状聚落
S<2	λ<1.5	团状聚落
	1.5≤λ<2	带状倾向的团状聚落
	λ≥2	带状聚落

（5）空间句法

微观层面通过空间句法轴线分析方法对村落空间形态进行描述，本文所涉及的空间句法认知参量如下："全局整合度"描述一个轴线到系统中所有轴线的相对可达性，即拓扑半径为n；"局部整合度"描述一个轴线到拓扑半径为3的轴线集的相对可达性；"可理解度"用来描述从局部感知整体空间的程度，可理解度越高，局部空间结构越能反映整体空间结构；整合度数值最高（占总数值的10%）的轴线构成了村落的10%空间核心。

2. 数据来源

宏观层面DEM数字高程数据（30米分辨率）来自中国科学院数据云地理空间数据云，村落经纬度信息来自Big Map，太行八陉线路主要是通过文献阅读确定途经行政区划并利用GIS进行地理空间配准得到；中观层面村落边界形态指数数据通过CAD绘制村落边界得到边界形态基础数据；微观层面原曲村、于家村空间形态信息采集通过无人机航拍、三维实景模型搭建完成。

三、宏观特征

1. 聚落分布类型为集聚型，空间分异特征显著。

通过GIS的最临近点指数分析得出太行八陉传统村落的空间分布类型（均匀、随机和集聚），结果如下：实际最邻近距离为0.0140，理论最邻近距离为0.0656，最邻近点指数R=0.213691<1。说明太行八陉区域村落空间分布类型为显著的集聚型。

为进一步得出村落空间分布的集聚特征，利用GIS进行核密度分析（图2），得出结论：太行八陉传统村落空间分异特征显著，形成了2个一级核心集聚区，分别是山西省阳城县和泽州县交界集聚区，高平市及其周边集聚区（太行陉、白陉、滏口陉交汇区）；4个次级核心集聚区，分别是张家口市蔚县集聚区（飞狐陉途经区）、河北省井陉县集聚区（井陉途经区）、山西省平顺县与林州市交界集聚区、山西省壶关县集聚区（白陉、滏口陉交汇区）；3个三级核心集聚区，分别是河北省沙河市集聚区、河北省涉县磁县交界区集聚区、泽州县与焦作市交界集聚区。9个核心集聚区以外的村落呈现出大分散、小聚集的分布特征，可能是受太行山区地形、交通因素限制，未能形成大的集聚效应。

2. 县域层面聚落空间分布均衡性较低。

利用GIS的Quantities对太行八陉传统村落县域分布状况进行可视化（图3），图中县域色块颜色越深，表示县域内村落数量越多。得出结论：太行八陉传统村落在县域层面分布均衡性较低，分布数目较多的县有：高平市（县级市）、阳城县、泽州县、平顺县、井陉县、蔚县。

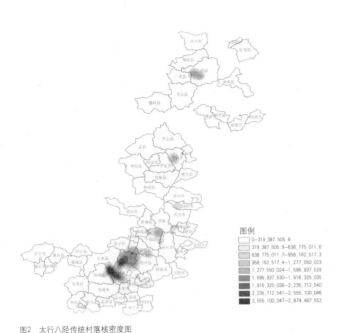

图2 太行八陉传统村落核密度图

图3 太行八陉传统村落县域分布图

3. 八陉（线路）影响下的聚落空间分布特征

对八陉（线路）进行缓冲区分析（缓冲区距离分别为1公里、5公里、10公里、20公里、50公里），得出不同缓冲区下太行八陉传统村落数量与空间分布图（图4、图5），结果表明随着距离的增大，太行八陉聚落在空间分布上呈现出三种动态变化过程：集聚核心随缓冲区距离扩大而不断增强、新的集聚核心形成以及始终表现为非集聚型分布特征，具体如下：

①以军都陉和蒲阴陉为代表，随着距离的增大，村落数量无明显增多，全局层面未形成聚集型分布特征。此外，轵关陉在20公里缓冲区内表现出相似的空间分布特征，在50公里缓冲区内村落数量激增，出现多核心集聚分布。

②以井陉、飞狐陉为代表，随着距离的增大，村落数量均匀增多，村落分布始终表现为初始集聚核心集聚效应的不断增强，并未出现新的集聚核心。

③以太行陉、滏口陉、白陉为代表，随着距离的增大，村落数

量呈指数增长，村落分布状态除表现为初始集聚核心集聚效应的不断增强，还出现了新的集聚核心。

4. 地形影响下的聚落空间分布特征。

将村落坐标点与DEM数据图叠加并进行统计分析（图6）得出结论：太行八陉传统村落分布的主导坡向为南向，聚落数量随高程变化呈波动变化，在500～600米、800～900米形成两个垂直集聚区。聚落数量随坡度的增大而减少，聚落倾向于选择坡度较小的地带分布。

四、中观特征

太行八陉山峦起伏，地形复杂。坐落在其间的村落在与其周围环境长年累月的空间博弈中，形成了各具特色的边界形态。中观层面选取井陉、滏口陉20公里内的212个传统村落为研究样本，利用聚落边界形态指数分析方法[4]对聚落进行类型划分[7]。

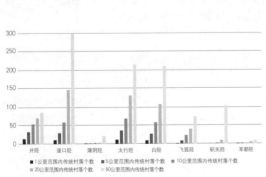

图4 不同距离缓冲区下太行八陉传统村落数量统计

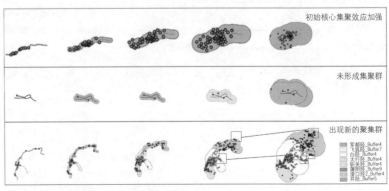

图5 不同距离缓冲区下太行八陉传统村落空间分布图

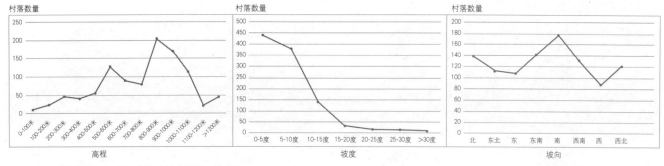

图6　太行八陉传统村落数量随高程、坡度、坡向变化图

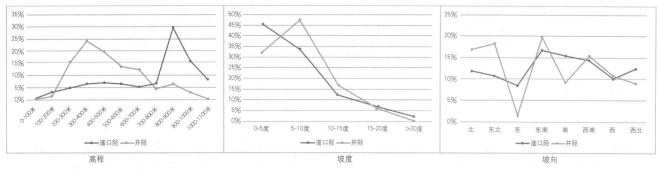

图7　滏口陉、井陉传统村落数量随高程、坡度、坡向变化图

1. 滏口陉、井陉聚落空间分布特征

滏口陉、井陉传统村落在宏观层面具有不同的空间分布特征：滏口陉沿线聚落分布呈现多核心集聚分布，主要集聚区在高平市及其周边集聚区、山西省平顺县与林州市交界集聚区、山西省壶关县集聚区境内、河北省沙河市集聚区、河北省涉县磁县交界区集聚区；井陉沿线聚落分布呈现单核心集聚分布，主要集聚区在井陉县。

滏口陉、井陉传统村落空间分布受地形影响（图7），滏口陉超过50%的传统村落分布在高程800~1000米、坡度10度以内的地带，聚落数量随坡度增大而减少，以东南、南、西南为主导坡向；井陉60%以上传统村落分布在高程200~500米、坡度15°以内地带，聚落数量随坡度增大呈现先增多后减少的态势，以东北、东南为主导坡向。此外，对两陉聚落面积进行统计分析发现：1公里缓冲区内滏口陉聚落面积显著大于井陉聚落面积，猜测是受滏口陉线路影响。

2. 井陉聚落类型

从表1可以看出：井陉聚落类型以指状为主，其次为团状聚落，带状聚落分布最少，随着缓冲区距离的增大带状聚落数目不断减小，40.9%的指状、团状聚落具有向带状聚落演变的倾向。结合地形发现：带状聚落和指状聚落分布受地形影响较大，带状聚落多沿山谷或山脉顺势生长，指状聚落分布在地形较为复杂的山地区域，团状聚落虽然在地形平坦处容易形成，分布在陉上或者远离陉的平坦地区上，但由于团状聚落易与环境容量相适应，利于集约用

地，同时形态紧凑更利于防御和形成团结向心的意向，所以在山地地形也存在。

滏口陉、井陉传统村落类型划分　表1

类型	类型细分	滏口陉		井陉	
指状	团状倾向的指状聚落	19	52	10	36
	无明确倾向性的指状聚落	23		14	
	带状倾向的指状聚落	10		12	
团状	团状聚落	36	55	9	24
	带状倾向的团状聚落	19		15	
带状	带状聚落	37	37	6	6

3. 滏口陉聚落类型

由表1可以得出：滏口陉带状、指状、团状聚落类型较为均衡，20.10%的指状、团状聚落具有向带状聚落演变的倾向，13.1%的指状聚落具有向团状聚落演变的倾向。通过不同距离缓冲区横向对比得出（图8）：1公里缓冲区内，带状聚落最少，随着缓冲区距离的增大，带状聚落的比例不断增加，指状和团状比例相对减少，最终呈现带状、团状、指状较为均衡的类型特征。滏口陉聚落数量在10~20公里激增，结合地形来看：随着距离的增大，谷地和相对平缓的山地增多，形成带状聚落、团状聚落的比例增多。

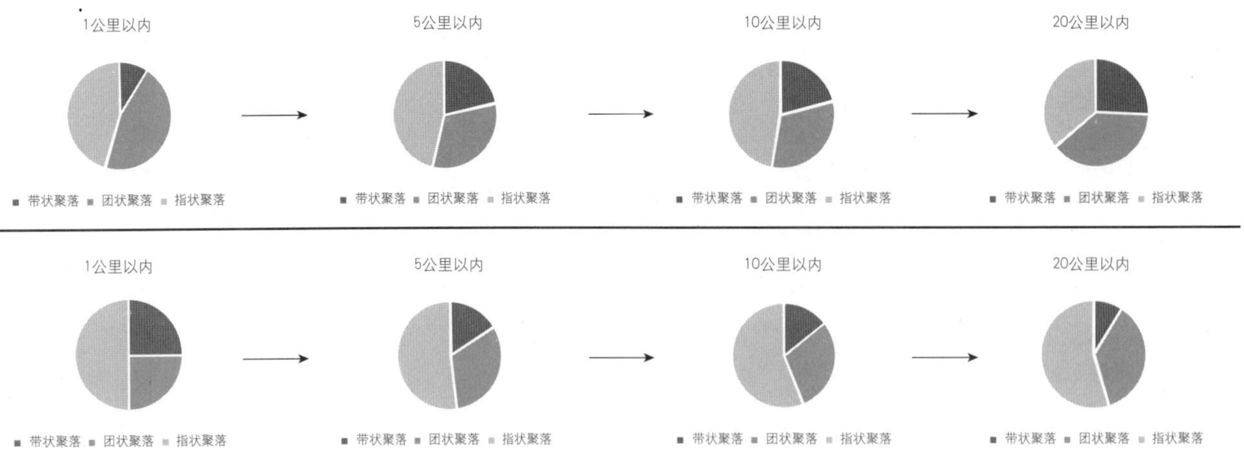

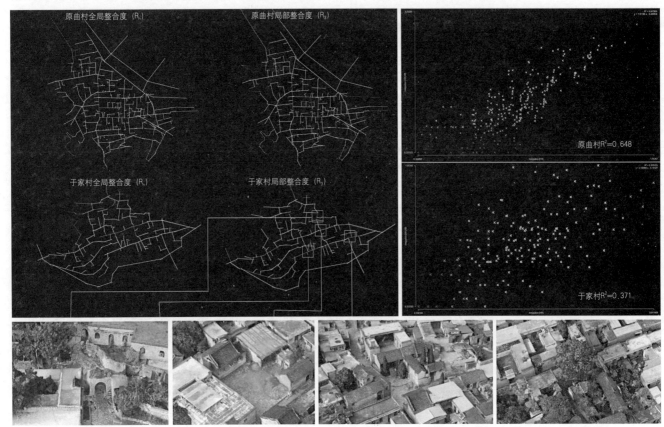

图8 滏口陉（上）、井陉（下）聚落类型随缓冲区变化

五、微观特征

微观层面选取空间形态保存较好、具有区域内村落的典型性代表特征的井陉于家村、滏口陉原曲村（老村）为研究样本，结合实地调研，采用空间句法对村落内部空间形态进行分析。

1. 街巷空间

从全局整合度看（图9），于家村全局整合度数值最高的轴线分布在村落的中心区域官坊街沿线，大碾巷为底下街和官坊街的主

要穿行道路。原曲村全局整合度数值最高的轴线和主街德胜街重合。原曲村10%的空间核心形成了鱼骨状空间结构（图10），于家村10%的空间核心形成了不完整的网状空间结构（图11），原曲村平均全局整合度值显著高于于家村，空间可达性比于家村要好。原因可能是：原曲村在鱼骨状的路网结构下，局部形成了多个小的环状支路。

从局部整合度看（图9），于家村局部整合度值最高的轴线分布在：直通北门的擦石巷沿线、大西街沿线、底下街（观音阁与阁楼节点）沿线、底下街（靠近村口古树节点）沿线、沟边街新修建和

图9 原曲村，于家村全局整合度，R3整合度分析

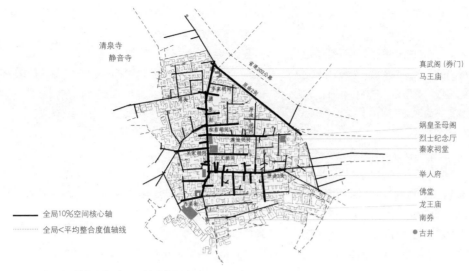

图10　原曲村全局10%空间核心与公共空间叠加图

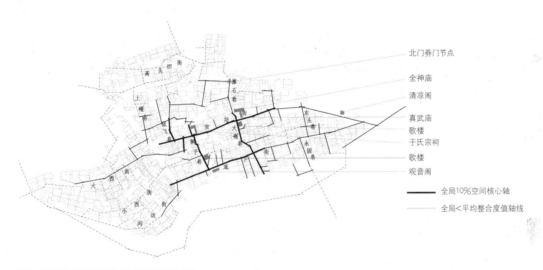

图11　于家村全局10%空间核心与公共空间叠加图
（备注：粗实线为10%空间核心轴线，虚线为小于平均整合度值轴线）

乡道相接道路。官坊街沿线局部整合度值较好，东头巷成为底下街穿越官坊街的主要通道。于家村可理解度为0.371，局部和全局整合度相关性较低。原曲村局部整合度最高的轴线依旧分布在德胜街沿线，可理解度是0.648，较容易从局部感知整体空间。

通过对空间句法参量进行统计分析得到表2。可以看出：原曲村、于家村可理解度、轴线数量、平均整合度差别较大，但它们的某些属性，如10%空间核心轴线数量、R_n小于平均值轴线数量分别和轴线总数的比值较为接近，原曲村、于家村前者占比分别是10.16%、9.55%。后者占比分别是50.16%、51.12%。王浩

锋老师在《社会功能和空间的动态关系与徽州传统村落的形态演变》中以8个徽州聚落为样本，得出8个徽州聚落10%空间核心轴线数量和低于平均值的轴线数量分别和轴线总数存在着相对固定的比例关系，前者所占比例为6.8%～7.9%，后者所占比例介于57.2%～59.9%[8]。和原曲村、于家村进行对比发现前者明显高于徽州聚落，后者明显低于徽州聚落，说明原曲村、于家村可达性比徽州聚落要好。在此猜测：太行八陉传统村落街道空间格局中，10%的空间核心轴线数量和R_n小于平均值轴线数量分别和村落的轴线总数之间存在相对固定的比例关系，且表现出和南方聚落的差异性特征。

村落形态属性统计　　　　表2

	面积	平均全局整合度（R_n）	平均局部整合度（R_3）	R_n<平均值轴线	10%空间核心	轴线数量	可理解度
原曲村	419624	0.952	1.333	50.16%	10.16%	305	0.648
于家村	229451	0.552	1.084	51.12%	9.55%	178	0.371

2. 公共建筑与节点空间

原曲村商业类公共空间与祠堂分布在主街德胜街两侧整合度较高的地方。生活类节点空间如水井空间则多考虑服务半径分散在村子内部，和可达性关系不大。静音寺、清泉寺分布在村外西北角。龙王庙分布在村内西南角整合度较低的区域（图10）。

于氏宗祠作为于家村的核心建筑分布在官坊街沿线全局整合度最高和局部整合度较好的地方。歌楼、真武庙、全神庙形成的空间节点位于全局10%空间核心区域。北门券阁节点、底下街歌楼、观音阁节点、村东永固巷与底下街形成的古树节点作为村内空间节点分别分布在局部整合度最高的地方。清凉阁作为于家村的制高点及标志性建筑，并没有分布在全局和局部空间核心区域。

六、结语

大自然的鬼斧神工与熠熠生辉的晋、冀、豫文化共同孕育出太行八陉独具特色的聚落空间形态，随着中国发展进程的加快，这些遗留的传统村落成了我们可以回头追溯的精神源泉。正如常青院士[1]所说，"要抢救这些风土建筑遗产，先要关照整体，见木见林，像物种研究那样厘清其在各地域的分布、谱系和类型。"笔者对太行八陉传统村落的研究初衷正是如此！

注释

① 苑思楠（副教授）：天津大学建筑学院，建筑文化遗产传承信息技术文化和旅游部重点实验室（天津，300072）。
② 王晓琼：天津大学建筑学院，建筑文化遗产传承信息技术文化和旅游部重点实验室（天津，300072）。
③ 高颖：天津大学建筑学院，建筑文化遗产传承信息技术文化和旅游部重点实验室（天津，300072）。
④ 形态指数分析方法：通过cad绘制聚落100米、30米、7米三种不同的虚边界尺度的聚落边界平面闭合图形，通过计算三层边界平面闭合图形的加权平均形状指数，结合其长短轴之比，对聚落边界平面形态的类型（团状、带状以及指状）进行量化界定。

参考文献

[1] 常青. 风土观与建筑本土化风土建筑谱系研究纲要 [J]. 时代建筑，2013（03）：10-15.

[2] 刘大均，胡静，陈君子，许贤棠. 中国传统村落的空间分布格局研究 [J]. 中国人口·资源与环境，2014，24（04）：157-162.

[3] 朱宗周，周典，薛林平，马頔瑄. 文化线路视角下的井陉古道及沿线传统村落调查研究 [J]. 新建筑，2018（03）：158-162.

[4] 解丹，邱赫楠，谭立峰. 河北省太行山区关隘型村落特征探析——以明清时期保定市龙泉关村为例 [J]. 建筑学报，2018（S1）：81-86.

[5] 王晓健，马梦如，连海涛. 邯郸太行山区传统村落微环境空间类型研究 [J]. 河北工程大学学报（社会科学版），2018，35（02）：26-28.

[6] 张祖群. "太行八陉"线路文化遗产特质分析 [J]. 学园，2012（06）：27-31.

[7] 浦欣成. 传统乡村聚落二维平面整体形态的量化方法研究 [D]. 浙江大学，2012.

[8] 王浩锋. 社会功能和空间的动态关系与徽州传统村落的形态演变 [J]. 建筑师，2008（02）：23-30.

[9] 杜佳，华晨，余压芳. 传统乡村聚落空间形态及演变研究——以黔中屯堡聚落为例 [J]. 城市发展研究，2017，24（02）：47-53.

湖南低碳民居"地方设计"的策略与方法

汪涟涟① 徐 峰② 宋丽美③ 汪漪漪④

摘 要： 当下大量的乡村民居设计越来越缺失了地方特色和传统性优势，特色民居因缺乏专业的理论指导而变得"随心所欲"，而民居的低碳减排是实现可持续发展、节能规划目标、减排温室气体的重要措施。本文通过阐述当前湖南地区低碳民居的共识，进行低碳民居设计。提出采用"地方设计"的原则，融入低碳理念，强调技术的适宜性，进行集功能、空间、技术等为一体的民居设计，总结提出了适合湖南低碳民居的设计策略与方法。

关键词： 湖南低碳民居 地方设计 设计策略

"当前的能源危机无论从资源短缺，还是从能源碳排放引发的生态退化和环境污染，都是对人类生存与发展的极大挑战"[1]。由此，我国一直坚持走可持续发展道路，建筑的低碳减排亦是贯彻可持续发展战略、减排温室气体的重要措施，如何在建筑设计全周期内减少温室气体的排放，一直是建筑学科关注的问题。反观中国乡村，一方面，村民对居住环境的舒适度要求越来越高，向往现代化的生活，对采暖和空调设施的需求都显著增加，建造了一大批高能耗的新住宅，建筑能耗大幅度增加，二氧化碳排放量也越来越大；另一方面，随着城乡统筹一体化的发展，当下大量的乡村建设慢慢缺失了地方特色和传统性优势。长期以来，我国建筑节能的关注对象主要在城市建筑，针对城市住宅已经有了一套成熟的设计规范标准，但我国城市住宅和乡村民居之间有着很大的区别，若直接套用城市模式，乡村民居的传统特色优势不仅得不到传承与发展，对于民居的建筑能耗和乡村环境也会带来巨大压力。

一、研究背景

选取2009～2019年CNKI中以"乡村低碳"和"农村低碳"为关键词检索得到250篇有效文献，通过Citespace关键词聚类发现对于乡村低碳的研究，前五的关键词为"乡村旅游"、"低碳经济"、"低碳农村"、"低碳旅游"和"低碳农业"，如图1。说明在低碳乡村的研究领域，低碳经济、低碳农村和低碳农业广受学者的关注，低碳乡村中低碳建筑设计和低碳规划方向只有少数学者关注。

检索国内乡村住宅在低碳设计的研究成果发现，在理论研究中，当前国内的研究成果主要为乡村低碳住宅的适宜性研究、乡村住宅低碳设计理念研究、乡村住宅低碳材料研究等[2]；对于实践研究成果，集中在东部发达地区的近郊乡村，如浙江、江苏、山东等地，其中最主要的为浙江大学的王竹团队在安吉县景坞村进行的低碳乡村人居环境营建实践。总体来看，华中地区的乡村建筑低碳

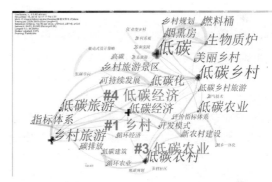

图1 低碳乡村关键词共现
（图片来源：作者自制）

设计研究成果都较少，而湖南地区仅有向正君[3]对于丘陵地区民居的低碳设计策略研究，仝杰[2]对于长株潭地区农村住宅的低碳设计研究。

低碳建筑是指包括从建造、施工到使用的建筑全寿命周期内，二氧化碳排放量都很低的建筑。湖南民居独具特色，在开展新农村建设的同时，对于地方民居的保护与传承也十分关注。本研究以此为切入点，结合湖南民居的实际情况，研究乡村民居低碳设计，以"地方设计"为设计原则，总结民居中的低碳设计策略，建立适合当地的低碳建筑模式，最大限度地保护传统民居的同时，打造低碳舒适的居住环境，为湖南民居的低碳设计提供一定的理论和实践参考。

二、湖南传统民居概况

1. 湖南传统民居典型特征

湖南民居在形式和功能上与其他地方民居都有较大差异，与北方向比较显得轻巧、通透；与江南民居相比又显得粗犷。湖南以山地、丘陵两类地形为主，且湖南不同地区地形略有差异，主要分为

五个地形区：洞庭湖平原、湘中丘陵、湘西山地、湘南山地和湘东北山地[4]。湖南不同地区气候、地形和当地经济条件和民族的差异，湖南各地区传统民居的建筑形式也存在区别，总结其特点，可分类成一下几种形式，见表1。

湖南民居分类及特征　　　　　　　　　　　　　　　　　　　　　　表1

地区	湘西	湘东，湘中	湘北	湘南
地形	中低山丘陵	低山丘陵	盆地丘陵	中山低山
整体布局	依山而建，较为灵活	平坦地区修建，靠近山水，布置灵活，房屋朝向以南为主略偏西	顺应地势，依山而建	丘陵平坦地区，靠近田地，单体整齐，形成棋盘形式
构造形式	木构造，穿斗式构架	墙承重	穿斗式	墙承重
建筑材料	当地木材	砖或土坯砖，当地石材	木板壁、青砖、毛石	砖、土坯砖和当地盛产的汉白玉、红砂岩
建造特点	少数民族中独特的"吊脚楼"式，出顺应自然，灵活多变，挑檐较大	突出强调"封火墙"和门窗，庭院地位加强，挑檐较大	"封火墙"突出，挑檐较大	注重装饰，以入口和廊步空间为主要装饰区中心，挑檐较大
单体平面	"吊脚楼"为下储上住形式；"窨子屋"为三合天井院或四合天井院；"堂屋式"为一明两暗的一列式三间房	中轴对称，小型民居以"一字型"平面为基础，按需而加；大型民居增加天井和过道	中轴对称，以天井和堂屋为中轴线	大型民居为横竖向天井和竖向天井相结合，小型民居以矩形平面为主

（表格来源：作者自制）

总体来看，湖南传统民居饱含着湖南人民的智慧和汗水，村民在尊重自然的同时根据生活需求进行改造，其中也蕴藏着村民们在民居建筑中自古以来对于低碳民居的"木土"做法，选址、选材和构造做法等都能给我们带来启示。在此基础上，作者通过走访具有代表性的湘西南的怀化市新晃侗族自治县何家田村和美岩村，以及湘中的岳阳市湘阴县燎原村，前者为湖南传统村落，后者为新农村建设项目示范村，结合湖南民居的特色，分析其中对于低碳民居设计值得思考的元素。

2. 民居低碳特征优势分析

（1）选址因地制宜，布局顺应地势

自古以来，中国人民就深受"天人合一、道法自然"等自然观的影响，反映在建筑学中则体现为居住场所与自然平衡共生，这也是低碳建筑的目的之一，而传统村庄的选址一般选在平坦盆地，丘陵地区则沿山脚和河流布置，利用地形，从而降低了人力与物力成本，节约能源。何家田村和美岩村都为山地地形，村中的民居沿等高线布置，背山面水，利用山体的坡度平整基地，最大程度上鉴赏力挖填土方量，并且避免了山体滑坡、泥石流等自然灾害；燎原村在盆地平原地区，民居则靠山伴水而建。

（2）就地取材，节约成本

湖南民居的材料都采用当地的竹木和青砖这类低能耗的材料，何家田村和美岩村以木材为主，燎原村则为当地青砖（图2），可循环使用，降低了污染，保持着当地独有的特色，同时避免了材料运输中所需要的能源和人力的浪费，降低的建筑施工中的二氧化碳排放。

（a）何家田村木结构吊脚楼　　　　　　　　　　　　　　（b）燎原村青砖民居

图2　民居中当地材料的使用
（图片来源：作者自摄）

（3）自然通风与遮阳

湖南地区夏季炎热潮湿，风向为偏南风，而冬季寒冷干旱。民居单体布局多用南部结合入口布置庭院，内部天井的形式中，湘西北地区的天井要更为狭长，这样的布局形式能在夏季给建筑起到引风作用的同时增加建筑的采光面积。

湖南夏季太阳入射角度大，冬季太阳入射角度较低，在实地调研中发现何家田村与燎原村的民居外侧挑檐为1~2米，天井南向挑檐为0.8~1米，东西向挑檐为1.8~2米，不同挑檐的设计，可以在夏季起到遮阳作用的同时冬季使阳光射入室内。湖南村落中民居间的间隔较小，在山地吊脚楼中尤为突出，一般只留下为2~3米的同行道路，使建筑物相互间也能起到遮阳的作用，并且当狭窄的过道与宽敞的广场结合时，能产生对流的巷道风（图3）。

（4）节能构造

走访中发现，何家田村中木结构穿斗式"吊脚楼"民居占到大多数，燎原村则为简单的墙承重的结构方式，材料为生土与砖，这样的结构施工方式多为人工"原始建造"方式，无需再增加现代住宅施工过程中的机械运作，降低了电能的使用和矿物燃料等不清洁能源的损耗，从而减少了碳排放（图4）。两种类型的结构在屋顶方式上都为两坡，屋顶与屋架水平吊顶之间也形成了一个"阁楼式"的空间，冬季保温，夏季隔热。"吊脚楼"式民居下部的架空在实现储物、养殖功能的同时，也能起到防潮保温的作用。

3. 民居中的"高碳"做法

可以发现，湖南民居在选址、选材与结构上体现了的"本土"低碳方式，主要以"节流"为主的被动式节能技术，在一定程度上

(a) 何家田村吊脚楼挑檐

(b) 民居间距

图3 湖南民居遮阳方式
（图片来源：作者自摄）

(a) 美岩村村穿斗式结构

(b) 燎原村民居屋顶

图4 湖南民居结构方式
（图片来源：作者自摄）

控制了碳排放，对于当今的乡村民居设计有一定的可取之处，但是在走访中我们也发现乡村民居中的一些"高碳排"做法。

（1）保温功能差，原始取暖方式造成更多的碳排放

走访中发现，民居外围护结构质量差，门窗气密性差，由于多为木结构和使用木材等原始材料，无法达到夏季防蚊虫与冬季保暖的效果。湖南冬季寒冷，在走访中发现何家田村和美岩村多用烧煤炭或柴火取暖，燎原村多用电烤炉，两种取暖方式都会造成大量的碳排放和能源的浪费（图5）。

（2）清洁能源的使用与节能设备缺乏

走访中发现，何家田村与美岩村村民主要使用柴灶和煤炉等原始炊具，燎原村以煤炉和电器相结合的方式，主要消耗电能、液化石油气、煤炭和生物质能，而天然气、太阳能等清洁能源的使用远远还没有普及。燎原村的电器普及率要高于何家田村，虽为新农村建设示范点项目，但家用节能灯具、风力太阳能发电路灯等较为简单的节能设备并没有使用。

（3）居民节能环保意识与文化传承意识薄弱

乡村民居一般建造年代久远，许多已经破损严重，村民在建造新的住宅时首先考虑的是居住的舒适度与造价的性价比，并且缺乏专业指导的村民与当地的泥水匠即为设计者与施工者，他们对于环保意识和建筑保护意识都较薄弱，走访中发现传统村落河家田村的新建的现代住宅，夹杂在传统"吊脚楼"中，显得格格不入。燎原村的村民对于当地的传统文化与传统建筑都不太了解，甚至使用一些柱式、山花等来装饰房屋，造成能源浪费的同时使当地文化特色被破坏（图6）。

(a) 美岩村炭炉　　　　　　　　　　　　　　　　　　(b) 燎原村电烤炉

图5　冬季居民取暖方式
（图片来源：作者自摄）

(a) 何家田村　　　　　　　　　　　　　　　　　　(b) 燎原村

图6　传统村落中的新建民居
（图片来源：作者自摄）

三、低碳民居设计策略

根据上文湖南民居中本土的"低碳"与"高碳"做法,提出相对应的湖南"地方设计"低碳民居设计策略。

1. 适宜的单体与功能空间的设计

在进行低碳民居设计时,尽量不改变其现有功能需求与空间形式,通过上文可以发现,湖南建筑的单体形式主要分为三种:(2)"吊脚楼式"民居;(3)"一"字形民居;(3)以天井和堂屋中轴对称的民居。一般为独栋式单体,且布置庭院。"一"字形住宅是低碳民居平面形式最好的选择,其平面形式紧凑,并与其他住宅共用墙体,可减小建筑的体形系数,在屋顶形式上采用坡屋顶形式。

低碳民居功能空间设计提出以下策略:(1)"堂屋"(客厅)是湖南民居中的一个重要部分,是家人聚会祭祀的场所,其面积要求较大,要求大于20平方米,并布置于一楼中心位置;(2)起居室、卧室对采光通风要求较高,并因其私密性要求,布置于二楼南侧位置;(3)农村厨房有设置柴火灶的习惯,对于通风要求较高,为方便有害气体的排出,布置于靠近位于场地的下风口,建筑边缘位置;(4)而对于卫生间,牲畜养殖间布置相对于紧密,方便设置沼气池,可方便建立"人禽畜粪便—沼气—供暖、用电、炊事"的生态模式。

2. 低碳建材的选择

湖南盛产竹木,是很好的低碳材料,面积相同的建筑,其耗能仅为混凝土的12.5%。另外,竹木具有涵养水源功能,并可以吸附灰尘,一片1万公顷的竹木林每年可以吸收1287万吨废气。但木材料容易被虫蚁侵蚀,湖南多雨,环境潮湿,木材容易受潮,在后期维护较为艰难。我们在主要节点位置可以使用竹钢等新型绿色复合材料,是一种高强度的竹材料为竹钢,经过技术处理后,材料的利用率可以达到90%以上[5]。对于墙体材料的选择,可以选取选择热工性能较好的材料,如混凝土砌块、空心砖,来达到更好的保温隔热效果。

3. 改善外围护结构

外围护结构的改造主要集中在门窗的设计与减小外墙的传热系数,适宜的措施可以减少夏冬季节空调、电烤炉等设施的使用。窗户的设计做法与城市大同小异,主要手段主要有:(1)控制适宜的窗墙比,湖南属于夏热冬冷地区,根据我国建筑节能规范中的规定,其南、北与东西方向窗墙比分别不能大于(可等于)0.5、0.45和0.3;(2)门窗位置的选择,使建筑可以产生穿堂风,其中夏季需打开南北向窗户,而冬季则关闭;(3)增强门窗气密性能,使用双层玻璃木窗,门窗增加塑胶橡皮等措施。

为减小墙体的传热系数,可对墙体增加保温层,导热系数小

于0.2W/(m·K)的材料则称为保温材料。农村地区拥有大量的生物质保温材料,如锯末、水稻秸秆、稻壳、花生壳和玉米秸秆等。从表2中可以看出,生物质的导热系数小于传统保温材料的导热系数,是很好的保温材料。根据调查发现,生产1吨EPS聚苯乙烯泡沫保温板的生产能耗约为88110MJ,同时伴随生产的过程需要排放8.43吨二氧化碳[6];而生产1吨的生物质材料作为建筑保温材料,加工能耗为4000MJ/t,CO_2排放量为0.32吨。要使两者同时具有相同或相似的保温效果时,物质材料所需的能耗仅为EPS聚苯乙烯泡沫保温板的64.8%[7]。可以看出,生物质其制作过程中的耗能与保温效果都更加符合低碳建筑的要求。湖南为水稻种植大省,2016年水稻播种面积比占到全省农作物播种总面积的55.6%,达到7336.5万亩,可以选取水稻秸秆和稻壳作为湖南民居中的低碳保温材料。(表2)

不同材料导热系数				表2
生物能材料	花生壳	玉米秸秆	水稻秸秆	稻壳	锯末
导热系数(W/m·K)	0.075	0.051	0.064	0.073	0.075
传统材料	石棉板	岩棉板	EPS聚苯乙烯泡沫板	保温砂浆	膨胀珍珠岩
导热系数(W/m·K)	0.15	0.04	0.03	0.07	0.04

(表格来源:作者自制)

4. 适宜技术与新能源的选择

(1)太阳能技术的适宜性

根据气象行业标准《太阳能资源评估方法》(QX/T89-2008),湖南省为太阳能资源一般带,呈东多西少的空间分布特征,洞庭湖地区等地为太阳总辐射大于4000MJ/m^2的高值区,而湘西北地区为3600MJ/m^2的低值区,其他大部分地区的年在3600~4000MJ/m^2之间[8],由此湘西北地区不适合太阳能技术的运用。

太阳能在建筑中的应用技术主要集中在热利用技术与光伏技术方面,其中热利用技术又分为主动式与被动式,其具体技术分类与节点见图7。对于技术的选择,被动式技术只受环境的影响,除湘西北地区都可选择使用。主动式技术则造价和技术要求高,湖南农村地区经济发展差异较大,对于近郊新农村可以选择,而湖南偏远乡村尤其山地地区则不推荐使用。(图7)

(2)生物质能的使用

生物质能主要包括秸秆、畜禽粪便、林木生物质能3大类,经估算2009年湖南农村中折标后的生物质能源总蕴藏潜量为12301.01×105tce,能源的总量相当于3326.28万t标准煤,其中秸秆和农业加工剩余物、畜禽粪便和林木的蕴藏潜量分别占到13.6%、43.5%和42.9%[9]。可以看出,湖南的生物质能是以畜

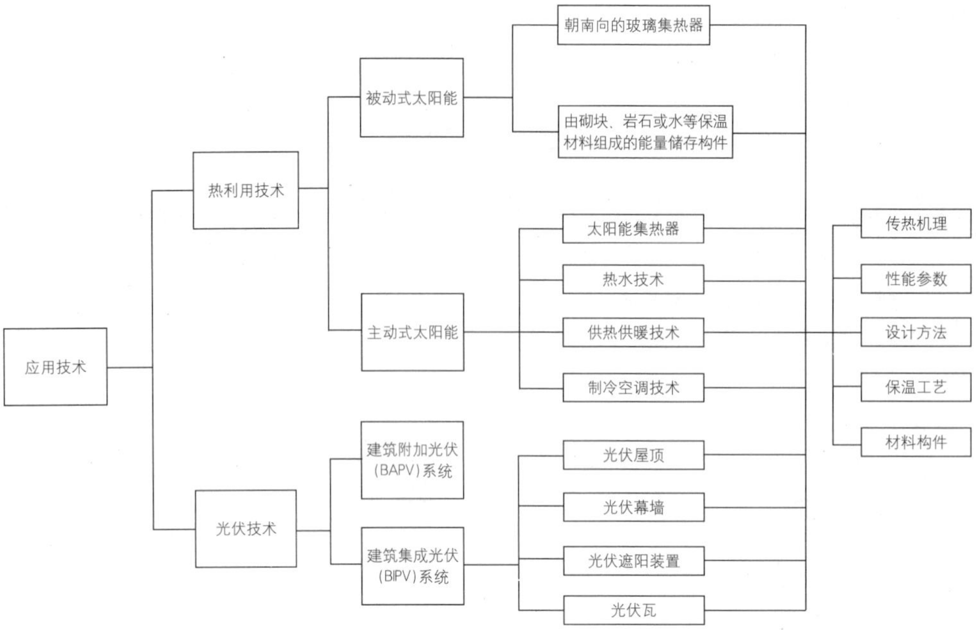

图7　太阳能技术在建筑中的运用
（图片来源：作者自制）

禽粪便类和林木生物质能为主，对于粪便类的使用可以建立沼气池，但是湖南村落中村民多为老弱妇孺，单户的沼气池难以使用和维护，可以建立以村落为单位的集体"人禽畜粪便—沼气—燃气、供电"，再输入各家各户。

（3）地热能的使用

2016年湖南省出台了《湖南省十三五地热能开发利用规划》，规划中提出了湖南14个省地市都拥有地热资源，是全国最适宜开发利用浅层地温能的地区之一，具有资源储量大、分布广、利用率高的特征。2016年10月前湖南建成了198个浅层低温能项目[10]，项目主要集中在城市重点新建片区，项目前期投入与后期维护成本都较大，并不适合湖南偏远村落；对于新农村与近郊农村，尤其将要新开发的"田园社区"等农村地区，可以设计建设运营一个小型集中取暖项目，缩小项目服务的单位，以社区为单位针对性地进行取暖，供冷设施建设。

四、结语

综上所述，建筑能耗会随着当地气候与经济条件的不同而产生差异。本文根据湖南民居中"低碳"与"高碳"做法，与村民实际需求，在延续传统风貌的前提下，提出适宜湖南的单体和功能空间设计，建筑材料的选择，外围护结构改造以及适宜技术与新能源选择的策略，达成能效合理的室内舒适度，实现地方低碳民居设计。

注释

① 汪涟涟，湖南大学建筑学院。
② 徐峰，湖南大学建筑学院，院长。
③ 宋丽美，湖南大学建筑学院。
④ 汪漪漪，湖南大学建筑学院。

参考文献

[1] 包庆德，王金柱. 生态文明：技术与能源维度的初步解读 [J]. 中国社会科学院研究生院学报. 2006（2）.

[2] 仝杰，谷竟成. 长株潭地区农村住宅低碳设计研究——以株洲市云田村为例 [J]. 湖南工业大学学报，2017，3（04）：77-82.

[3] 向正君，何韶瑶. 丘陵地区低碳民居设计策略探析 [J]. 中外建筑，2011（06）：99-101.

[4] 黄家瑾，邱灿红. 湖南传统民居 [M]. 长沙：湖南大学出版社，2006. 06：3-5.

[5] 于文吉. 竹钢：绿色新型材料 [J]. 城市环境设计，2017（01）：435.

[6] 姚远. 对几种绿色环保型墙体保温绝热材料的介绍 [J]. 现代商贸工业，2007，19（10）：276-277.

[7] 赵希强，马春元，王涛，等. 生物质秸秆预处理工艺及经济性分析 [J]. 电站系统工程，2008，24（2）：30-33.

[8] 杜东升，张剑明，张建军. 湖南省太阳能资源时空分布特征及评估 [J]. 中国农学通报，2015，31（36）：170-175.

[9] 周镕基，皮修平. 低碳经济背景下农业能源价值评估的实证研究——以湖南为例 [J]. 中国农学通报，2012，28（08）：235-239.

[10] 凌猛，李丰. 湖南清洁取暖政策探讨及建议 [J]. 电力需求侧管理，2020，22（03）：43-47.

柞水县凤凰古镇传统民居夯土墙体营建技艺及更新策略研究

赵佳莹[①] 李岳岩[②]

摘 要： 柞水县凤凰古镇被称为"江汉古镇活化石"，其传统民居继承了江汉古民居的特色。本文针对古镇传统民居中夯土墙体的营建技艺进行详细调研，总结其营建智慧并剖析现存问题，基于传统民居保护提出营建技艺的更新策略。以材料优化提升夯土强度；以工具优化提高建设效率；以工序优化加强墙体养护。通过能耗计算设计墙体厚度，优化结构以改善热工性能，降低民居能耗。为当地民居保护及其营建技艺的更新与发展提供借鉴。

关键词： 凤凰古镇 传统民居 夯土墙体 营建技艺 更新策略

一、柞水县凤凰古镇传统民居概况介绍

柞水县凤凰古镇坐落于陕南地区，归属商洛市管辖，有近1500年的历史。介于其商贸集镇的特殊性质，长期以来融合多方文化，形成了具有特色的地域建筑文化。现如今，古街两侧有一百多座明清时期建造的古民居存留下来，见证并诉说着古镇的历史。[1]这些古民居延凤凰街两侧呈放射性分布，建筑风格继承了江汉古民居的特色，反映了一定的楚文化艺术特点，具有重要的人文、历史、建筑以及审美价值。

二、凤凰古镇传统民居夯土墙体营建技艺

凤凰古镇传统民居的土墙多用于建筑围护结构以及封火山墙墙体，有夯土墙和土坯墙两种形式，其中夯土墙体使用较为广泛。本文将针对作为围护结构的夯土墙体的营建技艺进行阐述。

凤凰古镇传统民居中的夯土墙体采用版筑法夯筑而成。版筑法的营建分为以下几步：工具及材料准备——立模固定——填土夯实——拆卸模板——修补拍板。（图1）

1. 工具及材料准备：需准备的模具包括木匣子、横木以及加持。木匣子指的是由两侧侧板及挡板形成的三边围合的长方形夹

板，因形似木匣而俗称"木匣子"。通常侧板长度为2米，高33厘米，使用厚5厘米的硬木木板，木板光滑少纹路；挡板高度厚度与侧板相同，长度为墙宽，大多是34厘米。侧板与挡板之间用榫卯连接，方便安装与拆卸。横木指的是横承杆，为圆形木棍，用来支撑侧板，其上有两个洞口，与加持大小相同。加持指的是纵向的立杆，为圆形木棍，立在横木之上，用来夹紧侧板（图2）。其他工具有夯锤、簸箕、铅垂线等。

陕南地区常选择沙性土，这种沙性土能够有效减少干燥过程中产生的裂痕。如果挖取的沙土中黄泥和细沙的比例约为3:7，并且能够"手捏成团、聚而不散"，便可直接使用。如果土质不合适，则需要泥瓦匠依据经验配比。

2. 立模固定：首层夯筑时，将模具放置在毛石基础上，用铅垂线调竖直。当夯筑到二层及以上时，需要在下一层土上挖槽摆放横木，固定木匣子，这也就解释了为什么墙体上会留有圆形的洞口。

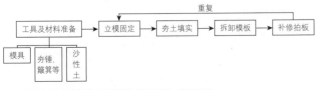

图1 古镇夯土墙体传统营建技艺流程（图片来源：作者自绘）

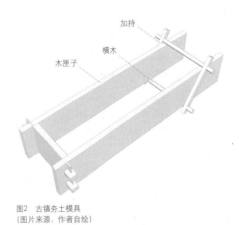

图2 古镇夯土模具
（图片来源：作者自绘）

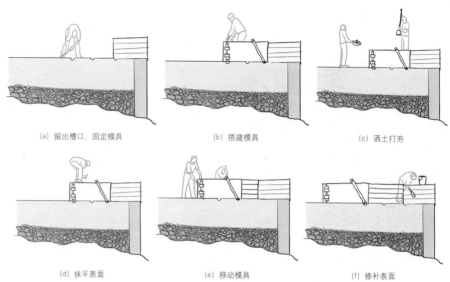

(a) 留出槽口，固定模具　　(b) 搭建模具　　(c) 洒土打夯

(d) 抹平表面　　(e) 移动模具　　(f) 修补表面

图3　凤凰古镇传统民居内部（图片来源：作者自摄）　　图4　夯土墙夯筑示意图（图片来源：作者自绘）

3. 填土夯实：夯筑过程通常需要5~6人合作完成。有两个人站立在墙体模具之间，持夯锤打夯，地面上有一位匠人用铁锹将混合好的沙土铲进簸箕，一个人将土运到墙边，剩下一个人将簸箕中的土均匀地撒在支好的模具中。倒入的土层一般约15~18厘米厚，夯土的匠人先用脚将虚铺的土拨平踩实，再使用夯锤夯实。夯筑手法是由四周向内侧呈之字形运动，要求力度均匀，能够使每次夯筑都达到相同的效果，通常每层土需要夯筑4~5次，夯实后为7~8厘米。

4. 拆卸模板：夯筑完一版后将左右两侧加持卸掉，拔出横木，左右移动或向上错缝放置木匣子，进行下一版的夯筑。木匣子支起后，先在底面洒水以增强粘性，再铺入新土。这样能够使两次

夯筑的墙体更加粘结。古镇三开间民居一般需要十天左右完成墙体的夯筑。底部夯筑完成后经检查合格向上砌筑山墙，通常以逐层减少版数的方式形成递减的坡度，再填补两侧缝隙。

5. 修补拍板：每夯筑完一版后，都会需使用铅垂线进行垂直检查，如发现某一版在夯筑的过程中出现问题，导致墙体偏差较大，需要重新夯筑。同时，还需用直尺测算墙体厚度是否合适，过厚的部分用墙铲铲平。对于凹槽、两版土之间的缝隙等，先洒水将墙体湿润，使其有足够的粘性，再用碎土填补粘合。修补完成后，在未完全风干的墙体上用拍板拍打，直至墙面光滑厚实。拍板可以使多孔疏松的墙体表面空隙减少，土质更加紧实，以此加强墙体的防潮性能。[2]（图3、图4）

三、凤凰古镇传统民居夯土墙体传统营建的智慧以及现存问题（表1）

凤凰古镇传统民居夯土墙体营建智慧及存在问题　　表1

营建智慧	凤凰古镇传统民居夯土墙体存在问题
①营建材料就地取材，成本低	①墙体的强度、耐久性较差，经过长时间的使用后，会有墙体表面风化、吸水增多、土质疏松的情况出现
②具有一定的保温性能，节约能源	②墙体的保温性能难以满足现代需求。在调研中发现冬季房间内的温度非常低，居民需要依靠火盆取暖
③具有低技术的优点，施工工具及模板简单，操作容易，对技术要求不高	③营建过程耗时耗力，周期较长
④自然材料形成强烈的体积感与简单的几何形态，与环境充分融合	
⑤无需焙烧，节约燃料，可以重复使用，无污染	

四、凤凰古镇传统民居夯土墙体的更新策略

1. 材料优化

生土中不同物质含量的配比是一个影响生土特性的重要因素。古镇中通常采用的生土中为7：3的黄土和沙子，这样的土质粘结性和强度较低。可以通过在生土中增加水泥、白灰以及固化剂来对土质进行改性，使其达到最优含水率和生土颗粒的合理级配，以增强土质的粘结性和强度，继而提高夯土结构的耐久性。

2. 工具优化

传统夯筑过程中的夯筑模板采用的是木制模具。木制模具的比较容易产生形变，不够笔直，交接处也会产生松动，使得夯筑不够紧实。木板的纹路也会使得墙体表面较为粗糙，长期暴露在空气中易脱落松散。为此，在工具的选择上可以利用现代工具将木模板表面处理光滑或者用钢板代替，使夯筑表面更加平整；用预制的钢架代替加持，更加稳固防止变形；用细的PVC管代替横木，可以将细管留在墙体内，避免抽出时损坏墙体（表2）。[3] 传统夯锤需要人为抬起打夯，比较费力并且每一夯的力度会有不同，夯筑的强度不好把握。可以选择气动打夯机来实现这项工作，提高打夯质量，使墙体更加密实均匀，强度更大。同时也提高工作效率，节省人员，加快工期。

夯筑模具的优化 表2

构件	侧模板	端模板	加持	撑架
用途	保证夯筑墙体两侧的平整	保证墙宽方向的生土不漏出	固定侧模板，保证侧模板之间的宽度	放于侧模板之间，防止侧模板间滑动
图示	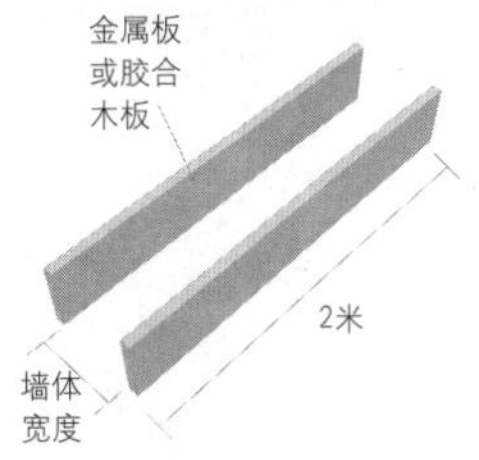金属板 或胶合 木板 2米 墙体 宽度	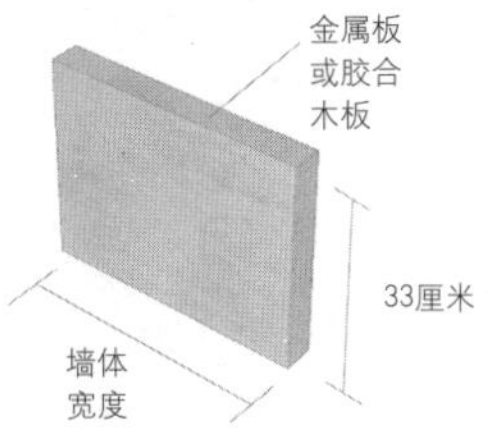金属板 或胶合 木板 33厘米 墙体 宽度	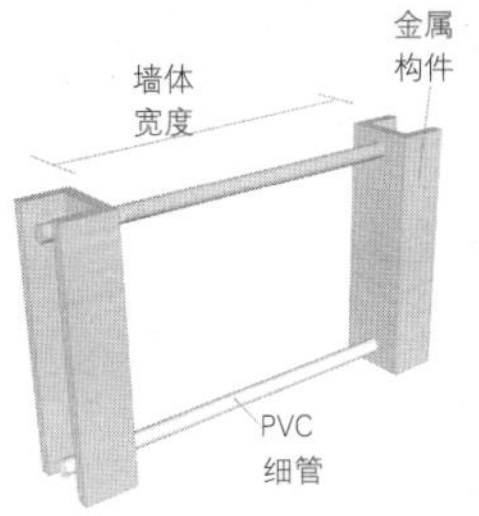金属 构件 墙体 宽度 PVC 细管	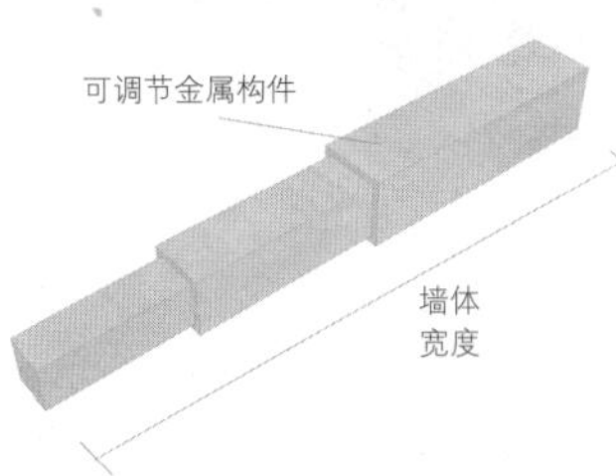可调节金属构件 墙体 宽度

（图片来源：作者自绘）

3. 工序优化

（1）加设保温层

通过调研可知，凤凰古镇传统民居中冬季房屋内阴冷，温度较低。从传统民居风貌保护的角度考虑，增加保温层时，应尽可能保留其原始墙体的厚度，在外观风貌上保持一致。常用的外保温与内保温的方式会影响墙体的美观效果及使用感受，不是最佳的选择。因而考虑夹心保温，一种方式是利用空气间层，在墙体内部设置4~5厘米的空气间层绝热，为使效果更加明显，可以在间层表面涂抹强反射材料（图5）。但此做法会因墙体内外温差形成冷凝水，需要在墙体底端或顶端进行通风处理。[4] 另一种是使用保温材料，较为常用（图6）。也有将保温层和空气层结合使用的情况，这种墙体一般厚度较大，施工较复杂，多用于对墙体保温要求较高的地区，此处不太适用。在实际工程中，夯土墙的厚度、空气间层或者保温材料的厚度可以根据外界温度、室内预设温度、材料性能等因素通过计算与模拟获得，同时也需要结合工具模板、施工工艺以及当地墙体风貌特征等进行调整确定。

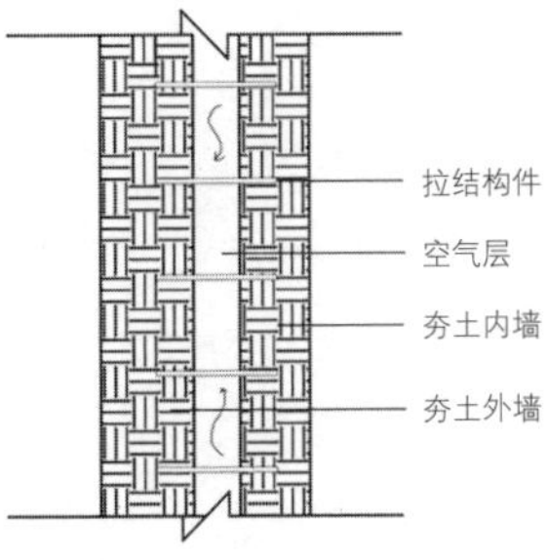
拉结构件
空气层
夯土内墙
夯土外墙
图5　空气夹心墙体示意（图片来源：作者自绘）

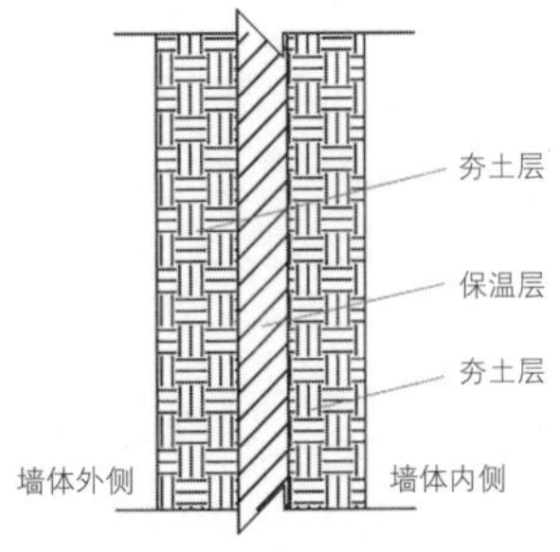
夯土层
保温层
夯土层
墙体外侧
墙体内侧
图6　夯土保温墙体示意图（图片来源：作者自绘）

（2）防水防晒养护

夯土墙的耐水性较差，首先在夯筑过程中应该防止雨淋、冰冻或者暴晒。最佳时节是在春季。夯筑过程中，可以在已夯好的墙体上悬挂稻草席或用塑料薄膜包裹。待其完全干燥后，用刷子将墙体表面灰尘掸掉，再每隔两小时涂刷透明水性渗透底漆和透明水性高光罩面漆。为保证涂刷均匀全面，应从纵横两个方向分两层进行施工。

4. 能耗计算

古镇传统民居夯土墙体存在的一个主要问题就是其保温性能不佳，上文中也提到可以通过增加夹心保温层的形式对建筑热环境性能进行提升。在热环境性能提升的同时，同时应考虑建筑能耗情

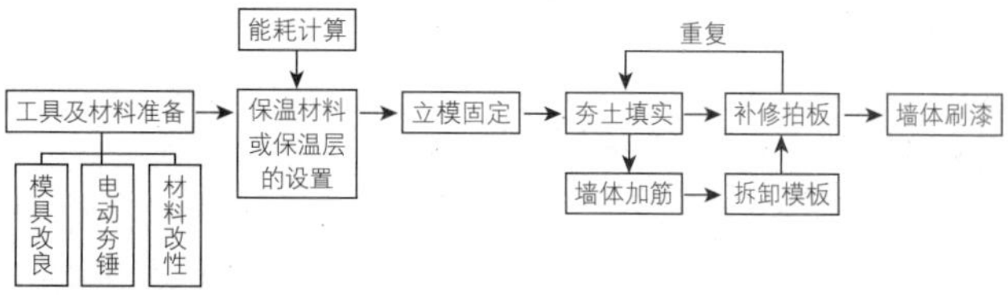

图7 古镇夯土墙体更新后营建技艺流程（图片来源：作者自绘）

况，尽可能降低建筑能耗，实现满足舒适度的建筑低能耗设计。对于墙体而言，其传热系数能够反映出围护结构的保温性能，在一定程度上反映了室内的热环境性能。通过数学计算，可以得知不同材料、不同材料厚度、不同构造组合形式下的传热系数。再利用能耗模拟软件，可以得知在一定时间内该建筑采暖和制冷所需的能耗。结合该地区建筑保温要求以及能耗标准，可以选择出满足要求的保温材料并明确所选材料的厚度以及夯土部分的厚度。最终根据当地的经济状况、工具模板特征以及施工工艺水平等选择最佳方案。通过能耗计算能够避免由于保温材料选择不当、厚度不足以及墙体构造设计不完善等原因而造成的室内热环境不佳，同时也有效控制了建筑耗能。

通过对以上四方面的策略更新，可以总结更新后的营建技艺流程（图7）。

五、总结

营建技艺是文化融合的产物，是地域文化的呈现。在不断发展的过程中，不免会对其进行不断地优化和改良，在进行营建技艺的更新过程中，应该充分尊重传统文化，避免脱离本土文化的滋养，避免破坏传统营建技艺的特色。应该以传统民居当下面临的问题为出发点，寻求传统营建技艺的劣势缺陷以及发展空间，有针对性地进行更新改造，同时使古镇居民对传统营建技艺建立文化自信，从而建设具有地方特色的历史文化村镇。对于传统民居营建技艺的更新与改进，始终应以本土材料、地方传统营建技艺为基础和核心，现代材料作为补充介入弥补传统营建技艺的劣势和缺陷，探索发展出具有连续性的、适时适地的适宜性建造技术。

注释

① 赵佳莹，西安建筑科技大学建筑学院，米兰理工大学建筑环境与工程学院。
② 李岳岩，西安建筑科技大学建筑学院，教授，博士生导师。

参考文献

[1] 祁剑青. 陕西传统民居地理研究 [D]. 西安：陕西师范大学，2017.
[2] 陆磊磊. 传统夯土民居建造技术调查研究 [D]. 西安：西安建筑科技大学，2015.
[3] 张嫩江. 青海东部地区传统庄廓民居营造技术及其传承研究 [D]. 西安：西安建筑科技大学，2016.
[4] 黄岩. 现代夯土建筑案例研究 [D]. 西安：西安建筑科技大学，2017.

基于当代建筑技艺的晋北地区传统民居活化研究

——以大同市传统民居聚落为例

张险峰[1] 曹其然[2] 于 浩[3]

摘 要： 在当今乡村振兴与生态文明建设的背景下，继承和发展晋北地区传统民居的文化精髓，并在此基础上把传统文化与民族元素融入现代，探究民居聚落的生态性及未来的发展方向[1]。本文通过对大同市传统村落的调查与分析，从聚落选址、空间布局、民居特征等方面分析生态节能策略，发掘适用于晋北传统民居的科学设计方法与技术，保护并修缮传统民居，探索融合地域特色与时代技艺的新民居。

关键词： 晋北地区 传统民居 现代技术 修缮 创新

一、晋北地区传统民居的类型及特征

晋北地区通常指山西省北部。该地区气候干燥，全年降水量低，植被相对较少，地表黄土层较为特殊，易于挖掘且不易坍塌，因此，当地的居民利用黄土的特性，采用"冬暖夏凉"的窑洞作为主要的建筑形式，构成了黄土高原上最具特色的地域人居环境景观[2]。

按该地区窑洞的建筑形式可划分为传统窑洞和新型窑洞两类。传统窑洞主要的形式有靠崖式、下沉式和独立式三种类型，靠崖式主要出现在黄土坡地的地形中，是依山势横向挖掘出来的拱形窑洞；下沉式窑洞也称地坑式窑洞，向下掏挖一个方形坑，形成合院并向四壁挖掘窑洞；而独立式主要通过石材成拱再覆黄土建造而成，这种形式的窑洞不需依靠山崖，可以独立存在（表1）。

从空间布局上来看，晋北大多数窑洞以合院的形式布置，每个窑洞以"间"为单位布置，通常采用一明两暗的布局形式，明为堂屋，两暗为住室，与传统"一堂两屋"的矩形布置形式类似。晋北地区的靠崖式及独立式窑洞较为常见，下沉式窑洞的数量较少[3]。

新型窑洞因为造价高昂及后期维护困难等问题，并未在晋北地区得到推广。因此，对传统窑洞进行改进更新，保护并发扬其特有的生态优势具有重要意义。

晋北地区几种典型的窑洞形式　　　　　　　　　　　　　　表1

类型	图例		实景照片
靠崖式			
下沉式			

续表

类型	图例	实景照片
独立式	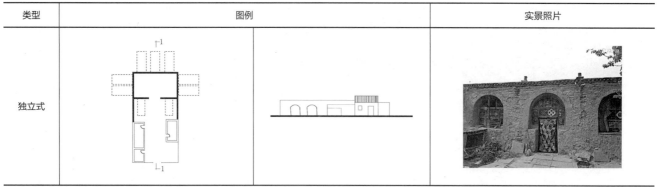	

（图片来源：网络及作者自绘）

二、民居聚落的民居现状及原有生态策略

1. 村落的民居现状

以东沙窝村为例，根据实地调研分析当地典型的两种窑洞形式：靠崖式窑洞和独立式窑洞。

该村位于山西省大同市郊区，整个村子建在山上，顺应自然且不占用有利耕地，南侧紧邻桑干河，周围有自然保护风景区。该地依山傍水，属于典型的"两山夹一川"地形（图1）。1989年大地震后，部分窑洞废弃，仅留下小部分窑洞作为居住单元。以下为该村窑洞的现状照片（图2）。

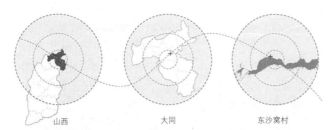

图1 地理区位分析图（图片来源：作者自绘）

2. 窑洞的原有生态策略

（1）院落空间的生态布局

相比于晋中、晋南地区，该地区日照时间短，太阳入射角较低，气候寒冷，因此该村落的民居院落大部分为南北长，东西窄，这种形式的院落布局更有利于得到较多的太阳照射面积。在平面布局上，院落形式多为封闭内围合式，独立式窑洞的朝向为坐北朝南，开窗也一般朝向内院开窗，外侧沿街面不开窗[4]。主要房间位于院落的北部，建筑体量大于院落内的其他窑洞，这样更有利于抵挡冬季寒风[5]。靠崖式窑洞由于地形的束缚较大，必须寻找合适的建造空间，无法全部做到坐北朝南。

经过调研发现，每个院落都种植树木。在夏季树木可以遮阴避暑，冬季抵御风寒。院落的地表铺设有当地特有的玄武岩，这样在雨季可以使雨水快速渗漏，与当代建筑体系中的"海绵城市"有一定的相似性（图3）。

(a) 废弃窑洞　　　　(b) 窑洞院落　　　　(c) 独立式窑洞民居　　　　(d) 靠崖式窑洞民居

图2 东沙窝村的民居现状（图片来源：作者自摄）

   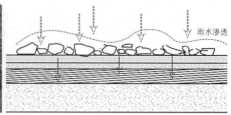

(a) 废弃窑洞院落布局　　　(b) 院落种有树木　　　(c) 铺设岩石的地表　　　(d) 雨水渗漏示意图

图3 东沙窝村的院落布局

（2）建筑单体的生态元素

从建筑材料角度分析，靠崖式窑洞依山而建，墙体也是山体墙体，材料只有黄土，这种材料热容大，热工性能较低，在夏季黄土材料还可以调节室内温度及湿度的变化[6]，冬季保温效果也很好。但是单一的黄土材料建造房屋存在一定的问题，例如，其硬度不高，易被雨水冲刷。因此，后期该村建造的独立式窑洞，多为黄土与石头混合砌筑，使用石材也很环保，取之自然又融于自然。

从屋顶的角度分析，东沙窝村后来建造独立式窑洞顶多为坡屋顶，但不是正脊屋顶，屋顶的前坡长，后坡短，这也是为了应对晋北地区冬季较为寒冷的气温。在下雪的时候，前坡长的屋顶日照面大，雪易于融化。而在后坡即使日照相对较差，会存在少量积雪，但这里的西北风经常存在，积雪存留不久就会被刮走。

晋北地区现存的下沉式窑洞数量较少，从院落空间的生态型布局及建筑单体的生态元素上分析，该类型窑洞和前两种大体接近，但其附属设施——渗井是下沉式窑洞所特有的。在入口坡道及院子中挖1~2个渗井，同水窖相连，或是直接将渗井底部做成储水窖。位于地平面以下的窑洞，解决了顺利排出雨水的问题，同时也有利于雨水的收集，实现水资源的充分利用。

三、传统民居存在的问题及更新途径

1. 三种窑洞存在的主要问题

（1）采光不足。晋北地区的窑洞都存在采光不足的问题。窑洞均采用单面采光，一般只在朝向内院的窑脸进行开窗，甚至有些只开门不开窗。窑洞单侧窗较小且进深较大，使得屋内光线十分昏暗。通常情况下，晋北地区的居民都会在室外进行照明要求较高的活动。所以，如何增大采光面积是传统窑洞建筑中需要解决的问题。

（2）通风不畅。晋北地区的建筑布局讲究"宅院必尊沟通天地阴阳之气"，也就是要求院落间通过组合与联系达到建筑的通风。而对于院落间的单体建筑而言，大部分都只是单面开窗，对于室内空气的流通很不利，无法做到穿堂之风。尤其在冬季的时候，居民的饮食起居基本都要在室内进行，空气质量差，二氧化碳的浓度也将会很高。

（3）门窗的密闭性不足。根据实地调研发现，该地窑洞的窗户多为木质棂格窗，在表面糊纸，刮风或有雨雪天气时，室内密闭性非常差且很容易受到干扰。在后期建造的窑洞中，当地居民在门窗的位置处增设了挡板或者加有门帘，但改造效果并不佳。

（4）防渗性不好，易坍塌。黄土垒砌的窑洞安全性不高，连续下暴雨后，如果没有及时处理积水，可能会使水分下渗至墙体内部，引起窑洞的坍塌，最常见的就是窑脸局部坍塌以及整体坍塌，建筑物破坏严重且容易危机到人身安全。

2. 基于现代建筑技艺下改造再生的策略与方法

针对上述存在的问题，提出以下改良方案：

（1）从采光的角度分析：针对独立式窑洞，可将北侧的主要建筑地基加高，调整南侧门窗的位置，或在墙面上设置一定的反光材料，以保证更多阳光进入室内。对窑洞的窗户进行改进，通过现代技术及花纹图样，使得室内光照均匀；针对下沉式窑洞，可以通过设置一些装置来增加建筑的通风采光。例如，利用镜子的反射原理设置采光井，既可以观赏到室外良好的景观，同时不同尺度的采光井也可作为地上部分的休息座椅或小型雨棚（图4、图5）；针对靠崖式窑洞，可以在窑脸外侧增设阳光间，可以明显改善室内照度，且在夏天时利用植物及可调节百叶，遮挡直射阳光（图6）。

（2）从通风的角度分析：三种类型的窑洞均可在墙体之间布置上窄下宽的通风井，利用热压的原理，来保证室内外空气的流通[7]；靠崖式窑洞增设阳光间不仅可以增大采光，对加强室内的自然通风也有很好的效果（图6）。

（3）从门窗的角度分析：可以采取一定的技术手段，来增加窑洞门窗的密闭性，将门窗上安放热工性能强的玻璃，如LOW-E玻璃，双层玻璃窗以及镀膜玻璃等。在窗框中间设有空气夹层，这样可以更有效地提高热阻，降低室内热量的散失。

（4）从加强防渗性的角度分析：为避免暴雨对窑洞坚固性的影响，可以在窑顶表面设置水平防水层，防水层上面再覆盖10厘米滤水层，能够有效地防水防渗。

（5）从可再生能源的角度分析：将太阳能、沼气以及中水系统充分运用到传统窑洞中。设置太阳能锅灶、火炕等，在独立式窑

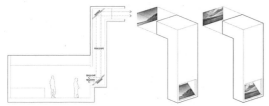
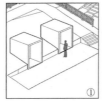

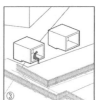

① ② ③ ④

图4 下沉式窑洞采光井示意图（图片来源：作者自绘）　　　图5 不同尺度的采光井（图片来源：作者自绘）

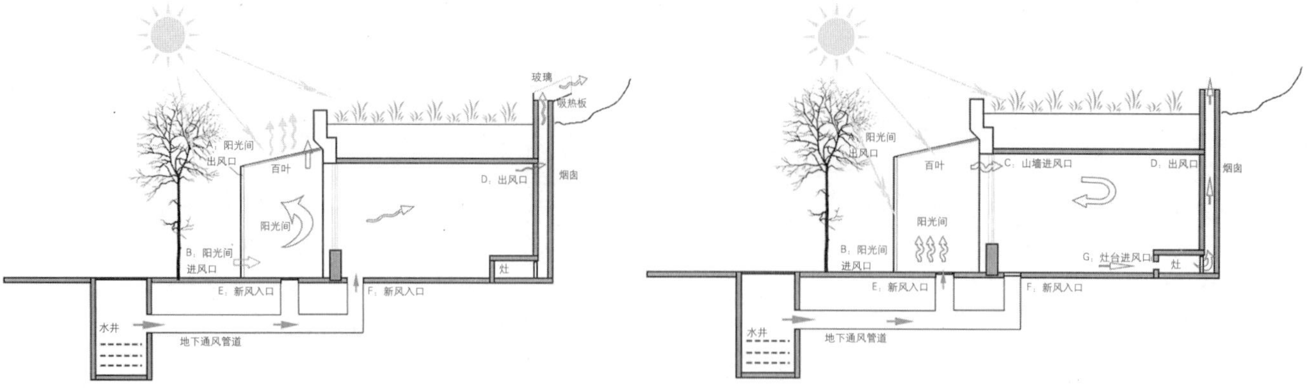

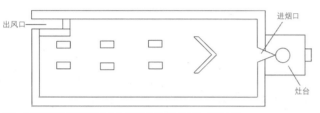

(a) 夏季阳光房运行原理示意图　　　　　　　　　　　　　　　(b) 冬季运行原理示意图

图6　靠崖式通风效果示意图（图片来源：作者自绘）

图7　北方高效预制组装架空炕连灶平面示意图（图片来源：作者自绘）

洞及地坑窑的屋顶均可安装太阳能集热板，为居民提供热水。每个院落应设置单独的沼气池，供居民做饭烧水，这样可以降低对煤炭等不可再生能源的消耗。该地区水资源缺乏，干旱少雨，应该合理设计中水回收系统，对雨水进行更加便捷的回收利用。

（6）从取暖措施的角度上分析：虽然传统火炕的供暖能力较强，但通过改造增强其生态性经济性。辽宁省科技人员在"八五"期间研制出的"北方高效预制组装架空炕连灶"，可将其利用在窑洞中，将炕体成悬空状，利用装置增加供热表面积以及减少热量的散失（图7）。

四、结语

　　窑洞作为山西最典型的民居形式之一，自身的生命力及生态价值使得更新改造具有现实意义。但针对现存的传统窑洞，目前的研究大多只局限于保护其历史价值或发展成为现代化建筑，忽视了其生态性与再生性在传统民居的振兴中所具备的巨大潜力。本文以大同典型的民居聚落为例，通过现状分析提取村落整体的生态布局以及窑洞单体可借鉴的生态元素，针对传统民居存在的问题，分别提出了基于现代建筑技艺条件下相对应的改造、再生、活化的策略与方法。当然，本文所提出的改造策略不够完善，缺乏对实用效果和

成本的详细考察，在未来的研究中应从实用性和经济性的角度出发，对传统民居的改造做出可行性分析。而且根据具体建筑情况，选择合适的改造形式以及节能技术手段，合理地将历史建筑进行保护与更新，也是未来需要进一步深入研究的内容。

注释

① 张险峰，大连理工大学建筑与艺术学院，教授。

② 曹其然，大连理工大学建筑与艺术学院，硕士研究生。

③ 于浩，大连理工大学建筑与艺术学院，硕士研究生。

参考文献

[1] 孙杰. 传统民居与现代绿色建筑体系 [J]. 建筑学报，2001，(3)：61–62.DOI：10.3969/j.issn.0529–1399.2001（03）：19.

[2] 王笑菲. 晋西北传统民居的生态节能经验与应用研究 [D]. 山西：太原理工大学，2016.DOI：10.7666/d.D01008568.

[3] 纪敏. 探析乡土建筑地域性营造策略 [J]. 山西建筑，2010，36（27）：23–24.DOI：10.3969/j.issn.1009–6825.2010（27）：15.

[4] 孙永萍. 借鉴古民居建设新农村 [J]. 山西建筑，2009，35（32）：20–21.DOI：10.3969/j.issn.1009–6825.2009（32）：12.

[5] 虞春隆，朱颖彬，赵安启. 黄土高原传统民居因地制宜的人文理念探析 [J]. 建筑与文化，2018，(10)：108–109.DOI：10.3969/j.issn.1672–4909.2018.10.035.

[6] 胡达，丁炜. 传统民居生态技术在现代绿色建筑设计中的应用 [J]. 城市建筑，2016，(27)：30.DOI：10.3969/j.issn.1673–0232.2016.27.024.

[7] 周伟. 建筑空间解析及传统民居的再生研究 [D]. 陕西：西安建筑科技大学，2004.DOI：10.7666/d.y842044.

"4.20芦山强烈地震"灾后重建项目

——震中龙门古镇规划设计

胡月萍[1]　毛　刚[2]　李岳岩[3]

摘　要： 通过深入调研本次地震灾区的传统村镇聚落与其民居，在震中龙门古镇重建的规划设计中，尊重本地山水格局和历史文脉，传承本土民居的生态经验，营造出组团化与院落化结合的整体空间格局。沿袭传统天井式民居的气候适应性，选取耐久性和抗震性适宜的材料及其结构形式，选用本土材料进行环境景观塑造，进行了灾后的"乡建"工作，探索了地区性的"乡愁"建筑学解读。

关键词： 本土文脉　古镇格局　民居空间　材料及结构　乡土艺术

2013年4月20日四川雅安市芦山县发生7.0级强烈地震，震中位于芦山县东北17公里的龙门乡。西安建筑科技大学与西南民族大学的师生组成震中芦山县龙门乡古镇灾后恢复建设的设计团队，完成古镇规划、民居及配套公共服务设施的工程设计，施工现场服务。本次"4.20芦山地震"灾后重建，在四川省委省政府确定的宅基地30平方米/人，重建住宅建筑面积60平方米/人的前提下，从龙门乡古镇重建规划到建筑与景观工程设计，再到现场施工技术服务，贯穿始终。整个古镇重建规划以川西古镇为脚本，以传统民居建筑语言为角色，以传承本土文脉为基点，力图再塑乡愁，缔造现代生态田园古镇。

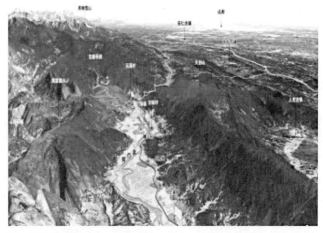

图1　龙门河谷三维图

一、环境——山水格局与历史文脉

龙门乡位于四川省雅安市芦山县中部，是芦山县人口第一大乡镇，距成都市130公里。南为罗成山、北为灵鹫山，龙门河从中穿过，龙门古镇就坐落在两山所夹的金鸡峡峡口冲积平坝上，龙门自古就是古茶马古道上的一个重要节点，历史上的商贸重镇，至今仍留有元代的青龙寺大殿（图1、图2）。龙门乡以农业为主，尤以茶叶、花生出名。雅安地区山林众多、耕地肥沃，在先秦时期就是汉民主要的农耕区和茶叶产地，同时也是藏羌农牧区向成都平原的过渡地带。自汉代开始川藏茶马古道商贸活跃，至明清时期，山涧河谷密布古镇集市，商旅熙熙攘攘。雅安地区现存的古镇（如上里古镇、天泉黄铜古镇等）有如下特征：

（1）密集型建筑群落，在平原呈现林盘形态且与田园有机渗透。

（2）平坝古镇网络状的街巷空间肌理，以及亲切宜人的尺度。

图2　龙门乡场镇震前航拍图2013
（资料来源：四川省测绘局）

（3）坡地古镇聚落空间更加密集，巧妙利用高差，产生空间的竖向丰富性和流动性。

二、适地域地理气候特征的川西传统古镇与民居空间更新再生

1. 传统古镇空间模式沿袭与再生

龙门古镇灾后重建规划设计秉承了地域营造的传统精髓，以"恢复古镇，再塑乡愁"作为本次规划设计的基本原则，建设具有川西乡土风韵，集商业、旅游服务、居住为一体，绿色生态的新型乡镇住区。总体规划沿袭传统古镇"窄街巷、小组团"的空间肌理，通过控制建筑体量、街道空间比例创造出亲切的空间尺度和连续街巷空间，运用当地材料做法，融合传统与现代，强调绿色田园地景，构成"组团化、街巷式、田园型"的密集型的川西建筑群落。规划整理古镇水系，结合雨水明渠引灵鹫山的泉水进入场镇，形成院院有池，户户通渠，"十街九巷，六场八塘"的古镇水系格局（图3~图5）。

图3 龙门古镇规划设计总平面图

图4 龙门古镇竣工航拍（西北向鸟瞰）

图5 龙门古镇竣工航拍（东南向鸟瞰）

2. 传统古镇民居空间模式沿袭与创作

重建的民居必须满足每人宅基地不超过30平方米（3人户、4人户、5人户宅基地分别不超过90平方米、120平方米、150平方米），且户户临街有门面的要求。建筑设计汲取当地古镇传统民居窄院、天井的空间特点，采取小面宽、大进深结合天井的空间格局。将3~5户民居拼合成一栋建筑，再由3~5栋建筑组合成小组团，保证每户均前有临街门面、后有内院或小巷联通。联排的空间形式有效地节约了用地，同时减少了建筑的临空面，对于建筑节能也有良好的提升。建筑中央设置大井，不仅解决了建筑由于进深过大带来的采光、通风不良的问题，同时也丰富了的建筑空间。建筑造型吸取当地建筑坡屋顶、大出挑的做法，对于多雨的龙门地区可以有效地保护外墙并提供檐下避雨空间，建筑高低错落，不仅可以丰富街巷空间而且有利于建筑的采光通风和雨水排泄。

民居建筑中央设置天井，不仅解决了建筑由于进深过大带来的采光、通风不良的问题，同时也丰富了的建筑空间。建筑造型吸取当地建筑坡屋顶、大出挑的做法，对于多雨的龙门地区可以有效地保护外墙并提供檐下避雨空间，建筑高低错落，不仅可以丰富街巷空间而且有利于建筑的采光通风和雨水排泄。（图6~图9）

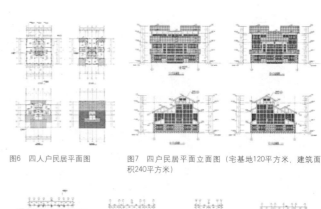

图6 四人户民居平面图　图7 四户民居平面立面图（宅基地120平方米，建筑面积240平方米）

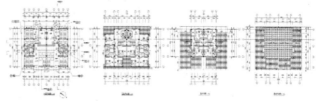

图8 五人户民居平面图

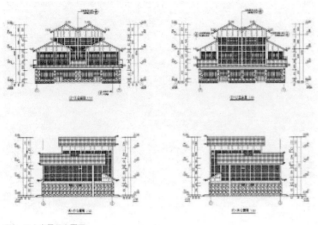

图9　五人户民居立面图

三、民居结构的选择

雅安地区的现有民居主要有三种结构形式：穿斗式木结构、砖混结构和钢筋混凝土框架结构。在此次灾后重建时我们认真分析了钢结构和以上三种结构形式的利弊，最终选用了钢筋混凝土框架结构形式。

1. 砖混结构

此次4.20地震中，大量砖混（砌体）结构建筑由于未按规范施工而破坏严重。虽然砖混结构有着取材方便、造价低廉的特点，但当地政府和百姓均认为砖混结构安全性欠佳，并且在乡村旅游的需求下，古镇民居底层需要做大开间的门面，而砖混（砌体）结构在震区很难满足抗震和空间使用的要求，因而放弃。

2. 钢结构

钢结构及轻钢结构，在目前四川地震重灾区（汶川地震、芦山地震）使用并不普遍，除极个别公共建筑以外，如体育馆、游客中心等大跨建筑，在民居建设中，钢结构不宜推行的原因如下：

（1）雅安地区多雨潮湿，钢结构防潮与防腐问题严重，尚无有效解决方式。

（2）维护成本较高。

（3）大量农村，尤其是自然村，交通不便。通村道路狭窄弯曲，材料难以运输。

（4）乡村地区尚无对钢结构施工有能力、有经验的工匠，即便可以标准化安装，但后期维护依然是很大问题。

3. 木结构

木结构在广大农村地区，尤其是山区，民居灾后重建中有十分明显的优势：

（1）木结构抗震明显有优势，在大震破坏中，较少有木结构倒塌，主要破坏为填充墙破坏，而不是木框架本身受到破坏。

（2）四川地区特别是雅安地区，是全国森林覆盖率最高的地区之一，有着丰富的森林资源。灾后农房重建允许适当采伐，用于民居建设，对小而分散的自然村而言，是现实而可行的。

（3）广大农村都有成熟的木结构施工经验，只需规划引导，并协助村民做好环境整治与景观美化，便可呈现美丽的乡村风貌。

但由于木结构耐火性能较差，而龙门古镇建筑密集，消防问题制约了木结构在此次龙门古镇灾后重建的广泛使用。

4. 钢筋混凝土结构

在广大村镇、场镇地区，建制镇与建制乡施工有很大优势。

（1）钢筋混凝土结构抗震性明显优于砖混结构，耐久性也优于钢结构和木结构。

（2）从目前施工、材料、人工费等角度看，与砖混结构价格相差不大。

（3）四川地区大多数乡镇毗邻河流，就地采集砂石原料成本低廉，有助于疏通河道。

因此，从两次灾后重建来看，在灾区县城与乡镇之间，建立商品混凝土搅拌站，既便捷，也起到了很好的作用，重建过后，旋即拆除恢复场地以做其他规划建设用地。

经过审慎调查和经济技术性比较，龙门古镇重建采用了钢筋混凝土框架结构。

四、本土民居艺术风格的传承与创新

传统川西木结构民居的穿斗有"满柱落地"和"隔柱落地"两种做法，"满柱落地"的抗震性好，在山墙暴露梁柱穿斗和榫卯的做法成为地区建筑的美学特征，本次设计运用防腐木外挂的方式展示这一美学特征。

图10 民居外墙效果1

图11 民居外墙效果2

传统民居的穿斗之间维护墙体多为竹编板+泥灰，经济较差的人家甚至暴露竹编外表，这种墙体冬季热工性能不好，夏季则轻薄透气。因为竹编板的纤维作用墙体不易开裂、施工简便，所以使用广泛。这种墙体虽简陋却也展现出细密的肌理和特殊的质感，展现出川西地区一种特有的建筑形态。雅安地区盛产竹子，竹制品丰富且廉价耐用，我们发现本地施工单位常用的一种建筑模板——竹胶板，这种以带沟槽的竹片编制成片层叠胶合而成的模板，采用"高温软化一展平"的工艺制成；强度高、抗折、抗压、耐候性好、价格低廉（7～12元/张，规格1.2米×2.4米），且为理想的环保材料。设计团队对3毫米和5毫米厚的竹胶板刷饰桐油后，至于水枪喷头下冲洗8小时，5毫米厚竹胶板基本不变色不变形，因此选用5毫米厚竹胶板施刷桐油钉挂建筑外墙作为外饰面，竹胶板不仅施工工艺简单，视觉效果很好，而且具有浓郁的川西传统建筑韵味。（图10、图11）

五、聚落环境景观规划设计

1. 街巷广场铺装

沿袭川西古镇条石铺装的传统，在街巷空间设计多用50～70毫米厚本地红砂岩石板，3～4米的间距青石条呈30～40度的不规则划分，一是为红砂岩在雨水浸泡后的膨胀变形预留空隙，二是产生一定铺装构图效果。院落里用青砖立铺，产生细密的肌理质感，有提示停留休憩的作用。场地地面材料全部采用本土盛产的红砂岩、鹅卵石和青砖、青瓦等，具有地域特点并且方便取材、造价低廉。

2. 景观水渠

雅安地区雨多、雨大，传统村落中很多采用明渠排放雨水。本次景观设计将雨水明沟和景观水景相结合，形成丰富、灵动的街道景观。整个场地呈北高南低，逐渐坡向龙门河，雨水可自然流入龙门河。规划中三条主干引水渠从游客中心东北高台地上引灵鹫山之山泉水，然后顺应场镇东北高西南低的地形特征，缔造水渠网络，

做到"院落有池塘，户门见水渠"的场景，在解决了场地排水要求的同时形成了街巷院空间的流动导向。

3. 植物配置

全部种植本土适生的乔草，乔木主要选择黄葛树、蜡梅、银杏、箭竹。草本多为花卉和鹅绒草。以硬质景观为主，这是古镇的传统特征，院落和街巷转折处点缀大型乔木，枝叶茂盛，与建筑配合得当，不强调古镇绿地多而是追求绿化覆盖率。龙门古镇东西北三面田野围合，南面河流湍急，对景天台山苍翠隽秀。

以上的作为，既不过度设计，更不过度营造，力求因地制宜地实现有文脉的乡土艺术，悄然融入"粗拙、率真、自然"的川西田园风景。（图12～图21）

图12 山墙西部1

图13　山墙西部2

图14　某内院景观

图15　某窄院景观

图16　坡屋顶层叠错落

图17　屋顶雪景

图18　巷道雪景

图19　背景灵鹫山

图20　青龙寺西侧围墙外民居群落

图21　龙门小学西南侧民居群落（背景为天台山）

六、结语

　　龙门古镇灾后重建是一次难得的乡土营建实践，对于"乡愁"的解读，建筑师既充满热情又深感力不从心，社会生活的变迁以及传统工艺的逐渐消失，使得乡愁更多停留在未被商业文化侵染的边远山区，或在文学与美术作品的意境里。我们尽力在合乎技术准则的前提下达成心境的文化述求，从规划到工程落地颇费周折，其结果可圈可点，更留待岁月的检验。

注释

① 胡月萍，西南交通大学建筑与设计学院，讲师。

② 毛刚，西南民族大学，教授。

③ 李岳岩，西安建筑科技大学建筑学院。

参考文献

[1] 毛刚等，地产开发带动文物保护的实践——新都龙藏寺片区城市设计，建筑学报，2010.02，103—108.

[2] 徐辉，巴蜀传统民居院落空间特色研究 [D]. 重庆：重庆大学，2012.

[3] 魏柯，四川地区历史文化名镇空间结构研究 [M]. 成都：四川大学出版社，2012.05.

[4] 余翰武，传统集镇商业空间形态解析 [D]. 昆明：昆明理工大学，2006.

[5] 张旭，传统街巷空间多样性设计策略研究 [D]. 长沙：湖南大学，2012.

[6] 胡月萍，传统城镇街巷空间探析 [D]. 昆明：昆明理工大学，2002.

乡村规划与
传统村落

文化线路视野下的传统村落发展模式探究
——以北京长城文化带沿线传统村落为例

赵　铭[①]　赵之枫[②]

摘　要：本文从文化线路视角出发，以长城文化带沿线传统村落（兼顾其他具有历史价值但尚未列入名录的村落）为研究对象，对传统村落、长城及周边遗迹等选取评价因子进行分析，探索村落与长城的内在和外在联系，进行传统村落分级，并以蓟镇曹家路为例，提出传统村落与文化线路协调发展体系构建思路，以期为同类型的传统村落发展提供经验借鉴。

关键词：文化线路　长城文化带　传统村落

一、引言

　　文化线路强调以线路连接文化要素，不仅保护物质文化遗产，更重要的是在时间和空间维度上注重整体的物质与非物质共同保护发展的理念，强调区域协同保护。2019年，《长城保护总体规划》提出开展长城国家遗产线路试点，在遗产梳理、开发保护等方面积极进行探索[1]。新版北京城市总体规划中强调要加强对长城文化带的整体保护与利用，以展示长城文化为重点发展相关文化产业，展现长城作为拱卫都城重要军事防御系统的历史文化及景观价值[2]。2018年，北京市人民政府发布的《关于加强传统村落保护发展的指导意见》中提到深入挖掘传统村落资源禀赋，推出一批特色鲜明的旅游线路，促进旅游业态提档升级[3]。北京文化旅游格局的转变给传统村落发展带来了重大的机遇，但现状长城文化带沿线村落发展仍然普遍存在吸引力弱、发展转型困难等诸多问题。

二、北京长城文化带沿线传统村落综述

1. 北京长城文化带沿线传统村落概况

　　北京长城文化带占北京市域面积的30%，涉及北京六个区，总面积4929.29平方公里（图1）。长城文化带建设不仅包括长城墙体、关堡等文化建筑本体，还包括其他与长城有关联的景观风貌和非物质文化遗产，同时军事聚落也是长城防御体制的重要组成部分。

　　本文研究对象选取中国传统村落、北京市传统村落兼顾其具有历史价值但尚未列入名录的村落（下文简称传统村落）共24

图1　北京长城文化带示意图
（资料来源：北京市人民政府www.beijing.gov.cn）

个（表1）。分布在密云区11个，归属明代九边重镇中的蓟镇—曹家路、古北口路、石塘路；怀柔区5个，归属明代九边重镇中的昌镇—黄花路；延庆区4个，归属明代九边重镇中的宣府镇—南山路、昌镇—居庸路；昌平区3个，归属明代九边重镇中的昌镇—居庸路、昌镇—镇边路；门头沟区1个，归属明代九边重镇中的真保镇—紫荆关路（图2）。

　　明长城纵横向交织的军事聚落层次体系担负着北京防卫的重任，北京长城沿线传统村落多由军事聚落发展而来。从空间位置来看，沿线传统村落的布局对地形应用极为重视，因险设塞，同时选址布局临近水系，背山面水或者位于冲积平原，便于建城和屯兵，突出表现军事职能。从总体布局来看，村落大多位于长城内侧，纵向呈带状分布，横向按照等级划分，从内到外依次为等级逐渐降低，通过古道连接，便于增兵和资源。

长城文化带沿线传统村落基本状况 表1

现属行政区划	村落名称	建村年代	明代九边所属行政区划	城堡名称	建堡年代	防御行政等级	传统村落等级
密云区	新城子镇吉家营村	明代	蓟镇-曹家路	吉家营城堡	明代	堡城	第二批中国传统村落
	新城子镇遥桥峪村	明代	蓟镇-曹家路	遥桥峪城堡	明代	堡城	第一批北京市传统村落
	新城子镇曹家路村	明代	蓟镇-曹家路	曹家路城堡	明代	所城	具有历史价值但尚未列入名录的村落
	新城子镇小口村	明代	蓟镇-曹家路	小口城堡	明代	堡城	第一批北京市传统村落
	新城子镇花园村	明代	蓟镇-曹家路	黑谷关城堡	明代	堡城	具有历史价值但尚未列入名录的村落
	太师屯镇令公村	明代	蓟镇-曹家路	令公城堡	明代	堡城	第四批中国传统村落
	古北口镇古北口村	战国	蓟镇-古北口路	上营城堡、古北口镇城	明代	所城	第三批中国传统村落
	古北口镇潮关村	战国	蓟镇-古北口路	潮河关城堡	明代	堡城	第一批北京市传统村落
	古北口镇河西村	汉代	蓟镇-古北口路	—	—	—	第一批北京市传统村落
	石城镇黄峪口村	明代	蓟镇-石塘路	—	—	—	第一批北京市传统村落
	冯家峪镇白马关村	明代	蓟镇-石塘路	白马关城堡	明代	堡城	第一批北京市传统村落
怀柔区	渤海镇渤海所村	唐代	昌镇-黄花路	渤海所城堡	明代	路城	具有历史价值但尚未列入名录的村落
	九渡河镇黄花城村	明代	昌镇-黄花路	黄花城城堡	明代	路城	具有历史价值但尚未列入名录的村落
	九渡河镇鹞子峪村	明代	昌镇-黄花路	鹞子峪城堡	明代	堡城	具有历史价值但尚未列入名录的村落
	雁栖地区西栅子村	明代	昌镇-黄花路	—	—	—	具有历史价值但尚未列入名录的村落
	九渡河镇撞道口村	明代	昌镇-黄花路	撞道口城堡	明代	堡城	具有历史价值但尚未列入名录的村落
延庆区	八达岭镇岔道村	明代	宣府镇-南山路	岔道城堡	明代	堡城	第一批中国传统村落
	井庄镇柳沟村	宋辽	宣府镇-南山路	柳沟城堡	明代	镇城	第一批北京市传统村落
	康庄镇榆林堡村	元代	昌镇-居庸路	榆林堡城堡	明代	所城	第一批北京市传统村落
	张山营镇东门营村	明代	昌镇-居庸路	东门营城堡	明代	卫城	第一批北京市传统村落
昌平区	南口镇居庸关村	战国	昌镇-居庸路	居庸关城堡	明代	路城	具有历史价值但尚未列入名录的村落
	南口镇南口村	北魏	昌镇-居庸路	南口城堡	明代	所城	具有历史价值但尚未列入名录的村落
	流村镇长峪城村	明代	昌镇-镇边路	长峪城城堡	明代	堡城	第二批中国传统村落
门头沟区	斋堂镇沿河城村	明代	真保镇-紫荆关路	沿河城城堡	明代	卫城	第三批中国传统村落

（资料来源：作者自绘）

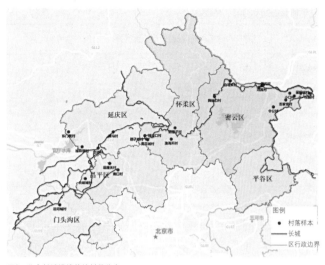

图2　北京长城沿线传统村落分布
（资料来源：作者自绘）

2.　北京长城文化带与沿线传统村落的互动

早在之前就有学者明确提出长城并非线性[7]，长城是一个复杂综合的巨大系统，其沿线的传统村落多由当明代军事聚落发展而来或者与长城防御有直接的联系。

长城与沿线传统村落的互动主要体现在军事防御制度和空间布局两个方面。首先，明代建立的九边重镇和都司卫所制度将军事聚落的层次进行严格划分，形成镇城—路城—卫城—所城—堡城的行政防御体系，各等级聚落各司其职，共同构成明代防御网络体制；其次，在空间布局方面，等级最小的堡城最靠近长城墙体，数量最多。本文所研究的传统村落大多由此类军事聚落发展演化而来；所城、卫城、路城等所对应的军事层级依次升高，数量也就对应减少。（图3）

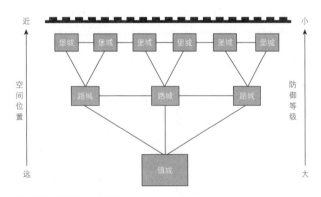

图3　明代军事聚落与长城的关系
（资料来源：根据《明长城防御体系与军事聚落研究》[4]改绘）

3.　北京长城文化带沿线传统村落发展问题

长城与文化带沿线传统村落在体制和空间上均有着千丝万缕的联系，这为长城文化线路的构建提供了良好的基础。但村落发展现状仍存在诸多问题。一是各村落之间发展水平极不平衡，同样依托长城世界文化遗产，各村发展状况却表现出两极化倾向。诸如，发展较为优越的古北口等村落积极发展长城资源条件，长城与村落相互促进，古北口长城段打造"国家级长城文化展示区"，古北口吸收承接景区游客，发展地方经济的同时发扬长城文化，弘扬"边关长城文化品牌"。但同时存在大量富有长城特色的传统村落仍然以传统农业或者外出务工作为村庄主要经济来源，这都不利于村庄发展和长城文化历史资源保护。二是沿线传统村落单独发展，无法形成集聚优势。这类村庄数量众多，其开发建设大多处于初级发展阶段，且对于长城文化带的完善乃至北京文化旅游格局的构建均有着重大的意义。以曹家路为例，遥桥峪、曹家路、吉家营等村落均以长城遗存及特色民宿为村庄发展重点，致使村落相互竞争，对于区域旅游体系的建立产生制约作用。因此，重新梳理长城沿线传统村落发展情况，促进村落分级发展，构建长城沿线旅游文化线路对于各村落及长城保护开发都具有十分重大的意义。

三、北京长城文化带沿线传统村落发展模式探究

1.　沿线传统村落发展价值评价

北京长城文化带沿线传统村落发展价值评价目的是为了摸清各村落发展情况，对村落进行分级，为不同类型的村落在长城文化带背景下综合协调发展提供思路借鉴。

为评价长城文化带背景下沿线村落发展状况，构建沿线传统村落发展价值评价指标体系，将评价指标分成目标层、准则层和指标层3层指标体系。根据层次分析法和yaahp软件对各指标层因子进行权重赋值，并对判断矩阵和一致性进行检验，得出不同层级的指标权重如表2所示。确定各指标要素的权重之后，通过对选取的24个村落的现状进行实地调查和访谈，确定各类指标要素的价值等级，并将价值等级确定为优秀（90分）、良好（75分）、中等（60分）、较差（40分）4类。最终通过模糊综合评价法对各村落进行打分，以此来判断各传统村落的综合发展状况。在上一步的村落发展状况评价的基础上，通过评价分析制定长城沿线传统村落的发展的等级结构，最终将本次研究的24个村落划分成三个等级，具体包括10个优化发展级（综合得分≥80分）、7个重点发展级（综合得分≥75分）以及7个线路保障级（综合得分＜75分），如表3所示。

沿线传统村落分层指标和权重表　　　　　　　　　　　　　　　　　表2

目标层	准则层	权重1	指标层1	权重2	指标层2	权重3
北京长城文化带沿线村落保护开发价值评价	村落要素价值	0.6267	地理位置	0.1358	交通便捷度	0.1076
					地形地貌	0.0103
					选址环境	0.0178
			历史地位	0.0405	防御体系等级	0.0240
					久远度	0.0101
					村庄规模	0.0064
			保存现状	0.3554	城址完整度	0.1778
					历史遗迹完整度	0.0983
					公共建筑完整度	0.0228
					传统民居完整度	0.0564
			民俗文化	0.0950	节庆活动	0.0565
					民间传说	0.0062
					历史事件	0.0323
	村落周边要素价值	0.0936	历史遗迹	0.0780	烽火台等相关遗存	0.0260
					公共建筑	0.0520
			产业类型	0.0156	主导产业	0.0117
					发展模式	0.0039
	对应长城段联系价值	0.2797	长城现状	0.0751	保存完好度	0.0625
					现状开发程度	0.0125
			空间位置	0.0328	外部交通区位	0.0273
					游览线路现状	0.0055
			村落与长城历史关联	0.1718	古道遗存状况	0.1504
					遗迹功能联系	0.0215

（资料来源：作者自绘）

沿线传统村落评价得分及分级　　　　　　　　　　　　　　　　　　表3

等级	村落名称	综合得分
优化发展级	南口镇居庸关村	88.2786
	流村镇长峪城村	82.9009
	古北口镇古北口村	82.2491
	新城子镇遥桥峪村	81.7069
	新城子镇曹家路村	81.4459
	九渡河镇黄花城村	81.4173
	斋堂镇沿河城村	81.2413
	渤海镇渤海所村	81.1189
	康庄镇榆林堡村	81.0062
	南口镇南口村	80.9255

续表

等级	村落名称	综合得分
重点发展级	张山营镇东门营村	77.0377
	古北口镇潮关村	77.0371
	新城子镇小口村	76.6634
	八达岭镇岔道村	76.5276
	九渡河镇撞道口村	76.5276
	新城子镇吉家营村	76.2144
	井庄镇柳沟村	76.0047
线路保障级	雁栖地区西栅子村	74.6611
	石城镇黄峪口村	73.4395
	九渡河镇鹞子峪村	72.4347
	冯家峪镇白马关村	71.8936
	太师屯镇令公村	69.5538
	新城子镇花园村	68.8764
	古北口镇河西村	67.595

（资料来源：作者自绘）

2. 沿线传统村落发展模式构建策略——以曹家路为例

（1）曹家路长城沿线传统村落概况

曹家路隶属明代九边重镇长城防御体制中的蓟镇，位于北京最东部，地理位置险要，担负守卫北京东部和北部边界的重任，对抵抗蒙古部落的入侵起到了重要作用。曹家路具体分属西协边关四路中的京东一路，曾在曹家营城堡设立"千总府"，不同军事聚落之间间距5公里左右，城堡之间相互协作，凸显了长城纵深方向的严格防御层次，各城堡及关口相互呼应，形成进可攻、退可守的长城防御体系，同时也为村落建立合理的旅游文化线路，构建集群发展模式奠定良好的基础。

本文选取的村落样本中，属于蓟镇曹家路的村庄有遥桥峪村、曹家路村、小口村、吉家营村、令公村以及花园村6个村落。通过现状梳理，并进行村落发展价值评价，并对村落等级划分如表4。

曹家路组团长城沿线传统村落评价分级 表4

村庄分级	优化发展级		重点发展级		线路保障级	
村落名称	遥桥峪村	曹家路村	小口村	吉家营村	令公村	花园村
综合得分	81.7069	81.4459	76.6634	76.2144	69.5538	68.8764

（资料来源：作者自绘）

（2）沿线传统村落发展模式构建原则

文化历史延续。传统村落的保护与发展必须以文化为基底，才是可持续性的。曹家路传统村落均由军事聚落发展而来，与长城有着千丝万缕的联系。因此，在发展过程中要注重长城文化要素的发掘，利用长城影响力及长城文化带建设的契机，大力发展民俗旅游业。以发展促保护，同时促进生态休闲农业等分支产业与长城文化主体的支柱产业融合发展，确保村落文化历史得到传承与保护。

主题特色鲜明。曹家路区域整体发展应该依托长城文化带为主线，构建长城文化旅游格局。优化发展级村落发展优势及建设条件较为突出，应当作为体验长城文化的主力军，对整片区域具有带动及辐射影响。重点发展级村落在发展方向上应当体现自身特色，发展主导产业前后端产业链，形成产业体系完善的旅游服务组团。

集群发展协同。以文化线路构建为依托，促进传统村落集群发展，应当首先保证文化历史的一致性与延续性，促进集群发展，村落、长城与雾灵山景区等周边旅游资源结合。发挥集群优势，能够有利于促进区域文化资源整体保护。

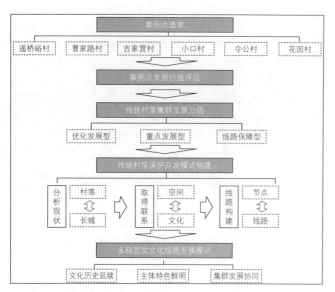

图4　曹家路组团长城沿线传统村落发展模式构建
（资料来源：作者自绘）

（3）曹家路沿线传统村落发展模式构建策略

针对不同层级的村落，应当制定不同的策略，并通过文化线路联系，才能构成曹家路文化旅游体系，促进传统村落集群发展。本文以蓟镇曹家路为例，提出发展模式构建思路，如图4所示。

优化发展级的村落应蓄力打造片区综合旅游服务中心，进一步促进区域发展核心的引力作用。下一步发展应该重点加强宣传，依靠长城共同打造片区吸引点，进一步加强区域吸引力，完善各类综合服务设施和基础设施，以单一增长点带动片区其他村落与文化线路的发展。遥桥峪村依托完善的古城门和城墙，以及具有当地特色的砖石民居，大力发展民宿与军事堡寨遗存展览等旅游优势。曹家路村原址为曹家路城堡，行政防御等级较高，统筹负责本地区的驻军以及防御，村落应发挥区域内的承接和集散游客的作用，提供完善的相关配套，形成区域旅游文化服务中心。

重点发展级的村落重在拓展片区内旅游服务多样化的体验，扩展前后端产业链。下一步发展应把握自身发展定位，将现有特色产业与长城文化融合，扩充片区服务发展前后端产业链，进一步补充基础设施，增加片区特色，避免同质化发展。当时新城子即是地区的军事指挥中心，又是经济交流的中心。周边城堡数量众多，吉家营村和小口村均是位于新城子地区与曹家路和遥桥峪的中间连接城堡，防御等级及古迹遗存都比核心城堡有不同程度的降低，小口村靠近新城子乡驻地，同时位于连接遥桥峪与曹家路的关键交叉口位置，交通职能突出，需要明确定位，从交通和服务上为曹家路片区提供保障。吉家营村紧邻雾灵山景区，应摆脱传统农耕方式，继续加大力度转变生产方式，提升休闲农业等的产业，提高民俗家庭比例。结合周边旅游资源，发展村落遗迹优势，加快转型节奏，为遥桥峪和曹家营外溢的旅游人群提供完善的服务。

线路保障级村落促进长城周边横向线路的连接通畅性，以服务保障为主。这一类型村落主要分为两种情况：一种现状开发较少，保留了良好的历史遗迹。这类在开发中要严格保护基底，控制开发程度，保障原生态的军事聚落生产生活方式。另一种现状破坏较严重或者村庄规模很小又或者处于交通干道及节点一侧。这类型村庄整体发展应保证前两级村落的连接作用，共同促进长城文化旅游线路的构建。在曹家路区域，令公村与花园村现状发展较差，在民宿等方面表现出不俗的动力，需要区域协同带动，促进村落发展。

以文化线路连接各等级传统村落，促进传统村落集群发展。本文试图以明代防御体系的层级连接关系为出发点，并考虑人流来向，反向思维构建文化旅游线路。从区域尺度上选取路网等级较高的S312省道作为曹家路文化旅游线路的基础线路，发挥该道路交通优势，连接各等级的村落。利用下一层级路网和历史古道作为联系村落与历史遗存、风景区等的连接的支撑体系，以此促进曹家路文化旅游线路构建，发挥传统村落集群发展优势。（图5）

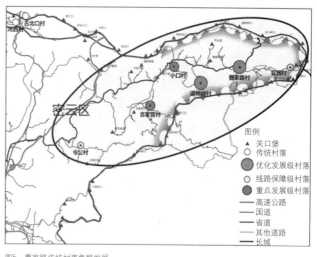

图5　曹家路传统村落集群发展
（资料来源：作者自绘）

四、总结

北京长城文化带沿线传统村落应发掘资源本底，明确以北京长城为核心的资源优势，在整体发展中以长城文化带建设为契机，促进沿线传统村落与长城资源融合发展，构建以长城线性文化遗产为主轴，沿线村落为发展载体，村落、长城以及多种资源共同发展的体系（图6）。具体来看，希望在长城文化线路建立的基础上，梳理沿线传统村落的连接关系，连接文化带建设下多层级文化线路的发展，促进传统村落集群发展。

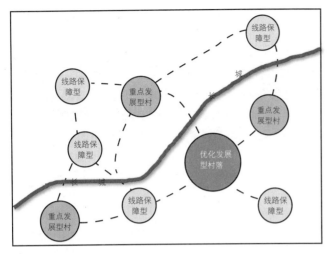

图6 长城文化带沿线村落集群发展模式构建
（资料来源：作者自绘）

注释

① 赵铭，北京工业大学建筑与城市规划学院，硕士。
② 赵之枫，北京工业大学建筑与城市规划学院，教授。

参考文献

[1] 中华人民共和国文化和旅游部，中华人民共和国国家文物局．长城保护总体规划，2019-01-22．

[2] 中共北京市委，北京市人民政府．北京城市总体规划（2016年—2035年）．2017-09-29．

[3] 王冬．基于传统村镇的山西省乡村旅游产业升级研究 [D]．太原：山西财经大学，2017．

[4] 李严，张玉坤，李哲．明长城防御体系与军事聚落研究 [J]．建筑学报，2018，No. 596（5）：69-75．

[5] 张玉坤，李严．明长城九边重镇防御体系分布图说 [J]．华中建筑，2005（02）：116-119，153．

[6] 徐凌玉，张玉坤，李严．明长城防御体系文化遗产价值评估研究 [J]．北京联合大学学报（人文社会科学版），2018，16（4）：90-99．

[7] 李严，张玉坤，李哲．长城并非线性——卫所制度下明长城军事聚落的层次体系研究 [J]．新建筑，2011，136（3）：118-121．

[8] 汤羽扬．北京长城文化带背景下的传统村落发展之路 [C]．中国文物保护基金会，中国生态文明研究与促进会．"望山·看水·记乡愁"——生态文明视域下传统村落保护与发展论坛文集，2017：73-79．

基金项目： 本文为北京市社会科学基金重点项目《区域视野下北京传统村落价值评估与保护体系研究》（18YTA002）；北京市自然科学基金项目《基于谱系构建的北京传统村落群落保护研究》（8192003）阶段成果。

世界文化遗产背景下西南少数民族古村落保护与利用价值研究

刘志宏[①]

摘　要： 古村落正面临着不断消失的危机，一个古村落就像数十座博物馆和图书馆，蕴含着丰富多彩的民俗文化积淀。因此，UNESCO将古村落指定为具有杰出的普遍价值的世界文化遗产。以古村落分布较集中的西南少数民族地区古村落为典型案例，西南古村落具有地理位置、历史文化和传统文化的独特性。重点对西南少数民族地区的特色古村落在保护与利用中存在的问题和解决措施进行了探讨。通过利用活态化传承与保护关键技术相结合的特点，开发出具有民俗文化的特色古村落评价指标体系。做实做亮西南古村落的历史文化传承之核，展现西南少数民族古村落保护与利用价值的历史文化风韵。这一研究领域的突破，将进一步为少数民族地区的特色古村落申报世界文化遗产提供借鉴和参考。

关键词： 西南少数民族古村落　世界文化遗产　杰出的普遍价值　民俗文化　保护与利用

今天，人们认识到了文化遗产作为一种宝贵资产和文化资源的重要性。这是因为人们认为，保护和利用文化遗产不仅有助于优秀传统文化的传承，而且还有助于人类的文化发展。希望通过申报世界文化遗产在制度上加以保护和利用好文化遗产。随着时代的发展，国家或地方政府对文化遗产保护和利用范围的行政管理意见也在逐步扩大。从以简单文化现象为中心的保存和利用，转变为通过UNSCO保护和利用渐进文化现象的背景观点。特别是在少数民族古村落的保护和利用领域，这种观点的变化更加突出。在大多数制定和实施文化政策的国家中，制定了各种措施来共同保护和利用文化遗产。并通过积极保护和利用农村资产的范式，发展乡村地区的经济和传承优秀的古村落传统文化[1]。

一、研究现状与存在的问题

1. 关于古村落保护与利用研究现状

随着近几年我国政府的高度重视，古村落成为我国宝贵的民族文化遗产。在政策方面，住房和城乡建设部、文化部、国家文物局、财政部以建村〔2014〕61号印发《关于切实加强中国传统村落保护的指导意见》，加强传统村落保护，改善人居环境，建设美丽乡村，实现传统村落的可持续发展[2]。国家民委印发《少数民族特色村寨保护与发展规划纲要（2011-2015年）》，提出"十二五"期间将在全国重点保护和改造1000个少数民族特色村寨[3]。在理论研究方面，Kim Duly、So Hyunsu（2018）提出了文化古村落的历史文化遗产利用的方法路径[4]。从历史文化、艺术和科学价

值及保护现状的角度提出了传统古村落的保护与利用方法路径（王路生，2014；夏周青，2015；张建，2018）[5, 6, 7]，并解决传统村落类文化遗产保护与利用的困境与出路，探索传统村落和新型城镇化建设的平衡与和谐关系（冯骥才，2013；王云庆，2014）[8, 9]。在实践研究方面，针对少数民族特色村寨的民族文化保护与发展问题，提出了特色村寨必须保持民族自身的文化特色，维护古村落文化多样性的特征，建立可持续发展战略（单德启，2014；吴平，2018；刘志宏，2019）[10, 11, 12]。其研究对象、研究方法等都为西南少数民族古村落如何保护与利用留下了宝贵的经验和方法。

2. 古村落保护与利用存在的主要问题

随着新型城镇化建设与乡村振兴战略规划的实施，为边远贫困的少数民族地区古村落的发展带来了机遇与挑战，许多特色古村落蜕变成为旅游胜地等，但同时也给古村落文化遗产的保护带来了困境与问题，一大批特色古村落不断地在解体或者消失。古村落保护与发展最基本的问题就是对入选对象进行选定，且被选定的对象"如何"进行保护与评价，通过保护与发展的过程"如何"进行古村落活态化保护和价值利用[13]。古村落保护与发展是村镇经济提升的基础，也是文化遗产保护的重要部分。

首先，人工修复问题。保护有形文化遗产是从广义上讲是维护过去具有历史价值的文化遗产。为此，修复受损的文化遗产是保护的最低限度措施，这意味着在不改变建筑物形状的情况下恢复原始状态的工作。由于大多数古村落传统民居建筑物都暴露在室外，古村落遭受了腐蚀、空气污染、洪水、地震、昆虫、火灾等自然灾害

和房地产商业开发等人为破坏。尤其大多数传统民居和文化遗产都是木质结构，它们非常容易受到水灾和火灾的破坏存在很大的风险。因此，需要进行科学的可持续性保护和修缮。

其次，政策问题。除了国家和传统居民在文化遗产方面的差异外，还存在行政体系结构导致功能不完善的问题。目前，我国政府主导的项目一般会在一定的准则下通过公开招标的方式进行开发、保护和修复其文化遗产。但是，这种管理体制不完全适合文化遗产的活态化保护与利用，公开投标的方式由于参加企业的统一或低成本投标等选择方法而产生被选定的问题。提交成本业务计划的公司接收开发古村落项目的目的很大程度上是为了降低开发成本，而不是为了更好地做到保护与利用价值来凸显其质量。就古村落而言，最重要的是需要当地政府拿出一套科学的保护与利用价值的指导性方案来正确指导其工作的开展，做到凸显其古村落优秀传统文化特色，把古村落的保护与发展做到长期攻坚计划上来。

最后，监督管理的局限性问题。地方政府和古村落村民的立场是不同的，地方政府是从符合国家保护文化遗产政策的角度来看待古村落，但村民的目的不是自愿保留传统民居，而是想通过这种方式来改善生活质量。因此，保护传统民居本身不是目的，而是通过这种方式来发展西南少数民族古村落。最明显的区别就是古村落传统民居的改建问题，仅按照《文化财产管理法》规定的方式重建古村落会存在很多实际性问题。比如：由于老旧的传统民居建筑空间对村民的居住而言，在空间功能上实在是太不方便了，必定会带来村民要求对住房结构的某些部分进行更改以适应实际使用需要。原则上，地方政府是不允许进行结构更改的。因此，他们想通过非法改造达到自己的需求。结果，发生了各种结构的变化和乱建设现象。这进一步加剧了地方政府与其居民之间的矛盾关系，并削弱了保护者在该村中的地位。

二、西南少数民族古村落的保护措施

1. 古村落文化遗产的真实性

古村落的保护与利用应该在保证文化遗产真实性的原则下进行，还有文化遗产真实性的评价标准正在逐步变化。近年来，随着人们对文化遗产重要性认识的提高，经常将UNESCO的文化遗产评价标准与本国的标准进行比较和研究。但事实上，联合国教科文组织的世界遗产标准很全面，因此很难对项目确切的进行分类。世界遗产评估遗产价值的操作准则总共有6项标准，其中，古村落文化遗产的真实性通常是需要符合第1至6条标准的文化遗产基本条件的一项或者以上才能被认定为具有世界性文化遗产价值。

但是，对于已被注册为世界遗产的几处古村落文化遗产而言，可以看出，超越其6项标准界限的古村落文化遗产也是常有的，科学性保护是入选世界文化遗产的关键。保护和管理制度是指在有关

国家或城市建立和实施法律和行政的保护制度。行政保护制度的概念包括建立一个缓冲区，以保护文化遗产本身以及整体环境，从而有效地保护文化遗产。UNESCO的列入标准对古村落保护和利用价值具有重要意义。

2. 古村落文化遗产的行政服务改进计划

首先，实施订购与选择。由于复杂的管理过程，存在快速修复困难的问题。公共采购服务电子投标公告，投标人选择，投标人初步成功决定，资格审查，最终投标人最终决定者。地方政府的组织缺乏专业知识，因为管理人员负责文化遗产的维修和保养工作，而没有文化财产部门。因此，应成立专门的组织，由学校或技术（建筑）人员负责文化财产，以便可以系统地进行文化遗产的管理和维护。

其次，是加强监督维修管理。在文化财产翻新和维修业务中最成问题的问题之一是应订购方的要求更换维修工程师的情况。在准备施工细节，质量测试和用过的材料的检查等时，或者在需要检查每个阶段的施工状态时，维修技术人员应在下一阶段的施工前对施工主管（或多名主管）进行检查和确认。维修技术人员必须通过根据维修过程拍摄每个步骤的照片并准备工作日志米记录和管理维修过程。保护和修复文化遗产最必要的方法应该是使用旧技术进行修复。

最后，以村民为主体。村民的生活方式可以根据国家政策目标进行调整。由于村民不在一个单一的位置，在许多情况下，由于部分政策的实施，使受益者和受苦者相互矛盾。支持政策计划的主要是"古村落保护协会"的执行人员，该协会强调指定古村落保护与利用的积极作用，古村落的复活，村落环境的改善，改善村民的经济利益以及提供新的谋生机会。

三、西南少数民族古村落利用价值的具体计划

1. 古村落文化遗产可持续性改善方法

（1）村民的积极参与

为了使古村落的保护和利用得以可持续发展，动员与该古村落有直接和间接利益的村民自愿和积极参与是非常有必要的。村民增加获取文化遗产的机会对于保护和利用文化遗产非常重要。这是因为，按照UNESCO世界遗产委员会的建议，培养当地人调查和管理其文化遗产的能力是保存和利用文化遗产价值的关键。另一方面，古村落注册为世界文化遗产是必须同时满足整个古村落村民的利用文化遗产价值的能力和当地人民自豪感和获得感的一种方式。在自然风景、民俗和外部环境中，古村落有可能通过以下方式被列为世界遗产。

目前，在中国村落被列入UNESCO世界文化遗产的名单里有3个传统村落被入选为正式名录，还有4个古村落被列入预备名录。在这其中西南少数民族地区古村落就占据了3项，占全国的43%左右。中国村落列入UNESCO世界文化遗产具体的入选情况及遗产特征等详表1所示。

中国古村落列入UNESCO世界文化遗产名录的情况[14]　　　　　　表1

入选类型	地区	列入项目名称	列入标准	列入时间	遗存特征
世界文化遗产正式名录	安徽省	西递宏村	III, IV, V	2000年	居住型
	广东省	开平碉楼	II, III, IV	2007年	居住型和防御型
	福建省	福建土楼	III, IV, V	2008年	居住型和防御型
世界文化遗产预备名录	山西省	丁村和党家村	II, III, IV, VI	2008年	居住型
	贵州省	苗族村寨	II, III, IV, VI	2008年	居住型
	四川省	藏羌碉楼与村寨	I, IV, V, VI	2013年	居住型和防御型
	广西、贵州、湖南	侗族村寨	I, II, III, IV, V	2013年	居住型

以上这些古村落的地理位置优越，特别是西南少数民族地区的古村落传统民居建筑保留了我国木结构的典型形式。它是展示传统民居建筑和原始生活方式的宝贵文化遗产。古村落具有极好的文化和遗产价值以及内部和外部环境的特征。祖先的生活是自然和人工环境和谐相处的智慧。

（2）制定村民参与的各项活动计划

UNESCO世界遗产指定的制度中强调遗产管理者的能力和当地居民的参与程度，以保持遗产的真实性并提高其作为活遗产的价值。在古村落中，成立了"古村落保护委员会"，"老人、妇女及儿童协会"和"青年协会"，作为自治组织，负责村落的保护和管理以及民间活动的运营。为了促使居民直接参与，有必要制定各种活动计划，为了提供具有地区和文化特色的文化体验，市政当局、保护协会和居民应讨论适合村落发展的计划方案，通过体验与旅游来促进古村落文化遗产价值的开发与提升。积极开展体验活动，可以使游客参与和体验生活文化。如展示传统的农耕方法及传统生活方式等，这些文化活动可增强古村落的文化传承和文化背景。为此，必须增强居民对传统文化和旅游的认识，即对文化遗产的保护和利用。有必要建立一个以当地居民为中心的协调服务集散空间，以有效地保护古村落，防止过多的游客涌入而对古村落的保护造成威胁。

2. 古村落文化遗产价值的活用

古村落有许多优秀的传统文化元素，既有文化底蕴又具有真实性。例如，就传统民居建筑风格而言，可以看出少数民族古村落的文化遗产真实性和价值。古村落周围的农田是民间村落的文化背景。用风车、水车和镰刀等进行农作，可以使到古村落观光的游客感受到该民俗村的真实性。特别值得一提的是，从村落农田获得的秸秆可直接用于民俗村的茅草屋，因此可以建成生态环保的体验式民居建筑。附近的田间耕作也将以不使用农药的手工耕作形式进

行，政府将承担部分劳力和成本，以建立一个生态宜居和生态友好的少数民族特色古村落。

通过建立手工艺品和作坊的平台形式，每年为古村落设定一定数量的订单，并在每个民俗村附近经营一个生产手工艺品的场所，这也是增加村落文化景观多样性的一种方法。例如樱桃树等，具有重要的文化遗产价值，因为它们反映了适合传统社会日常生活的情节和内容。此外，在古村落周围形成了乡村森林和山水定居环境，而不是将道路和民居建筑垂直放置，并赋予了原始土壤、民居建筑和具有生态价值的环境可持续性因素，例如在平缓的斜坡上自然建造古村落建筑小品，以及通过将水和树木元素纳入定居空间来最大限度地提高舒适度的传统景观建筑营造方法，包括将来对受损建筑物的恢复和修缮。这是在使用中要考虑的重要文化遗产因素。为了维持可以感觉到生命连续性的有机空间，有必要保护和利用好这些文化元素。

四、结论

西南少数民族古村落是一种特殊的重要文化遗产，它揭示了我国少数民族的特性和地区文化性。但由于社会的不断发展，少数民族古村落正在逐渐失去地区文化性，所有这些都慢慢成为旅游胜地。因此，从国家的角度来看，有必要征得当地村民的同意，开展进一步的保护措施。文化遗产的真实性反过来又有助于获得当地村落的经济利益。如果居民认识到他们所居住的文化遗产的真实性并认识到这对他们直接有益，那就可以激发村民自主管理的积极性。

本文除了分析保护技术和行政改进措施之外，为了保护文化遗产的真实性，还提出了涵盖古村落和周围环境的有机综合措施。研究发现，保护和利用文化遗产政策构想的中心点应从确保文化遗产的真实性和完整性开始，而不是从经济角度出发。当确保文化遗产的地域性和历史性时，文化遗产的真实性价值实现是可能的。为了

保证文化遗产的地域性和历史性，即真实性，需要综合考虑文化遗产周围环境的全面保护和利用价值的观点。因此，通过对西南少数民族古村落保护与利用价值的研究，从经济学角度支持和管理文化遗产的系统出发，有必要及时实施一个新的古村落文化遗产管理框架。例如，完善保护与利用法律和制度以保护文化遗产的真实性，并为其实际应用建立新的古村落保护与利用价值的管理体系。西南少数民族古村落保护与利用的方法与关键技术的突破，将为我国其他古村落保护与发展提供参考。

注释

① 刘志宏，苏州大学建筑学院副教授，硕士研究生导师，国际注册高级景观设计师。

参考文献

[1] Garrod, B. etal. Re-conceptualizing rural resources as countryside capital: The case of rural tourism [J]. Journal of Rural Studies, 2006, 22 (1): 102-108.

[2] 中华人民共和国住房和城乡建设部、文化部、国家文物局、财政部. 关于切实加强中国传统村落保护的指导意见. 建村 [2014] 61号. 2014.4.25. http://www.mohurd.gov.cn/ [2020-07-05].

[3] 中华人民共和国国家民族事务委员会. 关于印发少数民族特色村寨保护与发展规划纲要（2011—2015年）的通知 [EB/OL]. 2012.12.5. http://www.seac.gov.cn/seac/index.shtml [2020-07-06].

[4] Kim Duly, So Hyun Su. A Study on the Utilization of History Culture Resources of Cultural Historic Village Project [J]. Journal of the Korean Society of Rural Planning. 2018, 24 (1): 33-45.

[5] 王路生. 传统古村落的保护与利用探索 [J]. 规划师, 2014 (Z2): 148-153.

[6] 夏周青. 中国传统村落的价值及可持续发展探析 [J]. 中共福建省委党校学报, 2015 (10): 62-67.

[7] 张建. 国内传统村落价值评价研究综述 [J]. 小城镇建设, 2018 (3): 5-10+31.

[8] 冯骥才. 传统村落的困境与出路-兼谈传统村落是另一类文化遗产 [J]. 民间文化论坛, 2013 (1): 7-12.

[9] 王云庆. 寻求传统村落和城镇化的平衡与和谐 [N]. 学习时报, 2014-10-27 (A5).

[10] 单德启. 新型城镇化催生少数民族特色村寨: 少数民族村寨贵在保持文化特色 [N]. 中国民族报, 2014-12-19 (007).

[11] 吴平. 贵州黔东南传统村落原真性保护与营造——基于美丽乡村建设目标的思考 [J]. 贵州社会科学, 2018 (11): 92-97.

[12] 刘志宏. 西南少数民族特色古村落保护和可持续发展研究——基于韩国比较 [J]. 中国名城, 2019 (12): 57-64.

[13] 刘志宏, 李钟国. 西南民族村落与韩国传统村庄保护和建设的比较研究——以广西洞井古村寨、韩国良洞传统村落为研究案例 [J]. 西南民族大学学报（社科版）, 2015 (11): 43-48.

[14] UNESCO世界遗产中心官方网站 [EB/OL]. [2020-07-06检索]. http://whc.unesco.org/en/list/.

基金项目： 2016年度国家社会科学基金资助一般项目（16BSH050）的阶段性研究成果之一。

人居环境视野下的徽州古村落数字景观营建研究

董 荪[①] 韩莉萍[②]

摘 要： 数字景观是时代发展与学科融合的结果，本文将数字景观理论模型引入徽州古村落景观保护与更新研究中，提出人居环境视野下的徽州古村落数字景观营建图谱框架，挖掘新时期传统村落营建的深层价值。首先，以构建古村落景观信息模型为出发点，深化植物景观参数以及人文景观可视化技术研究；其次，分析古村落数字景观营建中涉及人居空间结构、人居生态流体、人居节能与舒适度等关键因素。旨在为徽州古村落景观保护传承更新提供新思路。

关键词： 数字景观 人居环境 徽州古村落 保护更新

一、引言

人居环境是人类生存与发展的重要主题，亦是场地中自然与人因共同营造的一个衡量景观适宜度的综合性分析指标。徽州古村落作为中国传统民居形式的一种，选址多呈山环水抱之势，独特的自然生态、地理环境使得当地人聚族而居。然而，在生态文明建设背景下村民的居住环境改造加之旅游产业的发展对当地的自然生态环境产生了重要影响，传统的规划营造能否持续承载场地未来景观生态化、健康化的发展，这是笔者在人居环境视野下针对徽州古村落进行数字景观营建提出的新思考。

当前，村落景观数字化研究及实践在国内尚处起步阶段。本文选取以聚族而居作为传统风俗的徽州古村落为研究对象，较早提出数字景观营建应用研究，一方面在人居生态环境建设的背景下，客观评价古村落内在各类景观要素，生成参数化的数据信息；另一方面构建规划体系（图1），传播地域文化、延续场地价值，提前布控检测及预留弹性空间，为文化遗产数字化保护与传承更新提供一条新的思路。

二、数字景观营建技术在徽州古村落中的应用

关于数字景观的概念，虽并未达成一致定义但一般认为它是一种综合性、自动化的新技术，借助计算机技术，综合运用地理信息系统（GIS）、遥感遥测、互联网、虚拟仿真及多传感应等数字信息技术，采集监测、分析模拟、再现创造景观信息的过程、方法与技术。古村落数字景观营建研究中主要通过互联网数字技术，交互使用软硬件平台，选取场地中关键因素进行应用研究，即古村落景观信息模型、植物景观参数化模型以及人文景观可视化模拟等（图2）。

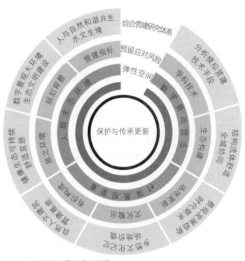

图1 古村落数字景观营建体系

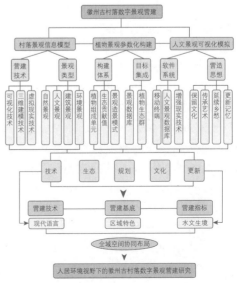

图2 徽州古村落数字景观营建图谱框架

1. 景观信息模型（LIM）框架构建

徽州古村落的景观信息模型（Landscape Information Modeling，LIM）是从整体视角进行主观能动性思维表达。对古村落空间的集成进行协同规划，集可视化技术、三维建模技术及虚拟现实技术于一体，构建一个可模拟、可协调且能对空间组成进行动态记录实现多角度渗透和参与的信息管理平台。徽州古村落极具地域文化特色，空间构成不仅包括自然景观，也涵盖文化景观，诸如地形地貌、植被水系、建筑雕刻、祠堂环境等景观信息。根据古村落空间的基本特征构建景观信息库并选用相应的软件平台（如Civil3D、Ecotect、Revit、Landmark、CityEngine等）。景观信息模型框架构建的关键是要突破传统单一分散的碎片式景观信息，利用计算机辅助技术进行信息整合，实现古村落空间景观模型信息的交互可视，并对输入与输出的景观信息进行参数化调整，使得空间内的各类别信息系统间形成良性互动。

2. 植物景观参数化模型创建

徽州古村落植物景观参数化模型的创建，是借助数字技术搭建场地植物群落参数网，通过对植物进行定量分析与评价，预测其生长的未来趋势，得出一个长期且处于动态化的数据库，从而创建出符合生态健康，满足观赏要求且经济适用的景观生态群。徽州古村落的建筑多聚落密集布置，因此整体植物景观面积较少，所以在对场地进行参数化构建的同时，可先对古村落进行光合有效辐射分析（PAR Analysis），借助Ecotect工具从整体上判断不同类型植物区间的种植情况，评估未来长势并明确其在区域的生态贡献值。在此基础上进一步研究造景效果，借助数字化色彩检测仪器（CIELAB模型、HSB模型以及HC/V模型等）提取植物色彩，结合Sketchup、3dsMax、Lumion等数字化工具，输出徽州古村落植物景观的虚拟现实模拟，确定不同季节的景观效果及造景模式。

3. 人文景观可视化模拟营建

人文景观数字营建的主要途径是通过移动终端输出即时即地的可视化场景，借助三维空间的虚拟环境与真实环境的叠加，无限放大与渲染人的感官冲击实现。传播文化引发共鸣，既留住人文艺术也留住乡愁记忆。徽州古村落具有深厚的人文素养，徽文化涵盖徽商、教育、科技、艺术等多个方面。人文景观不仅影响徽州人的思维与言行，也体现在徽州建筑特色及整体环境营建之中。人文景观可视化营建，一方面，利用数字技术构建区域人文景观数据库，对人文景观素材和地方特色资料进行采集和存档；另一方面，借助AR增强现实技术（Augment Reality，AR）对人文景观过程进行模拟，用户使用Layar、Wikitude、Junaio浏览器或APP、小程序工具等，通过GPS定位直接进入界面AR模式查看区域空间中任意地点的历史或未来场景，再现景观发展的不同时间轴点（过去、现状与未来）以及不同过程（起源过程、脉络格局与传承走势等），使得人文景观的发展进程实现可视化。

三、人居环境视野下徽州古村落数字景观营建关键

数字景观既是时代发展的产物，也是数字技术与景观规划相结合的产物，亦是不断发展和变化的学科性融合产物。规划设计通过对收集的景观信息进行分析评价，针对测评分析的结果给出可视化的参数模拟设计方案，同时针对景观营建本身的局部调整做出相应的指标参数，使场地的信息、规划与营造在技术层面交叉运行，定量化的输出设计思维。人居环境视野下的徽州古村落数字景观依据古村落的选址布局、规划理念以及生态系统网络进行营建，重点在于人居空间结构、人居生态流体以及人居节能与舒适度分析三个关键。

1. 人居空间结构

当前的自然灾害与疫情传播对徽州古村落人居环境造成了重大影响，同时也对人居空间结构提出了新的挑战。不同的居住空间除了规划与之相适应的结构外，还应进一步量化空间、确定空间参数。在满足基础设施、空间结构的同时，提前布控预留空间，将自然灾害及疫情等各种风险减至最低。徽州古村落多位于山区，地形地理的差异性使得村落布局形态多样。平面多呈现集居型，内部空间团状与带状交叉，方格状与条带状的建筑、道路不仅形成了很多宽窄不一的巷道，随之也产生了不同的空间结构，彼此穿插、相互构成。数字景观营建是通过对古村落内的不同空间进行研究，一方面借助Depthmap、SpaceSyntax等空间分析模型工具，结合空间视域、生态修复理论，研究村落空间的可达性和组构的逻辑性。另一方面，通过计算机辅助模拟形成"人与环境系统"，以此预测人在空间中的视觉感知，判断空间环境的舒适度、合理度及可容纳度。不同的空间结构亦会激发不同的人为活动，根据空间预测村落可能出现的大规模集群活动（图3），通过设定智能代理人模型，借助Processing，Vensim、NetLogo工具等，经过迭代计算判断空间活动模式与活动形态、活动环境的契合度。

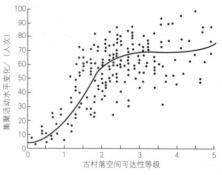

图3　古村落不同空间的活动水平

2. 人居生态流体

流体是人居环境中重要的生态因子，既包括河流、湖泊、雨、水等水文元素，也涵盖风向、风速、气温、湿度等气象元素，这些因子的共同运作决定了徽州地区的生态效能。人居生态流体是研究人居环境空间中流体的生态值（图4）。数字景观的介入则是对空间集合的再规划，以达到场地的最大生态效益。徽州自古山多田

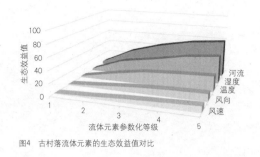

图4 古村落流体元素的生态效益值对比

少、气候温润，独特的自然条件使得其间的流体要素个性鲜明，如以山为屏障形成的小气候、以突出强调某种传统理念设立的水口、以预防解决排水防火设置的河流明沟、以独特民居建筑营造的内环境等，均是徽州古村落内在的流体元素。利用流体动力与人居生态环境的关联性，借助Fragstats、Ecotect、Netlogo等景观生态学模型工具进行数据统计、模拟分析，同时使用Leap、Apack等监测工具，将古村落中的流体元素参数化，建立仿真平台、模拟作用效果、分析预测生态值和演化过程。进而提出徽州古村落生态景观构成要素的改进方案，大至村落外围小气候环境、地表径流与水文状况，小至村落内部水景布局、建筑风环境，都可以对景观营建做出规划预判与合理调整。

3. 人居节能与舒适度分析

人居环境体现的是人所居住的集合空间，空间的节能与舒适度则是评估居住幸福指数的直接要素，节能与舒适度数字化分析是采用信息技术语言对人之居处与居之环境进行测评，探求节能环保、舒适宜人，又兼具弹性、可持续的生态居住环境。古村落节能与舒适度主要体现在民居建筑与户外环境两个层面（图5）。相比户外环境，民居建筑的营建对人体居住幸福指数影响较大。徽派建筑极具地域特色，用料以木材为主，相较于钢筋混凝土，木材在节能、环保、减少粉尘、降低噪音污染等方面，尤其具有自身特性。独特的马头墙形式可以隔绝火源，降低建筑间火灾蔓延的风险。内设天井三间五架巧妙地解决了建筑的通风、采光、调温等功能。木雕、砖雕、石雕（徽州三雕）建筑装饰，承载了民间雕刻工艺的人文滋养，共同造就了节能、舒适的居住环境。而户外空间的遮阳、蔽风、吸收污染物、调节碳排放等与人体接触的环境，也直接影响着人居舒适值。借助Ecotect、ANSYS、IES等数据工具，分别对建筑及环境组成单元进行统计、整合营建方案，以实现整体居住环境居住舒适值的最大化。

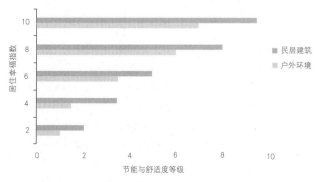

图5 民居建筑与户外环境居住幸福指数对比

三、结语

理想的人居环境可以概括为"枕山、环水、面屏"的基底模式，"自然、人文、艺术"的网络格局，"空间、流体、节能舒适"的肌理结构，徽州古村落的整体景观大都符合这一理想居住理念。然而，随着时代发展和个体对居住环境的要求不断提高，互联网环境下的徽州古村落保护与更新则要立足于数字技术层面进行精准化规划与整合。本文将数字景观理论模型引入徽州古村落研究中，从人居环境视野着眼，提出徽州古村落数字景观营建图谱框架及其营建关键，为徽州古村落景观环境保护更新提供个案。

注释

① 董苏，安徽农业大学艺术学院，副教授、硕士生导师。
② 韩莉萍，安徽农业大学艺术学院，2019级硕士研究生。

参考文献

[1] 刘颂，张桐恺，李春晖. 数字景观技术研究应用进展 [J]. 西部人居环境学刊，2016，31（04）：1-7.

[2] 蔡凌豪. 风景园林数字化规划设计概念谱系与流程图解 [J]. 风景园林，2013（1）：48-57.

[3] 吴良镛. 人居环境科学导论 [M]. 北京：中国建筑工业出版社，2001.

[4] 袁旸洋. 基于耦合原理的参数化风景园林规划设计机制研究 [D]. 南京：东南大学，2016.

[5] 金云峰，杨玉鹏. 数字化设计与建造技术在景观中的应用研究 [J]. 西部人居环境学刊，2016，31（01）：95-100.

[6] 王云才，申佳可，象伟宁. 基于生态系统服务的景观空间绩效评价体系 [J]. 风景园林，2017（1）：35-44.

[7] 辛福森. 徽州传统村落景观的基本特征和基因识别研究 [D]. 芜湖：安徽师范大学，2012.

[8] 蔡凌豪. 风景园林规划设计的数字实践——以北京林业大学学研中心景观为例 [J]. 中国园林，2015，31（07）：15-20.

[9] 胡文君，赵琛，胡厚国. 徽州传统村落空间形态对当代人居环境建设的启示——以休宁县祖源村为例 [J]. 安徽建筑，2019（10）：28-31.

[10] LEACH N，TURNBULL D，WILLIAMS C. Digital Tectonics [M]. Oxford：WileyAcademy，2004：8.

[11] NESSEL A. The Place for Information Models in Landscape Architecture，or a Place for Landscape Arcitects in Information Models [C]. Bernburg, Germany：Digital Landscape Conference，2013.

[12] Nessel A. The Place for Information Models in Landscape Architecture，or a Place for Landscape Architects in Information Models [C] //Digital Landscape Conference，2013, Bernburg.

基金项目： 本文系安徽省哲学社会科学规划项目"数字中国视域下徽州三雕资源数据库构建研究"阶段性成果（AHSKY2018D74）。

传统乡村文化的当代价值与传承策略思考

宋　祥① 　张嫩江②

摘　要：基于新型城镇化的时代背景，提取并梳理传统乡村文化的当代价值，包括精神价值、规范价值、生态价值、交往价值、风貌价值五个方面。并结合文化基因理论，解读传统乡村文化的构成与遗传规律，提出传统乡村文化的传承策略，为传统村落的保护提供思路。

关键词：传统乡村文化　当代价值　传承策略

城镇化是伴随工业化发展的必然过程，改革开放以来，随着我国工业化进程的突飞猛进，城镇化也快速同步推进。以工业化为主导的城镇化使城乡居民生活品质大幅度提升，但由于对城镇化的内在规律认识不足，对中国特色的城镇化路径研究不足，也产生了诸如城市环境污染、城市文化单调、城乡差距拉大、农村空废化、乡村文化衰落等问题。因此，2013年12月11日，中央召开关于城镇化工作的会议，提出城镇化要"稳中求进"，实现"人的城镇化"等方针，出台《国家新型城镇化规划2014-2020》，这标志着中国城镇化路径的重大转型[1]。

中国是农业文明古国，乡村文化可称为中国文化的"根"，乡村文化在中国城乡社会中占有十分重要的地位。改革开放以后，城镇化进程加速，乡村文化在"社会组织秩序、生产规律与观念、生活习俗与信仰、聚落与环境风貌"等方面均受到较大的影响，导致传统的乡村文化体系面临瓦解。但是，新型城镇化政策的推行使人们重新认识城镇化的内在规律与适宜方式，同时，为传统乡村文化的传承带来了新的机遇。因此，亟须充分认清传统乡村文化的当代价值，在新型城镇化的背景下探索传统乡村文化的传承之道。

一、传统乡村文化的当代价值

广义的传统乡村文化是指农民在长期从事农业生产与乡村生活的过程中，逐步形成并发展起来的一套思想观念、心理意识和行为方式，以及为表达这些思想观念、心理意识和行为方式所制作出来的种种成品[2]。传统乡村文化可以表现为无形的乡村文化和有形的乡村文化，包括社会组织秩序、生产规律与观念、生活习俗与信仰、聚落环境风貌等。在传统乡村文化中，"忠孝仁义"的礼制观、"以和为贵"的处事观、"天人合一"的生态观、"天道酬勤"的生产观、"淡泊致远"的生活观等核心价值观，与当前新型城镇化的目标和指导思想不谋而合，具有珍贵的时代价值，理应在新时期新型城镇化推进的过程中发挥作用。

传统乡村文化的当代价值体现在精神价值、规范价值、生态价值、交往价值、风貌价值五个方面。

1. 精神价值

中国是农业文明古国，乡村文化是中国文化的"根"，乡村是华夏文明祖先繁衍生息的地域，附带了集体的记忆，中国人与生俱来的"山水性格"即来于此。"三千年读史，不外功名利禄；九万里悟道，终归诗酒田园"，从许多人退休后热衷于农事种植、体验乡村生活的热情可见一斑——乡村田园是中国社会自然人文生活中的普遍背景与心灵归宿[3]。

以英国为代表的欧美国家是工业文明的发源地，城市文化在欧美国家占有主流的地位。中国当代城市发展受西方工业文明的影响较大，虽然快速提高了城市的物质生活水平，但同时也接纳了工业文明带来的种种问题，并且导致当代中国特色的文化体系受西方城市文化入侵严重。

在城镇化和工业化深度发展的过程中，不能以工业文明和城市文化为最终归宿，更不能任由传统乡村文化衰落直至消亡，应考量中国传统乡村文化的优良价值，同时超越西方工业文明与城市文化的负面影响，建立适应现代社会发展的中国特色文化体系。在这个过程中，传统乡村文化寄托着中国人的精神向往，承载着中国文化的根源内涵。

2. 规范价值

在以血缘关系为主要纽带形成的中国乡村社会中，以"礼制"为基础，形成了"个人—家庭—家族—村落"的社会组织形式，是一种"自下而上"自发形成的社会管理体系。乡村社会组织具有确定的道德价值观与制度规范，以"社会舆论"为监督手段约束每个人的行为。

城镇化使城乡社会的"生活单元"趋向"小家庭化",社会管理体制以"自上而下"的行政管理体制为主体,法律规范在社会管理中起主导作用,道德观念的约束作用不足,人们缺乏自我管理的主观能动性。传统乡村文化中围绕"礼制"观念而形成的社会组织秩序,应被借鉴到现代社会基层组织管理体系中,成为现代社会管理体制的有效补充,促进文明社会的建设。这与新型城镇化中"以人为本"的价值内涵不谋而合。

3. 生态价值

中国传统农耕文明自给自足的生产方式使农民具有"土地情结",土地资源的多少与气候环境的优劣决定农民的生存状况。因此,农民认识到"土地、天、人"和谐的重要性,从而产生了认识自然、顺应自然的原始生态观念——"天人合一"。

城镇化和工业化对于效率和利益的追逐带来资源过度开发、生态环境污染等问题,以个人为本位的物质高消耗社会,最终导致全球性的环境危机。传统乡村文化中"不涸泽而渔,不焚林而猎"体现的是要根据万物的自然生长情况加以合理利用;"余气相培"则反映了自然界中各种生物及其能量之间相互联系与相互转化的系统生态观[2]。这与新型城镇化中"可持续发展"的价值内涵完全契合,应成为城市文明和工业文明的核心价值观之一。

4. 交往价值

儒家文化是中国文化的内核,深刻影响着人们的处事方式、生活态度和价值观念,形成了以"和"为贵的核心价值观。在传统乡村文化中体现得尤为明显,如"重义守信、守望相助"的人际交往原则,"吃苦耐劳、勤俭节约、平淡是福"的生活态度,"父慈子孝"的家庭道德观,"趋福避祸"的民俗信仰,有"崇文重教"的耕读文化等[4]。

城镇化促进了市场经济的发展,同时也使"功利主义"的价值观在城乡蔓延,维系和谐社会关系的传统道德体系呈现"边缘化"的态势,导致个人主义、实用主义、唯利主义等价值观主导了人与人之间的交往原则,进而产生冷漠、粗陋、拜金等不良社会风潮。新型城镇化提出要加强精神文明建设,繁荣社会文化市场,而和谐社会的建设需要先进文化的引领,乡村文化中传统道德价值观在当代仍具有先进性。

5. 风貌价值

聚落及环境是生活、生产的载体,千百年来人们对地表景观有序的、缓慢的营建行为蕴含着适应自然、改造自然的生存智慧,生产生活的观念与信仰都在聚落与环境的营建中有所表征。因此,聚落与环境风貌可以视作表达乡村无形的思想观念、心理意识和行为方式的有形产品。

当工业化的快速生产模式移植到城乡建设上时,"复制—粘贴"模式在城乡建设中大行其道,乡村风貌城市化、城市风貌趋同化,缺少时间雕琢的城乡风貌表现出粗糙的"快餐式"特征,地域特色在这个过程中消失殆尽。"皮之不存,毛将焉附",作为地域文化最为直观的、形象的物质载体,城乡风貌特色的消失将直接导致地域文化特色的消失。风貌一旦形成便难以改变,长此以往也将影响一代代人的审美观念。城镇化与工业化快速发展以来,风貌特色明显的城市已残存不多,而乡村风貌仍保留了大量的地域特征,在欠发达地区尤为突出。因此,乡村风貌将成为彰显地域文化特色、维系民族记忆的重要载体。

二、传统乡村文化的传承策略

同生物体一样,人类文化也存在基因,并遵守一定的规律逐代遗传。1976年,英国生物学家理查德·道金斯在《自私的基因》一书中仿照Gene创造出Meme这个新词,用来指文化遗传的基本单位。1998年,道金斯的学生苏珊·布莱克摩尔出版《谜米机器:文化之社会传递的"基因学"》一书,进一步细化了道金斯的理论,从文化复制和传播的意义上来理解Meme。

文化基因是什么?文化基因是那些对民族和历史产生过深远影响的心里底层结构和思维方式;是文化内涵组成中的一种基本元素存在于民族或族群的基本记忆之中,是民族或族群储存特定遗传信息的基本单位[5]。

在文化基因的视角下,传统乡村文化的传承需要回答以下三个层次的问题:(1)传统乡村文化基因是什么(What)?(2)传统乡村文化基因是怎样复制与遗传的(How)?(3)新型城镇化背景下,哪些方式能够实现传统乡村文化基因的有效遗传(Which)?

1. 传统乡村文化基因提取

根据文化基因的概念,传统乡村文化基因从无形到有形、从深层到浅层、从精神到表象可分为三个层次[6]:(1)意识形态基因,包括民族精神、价值观念、总价信仰、思维方式、文学艺术等,如"崇礼"的社会观、"天人合一"的生态观、"自给自足"的生产观、"和谐"的交往观;(2)生产生活方式基因,主要指生产与生活中的行为方式,如"不竭泽而渔,不焚林而猎"、精耕细作、吃苦耐劳、勤俭节约、团结互助;(3)外在表象基因,主要指构成聚落与环境风貌的典型物质单元,如徽州乡村的马头墙、河湟乡村的夯土墙、黄土高原乡村的石砌窑脸、哈尼族乡村的梯田。（图1）

2. 传统乡村文化基因遗传规律

文化基因的遗传可通俗地理解为文化在时间和空间两个维度上的传播。不光局限在传统乡村文化方面,文化基因的遗传具有两种

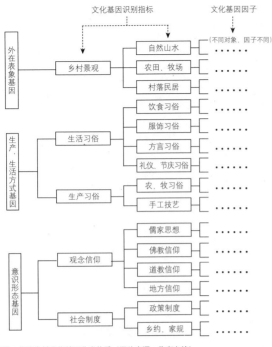

图1 传统乡村文化基因分类体系（图片来源：作者自绘）

基本形式：（1）自然遗传，通过言传、模仿、创新等方式延续与拓展，不断适应社会环境的变迁，具有缓慢、稳定、自由、循序渐进等特征，如生产生活方式基因、外在表象基因多通过自然遗传的方式延续；（2）政治诱导，通过国家统一推行某种政策实现文化变革，代表统治阶级的意志，具有快速、多变、强制、跳跃等特征，如统治者总想通过对意识形态基因的改变，让文化成为自己的权力工具。

历朝历代，文化基因的两种遗传方式交织发挥作用，由于乡村受统治阶层的干预作用较弱，以及各种政治意图的争议性，使自然遗传成为传统乡村文化基因的主要遗传方式，形成了较完整的乡村文化生态过程。

3. 传统乡村文化基因遗传策略

（1）策略一：先进基因优选

人类繁衍需要优生优育，文化基因的遗传也一样。传统乡村文化基因是在一定的时代背景下产生的，并不是所有基因都应该完整复制并遗传下去，必然面临优选与淘汰。随着社会的发展，选择适合当下时代背景的、具有先进性的优良基因，是实现文化基因健康遗传的基础。

在新型城镇化的背景下，愚昧的封建迷信思想、传统低效率的农业生产方式、贫穷单调的生活方式、粗糙落后的乡村聚落风貌等方面的文化基因已不适宜时代背景，应该被摒弃。但同时，先进的生态与社会价值观念、平淡安然的生活方式、富有特色的聚落风貌等方面的文化基因应该被优选并遗传。

（2）策略二：基因信息迁移

乡村是乡村文化的载体，城市是城市文化的载体，但它们并不是绝对的"一一对应"关系。城市与乡村从来没有明确的界限，同样，城市文化基因与乡村文化基因也不是完全二元对立的。在新型城镇化的背景下，城乡文化交融的过程应是两类文化基因耦合并进化形成新文化的过程，传统乡村文化基因所载有的遗传信息可在城乡之间自由迁移，城市与乡村文化基因表达后所形成的文化特征共同组成了中国的地域文化特征。

（3）策略三：遗传规律变异

文化基因遗传形式的选择，既要尊重历史，也要面对现实、面向未来。传统乡村文化基因以自然遗传的方式为主导，形成了有序的乡村文化生态过程。新型城镇化要赋予乡村新的生命力，不可避免地要改变乡村的经济形态，核心是调整乡村产业发展方式。现实地看，乡村文化的传承离不开经济支撑，近年来文旅产业的成就证明文化具有经济价值。因此，传统乡村文化与现代产业相结合是发展的必然趋势。

文化基因遗传具有有序性，而经济产业运行则会在利益牵引下呈现无序状态。传统乡村文化的产业化过程需要平衡好文化与产业之间的发展关系：文化是激活产业发展动力的创造过程，产业化是对文化的一种再认识、再研究、再开发、再利用、再创新的重生过程[7]。

（4）策略四：弱势基因保护

历史规律表明，文化交融过程中，弱势文化总被优势文化所侵占，传统乡村文化相对于现代城市文化，在几个方面处于弱势：一，随着全国城镇化率突破60%以后，城市文化所占据的人口体量远大于乡村文化，即城市文化的传播者数量远多于乡村；二，城市文化较乡村文化晚出，具有后发优势，比乡村文化包含更多科技内涵；三，在城市集聚效应、工业高效率主导社会价值观的当下，城市文化因能产生更多的社会效益而备受关注[8]。

传统乡村文化与现代城市文化的关系，相比于中国文化与西方文化的关系，具有相似之处。正如应避免中国文化被西方文化入侵一样，在新型城镇化的背景下，应通过政策、舆论等宏观调整手段，对一些尽管不能产生社会效益和经济效益，但是承载民族集体记忆的传统乡村文化基因加以重点关注，避免受城市文化的强势入侵而退出历史舞台。

三、结论

传统乡村文化在当代社会背景下仍具有精神价值、规范价值、交往价值和风貌价值，应该得到有效的传承。在新型城镇化的背景下，传统乡村文化基因的遗传应充分适应现代社会的变革，可以借鉴先进基因优选、基因信息迁移、遗传规律变异和弱势基因保护等策略，实现传统乡村文化的传承。

注释

① 宋祥，内蒙古科技大学建筑学院，讲师。
② 张嫩江，同济大学建筑与城市规划学院，在读博士研究生。

参考文献

[1] 单卓然，黄亚平. "新型城镇化" 概念内涵、目标内容、规划策略及认知误区解析 [J]. 城市规划学刊，2013（02）：16—22.

[2] 赵霞. 乡村文化的秩序转型与价值重建 [D]. 石家庄：河北师范大学，2012.

[3] 申明锐，张京祥. 新型城镇化背景下的中国乡村转型与复兴 [J]. 城市规划，2015，39（01）：30—34+63.

[4] 王钧林. 近代乡村文化的衰落 [J]. 学术月刊，1995（10）：49—57.

[5] 刘长林. 宇宙基因·社会基因·文化基因 [J]. 哲学动态，1988（11）：29—32.

[6] 王西涛，刘飞飞，邵娟. 历史街区文化基因提取与基因库构建 [J]. 重庆科技学院学报（社会科学版），2014（05）：102—106.

[7] 张振鹏. 新型城镇化中乡村文化的保护与传承之道 [J]. 福建师范大学学报（哲学社会科学版），2013（06）：16—22.

[8] 任继周，侯扶江，胥刚. 草原文化基因传承浅论 [J]. 中国农史，2011，30（04）：15—19.

基金资助：内蒙古自治区自然科学基金面上项目 "内蒙古半干旱区农村牧区聚落适宜性营建模式研究"（2020MS05040）

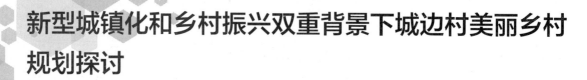

新型城镇化和乡村振兴双重背景下城边村美丽乡村规划探讨

——以福州市长乐区塘屿村为例

姚 旺① 彭 葳② 张玉坤③ 李 严④

摘 要： 2014年以来，随着新型城镇化进程的快速推进，城边村因城市群或城市新区空间发展需要而面积逐渐缩减。2018年初乡村振兴战略又使得乡村存量更新成为建设关注点。本文以福州市长乐区塘屿村为例，结合塘屿村美丽乡村设计实践，通过对塘屿村现状发展特征的总结和规划现实困境的剖析，探讨处在新型城镇化和乡村振兴双重背景之下城边村应对策略。

关键词： 新型城镇化 乡村振兴 城边村 美丽乡村

一、引言

40年来，我国城镇化率从1978年的17.92%迅速增长到2018年的59.58%。在快速城镇化进程中，城市人口不断增长、空间持续扩张。乡村发展本应随之逐步收缩，但以存量更新为主的乡村建设行为并未减少。这一复杂实况突出表现在城边村的建设实践中。城边村因其先期地理优势将最早被城市兼并，但其原始乡村肌理和历史文脉将不可避免地以不可逆转的方式丢失。

国务院在2014年颁布《国家新型城镇化规划（2014－2020年）》，提出建设大中小城市、小城镇、新型农村社区协调发展、互促共进的城镇化[1]。在2018年公布《中共中央国务院关于实施乡村振兴战略的意见》，明确提出乡村振兴战略，并提出乡村振兴的总要求即产业兴旺、生态宜居、乡风文明、治理有效、生活富裕[2]。城乡双重政策聚焦在量大面广、人口集聚的城边村，也出现了远期城镇化趋势和近期乡村建设现实之间的突出矛盾。具体表现为新型城镇化战略促使城边村为满足城市群或城市新区空间发展需要而逐渐减缩面积，从乡变为城乡接合部，最终转变为城区；但乡村振兴战略又使得近期乡村的独特价值和多元功能有条件被保留、发掘和拓展。

因此，对于城边村而言，如何在城乡发展双重政策背景下，抉择乡村去留、延续历史文脉；应对空间缩减、满足建设需求，兼顾近远期规划、权衡建设成本，成为乡村规划实践中面临的难点与困境。目前，东南沿海地区众多城边村现存完整的宗族谱系和宝贵的历史遗迹，均面临着此类规划难题。

位于福州市长乐区首占镇的塘屿村距长乐市区仅8公里，村内高楼林立、建设密集。塘屿建村已有千年历史，兴盛于400年前的明代万历年间，核心区内各个历史时期的传统民居群、祠堂、风水塘、古井等遗存众多，依山傍水，传统风貌和空间形态尚存。据长美村办发布的《2019年福州市长乐区美丽乡村建设村庄名单》可知，近期塘屿村被列入长乐区美丽乡村打造类型中的"环境整治型"，需要对村庄环境进行集中整治，提升乡村空间品质。但据《长乐新区控制性详细规划（2010-2030）》可知，远期塘屿村被划入长乐新区建设范围，村庄建设用地将部分更新为过境交通、河边绿化、铁路及文体等用地，村民搬迁至拟建的新村。因此，本文以塘屿村为例，探讨新型城镇化和乡村振兴双重背景下塘屿村规划面临的现实问题，并结合塘屿村美丽乡村设计实践提出具体应对策略供探讨。

二、塘屿村现状特征

塘屿村地处福州市长乐区西南，首占镇下辖的行政村，包括自然村湾、水库、山林、农田，共270.16公顷，其中自然村湾面积有23.64公顷。目前塘屿村现状特征主要体现在区位优越、底蕴深厚两个方面。

1. 区位优越：流域集群、城镇村协同

塘屿村因与上洞江流域其他乡村共同形成村落集群，且与镇区、市区逐步实现协同发展，具有显著的区位优势。

塘屿村位于上洞江中游，依山傍水，村东与屿后村毗连，东南与黄李村交界，南与赤屿村接壤，北与岭头村相接，与周边村落共

同构成流域村落集群。且各村落发展现状相近，连理关系更为密切，集群发展态势明显。（图1）。

塘屿村距长乐市区直线距离8公里，距首占镇区直线距离3公里，位于长乐市1小时交通圈内及首占镇30分钟交通圈内。对外交通的便捷使得长乐区和首占镇的多项公共服务资源可与塘屿村共享，且作为长乐区未来重点发展地域，首占新区的开发建设在即。塘屿村毗邻首占新区规划中的平潭上岛铁路长乐站和城市主干道首占西路，长乐市区、首占镇及塘屿村逐步构成"城镇村"协同发展共同体（图2）。

2. 底蕴深厚：历史悠久、遗存众多

塘屿村因其悠久的演变历程和诸多历史遗存而底蕴深厚，具有鲜明的整体性、地域性特色价值。

塘屿村是以血缘为纽带聚居的单姓族群村，历史悠久，人才辈出。村内居民均姓林，属姓氏望族"九牧林"分支。据村内居民口述，塘屿村先祖早在千年前从北方迁入福建。其所属的长乐区设县始于唐武德六年（公元623年），距今已有1380余年的历史，佐证了塘屿千年建村史实[3]。塘屿村名人众多，历代共有进士3名，文举人6名，武举人3名，贡生1名，叙荫1名。其中林氏族人林材于明朝万历十一年癸未年间中进士，后曾官至户部尚书，辅佐嘉靖、万历、泰昌三朝皇帝，塘屿村也因此而开始兴盛[4]。

目前，塘屿村内遗存着各个历史时期的重要建筑，与村落整体空间格局和山水环境共同构成了悠久历史文化的空间实体（图3）。在建构筑物方面，村内半月池旁现存历史建筑——林材故居距今已有400余年，结构及风貌均保存完好。其附近还遗存着民国时期的青砖民居建筑。村湾北部现存大量福州常见传统民居——院落式大厝及传统排屋。塘屿村大厝在建造上因地制宜、就地取材，建筑外墙以石料做墙基和墙裙，墙体和山墙用当地青砖砌筑、用白灰作饰面，极具福州传统民居特色。除民居建筑外，塘屿村还保存有两座林氏支祠及一座英烈王庙宇。在历史环境要素方面，村内风水塘即半月池和周边5口古井尚存。风水塘与林材故居建筑中轴线对应，和周边民国建筑共同构成重要的历史遗存组团。这些年代久远建构筑物及各类环境要素侧面反映出塘屿村的发展历程，不仅是族群文化、历史记忆的有效载体，更是基于历史演进时间轴而折叠嵌入的空间"活化石"（图4）。

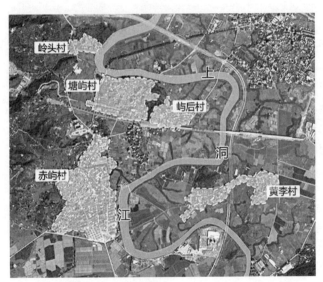

图1 上洞江流域村落图（图片来源：笔者自绘）

图3 塘屿历史遗存建筑现状分布图（图片来源：笔者自绘）

图2 所属市镇视角下塘屿区位图（图片来源：笔者自绘）

支祠内景　英烈王庙　林材故居航拍　民国青砖建筑

九龙支祠　半月池

图4　村内各类历史空间遗存现状（图片来源：项目组自摄）

三、塘屿村现状问题

1. 道路无序，车位不足，内部交通混乱

村内巷道等级不明、路宽不均（图5）。由村湾道路分析图可见，村内巷道中仅2条交通土路可供车行，其他道路路宽多为1~2.5米且变化不一，没有明显的道路等级区分。村内路侧障碍物（如杂物、停车、违建房等）加重了巷道路宽不均的问题，甚至部分巷道被完全挤压形成尽端路。沿河部分道路也被私占而出现"二次过河"的乱象。内部巷道的体系无序导致村内正常通行和消防安全需求无法满足。

图5　塘屿村交通现状分析图（图片来源：笔者自绘）

村中缺少停车空间。除村部门口空地可以作为停车场外，没有其他公共停车空间。部分村民将多、高层住宅低层架空作为停车库，或者利用开敞区域开辟为私人停车场。

2. 生态恶化，通廊阻隔，环境品质低下

塘屿村环境品质逐年下降，具体表现村内河道水系因污水排放而污染严重，且因村民自发无组织的开始填河造地，或建高楼或修道路，严重挤压河道宽度和水域面积（图6）。缺少规范化的污水处理基础设施，导致污水尽数排放至村内河道和上洞江之中，甚至出现部分河道堵塞、臭味弥漫的情况。

同时，村内河道与上洞江汇流处也因大面积修路而出现明河变暗渠的现象，导致村内河道流动性降低，削减了河流的自洁能力，生态环境恶化加重。

村民自发建造的沿江多层住宅严重破坏了塘屿村沿江天际线，阻隔了村落与河流的联系，切断了原有的视线通路和通风廊道，降低了村庄整体环境质量（图7）。

3. 围地建楼，建设密集，活动空间稀少

村中可建设用地有限，禁止村民在农田用地建房，为满足不断发展人口的居住空间的需要，近年来开始以自组织的形式，在宅基地内，几户紧邻村民将宅基地合并起来，围地建造多、高层住宅。村内有40栋中多层建筑（＞7层），均为村民自建房屋，其中有16栋建筑为超过10层的高层住宅。新建住宅与传统民居高度相差悬

图6　google earth里各年塘屿村上洞江区域的影像图对比（图片来源：笔者自绘）

图7　上洞江沿江多层住宅现状（图片来源：项目组自摄）

图8　建设现状航拍图（图片来源：项目组自摄）

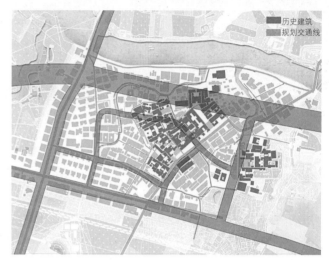

图9　规划交通及历史遗存叠加图（图片来源：笔者自绘）

殊、新建高层建筑与传统民居风貌各异，空间关系极不相称（图8）。同时，形态各异的违章建筑占用了大量村内公共空间，村民公共活动因此受限，村内空间拥挤无序。

四、塘屿村规划现实困境

1. 历史保护与城乡发展的价值抉择

近年来，因"九牧林"宗亲和海外侨胞寻根探源的热潮兴起，塘屿村历史保护工作更为迫切。作为"九牧林"分支聚居地和福州市重要侨乡，塘屿村具有多重社会功能和价值。因此，在美丽乡村建设中，塘屿村外在历史空间的保护和内在历史文脉的发掘将具有重要时代意义。

因海外务工的收入可观，塘屿村居民的收入水平逐年提升。部分外出务工的村民依靠积累的资金返乡拆旧屋建新房，在改善生活质量的同时希望彰显个人地位和财富，这种建设行为对历史保护工作带来了重大挑战。同时，从民意调查来看，88%的村民希望在村中养老，而不是通过宅基地置换区里购置新房，传统民居的房屋质量满足不了舒适生活的需求。

且从塘屿村现有规划的引导更新来看，作为上位规划的长乐新区控制性详细规划因城市交通网络的构建而拆除塘屿村部分重要历史建筑。规划道路与塘屿村现存多数历史建筑遗存冲突（图9），相关历史建筑详细信息见表1。且部分规划道路横穿塘屿现存的风水塘，强行填湖修路将会严重破坏风水塘附近现存历史建筑组团和历史空间格局。导致历史保护和城乡发展的矛盾突出显现。

位置冲突的历史建筑表　　　　　　　　　　　　　　　　　　表1

新兴街99号组团 由两进院落组成，规模大，风貌好		新兴街96-97号组团 该组团由三进院落与建筑组成，建筑内外部面貌良好	 	上洋路27号 民国的青砖建筑，至今建筑内部外部均保存完整	

续表

已经整改的历史风貌建筑 位于新兴街73号，经过翻新整改，面貌良好		下洋路27号组团 该组群有三个院落组成，第一、二进需要重新休整		新兴街79-90组团 内部建筑院落分布较为凌乱，需要进行规划整饬	

2. 乡村发展与空间集约的用地矛盾

在村庄建设用地范围之外，塘屿村东部、南部、北部近70%的农林用地为满足长乐新区发展需要已被征为城市建设用地，从三个方向限制了村庄目前建设用地扩大的可能性。而仅有的村庄建设用地范围内又存在着围地建楼、建设密集和活动空间稀少的现状问题。塘屿村建筑密度〔（平屋顶面积+坡屋顶面积）/村庄建设用地〕为45%，参照《城市规划定额指标暂行规定》基本达到上限40%~50%。容积率为1.15，属于城市空间中4~6层多层住宅区的容积率（0.8~1.2）范围；空地率〔（硬质地面+道路交通）/村庄建设用地〕仅为31%，其中硬质地面主要位于现有住宅房前屋后，可见村内几无空地可供建设，用地极度紧缺（图10）。

在建设用地紧张的制约下，根据塘屿村入户调查结果可知村民们对于改善住房条件及增设各类公服及基础设施的需求强烈（图11）。在住房建设方面，多数村民倾向于在现住房或本村内其他区域置换住房，且对房屋的改扩建意愿强烈。在各类设施建设方面，居民对于村内公服及基础设施现状的满意度低，其中文化、体育及环卫设施问题最为突出。因此，为切实改善村民生活质量和生活环境，居住用地、科教文体及基础设施用地的扩大成为刚需。

乡村发展的用地刚需与空间集约的用地现实出现矛盾。且根据长乐区人民政府于2018年12月印发的《福州市长乐区规范村民住宅建设管理制度的通知》，长乐区美丽乡村建设中村民建房限高12米。就塘屿用地紧缺的现状而言，为满足村民住房拆迁还建标准及其他各类设施的建设需求，只能将1层传统民居大量置换为3~4层乡村样板房。但在塘屿村历史底蕴深厚的背景下，传统民居保护不应让步于乡村建设，因此乡村发展和空间集约的用地矛盾进一步激化。

3. 近期乡建和远期城建的成本冲突

在塘屿村内部交通混乱、生态环境品质低下和公共活动空间稀少的现状下，美丽乡村建设具有现实需求。且正在进行的美丽乡村项目对塘屿提出了基础设施、交通硬化、建设文体活动中心等达标要求。这些基础设施改善、内部交通梳理和生态环境治理等建设行为均需要投入大量的资金、人力等成本。

图10 点云数据提取分析图（图片来源：团队自绘）

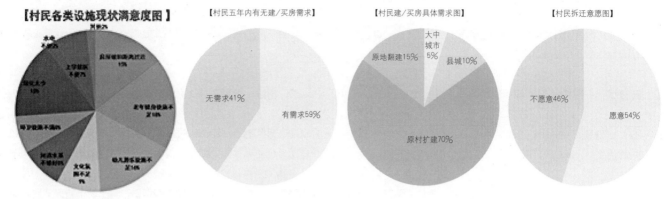

图11　相关入户调查图（图片来源：团队自绘）

图12　相关上位规划图（图片来源：1. 长乐市城乡总体规划2010-2030；2. 长乐市新区控制性详细规划2010-2030；3. 长乐市滨海快线交通规划）

塘屿村又因其城镇村协同发展的区位优势，被《福州市总体规划》《长乐区控制性详细规划》等上位规划确定为城市建设区域（图12）。至2030年，村域范围内大量用地的建设状态将向城市化方向转变导致近期的乡村各项建设无法满足远期城市建设的标准和需求。无效建设造成资源的严重浪费。因此，近期美丽乡村建设和远期城市建设出现成本冲突。

但塘屿村"变城"和"留村"的道路争议尚存。从发展现状来看，长乐区城镇化的快速推进使得众多城边村被吞并为边缘型新区，但发展质量堪忧。从发展态势来看，历史底蕴深厚和历史风貌良好的乡村将显现出较当前更高的价值。且我国当前城镇化水平并不能保持高速增长的态势，因此在塘屿村近期乡建已成必然的背景下，其远期城建还需政府和广大学者进行进一步探讨。

五、塘屿村规划策略探索

塘屿村规划实践通过文脉保护、格局留存策略做好历史保护与城乡发展的价值抉择，保"乡愁之源"；通过微量更新、存量优化策略缓和乡村发展与空间集约的用地矛盾，解"缺地之急"；通过分期规划、错位建设策略平衡近期乡建和远期城建的成本冲突，权"远近之宜"，具体策略如下：

1. 文脉保护、格局留存，保"乡愁之源"

在历史保护与城乡发展的价值抉择之中，为保当地村民、"九

牧林"族群和侨胞们的"乡愁之源"，规划采用文脉保护、格局留存的发展策略。

具体措施有：（1）针对上位交通规划和历史建筑的冲突，规划选择积极与上位规划单位协调、与文保单位联系，确保新兴街和上洋路上多座历史建筑能够被保留；（2）在塘屿风水塘——半月池附近，结合村落民宅和风水塘关系找寻历史格局，并通过立面微改造，强化风水塘、民宅的延续轴线关系（图13）；（3）在风水塘、明代林材故居及民国青砖建筑共同构成的历史建筑组团内建设民宿和林氏故居博物馆，拓展历史建筑的使用功能，深度发掘和传

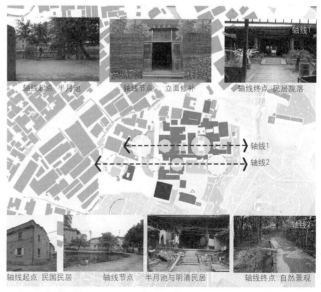

图13　风水塘区域历史格局修复（图片来源：笔者自绘）

承塘屿历史文脉；（4）结合民意调查，在产业规划中结合塘屿龙舟文化，利用现有河道资源规划发展龙舟俱乐部文创产业，以利用文化优势盘活塘屿产业衰落的局面。

2. 存量优化，纵向拓展，解"缺地之急"

在乡村发展和空间集约的用地矛盾之下，为解决塘屿村"缺地"的燃眉之急，规划采用微量更新、存量优化的空间策略。

具体措施有：（1）在对核心区建筑层数、质量、风貌进行详细分析基础上，借用历史村落保护规划的手法，以拆、改、保三个层级对每栋建筑进行分类，对加建建筑及间距过近、形态不完整、质量不高的D类建筑予以拆除，以挪出可建设空地（图14）；（2）对于拆除后形成的可建设空地予以分类规划，零散空地用以统筹建设各类服务设施、绿地广场，增设一处复合文化活动中心并结合村内原有水体增设多个绿地公园，实现村庄整体空间品质提升，面积较大的空地则用于住宅还建；（3）在不影响村容村貌和保证

采光等条件控制下，规划采用纵向拓展的策略在大面积空地增设高层"解困住宅"，通过住房层数的增加节省占地，以满足建设需求（图15）。

3. 错位建设、分期工程，权"远近之宜"

在近期乡建和远期城建的成本冲突之下，规划采用错位建设和分期工程的协调策略，即在已规划的城市建设发展用地范围内不进行近期美丽乡村建设，为未来城市扩张预留可能性空间。具体措施为：（1）结合核心区拆改规划指引，对于城市新区道路占用范围内的建筑只拆除不在原址还建，仅用于简单改造为公园、广场等休闲场所，各类还建建筑选址避开上位规划交通线；（2）与上位规划中新区道路穿过区域不重叠的三角公园、文体中心和部分道路美化工程列为美丽乡村近期建设工程，近期予以开工建设。

六、结语

在高速发展的当今时代，乡村因其特定功能和价值早已成为人们精神世界中"望得见山、看得见水、记得住乡愁"的一方净土。在新型城镇化和乡村振兴双重背景下，部分历史风貌保存完好的城边村在美丽乡村建设中面临诸多限制和矛盾。本文以塘屿村美丽乡村规划实践为例，梳理了城边村规划面临的现实困境和具体难点并提出塘屿村目前的应对策略。城边村如何在当前双重背景下建设美丽乡村、解决发展矛盾、寻求发展空间这一时代问题，也需要各位同行在后续规划研究中共同关注并探讨。

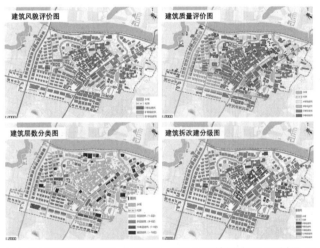

图14 核心村湾建筑风貌评价图、质量评价图、层数分类图及拆改建分级图（图片来源：团队自绘）

图15 解困住宅选址图（图片来源：团队自绘）

注：

论文部分图表内容来源于福州市长乐区首占镇塘屿村美丽乡村建设规划项目成果，团队成员如下：

总负责人：张玉坤教授

负责人：李严副教授、谭立峰副教授

参与学生：贾博雅、姚旺、彭葳、林慧玲、李松洋、林晨鑫、赵玉霞等

特此感谢！

注释

① 姚旺，天津大学建筑学院，硕士研究生。

② 彭葳，天津大学建筑学院，硕士研究生。

③ 张玉坤，天津大学建筑学院，教授。

④ 李严，天津大学建筑学院，副教授。

参考文献

[1] 国家新型城镇化规划（2014-2020年）[J]. 中华人民共和国

国务院公报，2014（09）．

[2] 中共中央国务院关于实施乡村振兴战略的意见 [J]．中华人民共和国国务院公报，2018（05）：4-16．

[3]（明）王涣修明刘则和潘援纂．弘治长乐县志序 [O]．明弘治十六年刻本．

[4]（清）张廷玉纂，明史列传第一百三 [M]．北京市：中华书局，1974：4．

[5] 叶杰．精明收缩视角下广州都市乡村空间优化与规划策略研究 [D]．广州：广东工业大学，2018．

基金项目： 天津大学-福州大学自主创新基金合作项目2019XSC-0036；国家自然基金51878437；国家自然基金51878439；国家自然基金51878439；河北社科基金HB19YS036；教育部人文社科基金17YJCZH095。

基于古典叙事的乡村废墟空间再生研究

——以浙江省台州东屏村为例

康艺兰① 魏 秦②

摘 要： 中国传统村落正在面临不断衰败的现状，在很多保存较完好的传统村落肌理中往往散布着一些由于历史原因毁坏或倒塌废弃的民居废墟，破坏了传统村落完整的肌理关系。论文以浙江省台州东屏村为例，笔者通过分析乡村废墟空间的使用现状，试图结合当地旅游业的发展，从激活村落废墟空间出发来寻找拯救传统村落衰败的再生路径。论文借鉴中国古典叙事的方法，结合东屏村的历史发展进程与事件，将文本叙事投射到传统村落的空间叙事中，探索对废墟空间的重塑，激活村民与游客的社会交往与日常活动，探寻传统村落的废墟空间从纪念性价值向日常性价值的回归，增强人们对传统村落的文化体验性与感染力。

关键词： 传统村落 废墟空间 中国古典叙事 纪念性 日常性

一、引言

乡土建筑作为建筑遗产的大头，是中国传统文化的重要载体。在千城一面的今天，各村各色的乡土建筑是我们独特性的保障，如今却不知不觉在飞速成为废墟，有因火灾、风化侵蚀等自然灾害所致，也有因战争、搬迁等人祸而成。而其中，因中国的城镇化发展，驱使的人力搬迁、空留遗迹则是导致乡村废墟化的主要原因。面对传统村落的废墟化的现状，村落保护总以纪念性入手，缅怀传统村落的文化，却往往忽视了糅合在其中的村民们日常生活中的文化精髓，原先传统乡土建筑所承载的记忆再一次"断片"。

二、乡土废墟空间

在中国的建筑语境中，"乡土建筑"是指由某一地区内的居民在生活生产智慧的基础上建造出的具有地域性、独特性的房屋。[1]"乡土建筑废墟"是由于火灾、风力等自然因素和人力搬迁导致的房屋坍塌无法使用，或失去原有的职能而被废弃的建筑残骸。[2]

为了传承乡土文化与延续乡土记忆，保持乡村发展的延续性，首先，需要转变对乡土废墟的偏见，正视废墟的存在与价值，激活废墟的潜力。其次，需要挖掘废墟背后的历史文化价值，废墟未来的转型应该基于此进行延伸设计。另外，关注纪念性意义的同时，思考废墟的日常性价值。废墟不是割裂日常生活的存在，而是可以转变为服务村落未来发展的激活点，传承村落文化，延续村民记忆，更可以成为一个充满活力的生活场所。

三、东屏村概况

1. 地理区位

东屏，位于浙东沿海三门县横渡镇，被誉为"中国画里的村庄"。[3]因它独特的海禁、海防遗存，被誉为中国"海禁遗址第一村"和"海防文化第一村"，享有"浙东传统民居博物馆"的美誉。

2. 文脉分析

东屏村以氏族文化、海防文化为代表。元代始祖陈拱辰游历山川后，选择长久定居在东屏，经过600多年的繁衍，至今已有32代，成为三门陈姓聚居的第一大村。

东屏历经明中期倭寇肆扰，清初海禁毁村，几度涅槃，被称为"海防文化第一村"。以祖宅园道地为中心向外延展，组四道防线：山海地理防线、林防线、墙防线、村内街巷防线，形成内敛自守的海防格局。

3. 民居建筑体系分析

民居是村落的主要建筑，东屏村是以血缘为纽带的聚族村落，带有典型的宗族色彩，同一房分的叔伯弟兄往往住在同一道地（合院），村落共分布17座道地。由于当地自然资源的限制，缺乏木材，石材丰富，且由于海防的需要，道地外围由石墙构成，内部延续传统木构架形式，一座道地就犹如一座防御城。

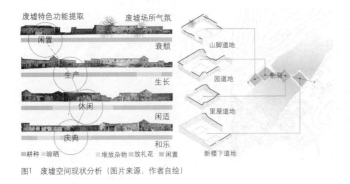

图1 废墟空间现状分析（图片来源：作者自绘）

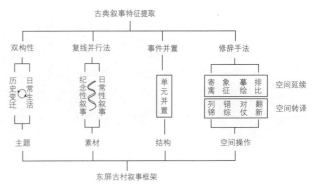

图2 叙事策略建构（图片来源：作者自绘）

4. 建筑质量与使用现状

东屏村落整体建筑群保存完整，并且古村内的大部分建筑仍在使用当中。但是存在局部肌理破碎，村落中有四座废墟，由于火灾等自然因素和人力搬迁导致的坍塌，遗留下了完整的石头边界，领域感十足，如今成为村落凋敝的废墟空间，割裂了村民之间的生活交流与文化记忆。（图1）

四、东屏村废墟空间规划方向——叙事性

在有限的村落空间内，希望以四座废墟空间为锚点，以点带面，通过修补废墟，来串联空间、连接路径，并将废墟改造为公共活动空间，激活游客与村民的互动交往，复兴生产技艺与贸易，削弱旅游季节性影响，最终的核心回归到文化的传承上来。

1. 中国古典叙事

叙事是一种文学的体裁，包括叙事者、媒介和接受者三个主要方面。[4]中国古典叙事则是来自于中国古典小说的叙事性总结。中西方的叙事文都是以事件为基本单位，西方重视因果逻辑，而中国古典叙事重视空间性，时间线呈发散状态，是一种网状式结构。[5]

将叙事的手法引介到空间中，目的是为空间赋予内涵及意义，让体验者在体验过程中，通过产生的记忆和联想，从而引导人们的场所认同感和归属感。[5]

2. 古典叙事与传统乡村规划的适应性

中国传统建筑有依据叙事文本建造空间的习惯。浦安迪学者指出中国古典叙事文受到了先秦时期"礼法"的影响。在商代，人们就开始尝试将礼法的逻辑转译到建筑空间，已经反映出了一种事件与建筑空间的对应思想。[5]古典叙事文与乡村聚落空间的形成有很多相通的方面：首先叙事主题上，古典叙事文反映的社会生活，传统村落则反映的是文化习俗和村落精神，两者传递的都是一种人类经验的精髓；其次，叙事文是以事件为基本单元，以并置的方式组织事件，传统村落的空间结构也是多个组团单元并置，再按礼法将其秩序化。[5]

五、基于古典叙事的东屏村叙事空间策略

1. 叙事空间策略框架

对古典叙事的特征进行总结，提取出可以对应到空间中的操作手法，依此构建了东屏村的叙事框架。以村落的历史变迁和日常生活为叙事主题，构建纪念性、日常性两条叙事线，将事件单元并置植入4个典型道地和4个废墟空间中，提取事件的状态与情感，引入相适应的修辞策略，将文本叙事折射到空间叙事中。（图2）

2. 叙事主题的确定

村落的叙事主题应该是贯穿整个古今时间流中村落的整体形象。村落整体面貌总是在历史中不断变迁发展，随着不同的时代政策呈现不同的时代特征。而在村落面貌变迁中，村落的内核精神文化被一代代地活态传承了下来。因此，东屏村的叙事文本的主题确定为历史变迁与日常生活，在变迁和永恒之间的碰撞、融合，共同构成了村落的整体形象。

3. 叙事素材的选取

由历史变迁和日程生活两个主题出发，形成两条叙事线，运用影响村落的发展格局、人口变化的历史事件构成纪念性叙事线。村民们的日常生产生活事件则构成日常性叙事线。

（1）纪念性叙事——历史事件

历史事件通常与当时的时代特征与政策息息相关，对村落的发展格局和变迁方向都起到了决定性作用。东屏从古至今的发展可以分为六个阶段，分别是元代始建、明初兴起、明末清初衰落、清中期至民国时期再次崛起、近代滞胀、现代村落空心化。从这六个发展阶段中提取出重大的历史事件组成八个事件主题单元构成纪念性叙事线。

（2）日常性叙事——生产生活事件

东屏村有许多的传统技艺，绵延传承至今，从中提取几个最具东屏特色的技艺构成生产事件的代表，分别是铁艺、染艺、织艺、卤艺、酒艺；另外，发生在整座村落里点滴的日常也都是村民们正在叙述的生活文本情节。宏大的叙事骨架，正需要这些平凡的日常填充才会完整。

4. 叙事素材的匹配和植入

叙事的文本素材需要空间去诠释，因此基于纪念性叙事和日常性叙事素材的大框架，提取出了东屏村四个典型的地道空间以及四个废墟空间进行叙事素材的匹配和植入。首先，将纪念性事件植入到这8个空间里，分别为：结庐—园道地、立祠—陈氏宗祠、贸易—水口街、海禁—山脚道地、开禁—下新屋道地、崛—第一道地、老屋道地、安居—里屋道地、迎新—新楼下道地（图3）；其次，延续道地空间的日常，修补废墟空间的日常。对于村民来说，这八个空间基本都是日常性的场所，只是日常性程度有所不同，而对于游客来说，则有着纪念性向日常性的转向。（图4）

图3 素材的匹配和植入（图片来源：作者自绘）

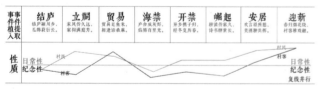

图4 纪念性至日常性的转向（图片来源：作者自绘）

5. 叙事结构模式

村落的历史信息往往是多层重叠的、村落的空间属性也是复合多元的，采用线性逻辑顺序是无法展现乡村的全貌的，因此借鉴中国古典叙事的"缀段性"作为串联事件素材的依据。以纪念性事件和日常性事件为基本单位，事件场景并置，以东屏村网状的街巷，以及道地之间的石墙作为叙事线索，以此串联各故事，最终完成村落故事从纪念性向日常性回归的讲述。（图5）

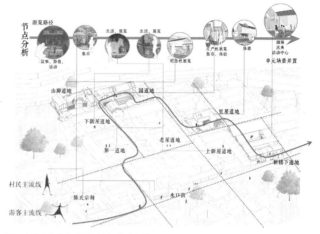

图5 叙事结构模式（图片来源：作者自绘）

6. 修辞策略的引入

在文本叙事中，修辞的目的是为了增强语言的渲染效果，让叙述更加生动，并且帮助抒发叙述者的情感。在村落的空间叙事设计中，通过引入修辞策略，借鉴修辞思维方式，可以丰富空间场所的体验性和感染力。提取8个道地空间中历史事件的生活状态与情感，引入相适应的修辞策略，并转译到空间叙事中，分别引入列锦、象征、摹绘、寄寓、排比、对仗、翻新8个修辞。（图6）

图6 修辞策略的引入（图片来源：作者自绘）

7. 废墟空间重塑设计（图7）

废墟	主题	事件单元	生活状态	修辞策略	空间策略	空间手法	场景效果图
山脚道地	纪念性叙事	海禁	动落不安	错综	穿插	穿入穿出废墟墙的体块与路径	
园道地	纪念性叙事	结庐	绵延生长	列锦	并置	将五种传统技艺巧妙组合置入，动态化、情景化展示技艺	
里屋道地	日常性叙事	安居	安定闲适	对仗	互补	将村民和游客的日常休闲对仗布置在里屋道地中，两者休闲方相互映村	
新楼下道地	日常性叙事	迎新	喜悦憧憬	翻新	激活	延续传统道地的形制，空间翻新天井空间	

图7 废墟空间重塑设计（图片来源：作者自绘）

六、结语

　　笔者从乡土废墟空间出发，探寻中国乡土废墟的价值，希望以废墟空间的重塑来再次唤醒传统村落的生机。笔者以浙江省三门县东屏村为例，运用中国古典叙事的叙事方法，将古典文本叙事投射到村落的空间叙事，通过提取与置入历史事件与日常生产生活图景，对废墟空间进行重塑，以纪念性叙事和日常性叙事两条线复线并行，在碰撞、融合中传递传统村落变迁与永恒的内涵，并从废墟纪念性价值的探寻回归到日常性价值的体现。

注释

① 康艺兰，上海大学。
② 魏秦，上海大学上海美术学院副教授、博士。

参考文献

[1] 何汶，朱隆斌，冯迪. 一般性乡土建筑废墟的活化策略研究 [J]. 住宅科技，2018，038（002）：26–32.

[2] 何汶. 基于真实性的乡土建筑废墟活化策略研究 [D]. 南京：南京工业大学，2018.

[3] 叶亮亮. 地域文化背景下乡土建筑现状调查研究——以台州市东屏古村为例 [J]. 工程与建设，2016，030（004）：455–456.

[4] 李慧君. 基于叙事学的当代美术馆空间设计研究 [D]. 武汉：华中科技大学，2018：19–20.

[5] 张子仪，顾蓓蓓. 古典叙事学构架下传统村落保护规划策略研究 [J]. 南方建筑，2019，04，20–25.

[6] 朱晓璐. 基于叙事学的景观空间体验研究与应用 [D]. 成都：西南交通大学，2013：15–16.

[7] 檀文佳，何依. 传统乡村空间的叙事性研究——以憩桥古村为例 [C] //持续发展理性规划——2017中国城市规划年会论文集（09城市文化遗产保护），2017.

[8] 龙迪勇. 空间叙事学 [M]. 北京：生活·读书·新知三联书店，2015.

[9] 郝一墨. 文学修辞手法在现代建筑设计中的运用探析 [D]. 长春：吉林建筑大学，2017.

基金项目： 本论文得到教育部人文社会科学研究一般项目规划基金（项目号：16YJAZH059）资助。

基于空间句法的传统村落空间形态研究

——以吉安渼陂村为例

蔡定涛① 冷浩然② 范 恬③

摘 要：传统村落是中华民族乡土文明的载体，对传统村落空间形态的研究以前主要倾向于定性分析，而非定量分析。本文先通过对渼陂村的深入调查，分析其选址、整体布局以及街巷等空间要素，对渼陂村的空间形态进行定性分析，后通过空间句法技术，应用Depthmap软件进行空间形态建模，在整合度、选择度、可理解度和协同度四个方面对渼陂古村的空间形态进行定量分析，得出渼陂古村的空间形态特征。

关键词：空间形态 空间句法 整合度 选择度 渼陂村

一、绪论

20世纪70年代末，伦敦大学巴的利特学院比尔·希利尔（BillHillier）、朱利安妮·汉森（JulienneHanson）等人在《空间的社会逻辑》《空间是机器》中首次阐述了空间句法的概念，提出空间句法理论，他们认为具体的空间本身很重要，但是空间之间的关系更为重要，而且是最本质的[1]。空间句法是数学方法的集合，其依赖于数学方法对空间结构进行定量化的分析来寻找空间与社会活动间的关系，以达到优化城市空间关系、改善人居空间环境等目的。

传统村落是中国千百年来农耕文明的精华，是中华民族的文化根脉所在。因此，近年来针对传统村落的研究与保护工作被越来越多的人所重视。过去我们对古村落的保护研究较多停留在自然、文化、经济、艺术价值以及如何保护和开发的感性分析层面，这种定性分析具有一定的经验惯性和主观性。空间句法，作为一种定量的图示化分析工具，被越来越多的专家学者运用在城乡规划研究中[2]。

街巷空间是传统村落空间形态的一个重要组成要素，其组成形式对于村落的风貌与格局有非常大的影响，街巷空间的研究对于传统村落的保护具有非常重要的作用。合理地识别和审视街巷空间要素，并将其与当地的环境、材料和体现古人朴素的规划理念联系起来，有效保存和传承其文化精神，是传统村落保护过程中应当注意的重点[3]。本文以吉安渼陂村为例，通过空间句法的手法对传统村落的街巷空间进行探索，进一步对传统村落的空间形态形成特征与影响因素进行探究，从而为保护规划提供一种相对科学的参照，有利于历史文化遗迹和传统人居环境的规划智慧得到更好地理解、保护与传承。

二、渼陂古村落概况

1. 渼陂古村区位与历史沿革

渼陂村位于江西省吉安市赣江支流富水河畔，邻小水陂的一头，故又名曰陂头。村落离吉安市区约30公里，现属于青原区文陂乡，村落总面积为1平方公里左右，其耕地1446亩，水面300亩，林地340亩，是目前庐陵文化区保留较为完整的古村之一，有"庐陵文化第一村"的美誉。（图1）

2. 渼陂古村空间形态要素分析

（1）选址

选址渼陂村山环水抱，"芗峰东立，象岭西护，瑶山南耸，富水北流"，天然形胜。村落周边平畴沃野，田亩整齐划一，北邻富

图1 渼陂古村航拍（图片来源：作者拍摄）

图2　渼陂古村选址分析（图片来源：作者自绘）

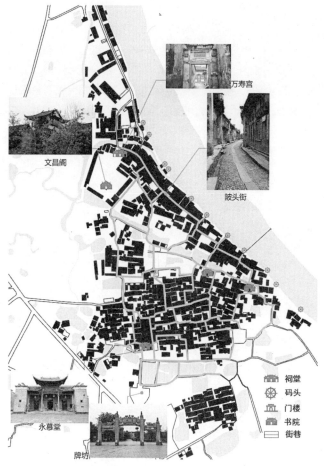

文昌阁　万寿宫　陂头街　永慕堂　牌坊

	祠堂
	码头
	门楼
	书院
	街巷

图3　村落格局（图片来源：作者自绘）

水河，南有连片池塘，营造了富有诗意的栖居意境（图2）。村落依富水河西岸而建，整体形态呈组团和带状相结合的布局形式。组团状空间主要分布在村落南部，为集中紧凑的居住空间。渼陂牌坊限定村庄入口空间，正对牌坊的是梁氏宗祠——永慕堂是村落的核心，其余支祠散布村内。敬德书院、明新书院位于村中部东侧，为典型的赣中书院。文昌阁位于村庄的西北角，其北侧是万寿宫。带状空间主要是沿富水河畔因码头而兴的带状商业街（陂头街），是典型的滨水商业街模式，时至今日，一直保持着"村街合一"这一历史格局[4]。（图3）

（2）街巷空间

街巷是村落交通联系的纽带，是集多种功能为一体的综合性场所，是日常生活的高频发生场所，分散而又生联系，村民不仅可在街巷中穿行交往，开展休闲活动，还可以在村落繁华的商业街进行

经济贸易。渼陂村街巷四通八达，纵横交错，街巷系统为村落的骨架。主街为东北的商业街陂头街，串联起万寿宫、文昌阁等重要节点，全长900多米，次要巷道沿陂头街向南延伸分布在村子南部，街巷呈网格状分布。渼陂村街巷至今仍保存着原有的功能与尺度，街巷宽度不等，宽的有2.5米左右，窄点的巷道宽0.6～1.8米不等，两边的建筑以两层为主，小部分位一层。街巷的铺地主要以卵石、青条石或青砖铺砌，特别是宽的街巷，如宽度在2～2.6米的街巷，中间铺青条石，两边卵石铺设。（图4）

卵石+青石板街巷　　石板街巷　　卵石+青石板+青砖街巷　　卵石+青石板商业古街

图4　渼陂古村街巷空间（图片来源：作者拍摄）

（3）街巷侧界面

测界面是街巷空间最直观的构成界面，街巷空间的风格实际上就是测界面的风格，它奠定了整个街巷空间的基本空间结构模式。[5]渼陂民居大部分为清代和民国初年建筑，民居相对集中，其建筑风格是典型的赣派建筑风格，青砖灰瓦、庄重典雅、俭朴实用是其总体风格，但又有着鲜明的特点。作为街巷的测界面，渼陂村的建筑山墙屋顶形式大多为硬山顶。硬山顶的屋顶形式较为僵硬，为了丰

富建筑造型，渼陂村的建筑山墙做了一系列变化，形成人字山墙墙、鱼背山墙、一字山墙和马头墙，以及由多种屋顶形式混合形成的混合式屋顶等多种形式。（图5）

渼陂村古街曾经都是繁华的商业街，古街两侧的商业铺面的门一般为一排木门，早晨开始营业时就拆掉所有的木门，整个墙面只剩下木柱，使顾客尽可能地看清店铺内的商品，到了夜幕降临时，就把木门重新装上。整个古街的侧界面就是木制墙面。（图4）

"人"字形　　　　　　"人"字形+"一"字形　　　　　　"鱼背"形　　　　　　马头墙

图5　渼陂古村建筑山墙形式（图片来源：作者拍摄）

三、基于空间句法的街巷空间形态分析

1. 分析方法

空间句法研究中，对于空间的理解及概括有几种不同的数学模型，本文中主要采用轴线分析（Axial Analysis）法及在此基础上的线段分析（Segment Analysis）法。

（1）轴线分析法（Axial Analysis）

轴线地图分析（Axial Map）是空间句法在城市空间分析中最常用的空间处理方法。轴线分析法是采用概括的方式，用直线来概括主要的空间，轴线遵循最少且最长的原则，直线间的连接关系代替原本道路间的连接关系，计算分析各种变量后用不同深浅的颜色表示每条轴线的结果数值高低。人不是根据对实际路程距离的想象来识路行走，而是根据对道路彼此连接的几何想象来识别行路，用直线概括街道空间，暗合人在外部空间的活动对空间转折的感受，轴线是空间中一点能看到的最远距离。用直线概括在数学上具有唯一性，同时数学建模方法具有稳定性，这就使得我们能够得到一种稳定的分析结果，可以对于整体空间系统进行全面的考察。

（2）线段分析法（Segment Analysis）

基于轴线分析法后期产生了线段分析法。轴线分析法有许多局限性，首先由于轴线分析法中不考虑GPS坐标而忽略了距离因素，其次在算法中过于强调了长直线的作用而忽略了不同段所处位置的功能及空间认知的差异，这些缺点使得结论有些含糊。空间句法在较晚的时候，引入了线段模型，把不被打断的一段线段作为参

与计算的元素，增加了计算元素数量的同时，元素之间的连接关系也更为复杂，这不仅使得描述元素之间的关系成为可能，同时可以将街道距离因素考虑进来。

主要有三种线段分析模式：①拓扑模式：最短路径为两线段间转折次数最少的路径，或者说是经过其他线段数最少的路径；②角度模式：最短路径为两线段间综合折转角度最小的路径，这是线段分析种最常用的分析模式；③距离模式：最短路径为两线段间距离最短的路径。本次采用的为角度模式下的线段分析法以计算偏转角度关系对于人流的影响。

2. 整合度分析

整合度是深度值的倒数，反映了一个单元空间与系统中所有其他空间的集聚或离散程度，体现某一空间相对其余空间的中心性。[6]整合度反映了一个空间作为运动目的地的潜力，整合度越高的空间，可达性越高，该空间在系统中的便捷性越大，也就是该空间在系统中处于较便捷的位置，反之空间则处于不便捷的位置。整合度越高的地方，人流量越大。（图6）

整合度分为全局整合度和局部整合度，其中全局整合度表达的是一个空间与其他所有空间的关系，所有连接都在计算考虑中，而局部整合度指的是某一空间与其他几步（一般情况下人行考虑3步，车行考虑7步或8步）之间的空间关系。传统的空间句法研究认为，全局整合度可以反映出全城的商业中心，而局域整合度可以避免边界作用的影响，可以反映出商业次中心。

在一个空间结构中，有少数几条相互连接的轴线整合度非常

高，代表这一区域中心性最高，就称为"整合度核心"，在大多自然形成的聚落中常出现类似情况。由于整合度核心区域可达性高，这些地方往往成为政治经济的重点。

全局整合图中，全局整合度值较高的轴线区域为红色，由此渐渐向内部扩散生长，在图中体现为由红色逐渐转变成绿色。渼陂村属于临水村落，沿富水河有多个码头为古时主要交通之一，在本次分析中将码头与河道也加入计算。观察整合度分析结果，全局整合度较高的街道主要集中在村口及祠堂周围，以各个祠堂为中心形成数个整合度核心，村落形成小组团布局。这与全局整合度图正好相对应，圆圈划定区域恰好为各祠堂空间，特别是梁氏宗祠，是整个渼陂古村的中心区域，故这一区域的全局整合度是最高，其他各个分祠，虽然也是圆圈划定区域，但是其整合度值相较于梁氏宗祠来说还是要低一些。

局部整合度表示一个单元空间与该单元三步之内的其他空间的联系亲疏程度。根据分析结果可以看出，局部整合度较高的轴线主要分布于梁氏宗祠周边的道路，这与这些地方可达性及便捷性高，有吸引人流交通的作用，是村落交通系统的核心。沿河商业古街整合度相对不高但相差不大，说明村落商业街与村落之间的联系相对较少，可自成一体。商业古街的可达性和渗透性较弱但在便捷度上是整体连续的，商业街内社会交往和商业氛围较好。（图6）

3. 选择度分析

选择度表示的是在整个空间系统中，人们到达系统内部某个空间单元时经过各个空间的可能性。在对村落空间进行选择度分析时，通过构建线段模型并指定与村落人们出行相关的不同半径作为标准，直观地表达不同半径下整个空间系统内部的穿行性，进而反映空间与人群之间的动态关系。[7]一个空间单元被选择的能力，即空间单元的被穿行性，反映了这个空间单元成为运动通道的潜力。选择度越高，就说明其被穿行的可能性高，是研究人流路径的一个重要数值。

通过对村落不同半径的选择度进行分析发现，在半径为250米时候，渼陂古村的空间结构选择度呈现出局部均质，围绕村中主要街巷，特别是临近村中重要的建筑，如梁氏宗祠、魏氏宗祠、本公祠、轩公祠、明德书院和明新书院周边的街巷，其选择度高的特点，东西向道路的选择度整体要高于南北向街巷。均质性质体现了村落空间结构内部使用的便捷，东西向道路选择度较高也印证了渼陂古村中宗祠与分祠沿东西布置的走向。当半径为750米时，选择度高的轴线呈现将原有核心轴线向外延伸的趋势，形成各大范围网络空间，特别是古村中的商业街，相较于半径250米时其选择度明显增高，说明较大的活动半径的时候，商业古街具有更大吸引穿行的潜力。（图7）

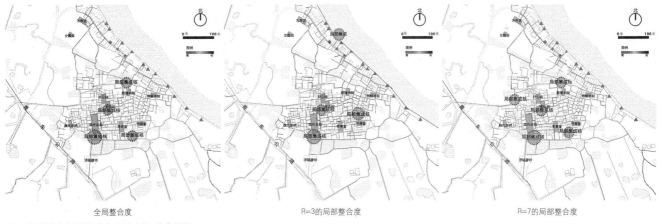

全局整合度   R=3的局部整合度   R=7的局部整合度

图6　全局整合度和局部整合度（图片来源：作者自绘）

全局选择度   R=250m选择度   R=750m选择度

图7　全局选择度和不同半径的选择度（图片来源：作者自绘）

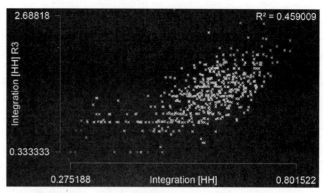

图8 可理解度分析（图片来源：作者自绘）　　　　　　　　图9 协同度分析（图片来源：作者自绘）

4. 可理解度分析

可理解度表示局部变量与整体变量间的关系，反映了观察者通过对于局部范围内空间连通性的观察从而推论出整体空间结构的难易程度。这体现为轴线连接度与其全局整合度的相关性，如果局部范围内连通性高的空间整体上整合度也高，即可理解度高就说明这个空间系统是清晰且容易理解的，反之则说明局部不能很好地体现整体，观测者在单元空间内不能较好地理解整体空间，局部与整体的相关性不高。

以连接度为横轴，全局整合度为纵轴建立散点图计算两组数据的相关性，就能计算可理解度。其中R²值表现了两组数据相关性的高低，在本组分析中就表示了可理解度的高低。0~0.5认为横轴与纵轴无关，可理解度极低，0.5~0.7则认为横轴与纵轴是相关的，可理解度较好，0.7以上则认为横轴与纵轴显著相关，可理解度高。

由可理解度计算结果得知，渼陂古村可理解R²数值约为0.16，处于一个极低的水平，说明古村的道路系统不是一个可理解性好的空间系统，人们通过局部空间不能很好地理解整个空间系统，整体与局部地相关性不明显。原因可能是村落的自组织天然形态，内街巷穿插较为自由，主要建筑较为离散，缺少局部人性化空间故而可理解度较低。（图8）

5. 协同度分析

协同度描述的是局部整合度与全局整合度的关系，以迁居整合度为X轴，局部整合度为Y轴，R²反映了局部空间与整体空间的融合程度。在协同度分析散点图中，R²可视为协同度值，其标准与可理解度一样，R²>0.5时，协同度高，研究范围具有较为集中的核心轴线，轴线所在区域容易聚集人流；反之，协同度低，研究区域具有多个核心轴线，那么人流就比较分散。[8]

分析协同度后得知（图9），古村的协同度R²数值约为0.46，属于拟合度较差的道路系统。这是由于古村根据自然地形因势而生且占地面积较广，在较为宽广的用地范围内，结合周边道路系统以及总祠和分祠的分布，形成多个核心空间，这些核心空间布局较为分散，故而古村的可理解度较低。

四、结语

本文采用空间句法的研究方法，以空间轴线和线段分析为切入点，对渼陂古村的整合度、选择度、理解度和协同度四个方面进行分析，得出其空间形态呈以梁氏宗祠为主要核心空间，其他分祠为次要核心空间的空间结构模式；其街巷空间模式以祠堂周边街巷空间为高频活动街巷。随着人的活动范围的扩大，高频活动街巷空间进一步向东西方向拓展，与古村外围道路相接。位于村落的北部商业古街，在活动范围扩大的过程中，其活跃程度明显增强，体现了商业古街与整个古村既相互联系又能保持一定的独立性，可以减少商业古街对古村的干扰。

注释

① 蔡定涛，江西师范大学城市建设学院，讲师。
② 冷浩然，江西师范大学城市建设学院，讲师。
③ 范恬，江西师范大学城市建设学院，本科生。

参考文献

[1] 段进，比尔·希列尔. 空间研究3-空间句法与城市规划 [M]. 南京：东南大学出版社，2007.

[2] 陈丹丹. 基于空间句法的古村落空间形态研究——以祁门县渚口村为例 [J]. 城市发展研究，2017 (8) C29-C34.

[3] 郑云扬，余武鹏，彭悦. 传统村落街巷空间特征探究：以瑶里古村为例 [J]. 湖南城市学院学报（自然科学版），2019 (2) 28-32.

[4] 闵忠荣，段亚鹏，熊春华. 江西传统村落 [M]. 北京：中国建筑工业出版社，2018.

[5] 徐贤军. 江西吉安市历史文化村落街巷空间形态研究 [D]. 华南农业大学，2018.

[6] 陈仲光，徐建刚，蒋海兵. 基于空间句法的历史街区多尺度空间分析研究——以福州三坊七巷历史街区为例 [J]. 城市规划，2009，33 (08)：92-96.

[7] 张亚萍. 基于空间句法的辽宁省西部地区传统村落空间形态研究 [D]. 沈阳：沈阳建筑大学，2018.

[8] 钟延芬，辛超. 基于空间句法的城市历史街区空间形态研究——以景德镇历史街区为例 [J]. 中外建筑，2017 (06)：89-91.

基于图论网络度量参数的古镇街道空间肌理研究

孟 莹[①] 卢荟锦[②]

摘 要: 本文梳理了目前乡村空间肌理研究的相关文献，分析了街道空间肌理研究中缺乏度量指标的问题，分析了图论理论中的相关度量参数应用到街道空间肌理研究中的可行性，并以洛带古镇和铜罐驿古镇为例，比较了两个古镇相关的发展指标，通过计算两个古镇街道的网络复杂度、连通度、延伸度等指标，探讨了两个古镇在街道空间演进中的规律性以及发展路径差异导致的街道空间肌理的差异。

关键词: 空间肌理 图论 网络复杂度 空间演进

一、引言

空间肌理是空间形态的重要组成部分，城镇空间肌理可以认为是在长期的历史演进中由道路、地块、建筑等要素构成能够反映城镇空间特征的空间秩序。街道空间肌理包括对外联系的主要道路、城镇内部主要道路以及组团内部（或户与户）联系的街巷。

针对乡村空间肌理的研究，国内学者已经做了一些研究，杨凯健等（2011）提出江苏省滨海平原地区的乡村空间肌理可以分为水网主导下形成的带状和团块状、在路网为主导下形成的团块状以及棋盘网格状三种主要空间肌理形态，认为乡村空间肌理演进受道路空间肌理的影响显著[1]；葛丹东等（2015）提出城乡空间肌理可以分解成街巷肌理、地块肌理和建筑肌理三个层次，城乡人文精神与其空间肌理之间存在着一定的映射关系[2]；刘永黎等（2016）以洛带古镇为例研究成都平原传统场镇的空间意象，街巷空间肌理是成都平原传统场镇空间中最有特色的部分，街道在起、承、转、合中形成了连贯的空间与节点序列[3]；李畅等（2018）研究了巴蜀传统场镇街道的社会学意义，提出街道是形态学理论的空间呈现，作为建筑"外部广场"的街道是中国传统城镇体系中替代西方"市民广场"形式的重要公共空间，认为提炼传统场镇街道肌理对于避免乡镇模仿城市的空泛和畸形、重构社区空间中微型社会生境具有重要的意义[4]；刘思利等（2020）通过对皖北地区乡村空间特征进行实证分析，提出村庄空间是一个典型的自组织系统，民居建设呈现向主要道路延伸的趋势，村庄逐渐形成规整的方格网道路肌理[5]；江嫚等（2020）认为村落空间肌理是由构成村落的所有要素化合的有机整体，认为道路是乡村肌理链中主要的显性因素[6]。

总体来看，现有研究对街道空间肌理对乡村空间塑造及地域文化的体现方面的研究较为深入，对道路空间肌理的构成要素以及演进的研究较为薄弱，对乡村地区的街巷空间肌理的构成要素、演进特征以及合理化度量进行研究有助于乡村振兴背景下乡村空间的更合理延续和优化提升。

二、道路空间肌理的度量参数

本文将图论网络拓扑结构分析中的相关参数引入街道空间肌理的分析，主要涉及网网络复杂度 β、网络连通度 γ 和网络延伸率 η 等参数。

根据图论知识，一个抽象的网络图 G=（V，E），由节点集 V（G）、边集 E（G）构成。网络复杂度 β 为网络的总边数（E）与网络总节点数（V）之比，它表示每增加一个节点需要增加的边数。

$$\beta = \frac{E}{V} \qquad 式（1）$$

网络连通度 γ 为网络的实际连边数（E）与潜在最大连边数（E_{max}）之比，该值在 0~1 之间，反映了网络发育程度。

$$\gamma = \frac{E}{E_{max}} = \frac{E}{3V-6} \qquad 式（2）$$

延伸率 η 为网络直径平方与网络规模之比，η 越大，线网延伸的范围就越大，线网就越稀疏；反之，线网越紧凑。计算公式如下：

$$\eta = \frac{D^2}{L} \qquad 式（3）$$

三、基于图论度量参数的道路空间肌理的实证分析

1. 实证对象的选取

本次选取的实证分析对象分别为成都市的洛带古镇和重庆市的铜罐驿古镇。洛带古镇的由来，相传是在三国蜀汉时期，这里有一八角井，蜀汉后主刘禅闻之前来，阿斗跳入井中抓鱼，不料身佩

玉带落入井底，后人取镇名为洛带。历史上洛带古镇因成渝古道东大路的货物运输而繁荣。铜罐驿古镇是古代巴人重要的聚居地和商品交换地，文献记录显示自宋代开始隶属巴县。铜罐驿的发展主要得益于其为长江上的其中一个重要码头。两个古镇均为历史文化较为深厚的古镇，均位于中心城市的都市区范围以内，现状的场镇规模较为类似，各自具有独特鲜明的文化特征（图1、图2、表1）。

图1 洛带古镇在成都都市区中的区位　　　　　　　　　　图2 铜罐驿古镇在重庆都市区中的区位

洛带古镇与铜罐驿古镇基本情况表　　　　　　　　　　表1

	洛带古镇	铜罐驿古镇
建镇历史	千年古镇	千年古镇
区位	25公里（距离天府广场直线距离）	34公里（距离渝中区核心直线距离）
镇区规模	1.8平方公里	2.5平方公里
镇区人口	2.2万	2.8万
文化特征	客家文化	水驿文化、红色文化、巴人文化
产业特征	文化旅游	工业、特色农业、旅游
山水特色	临近龙泉山	紧邻长江

2. 街道空间肌理参数分析

（1）整体街道空间肌理

洛带古镇内部形成一街七巷的街巷格局，古街中布置有人流集散功能的小广场，古街传统民居主要为半开敞式的建筑，基本采用前店后宅的布局形式，店面直接面向街道。铜罐驿古镇内部古街长度较短，呈鱼骨状，镇区建筑沿主要道路两侧呈线性分布，古街建筑肌理相对完整，是重庆市保护较好的古巷之一。（图3、图4）

（2）镇区道路空间肌理参数对比分析

通过ARCGIS软件，将两个古镇的街道导入软件，计算出相关的路段与节点数。从两个古镇的街道空间肌理的相关参数指标可以看出，洛带古镇的街道网络复杂度 β、连通度 γ 均高于铜罐驿镇同类指标，说明洛带古镇镇区的街道网络复杂度更高、连通度更好，更符合步行出行方式。洛带古镇镇区路网的延伸率 η 要远远低于铜罐驿镇区，说明洛带古镇的街道更加密集紧凑。（表2）

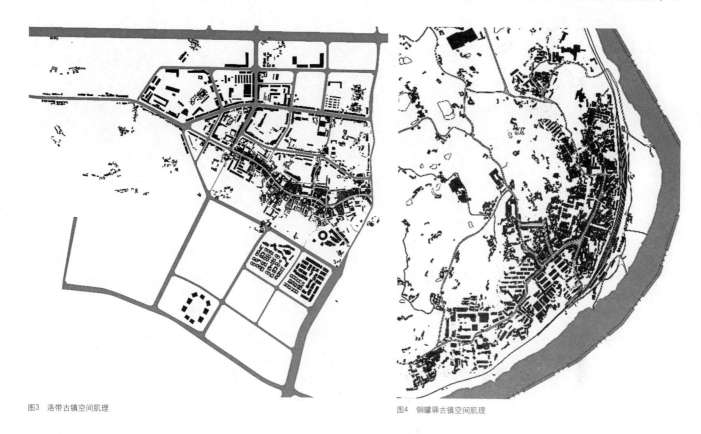

图3 洛带古镇空间肌理   图4 铜罐驿古镇空间肌理

基于度量参数的道路空间肌理指标对比分析 表2

度量指标	洛带古镇		铜罐驿古镇	
	镇区	古镇核心区	镇区	古镇核心区
节点数量V	77	27	61	31
边数E	109	39	65	35
直径D	2.1	0.9	2.3	0.7
复杂度β	1.41	1.44	1.06	1.12
连通度γ	0.49	0.52	0.36	0.42
延伸性指标η	0.19	0.10	0.48	0.13

（3）古镇核心区街道空间肌理参数对比分析

洛带古镇的核心区街道网络复杂度β、连通度γ均高于铜罐驿同类指标，洛带古镇核心区的街道延伸率η要远远低于铜罐驿核心区，洛带古镇核心区的相关度量指标与镇区对比结果表现出明显的一致性。仅针对古镇核心区部分，洛带古镇核心区街道也更加有机，街道的网络连通度更好，街道更加密集，对步行方式的友好程度要优于铜罐驿。（表2）

（4）镇区与核心区街道空间肌理参数对比分析

洛带古镇核心区的街道网络复杂度β、连通度γ要高于镇区，街道延伸率η要低于镇区，铜罐驿镇的同类指标也表现出了这种特征。这表明，古镇核心区的街道空间肌理与镇区其他区域存在明显的差异性，古镇核心区的街道是历史演进过程中逐步有机生长的，更符合步行尺度下的出行环境适宜性。而镇区其他区域的街道多是

在近些年城镇化过程中形成的，路网人为设计的因素更加明显，街巷更加方正，街坊尺度变大，街巷功能也从传统的步行空间、商业空间向更为纯粹的交通空间转变。

四、街道空间肌理演进分析

1. 洛带镇空间肌理演变分析

2000～2007年，镇区空间的生长主要沿北侧边缘性干道向成洛路方向发展，新生长区域的街道形态由传统镇区的有机自由式向方格式转变，道路间距变大。近十年来，镇区空间的生长方向明显在镇区南侧，街坊尺度进一步变大，新生长区域的街道与城市路网形态更为类似，为典型的大街坊、方格式路网，街坊内的建筑尺度明显变大。近二十年来街道空间肌理的演进基本围绕在古镇两侧进行，新旧两种肌理在形态上区分明显。（图5）

2000年洛带主要道路及建筑肌理　　　　2007年洛带主要道路及建筑肌理　　　　2017年洛带主要道路及建筑肌理

图5　洛带镇城镇肌理演变历程（图片来源：陈芯洁．洛带镇城镇肌理延续方式的探讨 [D]．成都：西南民族大学，2019）

2002年　　　　　　　　　　　　2010年　　　　　　　　　　　　2019年

图6　铜罐驿镇城镇肌理演变历程（图片来源：作者根据google图片整理）

2. 铜罐驿镇街道空间肌理演变分析

铜罐驿镇作为工业性质比较突出的乡镇，从近二十年的空间肌理演进看，整体的发展较为缓慢。2002~2010年，镇区空间的生长主要沿南北向干道向北侧发展，近十年来镇区空间的生长方向主要是向北发展的同时也在向西侧腹地蔓延。街巷空间肌理整体形态为鱼骨状。究其原因，铜罐驿镇的很多工业地块是在20世纪形成的，近二十年来，由于其工业项目附加值较低，工业发展明显停滞，而古镇旅游发展也启动较慢，最明显表征就是具有良好景观岸线的滨江一侧的街道空间基本变化不大。（图6）

五、结论与展望

目前关于空间肌理的形态研究中缺乏相关的度量参数，导致空间肌理分析更多采用定性判断的方法。将图论中相关网络分析的度量指标引入空间肌理分析，特别是街道空间肌理分析中具有较大的可行性，可以使得评价更加科学准确。本文探索了将图论中的相关网络度量参数应用到了街道空间肌理的分析，然而空间肌理还涉及地块肌理和建筑肌理，如何将图论中相关度量参数应用在地块肌理和建筑肌理的分析中还值得探索和深入研究。

注释

① 孟莹，西南民族大学建筑学院，教授。

② 卢荟锦，西南民族大学建筑学院，研究生。

参考文献

[1] 杨凯健，黄耀志．乡村空间肌理的保护与延续——以江苏省滨海平原地区为例 [J]．江苏城市规划，2011 (05)：37–41.

[2] 葛丹东，童磊，温天蓉，吴宁．场所复兴导向的城乡空间肌理规划研究———种参数化思维方法的探索 [J]．建筑与文化，2015 (09)：105–106.

[3] 刘永黎，沈中伟．乡土文化视野下成都平原传统场镇的空间意象探析 [J]．西部人居环境学刊，2016，31 (04)：107–111.

[4] 李畅，杜春兰．巴蜀传统场镇街道肌理的社会学建构 [J]．城市规划，2018，42 (08)：76–82.

[5] 刘思利，李鹏鹏．自组织理论视角下的皖北地区乡村空间演变与启示——以涡阳县顺河村为例 [J]．小城镇建设，2020，38 (02)：78–87.

[6] 江嫚，何韶瑶，周跃云，张梦淼．细胞视角下的村落有机体空间肌理结构解析——以福建龙岩培田村和湖南怀化皇都侗寨为例 [J]．地域研究与开发，2020，39 (03)：168–173.

[7] 殷剑宏，吴开亚．图论及其算法 [M]．合肥：中国科学技术大学出版社，2003.

大城市乡村地区规划策略探讨

——以成都市青白江为例

靳来勇①

摘　要： 大城市的乡村地区特别是靠近城区的乡村地区，受城市虹吸效应的影响明显，其空间发展的路径有别于一般乡村地区，文章梳理国内关于大城市乡村地区空间发展问题与策略的相关文献，分析了青白江在成都市空间圈层的区位条件，剖析了青白江乡村地区发展的特点与面临的问题，最后从生态格局、产业发展、城镇体系、设施配套等方面提出了规划策略。

关键词： 乡村地区　大城市　乡村振兴　空间格局

一、引言

目前，我国城市发展过程中"中心向外缘"单向蔓延的特征明显，位于大城市临近区域的乡村地区往往受到城市中心辐射的影响，其空间发展的路径有别于一般的乡村地区。成都在十余年前就开始探索城乡统筹、城乡一体化的发展路径，成都乡村地区发展面临的问题以及推动乡村发展的思路，具有一定的借鉴意义。青白江作为成都市二圈层区域，一方面其距离中心城区较近，受到城区的辐射影响较大，另一方面青白江的区位较为独特，是中心城区外围六组团中唯一不与中心城相接的组团，其发展又有一定的独立性，剖析青白江乡村发展面临的问题，探讨其乡村规划的相关对策具有一定的研究意义。

二、相关研究文献综述

李亚娟等（2013）研究发现北京市边缘区乡村旅游地城市化进程主要表现在以旅游用地的递增、耕地面积的缩减和宅基地的流转为特征的土地非农化，在城市化进程中形成了乡村嵌入型、城市延伸型和乡村内生型三类典型的发展模式[1]；卞广萌等（2017）在分析京津腹地大城市边缘乡村产业空间现状的基础上，提出大城市临近的乡村及产业空间用地正逐步向城镇化用地转变，但是该类地区基础设施发展缓慢、环境污染等问题突出[2]；汪毅等（2018）认为大城市的乡村地区面临着严守生态底线防止大城市的无序蔓延、培育经济新动能和空间精细化治理等要求[3]；徐斌等（2018）认为大城市近郊乡村地区是人口管理、土地利用、社会秩序、生态环境等问题最为突出的地区，需要从改善交通基础设施、完善配套设施、加强环境保护突出景观要素等方面采取更新策略[4]；朱琳等（2019）研究了成都市郊区江家堰村土地功能的变化，提出大城市郊区乡村土地利用功能变化受自然因素、区位条件、产业转型、区域政策及土地利用主体等因素的综合影响，不同类型乡村其土地利用功能变化趋势不同[5]；臧玉珠等（2019）提出通过实施宅基地换房、建设现代农业产业园和工业园区等措施能实现生产要素的优化配置，但该种乡村转型模式会造成传统乡村聚落的消失，需要强大的财政支持与政策体系支撑，应审慎对待[6]。国内学者对大城市的乡村地区发展进行了多角度、多层次的研究，总体看大城市的乡村地区因受到核心城市的辐射影响，在土地功能、产业类型、发展路径等方面均存在一定的独特性，其面临的问题也有别于一般乡村地区。

三、青白江乡村发展现状与面临的主要问题

1. 区位特征分析

青白江区位于成都市东北部，全区面积378.08平方公里，东临金堂县，西界新都区，南连龙泉驿区，北与广汉市接壤，是成都市外围六组团中唯一不与中心城相接的城市组团。青白江区距离成都城市中心在25～40公里范围以内，从圈层角度看，属于临近成都的二圈层区域。（图1、图2）

2. 自然生态格局层次清晰，生态敏感性较高

青白江区地形地貌具有多样性，地势南高北低，坝、丘、山分布层次清晰，生态涵养区、生态修复区和生态保育区所占比重较大，生态本底较好，然而青白江整体定位为国际陆港枢纽，工业、物流产业比重较高，环境压力较大。（图3）

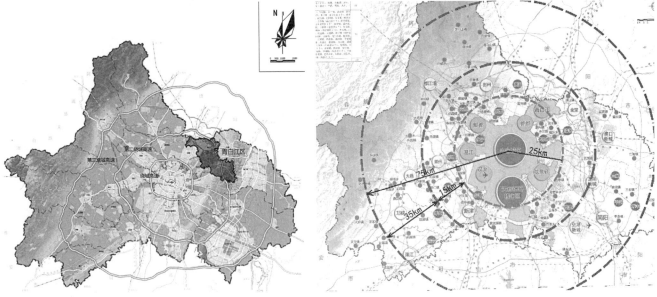

图1 青白江空间区位分析图　　　　　　　　　　　　图2 青白江距离城市中心距离分析图

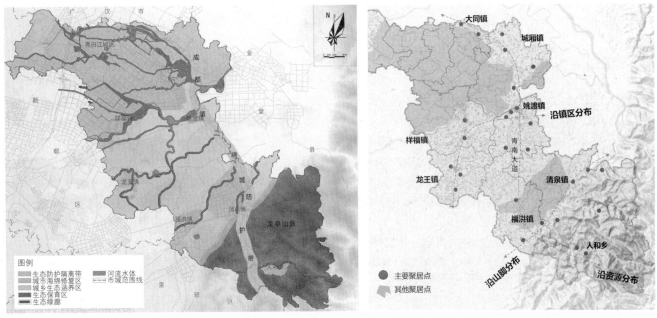

图3 青白江生态格局分析示意图　　　　　　　　　　图4 青白江大型聚居点分布示意图

3. 现状村庄规模小、人均建设用地较大

青白江村庄分布分散，人均村庄建设用地面积达到180平方米/人，单个村庄建设规模较小，平均1平方公里的聚居点数为13处，是一种具有典型的川西林盘特征的散状分布形态，主要大型聚居点（150户/600人以上）沿交通干线、沿山脚分布。（图4）

4. 农产业品类较多、乡村旅游呈现集群特征，但同质化发展现象较为突出

青白江农产品特色较为明显，农产品的种植基地较多，然而种植规模较小，农产品加工产值较低，销售渠道单一，农产品产业链较短，缺乏品牌化建设。人文旅游资源丰富，乡村旅游以生态观光为主，乡村旅游的集群效应已经显现，特色乡村较多，一村一品发

展初具特色。然而现有人文资源分布比较分散，资源之间没有形成联动体系，发展模式较为单一，文化特色与乡村发展融合度不高，同质化发展现象较为突出。（图5、图6）

5. 基础设施体系基本形成，普及率有待提升

青白江乡村地区已基本形成"镇区—新型社区"两级公共基础配套体系，然而部分公共基础配套设施建设标准较低，面积较小或设施陈旧，除村部所在聚居点、已建新型社区外，部分老、旧、小聚居点公服配套不完整，自然聚居点幼儿园较为缺乏，活动中心较少。部分乡村道路狭窄，通行能力较差，乡村道路系统与骨架性大通道的衔接不完善，在一定程度上制约了乡村旅游的发展。农户自来水普及率偏低，乡镇污水处理率可以达到70%，有条件的乡村已纳入城镇排水体系，然而部分聚居点一体化污水处理设施较为缺失。

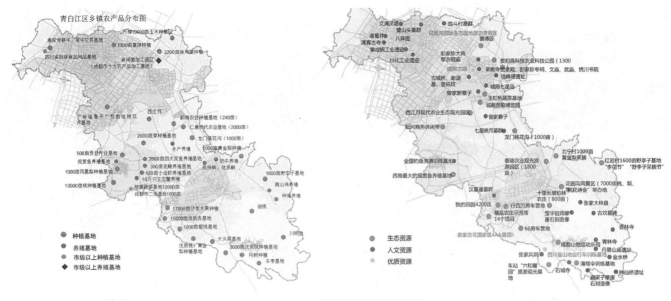

图5 青白江农产品资源分布图   图6 青白江人文资源分布图

四、青白江乡村规划对策探讨

在乡村振兴发展战略的背景下，对大城市的乡村地区做好精细化的空间管控和引导，对于提升城市的空间绩效、抑制城市中心城区的无序蔓延具有现实意义，合理有效的空间管控与引导对于这类乡村地区充分利用大城市的辐射作用、培育经济新动能实现其乡村振兴具有重要的支撑作用。成都确定了以"与美丽城市交相辉映的大美蜀乡盛景"为总体的乡村空间发展目标，青白江确定了"美丽乡村新典范、陆港田园新景象"的乡村建设目标，通过有效保护生态环境空间、合理布局产业空间、延续历史文化的传承、乡村环境的综合整治等措施支撑乡村发展目标的实现。

1. 生态优先，合理规划全域的三生空间

统筹历史文化、生态、产业等多种因素，科学合理划定三区三线，明确生态、农业和城镇空间，引导城镇、工业、农业产业相对集约布局。为进一步推动乡村旅游，串联乡村旅游资源，构建"一轴两山三环七道"的主体骨架绿道网，区域绿道成网布局，远期形成绿道690公里。（图7）

2. 构建"串珠+单元"的乡村结构体系和聚散结合的乡村空间布局

以主要交通基础设施、全域农业产业布局为依托，形成联动发展走廊，串联沿线重要资源，以点串线、以线带面、连片策动镇村协同发展，带动全域乡村发展。打破行政区划的边界，将临近乡村定位为一个发展单元，统筹产业、设施布局。

对聚居点采取集聚提升、城郊融合、特色保护、搬迁撤并的思

路，平坝及浅丘区可以灵活采取大聚居模式、小聚居模式、组团聚居模式，山地区采取大聚居模式。对位于生态环境脆弱、自然灾害频发地区的村庄，采取生态宜居搬迁、农业集聚发展搬迁等方式，实施村庄搬迁撤并。对于具有丰富乡村文化资源、自然资源的聚居点，特别是特色林盘，采取整体保护措施，保护林盘整体的山、水、林、田、居的外部空间格局，改善提升其相关设施配套标准和服务水平。（图8）

3. 形成体系化、特色化产业布局，提升农商文旅融合发展水平

因地制宜协调产业发展，合理布局三次产业空间，产业空间围绕特色产业布局，延伸产业链条实现产业互动，实施"农业+"战略，促进农商文旅融合发展。姚渡—祥福—龙王片区发展生态观光、滨水休闲度假、现代农业等特色产业，清泉—福洪围绕欧洲产业城形成亚欧农产品集散、加工、物流、农业观光等特色产业，人和片区结合龙泉山森林公园形成生态、观光农业、山地运动、康养度假产业等特色产业。

4. 细化设施分级配置标准，精细化布置基础设施

细化乡村公服体系分级，形成"小城市级—重点镇—一般镇—中心村—基层村—聚居点"多级公服体系，在1.5公里乡村公共服务共享圈内优先选择在中心村配置共享型公服设施，其他聚居点因地制宜合理布置养殖房、工具房、晒坝等设施。改造村道，形成以镇村为节点，覆盖全域乡村的网络化交通系统。基层村、聚居点等密集连片分布区域采取联合排水，修建一体化污水处理设施；独立聚居点采用生活污水净化、沼气池等污水生物化处理模式，单户进行污水处理。

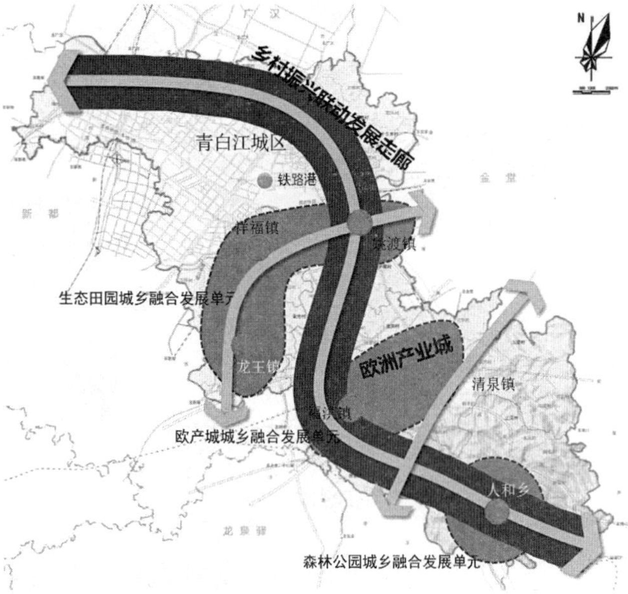

图7 青白江乡村发展结构图

图8 青白江乡村体系规划图

五、结语

　　大城市的乡村地区因其自身独特的交通区位条件，在大城市发展过程中极易受到城市极化发展的影响，在乡村振兴发展的背景下，对于大城市的乡村地区采取空间精细化管控和引导手段对于抑制大城市城区的无序蔓延和乡村地区形成自身特色化的城乡空间具有较大的现实意义。大城市的乡村地区实现乡镇全面振兴的路径与一般的乡村地区有一定的差异性，探讨该类地区在空间发展中存在的问题以及提出相应的发展对策和发展路径具有较大的研究价值。

注释

① 靳来勇，西南民族大学，副教授。

致谢

感谢西南建筑设计研究院青白江区乡村建设规划项目组为本文提供的相关素材和资料。

参考文献

[1] 李亚娟，陈田，王婧，王昊. 大城市边缘区乡村旅游地旅游城市化进程研究——以北京市为例 [J]. 中国人口·资源与环境，2013，23（04）：162-168.

[2] 卞广萌，赵艳，岳晓鹏，肖少英. 京津腹地大城市边缘区乡村产业空间现状困境分析 [J]. 河南农业，2017（05）：63-64.

[3] 汪毅，何淼. 大城市乡村地区的空间管控策略 [J]. 规划师，2018，34（09）：117-121.

[4] 徐斌，周晓宇，刘雷. 大城市近郊乡村更新策略——以杭州西湖区绕城村为例 [J]. 中国园林，2018，34（12）：63-67.

[5] 朱琳，黎磊，刘素，李裕瑞. 大城市郊区村域土地利用功能演变及其对乡村振兴的启示——以成都市江家堰村为例 [J]. 地理研究，2019，38（03）：535-549.

[6] 臧玉珠，杨园园，曹智. 大城市郊区乡村转型与重构的典型模式分析——以天津东丽区华明镇为例 [J]. 地理研究，2019，38（03）：713-724.

[7] 成都市规划设计研究院. 成都市"乡村振兴"战略空间发展规划 [R]. 2018.

[8] 成都市建筑设计研究院. 青白江区海绵城市建设总体规划 [R]. 2018.

[9] 西南建筑设计研究院. 青白江区乡村建设规划 [R]. 2018.

利用情节设计的传统村落公共空间激活方法探究

——以河北省井陉县河东村为例

贾安强① 郑 辉② 高佑佳③

摘 要： 相对于明清时期保存完整的传统村落，历史悠久而损毁严重的传统村落在公共空间的激活中更依赖于非物质历史文化要素——即需要通过历史文化事件对空间的填充引发村民的集体历史记忆，这一过程可以借鉴中国古典叙事的方法对空间情节进行设计。本文以河北省石家庄市井陉县河东村为例，通过深入挖掘其留存至今的丰富的历史遗迹和故事传说，根据中国古典叙事方法进行公共空间的情节化设计，设立并置的主题和时空交错的历史情节，实现对历史文化根源的保护与公共空间的激活，从而促进乡村废墟的逐步苏醒。

关键词： 传统村落 废墟 空间情节设计 井陉县河东村

一、理论概述

叙事学作为文学最基本的写作方法，现已被各领域作为表述"事件"手法。中国古典叙事由于情节结构比较松散，缺乏完整性的"讲史"、"平话"，发展到明清时期形成了以中国"四大名著"为典型代表的章回体叙事方式，章回体自此成为小说的固定叙事方式。文章以平民百姓为读者，通俗易懂的语言逻辑结合市井风俗文化从而拥有经久不息的活力[1]。相对于西方叙事过程中对因果、时间顺序的侧重，中国古典叙事通常会将静态空间画面作为事件的基本单元，采用对偶、并置的叙事逻辑，时间关系相对散漫，情节关系呈网状结构交错。

中国古典叙事文与非物质历史文化要素在传统村落公共空间设计中的应用类似，中国古典叙事文在市井乡间中构建空间场景，通过对市井故事形成的事件单元进行编排，反映生活细节和映射人生哲学。

就井陉县天长镇河东村（图1）而言，在改造过程中可借鉴上述空间情节构建方法，以村落的非物质历史文化要素为基本点，在村落整体形象布局方面，采用"对偶"手法打造传统村落悠久的历史文化形象。采用"并置"手法将传统村落非物质历史文化要素塑造出独具特色的局部景观节点。以中国古典叙事方式为蓝本，并与游客游览习惯相结合来梳理、建立传统村落的空间与时间序列，从而促进传统村落"废墟"的逐步苏醒。

二、河东村概况

1. 河东村简介

（1）选址与环境

河东村位于井陉县西部，距县城15公里，村域面积为65.34公顷，与天长镇唐宋古城隔绵河相望。全村由丘陵组成，位于绵河岸东的梁坡岭上，村落东高西低，由东坡梁，龙脊梁（现称九亩梁、

图1 河东村全景（图片来源：网络）

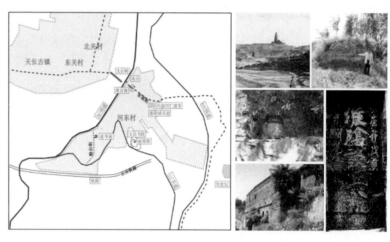

图2 古建筑聚集区图（图片来源：作者自绘）　　　　图3 河东村历史遗迹分布示意图（图片来源：作者自绘）

九亩岭），长梁，杨岭渠拱围在河东居住区，形成一个环抱状的地势屏障。天际线清晰，右侧是雪花山，左侧为东坡梁。2019年6月，河东村被列入第五批中国传统村落名录。（图1）

（2）村落布局

河东村的空间结构与宗族分布结构相呼应，宗族结构完全表现在空间布局上，宗族分布以街为主，同姓聚居居多。村落按照宗族关系分为粮台街、李家门、许家阁、十字街、沟内街、官道街等6个居住组团。村庄成带状沿国道307东南侧分布，形成三大区域，街道部分是石头街道，古驿道穿村而过。古民居多为宋元时期的青砖灰瓦砖石木结构的四合院落、三合院落，村庄内有观音阁、龙王庙、井陉古瓷窑遗址等（图2）。

（3）遗址、遗迹

河东村建村于西汉，历史人文景观资源丰富，现留有秦始皇古道"官道街"、"粮台街"、记载"背水一战"的明代"淮阴谈兵处"石碑、西汉宰相田叔仁故里、河东坡古汉墓、井陉古瓷窑河东窑址、明代凌霄塔（文塔）遗迹、清代文昌书院遗址等。目前对遗迹或遗址保护较少，多数遭到破坏或改建，如淮阴谈兵处石碑已由井陉县统一保护，凌霄塔遗址所在山顶建电视信号塔，文昌书院拆毁等（图3）。总体而言，河东村文物多属于立牌但未保护的状态，整体景观条件差，已基本失去辨识度，亟须通过规划设计来唤醒村民的集体记忆，从而将河东村的历史文化更好的发展与传承。

2. 河东村规划设计方向——传统村落叙事性

（1）村落文化"展示化"

河东村是上千年来原著居民遗留下来的文化遗产，这种文化遗产形式多样同时又丰富。而当前村落面临的"空心化"问题，在当前乡村振兴背景下，如何做到挖掘遗址价值和村民当前生活需求成

为当务之急。当村民生活方式发生变化时，通过非物质历史文化要素对空间的填充引发村民的集体历史记忆，以村落文化"展示化"的方式保存传统村落历史文化信息[2]。"展示化"规划设计使村落空间具备可视性，传统村落在承担村民生活需求的同时也具备"叙事文化体系"的功能。

（2）历史文化"情节化"

河东村具有丰富的历史文化体系，历史文化与生活是相对应的。在传统村落保护中，不仅要保护村落中各类古建筑，也要保护各种生活、生产设施与方式。在改造过程中可借鉴空间情节构建方法，以民俗活动事件、历史文化遗址与典故为"单元情节"，通过梳理与遗址相关的公共空间、打造部分以历史文化活动为主题的"单元情节"增强村落文化的辨识度达，引发村民以及游客情感上的"共鸣"，从而达到文化复兴的目的，而河东村在区位上与天长古镇隔绵河相望，历史要素多与天长古城存在深层联系，因此具有联合发展旅游业的条件。

（3）空间顺序"叙事化"

河东村的规划设计要建立起村落空间、游客与村民的关系，以一条游览线路为逻辑顺序来编排村落的故事逻辑。"叙事化"的游览路线串联起整个村落的"单元情节"并赋予其逻辑性，在唤醒村民集体记忆的同时又为游客提供了一条深入了解河东村历史文化信息的途径，便于建立起场景认同感与识别度。

三、引入中国古典叙事方法进行规划设计的可行性

中国古典叙事方法与传统村落公共空间的情节设计之间存在某些共性，例如受众群体、表述内容和表达逻辑等。叙事文章的灵感来源于大众共同创作的市井故事，而传统村落所蕴含的历史文化要素同样源于上千年来村民的生活、生产智慧[3]。叙事文表述的是

人生经验，传统村落折射出悠久的历史文化，二者本质都是对人类智慧的一种"传唱"；二者的受众群体都是平民百姓；古典叙事文以"多单元并置"手法安排情节，村落在进行公共空间设计的时亦能采用"多景并置"手法。

四、河东村规划设计

1. 叙事主题

村落的叙事主题是展示千年来的传统村落历史文化发展的整体形象，以"并置"手法设置"天长余韵"、"秦汉古风"、"河东风俗"三个情景主题。使用空间序列的编排方式，使村民和游客在体验空间和参与事件中体会村落的三个不同文化（图4）。通过情节的并置，展现出更为全面的村落形象，村落的核心区域展示天长古镇官家粮仓大宅的魅力以及秦皇古道两侧不同历史时期的建筑风貌，而河东风俗则是展现"火狮""武种地""先农坛祭祀""老爷庙庙会"等独具河东村文化特色的民俗活动。

2. 串联故事

全村在设计中，采用对偶并置的手法，设置"天长余韵""秦汉古风""河东风俗"。

三个情景主题，其中"天长余韵"片区串联粮台古街直到凌霄文塔的村落西侧区域，围绕穿行古街，参观官家粮仓大宅感受天长粮仓的魅力。拆除电视塔，可以考虑在山顶建立小型展览馆保护凌霄塔遗址和其他文物，同时复建现代"文塔"，能登高瞭望天长古城，形成重要景观节点。

"秦汉古风"片区通过秦皇古道所在的大石桥进入村落，大石桥飞跨滔滔绵河之上，是天长连接绵河两岸的重要桥梁通道，也是井陉境内现存规模最大的古代桥梁。在官道街上观看井陉窑遗址，读西汉宰相田叔、田仁的生平往事，最后于"淮阴谈兵处"石碑品"背水一战"的古人情怀，感受河东村厚重的历史。

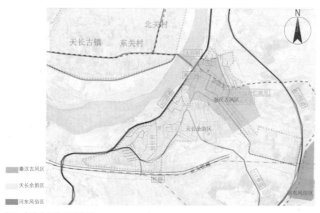

图4 叙事主题分区示意图
（来源：作者自绘）

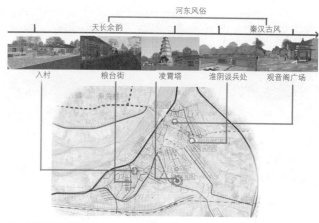

图5 叙事空间布局图
（图片来源：作者自绘）

而"河东风俗"片区展示体现历史与现代结合，既通过对上述两个并置的主题情景进行粘结，又形成特殊时间节点的高潮情节——例如老爷庙庙会和先农坛祭祖活动（图5）。

3. 民俗文化

民俗是村民在漫长的生活与实践中形成的文化，生活就是由各个不同的"民俗活动"组成的。由于村民的生活方式发生了变化，生活场景相应而变，通过将"民俗文化"事件化的表达来唤醒村民的集体回忆。将"武种地"、"先农坛祭祀"、"老爷庙庙会"等民俗活动通过设置相应的活动场地来实现非物质文化的保护与传承，同时在村落街道位置设立雕塑、石碑等文化的具象化表达载体来强化民俗内涵。并每年举行祭祀、庙会等活动，以唤起村民及游客的记忆。

五、叙事框架建构

历史事件记忆和场所精神表达等因素以空间为容器，通过空间讲述故事情节，空间本身就是叙事的主体，借鉴情节设计叙事的框架，编排空间情节，将空间编排出有内在张力的秩序，使参观者与空间产生互动，理解情节中蕴含的物质与精神[4]。

1. 场所营造

每一个故事都需要主题场景，各个场景用空间的"同时性"构成叙事框架，为村落的情节提供空间结构，完成整个村落故事的历史记忆（图6）。

老爷庙和观音庙等建筑群是封闭的空间结构。故事场景有特定的参与者，场景具有鲜明的主题感。将周边改造为广场，可容留居民和游客举行大规模集会，并将庙会等历史文化撰写在广场文化墙上，从而强化村民的文化认同感与归属感，以及增强河东村历史文化辨识度。

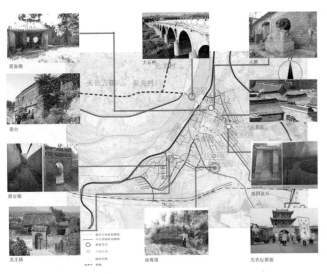

图6　河东村历史遗迹分布示意图
（图片来源：作者自绘）

古戏台，井陉瓷窑都是剧场型场景：空间在一定情况下可以举行活动，使参观者可以参与其中，强调故事的可参与性与半开放性。定期举行戏曲文娱类节目演出，增强河东村历史文化可读性，从不同维度展现河东村民俗。

大石桥、淮阴谈兵处，没有明显的活动界限，有许多缓冲、过渡空间，展现故事场景发生的随机性，强调开放性。在谈兵处遗址设置石碑记录韩信淮阴谈兵历史典故，并以雕塑等形式将事件具象化的表达，从而更加立体地展现河东村悠久的历史文化。

粮台街和古名居是街巷型场景，空间具有明显的导向性。空间的导向性对表现历史的追溯感非常有利。将粮台街作为主要游览路线打造成为商业街，沿街商铺主要出售"煎饼"、"抿絮"等河东村特色美食、特色农作物以及村民日常生活所需物品。

2. 场所单体营造

（1）场所复原

村落的古建筑聚集区是整个村落的中心，但是由于建成时间久远，破旧的古民居被拆除，导致传统村落肌理的部分缺失。同时，在村落的东南处，还保留有明万历年间的凌霄塔遗址，这是河东村的最重要标志建筑之一。1966年，因邢台地震波及了凌霄塔，塔

顶北面塌落，后被人为拆掉。因此，在保护规划中为这一场景情节做了场所的复原设计。

（2）传统功能空间更新改造

河东村保护规划对其有了新的定位。为了强调历史情节新增加了很多的要素，在传统村落的历史大环境中建造新建筑，形成"新旧融合"的建筑群。

六、总结

在河东村的整体保护规划中使用的并置理念，其实就是围绕几个叙事主题展开，构成河东村的故事情节，将这几个故事情节以场所的具体形式呈现。这些故事情节不仅仅是特定的因果关系，或者明显的时间顺序，他们共同叙述着河东村的历史和独一无二的文化特征。"对偶并置"手法的应用，共同体现主题特征，同时为当前传统村落保护与更新提供新的思路。

注释
① 贾安强，天津大学建筑学院，在读博士；河北农业大学城乡建设学院，副教授（城乡规划系系主任）。
② 郑辉，河北农业大学城乡建设学院，在读硕士。
③ 高佑佳，河北农业大学城乡建设学院，在读硕士。

参考文献
[1] 王萍. 中国现代小说文体的空间叙事研究 [D]. 兰州：兰州大学，2015.
[2] 陈志华. 乡土建筑遗产保护 [M]. 黄山：黄山书社，2008.
[3] 张子仪，顾蓓蓓. 古典叙事学构架下传统村落保护规划策略研究——以江西安福嘉溪村为例 [J]. 南方建筑，2019（04）：20-25.
[4] 郭晓柯. 城市开放空间叙事性设计方法研究 [D]. 西安：西安建筑科技大学，2011.

基金项目：2018年度河北省研究生示范课程（编号：KCJSX201804S）；2019年河北文化研究项目（编号：HB19WH05）。

浏阳楚东村传统村落公共空间的活化策略研究

周天娇[①]　郭俊明[②]

摘　要： 乡村振兴过程中，传统村落公共空间的活化利用可传承历史文脉，保护历史文化遗产，激活传统公共空间的现代宜居适应性。以浏阳楚东村为例，运用建筑类型学的方法，提取传统村落公共空间的原型并分类，探寻其演变规律与分化逻辑，从空间活力的开放性、传统文化的原真性、地域环境的适应性三方面提出空间活化策略，提升传统村落整体空间活力水平，为"美丽乡村"建设中的地区传统村落公共空间活化提供参考。

关键词： 浏阳楚东村　传统村落　公共空间　活化利用

一、研究背景

近年来，随着乡村振兴工作的逐步深入，传统村落的保护与更新已成为热点问题。浏阳楚东村在新时代背景下，生产生活方式的迅速转变，新生的功能空间更多服务于游客并且不能完全尊重原有村落形态，而旧的功能空间又因滞后于居民的现代生活需要而逐渐消亡。场所的缺失最终导致居民公共活动的缺失。此时，对于传统村落公共空间激活策略的研究意义重大。

二、楚东村公共空间现状

1. 楚东村概况

楚东村位于湖南省长沙市浏阳市大围山镇，民居布局尊重风水环境。村落中部被两侧山体环绕，民居就山势分布朝向自由，南端面朝大溪河，背靠楚东山。民居多沿溪分布。并拥有丰的自然资源，土地肥沃。为发展水果产业提供了先天条件。村落内有多处国家级和省级文物保护点，保护修缮状况较好，是村落开发旅游产业的重点对象。

2. 楚东村公共空间分类

楚东村的公共空间演变以居民生产生活方式变化为根据，承载着本地居民的生活习惯与智慧。实地调查后根据具体功能分配将公共空间分型为以下三类：

（1）具有历史价值的建筑或景观

楚东村分布着多处明清古迹，其中锦绶堂规模最为宏大，锦绶堂始建于清光绪二十三年，坐北朝南，为砖木结构，有大小房间、楼舍108间。这些房舍由19个环抱天井的小四合院组成，每个小单元又有廊舍相连，[③]老宅最初为涂刘氏为纪念早逝的丈夫涂儒玫而建立。革命时期曾经作为苏维埃政府的根据地。而后成为17户居民的家，在锦绶堂申请国保单位之后，居民被陆续迁出。现锦绶堂已经过修缮并成为开放旅游景点。

距锦绶堂不远处遗存涂氏老屋，始建于清光二十年，涂氏老屋曾面临倒塌风险，并有住户将新房穿插建在老屋之中，2013年升级为省保单位之后逐渐展开修复工作，现保存良好，成为开放式旅游景点但无人看管。在楚东村，还有涂氏宗祠、围山书院、浆兴古街、鲁家老屋、钟家老屋、张家老屋、东门红军大桥、跳石桥……大围山镇都将在保持原貌的基础上对它们进行修缮。

历史性建筑在时代的演变中完成了多次功能的转化，最终成为开放公共空间，这类空间有着极高的历史文化价值，同时也是村落精神的载体。

（2）社区性公共空间

通过对楚东村的实地调研，发现楚东村仅在社区设有一个篮球场，以及少许健身设施。根据居民反映，该场地利用率并不高。除此之外，村落再无其他社区性公共空间。（图1、图2）

（3）新时代产业发展衍生的公共空间

楚东村支柱产业之一为水果产业，大溪河沿岸内有多处可采摘果园。村内无与此相关的大型公共活动空间，但在大溪河沿岸设立多处"水果凉亭"供游客休息。目前村落处于开发期，多处生态农庄等旅游服务空间在新建中。（图3）

图1 社区活动空间
（图片来源：作者自摄）

图2 社区篮球场
（图片来源：作者自摄）

图3 水果公园入口
（图片来源：作者自摄）

3. 楚东村公共空间的构成要素与现状分析

通过调研，提取村落中独特的公共空间形式，并将其形式进行抽象整理，归纳形式所对应的功能，并列出现状，整理如下表：

空间要素	抽象图式	现状	照片
空间结构要素——村落空间轴线	图4 抽象图示一（来源：作者自绘，余同）	村落与自然环境之间的关系，空间结构不明显，对游客而言无明显标志性	图5 楚东村卫星图
平面线要素——沿河岸空间	图6 抽象图示二	承担交通功能，提供交流休闲空间，但无组织设计，仍保持原始状态	图7 大溪河岸
平面面要素——宗祠空间	图8 抽象图示三	作为特色性建筑，是村落的文化精神核心。已修缮，多面向旅客开放，本土民众利用率低	图9 锦绥堂
平面线要素——街巷空间	图10 抽象图示四	民居附近的小尺度公共交流空间，在自由式布局中常分布于建筑的侧面，尺度过小	图11 街巷
平面点要素——晒谷场空间	图12 抽象图示五	民居附带的大尺度交流空间，一般为家庭自用，功能滞后，考虑功能更新	图13 民居晒谷场

续表

空间要素	抽象图式	现状	照片
平面面要素——连续界面	图14　抽象图示六	组团民居附带的大尺度交流空间,为民居组团常见的公共空间形式	 图15　组团民居晒谷场
平面点要素——廊亭空间	图16　抽象图示七	依附于沿河岸空间,是积极的触媒因素	 图17　沿河岸水果亭
平面面要素——社区空间	图18　抽象图示八	没有集中的大型公共活动交流场所,目前属于消极空间	 图19　社区活动场所

分析各类公共空间现状发现存在以下问题:

(1)公共空间无明确组织,可识别性低

现存公共空间分布凌乱,对于居民来说没有集中的大型公共交流空间,对于游客来说游览路线组织不明确,可达性不强。多数游客的服务空间只是简单用现代民居作为载体,没有经过设计规划,与传统村落的空间形制匹配度不高。沿河岸的廊桥空间没有统一的风格,部分为当地居民进行商业摆摊而自行设立。

(2)本地居民在公共空间中主导性不强

旧有的公共空间功能滞后,难以满足现代居民的休闲交往要求,而由于旅游开发征地,新的商业空间抢占了本地居民原有的生活空间,商业与旅游更多是追逐利益,对当地居民的基本需求考虑较少,并导致居民对公共空间的主导型不强或几乎没有。

(3)公共空间使用效率低,开放度不高

在城镇化的背景下,越来越多的年轻居民迁出农村,楚东村如今也出现了比较严重的空心化现象。村内多为50岁以上的老人居住,对于社区公共活动场所的设施使用率较低,村落原有的大屋居住形式也在传统建筑设为文物保护建筑后消失。现在的传统空间只作为游览空间使用,原有的宗祠祭祀活动也被占据空间,居民对于公共空间的使用效率并不高。

三、公共空间活化策略

楚东村发展规划定位为国家级生态旅游名村,公共空间的活化与更新对象为居民和游客。活化的重点在于保护地域文化的原真性,保留传统空间形态;结合现代需求打造有特色的活跃性、开放性空间;在延续传统村落原有轴线的基础上,增加富有特色的公共空间节点,为传统空间注入新活力,以传统文化沉淀为产业发展塑造灵魂。具体活化策略如下:

1. 保护传统文化原真性

(1)保护有历史文化特征的传统建筑

楚东村村落保护的重点在于保护传统建筑以及传统文化,楚东村曾作为湖南省苏维埃政府的根据地,锦绶堂中仍保留革命时期的历史遗迹,应当大力弘扬宣传红色文化,可将有历史特点的传统建筑打造为红色旅游基地,新增设相关纪念堂、博物馆等。用建筑物来承载传统文化。

(2)策划关于红色教育主题的公共活动

以传统建筑空间为活动地点,积极展开各类红色文化宣传活动,并设立线上文化资料库,记录各类公共活动信息,并开展外宣活动。同时将旅游开发与文化传承教育相结合,设立红色教育主题旅游日等。积极引导当地民众参与文化的传播,加强村民在文化传

图20　锦绶堂天井空间
（图片来源：作者自摄）

图21　楚东山涂氏老屋
（图片来源：作者自摄）

图22　锦绶堂红色文化活动
（图片来源：作者自摄）

承中的主导地位。（图20～图22）

重点发展对象为锦绶堂，东门红军大桥以及涂氏老屋。在发展产业的同时，将传统建筑推向更广阔的视野。在宣传中取得更好的保护和发展。

2. 提高地域环境适应性

（1）建筑尊重地域环境特色

对于新增的公共空间，要尊重村落原有历史风貌，把握好建筑的空间尺度以及立面形态。提取宗祠空间、老屋空间、街巷空间等空间原型，结合平面的点线面要素进行转换设计，并在立面形态和建筑体量上，尊重当地聚落环境。

（2）结合地形特点进行适应性更新

楚东村民居根据地域环境特点大致分为两类：沿河岸空间和山谷空间。沿河岸建筑多注重景观的开放性，可采用连续开放界面，廊亭空间作为设计元语言[④]山谷空间则多注重于地形的结合，在平面上处理好线元素的关系，形成水平或垂直等高线的巷道空间。

（3）结合环境特点发扬民居生态智慧

从建筑内部环境来说，更新激活公共空间时可以选择天井空间和巷道空间作为设计元语言，从场地环境来说，结合山水环境选择适宜的布局方式，比如环绕式、分散式。必要时可创造微气候环境（图23）。

3. 提升空间活力的开放性

（1）注重打造人性化尺度公共设施：街巷空间的尺度过于狭小，难以承载活动的开展，传统晒谷坪空间功能闲置后无法展示其公共交流功能的属性。可适当将三面开放的空地空间改为庭院空间。为居民打造具有空间趣味性的休闲交友场所。

图23　锦绶堂前水池调节微气候（图片来源：作者自摄）

（2）策划活动制造主题以提高空间活力：比如结合楚东村的水果产业，将沿大溪河的廊亭空间，结合现状进行改造提升，统一风格，强调出空间特色，或者根据系列传统建筑打造相关旅游活动。

四、结语

本研究通过类型学的方法将传统公共空间进行原型归纳，提供在新的场景中的演绎方法，从保持文化原真性、地域环境适应性和空间活力开放性三方面提供更新策略，是一种从根本出发的设计方法。楚东村正处于开发阶段，希望在此期间将村落公共空间系统中的"原型"适应性转换到新的场所，激活空间的活力，完成新与旧的继承与融合，并为此类问题提供一定参考。

注释

① 周天娇，湖南科技大学建筑与艺术设计学院。

② 郭俊明，湖南科技大学建筑与艺术设计学院，副教授、硕士研究生导师，主要从事地域建筑设计与教学研究。

③ 锦绶堂概述：引自《锦绶堂——湖南省苏维埃政府旧址——被

认定为文物》。

④ 元语言：引自《基于类型学方法的传统乡村聚落演进机制及更新策略探索_张子琪》"元"概念是类型学的基本概念之一，类型学本身是一种区分"元"与"对象"层次的内在结构，罗西的方法也可以描述为从历史语境下对对象形态提取、抽象并构造一套"元语言"。

参考文献

[1] 秦晓亚. 徽州传统村落公共空间优化策略 [J]. 长春师范大学学报，2020，39（04）：186—188.

[2] 张子琪，裘知，王竹. 基于类型学方法的传统乡村聚落演进机制及更新策略探索 [J]. 建筑学报，2017（S2）：7—12.

[3] 谭鑫烨. 新型城镇化背景下湘东地区传统村落的保护与发展研究 [D]. 长沙：湖南科技大学，2017.

基金项目： 教育部人文社科项目（编号19A10534004）；湖南省社科成果评审基金项目（编号XSP20YBZ160）；湖南省教育厅项目（编号2017—242）；湖南科技大学教育科学研究项目（编号G31554）。

卧云铺：村域文化融合下的村落保护与活化

徐　欢[①]　黄晓曼[②]

摘　要： 文化是传统村落的本质特征。文化为村落注入生命力，是村落延续和发展的脉络。作为传统村落之一的卧云铺村，是鲁中山区传统村落民居建筑的典型代表。从建筑选址的"时势"到空间尺度的"礼"，文化的肌理——呈现。在乡村规划的过程中，重新融合散落的文化碎片，分析文化内在底蕴，为村落的活化与传承赋能，是本文探讨的主要内容。

关键词： 卧云铺村　村域文化　保护与活化

一、卧云铺概况

卧云铺是山东省济南市莱芜区（原山东省莱芜市）的一传统村落，位于莱芜区茶业口镇。古代齐、鲁文化交界的重要地区，地处莱芜、章丘、博山交汇处，古代齐、鲁文化交界的重要地区，属于典型鲁中山区的传统村落。

村落被连绵的山脉包围，村域总面积约4平方公里，耕地面积约570亩（38公顷）。村落地处北温带大陆性季风气候区，夏季多雨，冬季寒冷干燥且多北风，昼夜温差大。三山交汇，地质特殊，孕育出得天独厚的传统古村落建筑群且整体保存完整。（图1）

图1　区位

二、研究的意义

乡村是具有自然、社会、经济特征的地域综合体，兼具生产、生活、生态、文化等多重功能，与城镇互促互进、共生共存，共同构成人类活动的主要空间。人与村落在长期的共生关系中，相互影响、互相渗透。人们受到城市环境的影响慢慢与乡村分离，在长期实践的过程中，内心又十分期盼与乡村重聚。

促进乡村与城市的交流，要求我们在探究的过程中，回到村落的本质特征——文化。乡村首先应该有它的代表文化，每个地区的环境与风土人情都有差别，这是文化的个性所在，因此深入挖掘本土的东西，就显得十分重要。通过深入挖掘卧云铺村域文化，提升村域文化的认同感，进而有针对性地进行保护，最终在实践的过程中，达到整体村落活化的目的。

三、村落空间格局

1. 村落选址

卧云铺整个村落被三座山脉环抱，北侧是霹雳尖和黑山，东侧是双堆山。村落像摇篮一样，坐落于山坳，人们躺着便可以望到天空的云朵，因此村落古人在建立此村时起了这个极具诗意的名字。村落的地势自西南向东北逐级上升。山脉的围合，可以在冬季时阻挡北方袭来的寒风。村子背靠山，面向南，建筑可以接收到充足的采光。水流在村落中穿过，最终汇集至村落入口的水塘，夏季山泉和雨水汇集流入，形成天然的降暑氧吧。村民使用水渠内的水，灌溉庄稼或是"饮牲畜"。在夏天的雨季，水流从山上泄下，逐级抬升的地势，可以帮助雨水自上而下流入低洼地带，使农田与建筑免遭洪涝灾害。山水环抱，使得卧云铺自成背山面水的基本格局。（图2、图3）

图2　村落鸟瞰

图3 村落局部

2. 村落平面形态、布局特征

村落规模不大，整个村落新老建筑200余栋，小巧而精致。受山地地势的影响，村落民居呈小聚集的片状分布、条状分布和散点分布。整体上，村落民居主要可分为两大类：一为老建筑，二为新建筑。老旧建筑的分布，伴随着水源，主要集中在村落中心带。新建建筑，分布在外围。从平面上来看，新建筑将老建筑包围，但在立面上，新建筑大都建在地势更高的位置。这种局面的主要原因，

大致可以推断为：村落在最初形成时，必然是靠近水源进行民居的建造。新建的建筑，在原有的平面上，没有可供开发的空间，因此，建在了外缘。最初新建房屋在使用过程中受水源的影响较深，但在后期人们普遍使用自来水时，这种不足也就不再成为影响生活的因素了。（图4）

3. 建筑空间

（1）院落空间

建筑空间依山就势，街巷随地势蜿蜒起伏。自南向北，院落互不遮挡，错落有致。由于地势南高北低，东高西底，因此在建筑空间中，南面和西面的房屋，多为二层空间的形式。村落民居常见的多为四合院、三合院。（图5）

（2）民居单体

卧云铺民居建筑墙身由本地石材以干砌法砌筑，屋面以叉手及檩条支撑，上覆黄草，再以挡淌压山墙。建筑单体立面随高差起伏，具有山地特色。内部平面空间为一字形的三开间或两开间。（图6）

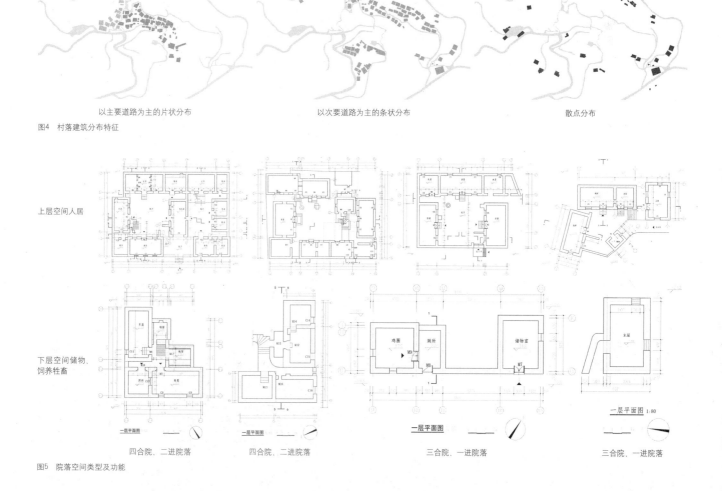

以主要道路为主的片状分布　　以次要道路为主的条状分布　　散点分布

图4 村落建筑分布特征

上层空间人居

下层空间储物、饲养牲畜

四合院、二进院落　　四合院、二进院落　　三合院、一进院落　　三合院、一进院落

图5 院落空间类型及功能

带配房的三开间　　　　　　三开间　　　　　　带配房的两开间　　　　　　两开间

图6　单体建筑类型

（3）装饰特色

卧云铺建筑装饰风格十分朴素，在石材上进行錾刻是主要的装饰方法。装饰的纹样以马鬃为主，像马的鬃毛，装饰主要集中于挑、托翅、悬枕、腰枕处。纹样类型以规律排列的直线条、直线与曲线结合为主，图像雕刻次之。（图7~图9）

图7　挑、托翅装饰带

图8　悬枕装饰带

图9　腰枕装饰带

四、村落文化构成与特色

1. 文化构成

对卧云铺村落文化的整体进行探究，将卧云铺村落特色文化的构成分为两大类，分别是物质文化和非物质文化。

2. 文化特色

（1）地理文化

莱芜地处鲁中泰沂山区，地质构造受鲁中纬向构造及鲁西旋卷构造控制。构造形迹以断裂为主，褶皱次之。"十八行子"石材，则是应运而生的产物。在卧云铺，十八行子石材是建筑的主要用材。不同层次有不同的名字及在建筑上的使用位置。（图10）

（2）建筑文化

卧云铺院落空间，沿袭了传统长幼有序的居住习惯。独特的山地环境，使建筑在使用时，上层空间人居，下层饲养牲畜和储物。卧云铺居民使用橙梁将建筑的上下层空间结合。挡捎是卧云铺民居建筑最具特色的构筑部分，当地主要有两种做法，挡捎挂在挑、托翅上的做法是挂翅，挡捎卡在挑、托翅上做法叫闯翅。单块石头好几百斤，大块的甚至千斤，卧云铺古人依靠人力，将石板衔接在屋山上。在屋面的加工工艺上，卧云铺人民也有自己独特的智慧，他们将秫秸和黄草用葛藤连接，像缝被子一样，以打锥的方式将屋面缝在梁架上，屋草在铺排时，尖的一头朝下，尖头总是比粗头容易被雨水侵蚀。挡捎可以防止雨水冲刷山墙，同时也预防山火侵袭屋面，而建筑前后檐的大檐，则用来支撑人在墙体上方行走，便于后期维护、更换屋面的秫秸和黄草。墙体在加工的过程中，使用干碴墙的砌筑方式。在处理街巷空间或者夹道时，在砌筑的过程中，就将石材削去一块，形成独特的"拐弯抹角"，当地人称"上不让天，下不让地，中间让和气"。（图11~图16）

图10 "十八行子"石材

图11 黄草屋面

图12 锥

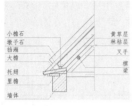
图13 屋面图解
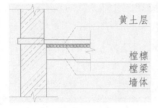
图14 墙身与上层空间地面关系图解

图15 檩梁

图16 拐弯抹角

图17 石刻古碑

图18 齐长城遗址

（3）戏曲文化

福祥（1885~1966年），原名滕宪祥，10岁入"莱芜梆子"胜春班学戏，艺名福祥。曾因战乱辗转至卧云铺村，村民诚恳希望福祥能够传授戏曲之道。有感于村民的淳朴真诚，便留在卧云铺进行戏曲的传授，时间长达50年，最终使莱芜梆子唱响齐长城南北，成为茶业口镇戏曲文化传承一代宗师。

莱芜梆子个性鲜明的唱腔和表演高亢激昂、热情粗犷、朴实生动、生活气息浓郁，具有很强的艺术感染力和浓厚的乡土气息，是莱芜人朴实正直、豪爽大方的真实写照，因而深受莱芜及周边地区人民的喜欢，被亲切地称为"家乡戏"。

（4）乡风文化

村落常住人口均为汉族，有七大姓氏，七大宅院。一姓一口井、一石碾。清光绪十一年，为了一改卧云铺村民赌博陋习，杜绝争端、斗殴、偷盗现象，还原良好的民风。本村族人闫文智、王振太召集全体村民一众商议，定下戒赌戒偷的规矩作为全村及后人共同遵守的村规民约，并立下字碑，碑刻万古流芳，碑文颜体阴刻。（图17）

（5）齐长城文化

莱芜境内的齐长城，大多数墙体充分利用了山体的坡度，外墙已经数米高，难以攀越，而内墙却矮得多，甚至没有内墙，只需将外墙与山坡间用土石填平。这样，防守一方如履平地，居高临下，便于击敌，而且省工省料。墙体多是就地取材，用乱石干垒而成，不用泥灰衬托，只用石楔垫、添、塞等办法，虽然历经2000余年，依然非常坚固，足以见这种技术的高超。在山崖陡峭处，则干脆不筑墙体，仅对山崖进行简单的开凿，以崖代墙，有效地减少了劳动工作量。（图18）

五、保护与活化

1. 卧云铺村落保护面临的难题

相较于城市，卧云铺基础设施较差，与城市便利的生活条件形成强烈对比。村落无产业支持年轻一代生存发展，人口最终大量外流，空心化问题明显。而传统村落的保护与活化，需要建立在人的基础上，围绕着当地居民的发展进行。传统建筑的坍塌、损坏程度较为严重，民居建筑空置。传统文化断代等问题也十分突出。

依靠旅游盘活村落处于初级阶段，动能略显不足，同时依靠旅游来拯救村落，并不是最终保护村落的目的和手段。对于传统村落保护的问题，针对不同的主体，需要有不同的方法，但最根本的一点是树立文化的自觉性。对于村落原住民来说，提高村落的保护意识和村落文化的认同感，是对村落保护能够施行的支持。冯骥才先生有言："对于学界来说，首先是要在深入的田野调查中，找到这些传统村落空心化的根由，研究和寻找实际、有效、可行的解决办法，制定科学的保护措施和落实方案，提供给政府相关的管理部门。"这是学界要承担的。

2. 对物质文化的保护

卧云铺物质文化要素主要包括资源丰富的自然环境、保存完好的村落格局、独具特色的传统民居以及本土化的历史遗存。现有的村落格局及传统民居，在长期发展的过程中与村落自然环境相适应、相融合。对于村落整体风貌的保护，应着重于整体环境的协调。村落道路系统、建筑空间是人们在长期实践过程中探索出来的成果，在保护村落的过程中，村落传统空间形态应继续保持。在此基础上可以对道路不便利的地方进行一些优化，并对建筑破损毁坏处进行合理的修复和预防措施。对于现有历史遗存的物件及特色的生产生活工具，可进行收集，作展示用，以免后期消失。（表1）

卧云铺村落文化构成　　　　　　　　　　　　　　　　　　　　　　　　　　　表1

分类			主要内容	具体对象
卧云铺文化构成	物质文化	自然环境	山体	霹雳尖、黑山、双堆山
			梯田、农田	村子内、外围的农田
			河流	村内水塘与水渠
			石材	"十八行子"石材
		村落格局	道路形式	村落内部传统的街巷空间与日常行走的道路
			公共空间	村民自发形成的售卖空间
		传统民居	传统风貌建筑	核心保护区域的传统民居建筑
			特色建构筑物	泰山时报旧址、戏台、龙王庙和关帝庙 石碑：禁止赌博、禁止乱砍伐树木、禁止偷盗、禁止窝藏匪寇、重修关帝庙五块古石碑
		历史遗存	名胜遗址	齐长城
			古树	香椿、柿树、酸枣树、楸树
			古井	根据七个不同姓氏而建的七口水井
			生产生活工具	日常生活的农具、加工石材及房屋营建的工具
			特色物产	柿子、香椿、花椒、野生中草药材何首乌等
	非物质文化	民居营造技艺		石砌民居营造工艺
		传统工艺		做煎饼、豆腐、柿饼加工、打石材
		民风民俗		乡风建设：村规民约的设立 风土习俗：饮食习惯、婚丧嫁娶 节庆：传统节日，春节、元宵、中秋、六月六等
		文化传说		神话传说：霹雳仙与石匠郭的传说、关帝庙的传说 戏剧：福祥与"莱芜梆子"的故事

3. 对非物质文化的保护

卧云铺非物质文化的要素主要有：民居营造技艺、传统工艺、民风民俗、文化传说等。非物质文化的发展，是村民长期以来对于乡村精神空间追求与乡土特色智慧的呈现。对于传统村落非物质文化的保护，可以通过利用空间再生的方式进行记录与传播。

在村落选取合理的场地，进行卧云铺乡村集体公共空间的建设。以场地展览的形式，将卧云铺非物质文化展现。对于村落建筑营建的工艺、传统的手工艺、神话传说的展示，可以结合视频与动画等现代数字媒体的方式，与观者进行全方位的共享与交流。为公共空间服务的改建民居，在更新时也应从空间、材料、外观与表达上与卧云铺整体的村域文化相适应。

六、结语

卧云铺传统村落保护与活化的研究，主要体现在对村落物质文化和非物质文化上的研究。无论是物质空间抑或是精神空间的保护与活化，在具体实施的过程中，都要以保护作为前提。在保护村落的过程中，以人为本，提升地域文化认同感的同时，也应改善基础设施的条件，为城乡统筹发展创造更有利的条件。处理好村落与社会环境之间的矛盾与平衡，从而促进传统村落文化的传承与活化，使村落人民与城市人民一样，获得文化的尊严与生活的幸福。

注释

① 徐欢，山东工艺美术学院，硕士。
② 黄晓曼，山东工艺美术学院建筑与景观设计学院，副教授。

参考文献

[1] 黄正泉. 文化生态学 [M]. 北京：中国社会科学出版社，2015，6.
[2] 常青. 略论传统聚落的风土保护与再生 [J]. 建筑师，2005（3）：87–90.
[3] 单霁翔. 乡土建筑遗产保护理念与方法研究（上）[J]. 城市规划，2008（12）：33–39，52.
[4] 单霁翔. 乡土建筑遗产保护理念与方法研究（下）[J]. 城市规划，2009（1）：57–66，79.
[5] 朱良文. 对传统民居"活化"问题的探讨 [J]. 中国名城，2015（11）：4–9.
[6] 林祖锐，韩刘伟，张潇，王帅敏. 河北阜平传统聚落的空间格局与建筑特色分析 [J]. 南方建筑，2019（1）：58–63.

基金项目：山东省研究生导师指导能力提升项目"小城镇建设与村落民居更新过程中环艺设计研究生创新实践能力培养"（SDYY17172）。

乡村旅游视角下藏族传统村落宗教空间发展策略研究

——以玉树州称多县郭吾村为例

宋巧云[①]　靳亦冰[②]

摘　要：旅游是一种现代新形式的精神文化"朝圣"，独特的地方资源价值是旅游需求产生的先决条件。藏族传统村落的核心魅力在于藏传佛教文化影响下的传统藏乡聚落空间，游客在此可以感受到神圣的精神追求与浓郁的祈福氛围。本文以藏族传统村落称多县郭吾村为例，从边界、街巷、公共建筑、节点等几种空间类型中探讨藏族村落特有的宗教空间特征。宗教空间作为主导空间，渗透到村落发展的方方面面，但该村旅游资源优势明显，宗教空间发展方向却并不明晰。因此，本文以乡村旅游为视角，从游客朝拜需求、游客行为空间、居民行为空间、宗教空间结构演变等方面进行宗教空间发展策略研究，以期由宗教空间作为活力点，促进村落发展。

关键词：乡村旅游　藏族　传统村落　宗教空间　发展策略

一、引言

随着我国居民生活水平的提高，城市化进程快速发展，乡村旅游作为休闲旅游方式重要的组成部分，逐渐受到人们的青睐。现代游客在追求旅游娱乐意义的同时，更多的是追求旅游的精神文化内涵。而藏族的核心魅力就在于藏传佛教文化影响下形成的传统宗教空间，在此空间中可以感受到浓郁的藏族氛围和神圣的宗教信仰，以乡村旅游为视角，探讨藏族传统村落宗教空间发展策略，满足游客和居民的共同需求，以促进传统村落发展。

二、研究区域概述

称多县郭吾村位于距离拉布乡人民政府30公里处，依山傍水，适宜居住，是传统的藏族村落。郭吾村背山面水，选址讲究，傍拉曲河而立，携两山之间，呈条形谷状分布，是典型的以农为主、半农半牧型村庄。（图1）

郭吾村最为显著的标志性建筑就是传统的石砌雕楼——郭吾古堡，被评为省级文物保护单位。在郭吾古堡的下方依次建有其他民居，均为石砌雕楼，依山而建，错落有致，极有艺术感觉。

郭吾村拥有独特的街巷空间格局，建筑是沿街巷生长、聚集在一起，街巷与建筑构成了街道空间最主要的界面。界面在连续、转折、渗透、变化中，也构成了村落富有生活性与艺术性的街道空间，贯穿整个街巷体系的古树体现了郭吾村街巷空间历史价值。

图1　郭吾村鸟瞰图（图片来源：课题组）

依山脉而建的村落、内部巷道走向及文物古迹的布局体现藏族村落的特征。从宏观来看，受藏族文化及地理特征的影响，郭吾村依托周边的自然山水环境，形成传统山地型聚落格局。

三、研究区域调研与分析（图2）

1. 宗教影响下的村落格局

郭吾村内虽没有寺庙，但选址有其独特之处，郭吾古堡顶部为整个村落的制高点，在此能眺望到附近的两个寺庙——拉布寺及土登寺。受藏传佛教影响深远，古堡顶端飘舞着五彩经幡，形成了独特的藏族乡土景观。

(a) 郭吾古堡顶端

(b) 入口白塔空间

(c) 宗教街巷空间

(d) 村落边缘白塔空间

(e) 转角玛尼石空间

(f) 民居经堂空间

图2 郭吾村宗教空间（图片来源：课题组）

2. 边界宗教空间：入口白塔

白塔是藏传佛教所供奉的圣物，为法身和意的所托。根据《桑耶寺简志》记载，佛塔作为一种象征宝物，供信徒顶礼膜拜；同时又具有威慑力量，供藏族信徒们祈祷。郭吾村东入口处放置一座白塔，以此为中心，形成一个开放的宗教空间，村民来此煨桑祈福。

3. 街巷宗教空间

郭吾村特有的街巷空间与其丰富的宗教生活构成了独特的街巷环境，街巷主要为两条正交主干道和多条小巷组成，根据用途，街巷宽度有所不同，街巷除了交通联系之外，也是村落主要宗教活动的场所，宗教文化底蕴丰厚的"卓舞"，群众性宗教活动"燃灯节"都是以街巷作为主要场所。

4. 节点空间

传统的宗教生活方式也形成了独特的街巷空间节点，如街巷尽头的白塔、转角处的玛尼石堆、煨桑炉、五彩经幡等富有宗教气息的空间构筑物，丰富了街巷的空间组织，营造了街巷的宗教氛围。

村落边缘空地上的白塔和经幡，空间开阔，辐射范围比较广，每逢特殊的日子，当地藏民就会手持转经筒，围着白塔诵经祈福，场面神圣壮观。

5. 公共建筑

郭吾村内的公共宗教建筑比较少，最有代表性的是一座传统的供灯殿，供灯殿是藏族村落重要的公共宗教场所，除去重大节日村民一起供灯祈福外，平日村民也会轮值供灯。村民对于供灯还是非常重视的，据村民介绍，即使最困难的时期，家家户户都还是会留一块酥油，用来供灯祈福。

6. 民居

郭吾村民居顺坡地地形而建，类型为石砌雕楼。民居内的主要宗教空间为经堂，藏民用于供奉佛像，一般布置在顶层，其供奉面积较小，但其内部装饰十分华丽，色彩运用丰富，每一处细节都极尽所能地装饰。经堂属净地，供奉佛圣，一般不做他用。藏民每天早上起床的第一件事情就是来到自家的经堂，点酥油灯，献新茶，进行朝拜，信仰已经和生活融为一体。

四、乡村旅游视角下宗教空间发展策略

由上文分析得出，在藏族传统村落这样一片闲适自由的空间中，藏民努力地生活着，他们拥有丰富的社会资源和精神世界，但却因封闭使得生活逐渐落后和不合理地对村庄进行开发利用。融入乡村旅游，利用自身资源发展旅游业，既激发村庄活力，又能使藏文化得到发扬。那如何解决游客和藏民相处的矛盾点，如何在保护与发展之间寻找到平衡点，下文以村落宗教空间的发展为对象进行探析。

1. 游客需求

郭吾村旅游的核心魅力不仅存在于郭吾古堡的传说,传统民居的探索,也不仅局限于藏族美食的诱惑,更应是一种因自然环境与人文环境高度融合,所赐予游客的一种感觉、信念、想象。游客各尽其需,有人感觉到了郭吾村的祥和、包容,有人感觉到了她的原生与淳朴,有人在此寻找梦想,有人在此祈祷、祝福,并体会到了生命的意义与价值。旅游需求,更多的是一种精神的补充与升华。马斯洛层次需求理论将人的动机分为5层:生理需求、安全需求、爱与归属的需求、尊重需求、自我实现的需求,据此有学者将旅游直接定义为:求得精神上、心理上高层次满足和享受的一种文化活动。

2. 游客的行为范围

游客在郭吾村内部行为空间多以其游览线路为基线向周围扩散形成,据调研分析,游客路线为一条主线,两条支线。主线从南入口白塔处,沿村落主路直至郭吾古堡顶部,线路中串联了白塔、玛尼石堆、煨桑炉、五彩经幡等宗教景观节点,登临制高点,眺望整个村落和远处的寺庙,感受山谷的开阔和浓郁的宗教氛围,是村落的核心路线。两条支线从岔路口向东西分散,一处延伸至供灯殿,一处至村落边缘的白塔处,沿路线穿过街巷,绕过古树,走到白塔和供灯殿前一探其真实面目,感受一下宗教氛围的神秘。

总体来说,游客在村内的行为范围是排除宗教禁忌限制之后的具有公共场所性质的游览区域,当然不排除热情的藏民会邀请游客到自己家中做客,这属于比较私密的空间,在这两种空间中,游客进行旅游相关活动,也在此空间中游客与藏民之间产生了直接的文化传递。

3. 游客的活动分析

(1) 摄影活动

摄影是旅行的有形化和具体化,游客用镜头感受文化,捕捉民俗,保留下最珍贵的瞬间。可供摄影的宗教空间范围比较大,活动

相对自由,但一些禁忌区切勿拍照。游客拍摄内容主要以宗教信仰为主题,反映藏民的虔诚朴实。

(2) 观看宗教活动

宗教活动主要包括辩经、展佛、演藏戏、藏舞等,在空间上分布较广,但具有固定的时间约束,有些活动只能在一年的特定时间展开,在举办宗教活动期间,游客可以更大限度的感受藏传佛教文化,因此每年固定几个时间段,游客聚集程度较高,游客以外来者的身份审视、感受与体验外地文化。同时在观看的过程中,要尊重藏传佛教的习俗,注意宗教禁忌。

(3) 祈愿活动

祈愿的表达形式有很多,如转古拉、参加祈愿大会、供灯殿供灯等。郭吾村的活动场地主要是以广场和节点空间为主,村落边缘的白塔,是村民转经的主要空间。游客需要入乡随俗,保持初心,心无杂念,融入村民当中。

(4) 与藏民交流

随着旅游业的开发,游客逐渐增多,而当地的宗教文化是吸引游客的关键点,宗教空间的使用也由村民自己变成游客加入,经过我们的分析,两者并不冲突。通过与藏民的交流,游客可以从另一个角度理解藏文化,而对于藏民来说,不仅使自己的文化得以传播,也从中了解到其他的文化,开阔视野。游客与藏民交流的宗教空间可以是参加藏族活动开阔的广场,可以是街巷处的玛尼堆旁,也可以是藏民的家中,随处都是可交流空间,随时都是宗教文化的传承与发展。(图3~图5)

4. 宗教空间发展策略

郭吾村虽然不大,但从其村落宗教文化、历史环境要素、民俗等方面,产生了旅游业发展的支点。并且成功的空间是以富有活力为特点,并处于不断自我完善和强化的进程中。要使空间变得富有活力,就必须在一个具有吸引力和安全的环境中提供人们需要的东

图3 藏民祈福(图片来源:网络)

图4 藏民转经(图片来源:课题组)

图5 藏舞(图片来源:课题组)

西。所以，郭吾村的宗教空间在原有的基础上，如何发展和创新是我们接下来需要思考的重点。

（1）整体风貌保护发展

对规划范围内的文物古迹、历史建筑、街道格局、传统风貌进行修缮、维修和改善等，在这过程中必须坚持"保护历史真实载体"的原则。在宗教空间发展的过程中，维护其原有的格局和氛围，不需要拆除搭建，破坏村落宗教环境的安全。

（2）宗教空间的连通度

郭吾村宗教空间主要以四个点为主，经过巷道进行连接，目前连接状态为入口白塔至郭吾古堡的主路和前往供灯殿的主路较为清晰，而前往村落边缘空地白塔处的道路杂草丛生，需要重新规划修复，使整个村落的宗教空间之间有一条连接顺畅的流线。并且传统

的土路在下雨时节行走困难，部分道路年久失修，直接导致宗教节点空间无法到达，所以街巷空间的整修也十分重要。（图6）

（3）宗教空间的尺度控制

主要针对两处白塔的空地，进行尺度的重新规整，扩大可以围绕白塔转经祈福的范围，增加举办大型宗教活动的场地，并且有利于增加游客的拍摄距离和拍摄质量，由白塔作为一个中心活力点，向外辐射范围更广。

（4）宗教文化展示空间的构建

据调研，村内的广场与宗教结合利用不足，采取的策略是在已有的广场内部进行宗教文化的植入，并且修复广场，有利于举行大型宗教活动，不仅丰富村民的生活，也以宣传展示的方式将宗教文化予以传播，形成多个点状宗教传承空间。（图7）

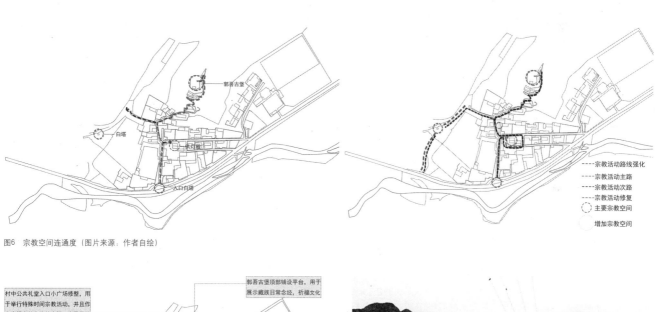

图6 宗教空间连通度（图片来源：作者自绘）

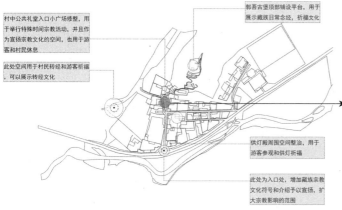

图7 宗教文化展示空间重构（作者自绘）

五、小结

藏族传统村落宗教空间的独特之处在于是由传统宗教文化、宗教场所、宗教行为和藏民一同组成的，是独一无二的，宗教公共空间等空间形式是宗教文化所反映的秩序性的外在表征体现。游

客的加入首先是在不能破坏宗教空间环境安全的前提下进行的，对于传统宗教空间的发展与乡村旅游并不冲突，乡村旅游反而可以作为活力点融入宗教空间发展，宗教空间的发展也要考虑适时适地。

宗教空间构成村落各个环节关系网的基础，促使了传统文化的形成与延续，推动了居民日常生产活动、经济活动的有序运行，是藏区传统村落空间延续的基础也是促进发展的关键点。

注释

① 宋巧云，西安建筑科技大学，研究生。
② 靳亦冰，西安建筑科技大学，副教授。

参考文献

[1] 马建梅，倪娴，裴玉，徐诺. 乡村特色旅游视角下的民宿空间环境设计——以望亭镇为例 [J]. 美与时代（城市版），2020（04）：100—101.

[2] 王朝辉，汤陈松，乔浩浩，张伟，邢露雨. 基于数字足迹的乡村旅游流空间结构特征——以浙江省湖州市为例 [J]. 经济地理，2020，40（03）：225—233，240.

[3] 周庆华，刘涛. 旅游介入下的乡村公共空间设计策略研究——以岳西县水畈村为例 [J]. 城市建筑，2020，17（01）：150—152.

[4] 王启明，李广，何悠源，刘杰. 乡村旅游视角下的村落民居空间更新设计研究——以衡阳市曲兰镇湘西村为例 [J]. 中外建筑，2018（10）：143—145.

[5] 蔡汶燕，曹勇. 当代康定木雅农牧区藏族民居中宗教空间的差异与演变浅析 [J]. 中外建筑，2018（08）：65—69.

[6] 刘润. 旅游凝视需求驱动下的藏区城镇社会空间结构演变研究 [D]. 西北师范大学，2012.

大前村公共空间类型特征及演变机制研究

张 潇① 仲昭通② 林祖锐③

摘 要： 传统村落公共空间是村民日常生产生活的重要场所，蕴含着丰富的文化内涵，体现了原住民的生活观和价值观，是村落文化传承的重要载体。本文以山西省阳泉市大前村为研究对象，对公共空间的类型及演变过程进行分析，运用图示分析方法，把握大前村公共空间的结构特征，总结其形成规律及演变机制，以期为传统村落的可持续发展提供科学依据及参考。

关键词： 传统村落 公共空间 空间类型 结构特征 演变机制

一、引言

传统村落公共空间作为传统村落的重要组成部分，具有地域性、文化性和形态多样性的特征。同时，公共空间是村民进行生产、生活、宗教、政治活动的主要场所，是研究传统村落历史文化和地域特色的重要对象。

有关"传统村落公共空间"的概念界定，不同学科的学者有不同的见解。城乡规划学和地理学一般注重于传统村落公共空间的"物质"属性，认为传统村落公共空间是村民自由出入并进行日常交往与进行公共事务的公共场所的总称[1]。政治学、社会学则侧重于传统村落公共空间的"公共"属性，认为传统村落的公共空间是指村落内提供给人们进行集聚、交流等的公共领域[2]。本文对于传统村落公共空间的研究，主要侧重于传统村落公共空间的"物质"属性，分析公共空间的类型、结构特征及其演变机制。

当前有关传统村落公共空间的研究主要集中在公共空间的类型[3][4]、功能及其演变[5][6]、公共空间的价值内涵[7]、公共空间形成的驱动机制[8][9]等方面，而对于传统村落公共空间的类型和结构特征在不同时期的演变研究较少。基于此，本文以传统村落大前村为例，分析大前村公共空间在不同时期的特点、功能，探究公共空间的演变规律，讨论公共空间保护与更新的策略，更好地推进传统村落公共空间的保护与更新。

二、大前村概况

大前村位于山西省阳泉市平定县岔口乡东北25公里处，东与平定县岔口乡杨树庄相接，西与孟县接壤，南与主铺掌村红岩岭玉皇洞相接，北临河北井陉仙台山风景区。现有居民120户，户籍人口220人，常住人口70人，村域面积4.68平方公里。大前村历史

图1 大前村（图片来源：作者自摄）

悠久，从明末正式建村至今已有约500年的历史。由于大前村地理位置相对封闭，所以村落的传统空间形态受到外界的影响较小，村落内的街巷格局、建筑、景观等具有较高的原真性。村里的民居以窑洞为主，全部以石砌而成，与山体融为一体，被称为"悬崖峭壁上的石头村"（图1）。2016年，大前村成功入选第四批中国传统村落名录。

三、大前村公共空间的类型

根据公共空间的性质和村民对于公共空间的使用情况，本文把大前村的公共空间分为生产性公共空间、生活性公共空间、信仰性公共空间、政治性公共空间四类，并列出了不同空间的功能及存在状况。（图2、表1）

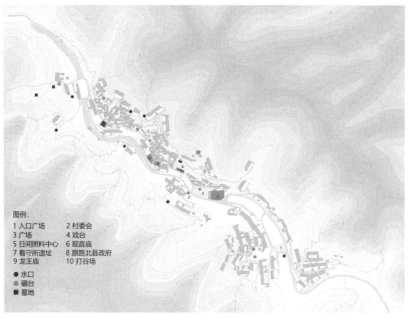

图2 大前村公共空间分布状况（图片来源：作者自绘）

大前村公共空间的类型 表1

公共空间的类型	亚类	功能	数量	出现年代	形成原因	存在状况
生产性公共空间	打谷场	粮食晾晒	1	民国时期	生产需要	延续、弱化
	碾台	粮食生产、加工	8	明清时期、民国时期、1949～1978年	生产需要、村落扩张	延续、弱化
生活性公共空间	水口	取水、洗衣、闲聊	7	民国以前、1949～1978年	生产、生活需要	延续、弱化
	戏台	观赏传统戏曲	1	明清时期	文化需求	延续、兴盛
	广场	健身、闲聊、打牌	2	明清时期、1949～1978年	娱乐集会	延续、兴盛
	日间照料中心	照顾老年人、残疾人	1	改革开放后	村落公共服务设施建设	延续、兴盛
信仰性公共空间	寺庙	祭祀、参拜神灵	2	明清时期	敬畏神灵，祈求平安	延续、兴盛
	墓地	特殊日子祭祀先人	2	明清时期	祭祀先祖	延续、兴盛
政治性公共空间	村委会	管理村落日常事务、集会	1	改革开放后	村民自治组织，国家政策需要	延续、兴盛
	路北县政府旧址	抗日期间，指挥抗日战争	1	民国时期	躲避敌人，指挥战争	转型、弱化
	看守所遗址	战争期间，关押犯人	1	民国时期	战争需要	转型、弱化
	人民公社	政治集会	1	20世纪60年代	国家政策支持	转型、弱化

（表格来源：作者自绘）

四、大前村公共空间类型特征分析

结合重大历史事件及大量有关大前村的地方志和民间传闻的相互验证，发现大前传统村落的历史发展呈现出明显的阶段性特征。

依据村内现存的石碑和村民口述，明末是古村形成时期，到了清嘉庆年间，村落初具规模。1912年清政府覆灭以后，根植于村落内的封建制度逐渐瓦解，这一时期纷争不断，村落的发展处于动荡的时期。1949年以后到改革开放前这一时期，国家政权渗透到村落之中，深深影响着村落的发展。改革开放至今，随着城镇化的快速发展，传统村落保护的不断推进，大前村的发展也进入了新的历史时期。不同时期村落的空间形态和社会背景的不同，使得村落公共空间的类型特征也呈阶段性、规律性演变特征（表2）。

大前村公共空间演变分期　　　　　　　　表2

发展分期	社会背景	演变过程		主要影响因素	空间结构特征
		主要类型	功能		
明清时期	村落建成初期，处于相对封闭的环境，传统的农耕社会	生产性、生活性、信仰性	日常生产、生活、祭祀	自然环境，生活方式	公共空间散布于村落内
民国时期	社会动乱，战争影响了村落的发展	生产性、生活性、信仰性、政治性	日常生产、生活、防御、集会	战争	空间类型丰富，不同类型空间组合在一起，出现集聚现象
1949~1978年	社会经济水平较低，国家政权日益渗入到村落内部	生产性、生活性、政治性	日常生产、生活、娱乐、政治集会	国家政策	公共空间集中于村落北部，空间上不均衡
1978年至今	改革开放以后，生产水平大幅提高，新农村建设和传统村落保护进入新时期	生产性、生活性、信仰性、政治性	日常生产、生活、祭祀、娱乐、交往、健身、集会	交通、经济发展、规划管控	公共空间的分布向均衡化发展，内部不断丰富，逐渐向外扩张

（表格来源：作者自绘）

1. 大前村公共空间的整体空间分布演变

在村落的发展过程中，公共空间的数量和类型也在不断发生变化。明清时期（图3）是村落的形成时期，村落规模较小，在自然环境因素、防御因素、家族观念的影响下，村落公共空间的类型和数量较少，分散于村落之中。民国时期（图4），随着人口的增长和生产力水平的发展，村落的规模扩张，不断向南发展。在战争、乡村政策的综合影响下，村落公共空间的类型和数量增加，多种类型的公共空间开始集聚在一起。中华人民共和国成立之后（图5），受国家政策的影响，信仰性公共空间衰落，政治性公共空间成为村落公共空间的主体，围绕着政治性公共空间形成了一些新的生产生活性公共空间，这一时期公共空间多分布于村北部，在空间呈现不平衡的状态。改革开放以后（图6），在交通、经济发展和传统村落保护等因素的影响下，村落内部的公共空间通过转型和开发，数量不断增加，在空间上分布上开始向均衡化发展。

2. 不同类型公共空间的演变特征

（1）生产性公共空间规模减小，使用主体改变

在村落建成初期，生产力水平不高，碾台是村落重要的生产性公共空间。到了民国时期，人口增多、耕地面积增加，村落内的生产性公共空间增加，到了20世纪80年代，随着城镇化的推进，劳动力大量流失，村落开始空心化，耕地种植多为玉米等方便打理的作物，生产性公共空间使用大大减少，不少空间废弃。

在改革开放以前，生产性公共空间的使用主体主要是青壮年，随着城镇化进程加快和交通发展，村落大量年轻劳动力流失，剩下的多是老人和小孩，老年人成了生产性公共空间的使用主体，但由于老年的身体机能等各方面不如年轻人，所以在生产性公共空间的使用频率上也不断降低。原有的6处石碾，现在仅有2处仍在使

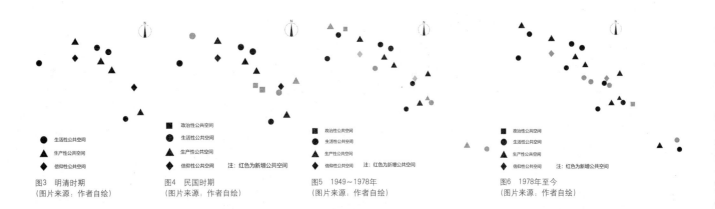

图3　明清时期　　　　　图4　民国时期　　　　　图5　1949~1978年　　　　　图6　1978年至今
（图片来源：作者自绘）　（图片来源：作者自绘）　（图片来源：作者自绘）　（图片来源：作者自绘）

用，而且使用次数很少。原有的打谷场为公共使用，现在打谷场空间的公共性弱化，部分空间被私人占用。

（2）生活性公共空间功能丰富，活力增加

水口空间是村落最早的生活性公共空间，村民在此取水，由于停留的时间较短，流动性较强，村民之间的交流较少。明清时期，由于村落中不同家族的聚居，一个水口主要服务于一个家族的人，各个水口空间的联系较弱，村民之间的联系也较弱。民国以后，生活公共空间增加，村民的生活方式和社会观念发生变化，人们在这些公共空间里进行各种活动，生活性公共空间的功能也不断丰富。"文化大革命"时期，村落生活性公共空间的使用率下降。改革开放以后，村落与外界的联系加强，新的生活方式影响着生活性公共空间的发展，健身、娱乐等一系列活动在这些空间开展，促使生活公共空间的功能不断丰富。虽然村落的空心化在一定程度上影响了生活性公共空间的使用，但传统村落保护与发展规划的制定与实施，为村落引进了新的发展动力，原有的生活性公共空间发生转型，为适应旅游业的发展，增加了餐饮、观光等功能，活力不断增加。

（3）信仰性公共空间经历了"兴盛—衰落—复兴"的发展过程

大前村的信仰性公共空间在村落的历史发展中都可以看到其身影，但发展过程是曲折的。这些空间兴建于村落的早期，是村民早期信仰和祭祀的中心。到了"文革"时期，随着"破四旧"的出现，这些寺庙和墓地遭到了很大程度的破坏，村民也禁止进行祭祀活动，信仰性公共空间一度没落。改革开放以后，在村民的自发组织下，对墓地、寺庙重新进行了修缮，该时期信仰性公共空间虽然有所复兴，但由于市场冲击与生活观念的转变，信仰性公共空间的使用大不如前。到了传统村落规划发展的新时期，大前村的寺庙空间成了村落历史文化的传承地，成为村落旅游业的重要一部分。

（4）政治性公共空间在村落公共空间发展中的主导性逐渐弱化

大前村的政治性公共空间最早出现于抗日战争时期，由于村落特殊的地理位置和地形条件，中国共产党在这里建立了路北县政府和看守所作为战争指挥所。中华人民共和国成立以后，政治性公共空间成为主导，其他自主性的公共空间严重弱化，政治性公共空间的主导性表现在集体劳作、集体食堂、行政性集会、集体生产等一系列活动。改革开放以后，国家权力从乡村中陆续撤出，"文革"时期的政治性公共空间被弃置，村民自组织起的政治性公共空间村委会建立，该时期村委会的集体性和主导性弱化，主要负责管理村落的日常事务，较少有集体性的政治活动举行。

五、不同时期大前村公共空间演变机制研究

1. 中华人民共和国成立前传统时期

在传统时期，国家力量并未深入村落，并与村落存在一定隔离，村落内部的家族组织和制度维系着村落社会生活。村落公共空间的形成是在村落内部自发力量的维持下进行的，同时受到当地自然环境的影响，因地制宜，自下而上地形成了最早的村落公共空间。

民国时期动荡的社会环境影响了大前村的发展，当地政府的乡村政策和战火的蔓延打破了村落原有的封闭状态。在外来因素的影响下，大前村公共空间出现了新的变化，政治性公共空间开始出现。虽然受到一定外部因素的影响，但是大前村公共空间依旧依靠村落内部自发力量发展。

2. 中华人民共和国成立到改革开放时期

中华人民共和国成立后，国家行政权力全面渗透到村落中，昔日较为分散的依赖血缘和地缘的传统社会关系被重构，村落居民的生产生活在村集体的组织下有序进行，生产生活表现出高度的一致性和相同性。这一时期，集体生产、行政集会、集体就餐等活动方式成为村落的主要公共活动形式，村落公共空间承担着政治宣传和劳动生产的功能。在"文化大革命"时期，民间传统的文化活动被禁止，寺庙、墓地等传统公共空间受到破坏，原来作为村落文化活动中心的戏台变成了政治宣传的场所。这一时期，村落公共空间受国家力量的影响自上而下形成，体现出一定的秩序性。

3. 改革开放时期

改革开放以后，国家力量逐渐从村落中退出，随着家庭联产承包责任制的推行，人民公社的解体，村落原来的集体生产生活宣告结束，村民开始以个体和家庭为单位进行生产生活，村落的政治性公共空间和用于集体活动的公共空间开始向生活性公共空间转变，成为村民茶余饭后休闲的场所。在我国确立市场经济体制后，乡村与城市之间人口流动加快，村落中很多劳动力走出村子，走向城市，村落开始"空心化"，村落很多的公共空间使用频率下降，不少公共空间闲置。

4. 传统村落保护与发展新时期

2012年，我国第一批传统村落保护名录公布，标志着传统村落保护与发展进入了新时期。大前村于2016年入选第四批传统村落保护名录，传统村落保护与发展规划的制定与实施，通过规划管控的手段，保护传统村落的历史文化、历史建筑等，并通过寻找新的发展动力推动村落的发展。旅游业成为村落发展的重要产业，为了更好地发展旅游，村落出现了农家乐、停车场、游客服务中心等

新的公共空间，传统的公共空间也在不断转型，成为体现村落历史文化的场所。这一时期，村落公共空间依靠规划管控，有组织地转型和发展。

六、结语

传统村落都是在漫长的历史时期逐渐形成的，它的村落格局、空间形态以及所承载的价值观念和生活方式都与同一时期的社会观念、政策制度、经济结构具有统一的对应性。传统村落公共空间作为传统村落的重要组成部分经历着不断地演变和发展，它的形成受到自然、社会、经济、文化等因素的共同影响，承载着村落的历史文化，是传统村落特色的重要体现。本文通过对大前村公共空间在不同时期类型的演变分析，梳理不同时期大前村公共空间的演变机制，并对传统村落公共空间的保护与发展提出以下几点建议：

第一，加快处于衰落阶段的公共空间的转型发展。对于村落中已经不适应村落发展的公共空间，在充分考虑传统村落保护的前提下，对这些空间通过功能植入等手段，使其转型发展。

第二，通过合理的规划手段引导公共空间良性发展。大前村中的很多公共空间无序发展，占用了大量的公共资源，在传统村落保护规划中，充分尊重当地村民的意愿，对这些公共空间的发展进行合理地引导，促使其良性发展。

第三，深入挖掘公共空间的文化内涵，保护和延续传统村落的文脉。经过了不同时期的演变，大前村的公共空间承载了当地的历史文化，是村落传统生活、生产方式的重要体现，是村民精神文化的重要载体。只有充分挖掘传统村落公共空间的文化内涵，才能更好地保护和延续当地的文脉，体现当地的文化特色。

注释

① 张潇，中国矿业大学建筑与设计学院，讲师。

② 仲昭通，通讯作者，中国矿业大学建筑与设计学院，硕士研究生。

③ 林祖锐，中国矿业大学建筑与设计学院，教授。

参考文献

[1] 戴林琳，徐洪涛. 京郊历史文化村落公共空间的形成动因、体系构成及发展变迁 [J]. 北京规划建设，2010（03）：74-78.

[2] 陈金泉，谢衍忆，蒋小刚. 乡村公共空间的社会学意义及规划设计 [J]. 江西理工大学学报，2007（02）：74-77.

[3] 卢健松，姜敏，苏妍，蒋卓吾. 当代村落的隐性公共空间：基于湖南的案例 [J]. 建筑学报，2016（08）：59-65.

[4] 唐珊珊，张萌，于东明. 传统村落公共空间类型及传承研究 [J]. 北京规划建设，2019（01）：113-116.

[5] 李源，甘振坤，欧阳文. 北京延庆区柳沟村公共空间有机更新策略 [J]. 遗产与保护研究，2019，4（03）：32-36.

[6] 姜敏，胡文通. 传统村落的公共空间体系构成与当代演变：以板梁村为例 [J]. 住区，2019（05）：49-54.

[7] 张健. 传统村落公共空间的更新与重构——以番禺大岭村为例 [J]. 华中建筑，2012，30（07）：144-148.

[8] 顾大治，虞茜茜，刘清源. 自发与构建——乡村公共空间演变特征及机制研究 [J]. 小城镇建设，2019，37（07）：53-59.

[9] 王春程，孔燕，李广斌. 乡村公共空间演变特征及驱动机制研究 [J]. 现代城市研究，2014（04）：5-9.

乡村振兴战略下丹巴县域传统村落保护与利用实践

邓德洁[①]　王长柳[②]　巩文斌[③]

摘　要： 本文整合丹巴县乡村文化遗产资源，尝试在乡村振兴战略下构建传统村落文化遗产保护和利用体系，主要包括：划定历史文化保护线，保护传统村落以及各类历史环境要素；开发利用乡村传统文化，整合乡村文化遗产资源和乡村生态环境资源，打造传统村落和民族民俗精品文旅线路，推动乡土文化活态传承，促进农文旅深度融合发展；重塑乡村文化生态，保护传统村落原有建筑风貌和村落格局，传承丹巴藏族传统建筑文化特色。

关键词： 乡村振兴　丹巴　传统村落　嘉绒藏寨

一、前言

实施乡村振兴战略，是党的"十九大"作出的重大决策部署。2018年1月2日，中共中央、国务院发布中央一号文件：《中共中央国务院关于实施乡村振兴战略的意见》。明确要求按照"产业兴旺、生态宜居、乡风文明、治理有效、生活富裕"的20字总要求推进乡村振兴战略实施。《意见》提出要传承发展提升农村优秀传统文化，要求划定乡村建设的历史文化保护线，保护好文物古迹、传统村落、民族村寨、传统建筑、农业遗迹、灌溉工程遗产[1]。支持农村地区优秀戏曲曲艺、少数民族文化、民间文化等传承发展。2018年9月9日四川省委、省政府发布了《四川省乡村振兴战略规划（2018-2022年）》，分别从保护传承乡村文脉、开发利用乡村传统文化、重塑乡村文化生态三方面提出要求[2]。

按照中央、省委一号文件要求，四川省全面启动了乡村振兴规划试点工作，并确定了22个试点县（市、区）和30个试点镇（乡）开展乡村振兴规划编制工作。为科学指导和规范试点县和试点镇编制乡村振兴规划，四省委农村工作委员会及省发改委、财政厅、国土资源厅等8个部门联合发布了《关于四川省县域乡村振兴规划编制的指导意见》。文件明确了县域乡村振兴规划体系为"1+6+N"，由1个县域乡村振兴规划和6个专项规划组成，传统村落保护规划属于6个专项规划之一[3]。丹巴县是四川省确定的22个乡村振兴规划试点县之一，本文将以丹巴县为例，分析县域乡村历史文化区位与演变脉络，梳理县域传统村落资源特色及其保护存在的主要问题，结合资源特色及基础，划定乡村历史文化保护线和风貌协调区，制定保护目标，提出针对性的保护策略与合理利用措施。

二、研究区域简介

1. 基本概况

丹巴县位于四川省西部、甘孜藏族自治州东部，地处大、小金川（河）下游，大渡河上游，被誉为"大渡河畔第一城"（图1）。丹巴历史悠久，4000年前即有先民生衍，清乾隆年间设章谷屯；因辖丹东、巴底、巴旺三土司属地而名丹巴。丹巴县辖3个镇、12个乡、185个行政村，县境幅员辽阔，东西宽86.9公里，南北长105.7公里，面积450647.3公顷，总人口58563。丹巴县境地貌为典型的高山峡谷型地貌，地势西高东低，海拔1700～5521米，县城位于大渡河畔的章谷镇，海拔1800米，距州府康定直线距离约98.10公里。

2. 资源概况

目前，丹巴县已批准公布的中国传统村落共有包括梭坡乡莫洛村、宋达村、中路乡克格依村、中路乡波色龙村、巴底镇齐鲁村、

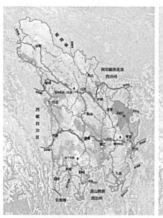

图1　丹巴县地理区位（图片来源：作者自绘）

聂呷乡妖枯村等在内的19个传统村落,村落历史文化资源丰富。其中的古民居类型较为统一,属于典型的嘉绒藏族民居,总共有156处,其中,文物保护单位有26处,占比16%,历史建筑有60处,占38%,其余的为传统建筑。形式多样的丹巴锅庄,具有典型民族特色的嘉绒服饰及饮食文化、宗教文化、婚嫁习俗、传统节日、礼仪、丧葬习俗等构成了丰富多彩的丹巴嘉绒藏族民间文化。丹巴县共有传统技艺、民俗、传统音乐、传统舞蹈、传统医药、民间文学、传统戏剧7种类别,共26个非物质文化遗产。

三、传统村落保护存在的问题

1. 保护意识不强

主要是保护历史文化特征与居民生活方式条件改善之间的矛盾,"靠水吃水、靠山吃山"的破坏性建设一直存在。传统村落文化遗产保护意识不强,缺乏传统村落意识和保护传统村落的责任感,将保护传统村落与发展经济对立起来。

2. 资源破坏严重

盲目地改造建设导致传统村落内的历史资源、环境风貌很难恢复,传统村落文化遗产安全隐患较多,部分文物古建筑使用不当,年久失修,造成无法弥补的损失,传统村落、古建筑大多是散落乡间无人识,处于自生自灭的状态,许多有重要研究价值的古建筑往往缺乏关注和保护,有的逐渐腐朽、坍塌,有的在各种自然灾害中造成致命的损伤。

3. 村落环境有待提升

由于乡村居民点规模小、布局分散、所处地形多为半山区或高山区。因此,很难做到配置适当的人居环境设施。农居风貌建设还比较落后,房前屋后多乱搭乱建、乱堆放的情况比较严重(图2),生活空间脏乱差现象普遍存在。河塘水面漂浮物清理不彻底,河道、沟渠、水塘坡面还有积存垃圾或杂物堆放。国、省、乡、村道路两侧路边沟、田间渠道、水塘淤积比较严重。

4. 古民居的维护资金不足

年久失修的古建筑随着时间推移不断破损,且保护修缮费用极高。各级财政的文化遗产保护经费有限,按照现行文物保护资金使用政策,专项资金不能补贴私人产权古民居,普通民居无力承担昂贵的维修费用。

图2 丹巴县地理区位(图片来源:作者自摄)

四、传统村落保护与利用规划

1. 保护目标

实现传统村落完整的、真实的、可持续的保护与活态传承,同时改善人居环境,提升发展能力,实现保护与发展的相互促进和良性循环,走一条"保护—发展—保护"的循环式发展路径,形成环境优美、生活富裕、文化有活力的传统村落,实现文化振兴,促进乡村振兴。

2. 保护原则

在传统村落的保护和发展中,要坚持原真性、完整性、可持续性、物质文化遗产和非物质文化遗产并重、新老建筑相协调和分期实施保护的原则,有重点、分层次、分阶段实施,制订近期、远期

保护目标,逐步实施保护性整治、改善和更新。

3. 保护内容和要素

主要包括自然环境要素、人工环境要素和人文环境要素(图3)。

4. 保护要求

(1)尊重现有村落格局,延续村落肌理,保护山水环境。保持和延续其传统格局和历史风貌,维护其地形地貌、街巷走势等空间尺度,不改变与其相互依存的山、水、田、林、路等自然景观环境的空间关系和形态。保护村落传统的风貌特色和空间尺度。同时,对外围视廊进行保护控制,对景观视线影响叠加地区进行发展上的严格控制,保护古村整体景观风貌和形态。

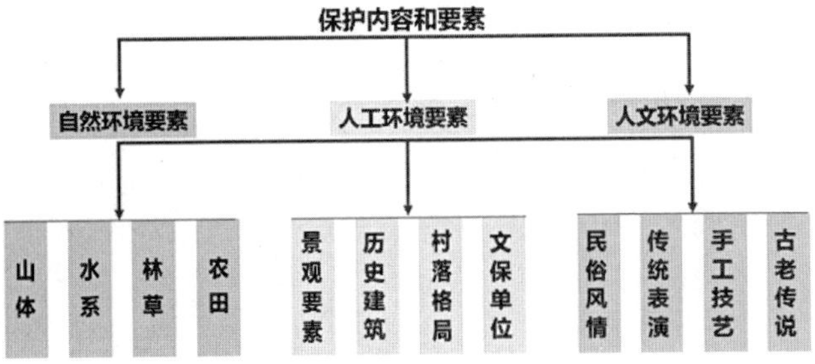

图3 丹巴县传统村落保护内容（图片来源：作者自绘）

图4 丹巴县莫洛村保护范围（图片来源：作者自绘，本文仅以莫洛村为例说明保护范围）

（2）保护真实的历史遗存，延续传统风貌。严格保护传统村落内留存的文物古迹、有历史文化价值建（构）筑物和历史环境，控制新建建筑风格体量，延续传统风貌特色，与历史建筑、历史环境相协调。

（3）注重保护传统村落的民间文化与传统习俗。将民间文化、传统习俗与传统村落保护相结合，注重非物质文化遗产的传承与展示利用，对非物质文化遗产的传承场所，包括活动的主要路线、建筑、空间进行保护，结合非物质文化遗产传承场所及对有关实物进行保护的要求，在适当地点设立非物质文化传承场所或展陈设施。

（4）协调传统村落与新建筑的关系，保护与发展同步。逐步完善传统村落的基础设施和公共服务设施，提高居民人居环境，同时进一步完善传统村落的景点建设、商业服务和旅游接待，为传统村落文化的传承与利用提供保障。

5. 保护范围和管控措施

将传统村落划定为核心保护区、建设控制地带、环境协调区三级保护（图4），并确定相应的保护和用地控制要求。

（1）核心保护范围的划定原则：主要考虑传统村落本身的规模特点，保护的整体性，建筑肌理、街巷格局、水系格局的完整性，管理的统一性，为传统村落实施重点保护的区域。

（2）建设控制地带的范围划定原则：主要考虑为保护传统村落的安全、环境、历史风貌，对建设项目加以限制的区域。

（3）环境协调区的原则：结合传统村落现状特征，紧邻村落建设控制地带外围的村庄建设用地和未来村庄发展用地，着重控制建设风貌，与村落相协调；村庄外围的非建设地带，包括农田、水系、山体等自然背景景观，着重控制旅游项目引入，保护村落外围自然景观环境的完整性。

6. 展示与利用策略

（1）总体思路

①彰显嘉绒藏族风情文化，培育特色文化品牌

重点保护传统嘉绒文化、山水文化、传统建筑文化及非物质文化遗产，通过19个村落文化进行整合，实现整体保护与利用。积极培育创建一批文化品牌，推出各具特色的"乡村艺术节"，如碉楼文化之乡艺术节、乡愁文化节、森林音乐节等，形成四川乃至全国乡村文化振兴系列品牌活动。建设一批具有当地居住文化特色的特色民宿、精品酒店、康养中心等，满足不同群体、不同层次、不同喜好的居住需求，打造嘉绒藏族风情优美的庄园品牌。

②大力发展农文旅产业，激发藏寨产业新动能

深入挖掘藏寨生态涵养、休闲观光、文化体验及康养等新价值，促进农业功能从提供物质产品向提供精神产品拓展，从提供有形产品向提供无形产品拓展。加速新理念、新技术向农业农村融合渗透，促进"农业+文化+旅游"等产业融合。积极融入丹巴全域旅游，努力开拓"深度旅游"模式，建设游客参与性强的文化吸引项目，开发精品文化旅游线路，将19个村落整合，打造为丹巴最美藏寨旅游圈，开展四季全时文化活动，打响文化旅游品牌。

（2）展示主题

主题：访嘉绒古寨，触千年古碉；探觅美人谷，寻品东女国

（3）展示线路（图5）

①梭坡古碉群观光线：县城→宋达村→莫洛村

主要旅游产品包括：古碉群探秘旅游产品、嘉绒藏族民族风情游览体验旅游产品、文化节庆旅游产品。以观光了解四角碉、五角碉、六角碉、八角碉、十二角碉、十三角碉等典型建筑风格、建筑历史及建筑技术；展示欣赏嘉绒藏族的歌舞文化、历史文化、服饰文化、婚恋文化、成人礼仪等民俗文化，并让游客参与学习制作嘉绒藏族服饰、绣花饰品、泥质玛尼雕塑等传统民族技艺。

②中路东女国观光线：县城→波色龙村→克格依村

主要旅游产品包括：藏寨田园观光与休闲度假旅游产品、东女国及古人类遗址探秘旅游产品、文化节庆旅游产品。改变过去只游览古碉群集中处的简单线路，将体验道路扩展到全村，特别是东女古国的历史道路，使游客在领略自然景观秀美的同时，在峰回路转、感叹于曲折蜿蜒的石板路上，体验"找"的乐趣，使其流连忘返于极具藏族特色的民居和具有悠久历史文化的古碉群文化之中，"住"在生态藏寨。

③美人谷风情体验线：县城→木纳山村→邛山一村→齐鲁村→沈洛村→小坪村→大坪村

主要旅游产品包括：藏寨田园观光与休闲度假旅游产品、嘉绒藏族民族风情游览体验旅游产品、文化节庆旅游产品、自然山水观光探险旅游产品。加大乡村旅游度假基地的建设进程，对区域内藏民局旅馆按民居旅馆标准进行整改、修建旅游道路和停车场、整治村寨卫生环境，开展民居生活体验、田园劳作、民俗活动参与、民族传统技艺学习等常规旅游活动。此外，还可以根据各村寨资源环境情况提供特色度假旅游活动，如可开展葡萄种植、葡萄酒系列产品制作品尝等活动，还可以提供美容饮食养生，嘉绒土司生活体验、民族歌舞学习等旅游产品，从而使游客能长时间居住在这些村寨养生度假。

④经典嘉绒藏寨体验线：县城→喀卡一村→喀卡二村→喀卡三村→妖枯村

主要旅游产品包括：藏寨田园观光与休闲度假旅游产品、嘉绒藏族民族风情游览体验旅游产品、文化节庆旅游产品。加大乡村旅游度假基地的建设进程，对区域内藏民局旅馆按民居旅馆标准进行整改、修建旅游道路和停车场、整治村寨卫生环境，开展以农业观光与嘉绒文化旅游体验为一体的特色产业体系，并展示欣赏嘉绒藏族的歌舞文化、历史文化、服饰文化、婚恋文化、成人礼仪等民俗文化，并让游客参与学习制作嘉绒藏族服饰、绣花饰品、泥质玛尼雕塑等传统民族技艺。

⑤高原自然生态体验线：县城→大桑村→吉汝村→三道桥村→莫斯卡村

主要旅游产品包括：生态农业观光体验旅游产品、文化节庆旅游产品、高山自然风光和牧场风情体验旅游产品。在莫斯卡可以开

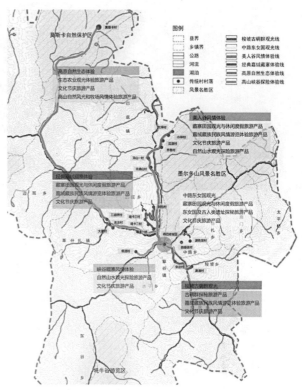

图5　丹巴县传统村落旅游展示线路图（图片来源：作者自绘）

展以原始森林、冰川雪峰地貌、高山冰碛湖泊、高山草甸牧场观光为主的自然山水观光及探险旅游产品；在大金河、小金河、大渡河、可以开展河谷边滩、心滩地貌和风景河段观光旅游产品。

⑥高山峡谷探险体验线：县城→俄洛村

主要旅游产品包括：自然山水观光探险旅游产品、文化节庆旅游产品。可开发天然盆景式峡谷地貌的观光旅游；从民族传统文化节庆和现代文化旅游节庆举办嘉绒藏族风情节、藏寨赏花节以外，还应将燃灯节、转山节、赛马节等传统节庆或宗教活动提升规模和档次以增强影响力和吸引力。

注释

① 邓德洁，成都理工大学地球科学学院，博士研究生，高级工程师。
② 王长柳，西南民族大学建筑学院，副教授。
③ 巩文斌，西南民族大学建筑学院，实验室，高级工程师。

参考文献

[1] 中共中央，国务院. 中共中央国务院关于实施乡村振兴战略的意见（中发〔2018〕1号）. 2018-1-2.
[2] 中共四川省委，四川省人民政府. 四川省乡村振兴战略规划（2018-2022年）. 2018-9-9.
[3] 中共四川省委农村工作委员会. 关于四川省县域乡村振兴规划编制的指导意见（川农委〔2018〕85号）. 2018-10-28.

宗祠文化影响下客家乡村聚落特征与规划策略探索

——以广东省韶关市冲下村为例

龙　彬① 　杨正煜② 　王　瑾③

摘　要： 研究旨在梳理出冲下村在宗祠文化影响下作为客家乡村聚落的特征，主要是"山—水—田—村"的自给自足式选址，以姓氏宗祠为核心的组团式分布格局以及风水思想为支撑的祠堂建筑并希望通过对聚落特征的总结来探索未来村落的规划策略：传承宗祠文化，保护村落格局和祠堂建筑的修复。本文通过宗族文化这一视角研究了冲下村聚落形态，期望以冲下村为代表的客家乡村聚落在未来能够更好地传承历史文化、保留乡愁记忆、实现乡村振兴。

关键词： 宗祠文化　客家聚落

一、引言

中国为一个农业大国，拥有数千年的农业发展史，春种秋收的生产方式使得乡村聚落过去一直主导着中国社会文明的进程。但在近三十年以来，城市化的快速发展持续冲击着我国传统的乡土社会结构，同时长期的城市中心论，使得对乡村聚落的忽视不断加深，导致诸多问题出现：人口空心化、配套设施不足，传统产业活力下降及乡土文化丢失等现象。而乡村聚落在漫长的发展过程中所形成的文化正是其核心所在。它涵盖了人与自然相处的生态关系，人与人相处的社会关系，背后是宗族制度、礼仪习俗等生产生活的文化内涵。在乡村聚落的文化内涵里，由宗族传承理念所积淀下来的宗祠文化与聚落的发展有着密不可分的关系。同时，广东地区的客家乡村聚落作为宗祠文化的盛行之地，其以祠堂为主要载体和表现形式，有着重要的研究价值。基于上述情况，本文以广东省韶关市冲下村为例，从宗祠文化影响下思考客家乡村聚落的规划策略，希望为乡村聚落的保护与发展提供新的思路。

二、村庄基本概况

冲下村位于广东省韶关市武江区龙归镇中部，毗邻龙归镇镇区中心，境内有省道、县道、广乐高速穿过，村中有两条河流绕村而过，水陆交通便利。共有7个自然村，分别为龚屋、邹屋、郑屋、管屋、高屋、涂屋和黄岗岭，总户数为503户，户籍人口为2322人。各自然村人口分布并不均衡，差距较大。其中郑屋人口最多，达780人，黄岗岭村人口最少，仅有102人。村中现有耕地面积1200亩，林地面积400多亩，产业以农业为主，黑皮蔗为村中主要特色农产品，辅以种植水稻、蔬菜等作物。村域整体呈现为

"山—水—田—村"自然生态格局，村域的西南端为自然山体；村域其他部分为龙归河、南水河冲积而形成的平原地区，地势较为平坦，现状主要为连片的农田，适合大规模的农业生产。（图1）

冲下村为典型的客家乡村聚落，表现为每个自然村都以客家排屋为中心聚集，并且每个姓氏的祠堂位于排屋的中心，当地村民语言也多以客家方言为主。村中一共七个姓氏，曾有十个祠堂（管屋、涂屋、郑屋有两个祠堂），其中有九个沿用至今，每年仍有固定的祭祀仪式。客家文化构成了冲下村主要的社会文化结构，祠堂是客家人的精神家园，也是村民聚会、议事等公共空间。同时，在冲下村南侧、龙归河北侧有1处粮仓，其是集20世纪60～80年代苏式仓与浅圆仓于一体的粮食储藏仓库，用于粮食仓储及简单的机械作业。

图1　冲下村村域卫星图（图片来源：Google地球）

三、宗祠文化下的聚落特征

客家人，是由于古代中原人因躲避战乱而南下迁徙所形成汉民族支系，长距离的家族迁徙和辗转异乡，加深了他们对家族祖先的思念以及对未来家族的团结渴望，致使他们对家族的凝聚力和不能"忘本"的初心十分看重，从而不断强化以血缘关系为基础的宗族制度。

宗祠文化主导下的客家乡村聚落通过血缘关系而形成，其聚落特征呈现出客家人这个群体所拥有的凝聚力。其特征主要从宏观上的村落选址，冲下村选择以"山—水—田—村"的自给自足式定居，既能保证不与外界打扰，同时资源环境又能保证自身村落的存活。中观上聚落布局为以姓氏宗祠为核心的组团式分布，各姓氏间既有分割又有联系，加上微观上以传统思想宗祠建筑三方面体现。

1. 聚落选址与环境格局——"山—水—田—村"的自给自足式村落选址

客家是历史移民的产物，其来源于北方中原汉民的六次大规模迁徙，因"做客"异乡，会受到本地人的不待见与排挤。因此，客家聚落的选址通常并不是当地最富饶、肥沃之地，聚落选址通常都较偏远，考虑了一定的防御性和独立性，以此来保留和传承客家人所带来的文化与家族。

冲下村地处丘陵地带，村内地势平坦，属于河流冲击所形成的平原地区，村子内的西南面有山势平缓的山体，而不远处北部，南部和东部均有山脉，呈环形之势包裹村庄。村北部河流为南水河，南部河流为龙归河，两河将村隔离成半岛形态，在古时非常有利于防御，杜绝外人侵扰，维持宗族和平稳定生存。村中部和东部是大面积平原，土地肥沃，冲下村大部分的耕地都位于此，能满足村民自给自足的生活条件，这种"山—水—田—村"式的自然生态格局为冲下村村民提供了十分优越和理想的居住环境，同时这种因河流自然分割而形成的地势环境，又能给客家人在异乡所必要的安全性与防御性。两条河流的流经也给村民们的日常生活和从事的生产活动提供了方便。如此适宜的自然地理条件，为冲下村经济发展打下了坚实的基础，也体现了人与自然和谐共处的人居理念。（图2）

2. 村落形态布局——以姓氏宗祠为核心的组团式分布格局

通常来说，传统聚落空间都具有一定的聚合性特征，其主要表现在通常村落都是以某一公共中心为核心向外发散，而作为宗祠文化影响的客家乡村聚落，公共中心自然就成了宗族祠堂。其不仅能对内部社会关系起到积极的聚合作用，还对外展示了本村落社会力量的强大程度，起到了一定的防卫防御功能。

从冲下村现状的村落形态可以看出，村落布局呈多组团式分布，除新村组团外，其他每个组团以一个或多个祠堂为核心，形成向外呈发散状的生长结构，这是在浓厚的宗族文化影响下产生的结果。宗祠位于组团的中心更便于以宗亲为单位举办祭祀活动或商议族内大事。正是这种空间上的联系，使一代一代的族人维持着从古至今紧密的宗族血缘关系。根据村中老人的口述历史以及实地走访，确定原冲下村是以管屋、曾屋、涂屋、邹屋组团为中心，辅以老郑屋组团，龚屋组团和高屋组团而逐渐演变至今。据村中老人描述，新郑屋组团大约在100年前由老郑屋后人逐渐搬迁后形成。以姓氏宗祠为核心的组团式分布格局更能团结宗族，以便宗族乃至聚落更好地抵御外敌，繁衍生息下去。（图3、图4）

图2 冲下村村域风貌（图片来源：中国城市规划学会乡村规划与建设学术委员会）

图3 冲下村祠堂与组团1（图片来源：作者自绘）　　　　图4 冲下村祠堂与组团2（图片来源：作者自绘）

3. 公共建筑——传统文化思想为支撑的宗族祠堂

从传统聚落空间内部来看，公共中心场所通常是聚落内最具标识性的场所，有着明显不同于其他建筑的特征。冲下村的公共中心场所是祠堂建筑，通过固定的元素组合形成了现有的聚落公共中心的标识性特征。其元素组成通常以祠堂建筑加上两旁排屋共同形成主体建筑；祠堂正门前搭配村民活动广场，既满足族内举办红白喜事的人员聚集场地需要，又满足村民休闲活动的日常需求；最后搭配在祠堂前面中轴线上的风水塘以及背后的靠山，共同塑造出村落的公共中心——宗族祠堂。

在冲下村中，现有风水塘的宗祠共有4个，分别为老郑屋、新郑屋、管屋以及邹屋。其余五个宗祠仅有靠山和活动广场。村中宗祠靠山选择也各位不同，其中老郑屋，新郑屋祠堂选择以村内山丘为靠山，其余姓氏祠堂则选以远处大型山脉为靠山。因此祠堂方位也各有不同。总体来说，客家乡村聚落里较为完整地保留了原中原地区的传统思想，以此增强村中各宗族的凝聚力，同时希望村落顺利发展，宗族内人丁兴旺以便继续香火传承。（图5、图6）

四、规划策略探索

冲下村生态格局良好，一方面，紧邻镇区，具备一定交通区位优势同时它由是客家文化聚居地；另一方面，冲下村的生活、生产条件较为落后，基础设施缺乏，其自然人文资源也并不具备稀缺性，可以说是广东欠发达地区甚至全国普通乡村的典型代表。因此，根据宗祠文化影响下的聚落特征，对冲下村进行分析总结出以下规划策略。

1. 宗祠文化的传承

宗祠文化是中华民族的社会家族文化的核心，是古人通过血缘关系聚居在一起后逐渐形成的传统文化，其通过祠堂祭祀、族谱修订以及民俗仪式等不断强化族人之间感情，成为保持宗族凝聚力的纽带。尽管宗族制度的衰亡不可逆转，但我们仍可以保护和发扬宗族精神，重新树立村民对血缘宗族的认同和归属。保护好现有的宗祠祠堂，以及传承下来的风俗文化，才能保证宗族在今后发展中继续留存。同时，宗祠文化在未来村落发展过程中也能够发挥一定的

图5 新郑屋祠堂排屋与老郑屋祠堂排屋1（图片来源：Google地球）　　　　图6 新郑屋祠堂排屋与老郑屋祠堂排屋2（图片来源：Google地球）

作用。如在村中遇到一些困难，比如道路损毁、环境破坏，各姓氏宗族还能够发出倡议，引领族人捐款捐物，自发维护村庄的设施环境。宗族组织是一股能够发挥作用的积极力量，是一种社会资源，传承保留下来以及合理地利用能对乡村治理起到不小的作用。

2．村落格局的保护

客家乡村聚落的保护首先要做到对村落环境整体格局和肌理的保护，因为它是客家文化脉络的根本和历史记忆的载体，无论是今后的祠堂重建还是新居民点的修缮，都应以尊重现有肌理格局为前提，尽可能不去破坏。而冲下村的老聚落与新村之间有着明显的肌理差异，原有肌理以各姓氏祠堂为中心向外发散，这种模式既能保证族内的团结发展，也能保证村中肌理不被破坏，特别是今后如果要修建新村，应特别考虑各姓氏聚居点不应太分散而造成邻里间的隔阂。在这种情况下，充分提取冲下村中的街巷格局、建筑形态、古树古井等要素的历史特征并将其完整的保护起来，使得村落的文化脉络、历史记忆和整体肌理得以延续，保留下冲下村作为客家乡村聚落整体格局的完整性和的原真性。

3．祠堂的修复完善

民俗文化和物质遗存是一个乡村聚落历史文化价值的核心体现，也是对聚落保护中的重要手段。冲下村中的部分祠堂建筑和排屋经历了历史的岁月洗礼，不可避免地有一定的损坏，部分祠堂也有荒废的迹象。同时，也存在部分村民因急切住上新洋房，而推倒排屋，在其原地修建与祠堂建筑风貌不符的住宅，从而及破坏了建筑的完整又破坏了肌理的协调。因此，应该基于村中祠堂建筑和排屋建筑的考察，从建筑年代、质量、价值、功能等方面的情况对其进行调查，分类。对仍有香火供奉的祠堂进行保护，仍有大部分人居住的排屋进行改建修缮；对已经过分破烂的祠堂及排屋进行重建，用政府带头和村民共治的方法一起维护、修缮、整治改造作为宗祠文化核心的祠堂建筑。应尽可能地保护历史遗存，使冲下村能以一个完整真实的形态传承延续下去。

五、结语

宗族文化是粤北地区的文化基底，这种文化深刻影响了乡村聚落的格局和未来发展的方向，只有对文化基底的足够了解并对其进行梳理，在理解村落空间形态与历史文化间的内在联系之上，才能做出有益于乡村的村规划设计。冲下村有较为完整的客家乡村聚落格局，可以说是广东地区万千客家乡村聚落之一，有着一定的代表性。乡村聚落内宗族文化日益减少，内聚力不足、基础设施和社会服务配置差。产业发展困难等一系列问题，需要更多的人参与和讨论。希望本文是一块引玉之砖，能够为后续的研究提供一些思路和帮助，使客家乡村聚落发展有更多的真凭实据。

注释

① 龙彬，重庆大学建筑城规学院，博士生导师。
② 杨正煜，重庆大学建筑城规学院，硕士。
③ 王瑾，重庆大学建筑城规学院，硕士。

参考文献

[1] 丁楠．宗族文化影响下的陕西传统村落形态研究 [D]．西安：西安建筑科技大学，2019．
[2] 苏梦林，张鹰，郑佳文，黄莉芸．宗族组织变化对传统聚落空间的影响——以泰宁传统聚落为例 [J]．华中建筑，2020，38 (06)：107-112．
[3] 王健康，王炳熹．宗族祠堂的当代文化价值 [J]．前进，2019 (06)：34-38．
[4] 顾媛媛，黄旭．宗族化乡村社会结构的空间表征：潮汕地区传统聚落空间的解读 [J]．城市规划学刊，2017 (03)：103-109．
[5] 倪绍敏，段亚鹏，罗奇，贺海芳．宗族组织影响下周氏家族聚落营建研究——以进贤县罗溪"十八周"村落为例 [J]．城市发展研究，2019，26 (05)：28-32．
[6] 欧阳昭．宗族观念影响下朗梓古村落空间形态分析 [J]．山西建筑，2019，45 (19)：12-13．
[7] 谢鑫，李和平，马佳琪．宗族聚落"社会—空间"构成关系与作用机制研究 [C]．中国城市规划学会、重庆市人民政府．活力城乡美好人居——2019中国城市规划年会论文集 (09城市文化遗产保护)．中国城市规划学会、重庆市人民政府：中国城市规划学会，2019：148-161．
[8] 黄诗贤．漳州传统村落及民居空间形态及类型研究 [C]．中国城市规划学会、重庆市人民政府．活力城乡美好人居——2019中国城市规划年会论文集 (18乡村规划)．中国城市规划学会、重庆市人民政府：中国城市规划学会，2019：1884-1893．

乡村振兴背景下山西省佛堂村规划策略研究

龙 彬① 张贾鑫② 宋正江③

摘 要： 乡村振兴战略是解决城乡二元结构，实现农业农村现代化的关键举措，需要制定科学有效的乡村振兴规划。文章在乡村振兴的发展背景下，以山西省佛堂村乡村振兴规划为例，首先从产业、生态、形象三个方面厘清发展现状，其次解析其振兴发展所面临的三大困境，最后以问题为导向提出农旅一体、产村融合、生态构建、多级保护、风貌打造、环境整治等规划策略，以期指导佛堂村实现乡村振兴。

关键词： 乡村振兴 佛堂村 规划策略 生态构建

随着经济的快速发展，农村人口外流、土地撂荒等问题凸显，为了消除贫困、改善民生、实现共同富裕，"十九大"报告中明确我国要乘势而上开启全面建设社会主义现代化强国的新征程，必须实施乡村振兴战略，强调农业农村优先发展，把农业农村的发展摆到国家战略的位置进行决策部署。[1]

一、乡村振兴背景下乡村规划目标解析

乡村振兴战略背景下的乡村规划要体现战略的科学性、整体性、前瞻性，要求我们按照创新、协调、绿色、开放、共享的发展理念[2]，认真落实产业兴旺、生态宜居、乡风文明、治理有效、生活富裕五大总体要求，立足整体发展，把实现农业强、农村美、农民富作为规划的最终目标。

乡村振兴发展产业规划是动力，生态构建是基石，人居风貌是灵魂。[3]实现乡村振兴，需要从产业发展、生态构建、人居风貌多维度推进：一是做好产业规划，引导乡村产业有序发展；二是构建生态安全格局，制定多级生态保护体系；三是聚焦人居风貌打造，提升环境品质。

二、佛堂村发展现状与特征

佛堂村位于山西省长治市平顺县虹梯关乡东北，辖8个居民小组，共77户184人，村域面积776.67公顷。目前仅一条村道（太行天路）连接至县道670，地理位置偏远，对外交通较差。（图1）

一方面受城市化影响较弱，较好地保持了一定的乡村特色、生态资源丰富；另一方面经济发展滞后、内生动力不足、人才流失严重，村庄逐渐空心化、病老化，人居环境条件差。从宏观角度来

图1 佛堂村区位图
（图片来源：作者自绘）

看，佛堂村周边旅游资源丰富，如岳家寨景区等，且在《山西省平顺县全域旅游发展总体规划（2017-2022年）》中佛堂村位于太行天路乡村休闲旅游带上，县级发展拉力充沛。

1. 环境特征：生态良好，气候宜人

佛堂村属于太行山南段中山地貌类型，山峰绝壁险峻，山陡路险，形成了著名的太行天路。佛堂村气候冬无严寒，夏季凉爽，四季景观变换多样，森林覆盖率高、生态环境优越。[4]

2. 形象特征：历史悠久，景观丰富

佛堂村历史遗存丰富，有多处山神庙（关帝庙等）、有唐代佛像。不仅如此，佛堂夯土房、石板房、砖瓦房等百年老屋建筑群、旱作梯田、储水地窖、石碾、石磨等乡土景观极具佛堂特色。人文活动方面蕴含深厚的戏曲、音乐、舞蹈、游艺传统。但建筑质量参

差不齐，基础设施严重滞后。

3. 产业特征：耕作分散，缺乏特色

佛堂村主要产业为种植业和旅游业。受地形条件限制，耕地分散未形成规模，主要产品有大红袍花椒、潞党参、连翘、黄芩等。现有三产服务业主要是为本村服务的小型商贸业和零散的旅游接待业，收入主要来源于传统种养业和劳务收入。

三、佛堂村乡村振兴面临的问题

1. 产业发展：缺乏科学的引导

佛堂村种植业薄弱，旅游业挖潜不足，未形成品牌效应。生产模式上受自然环境影响缺乏稳定性，耕作分散，经济作物未形成规模。经营模式上现状第三产业无法带动村庄的发展，无优势特色产业，经济活力不足，产业发展缺乏科学引导。

2. 生态资源：粗放式保护开发

佛堂村生态环境资源处于粗放式管理状态，容易造成耕地的浪费或不合理的开发，也不利于形成良好的自然景观。合理划定生态空间和制定保护规定的能够增加居民的生态保护意识，也有利于发挥生态资源优势增加旅游业吸引力。

3. 乡村风貌：整体形象待提升

环境卫生较差，形象特征不鲜明，旅游吸引力不足。一是居民点分布不集中，土地浪费严重，功能分布不合理，建筑质量参差不齐，不符合现代居住需求。二是公共设施配套不足，文旅场地缺乏，环境景观粗犷。三是市政基础设施不完善，无法满足村民与游客使用需求。四是路网不成系统，部分道路险峻缺乏安全防护。

四、乡村振兴背景下佛堂村规划策略研究

1. 产业发展：农旅一体、产村融合

（1）产业规划

竞合分析，借势补位。通过竞合分析得出佛堂及周边村庄发展的优劣势，再借势补位将佛堂置身于整个宏观旅游发展线路之中进行差别化产业规划。如借岳家寨旅游之势，补位旅游配套；借太行天路之势，补旅游目的地之位；借大红袍花椒、潞党参之势，补传统农业品牌。

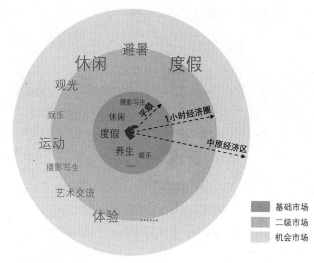

图2　市场分析
（图片来源：作者自绘）

强化优势，多维营销。一是强化佛堂村生态资源、历史文化优势并加以利用。如建筑：佛堂村闲置建筑多、特色鲜明，可形成精品民宿或文旅场所等，此类闲置空间盘活类似"触媒"作用可以激活农村产业融合发展。[5]二是扩大市场影响力、旅游吸引力离不开多维度的营销推广。首先是居民点分类发展，现状资源条件等将整个村域划分为不同的功能区域，依据针对其类型优势进行营销推广。其次是旅游市场分级营销。通过对基础市场、二级市场、机会市场等不同的市场指向与核心需求的分析，策划具有针对性的营销推广活动。（图2）

（2）村域规划

空间结构：一带三区多点。一带为村域旅游发展带；三区为旅游综合服务区、农耕文化乐享区、摄影写生创作区；多点为以村域发展带和徒步旅行游线为载体的多个旅游节点。

居民点布局：合并迁建，集约发展。将原有的8个自然庄，合并迁建至3个主要居民点，分别为庄果岭、佛堂、老碾坨道。根据村庄大小及配套设施面积，预估日接待游客数量为300～400人，迁建的自然庄主要保留原始风貌。

道路交通：构建体系，特色游览。梳理村域车行路网系统，在地形允许处增加会车道。完善步行交通系统，打造特色徒步游线。设置生态停车场，服务外来游客和村民停车需求。

综合服务设施：完善设施，满足需求。在村域范围内规划新增电信线；在太行天路与村道交界处的山峰高点新建电信基站。在佛堂村委会处新建村民阅览室与活动室；在三个主要居民点规划净水池、污水处理点、公共厕所等设施。

2. 生态构建：空间划定、多级保护

（1）多因子叠加划定三生空间

生产空间、生活空间和生态空间这三生空间构成了完整的乡村人居环境，生产、生活、生态的不协调阻碍乡村的振兴与发展。[6]在划定过程当中以三生相融理论[7]为原则以三生相融模式（图3）为模式：优化空间边界过渡、空间有机镶嵌、生活与生态空间利用农业空间缓冲。

三生空间划定路径：首先对影响佛堂村生态构建的自然、社会、文化和经济因素进行研究，初步确定集中居民点规模与布局、产业用地空间与规模。[8]其次借助GIS对佛堂的地形地貌、高程、坡度、坡向、地表径流情况等多因子进行定量分析并作适宜性评价。再次结合各专业专项规划中有关内容，将其综合纳入、统筹布局。最后以"乡村建设空间和农业生产空间有保障、不可替代生态空间不触动、基本农田总量不减少、保证基础设施互联互通"[9]为原则进行综合协调，基本确定三生空间的基本格局与空间划定。（图4）

佛堂村生产、生活、生态空间分别以农业生产、生态保护、生活居住为主导功能，三种空间面积分别为300.03公顷、7.11公顷和469.53公顷；各占村域面积总比的38.62%、0.93%、60.45%。

（2）制定各级生态保护规定

生态保护需要各级政府、村民的切实行动，制定生态管控、防治等保护规定是当务之急。从生态保护红线、风景名胜区、国有林场、二级保护林地、高压线电力走廊、公路防护、水源地、油气管道等与佛堂村生产、生活、生态紧密相关的管制要素出发，以国家和各级政府出台相关各项保护管理条例、办法等为依据提出各级管制要求，并对村民进行主题教育，提高生态保护意识。

3. 人居风貌：风貌打造、环境整治

（1）乡村风貌打造

根据现状分析并对每一个居民点挖潜，在与村民沟通下对该居民点进行总体定位。佛堂、庄果岭、老碾圪道居民点分别定位为农耕文化乐享区、旅游综合服务区、摄影写生创作区。功能结构布局考虑村庄外围自然环境及内部用地关系，建立与产业布局相适应的乡村空间与功能结构，使人工构架与自然生态构架得到有机统一，针对不同的居民点进行功能分区。依托现有梯田、唐代佛像等将佛堂居民点主要分为农耕文化体验区、民俗文化体验区、商业民宿体验区。依托飞云亭、鹰峰岭、旅游服务中心等将庄果岭山林观光旅游服务区、集中居民点区、石屋民宿旅居区。依托通天峡大峡谷结合传统乡土建筑等将老碾圪道梯田景观区、村民居住区、艺术创作区。

（2）人居环境整治

①建筑整治

从现存建筑中提炼建筑元素，分析建筑结构与质量，对其进行分类整治。一是从屋面、墙体、门、窗户提炼现状建筑元素并加以利用，突出佛堂特有乡土建筑文化特征（图5）。二是建筑质量分析。

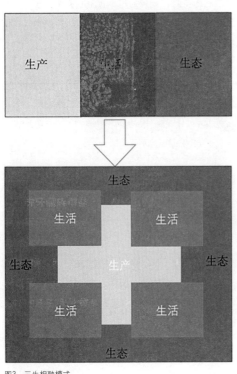

图3 三生相融模式
（图片来源：作者自绘）

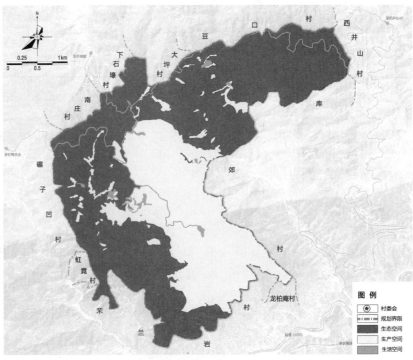

图4 三生空间布局规划图
（图片来源：作者自绘）

屋面 现状建筑以双坡页岩屋顶为主，部分建筑屋面使用水泥材质制作，起到防风、防水、供人行走的功能。

墙体 墙体部分在材质上多为夯土墙、石材墙，新建居民点为砖墙。墙体通常很厚，部分石材墙还有图的填充。

门 门的样式比较单一，材质以木材为主，多为平开，部分有方格纹装饰。

窗 佛堂村建筑的窗户均为木质地，主要为对开窗和横披。窗户棂格装饰图案就比较简单，多为仿格纹，少部分为万字格纹。

图5　佛堂村建筑元素提取（图片来源：作者自绘）

佛堂村建筑结构主要分为砖混结构、土石结构、夯土结构三类。通过分析将建筑质量分为质量好、质量一般、质量差三种。质量好的为砖混结构，建成时间短，有人居住，内有装修；质量一般的为土石结构或石板结构，保存较好，部分构件受损，有人居住；质量差的为年久失修，损坏严重，结构受损，无人居住。三是建筑整治，分为建筑外部整治和内部功能提升两方面。将建筑外部整改分为整治（质量较好的新建建筑，与主要风貌不协调）、改造（质量较好的传统建筑，部分功能不符合现有要求）、新建（质量较差的传统建筑，翻新成本高拆除重建）提出整治导则。同时对建筑内部从卧室、客房、厨房、卫生间、圈舍等方面提出了功能优化改造建议（图6）。

②外部环境整治

重要节点整治规划。对三个居民点重要节点进行景观设计、功能重组和配套相关服务设施。如村庄入口：设置标志物强化村庄形象，集散广场进行铺装与绿化配置，增加休闲座椅、登山步道牌坊、布告栏、照明、健身和公交车站等设施。

公共空间整治规划。尊重既有的山、林、田自然景观格局，以乡土植物和景观小品为主进行美化设计。主要内容包括：种植花卉树木，美化环境，丰富不同季相景观；加固土平棚，增设屋顶平台并加以利用；使用乡土藤席装饰沿路墙体；对佛堂村的旅游标识系统进行整体设计等。

道路系统整治规划。一是居民点道路分级。村庄主要道路：较差的自然碎石山路；村庄次要道路：几乎水泥路全覆盖；村庄支路：入户路、田埂路。二是分类整治。采用支路部分硬化的形式，临近主要道路的入户路硬化，为旅游发展服务，田埂路、较偏远的入户路仍为土路，延续乡村田园风貌。针对主要道路的整治措施有挂网种植藤蔓植物，修建排水沟、防撞护栏、下山栏杆等。（图7）

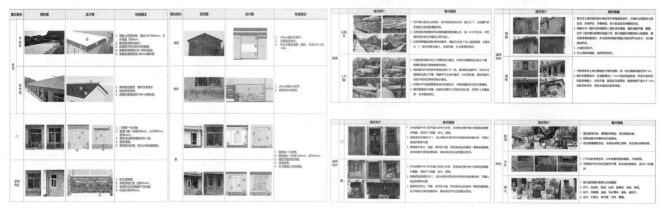

(a) 建筑整治导则　　　　　　　　　　(b) 建筑改造导则

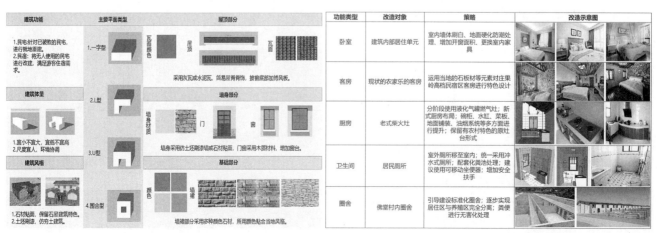

(c) 新建建筑导则　　　　　　　　　　(d) 建筑内部功能提升导则

图6　建筑整治导则（图片来源：作者自绘）

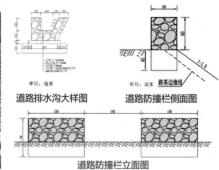

道路排水沟大样图　　道路防撞栏侧面图

道路防撞栏立面图

图7　佛堂村主要道路改造范例（图片来源：作者自绘）

五、结语

　　乡村振兴战略为乡村的发展提供了自上而下的强大政策推动与保障。本文基于乡村振兴的目标导向，结合具体案例深入研究，厘清佛堂村的现状特征，剖析阻碍其发展的问题产业发展缺乏引导、生态资源粗放式保护、乡村风貌有待提升等，有针对性地提出了农旅一体、产村融合、空间划定、多级保护、风貌打造、环境整治等规划策略，以期为佛堂村的发展提供新思路与指导，形成可复制、可推广的乡村规划经验。

　　在研究过程中笔者针对类似佛堂村人少、地偏、经济差，但极具特色的乡村振兴规划模式进行反思：乡村规划区域内多村共同编制的效果是否优于单村编制。多村共同发展有利于扩大地域文化影响力，构建完整产业链形成规模效益，多点并发增大品牌吸引力，真正实现城乡一体、乡村振兴。

注释

① 龙彬，重庆大学建筑城规学院，博士生导师。
② 张贾鑫，重庆大学建筑城规学院，硕士。
③ 宋正江，重庆大学建筑城规学院，硕士。

参考文献

[1] 刘合光. 乡村振兴的战略关键点及其路径 [J]. 中国国情国力，2017（12）：35-37.

[2] 廖彩荣，陈美球. 乡村振兴战略的理论逻辑、科学内涵与实现路径 [J]. 农林经济管理学报，2017，16（06）：795-802.

[3] 范凌云，徐昕，刘雅洁. 乡村振兴背景下苏南乡村生态营建规划策略 [J]. 规划师，2019，35（11）：24-31.

[4] 龙彬，谢君意，石恺. "低技策略"导向下的古村落乡村振兴规划——以山西长治佛堂村为例 [J]. 重庆建筑，2020，19（02）：5-8.

[5] 龙彬，宋正江，石恺. 乡村振兴背景下农村闲置空间活化利用研究——以重庆万盛农村闲置中小学为例 [J]. 小城镇建设，2019，37（08）：36-44.

[6] 庞文东，李长东，魏晓芳. 乡村振兴战略背景下的乡村"三生"空间发展研究——以重庆市南岸区为例 [J]. 建筑与文化，2019（01）：194-195.

[7] 扈万泰，王力国，舒沐晖. 城乡规划编制中的"三生空间"划定思考 [J]. 城市规划，2016，40（05）：21-26+53.

[8] 杨杰. 基于三生相融理念的四川浅丘地区乡村景观规划研究 [D]. 四川农业大学，2017.

[9] 舒沐晖，沈艳丽，蒋伟，黄合，刘胜洪，王力国. 法定城乡规划划分"生产、生活、生态"空间方法初探 [C]. 中国城市规划学会、贵阳市人民政府. 新常态：传承与变革——2015中国城市规划年会论文集（09城市总体规划）. 中国城市规划学会、贵阳市人民政府：中国城市规划学会，2015：56-66.

自然环境在村落保护中的价值初探

——对皖南族谱的探访与研究

梁　雪[①]

摘　要： 全文共分四个部分：前三个部分记述了作者于20世纪80年代在西递村探访胡氏族谱的过程以及对皖南村落族谱的相关研究，其中包括：在西递村见到的胡氏宗谱及其传人。族谱中记述的、对周边自然景观的欣赏。村镇选址与环境容量。最后，并阐发村落周边自然环境在村落保护规划中的价值与意义。

关键词： 族谱　村落周边环境　环境容量　理想环境观　村落保护规划

清代王文瑞在题为《黟县竹枝词》中写有这样的诗句：

南湖一水浸玻璃，十里钟声柳外堤。

绝妙楼台西递起，月光梅影画东溪。

这里，前两句描写皖南黟县宏村的景物，后两句描写黟县西递村的自然环境与建筑特点。

这两个保存相当完好的传统村落（宏村、西递村），是我在20世纪80年代做村镇研究时最早接触的两个村落。因其自身村落的历史和环境特点，这两个村落后来申遗成功，成为国内最早一批挂牌世界文化遗产的村落，现在已经成为国内著名的旅游景区。

对皖南徽州村镇的调查构成了我对中国传统村镇的最初印象，结合后来连续、大范围地对其他地区传统村镇的走访成为我对国内村落的一个基本认识构架，后来相继完成了我的专著《传统村镇实体环境设计》一书[1]

在这部分内容的写作过程中，为了追溯和还原皖南村镇的历史面貌，我查阅了现存的、大量家谱族谱等历史资料，使得这种历史性"还原"具有一定的可信度和清晰度。

实际上，现存的地方志中包含着丰富的城市建设史方面的内容，据陈正祥在《中国文化地理》中论述[2]，全世界现存的中国地方志约为一万一千种。地方志的范围包括省、府、州、厅、县至村、里，包含着丰富的城市建设史方面的内容。从目前收藏在国内各大图书馆内的方志类型看，还是以府志和县志为主，其中涉及村志、家谱等类型的极少。

方志中大多记述有城镇乃至村镇的选址依据，周边的自然环境特点等，一般会配以木版画作为插图，具有清晰可辨的特点。这些村镇周边的自然环境特点多以"八景"或"十景"命名。从这部分内容看，以介绍村镇外围的山水环境和人文景点为主，或是村镇内部构成要素与外部环境的综合。在家谱、族谱、县志所表现的插图中，村镇人工形态与周围的山川形势更是互为补充，相得益彰。

在实地考察中国的传统村镇后也会发现，这里的村镇布局和建筑布局都与附近的自然环境关联紧密，可以说是附近的地理环境与聚落形态的共同作用才构成了一种理想的居住环境。而居住文化与周边自然山水的结合也成为我国山水诗和山水画的源头。

中国人理想的居住环境、空间观念经过长时间的实践验证和补充，发展成传统文化理论的合理内核，文人学士山居和田园居住的理想和实践也以典型的传统文化理念得以呈现，最后形成自然聚落的理想构成模式。

全文共分四个部分：前三个部分记述了作者于20世纪80年代在西递村探访胡氏族谱的过程以及对皖南村落族谱的相关研究：（1）在西递村见到的胡氏宗谱及其传人；（2）族谱中记述的、对周边自然景观的欣赏；（3）村镇选址与环境容量。最后，阐发村落周边自然环境在村落保护中的价值与意义。

一、在西递村见到的胡氏宗谱及其传人

1986年夏，我为硕士论文准备现场材料时曾第二次探访黟县周边的古村，特别是西递村和宏村、关麓村等。这次现场调查的特别收获是结识了村中的胡星明老人，并看到老人手中保留的胡氏宗谱六册。在古典园林研究中，历代名人的题记和园林诗往往可以帮

助我们认识园林的变化与兴废，而有关村落的历史性记述多可在村中的族谱中留下蛛丝马迹，特别是像西递村这种以胡姓为主、聚族而居的古村落。

去黟县几个古村之前，我已经与原来结识的黟县城建局的朋友聊过这几个村落及其特点，并请他给我画了一张调查简图。在调查测绘村中的"大夫第"建筑时，见到聚在大厅里谈笑的几位老人。当他们询问完我的身份，得知我是建筑系的研究生后态度很是热情，使人感到村民对读书人的尊重。三位老人中除了大夫第的主人，另外两人一位是村中"履福堂"的主人和我要拜访的"桃李园"的主人。随后，我跟着一位老人先参观了位于前边溪与后边溪之间的"履福堂"，并看到房主收藏的两件古董："浮石"和"古扇"。当我再找到位于横路街北侧的"桃李园"时，老人胡星明很热情地招呼我。老人很是健谈，给我讲了一些村落的历史等。交谈中发现我俩很是"投缘"，老人随后又拿出保留在他手中的"胡氏壬派宗谱"六册给我看。

据老人介绍，这套族谱世上仅存两套，除了他手中这套外，另一套目前保存在安徽省博物馆。我仔细地翻阅了一下这套书，因为时间有限而重点研究了族谱前部的木板插图并拍照，后来又跑到村边对族谱中提及的几座小山——拍照，目的是验证族谱中提及的自然环境。

当我要告辞回县城时，老人和老伴带着一个四五岁的小女孩一直把我送到村口，其情其景感人至深。

二、族谱中记述的、对周边自然景观的欣赏

在传统村镇中，周围山水等自然因素的围合与限定确定了村镇的环境容量，依山傍水或背山面水成为村镇选址总的原则，这里的自然山水不仅对人居环境具有防御性功能和其他生产生活价值，反过来又具有一定的景观和改善村镇气候的作用。

这里人与自然环境表现出亲密的互动关系。古人在山村水居的环境创作中，提炼出山居的七胜：李翱之论山居，以怪石、奇峰、走泉、深潭、老木、嘉草、新花、视远七者为胜。（《避暑录话》）

从皖南山村保留下来的大量族谱，县志所记载的村镇景观中我们可以发现村民选址时对周围自然环境的欣赏与热爱，并以木板插图的形式被记录下来。

当年保留在皖南西递村罗星明老人手中并允许我翻阅记录的《西递明经壬派胡氏宗谱》中，其"卷一"载有："西递八景"，这些景观依次为：

（1）罗峰隐豹；（2）霭峰插云；（3）狮石流泉；（4）驿桥进谷；（5）槐荫夹道；（6）沿堤柳萌；（7）西塾然藜；（8）南郊秉来。

其中，前四景介绍了周围山势和水口情况，后四景介绍了村周绿化和文化建筑的情况。这种村景图既与村落的空间格局相呼应和关联，也表达了村民对周围环境的欣赏和爱好。据明代嘉靖刻本的《新安民族志》记载：（西递村）"罗峰高其前，阳尖障其后，石狮盘其北，天马霭其南，中有二水，环绕不之东而之西……"将村落内部和周边的自然环境视作形成村镇构成的基础。

在1999年前后完成的西递村申遗文本中，收录了西递八景中的三景，即：罗峰隐豹、霭峰插云、槐荫夹道，以及一幅与驿桥进谷有关的村落水口图。

由于皖南徽州一带的古村落大都历史悠久、聚族而居，散落的族谱家谱中多保留着涉及村镇周边的自然景观和人文环境，有助于我们更好地理解这些村镇的选址和构成。

皖南呈坎村的《罗氏宗谱》载有"呈坎八景"（乾隆元年续）[3]，其中有五条涉及村落周围的自然环境和由环境引发的人文景观。这些景观被以木版画的形式保留在清代的"罗氏宗谱"中。

八景之二"朱村曙色"介绍了村落东北角的朱村："村为晦庵先生先世所居，其家既迁，村犹系其姓，每东日始出，湛露斯冷之际，晓光披豁觉馀瑞犹存。"

八景之四、"众峰凝翠"介绍了村南景观"长春之南，五峰森列，合形家水火金土呈体，故其以众名，众者也。水出其下九曲，时倒浸峰影，恍若辈翠，名山佳水无出其右者。"

八景之五、"鲤池鱼化"介绍村西景色："长春之西有鲤王山，古老相传，山畔昔有池水似天所设，池鲤一夕化龙去，山因获名。"

八景之六"道院仙升"；长春之乡前，晋时有真人罗文佑修道于黄山，后以丹成得白日飞升……

八景之七"天都雪霁"：长春之北，黄山有峰三十六，如嵩岳然，天都乃峰之一也，昔黄帝与容成子浮丘翁修炼于此，其丹鼎药臼尚存，故山因得名，四时之景惟雪霁为独胜云。

皖南棠樾村在明代即有"复古虹桥"，"令尹清泉""横塘月霁"，"龙山雪晴"四景，十分简要地概括了村中和村周的景色。[4]

这种位于城镇或乡村周围的"八景"、"十景"，大多结合村民有意安排的赋有文化内容的景点，如寺院、道观等，实际上也为居民提供了户外的文化活动场所，这些自然景点与人文景点的结合是村镇不可分割的一部分。每逢佳节，无论是三月踏青还是九月登高都可以吸引城镇居民游览。

应该说，具有审美价值的山水格局，既是村镇选址的先决条件和基础，也是定居后村民欣赏和赞美的主要对象。以村镇景观的方

式命名和记载，目的是教育后人延续和保护这些具有特色的村镇景点。从环境构成的角度看，这些自然环境构成了村镇领域的第一道空间层次。

三、村镇选址与环境容量

环境容量是选址时应予以考虑的首要因素。所谓环境容量就是区域环境可容许的生态扩张限度。在区域环境中对生态扩张起限定性作用的主要因素是人口、土地资源和水资源。

我国古代哲学家在2000多年前已清醒地看到人口与土地的辨证关系，预计在一定的自然环境中，人口过多或无限增长可能带来的弊病，主张聚落规模应与土地和自然环境平衡。

《菅子·霸言》篇说："地大而不为，命曰土满；人众而不治，命曰人满"。战国时期商鞅指出："民过地，则国功寡细兵力少"，指出人多地少，农业供给不足以养活军队而会出现"兵弱国危"的情况。他在《商君书·徕氏》中曾对环境容量做了粗略的定量阐述："地方百里者，山陵处什一，薮泽处什一，溪谷流水处什一，都邑、蹊道处什一，恶田处什二，良田处什四，以此食作夫五万。"

在城镇选址中，很早就有根据居民点大小选择自然环境的论述。就山川格局来看，有大、中、小三种"聚局"，"大聚为都会"，"中聚为大郡"，"小聚为乡村"。

"……督蓄大府，京都畿甸，皆平野旷阔，水为缠绕，不见山峰，盖不如此，则气象不宽堂局不展"。（平阳全书）指出城市用地要地势开阔、有发展余地。

"凡京省府县其基阔大……其基既阔宜以河水辩之，河水之曲乃龙气之聚会也"。（吴鼎编集《阳宅摄要》）。

对聚落扩展的考虑在传统文化理论中以确定阳基范围的面目出现。林枚在《阳宅会心集》中曾论及：阳基"喜地势宽平，局面阔大，前不破碎，坐得方正，枕山襟水，或左山右水"。通常阳基又与明堂合论，（明堂概念为：乃众砂聚会之所，后枕靠，前朝对，左龙砂，右虎砂，正中曰明堂）对明堂的要求为："阳宅之穴场，宜铺毡展席，明堂宜宽畅大聚，案山宜远，分合宜宽，盖铺展则穴场阔大，宽聚则容纳百川，察山远则土牛唇厚，分合宽则界水不缠身"。（《地理五诀》）

村镇的山川格局，当以水口限定的范围为界（即以入水口到出水口连线为直径所限定的范围）。

在皖南地区，受影响的选址记述散见于许多族谱家谱中。

皖南荷村的选址："慕山水之胜而卜居焉……阡陌纵横，山川

灵秀，前有山峰耸立而特立，后有幽谷窈然而深藏，左右河水回环，绿林荫翳。"

黟县湾里村选址："鹤山之阳黟北之胜地也，面亭子而朝印山，美景胜致，目不给赏，前有溪清波环其室，后有树葱茏荫其居，悠然而虚，渊然而静……惟裴氏相其宜，度其原，卜居于是，以为发祥之基。"

皖南棠樾村原是鲍氏的一处园林别业，至四世鲍居美时"察此处山川之胜，原田之宽，足以立子孙百世大业"，遂自府邑（歙县）西门携家定居棠樾，自此而后八百年，棠樾作为鲍氏氏族居住地，盛衰起伏，留存至今。（东南大学建筑系、歙县文管所合编《棠樾》）

此外像皖南宏村、棠樾村的族谱中也有类似的记载，既表现出当时村落选址时的考虑因素，也对村落的后期改造有一定影响。

由于村镇内人口数量是一个不断变化的过程，当人口规模超出村镇所设定的环境容量时，一般会出现村落人口向外"迁移"的现象。在皖南这种现象表现为男性青年外出经商，家中由妇女、老人和儿童留守，待经商成功后再"反哺"乡里的情况。由此也形成了明清时期"无徽不成镇"的社会现象。

以皖南西递村为例，在明代西递村的人口规模还在周边环境容量的可控范围内，所谓："往者，户口少，地食足，读书力田，无出商贾者。"清朝初期以后，胡氏家族日益扩大，至清乾隆时期，西递村有"三千烟土，九千丁"之称。田少人多的现实迫使西递人走出乡土外出谋生。

史料中记载[5]："（至康熙年，西递人）生齿日增，始学远游，权低昂，时取与，为商为贾，所在有之。习业久，往来陈椽，资以衣食。"这段历史时期也是徽商在国内的崛起时期。在这股潮流中，胡氏后人也很快发展起来并成为徽商队伍中的一支劲旅。

西递村的胡氏宗谱显示，其胡氏二十四代祖先胡贯三亦通过经商而发迹，成为当时江南的六大首富之一。

四、结论

时光荏苒，尽管依据血缘关系所维系的乡土社会正在被时代的洪流所解构，聚族而居的传统村镇也正在与来自四面八方的居民所融合。但所谓乡愁总要有一块记忆中的山水田园来回忆和寄托。

从历史和村镇研究的角度看，由于我们的正史多以记载大事件居多，对小人物和村镇级别的聚落往往缺乏记述。这里，翻阅保存下来的地方志，特别是一些家谱族谱中记载的史料，多少可以使今天的我们窥探到传统村镇在当初选址、发展中的一些史实，对我们现在制定村镇的保护规划与发展规划不无益处。从近年的一些村镇

保护规划来看，侧重点往往关注于村内的历史性保护性建筑和村镇格局，而对村镇周边的自然环境往往关注不足，从而导致村镇的开发规模过快过大，以及村落与周边自然环境相互割裂的状态。

与此类似的相关研究，或许可以避免一种割断历史的尴尬，避免秦观所叹："雾失楼台，月迷津渡，桃园望断无寻处。"

注释

① 梁雪，天津大学建筑学院，教授。

参考文献

[1] 梁雪. 传统村镇实体环境设计. 天津：天津科技出版社出版，2001，1.

[2] 陈正祥. 中国文化地理. 生活·读书·新知三联书店出版，1983，12：23.

[3] 高青山. 呈坎古村保护利用初探.

[4] 东南大学建筑系，歙县文管所. 棠樾. 南京：东南大学出版社，1993：1.

[5] 陆红旗. 西递. 北京：知识出版社，2000，11：8.

川西民族村寨规划中多元主体参与模式的探索和思考

李明融①

摘　要: 民族村寨规划不同于城市规划,需要面对复杂的村寨社会环境和相关各方的不同需求,实践中各方需求又面临诸多矛盾。由此而形成"自上而下"和"自下而上"的两种规划思路,但这不是两种对立排他性选择,需要综合考虑实践中出现的诸多问题,对多元主体参与模式做进一步探讨。本文通过对比欧美城市规划按阶段划分确定公众参与的适当环节,通过羌族地区村寨规划实例,分析民族村寨规划中参与各方的定位和界限,解析政府部门及村民团体参与适当性选择的重要性,强调社区参与式民族村寨规划中规划师的协调和沟通定位以及多元化设计团队的意义。

关键词: 羌族村寨规划　民族文化传承　适当性　多元主体参与

　　自2006年全国人大四次会议通过的《"十一五"规划纲要建议》正式提出,"推进社会主义新农村建设"的发展战略,乡村规划在各地政府的推动下逐步展开。建设美丽乡村成为全社会的共识,乡村振兴规划先行,乡村规划则成为实施这一国家战略非常重要的一个环节。对于民族地区的乡村建设而言,2009年国家民委提出特色村寨建设试点工作,并于2012年提出"十二五"期间在全国范围内重点保护和改造1000个少数民族特色村寨。其中,村民的主体地位和民族文化的保护作为国家政策的重要部分成为民族村寨规划的核心导向。

　　随着美丽乡村建设和特色村寨建设在全国范围的大规模推开,实践中出现了诸多的问题:不同于城市规划具有强有力的法律法规保障,乡村规划由于乡村社会的特殊性无法完全按照城市规划的模式展开,学界形成了"自上而下"和"自下而上"的两种规划思路之辩。

　　"自上而下"的规划思路源自新农村建设和特色村寨建设是由政府主导,建设管理部门执行,按照常规的城市建设方法进行规划和建设。因此,规划设计师借鉴城市规划的思路解决乡村规划的问题。但这一模式引发了许多问题,如由于设计收费较低和交流对象困难等诸多原因,规划师调研不足或不愿调研,照搬城市规划方法,缺乏本地特色,忽视乡村文化特点,村民参与度低,规划实施难度大等。

　　"自下而上"的规划思路,则是源自20世纪60年代西方国家对公众参与理论的探讨和研究。其中Dvidoff的"倡导性规划理论(Advocacy Planning)",Sherry Arnstein的阶段模型理论、

"市民参与阶梯"理论,Sager和Innes提出的"联络性规划"理论等影响较为广泛;他们都强调规划中的多元主义,批判理性规划,倡导公众参与,让多元规划主体通过沟通和协调解决共存的问题。这一思路在当今逐渐成为解决乡村规划设计中所出现的各种问题的首要方法,规划师在遇到无法解决的乡村规划问题时,通常求助于公众参与模式。

　　这两种规划思路的争论之中,"自下而上"的规划思路明显受到学界和众多规划师的支持。但是在乡村规划实践中,面对乡村这一复杂的社会环境(尤其是民族地区村寨),各种不同层面的乡村社会问题,单一"自下而上"的规划思路同样会面对众多难题,以笔者所参与的北川羌族自治县安昌镇沙金村三组的规划设计实践来看,并非把乡村规划的问题交给公众(村民)参与这一模式就可以完全解决的。因此,乡村规划应该看作是多元主体(政府、村民、专家及其他社会团体等)共同参与的过程,不是简单地将乡村规划的路径用"从上到下"或"从下到上"来描述,需要把民族村寨各个参与方的诉求统一加以探讨。乡村社会的特殊性和复杂性也决定了乡村规划不同于城市规划,更多的是需要对乡村社区的社会问题来加以分析,寻找一条乡村规划中适当的多元参与模式。

一、民族村寨规划多元参与模式的困境

　　民族村寨规划的利益相关方(或参与方)包括地方政府、村委会、村民、建设方(投资方)、专家(规划设计者)及社会团体等,其共同目标和诉求并非完全一致:地方政府以经济发展、乡村振兴、民族文化的保护以及乡村环境的改变为目标;村民团体看重的

是自身或团体利益的最大化以及公平公正；专家和社会团体则是政府目标的落实方和监督实行方。在传统"自上而下"的模式下，乡村规划往往由于各方的目标不一致带来难落实、难实施问题，多元参与的模式实则是乡村规划的参与各方协商和协调的过程，但是这一过程一旦涉及权属和经济问题，往往会形成规划设计和实施中的重大障碍。

笔者作为绵阳市北川县安昌镇沙金村三组集中安置区主要规划设计者，全程参与了该建设项目从规划选址到最终实施建成的整个过程，所出现的问题有几个方面：（1）作为北川县灾后重建的重点项目，由于时间紧、标准高，开始阶段采取的是"自上而下"的规划模式：政府直接委托规划设计单位，在较短的时间内提出规划设计方案，并由政府组织专家评审通过后即作为实施方案。这个阶段村民并未参与规划方案，实施较为顺利。（2）由于北川县灾后重建政策的变化，沙金村三组集中安置区的建设模式由"统规统建"（统一规划统一建设，建设资金由政府解决）改为统规自建（统一规划，由村民自行建设，政府给予一定的资金补足），规划设计方、案的实施须由建房村民讨论决定。这个阶段村民团体和个人由于涉及自身利益，开始参与方案的实施。其后，建设中出现了诸如：统建施工单位修建质量问题、村民小组干部的谋私问题、村民之间关系不和问题，致使规划设计方案经历四轮较大修改，拖延了四年时间之久才得以最终实施；并且，规划方案与最初的设计构思和定位大相径庭，也失去了作为当地旅游节点建设的意义。

二、村民参与的方式与乡村规划建设的关联度

村民的参与对北川县安昌镇沙金村三组规划建设的影响至关重要，规划方案的最终形成是在村民集体经过多轮协商后的意见下修改完成的。虽然，这一村民参与规划的案例较为特殊，但是也可以从中发现：在乡村社会（尤其是民族地区的村寨社会）中，村民参与如果成为乡村规划建设的主导力量，而导致规划相关各方关系失衡，其作用并非是完全正向的。

1. 民族地区乡村社会的特质

20世纪80年代，人民公社退出历史舞台。1982年制定的《宪法》提出"村民自治"，并规定村民委员会是基层群众自治性组织，自此，国家的权力逐渐退出乡村。在2006年后，中国全面取消农业税，基层政府与乡村之间行政上的联系极为弱化，乡村则成为主要靠地方文化和社会网络维持运行的独立主体。政府与乡村之间仅仅是指导和被指导的关系，乡村社会逐渐形成以村民为一元主导的结构。村民中的权威人物群体（尤其是在民族地区），在乡村社会中作为当地民族文化（包括宗教、习俗）的代表，成为影响村寨社会运行的关键因素。

民族地区乡村社会的这种特征，在以往的乡村规划中往往成为被忽略的部分。在规划建设实践中遇到困难时，村民参与的方式逐

渐被学界和规划师所重视，成为乡村规划中的重要环节，当地村民的主体地位以及所代表的地方文化已经是规划设计和研究的核心内容。

2. 村民参与方式对规划方案的影响

民族村寨规划必须要有乡村的使用者和拥有者——当地村民参与，学术界对此的认识基本趋同，认为对地方文化的尊重、与文化主体——当地村民的沟通是乡村规划成功的关键。但是从多年的乡村规划尤其是民族地区的村寨规划实践来看，村民参与的方式与村寨规划的顺利实施有着相当的关联性。

以沙金村三组集中安置区为例，随着地方政府政策的改变，政府不再投入建设资金，因此，原来由安昌镇政府主导的规划建设工作，逐步转变为村民小组为主导，仅仅安排安昌镇政府工作人员协调相关工作。原由安昌镇政府委托的规划设计单位则成为安昌镇政府协调部门的组成部分，而没有成为规划工作的独立方，整个规划建设成为：村民团体⇔乡镇政府的二元关系。

此安置区的村民团体组成由于安置村民的来源相对复杂（这种情况在新农村建设中较为普遍），分两期共计67户，其中分为三类群体：一是前任或现任村民小组长及亲属，二是人数较多的宗族，三是原安县县乡一级领导亲属（二类与三类有交叉）。政府组织的规划设计方案征询意见会上，这三类群体或多或少地带有各自的私欲，提出赞同或反对的意见，并且相互之间有针锋相对的意向。最初旅游节点的规划目标是让各个群体看到未来的利益，因此，各方为了争取最大利益各不相让，规划方案一再修改，建设工期不断后延。最终各方妥协后，以公平、公正为最高原则，规划设计方案改为行列式布局，放弃最初为发展旅游而确定的院落式布局。此次规划设计中，由于当地村民具有较为广泛的人脉资源和较强的经济意识，在当地政府、规划设计单位、村民团体三方的沟通协调中始终处于强势地位，致使最终的规划设计方案无法达到政府的愿景和规划师的设计意图。

因此，民族村寨规划中相关各方（尤其是政府部门和规划设计单位）需要对各沟通主体进行评估，以此来确定规划目标，并确定相应的规划策略，才能保证规划方案的实施。如果村民参与方式的不恰当选择，反而会影响乡村规划的顺利推进。

三、村民参与方式的适当性

从北川县沙金村的案例来看，民族村寨规划中推进难度最大的仍然是公众参与，村民团体和个人什么时候参与、参与的程度怎么控制和最后决策时是否需要公众参与等问题需要针对不同村寨的具体情况研究后确定。各个阶段，村民参与的方式和作用并不完全相同，应该有相应的制度安排以使村民参与模式适应乡村规划中所面临的现实问题。欧美国家由于体制和历史的原因具有

成熟的公众参与体系，相关的制度安排值得我们借鉴和参考。比如，美国对城市规划全过程划分为十个阶段，依次为社区价值评价、目标确定、数据收集、准则设计、方案比较、方案优选、规划细节设计执行、规划修批、贯彻完成和信息反馈。不同规划阶段公众参与的作用是不同的，一般认为市民在社区价值评价、目标确定、方案优选、规划修批和反馈中起主要角色作用，而在其他阶段起促进或支持作用。

而在我国的民族地区乡村社会，由于社会体制问题和历史原因存在一些固有的问题和困境，比如村民自治制度的行政化趋势及主体的外出、乡村社会法制规范与人情社会的实际无法融合、乡村社会结构的碎片化、伦理秩序的淡化及传统规范的实效，等等。村民参与则成为村民团体之间社会关系问题的扩大因素。同时中国广大乡村村民受教育水平相对较低，如果没有见识和教育水平相对较高的乡贤群体存在，在规划各方的协调沟通中无法提出切实合理的规划建议。因此，在民族村寨规划中村民参与在一定条件下，可在可行性研究、规划目标确定、方案优选、规划修改和反馈环节发挥适当的作用。其他环节，由于村民的过度介入且专业知识的不足，则会带来负面的影响。

前述安昌镇沙金村三组集中安置区规划设计实践中，村民参与的环节不是在规划的前期阶段，而是在后期规划执行环节。同时，乡村规划相关各方——政府部门、规划师、村民缺乏相应的法规或乡规约束，规划师的地位相对比较弱势，政府部门决策作用的缺位，村民团体主导规划设计的执行实施环节，反而失去了政府推行乡村规划的初衷和意义。

因此，村民参与的方式需要政府部门对各相关主体进行评估定位，确定各自的适当性判断，作出相应的规划策略，才能保证民族村寨规划的顺利实施。

四、规划师的定位

欧美国家的公众参与，由规划师作为独立第三方协调政府和公众的利益，对鼓励、组织、沟通各方的意见，起着非常重要的作用。

借鉴国外及我国台湾地区的经验，规划设计者开展城市和乡村规划工作的有效方法是依旧组织公众参与，想了解居民诉求的第一步是融入他们。这要求规划设计者在具备全面专业知识的前提下，拥有出色的表达沟通和协调能力，并且持久地乐于为场地和居民服务奉献精神和工作精力。但是在我国，社区参与式民族村寨规划与其他规划项目相比，需要耗费更多的时间和精力，投入产出比很低。作为企业的规划建筑设计院、公司在业绩和效益考评下，一般无法大量投入时间和人力，在乡村规划设计的深度和广度受到一定的限制。如果深入乡村社会（例如成都市开展的乡村规划师制度），由于制度安排的滞后，则会陷入琐碎的乡村日常事务中，规

划师同样无法履行独立第三方的职责。

因此，面对中国民族地区乡村社会的现状，首先，规划师应具有研究人员的身份，才能在较长的时间内对民族村寨设计进行协调和研究工作。其次，规划师应该是由多学科和不同背景的团队组成。民族地区的地方文化对规划设计的主导作用，需要规划设计人员具有深厚的地方文化研究积累，并能融入村寨社会生活。但是这需要规划设计人员耗费大量的时间和精力介入乡村社会的生活事务，对于大多数职业规划设计师而言，超出了其自身专业能力范畴。而且，民族村寨社会稳定是靠情感认同、宗教认同等来维系，正如费孝通所说，乡村社会是"礼制社会"。乡村规划需要乡村社会关系网络来推动，民族村寨规划比较现实的路线应该由多学科、不同背景的人员组成设计团队来承担。

五、结论

民族村寨规划中的多元主体参与方式面对民族村寨的复杂环境，需要采用更加灵活多变的策略加以应对：

首先，面对民族乡村的"村民自治"体系，更应该制度先行：地方政府以立法的方式出台相应的法规制度来确定乡村规划中多元主体各方的定位与界限、权利和义务，这样才能保障乡村规划的顺利实施。

其次，由于乡村社会具有"熟人社会"、"礼制社会"的特点，是靠邻里关系、宗亲和婚亲关系、生产互助来维系乡村社会的关系网络。因此，乡村规划面对的是相较城市法治社会更加复杂、多变的社会环境。这对乡村规划的路线选择有较大的影响，比如在某些民族地区村寨，乡镇政府的领导群体往往是乡村社会的权威群体，受到广大村民的尊重，采用"自上而下"由地方政府主导的规划思路一般情况下成为一种较优的选择。

因此，民族地区的村寨规划应根据各村寨的不同情况制定不同的规划策略和实施办法，实现规划相关各方各司其职，以外部力量引导并促进村寨内部秩序的均衡运行，达到国家对乡村建设政策所提出的"人居环境明显改善，村寨风貌、特色民居得到合理保护，民族文化得到有效保护，村寨基本公共服务体系进一步完善，民族关系更加和谐"等目标。

注释

① 李明融．西南民族大学城市规划与建筑学院，讲师。

参考文献

[1] 王旭等．乡村社会关系网络与中国村庄规划范式的探讨 [J].

城市规划，2017(7)．

[2] 李忠斌，郑甘甜．少数民族特色村寨建设评价指标体系研究 [J]．广西民族研究，2013(3)．

[3] 李郇．自下而上：社会主义新农村建设规划的新特点 [J]．城市规划，2008(12)：65–67．LI Xun．Bottom–Up：New Features of Socialist New Village Construction [J]．City Planning Review，2008(12)：65–67．

[4] 董运生 张立瑶．内生性与外生性：乡村社会秩序的疏离与重构 [J]．学海，2018(4)．

[5] 施维克等．社区参与式民族村寨规划的相关因素分析—由傣族村寨纳卡村规划所引发的思考 [J]．《规划师》论丛，2011(00)．

[6] 陈志诚等．国外城市规划公众参与及借鉴 [J]．城市问题，2003 (5)．

乡村振兴背景下川西藏区小城镇风貌规划研究

——以色达洛若镇为例

黎 贝① 何嘉希② 王赛兰③

摘 要： 乡村振兴战略促进了川西藏区小城镇的旅游发展建设，如何在旅游开发中建设能突显民族文化特色的城镇风貌是规划中需重点考虑的问题。色达洛若镇风貌规划从川西藏区小城镇生态、空间、文化三方面特征入手，采用保护城镇山水格局、挖掘城镇文化资源、恢复城镇脆弱生态区域的策略，在洛若镇建设中融入川西藏区的自然与人文特色，营造既显山露水，又具有民族文化特征的城镇形象，为未来其他民族地区小城镇旅游开发建设提供借鉴与参考。

关键词： 乡村旅游 风貌规划 色达洛若镇

一、引言

党的"十九大"提出的乡村振兴战略促进了乡村旅游的发展，许多少数民族村镇也形成了以旅游产业带动振兴的模式，其中不乏位于我国川西藏区的城镇。这些城镇集中于川西高原，传统风貌相对保存完好，但由于地理位置偏远、地形限制等因素，发展较滞后，建筑及基础设施难以符合当下旅游需求，在旅游业发展中需进行相应建设。特色鲜明的城镇风貌对区域旅游价值的提升具有重要作用，因此在进行川西藏区小城镇旅游发展建设的同时，如何保护、利用与挖掘自然文化资源，建设能够凸显地域文化特色的城镇风貌，实现乡村文化振兴，是规划建设中必须面对的问题。

二、川西藏区小城镇风貌特征

川西藏区指位于四川省西部地区的藏民族聚居地域。包括四川省西部和西北地区的甘孜藏族自治州、阿坝藏族彝族自治州大部以及凉山彝族自治州木里县[1]。川西藏区小城镇多依山傍水而建，周边自然环境构成了城镇的生态本底，山水格局形成城镇的生态骨架，城镇空间顺应自然进行布局，构成城镇空间的建筑单体也颇具民族特色。[2][3]此外，藏区城镇往往还具有富有特色的文化与民俗风情，如与建筑造型高度融合的格萨尔文化以及藏历新年、锅庄等民俗活动[4]。因此，川西藏区城镇风貌特征主要由生态特征、空间特征和文化特征三方面构成[5]。

三、规划案例

1. 项目概况

洛若镇是四川省甘孜藏族自治州色达县辖镇，距色达县城约20公里，色曲河流经境内，主要建筑沿河北侧分布。规划范围以色曲河两侧山体为边界，西至洛若西路，东至洛若东路（图1）。规划范围内建筑以传统格萨尔藏式建筑为主。由于缺乏规划引导，洛若镇存在地域特色不明显、建筑风貌较杂乱、亲水性不足等问题。

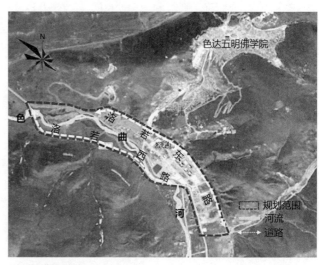

图1 规划范围示意图

2. 整体思路

城镇风貌的核心在于塑造能够体现城镇风貌的特色空间。对川西藏区城镇而言，则需要以城镇风貌的生态特征、空间特征与文化特征为切入点，分别提取影响城镇风貌的自然与文化要素，结合当地现状风貌及存在问题，以保护城镇生态格局与传统城镇空间，突出城镇文化特色为目标，对城镇风貌实现分类管控与引导。[6]

（1）保护城镇山水格局，注重城镇空间与自然环境关联

洛若镇拥有良好的环境基础，城镇空间与自然环境存在视线、对景等紧密联系。因此在城镇的风貌规划中，不仅要与城镇所处的自然环境取得和谐，维护自然景观的生态本底，还应注重街道、建筑空间与山水自然环境的形态统一[7]。

（2）挖掘城镇文化资源，将文化特征落实到城镇空间

洛若镇所在地区崇尚格萨尔文化，地区的建筑风格、民俗民风都与格萨尔文化紧密相连。格萨尔与长期的游牧生活也使该地区人民形成了特色鲜明的祭祀格萨尔王的煨桑活动、格萨尔藏剧表演、赛马节等节庆等民俗活动。在城镇风貌营建中，应挖掘地域传统文化资源，抓取主导文化资源，并提取能落实到城镇空间的元素，将文化特征融入城镇空间中，形成文化特征鲜明又不失统一的城镇风貌。

（3）识别生态脆弱区，结合场地功能进行生态恢复

洛若镇位于山高、坡陡、沟峡的河谷地带，频发的极端降雨与不当的人工建设易诱发洪涝灾害，近年来色曲河两岸区域常受洪涝威胁。因此，规划中应识别易涝的生态脆弱区域，结合区域功能进行生态修复或生态功能提升，并结合建设项目实际改善生态环境，减少水土流失，防止洪涝灾害发生。

3. 风貌规划方法

（1）识别山水格局控制要素，分类进行规划控制引导

洛若镇的色曲河与周边山体是构成其山水格局的生态本底，界与山水之间的街巷空间是联系山与水的基本骨架，因此保护洛若镇的山水格局首先应保护其内部的山水界面与街巷空间，营造"显山露水"的城镇风貌。规划首先识别山体与色曲河的关键控制区域，即临山与滨河界面，并结合城镇空间布局，通过形成景观视线通廊与控制建筑天际线、高度、退距等，营建能够与山水和谐相融的城镇风貌。

①滨河与临山界面控制

为"显山露水"，规划利用色曲河滨水的自然景观，于沿河岸线区域规划滨河带形绿地控制段，加强滨河界面景观层次（图2）。并在色曲河东岸预留生态用地形成观景平台，在色曲河西岸结合商

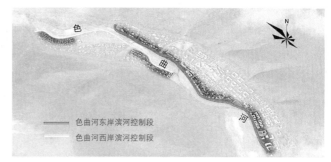

图2 色曲河滨河控制段示意图

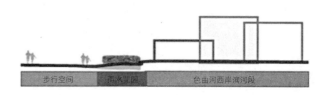

图3 色曲河西岸滨河控制段段剖面图

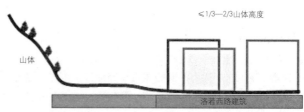

图4 洛若西路控制段剖面图

业街形成滨水步行空间（图3），为游客提供可纵观整个洛若镇的观景区，增强城镇的独特山水魅力。同时为了体现建筑与山体相融合的风貌特征，临山区域内建筑高度应控制在山体可视高度的1/3或2/3以下（图4）。

②建筑天际线控制

色曲河沿岸地区应注重生态环境与建设空间的相互融合，创造层次丰富、高低错落、景观良好的建筑天际线。规划对色曲河沿岸的建筑高度、体量和形式与河流的关系进行重点控制，形成滨河整体低、远河周边略高、界面连续、整体较为平缓的天际线。此外，可结合地形及山体走势点缀适当制高点，形成高低错落与山体起伏形态相协调的天际线，使建筑与山体景观融合，保证天际线层次感的形成（图5）。

③视线通廊控制

为"显山露水"，规划应提供朝向色曲河与山体的视线通廊。规划根据片区建筑功能特征，控制公共通道宽度与建筑间距，在各功能区形成宽度不等的景观视线通廊。在形成滨水视线通廊方面，商业核心片区的滨河段范围内的公共通道的宽度不宜小于4米，两相邻通廊间距不宜大于50米（图6）。色曲河西岸观景台区域滨河段范围内的公共通道的宽度不宜小于10米，同时为该区域游客提供更多的视线通廊，两相邻通廊间距不宜大于30米（图7）。在形

图5　色曲河东岸天际线控制示意图

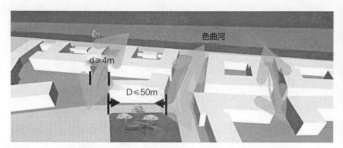

图6　商业核心片区滨水视线通廊控制示意图

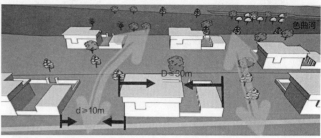

图7　色曲河西岸观景台区域滨水视线通廊控制示意图

成临山视线通廊方面，洛若西路与洛若东路沿线建筑的公共通道的宽度不宜小于15米，两相邻通廊间距分别不宜大于30米与80米，可结合道路、公共绿地设置。

④建筑高度控制

在建筑高度控制方面，为防止遮挡滨水与临山区域观景视野，规划要求洛若东路与西路沿线区域内建筑高度不宜大于15米，商业核心片区滨河段新建商业步行街区的临河第一排建筑高度不应大于7米。同时，为塑造具有明显的连续性和封闭感的商业空间界面，洛若东路建筑群屋顶应具有一定梯级的高度变化，避免形成大面积同一高度的建筑形态。

⑤建筑退距控制

为使步行街道更整齐且具更强连续性，规划鼓励步行街两侧的建筑在满足消防安全的条件下进行拼建，以形成连续的建筑街道界面，且在商业核心片区的滨河段建筑退距宜错落有致。同时，要求洛若东路建筑布局后退绿线5米以上，以增加公共空间，优化临街环境。

（2）提炼城镇文化控制要素，分区进行分类进行规划控制引导

规划结合洛若镇城镇所承担的旅游接待与文化展示功能与镇区特色鲜明的格萨尔文化、游牧文化，将镇区分为三个风貌控制区域：格萨尔藏寨、游牧帐篷风貌区，藏式特色商业风貌区，藏式公服、居住风貌区。（图8）通过提取能够落实到城镇空间中的文化特征的元素，提出风貌区建筑及城镇街道家具控制措施，实现对洛若镇各区风貌的控制。同时抓取特色功能要素，突出主导分区，以形成既富有变化又不失统一的城镇风貌。

①格萨尔藏寨、游牧帐篷风貌区控制

格萨尔藏寨、游牧帐篷风貌区在建筑风貌上以格萨尔藏寨以及传统藏式游牧帐篷为主要元素进行打造（图9）。

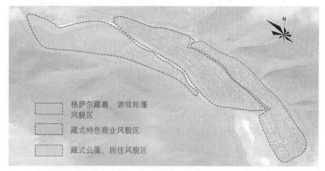

图8　洛若镇风貌分区图

图9　格萨尔藏寨、游牧帐篷风貌区示意图

在建筑形制方面，藏寨建筑平面宜用方形、长方形的平面布局，体量宜小巧，层数为3~4层。顶层建议在建筑一角整边，设计阳台（晒台）。帐篷建筑形式建议使用长方、正方、六角、多角形式，宜采用牛毛绳做张拉支撑的立柱拉索结构。为保证风貌协调，此区禁用蒙古帐篷。

在建筑立面方面，藏寨建筑宜就地取材，以底部石材，顶部木材为主，与当地环境背景融为一体。墙面下部以土黄色石材为主，上部以木材本色为主，局部采用绛红色。帐篷以黑色或深棕色为主色调。

在门窗细部方面，应保留并沿用传统建筑的门、窗、顶的装饰元素。保留木质门本色，门板涂饰以红、黄等颜色为主，辅以民族特色的挂饰。保留并延续田字形方形窗框形式。在檐口外部建议以绛红色高山柳条垂挂环绕，并在窗上挑出檐口"巴苏"。

②藏式特色商业风貌区与藏式公服、居住风貌区控制

特色商业风貌区与藏式公服、居住风貌区在建筑风貌上以藏式传统建筑风格为主，采用传统地方材料、工艺、建筑形式和建造技术，展现洛若镇特色（图10、图11）。但应用更简洁、现代的手法传承传统藏式特色建筑，形成与格萨尔藏寨、游牧帐篷风貌区的区别，并提升区域内现代建筑风貌。建筑立面应整体呈现新乡土藏式建筑风格。外墙以白色、土黄色为主，延续传统藏式风貌，但主要材料应用涂料、真石漆、型钢、断桥铝等新型节能环保材料搭配处理，形成具有藏式风格的新乡土建筑。建筑屋顶采用平屋顶形式，同时提炼传统藏式女儿墙部分，用现代简洁的手法处理控制，凸显所处片区的时代性。

③城镇街道家具控制

城镇街道家具包括各类标识牌、照明灯具、垃圾桶和雕塑小品

图10 藏式特色商业风貌区示意图

图11 藏式公服、居住风貌区示意图

等，城镇家具风貌应结合所在分区的特色风貌，提取文化元素进行设计，并满足相关设置规范要求。规划对普遍性要求提出控制措施，并对提升性建议提出引导措施。如在道路标识与照明系统控制中，提出标志系统应以汉、藏、英三种语言表达的控制措施，照明系统宜采用乡村材料与风格及太阳能风能灯具的引导措施；在雕塑小品控制中，增加保护青稞晒架、石墙、木垛、农具等当地特色小品，体现原生态的农业文化及村落特色的引导措施等。

（3）明确雨洪控制要素，分级进行规划控制引导

根据历年受灾范围确定雨洪对洛若镇的影响范围集中在色曲河两岸。规划首先通过改造生态驳岸、扩大部分水面等措施增加流经洛若镇的色曲河道的渗水储水能力，其次在市政道路规划中增加海绵设计策略，以降低极端降雨对洛若镇的影响。

①驳岸控制

规划保留色曲河西岸原驳岸，并在马道种植植物，结合滨水绿化，进行景观改造。对20年一遇的洪水位以上的色曲河东岸，破除硬质驳岸，改用驳石和植物结合的方式进行生态驳岸改造。对色曲河滨河浅滩区域，结合原地形进行水景观改造，扩大过水面，运用驳石和各类植物进行生态护坡处理，形成生态滨河景观。

②市政道路铺装控制

规划根据道路级别，采取不同方式的路面硬化形式。机动车道采用硬化水泥沥青路面，人行步道采用当地岩石及河床卵石铺设，景观步道可采用卵石拼花、砂石木材填充等方式铺设。规划要求材料应尽量选用当地生态性材料，保留乡土基因，恢复村落原生态气息，并鼓励采用透水铺装材质，同时鼓励街道增加雨水收集设施。

③植物种植控制

规划建议在建设中应根据高海拔地区气候特征和当地本土植物种类，选择适宜生长的乡土树种及地被植物。洛若镇绿化可与农业生产相结合，以特色农作物体现洛若镇特色风貌。

四、结语

随着乡村振兴的带动，越来越多的民族城镇开始发展文化旅游，在旅游开发中营造具有民族特色的城镇风貌。本次研究以色达洛若镇为研究对象，从洛若镇自然、空间、文化三方面特征入手对其进行风貌营造，不仅对川西藏区小城镇风貌规划提供参考，也对其他民族城镇的风貌塑造提供借鉴。自然与文化资源是民族城镇的特色，因此保护城镇自然环境，提炼城镇文化特质，并对他们进行有形表达，是塑造能够保护传承民族文化的城镇风貌的关键。

注释

① 黎贝，西南民族大学，湖南大学在读博士．实验师。

② 何嘉希，四川省建筑设计院，工程师。

③ 王赛兰，西南民族大学，副教授。

参考文献

[1] 张先进．川西藏区传统民族建筑的类型构成与文化遗产特征 [J]．华中建筑，2011(08)，136-140．

[2] 韩艺萌．川西藏寨的空间形态特征及其发展 [J]．大众文艺，2016(03)，130-131．

[3] 石晓娜，胡丹，陈建．川西高原藏族民居的生态适应性分析 [J]．四川建筑科学究，2014(08)，314-318．

[4] 措吉．甘德县德尔文部落煨桑仪式的田野考察 [J]．西藏大学学报(社会科学版)，2011(03)，127-132．

[5] 李开猛，黄少侃．藏区特色的城市风貌规划策略与实践——以甘孜藏族自治州理塘县城为 [J]．规划师，2016(03)，61-67．

[6] 李进，孙雅娟．基于民族文化的城市风貌特色规划探索——以土家族为例 [J]．四川建筑科学研究，2014(12)：188-189．

[7] 宋雷，张铁军．挖掘地域特色引导空间重构——小城镇城市设计的一种探索 [J]．北京规划建设，2013(09)：95-99．

基金项目： 中央高校基本科研业务费专项基金项目，项目编号(2014NZYQN03)。

川西羌族聚落空间布局的地域特质探析

尹 伟[①]

摘 要： 我国是一个多山的国家，四川省地处中国西南，地形地势复杂多变。而当地世代居住于此的少数民族居民经过长期的实践与探索，科学而又巧妙地使建筑、村落与地形有机地契合，尊重自然环境，给予了我们很大的启示。文章阐述了对四川民族地区羌族聚落空间布局的理解和思考。

关键词： 民族地区 羌族聚落 地域特质

　　川西起伏纵横的高原高寒气候区山地之中，世代居住于山区的居民因地制宜，沿地势高峻、山峦起伏的高原地形中建构聚落、开垦梯田。在山多地少、石多土少，特殊的地理环境条件下孕育了独具特色的四川山地农耕聚落建筑文化。这些聚落常常被解释为自发形成的，仔细观察其空间布局，会发现那些看似偶然形成的空间、自然形成的风格其实都是经过周密思考之后而设计的结果，笔者通过对羌族聚落的考察、分析、整理出隐藏其中的设计意图。（图1）

一、山地地区羌族聚落的选址与地理环境策略探析

　　中国各地域、地区有不同的自然与人文环境，产生了不同风格的聚落形态。羌族聚落便是其中最具特色的聚落之一，它们多分布于山地地形之中，因此受自然环境的影响最大，它决定着聚落的选址和群体空间的布局，山、林、田、水是每个聚落的自然要素。正

是因为对不同自然环境的结合，使聚落呈现出"自然、人、聚落"三位一体的完整性和协调性，形成一体化的环境空间。

1. 河谷地带羌族聚落，注重对自然田地的充分利用

　　岷江两岸经河水的长时间冲积，形成若干大大小小的河谷平坝，土地肥沃、雨水充足，是聚落的优选之地。河谷地带羌族聚落处于自然的山水之间，羌族聚落建造强调与自然的和谐，人工环境与自然环境的有机结合，聚落延河谷横向展开规划布局，与平坝的田地相契合，让出更多的农田。这样，自然田地成了聚落的重要组成部分，每一份田地都与居民生存相关，每一份的改变都需要很认真思考，再展开新建，自然环境因素与群体建筑在这种渐进式的发展中相融合，进而聚落本身也成为环境的一部分，使其整体形态体现出高度的"特征性"。（图2）

图1 地理环境孕育独特的山地聚落　　　　　　　　　　　　　　　图2 河谷地带木卡羌族聚落

2. 山腰地带羌族聚落，注重空间立体化的利用

河谷半山腰的台地，也是聚落分布较多的地带，由于半山腰地势变化较大，可以建设的用地不多，必然进行高效的布局与环境营造，即"聚落、人、环境"之间构成有机整体，形成富有多样性的立体化环境，这样的地理环境就决定其整体空间形态呈层层跌落之势。每一户的屋顶平台，既利于生产、生活，又利于防御。同时，也是邻居的屋顶谷物晒台，有效节约了用地，建造材料自然同样选自山石，形成独特的肌理和材质的聚落，在有限的地带中，争取更多的生存空间，并容纳更多的人口。（图3）

3. 山顶地带羌族聚落，注重与山地地形的融合

羌族聚落有很大比重选址于高山山顶地带，这样的羌族聚落大都借山势呈现出完整而丰富的效果。聚落的规划通过对山体的巧妙运用形成了统一的整体。同时，山势的起伏成为聚落的宏大底图，碉楼与碉房形成的天际线随山就势，成为山体景观的一大特色。建筑群落与自然环境融为一体，充分体现了局部服从整体，局部又制约整体的设计策略。同时，漫长的营建过程中聚落的三维空间随局部地形的高低起伏，既形成了变化的聚落街景，又解决了因山地高度变化带来的工程难度和造价的问题，使得羌族聚落具有与山地地形相适应的丰富的景观层次。（图4）

二、以人为本的羌族聚落规划策略

由于气候、地理及材料的限制，羌族聚落在相对封闭的空间中自由生长，因此具有独特的当地材料和手工技艺的建造方式，聚落规划与环境生态的结合是羌族聚落发展的源泉。同时，聚落的居民在较长的时间中都稳定居住于此，逐渐形成了独特的地域性，并反过来影响整个聚落空间布局，因地制宜地形成了特定的聚落规划策略。

1. 注重中心空间的营造，强调有机生长的规划策略

羌族聚落往往会出现一些中心空间，这些中心空间成为规划系统中一个完整而有效的组成部分。虽然各个羌族聚落所处地域、自然环境不同，但是其中心的表现特征基本一致，主要为：标志性建筑和公共空间场所两种类型。同时，羌族聚落往往在逆境中产生，区域交通环境封闭，使得山地成为他们赖以生存的空间，各种空间有机嵌入聚落，避免争占良田沃土的矛盾，而且由于谋求共同生存的目标，逐渐产生具有内聚性的中心空间，它们不仅是这些羌族聚落居民的活动中心，而且是羌族聚落文化传承的标志，使整个聚落形成由内向外生长的自然、完善的格局。（图5）

图4 山顶地带萝卜羌族聚落

图3 山腰地带黑虎羌族聚落

图5 注重中心空间的营造

2. 注重人居环境，强调小尺度空间规划

小尺度构成的聚落结构一直被认为是一种良好的人居环境原形，适宜的出行距离、亲人的街道空间尺度、有机的建筑肌理，都促成了聚落的亲和的人文关系。羌族聚落发展由于受山地形式、生产活动、交通联系和人口数量限制，聚落户数大都集中在十几户到百户之间，形成规模较小且紧密的聚落。聚落的建造寻求与自然结合的同时，小尺度规划注重可识别性，易于居民对所在环境的认知，并为其提供更多的邻里交往空间。每一个聚落不求形式上的统一，聚落内部以住宅为核心，无统一格局，整体中突出个性，杂而有序。（图6）

3. 注重立体道路系统规划，强调防御与生活的平衡

羌族聚落受到地形、地貌的影响，形成多变化的格局，同时，大多数道路防御与水系结合，形成独特的道路系统。与等高线平行的主要道路，形成羌寨的道路框架，小巷如同人体的毛细血管，带动了两侧的民居群体空间，最终形成网络或枝叶状的道路系统。由于地形的起伏，道路甚至可以和屋顶平台组成一个立体的道路系统，达到防御的需求。羌寨的道路下多设有水渠，既方便饮用水直接到达各家各户，又利于清洁道路。同时，在道路节点处，常常链接宗教活动的神圣空间，或有文庙、楼阁、石敢当等特色的文化符号，与羌族文化紧密地联系在一起。因此，道路成为羌寨中最具特色的系统之一。（图7）

三、羌族聚落因地制宜的接地策略探析

羌族聚落常常坐落于山地地形之中，各方面使用资源有限，羌族聚落建筑的建造必须因地制宜，节约用地、材料和人力资源。设计中多种形式与山地相结合，对自然地形行巧妙利用，形成形态丰富多样的山地建筑群落，其中最有特点的便是其建筑接地方式，主要可以分为三类：台地、过街楼与悬挑。

1. 通过"台地"协调地形变化

台地形式是羌寨山地建筑中最常见的一种形态，其特征是最少限度地改变山地地形，仅改造局部台地来满足人类各种活动的需求。将建筑物的一端与道路齐平，另一端平整场地，用"面"的形式与坡地接触。由于地形随不同地段的高低变化较快，台地可以灵活适应，使建筑可以自如地适应不同坡度的地形，因此对于山地坡度的适应性较大。从环境的保护来说，避免了对原有环境的大面积破坏，有效地保持了原有地貌，维护了原生态环境，较好地适应了山地地形条件。（图8）

图6 注重人居环境，强调小尺度空间规划

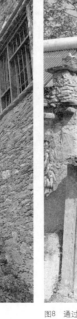

图7 立体道路系统规划　　　　图8 通过"台地"协调地形变化

图9　对材料的充分使用　　　　　　　　　　图10　拓展立体的生存空间

2. 通过"悬挑"扩大使用空间

为扩大使用空间，在羌族聚落中经常出现挑台、挑楼梯、挑廊、挑厕等。这一类的悬挑是山地建筑接地中的主要类型。一般采用木梁悬臂来形成局部空间的出挑，在局促的建筑室内中创造出了更多的使用空间，成为山地建筑常见的一种形态。由于悬挑可以顺应环境，十分灵活的且可以获得较多的使用面积，在技术上更容易实现，因此，在许多羌寨建筑中都会出现悬挑。同时，每一处悬挑出来的空间都对应着一定的功能需求，比如挑台对应着当地晾晒谷物的生活习俗；挑楼梯对应外部空间与室内的联系；挑廊既利于夏季通风，又利于冬季御寒等，并有利于底层的通风和防潮。在空间和资源有限的情况下，羌族居民通过对材料的充分使用，获得最大的生存空间，也沉淀了独特的建筑文化。（图9）

3. 通过"过街楼"拓展立体的生存空间

在西南山地的羌族聚落中，有许多过街楼空间，尤其在河谷地带的聚落中表现得更为充分，例如桃平羌寨。这是羌族住宅最考究的部分，过街楼使得聚落街巷空间展现出迥异于其他民族住宅的优美的立面风格，以及变化的外部空间。它们既是联系巷道两侧住宅的最佳桥梁，在两住宅间联系两者之间的交通，例如巷两侧可能分别居住父母和儿媳，过街楼的设置方便联系。因为居住空间容量需要增加，过街楼又可作为使用空间，因此对原有过街楼进行拓展，同时，许多过街楼多为羌族刺绣的工作间。在用地有限的情况下，不断拓展立体的生存空间，最终使每一个单体建筑连成有机的整体。（图10）

四、结语

羌族聚落结合不断变化的自然环境、地理环境，因地制宜、就地取材是不可再生的建筑文化遗产资源，是世界文化多样性的表现。由于位于高寒地区，特定历史条件、民族性格特质和宗教文化等社会文化的传承，以及较少受到外界环境的干扰，形成了独具地域特色的羌族聚落，其中沉淀下来的规划和建筑设计策略，体现出羌民对聚落和空间的认知，成为一种可以传承的独特地域文化符号。

注释

① 尹伟，西南民族大学城市规划与建筑学院，副教授。

参考文献

[1] 常青. 我国风土建筑的谱系构成及传承前景概观——基于体系化的标本保存与整体再生目标. 建筑学报，2016，10.

[2] 刘向春. 大数据条件下民族传统文化数字化保护研究探析. 中央民族大学学报（自然科学版），2016（03）.

[3] 甘露. 羌族建筑空间文化要素研究. 山西建筑，2016，2.

[4] 周政旭. 山地民族聚落人居环境历史研究的方法论探讨——以贵州为例. 西部人居环境学刊，2016（03）.

[5] 陈洁. 羌族传统民居更新策略及适宜性建造技术浅析. 四川建筑2014（02）.

[6] 邓磊. 贵州少数民族地区山地人居浅析. 规划师2005（01）.

[7] 汤桦. 营造乌托邦. 北京：中国建筑工业出版社，2002.

[8]（丹麦）扬·盖尔著，何人可译. 交往与空间. 北京：中国建筑工业出版社，2002.

[9] 黄光宇. 山地城市学 [M]. 北京：中国建筑工业出版社，2002.

[10] 吴良镛. 人居环境科学导论 [M]. 北京：中国建筑工业出版社，2001.

[11] 卢济威. 山地建筑设计 [M]. 北京：中国建筑工业出版社，2001.

[12] 季富政. 巴蜀城镇与民居 [M]. 成都：西南交通大学出版社，2000.

[13] 季富政. 中国羌族建筑 [M]. 成都：西南交通大学出版社，2000.

基金项目：中央高校基本科研业务费专项资金项目青年教师基金项目（2016NZYQN06）。

基于文化旅游视角下的传统村落更新设计

——以平武虎牙藏乡上游村为例

巩文斌[①]　肖　洲[②]

摘　要：结合平武虎牙藏乡上游村的村落特征和现状问题，提出"活态文化体验为主—依托景区共谋发展—产业联动景村一体"的更新策略，对川藏边缘民族交往融合碰撞的特殊历史现象进行原真保存和活态展现，形成以"家族"导向的沉浸式体验情境，激活藏族特色地域人文活态体验聚落。探索了文化旅游视角下的传统村落更新设计应用，是传统村落更新在文化和旅游上的新尝试。

关键词：文化旅游　传统村落　更新　虎牙　上游村

平武县位于四川盆地西北部，处于藏彝走廊东北端汉、藏两大民族文化分布的断层线上，自古以来就是各种文化交流碰撞之地。虎牙藏族乡地处平武县西北部边缘地区，位于松潘高原向平武山区的过渡地带上，属于雪宝顶国家自然保护区第一外围圈，社会环境和地理环境极其复杂，是游客进入虎牙核心景区的必经之地。虎牙藏乡作为平武民族交融、交汇、同化、演变特征的最大人口聚居地，在历史上被称为"木瓜番"，为《明史·四川土司》中所记的"龙州三番"之一。虎牙八大家族中王、杜、董、安家云集于此，其传奇的家族迁徙和文化碰撞反映了历史上平武汉藏民族交往、交融的历史轨迹，形成了该区域最典型的村落。

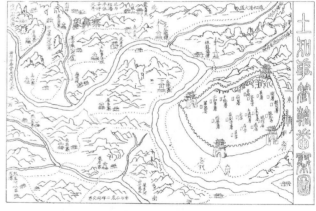

图1　《龙安府志·土司志》中象鼻寨

一、村落特征

虎牙藏族乡上游村是国家级传统古村落，村落依山傍水，海拔1400~1750米，境内地势北高南低，村域沿边四周山峰险峻，多为悬崖峭壁。区域内有高山、梯田、林海、河流，四季变化都会呈现不同的景象。上游村民族风情浓郁，藏族村民世代居于此处，古村落多个的藏汉文化古建筑保存完好，非物质文化遗产传承良好，具有明显的地域和民族民俗特色。

1. 典型特征——最大的人口聚居地

上游村历史上又名大寨、象鼻寨。根据《龙安府志·土司志》中记载："象鼻寨：番牌四名，番民五十三户，男妇大小一百四十九丁口……共七寨，番牌十四名，番民一百十六户，男妇大小共六百六十九丁口。"（图1）由此可见，象鼻寨占据了当时虎牙全部七寨户数总数的45.7%，占人口总数的22.3%。

2. 典型特征——最典型的家族聚集地

根据1993年学者曾维益对虎牙藏族乡的田野调查数据（图2），虎牙共有八大家族，其中，王、杜、董、安聚集在上游村。其家族来源复杂，有从松潘藏地举家搬迁而来，有因历史政治原因从江油汉地而来（图3），由此形成了上游村聚族而居的村落格局和复杂杂糅的文化基底。

排序	家族姓氏	现居地	支系	户数	人口数	人口占比	家族来源
1	王氏	大寨	15	87	395	43.5%	松潘漳腊三寨
2	杜氏	大寨	8	39	184	20.29%	江油青莲窑婆渡
3	董氏	大寨	5	27	118	13%	松潘漳腊三寨
4	安氏	大寨	—	9	37	4.07%	松潘漳腊三寨
5	米氏	高山堡寨	2	11	42	4.63%	平武本地岩利寨
6	李氏	高山堡寨	2	10	48	5.29%	平武本地岩利寨
7	杨氏	高山堡寨	5	15	63	6.94%	汉藏联姻
8	蔡氏	大寨	—	6	20	2.21%	湖北孝感

注：安氏为虎牙四大家族之一，历史上曾经非常兴旺，解放前因疫病传染而人口损失过半，从此衰落。

图2　虎牙人口1993年统计表

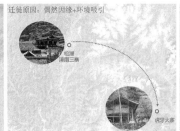
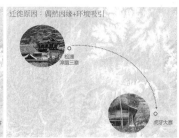

图3 迁徙路线：王家从西往东③ 杜家从南至北④ 董家从西往东⑤ 安家从西往东⑥

上游村在朴野自然环境中催生出多样的生态基底，同时在川藏边缘民族交往融合中碰撞出特殊的历史文脉。差异化的民族文化在漫长的岁月里不断沉淀演化，最终形成上游村复合、杂糅、开放、多变的独特文化面貌，汉藏交融是其典型特征。

二、现状问题

上游村范围内均为河谷山地，各类用地围绕分散的居住用地呈不规则布局，外部以自然山林围合，属于典型的自然生长的传统山区农业村寨土地利用格局（图4）。由于地理位置偏远，交通不便，村落存在没有新型产业带动传统农业升级、传统产业不足以支撑村民致富、村庄发展建设滞后阻碍旅游业的介入、经济与观念的落后导致村庄建设滞后等问题。目前共有村民220户，各类民居建筑三百余栋，其中约四分之一房屋处于严重危旧状态，大部分需要拆除；有一半左右的房屋尚能正常使用，但需要全面修缮；另有四分之一房屋质量较好，但部分外立面使用了水泥和瓷砖等建筑材料，与村庄传统风貌不一致，需要进行立面形式改造。村庄内另有诸多养殖圈棚和旱厕等临时搭建的构筑物，需要统一拆除后重新规划（图5）。

三、设计策略

虎牙大寨是典型的汉藏文化交融之地，同时又处于特殊的地理板块之上，进而形成了当地特色的文化。但长期以来，当地特色文化并没有被重视，更没有被充分挖掘，造成了整个虎牙大寨的沉睡。

基于上述问题，在村落更新中融入文化旅游的理念，提出"活态文化体验为主—依托景区共谋发展—产业联动景村一体"的更新策略，以保护传统村落为核心，依托虎牙藏乡的淳朴乡野环境和虎牙大峡谷景观，结合上游村的家族聚落自然格局，对川藏边缘民族交往融合碰撞的特殊历史现象进行集中梳理、原真保存、活态展现，形成以"家族"导向的沉浸式体验情境，重温多元文化融合下的家族生活，激活藏族特色地域人文活态体验聚落，将整个村庄作为一个整体旅游目的地，实现景村一体，发展为文化展示、民俗体验、休闲观光、藏寨住宿等功能于一体的传统村落（图6）。

1. 因地制宜

充分尊重和利用现状地形地貌，维持现状村庄肌理。充分利用其现有的资源禀赋和环境特征，优先提升原住民生产生活环境，充

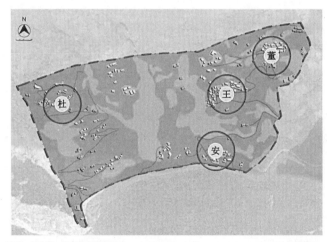

图4 王、杜、董、安家分布图

图5 村落现状

图6 村落鸟瞰图

业态功能构想

图7 村落产业布局

分利用村庄内公共服务设施，重组旅游功能与生活功能。围绕白马藏族文化、虎牙地质奇观等资源，开发打造系列自然人文旅游体验

和线路产品，实现产业之间的联动发展（图7）。

"家族"特色的差异化体验空间　　　　　　　　　　　表1

	体验突破	"家族"特色的差异化体验空间
1	建筑景观	结合四大家族的历史渊源、藏式建筑元素及项目地的功能定位，打造风格差异明显的建筑景观风格，不同村寨不同特色，不同材质
2	主题装饰	根据每个家族不同的人文渊源打造民宿内部主题装饰（如以王家家族信物铁锅为主题装饰元素，打造藏式家寨民宿，引入铁锅作为软装元素）
3	导识系统	集合藏寨的石头、原木、木石风格，打造充满原生态导视牌、店招、门卡等导视系统。导视牌细节随每个家族不同元素而稍有变化
4	家族公约	依托每个家族的家族历史人文而设计家族公约，用于约束游客行为，增加体验趣味，有助于游客深入了解虎牙大寨每个家族的精神核心
5	特色活动	针对每个家族村寨的不同文化主题、不同功能，设计特色的体验活动，形成四套风格特异的体验产品体系，营造差异化的体验情境

2. 保护传承

深入挖掘上游村村史、家族记忆、民族"三生"细节，从特色人文渊源、建筑格局、文化原真性等多方着手，保护传承传统村落建筑及民族文化。以自然流畅亲切的方式，从建筑景观、主题装饰、导识系统、家族公约、特色活动等方面，融合虎牙藏族文化+家族文化+移民文化+生态文化，重构民族文化与家族文化，形成"家族"特色的差异化体验空间，延续和演绎虎牙藏族传奇（表1）。

四、乡村重建

1. 基础设施完善

上游村作为虎牙大峡谷的门户区域，拥有独特的家族文化发展及生物的多样性，规划设计中将传统风貌与自然空间方面将聚落划分为传统风貌区、建设控制地带与自然风貌区。保留现状田园肌理，依托地形，打造围绕四个村寨的两条水系，营造山、水、村、田为一体的立体景观体系。打通上游村环线道路，保护与延续街巷空间并增设生态停车场、旅游接待集散中心、购物点等。保护民居传统建筑，对王家、安家、杜家、董家四个村落分主题打造，使整个上游村成为一个设施完善、功能齐全的旅游村落。形成文化体验、乡村休闲、民宿度假于一体的综合型旅游目的地。

2. 建筑风貌提升

（1）安家寨子：虎牙大寨的入口集散、形象展示和服务接待中心

安家处于虎牙大寨的门户位置，海拔最低，寨内建筑布局相对集中，空置房屋用地较多，改造为虎牙大寨的入口集散服务中心，设置有物产馆、美食街等基础服务业态。规划结构上形成："两广场（集散广场+美食广场）、三街巷（历史街巷）、四院落（传统院落）"。建筑形式为浓郁的原生态藏式建筑，局部点缀藏式元素，突出商业气氛（图8）。

（2）王家寨子：虎牙大寨的特色民俗文化展示体验中心

王家是历史上的虎牙第一大家族，位于大寨中心，位置上佳，可利用其区位特色，打造为虎牙大寨的民俗文化展示体验中心。王家寨子在上游村四个寨子之间有起承转合的作用，寨子整体布局呈流线型，住宅多为院落组合。规划上形成"一广场（文化广场）、三街巷（特色小街巷）、四院落（传统民居院落）"。建筑风貌上吸收松潘藏式元素，精心打造为松潘藏式与吊脚楼相结合的藏式建筑，材料以石木材料为主（图9）。

（3）董家寨子：虎牙藏族民族文化与原始信仰深度体验中心

图8 安家寨子风貌提升

图9 王家寨子风貌提升

图10 董家寨子风貌提升

图11 杜家寨子风貌提升

虎牙藏族得益于汉藏碰撞的特殊文化背景，多种信仰，崇敬自然，相信万物有灵。董家寨子作为虎牙藏族民族文化与原始信仰深度体验中心，建筑依山地灵活布置，形成曲折巷道。规划上形成"两广场（艺术广场+雕刻广场）、两街巷（主题街巷）、四院落（传统院落）"的格局。建筑风貌结合虎牙大刀梁等建筑特征，形成以原木为主的虎牙藏寨（图10）。

（4）杜家寨子：虎牙大寨的文化展示、文创衍生和精品度假体验中心

杜家寨子海拔最高，偏居西北角最深处，原生生态体验强，其家族来源迁徙颇具传奇色彩，具有浓郁的神秘色彩。杜家寨子建筑布局因地势而异，道路曲折幽深，改造为生态藏式野舍酒店，打造虎牙的文化展示和精品度假体验中心。规划上形成"一广场（情景广场）、三街巷（生态休闲街巷）、四院落（传统院落）"的格局，建筑风貌结合当地虎牙藏式木结构元素，打造以原木为主的虎牙藏式野舍建筑。材料以竹、木、石板为主，突出原野性（图11）。

五、结语

本文侧重于在文化旅游角度下进行传统村落更新保护，通过对虎牙上游村个案的研究，力求将整个村庄作为一个整体，实现景村一体，共同发展。设计提出的更新模式，着眼点不只是建筑学学科本身，也期望实现产业之间的联动发展，形成产业融合，以期为民族地区传统村落的可持续发展提出新思路、新方法。

注释

① 巩文斌. 西南民族大学建筑学院，实验室主任，实验师。
② 肖洲. 西南民族大学建筑学院，环境艺术系，讲师。
③ 据族老讲述：王家是从松潘漳腊三寨，经江潭堡梁子而徙居虎牙地区的。相传最早有兄弟三人，因打猎而来到虎牙大寨上。那时这里尚无人居住，休息时，兄弟三人无意中将靴子里的几颗青稞散落在地上。第二年，当兄弟三人又打猎到此时，见去年无意间落下的青稞长势良好，已经成熟。三兄弟认为此地适宜居住，于是决定迁居到此。离开漳腊老寨时，族中老人为了便于以后认亲，将一口铁锅打烂成四块，其中两块留在老寨，一块交给了迁移虎牙的一支。后来，虎牙王家曾经派人带上铁锅，去老寨寻祖认亲，还互赠了礼物。作为信物的铁锅，一直保存到中华人民共和国成立后，在1958年"大炼钢铁"时终被没收。
④ 据家族世代相传：杜氏一族原居住在今江油市与绵阳市交界处的青莲蛮婆渡。三国时，孔明六出祁山要从蛮婆渡经过，要杜氏让出一箭之地。杜家答应后，诸葛亮射了一箭，派人找箭时一直找到了平武的深山，方才找到那只箭。少数民族讲究言而有信，虽然愤懑，但仍然按照约定举族搬迁到了平武山里。几经跋涉，历经艰辛，终于定居在虎牙大寨上。为使后人不忘祖居之地，取蛮婆渡的"渡"字同音"杜"作为家族的汉氏姓名。

⑤ 根据董氏家族的世代相传的口述历史传说，该家族也起源于松潘漳腊三寨，其大体故事轮廓与王氏类似，同样有打猎、洒落青稞、搬迁、铁锅认祖环节，故事更加详尽（人名、地名、时间），原因不详。
⑥ 安氏同样也是来自松潘漳腊三寨，因打猎而翻越江潭堡梁子到虎牙大寨落户。安氏在历史上曾是一个大家族，人丁非常兴旺，中华人民共和国成立前，因得了一种名叫"鸡窝寒"的疾病，造成家族人口损失过半，从此衰落不振。现在安氏是虎牙四大家族中人口最少的一个家族。

参考文献

[1] 和天娇. 文化旅游视角下凤岙村的保护发展研究 [D]. 重庆：重庆大学，2016.
[2] 季富政. 氐人聚落与民居 [J]. 四川文物，2003(05)：50-53.
[3] 王晓阳，赵之枫. 传统乡土聚落的旅游转型 [J]. 建筑学报. 2001(09).
[4] 冯靖晶. 平武白马藏寨乡村生态旅游规划与建筑景观设计——以亚者造祖村为例 [D]. 绵阳师范学院，2015.
[5] 刘韫. 旅游背景下少数民族村落的传统民居保护研究——以嘉绒藏族民居为例 [J]. 西南民族大学学报(人文社会科学版). 2014(02)
[6] 王扬. 嘉绒藏族传统民居更新设计研究 [D]. 西安：西安建筑科技大学，2014.
[7] 陈志华. 怎样保护乡土聚落 [J]. 中国遗产，2006(02)：18-20.
[8] 车震宇，保继刚. 传统村落旅游开发与形态变化研究 [J]. 规划师. 2006(06).

基金项目：2019年四川羌学研究中心一般项目，岷江上游羌族乡土景观基因及其保护与传承研究，QXY201903。

文旅融合背景下乡村地域特色的保护与发展

黄燕鹏① 余永军② 李宗倍③

摘 要： 河源市和平县水背村是具有岭南客家地域文化特征的传统村落，其乡村旅游资源丰富，历史文化遗产多样。本文对水背村的旅游发展及历史遗存的现状开展研究，从文化与旅游相互融合促进的角度出发，提出乡村旅游升级、传统民居活化利用的设计策略，为当地发展及地域特色的保护提供新的思路。

关键词： 文旅融合 乡村地域特色 旅游规划 活化利用

一、引言

在旅游需求逐渐增多的今天，文化与旅游的融合逐渐成为重要的发展趋势。在乡村旅游开发中融入当地乡土文化，推动乡村资源的多元化、综合化利用，既是助力乡村振兴，促进区域经济增长的必要步骤，也是增强文化自信，传承与弘扬地域文化的重要手段。本次研究将以水背村为例，通过对其村落资源和发展现状进行分析，提出旅游开发与传统地域文化保护并重的设计手段，为乡村的可持续发展提供理论基础。

二、河源市水背村概况

1. 水背村的历史背景及地理环境

河源市历史悠久，位于广东的东北部，东江的上游。河源地区作为客家文化的一个重要起源地，自秦起就属于古龙川县南海郡，依托穿境而过的东江河流，处于水陆交通要道的位置，对粤、闽、赣地区各族群的联系以及经济文化的形成与发展，具有特殊的意义。

水背村则是东江发展通道中河源地区的客家聚居地之一，该村位于河源市中北部和平县大坝镇，村落靠近县城，面积约5.8平方公里。地貌上属于丘陵盆地，村内有和平河自北向南穿境流过。根据考古的发现，在水背村发现多处新石器时代、青铜器时代、西晋时期和唐宋时期的遗存。随着客家先民不断南迁，水背村成为文化传播的交汇点，对研究东江文化、客家文化形成的历史背景和特性等，有着重要而独特的意义。

在历史的发展中，我国古代汉民族五次大规模南迁，到宋代定居于粤、闽、赣等地区。南迁居民保留了许多中原传统的文化和习俗，逐步扩大与岭南各民族的融合和交流，与当地文化相互渗透，形成了客家民系。明代前期，河源地区人口仍相对稀少，随着中原人氏不断南下，南迁居民与原有居民矛盾冲突加剧，社会动乱频发，为了加强对这个地区的统治，明正德十二年（1517年），王阳明开始发兵平定动乱。明正德十三年（1518年），在王阳明建议下，明朝廷批准和平建县。建县后，划定县治区域，修建城池，建造衙署，该地区正式纳入国家的统治和管理。和平县在这样的历史社会环境中建立后，借助官方的力量，维护地方治安，社会经济逐步稳定发展。在建县前，当地在水背村曾经设置巡检司这一办公机构。巡检司是元明清时隶属于县级衙门的基层组织，对巡逻州邑，擒捕盗贼等，维护地方治安，有威慑作用。

2. 水背村的村落布局及传统建筑

水背村坐落在和平河沿岸的丘陵地带，该片区土地肥沃，水源充足。村落以河流为线，以田地为基本面构成发展框架，古民居分布在田野之间，形成人工与自然和谐共存的和谐画面。（图1）。

水背村保留了众多的传统客家建筑，包括老卢屋、书香围、袁屋、龙聚围、俊兴楼、湖洋背朱屋、樟坑朱屋、司背朱屋、仁修楼、横塘陈屋、竹园下叶屋、富隆围等（图2~图4）。屋式结构为

图1 古村整体布局及环境示意（图片来源：作者自绘）

图2 老卢屋
水背村古民居现状（图片来源：作者自摄）

图3 巡检司旧址、书香围
水背村古民居现状（图片来源：作者自摄）

图4 袁屋
水背村古民居现状（图片来源：作者自摄）

典型客家建筑格局，以堂屋为中心，祠宅合一，平面中轴对称，主次有序，布局完整。整体平面分为两个主要部分，中部的核心部分是公共空间，由堂屋与横屋组成，上厅设神龛，祭祀祖先，是开展祭祀活动的主要场所。外围部分为半圆形或方形的围屋，是家族居住的空间。大多以三堂两横为基本核心，后期逐步建设成为四堂五横等布局，还有倒座、前院、四合院等，建筑整体表现出强烈的向心性和家族性。

三、水背村旅游发展及文化遗产保护现状

通过对水背村及其所在区域展开调研，可发现当地拥有自然生态、历史文化、乡土民宿、农林产业等丰富的旅游资源，具有较高的旅游开发和休闲文化体验价值。但是该区域目前的旅游项目类型较单调，以客家风貌的乡村历史遗迹观光、温泉等传统的休闲度假项目为主，吸引力较弱，文化教育和体验类产品较为缺乏，存在填补的空间。

水背村是客家民系发展的村落标本，其文化遗产以王阳明办公旧址、古文化遗址、客家聚居建筑为主，集中反映了东江地区先民居住生活以及客家地域文化的特色和艺术，反映了中国传统社会变迁的历史与逻辑，反映了王阳明等先人在社会经济文化变迁过程中的作用。目前村域内文化遗产基本保存好，个别建筑因年久失修，风貌质量较差，但建筑格局仍清晰存在。从村落整体布局而言，传统建筑分布较为分散，不够集中，与新建民居混杂布置，物质文化遗产的空间边界不清晰，乡村的人居环境还有待提升。

从资源的活化利用层面去考虑，水背村对地域文化的挖掘力度仍然不够，在旅游策划和规划方面也缺乏综合设计，没有与周边旅游产品拉开区分度。若能抓住地域特色，为水背村量身定做新的旅游策划，结合滨水景观，当地名人文化，增加深度文化体验类、实践学习类、阳明教育类等综合文化旅游和考察产品，就可以构建乡村旅游的可持续发展模式，把水背村打造成为河源市最具吸引力的旅游目的地之一。

四、水背村文化旅游综合策划

1. 以阳明文化为主题，打造广东省内阳明文化体验圣地

和平县作为广东省内典型的阳明文化遗迹地，具有较强的标志性。为展现水背村独特性的古代名人文化历史资源，从目标定位上看，可以把文化基因注入旅游资源，以阳明文化和阳明心学为文化核心，挖掘水背文化发展脉络，将水背村打造成一个集文化体验、研学培训、生态观光、休闲度假等功能于一体的阳明文化体验地。通过打响阳明品牌，深度挖掘王阳明与和平县渊源，既可以促进阳明文化的传承，也可以作为文旅产品打造的切入点，找到地域文化与旅游结合发展的新模式。

2. 挖掘古遗址文化，展示水背村千年历史

保护及挖掘水背村古遗址遗迹文化，展示水背村作为岭南文化发源地的历史痕迹。可在古村核心区增设古文化展示的公园，结合传统围屋及其周边的景观空间，打造文化体验及研学体验馆。同时设置古遗址文化展示园，以景园的形式，将古遗址复刻到展示园内，通过文字讲述，场景还原，考古场景体验等手法，增加互动性和趣味性，再现水背悠久的古遗址文化。

3. 传承客家文化，打造岭南客家文化体验平台

水背村具有众多的客家文化遗产，依托遗产资源开发，在保护传统格局与地域文化的基础上，以客家文化遗产集中片区为核心发展区，结合当地非物质文化遗产，如水背村的剪纸文化、竹编文化、客家传统狮舞文化等，打造客家原真生活体验场所和民俗风情区，策划乡村民俗、地域风情为主题的民俗风情旅游项目，在文化传承与旅游开发之间实现良性循环。通过客家围屋的活化利用，带动乡村民宅的改造和民宿开发，增设度假设施与休闲项目配套，实现传统村落向文化旅游目的地的转变。

4. 依托自然生态景观，塑造田园休闲旅游品牌

水背村拥有丰富的生态景观资源，包括稻田、猕猴桃果园、百香果园、增基塘水库、和平河等，可统筹各种生态要素，融合农业

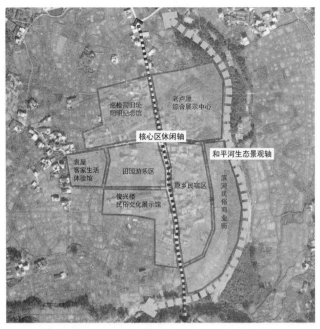

图5 古村核心区旅游规划分区示意（作者自绘）

生产、娱乐餐饮、观光休闲、亲子教育等功能业态，策划田园观光、休闲农庄、农业科教园、示范园等科普教育型项目。在客家核心展示区的外围，以和平河生态休闲轴为发展轴线，打造阳明文化旅游环，通过景观步廊、骑行绿道、和平河水上游船、滨河慢步道系统等多样的休闲交通系统，串接老卢屋展示中心、客家生活体验馆、原乡民宿区、田园观光区等整个村域（图5）。

五、文化遗产的传承与活化利用模式

开发和保护是相互依存的关系，一定程度上，两者之间又是相互矛盾的。本次研究对文化遗产的活化利用探索仍是建立在保护传承的基础上，尊重历史建筑的真实性和整体性，注重乡土文化风貌的完整性和动态保护。通过对水背村的古建筑进行调研和梳理，根据不同建筑的保存状况、保护等级等来选择活化与利用的模式，明确不同遗产的开发等级，在保护与利用之间保持动态的平衡，实现地域特色保护与文化旅游发展的双赢。

1. 保护修缮传统建筑，打造文旅综合展示中心

从建筑规模及建造位置来看，该村老卢屋片区位于核心区的入口，建筑面向和平河，广场空间开阔，屋旁有一棵树龄450年的雅榕，可作为古村旅游打造的重点。通过保护修缮围屋本体，延续原有肌理，内部适当进行更新改造，作为展示水背古遗址文化、客家文化、阳明文化主题的文旅综合性展示中心，集中体现古村的历史文化价值和特色。该中心包括旅游服务、文化精品展示等功能，并为游客提供古村游览信息、票务、咨询、讲解、休息等服务功能，引导、组织游客进行游览，领略当地的文化底蕴和传统意象。对于室外空间，要充分利用其得天独厚的自然资源，将前广场、榕树、滨河空间结合起来进行景观提升，布置古遗址文化的室外展场，既

为游客提供现场体验和追忆体验，也为村民打造了乡村休闲活动、节庆活动提供了场所。在这里，文化活动和旅游活动并存，旅游开发行为挖掘了传统建筑的文化价值，地域文化的融入提高了旅游的吸引力。

2. 突出阳明文化，打造阳明纪念馆

巡检司旧址和书香围片区是阳明文化的主要物质载体，策划结合阳明心学、军事学等思想核心，将其更新改造为阳明文化心学的纪念馆、博物馆、阳明纪念学堂等，重新活化利用，成为对外开放的游览景点和展览窗口，展示王阳明生平与和平关系、明代官吏制度等历史背景，给大众深入了解王阳明提供学习空间。巡检司旧址大部分区域由于年久失修，坍塌损毁的地方较多，若重建改造，难度及投入成本相对较大。故将其损毁区域保留为遗址公园，设置雕塑、景园寄托对先人的怀念和敬畏。

3. 引导民居改造，发展原乡民宿

利用保存情况良好的围屋，如俊兴楼、袁屋等，打造客家原真生活体验场所和民俗文化体验空间，引入多个文化创意团队，拓展水背文化产业链，将乡村居民的生产生活状态作为乡村旅游景观的一部分，营造质朴舒适的度假氛围。对于龙聚围等一般历史建筑，修缮加固结构体系，进行内部改造，打造成为乡村民宿，既满足游客居住的功能需求，同时也延续社会记忆，保留与展示原乡韵味。民宿首层设计公共交流空间，用于青年人的交流和休憩。客房布置在建筑采光及观景效果较好的二层，形成动静分离、公私分隔的空间布局。

对于普通民居，则通过风貌控制、村庄整治等导则，引导村民自主改造民居，优化村落内民居风貌、房前屋后、开敞空间、服务配套等要素，置入文化书屋、乡村振兴讲堂、快递超市、文创休闲、创意集市等功能，构成古村旅游核心区的服务补充。

4. 利用民俗文化，补充完善旅游配套业态

传统建筑的活化利用受限于原有的格局，在空间使用上较难满足人数较多的活动需求。故可从文化遗产中抽取传统的特色元素及符号，利用和平河滨河区段，适当补充新的配套建筑，如商业街、文化综合楼等，将零售购物、特色餐饮、主题客栈、会议活动等置入街区，丰富古村旅游元素，引导游客深入挖掘东江客家地区特色美食和非物质文化遗产，丰富游客互动体验，从客家文化、民间手工艺、美食等方面实现文化与商业的有机结合，提高旅游吸引力。

六、结语

文旅融合发展是相互促进，内在统一的关系。随着乡村旅游逐

渐向多元化转变，乡村地域特色与文化遗产的保护也应动态地调整思路，不断总结经验。通过旅游发展，对于条件符合要求，可作为文化公共场所开放使用的建筑，应努力用好，制定专项方案，在确保文化遗产安全的前提下做更多的探索和实践。

注释

① 黄燕鹏，广东省建筑设计研究院，建筑学正高级工程师。

② 余永军，广东省建筑设计研究院，建筑学工程师。

③ 李宗倍，广东省建筑设计研究院，建筑学工程师。

参考文献

[1] 邓爱民，卢俊阳. 文旅融合中的乡村旅游可持续发展研究 [M]. 北京：中国财政经济出版社，2019.

[2] 国家文物局《文物建筑开放利用案例指南》课题组. 文物建筑开放利用案例指南 [M]. 北京：中国建筑工业出版社，2019.

[3] 吴庆洲. 中国客家建筑文化 [M]. 武汉：湖北教育出版社，2008.

[4] 吴承照，王婧. 遗产保护性利用与旅游规划研究 [M]. 北京：中国建筑工业出版社，2019.

[5] 陆琦，唐孝祥. 民居建筑文化传承与创新——第二十三届中国民居建筑学术年会论文集 [C]. 北京：中国建筑工业出版社，2018.

民族地区传统民居与聚落

藏彝走廊"纳–槃木系"族群聚居区的性别意识与性别空间

陈 蔚① 梁 蕤②

摘 要： 人类社会中，人的社会身份和人与人之间的社会关系是空间划分和领域设定的重要依据。性别观念和性别关系的历史性演变关系到人类聚居空间的不断分化与形成，空间的性别划分也是人类维护社会秩序的一种工具。本文从分析藏彝走廊"纳–槃木系"族群聚居地区性别文化观念特征入手，探究以上民族聚居区内不同层次性别空间与景观的存在方式。

关键词： 藏彝走廊 纳–槃木系 性别关系 空间 边界

一、前言

人类社会中，人的社会身份和人与人之间的社会关系是空间划分和领域设定的重要依据。性别观念和性别关系的历史性演变关系到人类聚居空间的不断分化与形成，空间的性别划分也是人类维护社会秩序的一种工具。比如，父系社会形态建立以来，男权在社会和家庭中的支配地位往往通过空间的划分和空间使用方式的约定俗成而被强化。不同民族和地区的性别观念和衍生成的社会家庭中的性别权力关系以空间文化的方式不断地演化、丰富和重现。[1]

根据民族学研究，目前定居于藏彝走廊南段滇西北地区的氐羌族群分支"纳–槃木系"族群拥有同源的文化基质，同时形成了"大杂居、小聚居"的分布特征。其中，基本被归入纳西族和摩梭人的"纳系"族群主要包括东部宁蒗一带的"纳人与纳日人"支系；中部香格里拉的"汝卡与纳罕"支系；丽江坝子上的"纳西（纳喜）"支系和西部塔城及维西、德钦地区的部分。"槃木系"族群基本被归入普米族系，主要聚居于云南宁蒗地区、丽江坝子和兰坪地区。通过调查发现，"纳—槃木系"族群聚居区内部性别观念和文化差异较大，大致以丽江—宁蒗县为父系文化与母系文化的分界线。这一性别观念分布格局的形成有其历史发展脉络及文化根源，也与藏彝走廊古氐羌族群的性别文化及迁徙过程中的社会制度变迁有关（图1）。本文从分析地区性别文化观念特征入手，探究以上民族聚居区内不同层次性别空间与景观的存在方式。

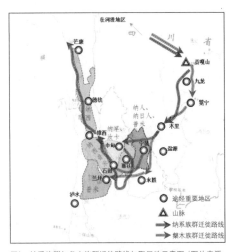

图1 纳系族群与槃木族群迁徙路线与聚居地示意图（图片来源：作者自绘）

二、藏彝走廊"纳–槃木系"族群的性别文化与观念

人类学研究发现藏彝走廊地区存在的一条自北向南的女（母）神崇拜或母系文化链条。③[2]从《穆天子传》中记载的"文（汶）山，西膜之所"、白马人以"白马"大母祖为其族称，④到《旧唐书》等历史典籍提到的东女国、西女国以及罗女蛮国，藏彝走廊地区在历史上一直存在比较完整的母系氏族制度和"崇母"文化。随着氐羌族群沿走廊自北而南的迁徙活动，这种原始的女（母）神崇拜观念也逐渐影响到了滇西北地区。被羌、藏、纳西、普米和摩梭人普遍尊崇的"巴丁喇木"女神就深藏于绵延滇川西北境内的喇孜山脉的乌角尼可岩穴里。她是美与爱的化身，也是氐羌族群的生育女神和守护神。在她身上带有明显的"大母神"⑤

原型特征。从调研结果来看，目前"纳—獃木系"族群中"崇母"文化传统主要分布在纳、纳日人以及宁蒗獃木族群中。这种根深蒂固的崇拜观念和原始氏族社会的母系制度结合起来，建立了地区独特的社会婚姻家庭结构与权力关系，无论是早期血缘婚还是后来的对偶婚形式都是建立在以"母权制"为轴心的母系氏族和母系家庭基础之上。（图2）

随着族群的迁徙和民族的分化，"纳—獃木系"族群中间出现了性别关系和制度变化，原始的崇拜文化在一些地区逐渐被隐藏和替代。以金沙江为分界，东部以永宁为中心的"纳人及纳日人支系"聚居区经历了从原始母系制到父系制再到目前保留的母系制的演进与选择。他们采用"母系大家庭"制度，重女但不轻男，互为补充。"中甸纳罕、汝卡及俄亚纳西支系"聚居区既有父系制，又存在较浓的原始母系制特点，"父系、双系、母系"家庭并存（图3、表1）。而以丽江为中心的"纳喜"支系聚居区，由于明代土司阶层对中原儒学和汉文化高度认可，使这一地区的性别观念逐渐趋同于汉人。据《丽江木氏宦谱》记载，纳系先祖到"高来秋"一代开始建立父系家庭，所生四子分别沿袭了四大父系氏族"买、何、束、叶"。[⑥]改土归流以后，中央王朝于丽江进一步实行"习汉文、仿汉俗"的民族同化政策。汉族封建礼教中"男尊女卑"、"三从四德"的性别观念与性别制度影响深厚，父系家庭演变为父权家庭，女性开始被排斥于一些社交及仪式场所之外。

图2 藏彝走廊地区母系文化带分布范围示意图
（图片来源：作者自绘）

过渡地区的婚姻家庭形式　　　　表1

族群支系	分布	婚姻家庭形式
纳西	俄亚	一夫一妻、一夫多妻、多夫多妻、安达婚
阮可	白地	可娶妻亦可上门

图表来源：作者根据相关资料自制

三、母系文化影响下的"纳-獃木系"族群聚居区性别空间文化

1. 信仰影响下的性别文化景观与空间方位意识

"女神"崇拜、洞穴崇拜、圣湖崇拜均为该地域崇拜信仰中的女性本体的象征，其中"女神"崇拜是"纳—獃木系"族群母系文化的核心。泸沽湖一带的纳—獃木族群信仰为"格姆"。周边簇拥的众山称作男山，包括哈瓦男山、则支男山、瓦汝布拉男山等。格姆一侧正是被称为"哼拉美（母海）"的泸沽湖。它们共同构成这一地区带有明显性别意识的文化景观。这种神圣景观与聚落和建筑营建的关系主要依靠"靠近"原则和方位上的"对位"原则来实现。根据调查，纳日人和獃木人的村寨大量围绕神山圣湖进行选址；在纳日人合院民居的建房习俗中"祖母房"必须有一面山墙正对格姆，祖母房中的火塘、锅庄和火神龛通常设在靠"女神山"一侧，以保证每天的祭祀仪式都是面朝"女神山"的。由此，祖母房入口通常会朝向东方和南方。"经堂"则要背靠"女神山"而建，与祖母房类似，佛龛要设在靠女神山一侧的墙上。（图3）

2. "依米"住屋体系中的性别空间划分

"依米"，"依"是房子，"米"是根骨、母系的意思。依米是宁蒗地区纳—獃木系族群最主要的居住体系，也是母系家庭结构形成的居住空间形态。"依米"院落的布局和功能基本类似，主要由祖母房、花楼、草楼（牲畜棚）和经楼组成。其中最重要的是祖母房，也称"祖房、房母"，祖母屋无论从其体量还是建造方式上都明确表达了其处于核心的重要地位。其次，祖母房山墙的一面需面对女神山，表现出世俗社会女性权力与原始女（母）神崇拜之间的文化联系——"母"（女）为大，"男"（子）为小。[3]（图4）

早期的"依米"住屋适应于集体共居的大家庭模式，即"衣舍"生产生活单位，往往人口众多。因此，院落规模较大，被称为"大房子"。其中，祖母房位置最为重要，院落中设单独的经堂，其余两边均为两层的楼房，除底层3～4间为牲畜棚外其余分隔成无数间卧室，供大家庭人员居住。随着大家庭社会结构逐渐向"小家庭"模式转化，目前所建的"依米"院落，通常每组院落居住祖孙三代，院落规模缩小，花楼卧室也随之减少，祖母房逐渐简化为目前最常见的"回"字形空间。（图5）

母系文化和女性权力为核心的家庭结构对"依米"住居形态与空间都有决定性的影响，不仅以功能、房间的边界建立了明确

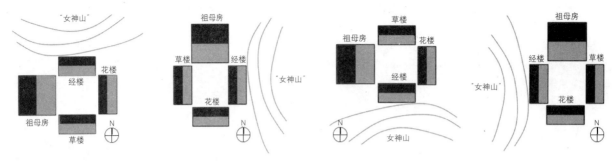

图3 纳日合院建筑朝向与女神山的关系示意图
(图片来源：作者自绘)

Jji mei 祖房 字从房从雌阴，尊重女性为大，祖先始于母亲。
房 母
Jjiq sso 耳房、小房子，男性为小。
房 男

图4 东巴文字中"祖房"为大的观念
(图片来源：根据《中国各民族原始宗教资料集成 纳西族、羌族、独龙族、傈僳族、怒族》改绘)

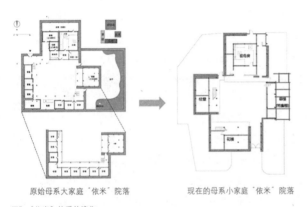

原始母系大家庭"依米"院落 　　　现在的母系小家庭"依米"院落

图5 "依米"体系的演化
(图片来源：根据《纳西族乡土建造范式》与相关图纸资料改绘)

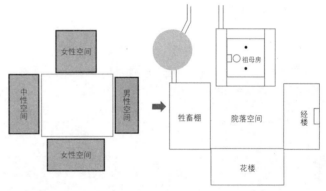

图6 宁蒗纳-檗木族群院落空间中的性别边界
(图片来源：作者自绘)

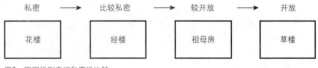

图7 不同性别空间私密性比较
(图片来源：作者自绘)

的男女性别空间边界，也通过行为规范和空间使用的文化习俗建立起男女社会行为边界。住居空间中按照性别在空间中的参与度和性别权利，可以把住居空间大体分成男性空间和女性空间。男性空间主要指家中的男性日常使用频率较多的空间，在该空间中，男性拥有有较大的权利，女性居于附属的地位；女性空间通常指女性日常使用频率较高的空间，在此空间中男性参与的机会较少，甚至是禁忌的（图6）。纳日族群及宁蒗檗木院落中的女性功能空间主要有祖母房、花楼和厨房。祖母房是老祖母居住的场所和一家的精神中心，是其母系文化和祖先崇拜体现的核心区域，在其空间中，老祖母掌握着最高的权力，并在此度过一天的生活。由祖母房外墙围合的主室空间是该地区居民最重要的性别空间边界——以年长祖母为最高地位的家庭生活空间。家庭成员的生、老、病、死都将在此空间内发生。这一空间在院落中也占有最重要的地位。

花楼也是女性专属的区域，是整个院落中私密性最高的地方，在调研过程中，这一区域通常不予开放，女子在此居住，也是成年后与伴侣进行走婚的场所。厨房也是女性使用频率最高的地方，通常由家中较年长的女性掌控，男性很少涉足。

其他空间的神圣性和私密性都在女性专属空间之下，仅经楼极少对外开放。经楼平时空置，仅有重大仪式节庆时才有男性喇嘛来此居住。男性常停留的地方如客厅和接待空间等都具有一定的开放性，在家中男主人接待的时候，其妻女通常会回避，或到厨房内准备餐食，且这一类空间通常是近年的新式住房中才有的，传统的纳日人院落中没有这样的空间。可以看出，男性是家庭中的游离人员，其空间和其活动一样并不固定，形成了男女在空间和时间中的不同路径。（图7）

（1）以女性为主导的"祖母房（主室）"性别空间划分

居住格局是家庭内部权力安排的结果，家庭空间中的中心区和附属区都体现了居住着性别、辈分、等级的差异以及当地的社会性别状况。主室空间内的性别边界通过门槛、台阶、座位等方式进行划分，每个"依米"空间中的人都必须遵循这一边界规范的秩序，不得逾越，这些边界与主室的外部围护结构一起构成了具有等级次序的多层级性别边界。

在每一个"依米"中，性别的等级划分由年长女性—年轻女性—年长男性—年轻男性的顺序排列。祖母屋主室中间有两根柱子，靠近入口一侧的是女柱，另一根是男柱。在空间中，以男女柱中心轴线为分界，入口一侧象征光明、生、太阳，是更为尊贵的方位，因此女性空间被设置于入口一侧。性别的长幼次序则以座次高低与距离中轴线的远近来限定。最年长的女性（通常为祖母）的位置位于靠近入口一侧的，其边界由祖母床限定，是全屋中性别等级最高的地方。老祖母在年老后即不会离开此处，因为在纳日人的观念中，老人的生命必须在此结束才能算作圆满。年长的男性位置位于高于地面的木台上，与年轻的后辈界分开来。后辈们的座席则是沿轴线由靠近火塘向两侧按年龄在地板上放置凳子入座，其高度不超过两侧长辈的固定座席（图8、图9）。从左席的划分可以看出母

系文化下的建筑空间中女性的地位是在男性之上的，而在同一性别内部又以年龄的长幼来进行划分等级高低。主室中最尊贵的位置由年长女性占据，这是这一地区"以母为大"的性别观念在空间中的直接体现。

（2）行为路径与仪式中存在的空间性别与边界

男性和女性在空间中的行为路径随着时间的转变划定了男女在空间中的行为边界，也显示出了在母系文化下一个人的一生活动在建筑空间中所代表的意义和一个族群所赋予不同性别的期望和位置。母系家庭成员的一生从火塘边开始，从出生到三岁，男孩和女孩的生活轨迹没有分别。等到年满十三岁，举行"成丁礼"，性别分界开始出现。"成丁礼"也在"一梅"举行，男孩站在男柱一侧举行，而女孩站在女柱的一侧，这是性别观念在一生中的首次分界（图10）。"成丁礼"之后，不同性别在"依米"空间中的分配就开始有区别。（表2）

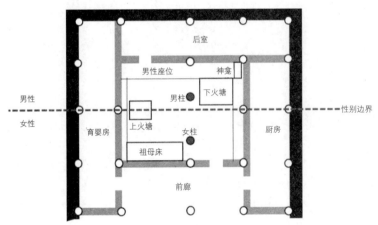

图8　母系制正房空间性别边界划分
（图片来源：作者自绘）

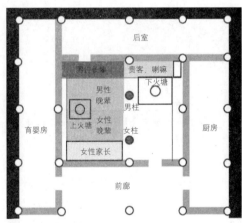

图9　母系制正房空间坐席划分
（图片来源：作者自绘）

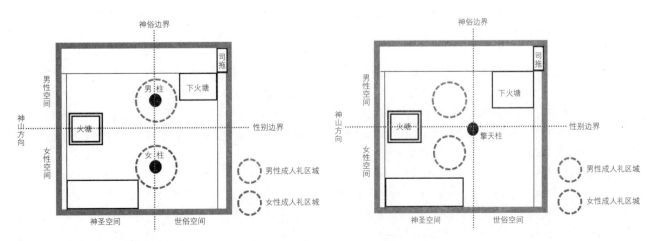

图10　宁蒗纳人、普米人成丁礼中的性别分界
（图片来源：作者自绘）

	宁蒗母系家庭男女活动轨迹		表2
时期	女性活动空间	时期	男性活动空间
出生	祖母房育婴室	出生	祖母房育婴室
成丁礼（十三岁）	主室女柱旁	成丁礼（十三岁）	主室男柱旁
成年后	自家花房	成年后	"阿肖"的花房
生育	祖母房	出家	经楼
生育后	自家花房	入赘	"阿肖"家
死亡	祖母房	死亡	祖母房

图表来源：作者根据相关资料绘制

从男女在空间中的不同路径可以看出，女性的一生在家屋中的人生轨迹是一种逐渐趋于圆满的空间轨迹，在"依米"中出生，孕育生命再走向死亡。而男性则是一种游离式的空间轨迹，成年后就不断离开"依米"，以出家、走婚、入赘等方式在家庭以外的空间生活，仅在以"舅舅"身份出现在家庭中时拥有重要的位置。这是一种母系文化重母心理影响下不同性别在空间中的特殊行为方式。（图11）

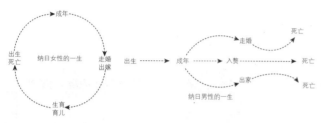

图11　男女空间轨迹特征对比示意图
（图片来源：作者自绘）

四、父系文化影响下的"纳—磐木系"族群聚居区性别空间文化

父系氏族社会发展随之带来的是"私"的观念产生以及私有制的逐渐形成，出现了区别于母系大家庭的供小家庭居住的单栋房屋。这一阶段，一夫一妻的婚姻制度代替了母系氏族的走婚，夫妻及其子女所组成的家庭代替了母系氏族大家庭，家庭中父权、夫权已占据了绝对的优势。有学者指出：私有制是单栋小家居住房屋产生的动力和基础。[4]在"纳—磐木族"群聚居区，与这种小家庭居住的单栋房屋相对应的是被称作"每都"体系的父系制房屋体系，这种体系主要分布在中甸白地的汝卡族群聚居地及兰坪磐木族群聚居地。

1. "依米"体系向"每都"体系转变中的性别权力转移

"每都"体系是在父系小家庭制度观念影响下的住居建造与空间形式，这种建筑形式主要分布在实行父系制度的纳罕、汝卡支系聚居区域，兰坪的磐木族群的主室空间中也呈现类似的结构。与拥有较多房间的母系家庭相比，这一种家庭由于成员较少，一般由父母和未成年子女组成，因此所需卧室较少，房屋规模和占地面积都较小。由于这几个支系的居住地位于山地地区，其建筑布局较平原地区的纳日支系更为自由，不一定都居住于封闭规整的合院中，与自然环境的关系也更为密切。

父系社会性别权力的转移也体现在住居体系由"依米体系"发展为"每都体系"。"每都"意为擎天之柱，藏彝走廊氐羌族群普遍存在的"通天中柱"崇拜，从"女—男柱"并存演变为仅有男性权力和生殖以及财富象征的"每都"。过渡阶段的"每都"体系在磐木族群住居中体现明显，"双神柱"结构被中柱替代，但是火塘还是保留两处，主（上）火塘作为家庭的象征朝向"神山"方向，与中柱形成权力并置（图10）。成熟的"每都"体系常见于白地汝卡支系，擎天柱（中柱）居于居室中央，中柱一侧设火塘，象征"通天—家庭（父）"权力的统一，即一个完整的父家家庭。与"依米"相反，"每都"体系中男性位于上座，女性位于下坐，女性不能逾越这一条性别界限。在此家庭制度与性别观念之下的建筑空间围绕父亲及男性在空间中的权力而分配。这一体系中，中柱的存在是必不可少的，这是男性权力的象征，围绕中柱而产生的一系列活动与座次的安排都将男性置于统率全局的位置，而女性与孩童处于被支配的位置。（图12）

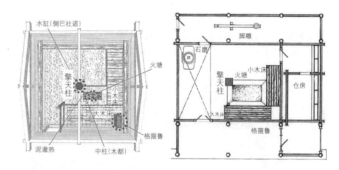

图12　白地汝卡支系的"每都"体系
（图片来源：《一个乡土建筑的写作框架》）

2. "每都"体系中以男性为主导的主室空间划分

以"每都"体系为例来分析父系空间中的性别空间划分和与性别相关的方位次序可以看出男性在空间中的突出地位。"每都"体系的住宅中通常仅有一根中柱，一个家庭围绕火塘而坐，其座次与方位围绕火塘与中柱有着严格的规定。

兰坪普米族空间中的性别地位通过与火塘与中柱的相对位置体现。兰坪地区的磐木族群主室空间中火塘两侧为宽约80厘米的板铺。板铺的左侧为中柱，这一侧为家中男性长者用，右铺为家中女性长者用。由于在普米族的传统观念中以左为大，因此中柱与男性作为都在左侧，以显示男性在家中的权力和地位。有的人家在火塘正上方置供桌，供奉祖先牌位。有的则在右上角设一柜子，柜子用一条铁链与三脚相连。以此铁链为分隔线，任何人不能跨越。家中有客人时，首先把客人迎到火塘边，结婚的时候，新娘到达之后需要首先进入火塘的区域[5]。家中后辈通常不上火塘，在火塘之下落座。

香格里拉中甸白地的汝卡支系主室空间的性别划分与兰坪磐木相似，中柱和火塘占据了空间中的核心位置，并以区分上下位的方式严格划定男女座次。以火塘为中心，靠入口一侧为大木床，是男性家长坐、睡及活动的空间，妇女及儿童不允许上去。靠内部的墙边为小木床，妇女的坐、睡活动只能在小木床进行。大木床与小木

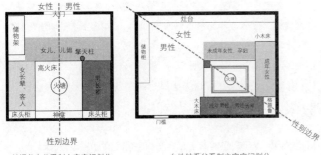

图13 父系制主室空间性别边界及座席划分
图片来源：作者自绘

床相连的一头有神龛，为日常祭祀的地方，其与火塘、中柱形成一条空间的对角线，这一条对角线是男性和女性的性别边界，女性在世期间不允许跨越此界线，逝世后，其遗体才会从小木床抬至大木床停留，直至遗体离开主室空间。未成年人与孕期妇女是不允许坐到火床之上的，这被认为会影响火塘空间的神圣性。可以看出，父系空间中的性别边界与座次划分相对母系家庭空间中的空间划分更在意性别、年龄之间的地位差异，有更多的禁忌，这都是父权思想与重男轻女观念在空间中的体现。如果"依米"空间是女性空间的话，白地纳西的主室空间就是男性空间，这个空间性质的转变与纳系族群在迁徙过程中社会性质从母系过渡到父系有关。（图13）

五、小结

母系文化是源自古羌人的古老文化之一，其蕴藏于藏彝走廊氐羌系族群的族群记忆之中。在民族迁徙演化和融合的过程中，有的族群依然保留着这种原始的母系文化，如纳、纳日族群；有的族群出于经济、政治、文化各方面的因素转变了其社会制度和生活方式，呈现出了父系、父母双系等其他的可能性，如纳喜、纳罕、汝卡等族群。（表3）

"纳—槃木系"族群性别空间边界分布规律　表3

族群	支系	主要性别观念	主要空间体系	空间形态
纳系族群	宁蒗纳日	母系制	依米体系	双柱空间
	白地汝卡	父系制	每都体系	擎天柱中心空间
	丽江纳喜	父权制	汉式合院	中轴对称形态
槃木族群	宁蒗槃木	母系制、父系制、父母双系	依米体系	双柱形依米体系、单柱型依米体系
	丽江槃木	父权制	汉式合院	中轴对称形态
	兰坪槃木	父系制	每都体系	擎天柱中心空间

（图表来源：作者自绘）

图14 不同性别文化影响下的核心空间类型
（图片来源：作者自绘）

不同的性别文化在建筑空间中有所体现，在"纳—槃木系"族群聚居地区主要有受母系文化影响的宁蒗纳、宁蒗槃木支系，其核心空间呈现双火塘—双柱格局；受东巴文化影响的中甸白地汝卡、纳罕支系，其核心空间呈现擎天柱—火塘格局；受父系制影响的兰坪槃木与白地相似，为单火塘单柱模式，但有时将作为设置在火塘左右两侧；受汉文化父权制影响的丽江纳喜、丽江槃木支系则采用中轴对称型的核心空间，由天井组织各部分功能空间。（图14）

出于不同的性别观念和文化心理，其建筑空间也随之呈现出重女性和重男性的倾向，并通过空间分割、功能分区等方式进行了严格的界定。母系文化影响下的建筑空间边界以女性为核心，祖母房是最重要的建筑空间，在空间内部，女性位于空间中的重要位置，且男性不能逾越其空间的界限。相反，父系文化影响下的建筑空间以男性为核心，强调"中柱"的核心位置，围绕此中心来划定方位和性别边界，男性居于重要的位置。不同性别观念下男性与女性在空间中的行为与路径是男女性别权力在空间中的具体表现，也进一步强化了该族群的性别文化传统。从性别边界的演变规律可以发现，建筑空间随着性别观念的转变而修正与固化。在藏彝走廊地区的纳系族群与槃木族群中，源自古羌人的母系文化呈现自较为封闭的东北宁蒗部地区向受汉文化影响较大的西部丽江坝地区逐渐衰弱的趋势。

注释

① 陈蔚，重庆大学建筑城规学院，教授。
② 梁蕤，重庆大学建筑城规学院，硕士。
③ 人类学研究者李星星指出，"母系文化"是藏彝走廊最基本、最普遍、最具有覆盖性的历史文化特征，并将其命名为"母系文化带"。
④ "膜"、"母"、"马"等词都是藏缅语中常见的女性词根。
⑤ "大母神"概念主要来自德国心理分析学家埃利希.诺伊曼所著《大母神原型分析》。

⑥ 今丽江一代多为古氏族"束"、"叶"两支后裔，丽江土知府即为"叶"氏族后代；盐源左所为"何"氏后裔，故称盐源为"何地"；宁蒗永宁、蒗渠土司则为"买"氏后裔。

参考文献

[1] 陈喆.空间分区的伦理学意义[J]. 新建筑，2003，卷缺失(5)：42-44.

[2] 李星星. 藏彝走廊的历史文化特征[J]. 中华文化论坛，2003(1).

[3] 吕大吉. 中国各民族原始宗教资料集成：纳西族卷. 羌族卷. 独龙族卷. 傈僳族卷. 怒族卷[M]. 北京：中国社会科学出版社，2000：16-17.

[4] 斯心直. 西南民族建筑研究[M]. 昆明：云南教育出版社，1992：25.

[5] 田雪. 人文环境对普米族木楞房布局及形制演变的影响[D]. 北京：北京理工大学，2015，11.

基金项目： 本研究受国家自然科学基金项目资助：51878083。

川西高原藏传佛教寺院聚落综述及多源数据支持下分布特征研究

聂康才① 文晓斐②

摘　要： 聚落是人们进行居住、工作、休憩及文化活动的基本场所。寺院聚落概念的提出是从寺院建筑到聚落的人居环境研究新视角。界定宗教聚落与藏传佛教寺院聚落的概念内涵。基于GIS平台，利用遥感数据、POI数据、社会经济统计调查数据、土地调查等多源数据方法进行聚落信息提取。从中心性、集聚性、密集度分析寺院分布的几何特征，从海拔高度、坐落方位、坡度坡向分析其选址特征，从地类景观、公路交通、水系河流、城镇村寺关系分析其环境关联特征。

关键词： 川西高原　藏传佛教　寺院聚落　多源数据　分布特征

川西高原为青藏高原东南缘和横断山脉的一部分，俗称"康"，亦称康巴地区或康区，境内有金沙江、大渡河、雅砻江等大川切割出来的高山峡谷，形成了河谷亚热带、山地寒温带、高山寒带等几种气候垂直分布带，面积23.6万平方公里。全区分为川西北高原和川西山地两部分。

川西北高原地势由西向东倾斜，分为丘状高原和高平原。丘谷相间，谷宽丘圆，排列稀疏，广布沼泽。川西山地西北高、东南低。根据切割深浅可分为高山原和高山峡谷区。川西高原上群山争雄、江河奔流，河流的源头及主要支流在这里孕育古老与神秘的文明。

广袤的川西高原分布着许多藏传佛教寺院聚落，这些聚落在独特的地理环境、数百年的宗教文化的浸润下，呈现出极为独特的聚落人居环境特征，是人类聚落体系的重要组成部分和独特类型，是活态的人类文化景观遗产。

聚落是人类生产、生活所在的活动地的总称，是人们进行居住、生活、交流等社会活动的基本场所，是人类有意识开发利用和改造自然、利用自然、适应自然而创造出来的人居环境系统，也是人类文化的载体。

一、宗教聚落与藏传佛教寺院聚落综述

不同的宗教，有着不同的物质依托和开展宗教仪式活动的场所，尤其在少数民族地区"建造村寨前，宗教的观念就作为一种社会的重要因素，决定了村寨的面貌"③。

各种不同形式的寺庙、教堂、清真寺、城隍庙等宗教建筑，作为人们宗教意识外化的物质实体和宗教信仰的直接产物，实际上成了一种聚落联盟的表象，凝聚着整个聚落内各种不同的人类群体，聚落住宅多以之为中心向四周扩展。为此，以宗教作为切入点，采用"宗教聚落"这个概念，对聚落进行分类研究，如图1所示。

所谓宗教聚落是指"聚落中的人们具有同一宗教信仰和强烈的宗教意识，且聚落中必有一个较为宏伟华丽的宗教建筑的聚落"，而"只要是宗教聚落其共性就明显受到宗教势力的支配和人们宗教信仰的影响"④。

我们可以笼统地按几个比较大的宗教派别分为原始宗教聚落、佛教聚落、伊斯兰聚落、基督教聚落、道教聚落等不同类型⑤。佛教聚落中大型寺院及其周边因寺院而聚居的区域可以统称为寺院聚落，即具有一定集聚规模的寺院建筑群及与之在地理空间与社会经济关系上紧密关联的人地复合功能区域。

佛教寺院是佛教供奉神佛的庙宇，是佛教进行宗教活动的场所⑥。相当一部分的藏传佛教寺院还有体系化的教化教学功能⑦。这部分具备教化教学功能的藏传佛教寺院在占地规模、建筑数

图1　聚落分类示意图（图片来源：自绘）

量、人口数量、外围聚居数量等方面往往远超一般寺院；在空间结构与功能、总体格局与形态、交通与基础设施等方面也往往更加综合；在社会组织与结构、经济条件与关系、教育教学与社会治理体系、外部条件与关系等方面也更加复杂。对这类寺院复合功能区的认识和研究停留在"寺院"建筑群层面是有局限的，应上升到聚落人居环境体系层面，因此，本研究以"藏传佛教寺院聚落"定义这类人居环境系统。我们将这类建筑数量与种类较多、空间上高度聚集、用地及人口规模较大、区域极化与扩散力强、功能结构与社会经济关系复杂、教育教化功能较全面的藏传佛教寺院，也包括其周边聚居区域统称为藏传佛教寺院聚落。

藏传佛教自唐朝吐蕃时代传入川西高原开始，深刻地影响了川西高原藏族及其他少数民族人民上千年的意识形态，成为本地区拥有最大量信众基础的文化教派。而藏传佛教寺院及其周边聚居区也成为一种直接或间接承担藏传佛教的政治、经济、教育等功能的物质载体，在历史上甚至是藏族地区的政治中心、经济中心和文教中心，在藏族地区的社会发展中拥有举足轻重的地位和高度。它数量众多，广泛分布在川西高原各处，尤其是在川西高原中、西部地区，甘孜藏族自治州和阿坝藏族自治州基本全域均有分布，如图2所示。

图2　川西高原主要寺院聚落分布图
（图片来源：自绘）

川西高原地广人稀，山高路远，高寒高海拔的条件为地域人居环境研究提出了挑战，整体性系统性研究的难度就更大，充分利用当前新技术手段对研究是一种有益的尝试。

多源数据通俗地讲就是来源多样化的数据，可以是不同数据格式、多种分辨率、多种图层、多种图幅的空间数据和属性数据，可以是TXT、CSV、HTML文本，各类维度的表格数据，既包括非结构化的数据，也包括半结构化、结构化的数据。

二、寺院聚落整体分布的几何特征

1. 中心性

标准距离度量分布的紧密度，可以提供一个表示寺院相对于中心的分散程度的值。该值表示距离，因此，可通过绘制一个半径等于标准距离值的圆在地图上体现一组寺院的紧密度，如图3a所示，川西高原甘孜阿坝的寺院标准距离分别为169.97公里、130.11公里，前者分散程度更高。计算公式如下：

$$SD = \sqrt{\frac{\sum_{i=1}^{n}(x_i-\bar{X})^2}{n} + \frac{\sum_{i=1}^{n}(y_i-\bar{Y})^2}{n} + \frac{\sum_{i=1}^{n}(z_i-\bar{Z})^2}{n}}$$

平均中心是研究区域中寺院聚落的平均x坐标和y坐标。平均中心对于追踪寺院聚落分布变化，以及比较不同类型寺院的分布非常有用，如图3b所示。

中心寺院用于识别寺院聚落要素中处于最中央位置的寺院。分析时首先对数据集中每个寺字的质心与其他各寺院的质心之间的距离计算并求和。然后，选择与所有其他寺院的最小累积距离相关联的寺院，如图3c-d所示，甘孜州的地理中心寺院为格桑寺，阿坝州地理中心寺院为青朗寺。

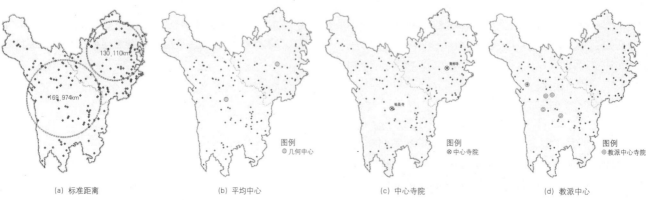

（a）标准距离　　　（b）平均中心　　　（c）中心寺院　　　（d）教派中心

图3　寺院聚落分布的标准距离与中心性示意图（来源：自绘）

2. 聚集性

空间自相关（Global Moran'sI）工具同时根据要素位置和要素值来度量空间自相关。在给定一组要素及相关属性的情况下，该工具评估所表达的模式是聚类模式、离散模式还是随机模式。该工具通过计算Moran's指数值、Z得分和P值来对该指数的显著性进行评估。P值是根据已知分布的曲线得出的面积近似值（受检验统计量限制）。空间自相关Moran's I统计可表示为：

$$I = \frac{n\sum_{i=1}^{n}\sum_{j=1}^{n}w_{i,j}z_iz_j}{S_0\sum_{i=1}^{n}z_i^2}$$

其中zi是要素i的属性与其平均值（xi-x̄）的偏差，wi, j是要素i和j之间的空间权重，n等于要素总数，S0是所有空间权重的聚合：

$$s_o = \sum_{i=1}^{n}\sum_{j=1}^{n}w_{i,j}$$

统计的Z得分按以下形式计算：

$$z_i = \frac{I - E[I]}{\sqrt{V[I]}}$$

其中：

$$E[I] = -1/(n-1)$$
$$V[I] = E[I^2] - E[I]^2$$

空间自相关结果数据图表 表1

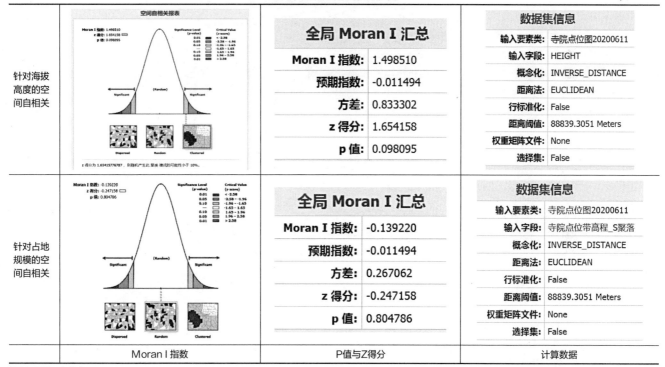

	Moran I 指数	P值与Z得分	计算数据
针对海拔高度的空间自相关	空间自相关报表 Moran I 指数: 1.498510 z 得分: 1.654158 p 值: 0.098095	**全局 Moran I 汇总** Moran I 指数: 1.498510 预期指数: -0.011494 方差: 0.833302 z 得分: 1.654158 p 值: 0.098095	**数据集信息** 输入要素类: 寺院点位图20200611 输入字段: HEIGHT 概念化: INVERSE_DISTANCE 距离法: EUCLIDEAN 行标准化: False 距离阈值: 88839.3051 Meters 权重矩阵文件: None 选择集: False
针对占地规模的空间自相关	Moran I 指数: -0.139220 z 得分: -0.247158 p 值: 0.804786	**全局 Moran I 汇总** Moran I 指数: -0.139220 预期指数: -0.011494 方差: 0.267062 z 得分: -0.247158 p 值: 0.804786	**数据集信息** 输入要素类: 寺院点位图20200611 输入字段: 寺院点位带高程_S聚落 概念化: INVERSE_DISTANCE 距离法: EUCLIDEAN 行标准化: False 距离阈值: 88839.3051 Meters 权重矩阵文件: None 选择集: False

（图表来源：自绘）

在针对海拔高度的空间自相关分析中，如表1所示，Z得分为1.65415776787，置信度P为0.098095，则随机产生此聚类模式的可能性小于10%，即在海拔特征上，寺院分布呈现聚集特征。

在针对寺院聚落占地规模的空间自相关分析中，表1所示，Z得分为-0.247157525761，置信度P为0.8048，该模式与随机模式之间的差异似乎并不显著，即在规模属性上寺院分布呈现随机性。

3. 密集度

使用核函数根据寺院点要素计算每单位面积的量值以将各个寺院点拟合为光滑锥状表面，以此分析寺院聚落的空间分布密度。从图4可以看出，川西寺院聚落核密度最高为康定县，金川县与小金

图4 川西寺院聚落核密度分析
（图片来源：自绘）

县的大渡河谷区域，汶川、茂县、松潘县五个核心区域。川西北高原密度次之，主要集中在德格、甘孜、壤塘及阿坝县。

三、整体分布的选址特征

1. 海拔高度特征

通过对数据库中经度、纬度、海拔高度三个值分别组合调用PYTHON散点图绘制模块，分别绘制经度（X）与海拔（Height）、纬度（Y）与海拔（Height）的散点图，点的颜色代表教派，如图5所示。可以看出，随着经度（X）的增加，寺院的分布有降低趋势，与高原西高东低相关。海拔高度受纬度（Y）的变化影响不大，北纬31~32°区间，是寺院分布密集区。

对数据表作结构分析图，如图6所示。川西高原寺院聚落的分布，从约1300~4500米，高度跨度达到3000多米。最低海拔寺院为汶川县水磨镇的黄龙寺约1340米。最高海拔寺院为雅江县觉姆寺4490米。近八成的寺院分布在3000以上，其中六成的寺院分布在3000~4000米的高度，高于4000米的寺院也有近两成。

2. 坐落态势特征

此处所说的坐落态势是指寺院建筑群的整体方向、方位、坡度。基于DEM数据，利用GIS地形坡度SLOP工具、坡向

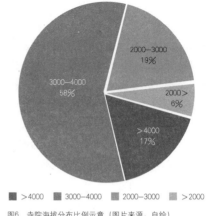

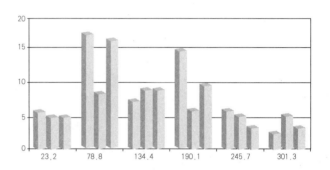

图6 寺院海拔分布比例示意（图片来源：自绘）

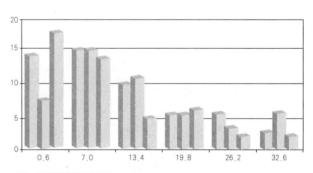

图7 川西寺院聚落坐落特征
（图片来源：自绘）

ASPECT工具的分析结果，再将寺院点位数据叠加到坡度坡向栅格上进行区域统计分析，可得到每一个寺院建筑群的方向、方位及坡度统计表，对表1进行汇总统计可得到寺院整体的坐落态势柱状图。如图7（上）所示（方位与坡向分类对应：北337.5-22.5，东北22.5-67.5，东67.5-112.5，东南112.5-157.5，南157.5-202.5，西南202.5-247.5，西247.5-292.5，西北292.5-337.5）。从图7中可以看出，分布在东、东南、南向方位坡面上的寺院比例较高，三个方位合计达到60%以上，西南及西向达以20%左右，分布在正北坡面上的寺院仅占3%左右。

在坡度方面，如图7（下）所示，坡度最大值为38.33度，最小值为0.57度，平均坡度为14.4度。约85%的寺院坐落在25度以下的坡面上。

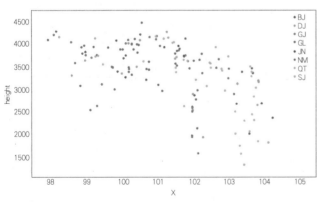

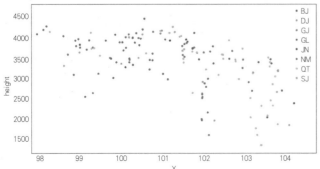

图5 川西寺院聚落经纬度与海拔分布散点图（来源：自绘）

四、整体分布的环境关联特征

1. 地类景观关联特征

通过分析可以看出，接近一半（44.7%）的寺院外围环境为牧草地，且42.9%的寺院外围为中高覆盖度的草地。只有十分之一（11.2%）的寺院外围为建设用地区域。近四分之一（23%）的寺院外围为林地，如图8所示。

2. 公路交通关联特征

交通关联特征分析采用简化的距离关系，即寺院距离交通线路的水平距离，这个距离值可在一定程度上反映寺院的交通关联特征（如果需要更精确的模拟则需要进行地形的校正）。交通路网主要针对公路交通，包括高速公路、国道、省道、县乡道，未包括等外公路。利用GIS数据库的数据提取功能，分别设置100米、200米、300米、400米、500米、1000米、2000米、5000米、10000米几个距离值进行分析。如图9所示，可看到，近50%的寺院离公路的距离在100米以内，近70%的寺院距离公路在400米以内。总体来看，寺院选址的交通关联性很高，寺院交通还是比较便捷的。

3. 河流水系关联特征

寺院选址与水系的关系，可以通过水系关联特征分析来判断。整体研究对精度的要求不高，我们仍然采用最简单的距离法来分析

寺院与水系的关系。水系数据选取我国河流分级当中的1、2、3、4、5级河流，其中包括了金沙江、黄河两条1级干流，也包括了岷江、大渡河、雅砻江等2、3级河流，大小河流60余条。通过分析，可以看到，距离河流500米以内的寺院不足4%，距河1000米的寺院也仅占到10%，80%以上的寺院距河流1500米以上，由此看出，寺院选址与5级以上河流距离相对较远。

4. 寺镇（村）关联特征

基于县市驻地、镇（乡）驻地及村落点位数据，将县、镇、村点位数据与寺院点位数据进行距离计算分析，考虑到川西地区县城、镇、村的规模较小，我们分别选取距离数值为2000米、500米、100米作为高关联距离，即在此范围内，基本可以认定为寺院与城镇村一体，相应认为该类寺院为城寺型、镇寺型、村寺型，除此之外则为寺院型。通过距离分析得到，城寺型的寺院聚落数量占比为13%，镇寺型占比仅4%，村寺型占比为6%左右，寺院型点比达到77%左右。总体来看，川西高原藏传佛教寺院近八成是相对独立的寺院型聚落，仅有两成多与县城、镇、村融合在一起。

五、结论

川西高原藏传佛教寺院聚落是一种独特的人类聚落系统，从聚落人居环境的角度进行融贯的综合性研究，有利于更全面深入地发掘、认识、评估这一独特人居现象在建筑、地域、民族、景观、文化、社会方面的价值，有利于更准确、更清晰地调适、导引，促进其良性发展。

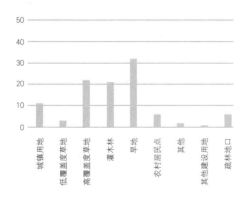

图8 寺院聚落地类景观特征
（图片来源：自绘）

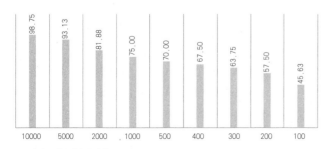

图9 寺院聚落公路交通关联
（图片来源：自绘）

注释

① 聂康才，西南民族大学建筑学院，副教授。

② 文晓斐，西南民族大学建筑学院，副教授。

③ 管彦波. 影响西南民族聚落的各种社会文化因素 [J]，贵州民族研究，2001.

④ 管彦波. 中国西南民族社会生活史 [M]. 哈尔滨：黑龙江人民出版社，2005.

⑤ 李斌. 共有的住房习俗 [M]. 北京：社会科学文献出版社，2007.

⑥ 才周卡. 略述藏传佛教寺院教育及其对人格的教化——贪、嗔、痴 [J]. 中国民族博览，2016(04)：80-81.

⑦ 何杰峰，当前藏传佛教对藏区学校教育的影响及其应对[J]，中国民族学，2017.

参考文献

[1] https://baike.baidu.com/item/%E5%B7%9D%E8%A5%BF%E9%AB%98%E5%8E%9F/9410891?fr=aladdin

[2] 李建华. 西南聚落形态的文化学诠释 [D]. 重庆：重庆大学，2011.

[3] 闫翠娟. 藏传佛教与藏区民众日常生活的关联性分析 [D]. 苏州: 苏州大学, 2007.

[4] 王莹. 精准扶贫战略背景下江华瑶族自治县乡村聚落优化研究 [D]. 长沙: 湖南师范大学, 2017.

[5] 安筱可, 马健庆. 凉山州盐源县泸沽湖人居环境现状初探 [J]. 福建质量管理, 2018.

[6] 王美婷. 最美高原 [J]. 中国测绘, 2014.

[7] 李波, 邵怀勇, 气候变化与人类活动对川西高原草地变化相对作用的定量评估 [J]. 草学, 成都, 2017.

[8] 赵炳清, 司马相如与通"西南夷" [J]. 西华师范大学学报 (哲学社会科学版), 2016.

[9] 周政旭 王训迪 钱云, 基于GIS的喀斯特山地河谷地带聚落分布规律研究: 以贵州省白水河河谷地区为例 [J]. 住区, 2017.

[10] 管彦波. 影响西南民族聚落的各种社会文化因素 [J]. 贵州民族研究, 2001.

[11] 管彦波. 中国西南民族社会生活史. 哈尔滨: 黑龙江人民出版社, 2005.

[12] 奕莉琦, 周瑞平. 近10年城市新区建设视角下的聚落变化特征及其影响因素分析 [J]. 内蒙古师范大学学报 (哲学社会科学版), 2017, 46(01): 140-145.

[13] 王鑫. 传统聚落空间组构分析——以山西上庄村为例 [J]. 建筑学报, 2013(S1): 24-27.

[14] http://kns-cnki-net.webvpn.swun.edu.cn/kns/brief/default_result.aspx

[15] 宋金平. 聚落地理专题 [M].北京: 北京师范大学出版社 2001, 6.

[16] 管彦波. 论中国民族聚落的分类 [J]. 思想战线, 2001(02): 38-41.

[17] 周秋文, 方海川, 苏维词.基于GIS和神经网络的川西高原生态旅游适宜度评价 [J]. 资源科学, 2010, 32(12): 2384-2390.

[18] 才周卡.略述藏传佛教寺院教育及其对人格的教化——贪、嗔、痴 [J].中国民族博览, 2016(04): 80-81.

[19] 何杰峰, 当前藏传佛教对藏区学校教育的影响及其应对 [J], 中国民族学, 2017.

[20] 韩冰, 基于GIS的浙江省佛教寺院空间分布研究 [D], 浙江大学, 2018.

基金项目: 中央高校项目资助, 项目编号: 2020NYBPY01。

关隘型传统村镇群协同防御特色研究

林祖锐[①]　李双双[②]

摘　要： 井陉古道作为太行山腹地重要的交通要道，咽喉处修建了大量的关隘，形成了一系列的"关村"，在一定区域内独特的地理环境和人文环境背景下形成关联的防御群体。文章以娘子关、旧关和新关为例，通过梳理村落的历史溯源，厘清3个村镇协同防御体系的形成背景、发展动因和演化过程，探讨研究地理形势、防御需求、交通条件对互助协防工作形成的影响，以及关隘型传统村镇在选址要点、村落格局、传统建筑等方面的防御特色。

关键词： 井陉古道　关隘　关隘型传统村镇　历史溯源　互助协防

一、引言

　　关隘型传统村镇是在关隘设立的基础上随着军事防御体系的逐渐完备而兴起的一种防御性聚落。井陉古道作为太行八陉"第五陉"、天下九塞"第六塞"，联系燕晋，起初并不是一条明确的道路，而是由于地层变迁，河流切割，形成的八条横贯东西的交通孔道，自古就因其独特的地理环境和交通区位成为重要的战略要塞、兵家必争之地，历代均在古道的咽喉处建关修隘，承担着交通和关塞的双重角色。娘子关、旧关和新关便是井陉古道沿线山西境内重要的关隘型村镇，山西省东临群峰壁立的太行山，西依汹涌澎湃的黄河天险，"屋天下之脊，当河朔之喉"，千百年来严防布控[1]。为此，本文根据地理交通区位、军事形势等选取晋冀交界处的娘子关、旧关和新关为研究对象，以其历史演变探讨三个关隘型村镇之间的相互关系以及其协同防御形成的内在机制，加强人们对关防体系构建的认识，展示和传承关隘文化。

二、村镇概况

　　娘子关镇、旧关村和新关村位于山西省阳泉市平定县，山西和河北两省的交界处。娘子关古镇地处山西东部的太行山中麓，井陉古道西缘，又称苇泽关。作为军事要塞，行师要冲，城墙从战国赵长城延伸至明清内长城，关防从东汉"董卓垒"到明朝"娘子关"的加强，战事硝烟从韩信下赵到百团大战[2]，两千多年来积淀了深厚的历史人文资源，遗留了丰富的兵防建筑、传统民居建筑、碑刻、诗词等。"楼头古戍楼边塞，城外青山城下河"，2007年娘子关古镇被公布为第三批中国历史文化名镇（图1）。旧关村四面群山环绕，始建于战国时期，作为明代内长城和井陉古道文化线路上的重要节点，以自然为屏障结合人工驻防，自春秋战国韩信背水之

战至抗日战争时期的晋东战役，多次抵御外敌入侵。藏兵道、古井、古树、传统建筑等历史遗存丰富、民风淳朴，2019年旧关村被列入第五批中国传统村落名录（图2）。"虏寇太原密迩故关，其关虽地当冲要，而旧城险要不足"，新关村是明嘉靖年间为加强防御在旧关西十里修建的新城，作为井陉西出之口，同时修复了关城两侧的长城即固关长城（明代内长城的重要关隘），文化积淀深厚，风景秀丽，堞楼、炮台、固关长城等古迹众多，2016年新关村被列为第四批中国传统村落名录（图3）。

图1　娘子关（图片来源：作者自摄）

图2　旧关（图片来源：作者自摄）

图3 新关（图片来源：作者自摄）

三、三个村镇的协同防御体系构建

1. 形成背景

（1）娘子关局势变迁与关防演变

娘子关及其周边区域因交通区位成为把守三晋门户的重要关口，随着防御重心的偏移，防御对象和驻防设施也随之相应调整。汉代之前，娘子关主要借助自然地形设置关防，并没有形成固定规模的军事防御体系，主要防御目标是北部的戎狄。东汉中平元年，董卓于上董寨村北卧龙山岗山势险要和温河环绕处修建防御工事"董卓垒"，是娘子关首次出现设施完善的关防体系，防御方向为东南部。隋唐时期，安史之乱，娘子关置苇泽县置承天军，并为防安史之乱余部再次侵扰修筑防御营寨承天军城，位于娘子关城西二公里处的紫金山上，直面绵河峡谷，控扼桃、温两河谷地，与娘子关城隔绵河相望，互成犄角之势，是娘子关历史上建制最大、驻兵最多的古代军城，这一时期主要是防御东北范阳而来的叛军。五代至北宋，由于政治中心远在临安，娘子关的军事地位逐渐下降。明代迁都至娘子关东北部的北京，为维护京都和边境秩序，沿太行山在山西、河北一带加建了内长城，关城的防御方向发生转变，防御着不时从太行山以西翻山而来的蒙古军，并于明嘉靖二十一年，在绵山山麓筑"娘子关"关城与固关一起拱卫京师。及至清代到解放战争时期，形势极大转变，敌人多自东而来，昔日对西有绝对防御优势的地形成了驻防最大的挑战，只得在娘子关东设防阻止敌军进犯（图4）。1947年娘子关和平解放，饱经风霜的关口逐渐退出历史的舞台[3]。

（2）旧关局势变迁与关防演变

明清之前，旧关名为井陉口，又名故关、固关镇，明代改称古固关，清代更名旧关，巍巍雄关，群山环立，是一夫当关、万夫莫开的边陲要隘、天然屏障。旧关始建于战国时期，秦以前，春秋五霸、战国七雄、三家分晋，旧关是护卫晋阳的锁钥，经常驻重兵把守，防御山东鲁国和河北燕国的来犯。秦汉至五代十国，韩信东下井陉击赵"背水之战"加固旧关关口。南北朝时太原是军事重镇，

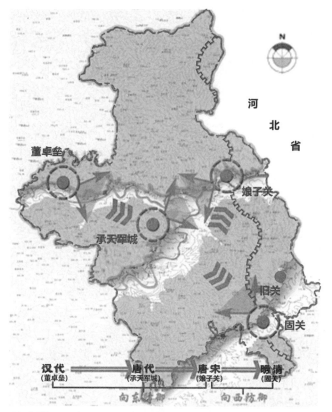

图4 娘子关的关防演变分析（图片来源：作者改绘）

旧关是防御东部藩镇割据势力的古戍边塞。辽定都北京至明代，娘子关、旧关改变了防御功能，是直隶平原的畿右屏障。及至清代，旧关是晋东门户，军事防御重点，虽失去了当年"一夫当关，万夫莫开"的特有功能，但地理位置仍十分重要[4]。

（3）新关局势变迁与关防演变

新关主要是依托固关即旧关发展起来的长城沿线的军屯之一，并且随着驻守兵将和兵防体系的不断发展而完善。明嘉靖年间，旧关的防御重点和防御方向转变，蒙古鞑靼部落数次侵扰山西，旧关虽地处要冲，但由于隘口平缓，扼险不足，遂在关城西十里处筑隘口，改故为固即今固关（新关），竣工于明嘉靖二十一年（图5）。关城分为城台和城楼两部分，北依悬崖陡坡，南邻甘桃河，是出入晋冀的唯一道路。清顺治初，固关改设守备戍守，清康熙三十七年，又增设参将，此驻兵戍守之治体直至清末[5]。

2. 发展动因

（1）地形地貌

山是交通体系和防御体系中最关键也是最艰难的一个要素，太行山区左边是千沟万壑的黄土高原，右边是平坦的华北平原，两侧海拔相差1500米，关隘多依靠其险山沟壑作为天然的屏障并扼踞要路保证其军事防御功能[6]。从宏观地形地貌来看，娘子关、旧关和新关位于太行山中部的井陉口，西部是山西腹地的太原，东部是一望无际的华

图5 旧关、新关的关防演变分析（图片来源：作者自绘）

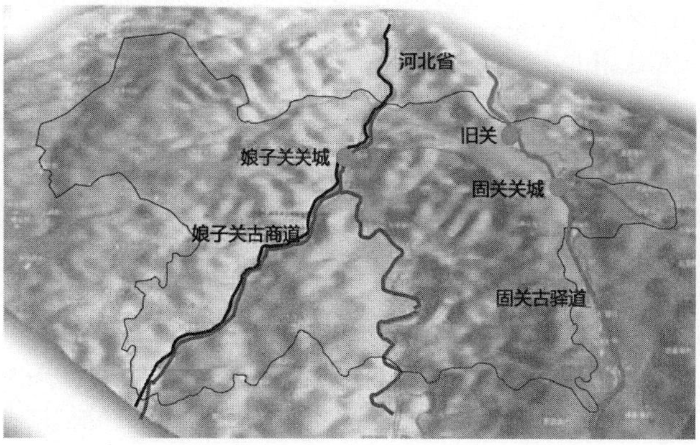

图7 娘子关、旧关和新关的地理区位（图片来源：作者自绘）

北平原腹地（图6），并且娘子关和旧关、新关分属于两条从平定至井陉的主要道路，呈现三关的犄角之势；从微观的地形地貌来看，三关均建于群山环抱之中，隔山、河相对，充分利用地形控制交通要道（图7）。因此，依太行山而建以及沟谷、泉河的自然地形地貌基础，形成了娘子关、旧关和新关村的防御性地段和"雄关古道"的整体格局。

（2）防御需求

娘子关、旧关和新关是历史上长城防御体系中的重要关隘，且防御需求大体一致。春秋战国至秦汉时期，娘子关、旧关归属赵国，是三晋门户的重要关口，防御鲁国和燕国的重要关隘，两关均驻重兵把守且沿娘子关一带修筑赵长城相连通，随局势变迁修筑城垣，驻守兵将，两关相互配合是防御东部藩镇割据势力的古戍边塞；汉至唐代，首都在长安、洛阳，山西是屏障，主要的防御方向也是东边，并进一步加强了其协同防御工事；明清两代，娘子关和旧关的防御方向随都城的转变发生根本性的转变，河北是京畿，娘子关、旧关都成为直隶平原的畿右屏障，此时期除这两关外又在旧关西新筑新关，三关通过内长城连成一体防御西来的敌军成为坚固屏障；而到了八国联军入侵至抗日战争时期，敌人多是从东部而来向西部进攻，娘子关、旧关和新关互为依靠，以交通区位优势互为补给战时相互支援协同作战。

（3）交通因素

井陉古道扮演着"陉"与"塞"的双重作用，有着重要的交通意义与军事意义[7]。娘子关的交通地位早在春秋战国时期就已经体现，但是由于地形险要、河谷纵横，娘子关古道无法满足人们的交通需要，因此在本地区修建了与之相并行的固关古道（即旧关所在地），并且自北魏起历代都对其进行修缮、拓宽和维护等，使其与娘子关古道一起成为途经平定横穿太行山东西的主要道路，东在井陉、西在赛鱼汇合，合并成一条道路，成为三关防御体系形成的框架（图8）。

3. 演化过程

娘子关、旧关和新关的协同防御大概经历了两个时期。第一个时期是娘子关和旧关的防御布局，第二个时期是娘子关，旧关和新关整体防御的"京畿藩屏"。第一个时期即在新关修筑之前，主要是娘子关和旧关等的协同防御，据《汉书·地理志》等记载，早在战国时期修筑的中山长城（赵长城）就已纵贯恒山，从太行山南下，经龙泉、倒马、井陉、娘子关、旧关以至于邢台黄泽岭以南的明水岭大岭口，全长约五百多里，形成坚固的防御壁垒。第二个时期即明代新关修筑后，中山长城损毁严重，为抵御蒙古部族入侵加强防御，明朝在加固修缮外长城的同时沿太行山修筑内长城[8]（图9）。据《娘子关志》记载，内长城在娘子关内有三重布局，其中一重便是娘子关—旧关—新关一线，利用险峻、峭拔的山峰为屏障

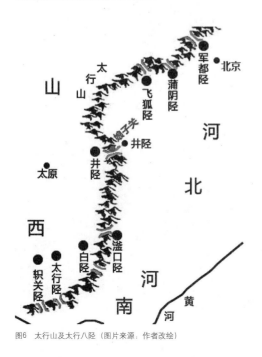

图6 太行山及太行八陉（图片来源：作者改绘）

图8 娘子关古道和固关古道（图片来源：作者自绘）

筑堡置城守卫，通过长城连成一体，京畿藩屏，三关护卫京都，共同构成晋冀两省中部一个牢不可破的防御壁垒。

四、关隘型传统村镇的防御特色分析

1. 关城选址要点

关隘型传统村镇的选址都是以"因险制塞"、据险和扼要为前提条件，与周边的关防设施构成统一的整体体系进行防御，占据地形地貌和交通区位优势，以提高军事防御[9]。例如，娘子关村的选址，娘子关位于绵山与绵河之间，南傍890米高的巍巍绵山，北临四季奔流的滔滔绵河和羊桃山，绵山山势险峻、陡峭挺拔，为娘子关的天然屏障；绵河蜿蜒东流，北岸峭壁雄险异常，地势隐蔽，占据高地（图10）。总的来说，村落选址地势险要，山水相依，雄踞悬崖之上，可谓扼踞要路，城固池深，虎踞龙盘，占尽地利之便。旧关和新关亦是如此，关城四周，群山环立、叠嶂嵯峨，关外坡陡路险，陉窄谷深。

2. 关城格局

军防的特殊需求下关隘型村镇的整体布局可看作一个网络化

的防御层级系统[10]。一般可大致分为三层：外围的城墙、堡寨、城门等作为第一层防御，如娘子关城四周有周长约为600米的城墙，并以其防御需求在南、东两处设城门楼，以此作为其第一层关防设施；又如新关村的东、西城门和瓮城墙，步入百米弧形瓮城，似有身陷囹圄，插翅难飞的感觉（图11）。内部街巷的布局、走向、宽窄、坡缓、曲折多变等作为第二层防御（图12、图13），如旧关村"L"形的简洁线性布局，变化无常的次巷分布，"攻之心、胜于形"；村落内部传统建筑的院落组团作为第三层防御，每个组团中的院落通过暗门彼此相连，互相错落衔接，增加防御的机动性。村内也较多设置暗道、藏兵道、瞭望楼等连接关城内外，串联古村大部分的传统建筑和兵防设施，增强村落防御的机动性和灵活性，如旧关村内的藏兵道。此外，各村也多在村口城门上修建阁楼，城门平时用于车马通行，战时关闭，上方的阁楼平时烧香拜佛，战时登高战守。

3. 关城建筑

娘子关、旧关和新关等一带关隘型传统村落多依山就势而建，早期的传统建筑多以靠崖窑洞为主，高低错落建造，后期随着商贸驿铺的繁盛，多以平房、窑洞为主，且建筑多为合院形式，建筑材料就地取材，多为坚固厚实的砖、石，外墙高且厚，使得每一个建筑都似坚不可摧的堡垒（图14）。此外，传统建筑的门并不都是直

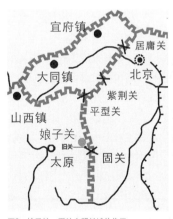
图9 娘子关、固关在明长城的位置
（图片来源：作者改绘）

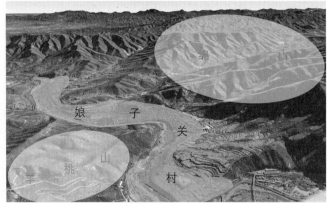
图10 娘子关村的选址分析
（图片来源：作者自绘）

图11 新关的瓮城墙
（图片来源：作者自摄）

图12 娘子关的街巷
（图片来源：作者自摄）

图13 旧关的街巷
（图片来源：作者自摄）

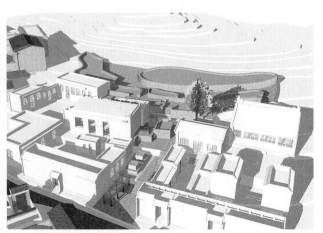
图14 建筑的依山就势
（图片来源：作者自绘）

接开向街巷的，而是设置门楼、影壁等后再进入院落的，且沿街一面的建筑窗高且小，以此增加建筑的防御功能。

五、结语

　　一定区域范围内的关隘型传统村镇依托其地理和交通区位在特定的历史时期形成，彼此之间必然有着千丝万缕的联系。本研究探寻协同防御形成的背景、动因和演化过程，有利于全面深入地了解历代防御体系的构建，挖掘关隘文化。并且随着现代文明的发展其军防价值逐渐消失，关隘型传统村镇所依存的自然环境、关城格局、经过数代的战争洗礼留存有大量丰富的军事防御设施等是我们研究历史的重要实物信息，对其协同防御和选址、村落布局、传统建筑等的特色研究，也有利于挖掘其关联性和价值，合理利用现有资源并形成区域联动的"集群"式保护和发展。

注释

① 林祖锐，中国矿业大学建筑与设计学院，教授。
② 李双双，中国矿业大学建筑与设计学院，研究生。

参考文献

[1] 秦潇. 关隘型古村镇整体保护与开发利用研究 [D]. 武汉：华中科技大学，2007.
[2] 潘曦，郝小伟. 京畿藩屏——娘子关关城空间防御性浅析 [J]. 建筑与文化，2016，No.150（9）：124-125.
[3]《娘子关志》编纂委员会. 娘子关志 [M]. 北京：中华书局，2000.
[4]《平定县志》编纂委员会. 平定县志 [M]. 北京：社会科学文献出版社，1992.
[5] 李铭魁等 [M]. 固关. 太原：陕西人民出版社，2003.
[6] 解丹，邱赫楠，谭立峰. 河北省太行山区关隘型村落特征探析——以明清时期保定市龙泉关村为例 [J]. 建筑学报，2018（S1）：81-86.
[7] 李云虎. 井陉古驿道保护研究 [D]. 石家庄：河北师范大学，2013.
[8] 何依，李锦生. 关隘型古村镇整体保护研究——以山西省娘子关历史文化名镇为例[J].城市规划，2008（01）：93-96.
[9] 李哲，张玉坤，李严. 明长城军堡选址的影响因素及布局初探——以宁陕晋冀为例 [J]. 人文地理，2011，26（02）：103-107.
[10] 林祖锐，刘钊. 太行山区传统聚落"英谈古寨"防御体系探析 [J]. 中外建筑，2014（03）：70-75.

精神家园视角下羌族聚落行为空间的构成与发展

文晓斐① 聂康才②

摘　要： 羌族聚居区曾位于"5.12"汶川大地震重灾区和极重灾区，震后经过重建和十年发展，羌族人民的生存环境和物质生活、精神生活都发生了历史性巨变。依托环境—行为理论中的相互渗透理论，尝试建立羌族聚落中人—环境—文化的相互关系，立足于精神家园来研究羌族聚落空间。首先分析羌族传统精神家园在心理认知层面的内容及表现出来的行为活动类型；然后结合田野调查，选取桃坪羌寨为案例，分析羌族传统聚落中与之关联的行为空间构成。在乡村振兴战略背景下，以重构民族传统文化的物质空间载体为出发点，进一步思考羌族精神家园保护和传承的空间途径。

关键词： 羌族聚落　行为空间　精神家园　保护　传承

"羌"在我国历史上是一个古老而庞大的人群系统，在民族史上占有重要地位，被视为华夏民族的重要组成部分。岷江上游流域是羌族最主要的聚居区，曾留存有大量独具特色的羌族聚落。2008年的汶川大地震曾给羌族地区造成极大破坏，根据第五次全国人口普查统计，地震前羌族人口30.61万人，80%以上居住在地震受灾最严重的汶川、茂县、理县和北川羌族自治县，地震中约有3万余人丧生，占羌族总人口的10%。地震不仅仅摧毁了大量历史悠久的羌族聚落，损毁了羌族人民赖以安生的居所、土地等物质基础，更让人痛心的是千百年留存下来的文化遗产被损毁，民族赖以维系传承的精神家园也受到沉重的打击。

举全国之力的震后重建，极大地改善了羌民的居住环境条件，推动了羌族地区社会经济的发展，为乡村振兴战略的实施奠定了物质基础，同时也加大了民族文化的交流和传播。自地震以来，羌族备受全世界关注，研究者们从人类学、民族学、社会学、建筑学、生态学等学科领域，以各自不同的视角对羌族文化、建筑、民俗、人居环境等诸多方面进行了许多研究。归纳起来，这些研究大致可分为三大类：一是对羌族聚落、建筑、景观等物质要素的研究，二是对羌族文化、信仰等精神要素的研究，三是对羌族社会、经济等社会问题的研究。而物质要素和精神要素作为展现羌民族成长历程的两大主线，始终相互影响共生发展，二者有着强有力的关联性。在当前乡村振兴战略背景下，聚落空间是振兴发展的物质基础，是文化振兴的空间载体。立足于精神家园来研究羌族聚落空间，则是检验物质环境建设是否适宜于民族文化传承和可持续发展的重要途径。

一、问题的提出

羌族聚落空间与精神家园的关系研究，属于人—环境—文化相互关系研究的范畴，在研究中主要依托环境—行为理论中的相互渗透理论（environmental transactionalism）。基于Altman（1987）对相互渗透论的总结：人与环境不是独立的两极，而是定义和意义相互依存的不可分割的一个整体。人对环境具有的能动作用既包含物质、功能性的作用，也包含价值赋予和再解释的作用。随着时间的变化，人与环境所形成的整个系统也随之发生变化[1]。在相互渗透论的理论框架下，传统羌族聚落空间的营造与其民族精神家园的传承相辅相成，互为影响，在长期的发展中形成稳定的人—环境—文化关系。

汶川地震及灾后羌族聚落重建的过程，从环境—行为关系的角度来讲，是危机性转换（Critical Transition）的过程，即环境变化破坏了安定的人和环境系统的平衡，必须形成新的人和环境系统，人被要求在短时间内进行急速的转换（Levinson, D. J. Periods in the adult development in men, Counseling Psychologist, 1974），必须对认知方法、社会关系的处理方法、意志、感情进行统合和重构，改变自我观念，建立具有新平衡的生活世界的结构[2]。

二、羌族精神家园的含义及内容解析

（一）精神家园的含义

精神家园，是指共同体生存发展的历史过程中不断融合、吸纳而产生的共同认可、接受和依托的精神价值体系[3]。

从构成要素上看，"精神家园"是由不同层次的精神要素彼此联结、相互作用而成的精神的有机结构系统。精神家园系统"既包括情绪、风俗习惯、传统等低层次的要素，又包括政治、法律、道德、宗教、艺术、哲学等属于上层建筑的高层次的精神意识"[4]。

（二）羌族传统精神家园的内容解析

羌族是一个源远流长的民族，自20世纪初以来，中外学者对羌族展开了深入的研究，时至今日逐步形成了比较全面的羌学研究体系。按其研究内容，大致可以分为三个方面：关于古代羌人的历史研究、当代羌族社会的研究、羌文化的研究。如卢丁等人的《羌族历史文化研究——中国西部南北游牧文化走廊调查报告》（2000），景生魁的《古羌文化的断想与新探》（2005），何斯强、蒋彬的《羌族——四川汶川县阿尔村调查》（2004），马宁的《羌族非物质文化遗产的现状及保护对策》（2007），季富政的《中国羌族建筑》（2000）等。

通过对现有研究的总结归纳，从环境—行为关系视角将羌族传统精神家园的构成解析为两个层面：一是心理认知层面，主要包括：民族信仰、社会网络、文化认同以及归属感四个方面；二是行为活动层面，精神家园在日常生活、风俗节庆、生产活动和建造活动四个方面中得以表达。

1. 心理认知层面

（1）民族信仰。羌民族崇拜自然，信奉"万物有灵"，是个多神崇拜的民族。信仰曾是民族传统精神家园的核心内容。

（2）社会网路。传统羌族的社会网络主要由血缘、亲缘构成。一个聚落通常由几个同姓的家族组成。长期以来，社会网络具有紧密、稳定、内向的特征。

（3）文化认同。文化认同表现为对羌族语言、羌族的历史传说、建筑文化、服饰文化、民风民俗等多方面的同一性和独特性的认知。

（4）归属感。即是对一定地域范围内的羌族聚落或羌族群体有"家"的感觉，对羌人生长生活的环境有强烈的领域感和安全感。

2. 行为活动层面

（1）日常生活。祭拜神灵和邻里交往是羌族人在日常生活中维系精神家园的两个重要部分。由于羌族信奉万物有灵，在生活中神灵无处不在，日常的祭拜就成了生活的一部分。比如在家中不同的场所供奉家神、火神、天神等，在特定的时间祭拜。大部分的羌族村寨布局紧密，家人、邻里之间的关系也很密切，在村寨各种空间中的交往无处不在。

（2）风俗节庆。主要包括嫁娶、丧葬等民俗活动和重大节庆

活动。按照羌族传统，村寨中的嫁娶、丧葬等活动都由村民共同协助操办，并有羌族独特的仪式。在羌历年等重要节日中，会有全体村民共同参与的活动，如跳锅庄、祭山会等，在活动中由释比用古老的羌语进行唱诵。

（3）生产活动。羌族传统上以农业为生，可供耕作的土地是羌人最宝贵的生活资源，也成为其精神家园存在的物质基础。

（4）建造活动。建造活动中体现传统精神的有四个方面：邻里相帮的集体劳作、邻里共用山墙或巷道空间的习俗、在建房造屋的重要环节有释比参与的各种仪式活动、建造活动中的防御性表达。

三、精神家园视角下羌族传统聚落的行为空间构成

聚落空间是精神家园的物质载体，而聚落空间同时也因为人的行为活动才成为有意义的场所。在传统羌族聚落的空间营造中，与精神家园意识形态直接关联的行为空间主要可概括为以下四个类型：

（一）信仰空间。羌族传统聚落的信仰空间基本形成了大一小、集中一分散的层次。一是聚落居民集体祭祀的场所或宗族祭祀的场所，如寺庙所在的空间；二是建筑外部的信仰符号或构筑物，如白石装饰等；三是建筑内部的供奉空间。

（二）交往空间。人与人的交流是形成稳定的社会网络的重要途径。在传统聚落中，交往空间无处不在，从聚落外部的街巷、住宅入口、屋顶到住宅内部的火塘，形成了私密程度不同的交往场所网络，满足村民、邻里、家人等不同人群的交流需要。村民在日常生活和劳作的过程中，行走的路径上，都可以进行不同形式和深度的交流。

（三）防御空间。羌族传统聚落通常把防御功能放在首位，是赋予聚落安全感和归属感的重要方面。防御空间体现在高耸的羌族碉楼、迷宫似的街巷空间、流经各家各户的水系暗渠、相连的屋顶空间、厚实坚固的石砌墙体等方面。

（四）生产空间。农业生产是羌族赖以生存的物质基础，因此，耕地、水源和气候环境是传统聚落选址的重要条件。通常聚落选址位于适宜农作物生长的高半山，有直接或间接的水源，耕地分布在聚落周围。聚落与耕地及其周边自然环境共同构成一个有机的人居系统。

四、传统羌族聚落中的行为空间——以桃坪羌寨为例

在羌族主要聚居的岷江上游地区，岷江及其支流切过青藏高原边缘，造成许多高山深谷，羌族聚落散布在各个"沟"的高山河谷地带。由于沟与沟之间高山阻隔，交通困难，各个聚落相对独立，

交流较少，在服饰、语言、建筑等方面都有一定的特性。出于聚落保存完整性的考虑，选取位于聚居区较中心位置、至今保存完好的理县桃坪羌寨为研究案例。

1. 历史背景及聚落概况

桃坪羌寨始建于公元前111年。先民为躲避战乱南下，一路受到当地民族部落和汉族的排挤和打击，为争取生存空间，部族之间的争斗时常发生，最终散落在岷江上游的高山峡谷中。桃坪羌寨位于理县境内岷江上游支流杂谷脑河下游的河谷地带，海拔1440米，邻近交通要道。气候干燥，雨水很少，四季阳光充沛。村寨建筑依山而建，石砌墙体，用黄泥粘结，屋屋相连，布局紧凑，以三座碉楼为中心，形成向心的、整体的聚落空间体系（图1）。

2. 信仰空间

羌民崇拜自然万物，聚落营造中首先表现为顺应地形，尽可能减少对环境的改变。除了聚落外的祭祀场所之外，在住宅空间中也会通过象征性的符号语言来表达信仰。各家各户会在自家屋顶的边沿构建一个小塔状的构筑物，用来供奉"天神"，其朝向要与房屋大门的朝向一致（图2）。在每一家的住宅内部也会设置神龛来供奉"家神"，通常会布置在大门正对的墙上。在火塘处摆放的铁

图1 桃坪羌寨聚落空间格局

图2 桃坪羌寨民居屋顶空间

图3 桃坪羌寨民居内部的火塘

图4 桃坪羌寨中的交往空间

三角象征"火神"（图3）。信仰空间的营造体现了羌人对自然的尊重，也是羌族精神家园的重要内涵。

3. 交往空间

交往是维系社会关系的纽带，在亲密的邻里关系下，聚落中的任何一处外部空间都可能成为交往的场所。人们会在巷道中的偶遇交谈，会聚在一起做针线活，也会在屋顶晒太阳闲聊（图4）。具有归属感的聚落空间可以给村民提供很多愉悦、自然、随机的交往空间。在住宅内部，"火塘"是最主要的家庭成员交流空间。晚饭后一家人在火塘边，按特定的秩序围坐，取暖并交流。

4. 防御空间

（1）碉楼。由于地处要道，安全性和防御性是桃坪羌寨空间营造的重要目标。通过碉楼、巷道和人工水系构成了上下互通的立体防御体系。桃坪羌寨的三个碉楼位于中心位置，具有瞭望守卫的重要功能，同时也由于其突出的高度而起到构成空间领域感的作用，成为精神家园的"庇护神"。

（2）巷道。充分利用自然地形条件，在建筑群体组合的过程中，形成了自由多变的甬道。巷道尺度小，有明暗变化，高差变化

图5　桃坪羌寨中的巷道　　　　图6　桃坪羌寨中的水网

大，布局错综复杂，外人进入如入迷宫，增强了防御性和安全感（图5）。

（3）水网。与街巷结合构建的地下水网系统同样承担了战争防御功能。当遇到外部入侵的时候，切断进水，每家每户通过碉楼的地下通道进入迅速逃离（图6）。

5. 生产空间

由于河谷风的影响，不太利于农作物生长，相较于位于高半山的其他羌寨而言，桃坪羌寨的耕地相对较少。根据气候条件，村寨周边的土地多种植果木作物。耕地的边界同时也是聚落居民的心理边界，聚落和耕地共同构成了羌族居民的生活领域。

五、羌族聚落行为空间的发展和演变

在羌族漫长的历史进程中，其文化发展是以渐进式民族文化传承为主，循序渐进、逐步推进的嬗变方式为辅。20世纪80年代后，随着经济结构从小农经济向市场经济的转型，生产方式的变迁带动着社会关系、民族文化发生了剧烈的嬗变，聚落空间随之由村民自发性地逐渐改变，其中防御空间已不再具有实质功能，聚落的空间形态受交通等因素影响而发生变化。部分有条件发展旅游的聚落，如桃坪羌寨、萝卜寨等，不同程度地拓展了展演空间和旅游接待场所。

2008年汶川大地震使羌人的精神家园遭受了沉重的打击，而后的灾后重建中，举全国之力实施对口援建的政策，直接推动羌族文化出现了前所未有的嬗变。以政府、社会力量、村民为代表的不同社会主体，从不同层面不同角度来对羌族文化的局部进行"有选择性"地传承或再造，多种社会力量的交织、碰撞的结果使得羌族文化处于嬗变为主，传承相辅两个进程同时并存的状态[5]。灾后重建的过程也是民族文化开放交流的过程，羌族传统文化受到巨大冲击，其变迁之势由渐进式一跃成为跨越式。这一过程中有对传统

聚落空间的抢救性保护，也有损毁后的重建新建，聚落行为空间经历了急速转换和重构的过程。羌族聚落形态、空间结构和功能布局等都发生着历史性的转变。传统建筑内部的信仰空间或消失或被替代，在现代羌族民居中几乎不再具备传统的形态特征。比如原来的火塘，已被火盆等新设施所取代，白石、羊头等元素被保留并被强化为羌族建筑的代表性符号。

灾后重建大力改善了羌族聚落的居住环境，也为乡村振兴战略的实施奠定了物质基础。在近十年的乡村发展中，羌族地区一方面大力传播自身特色的民族文化，另一方面与外来文化的交流和对现代生活方式的吸纳而带来的变化十分巨大。随着社会进步和经济条件的改善，人们逐渐从传统的居住模式转向对现代生活的追求。聚落中的信仰空间逐渐弱化，交往空间在现代生活中以新的形态展现。传统农耕自给自足的生计方式正被经济果园、蔬菜基地等取代，同时在大力发展民族特色旅游的过程中，部分聚落周边的土地已发展成为水果采摘和农耕体验场所。

六、乡村振兴背景下羌族精神家园传承的空间途径思考

经历了震后重建走向乡村振兴，在环境转换的过程中，羌民族的精神家园在心理认知和行为方式方面都发生了较大的变化。在灾后重建过程中多元文化、现代生活的冲击下，羌民族表现出强大的包容性和生命力。随着生产方式、生活方式的改变，精神家园的内涵在文化认同、社会网络、民族信仰、精神追求等方面也有了一定程度的成长和拓展。精神家园的变化与聚落空间营造也呈现出相互影响的关系。[6]

作为物质载体的羌族聚落空间，在重建过程中虽然十分注重保护、延续、传承羌族精神家园，为精神家园的振兴奠定了重要的物质基础，但是调研中也发现其在诸多方面存在缺失。在灾后应急重建的过程中，羌族聚落重建采用了修复、原址重建、新址重建等多种方式[7]，其中也采用了现代的设计手法、建造技术和新材料，应对新的需求产生了新的功能空间，与传统聚落的塑造方式相比发生了较大的改变。从精神家园的视角来审视，发展中的羌族聚落表现出一些值得关注的现象：一是空巢化，表现为村民大量外迁而导致的传统聚落空置现象，如理县老木卡羌寨、休溪村老寨等；二是空心化，表现为以发展旅游为目的的歌舞广场、咂酒广场等形式化空间；三是表皮化，表现为建筑表面符号化元素的堆砌；四是同质化，表现为统一打造的形式内容都相似的多个羌寨[8]。

这些现象的产生有其特殊的背景，而当下需要继续思考的问题是，在现代多元与主流文化并存的大环境下，如何朝科学理性的方向推动羌族聚落的建设，使其真正成为精神家园永续发展的有力载体。聚落空间的营建，应重视羌族传统聚落空间的原真性保护和传统文化的活态保护。在具体的建设过程中，应注重人文关怀，体现自下而上的公众参与、充分满足原住民的行为心理需求，营建真正

的羌族人自己喜爱的、实用的聚落空间。在乡村振兴战略下，结合产业发展，吸引更多的外出务工青壮年返乡生活，使聚落真正成为羌族人民精神家园的载体和心灵归属。

注释

① 文晓斐，西南交通大学博士生，西南民族大学建筑学院，副教授。
② 聂康才，西南民族大学建筑学院，副教授。

参考文献

[1] 李斌. 环境行为学的环境行为理论及其拓展 [J]. 建筑学报，2008，(2)：30—33.

[2] 李岳. 快速城市化所引起的生活环境转换研究——以苏州市H小区为例 [D]. 上海：同济大学，2011：12.

[3] 苏荣才. 共产主义：当代中国青年精神家园的核心内容 [J]. 马克思主义与现实，1991，(2)

[4] 宫丽. "精神家园"国内研究现状述评 [J]. 理论与现代化，2010，(3)：73—79

[5] 郑瑞涛. 羌族文化的传承与嬗变——对四川羌村的追踪研究 [D]. 北京：中央民族大学，2010.

[6] Xiao Feiwen, Ying Meng and Chang Liuwang. The Landscape Change of Qiang's Settlements in the Upper Reaches of Minjiang River after Wenchuan Earthquake [J]. INTERNATIONAL JOURNAL OF BUILT ENVIRONMENT AND SUSTAINABILITY, 2015, (3)：235—236

[7] 喇明英. 羌族村寨重建模式和建筑类型对羌族文化重构的影响分析 [J]. 中国文化论坛，2009，(3)：112.

[8] 文晓斐，洪英，陈琛. 基于灾后精神家园重建的羌族聚落调查与思考 [C]. 城市时代，协同规划——2013中国城市规划年会论文集，2013.

基金项目：国家社科基金重点项目资助（19AMZ011），西南民族大学中央高校基本科研业务费专项资金资助（2020NYBPY01）。

传统民居的适宜性建造及其在地人居智慧表达

——基于云南一颗印和福建土楼的样本探讨

杨华刚① 王绍森② 刘馨葉③ 徐仲莹④

摘 要：同为多山多水的云南和福建两地，其在地民居住屋形式与文化具有高度的相似性，传递出了地区传统民居清晰可鉴的适宜性建造体系及其在地人居智慧逻辑。以云南一颗印和福建土楼为样本，基于内向封闭的建筑围合形制渊源及其生存逻辑、宗法地缘关系的族群行为与住屋形式、地缘文化圈的就地原生性及其地域主义重演等，试图以区域人居意象观念去探查民族地区人居营造及其智慧体系的在地适宜性表达，并审视地区传统民居内在规律与区域法则。

关键词：传统民居 适宜性建造 人居智慧逻辑 云南一颗印 福建土楼

一个民族、一个地区建筑特点的形成，必然有其社会的、自然的原因，这是建筑的民族特点与地方特点的理性内核[1]。就地理空间格局和中原封建统辖来看，滇闽两地都具有鲜明的政治中心格局的边缘化和国家发展进程的滞后性特征，边地属性铸就了区域独特的自然人文概况和清晰的人居发展脉络。在山水相依、延绵起伏的特殊山地人居空间环境下，滇闽两地却产生了诸多具有地方意象标识的传统民居形态，如滇中一颗印、傣族竹屋、福建土楼、永泰庄寨等，都传递出了地区传统民居清晰可鉴的适宜性建造体系及其在地人居智慧逻辑。研究以滇闽两地典型的传统民居建筑为样本，基于区域社会发展主线去挖掘区域传统民居形式张力及其背后生成逻辑，并从区域人居意象观念去探查民族地区人居营造及其智慧体系的在地适宜性表达。

一、地区研究视野下的区域人居历史与地域生成线索

1. 移民迁徙视角下的传统民居背景

在传统社会发展中，由于战争、自然灾害或疫情等，大批中原民众通常会自发的择地迁徙而居。从历史角度看，滇、闽两地的地域文化是本土文化与外来文化融合后形成的一种综合文化，而历史进程中外来文化的进入在很大程度上是通过移民的进入来实现的[2]，尤其是滇、闽两地，移民迁徙作为一种内外交互力量而成为地域现代文明进程和社会历史发展的重要主线之一。在严峻的移民过程及其生存环境中，群居聚集成为移民的自发选择和生活模式，并依托移民迁徙和族落群居形成了典型的传统民居居住单元主体判定和清晰的边界限定，诸如云南石屏郑营村就是明军入滇后裔的再次迁徙（从红河蒙自迁徙至石屏宝秀，村落原住傣族被迫迁徙搬离）聚族村落，有郑氏、李氏、陈氏等大族各并设祠堂，繁华如市镇并以姓氏命名三街九巷。与云南不同的是，福建客家作为汉族系的支脉，超越了地域范畴的限制而更多的作为一种文化概念和显学语汇，在移民迁徙与聚落建构中更加强调宗族聚集和家族精神，注重宗族集地居住和家族共同生活，围绕土楼形成了"大家庭、小社会"的群居范例和宗族社会。在移民文化下，乡民有意识的对中原相地筑宅传承也因气候、地形、生活等而有所改变，在这一转变过程中形成了地缘生活及其文化的转折，传递出一种故土乡情固有意识传承及其在新型环境中就地转译再生的观念转折现象。

2. 地域环境格局下的传统民居生成

在文化地理研究视阈中，依托民族行为及其文化地缘交际辐射形成了更为具体而微的民居形态地理文化分区。在边地滞后、内向闭塞的地理时空环境下，滇、闽两地在地民居住屋形式与文化具有高度的相似性，传递出了地区传统民居清晰可鉴的适宜性建造体系及其在地人居智慧逻辑。移民迁徙形成了地区传统社会的基本群体及其生存指向，在苛责严峻的生存刚性需求下，一颗印或土楼等传统民居显然已经超越了概念性的人居空间，呈现出了移民群落就地生存意志及其人居空间追求，从早期人的基本生存而引发的物的建构，到人的基本生活发展致使传统物的换新重构。总体而言，移民迁徙及其就地生存需求成为地区传统民居的生成历史背景，围绕传统聚落营造技艺的传承及其就地革新、材料择取等成了地区传统民居的技术支撑，而宗法礼制观念、民俗观念与地缘传统经济形态等构成了地区传统民居住屋形式的文化特征，传统民居呈现出来的整体性、柔韧性、复合与有机等则是传统民居人居空间环境生态观的体现。

二、地方建造：内向封闭的建筑围合形制渊源及其生存逻辑

地方作为一个相对概念，有本地、当地、本土、主位、自我观念等衍生内涵，而民居建造与地域环境的关联无疑是乡土建构术语讨论的重要一环，尤其是在滇、闽两地特殊山地人居环境建构及其移民迁徙生存视野下，地方自主性建构无疑成了乡民的自发选择。内向、封闭的建筑围合形制是"一颗印"和福建土楼最为显著的空间特征。自然地理环境作为滇、闽两地传统民居地方建造中的首要考量因素，民居聚落自主建造一方面要考虑地形地貌的安全适宜性与较少填挖经济性，选址通常位于山地平坦区（山地型）、山谷平坦区（平坝型）等地段。宏观地域环境的地理现实条件和传统观念考究下的山势围合、藏风纳气等地理围合单元成为传统民居聚落的空间外化边界与隐形建构法则，并奠定了传统民居聚落建筑内向封闭的围合形制。群体生存之下的"围"把迁移移民紧紧围拢在一个地理空间单元边界之内，相互照应与协同安居。

在民居建筑单体建造中，围合形制更为明显和直观。相较于聚落之"围"，建筑之"围"反映出来的更多的是生产生活题义所在，即各独户（族）乡民的自我意志指向和价值意义追求。"一颗印"和土楼建筑布局与功能活动均围绕天井展开，天井既作为建筑围合形态的空间内核，也是通风、采光、排水、室外活动等功能载体，结合坚实厚重的建筑外墙形成了"天井四四方（圈中圆），周围是高墙"的平面构成图示和高墙院深的场所性。外墙通常就地取材用生土夯实构筑而成，底层不开窗或少窗以达到抵御防卫的目的，尤其是云南"一颗印"通常外墙少窗尤其是北向不开窗以达到冬天避寒保暖之效。而宗教信仰或崇信习俗则从精神统辖层面夯实了传统民居建筑之"围"。云南"一颗印"中轴线末端的一层居中正房（俗称堂屋，常作客厅使用），正房上面的二层通常是"祖堂"（供奉祖宗牌位，常作家庭祭祀之用）；而福建土楼中的小型方形土楼和圆形土楼轴线组织与"一颗印"较为相似，后堂作为家庭祭祀等空间；方形府第式土楼空间布局和圆形族群大家庭式土楼轴线中的中堂处于建筑中心统筹位置并承载家族祭祀、集会等主要公共活动（图1）。

无论是移民迁徙下的聚落围合（生存之"围"）还是建筑单体的围合（生产和生活之"围"）并没有客观的存在价值，其存在完全是为了完成主人的使命，除了居住的功能外，建筑是一些符号，代表了生命的期望[3]——一种严峻生存法则下的地方生存意志及其哲学思考，对就地归宿感的强烈追求和自得其所、乐以安居的夙愿指向，它关乎地方建造技艺，更归宿于传统固有观念的再次根植及其新型地域环境语境中的领悟与追思。

三、地理人格：宗法地缘关系下的族群集聚行为结构及其住屋形式

在移民迁徙传统聚落生成中，福建土楼通常都是单姓血缘聚落，而云南"一颗印"则更多为杂姓移民聚落，这种差异化为一种地理人格直接指向传统民居社会系统的建构，其背后反映出来的是宗法地缘关系下的族群集聚行为结构及其住屋形式的差异化。与福建土楼的单姓血缘及其宗族世俗社会的内生力量或隐形秩序相比，云南"一颗印"地区乡老或族权等集体公共话语的权力或影响就显得相对微弱，村寨集体主义的张力也较为内敛和收缩，并形成了以同姓血亲为基础的族权（家庙）和以地缘群落为基础的公共权力（公社）两套话语体系，甚至有时候族权凌驾于公共权力之上而形成了地方群体分异乃至于抗衡现象；而福建土楼的单姓血缘聚落中，公共祠堂或地方乡老仍具有很大程度上的话语力量（尽管多于仪式形式呈现），就不难发现族权（血缘家族认同与自觉维护等）在某种程度上已经超越乃至于凌驾于地方公共权力之上，甚至遮蔽或消解了地方公共权力而一方独大。

在云南"一颗印"和福建土楼等移民（尤其是杂姓）聚落中，社会系统与自然系统往往是相对应产生的，以血缘氏族为纽带的族类聚居总是相对稳定在某一经过自然选择的地点上，每一个地点形成一个聚居点或若干个聚落[4]，同一聚居点内又根据亲疏关系（同姓关系）形成住屋的新型聚集形式（联排、串联等）以及独立的家庙等宗俗信仰建筑。"血缘是稳定的力量。在稳定的社会中，地缘不过是血缘的投影，不分离的。'生于斯，死于斯'把人和地的因

清晰的聚落围合边界和建筑依靠山向水依次展开

图1 福建南江村土楼群落及建筑单体的围合形制（图片来源：作者自绘/摄）

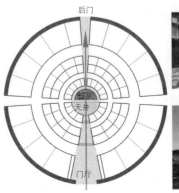

方形土楼（西城楼）和圆形土楼（承启楼）"外墙+天井"建筑围合

西城楼祖堂

承启楼外墙围合

缘固定了"[5]。在宗法地缘关系下，显然福建土楼背后的客家移民超越了传统模式上的住屋形式，并已然成了地域文化的综合概念，即以家族集聚和精神凝聚为内核、以宗族为单位、自上而下一体化大家庭的族群行为与住屋形式；反观云南"一颗印"则更多归宿到以家庭为单位、自下而上的自觉归拢式独门独户小家庭的群居行为与住屋形式。差异化的背后反映出来的是迁徙移民主体意识的觉醒及其地域环境下的自主价值选择，也就是作为自然人和社会人的移民在新型聚居环境择取中，从个人生存、意识经验和生活潜能等角度出发对自我（家庭或宗族）生存实现的驱动，以求在整体中获得归宿、在稳定中获得安全、在社会中拥有角色并在其中持有私密空间，是一种地理人格的形塑和生成，并依托宗法地缘模式深刻地反映在了移民族群集聚结构及其住屋形式之中，传递出了清晰的意识内在明晰与空间外在观化。

四、空间质料：地缘文化圈的就地原生性及其地域主义展演

移民迁徙历史背景下的云南"一颗印"、福建土楼等都镶嵌于区域文明主线之中，从聚落宏观选址到建筑群落的空间分布和建筑内部的功能导向，都传递出了清晰的人地关系，既包括地理环境对人的活动的限定，也包括人对自然地理的接受与改造的过程[6]。毋庸置疑的是，迁徙民众对传统住屋形式的批判性传承及其就地改造革新，以形成具有传统住屋形式、契合地域环境、适应地方气候、就地原生材料的地方民居模式，都传递出了传统民居的固有的张力及其就地适宜性建造的就地体系化。从传统文化理念、宗法礼制关系、宗族血缘结构等的异地传承以及地方生土材料使用、地缘族居体系生成等新型就地术语来说，移民群体都突破了地域环境决定论的桎梏与掣肘，而地方乡土建构新术语的悄然重构更是一种地域自下而上的对传统固有式样的抗争、解封，并最终回归到地域社会生存、生产与生活共同体建构的初衷。

如果说云南"一颗印"、福建土楼等传统民居的适宜性建造具有清晰的地域边界，不如说是在移民迁徙的区域发展背景下，云南"一颗印"、福建土楼等乡土建构重新诠释或界定了地域的概念。尤其是云南杂姓移民及其"大杂居、小聚居"群居的地缘环境，云南"一颗印"等建构术语及其空间图示显然已经超越了民族性、地区性等边界化范畴和传统民居式样等概念性语义，且依托民众迁徙等跨地区交流而成了泛区际的地缘文化圈。而地缘文化圈推动了传统民居地方体系的生成，并激化了人居聚落空间地理意象的呈现，最终实现了传统民居身份建构的可能，并从材料、技艺、文化等方面回应了在地人居聚落形象语言的事物化与具体化，催生了人居建造主体性的地理分异、柔性边界的形塑及其价值内化的稳健。尤其是在滇、闽两地的移民迁徙及其地域文化生成中，乡土社会中的各种事件与事项都是因为族群生存、维持、保护、绵延、族化、文化等功能而产生[7]，而传统民居的建构更像是一个地方社会事务性的活动依次展演：以地方生活适应为目的、乡民业主全程参与、传统工匠主导、固有经验与现场机变并重以及就地材料提取等整套地方

建构体系的铺设展示，同时良辰吉时的提前判定、立柱上梁时的祭祀祈福和住屋竣工后的宴请活动等都充分揭示了移民群落的自发需求、自主建构及其情感投射。

五、结语

移民迁徙视野下，传统民居的适宜性建造及其在地人居智慧表达清晰地传递出了移民族落历代群体的生存哲思、人格内涵及其对生命意义的追逐。尤其是进入新世纪以来，乡土社会已经在多种文明并置的冲击下走向破碎，认识乡土中最容易遭遇的障碍便是乡文化、乡土历史和现实绞合所产生的那种不确定性[8]。正是这种不确定性赋予了传统民居地本土探讨更多的思考与言说的尝试可能，并可据此去追问和审视地区传统民居内在规律与区域法则的逻辑内核，而传统民居建构体系中清晰可鉴的适宜性建造及其在地人居智慧表达则成了这种"不确定性"辨识中的可视点与落脚点所在。

注释

① 杨华刚，厦门大学建筑与土木工程学院建筑学系，博士研究生。
② 王绍森，厦门大学建筑与土木工程学院党委书记、院长、教授、博士生导师。
③ 刘馨葓，苏州大学建筑学院，博士研究生。
④ 徐仲莹，云艮科技（上海）有限公司，城乡规划学硕士。

参考文献

[1] 饶维纯. 理性与感性的统———云南建筑的民族特点与地方特点探索 [J]. 新建筑，1989：19-21.
[2] 邓湾湾. 移民背景下滇闽两地宗祠建筑形制比较研究 [D]. 昆明：昆明理工大学，2018.
[3] 汉宝德. 中国建筑文化讲座 [M]. 北京：生活·读书·新知三联书店，2008.
[4] 左明星. 腾冲边陲移民聚落空间形态探析 [D]. 昆明：昆明理工大学，2006.
[5] 费孝通. 乡土中国 [M]. 北京：北京出版社，2011.
[6] 李海云. 空间、边界与地方民俗传统——潍北东永安村人地关系考察 [J]. 民族艺术，2019（05）：64-71.
[7] 王沪宁. 当代中国村落家族文化——对中国社会现代化的一项探索 [M]. 上海：上海人民出版社，1991.
[8] 贺仲明，刘文祥. 乡土文学的自主性建构——以叶炜的《福地》及"乡土中国三部曲"为中心 [J]. 当代作家评论，2016（05）：195-202.

基金课题：国家自然科学基金课题项目"基于复杂系统论的现代闽台地域建筑设计方法提升研究"（51878581）。

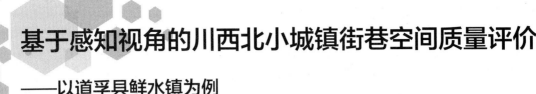

基于感知视角的川西北小城镇街巷空间质量评价

——以道孚县鲜水镇为例

曾昭君①

摘　要: 随着城镇发展及文化交融,川西北地区小城镇的街巷空间已经呈现出新的地域特征,同时存在新的环境问题,通过居民感知评价可以客观反映出街巷空间的地域特色及环境质量。本文以道孚县鲜水镇为研究对象,运用语义分化法建立街巷空间质量评价体系,通过实地调查、统计分析等方法,对城镇空间中两条主要街道空间进行评价分析。研究结果发现:街巷空间在传统与现代的融合方面主要表现为建筑功能转化、建筑尺度转化;总体地域特色明显,但表达方式单一;空间序列变化多样,但环境质量差距明显;街巷尺度较亲切,连续性较强;绿化和水体生态效益不佳,公共服务设施严重缺失,铺装较为简陋;对历史遗迹缺少保护意识。最后提出针对川西北小城镇的提升空间质量的途径。研究结论以期对川西北小城镇的风貌保护及环境管理提供参考。

关键词: 空间感知　质量评价　街巷空间　小城镇　川西北

一、引言

随着西部开发及旅游业的发展,川西北地区的少数民族小城镇正处于快速发展的阶段,城镇已经由过去的传统聚落向现代城镇空间转变,其空间形态呈现出新的风貌。小城镇街巷空间的地域特色及环境质量反映出城镇的风貌及发展水平。建设有特色的少数民族小城镇,需要及时准确地辨识新风貌所具有的地域特色及环境质量,才够促进少数民族地区对地域文脉的传承和创新。主观感知是从人的心理感受反映空间形态的特点、合理与否,是否直接体现了人们对空间的评价。因此,从感知视角研究人们对城镇空间格局、空间序列以及空间节点的体验,可以直观反映出城镇空间形态所包含的地域特色和环境质量。而街巷作为城市建成环境中最常见的空间场景,代表了城镇风貌和建设水平,同时也是人们感知城镇空间最主要的载体[1],因此以城镇中的街巷空间为研究对象,从感知视角评价其空间特色和环境质量,能够有效反映出少数民族地区小城镇的空间品质。

目前,学者对川西北少数民族地区小城镇的空间形态研究较少,偶春等[2](2019)研究了少数民族小城镇街巷景观建设的现状与问题,提出街巷特色景观营造与保护的原则。曾昭君等[3](2018)研究了道孚县城的城镇空间演变特征。麦贤敏等[4](2015)以德格县为例分析了藏族聚居区的城镇特色。邓雪娴[5](2013)研究了北川新县城羌族特色步行街的规划设计。以上研究并未从人的感知视角进行分析小城镇的地域特色等。公伟[6](2014)以巴塘县城为例,从人的空间感知角度探讨了川藏小城镇特色景观风貌形态

的营造,但缺少了对当地原有肌理的研究。总体来看,对于川西北少数民族地区小城镇的街巷空间特征研究仍以定性研究为主,缺少客观详细的定量分析,研究深度不足将直接影响实践中对传统风貌的传承与创新。因此必须从感知视角出发,进一步展开定量分析,归纳出川西北小城镇的街巷空间特色和存在问题,为建设人性化的少数民族特色小城镇提供参考。

二、实证设计

1. 研究对象

本研究选取具有代表性的道孚县城鲜水镇作为实证对象。鲜水镇是川西北地区典型的由少数民族聚落演变而成的小城镇,位于县城中部鲜水河、纽日河交汇处北岸阶地上,S303线穿城而过(图1)。境内聚居的主要有藏族、汉族,很早就开始了藏族汉族在文化上的融合。鲜水镇自1981年震后重建至今,城镇空间发生了如下的变化:大型公共服务设施主要干道布置;沿街的传统居住逐渐置换为现代商业或商住混合功能。鲜水镇主要道路为十字道路,其中解放南街和解放西街分别和省道S303相接。滨河路为城镇南北主要轴线,正对西南侧的麦粒神山。其余多为6米宽、弯曲狭窄的小巷,呈"自然生长的蛛网状"。鲜水镇的建筑形态主要包括藏式形态及藏式结构、藏式形态现代结构、现代风格及现代结构、汉族传统形态现代结构等[7]。这些城镇功能及建筑风貌的变化赋予了川西北小城镇新的空间形态,给人们带来了新的空间体验。

图1 道孚县城地理位置（图片来源：作者自绘）

条线性空间是当地人前往灵雀寺的常走之路，有着丰富的街巷空间、院落空间，不同时期、不同风格的民居建筑，还保留着少量的田地、古城墙，是最能体现当地人文化、历史发展的道路。

2. 研究方法

对空间感知的研究方法较多，根据研究对象尺度小、网络调查不便等因素，本文选取实地调查访谈的方式，并采用奥斯古德的语义分化法（Semantic Differential）来进行感知评价。语义分析作为环境行为学研究中重要的分析途径是根据人的视觉和联想建立起来的，立足于社会学及环境行为学研究基础之上，主要用以建构空间形态与人群感知之间关联性。语义分化法由被评估的事物或概念（concept）、量尺（scale）和受测者（subject）等三个要素构成。

基于此方法，本文建构街巷空间的感知评价体系，事物为小城镇的街巷空间，量尺包括空间感知的相关形容词，成对立的组成出现。形容词的确定是参考学术文献中对街巷空间品质的内涵解读和具体评价指标，结合川西北地区小城镇的发展现状得出适合该地域的街巷空间感知水平指标因子及对应的权重，具体如表1所示。受测者则为在空间中活动的人群。受访者对不同节点的各项指标进行感知然后评价打分，最后运用综合评价法得出各节点的总体得分，形成街巷空间感知水平的变化特征。（表1）

为研究道孚县城街巷空间形态的特点，分别选取南北向、东西向两条街道。分析城镇中的街道、街巷空间的空间序列，并从不同的空间序列中分析丰富的线性空间带给人的心理感受。研究选取鲜水镇两条主要街道，分别为滨河路，这是道孚县城的东西景观轴，县城的主要商业、公共空间分布于道路两侧；另一条为鲜水东路为起点，进入县城老城区中的传统民居聚集区，经过民居路继续往西北方向，依次进入解放街、娟城路、灵雀街，到达灵雀寺为止。这

街道空间感知水平评价指标体系 表1

权重	评价程度	分值	评价程度	平均值
0.22	完全开敞或极度封闭，不舒适	−2～2	围合度适宜，空间亲切	
0.17	建筑连续性弱，视觉冲突	−2～2	建筑连续性强，有整体感	
0.19	风格混乱，没有体现出地方特色	−2～2	地域特色鲜明，以藏式或汉藏混合为主	
0.14	无绿化，不美观，水景效果差	−2～2	绿化景观丰富，美观，水景效果好	
0.11	无座椅、垃圾桶等公共设施	−2～2	座椅舒适，美观，垃圾桶整洁	
0.06	小品设计不美观，无典故，遗迹被破坏	−2～2	小品设计美观有典故，遗迹保护较好	
0.11	铺装脏乱，毫无观赏性	−2～2	铺装整齐，防滑，有观赏性	
1	总分			

三、道孚县城街巷空间感知水平评价

对沿街行人进行访谈调查，通过综合计算得出两条街道的空间感知水平评价变化曲线，依此归纳出道孚县城街巷空间的风貌特征。

1. 街巷空间感知水平评价结果

（1）南北向为道孚县鲜水镇的景观轴线，即道孚沟景观轴，具体分析如下：

从数据结果可知，滨河路的空间感知水平平均值为0.549，各

个节点的数值差距明显，且呈现高低波动的特征。其中空间的围合度变化明显，建筑连续性在道路交汇处较弱，在广场及体育馆附近以开放空间为主，其他节点的空间连续性较好，整体性强。整条街道都有鲜明的地域特色，主要以藏式建筑的屋檐、窗框以及色彩体现。街道中间有一条河道，因此形成河堤景观，但处理方式以水泥渠化为主，跨河布置亭子较为单一，缺乏与民族特色的结合，因此绿化景观感知评价分数较低，以0.5分居多。也有−1分出现，这种节点多是除水体外无绿化。公共服务设施的评价最低，以−1分居多，这是由于街道上除跨河设置亭子外，无更多休憩设施，垃圾桶不足。小品设置及遗迹保护方面评价差距较明显，河道两侧注重栏杆等小品的设计，但节点上出现的围墙等则小品则美观度及特色参

差不齐。铺装方面则分数基本在0分以上，主要是滨河路两侧的改造对铺装进行了提升，但正在建设中的节点则评分为负，铺装质量较差，行人行走不便。（表2）

滨河路街巷空间感知水平评价折线图 表2

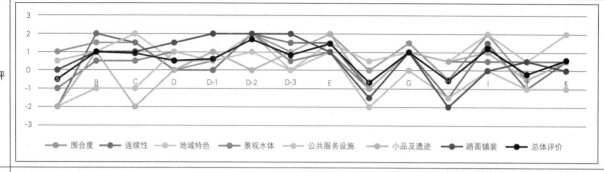

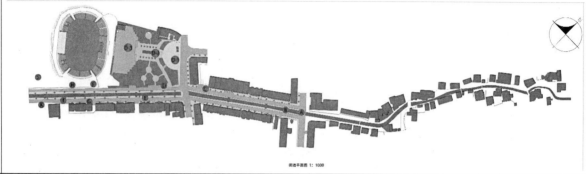

（2）东西向老城街巷长度较长，因此依据主要道路和河道把这条东西向街道划分为A、B、C、D四段，具体街巷空间分析如下：

从折线图来看，该街巷空间的总体感知水平较高，节点数值以正向为主，平均值达到0.697，各节点差距不大，空间序列呈现出分值均衡的特征。街巷空间围合感知评价极高，尺度宜人；连续性除在修建房屋的节点外，其余均连续性强，整体感较高，建筑风格方面的感知水平多在1~2分，可见地域风格突出。建筑以藏式崩科结构为主，局部出现汉族民居及汉藏结合的民居。此外，绿化感知水平较差，负值居多，街巷两侧除部分保留农田以外，几乎没有绿地，除沿街排水沟外，无水景设计；公共设施的感知评价分值也较低，多在0分以下，说明街巷空间中尚未考虑垃圾桶、座椅等服务设施，仅在示范街部分考虑了座椅的设置。小品设计方面的评价分值波动明显，主要原因是街巷空间中以民居为主，各户对建筑外的围墙、杂物等建造方式不同，因此呈现出明显差异。铺装设计的评价分值除示范街道段以外，分值均在0.5分以下，铺装以水泥路面为主，干净整洁，行走方便，但未体现出观赏性，反映出以传统民居为主的街巷空间尚未考虑铺装的设计。（表3）

老城街巷空间感知水平评价折线图 表3

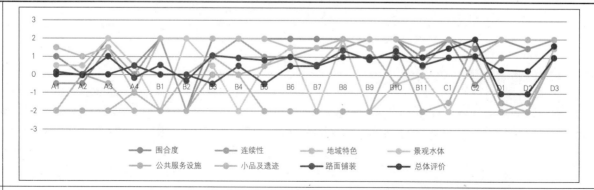

2. 街巷空间特征

根据两条街巷的空间感知水平评价结果看，道孚县城的街巷空间呈现出以下特征：尺度宜人、整体性较强、建筑风貌地域特色明显，但景观绿化单一，缺少民族特色，公共服务设施严重匮乏，尚未注重小品等细节设计，城镇遗迹保护意识不足，铺装设计较为安全舒适，但观赏性不强。可以看出，在小城镇的风貌保护与建设方面，道孚县更注重建筑风貌的营造，但除了传统民居外，公共建筑多停留在建筑立面的传统元素拼贴。

3. 空间感知的类型划分

根据居民及游客对两条街巷的节点空间感知评价的不同，将鲜水镇街巷空间划分为以下四种主要类型：（1）建筑风貌良好且环境设施完善（各项评分为1分以上）；（2）建筑风貌良好但环境设施不足（前三项评分1分以上，后四项评分为-1以下）；（3）环境较好但缺少地域特色（前三项评分小于1分，后四项评分大于1分）；（4）风貌及环境设施均一般或明显缺失（七项评分均小于1）。

四、结论与讨论：空间质量提升途径

1. 提高环境设施的覆盖度和品质

道孚县城的环境绿化、公共服务设施水平评价较低，虽然在此次评价体系中所占权重较低，但并不能理解为价值不高。要提升城镇街巷空间的感知水平，体现城镇空间的人文关怀，就必须提高公共绿地、公共服务设施的服务水平。这些指标是城镇发展水平的重要反映，评价结果可以看出道孚县城的发展阶段仍属于初级阶段，这也是和道孚县实际发展水平相吻合[8]。对公共环境及服务设施的考虑还不全面，仍然需要进一步提升。在环境绿化方面，包括增加公共绿地、种植行道树等；公共服务设施方面，包括增加公共厕所、垃圾桶、沿街座椅等设施。

2. 增强传统元素的多元利用

道孚县的街巷空间在营造少数民族特色的方面评价较高，但营造方法总体来说较为单一，除了当地居民自建的"崩科式"民居以外，其余的现代建筑多是在外墙运用传统符号的方式。在其他方面较少运用，如在景观设计方面、铺装设计方面等。当然并不是所有的都运用传统元素就是好的，应该是能够体现对传统元素的传承与创新，这才是对传统元素的最好态度。

3. 提高经济发展水平及管理者的决策水平

目前道孚县城街巷风貌的特征形成，其城镇的经济发展水平以及管理者的管理意识都是影响特征形成的决定性因素。因此，要真正改善街巷及城镇空间环境。首先，提高城镇的经济水平，这为城镇建设的有序进行提供资金保证，但这并不是过度建设，对于川西北地区的小城镇来说，应该遵循低成本、高效益的原则进行城镇空间的特色营造。其次，提升管理者的管理意识和决策水平，这是提高城镇空间品质的关键，管理者对城镇建设理念认识落后，则无法辨识与接纳具有更高水平的规划设计方案，这直接导致了街巷空间质量低下。因此，需要通过定期培训考察的方式提升管理者在城镇空间建设方面的管理意识和决策能力。

注释

① 曾昭君，讲师，博士在读，主要从事少数民族小城镇可持续发展研究。

注：滨河路总平面图、老城街巷总平面图以杜佳等同学的调研成果改绘生成。

参考文献

[1] 成实. 基于情绪分析的人性化街道空间评价机制初探[C]//活力城乡 美好人居——2019中国城市规划年会论文集（05城市规划新技术应用），2019.
[2] 偶春，姚侠妹，少数民族特色小城镇街巷景观营造与保护思路探索. 凯里学院学报，2019. 37（02）：25–30.
[3] 曾昭君，麦贤敏，川西北地区小城镇空间演变特征分析——以道孚鲜水镇为例. 西部人居环境学刊，2018. 33（05）：47–51.
[4] 麦贤敏，李永华，雷济铭，"四态合一"的县城风貌规划——以四川甘孜州德格县为例. 规划师，2015（2）：122–127.
[5] 邓雪娴，小城镇尺度与特色的思考——北川新县城羌族特色步行街设计. 建筑学报，2013（10）：12–17.
[6] 公伟，从空间感知层面探讨川藏小城镇特色景观风貌形态的营造——以四川巴塘县为例. 美术观察，2014（11）：138–139.
[7] 尚华. 论奥斯古德语言学理论及其现代价值[J]. 求索，2011. 000（007）：223–224，246.
[8] 曾昭君. 环境适应视角下的四川道孚县城镇演变研究[J]. 工业建筑，2018. 48（12）：54–59.

垒石为室：川西传统藏族碉房建造过程与技术话语解读

——以阿坝州色尔古藏寨为例

张 菁[①] 龙 彬[②]

摘 要： 通过对川西藏族碉房的实地建造过程与本土匠师技术话语的解读，分析传统碉房民居营建过程中呈现的集体共同建造、技术代际共享、仪式信仰锚固以及精神空间表达等现象，并通过将藏族碉房民居与土家族木构民居在建造过程和技术传承方面进行对照，理解地方信仰和匠师话语在传统民族民居建造中所承担的重要地位和差异，以此反思碉房和木构民居在当代更新过程中所面临的不同境遇。

关键词： 藏族碉房 建造过程 技术话语 信仰活动 川西

一、缘起

中国西南民族走廊地区保存着东亚文化中独特的石砌民居，并居住着藏、羌、彝等的氐羌族系民族。这一自成体系的古老民居同中国广域的木构民居一样，拥有深厚的文化渊源和地域建筑特征，被学界称为"邛笼体系"[1]。邛笼一词最早见于《后汉书·南蛮西南夷列传》，书中载有"冉駹夷众皆依山居止，累石为室，高者达十余丈，为'邛笼'"。对该词的缘起和演变，民族学与历史学家们历来有争论。但无论"邛笼"是源自古羌语的"白石之塔"，还是嘉绒藏语的"琼鸟之巢"，其"依山居止"、"累石为室"的建筑特征自千年前冉駹夷人修建之始便原本的保存至今。现今藏羌彝地区的石砌建筑仍如《舆地纪胜》所记："夷居，其村皆叠石为碉，如浮图数重，下级开门，内以梯上下，货藏于上，人居其中，畜碉

以下，高二三丈大者谓之笼鸡。《后汉书》谓之邛笼；十余丈者，谓之碉"。这种"平顶密勒梁"的碉房建筑体系是一种完全不同于木构民居的房屋形态。这一地区性的建筑类型在近20年来逐渐受到学界关注，已有研究主要围绕着碉楼建筑和碉房民居的空间形态[2]、结构特征[3]以及建造体系的地域文化特征[4]等方面展开。但对于藏民族地区仍然持续使用和建造的碉房民居的匠师话语、建造过程中的集体性民族文化意涵的探讨仍然尚付阙如。

因此，笔者通过对四川阿坝藏族羌族自治州的几个藏族村落民居传统建造的详细调查，集中走访调查了位于阿坝州东南部的黑水县色儿古藏寨，对色尔古的白宝森和陈克英两位老砌匠进行了匠作技艺与营造工序的采访；并由老匠人带领，调查测绘了数栋年代久远的石砌碉房（图1）。本文以藏羌聚居地区的色尔古碉房民居建

图1 色尔古藏寨区位、全景与受访的两位匠师
（图片来源：左图自绘，中图由王蕊提供，右图自摄）

造过程、仪式和匠师话语作为切入点，借用半结构式访谈和空间测绘观察的方式，观察与思考藏羌民族村落传统民居建造过程中本土匠师的技术传承和仪式内容，并透过与同样是少数民族地区的土家族苗族木构民居营建中的仪式过程、信仰空间和技术传承的比较，来理解碉房和木构民居在当代民居更新过程中面临的不同境遇。

二、共同建造：碉房营建过程中本土匠师的技术传承

传统民居空间形态与整体风貌的多样性由当地独特的地形地貌气候特征、建筑材料供给、居住生活习惯以及民族民俗文化内涵综合影响而成。对环境要素的回应组成的经验性知识通常掌握在本土匠师的地方性术语中。本土匠师的代代传承为地域性传统民居形态的锚固提供了基础，也是传统聚落整体风貌在千百年来得以统一的标准所在。因此，对匠师队伍的构成和技术话语的分析是传统民居营建和空间模式研究的重要内容。

1. 建造队伍的人员构成

在田野调查的色尔古藏寨中，村民世代居住的碉房民居一般由本村砌匠与木匠负责修建，由"哈瓦"[3]或和尚择定建造地点、朝向、主持建造仪式，有时房屋主人也在一定程度上参与房屋的设计与施工过程。不同于木构建筑中木匠"鲁班师傅"的核心地位，石砌民居建造时，砌匠师傅身兼设计、施工负责和组织等数职，对建造过程更具影响。一般一栋碉房的建造需要4~6位砌匠参与。如遇住房规模较大，常常需要同村男性居民"互相换工"：当某家人需要修建房屋时，居住在一起的一个甚至几个村落的村民每家都会派出代表，无偿帮助主人家劳动两天左右。在"换工"的过程中，砌匠长辈一边通过言传身教向青年传授石砌技术，一边用自己对待头人、寨首、同村人的态度向"徒弟"传达"如何成为一个村民"。

由此可以看出，一栋碉房民居的建造过程有仪式主导者（哈瓦）、技术组织者（砌匠与木匠）、建造委托者（男性屋主）以及共建参与者（青年男性村民）共同参加，这样的建造队伍基本上涵盖了村落中的各类居民，并且有效地在石墙砌筑的过程中将建造技术的要点分享给村里的年轻人，形成了一种传承延续的共建体系。

2. 建造过程的技术分工

随着年轻人外出务工，色尔古藏寨中石砌民居的修建越来越少地采用"换工"的形式，具有村落影响力的砌匠师傅也越来越少。本次调查寻找到现在仍居住在村寨中的白宝森、陈克英两位砌匠师傅。根据两位先生的口述，总结出碉房建造的一般性程序：藏羌碉房建造过程遵循自下而上的营建逻辑，由片石层层砌筑，底层以石墙承重，内部空间由木梁、垫木、椽子组成的木框架支撑，顶部以黄泥合松枝、结草为顶[4]。其中石匠师傅掌握了外墙选材、平面尺度、立面形式等决定民居外部形态的关键环节，木匠师傅则主要

负责内部中柱选材，立柱架梁以及门窗制作等建造工作，石木结构的交接遵循"挖眼搭木""依墙立柱"的结构关系。

具体来说，首先在房屋修建之前，由砌匠和木匠规定选材的要求，如砌墙的石材一般选择平整的整石，宜方不宜圆，宜整不宜厚。中柱是房屋架构中重要的支撑和内部空间的精神中心，中柱要选择一颗未受雷劈、虫蛀、高大笔直的松树。随后，房主举行相应仪式择定方位及方向。

在哈瓦算卜择定良时建造后，先在地面上掘出略为方形，深三、四尺的沟，在沟内用石片砌成屋基，宽约2尺。再用拌好的黄泥浆，涂于石片上，石片形状不可"斜、立、厚、圆"，要求"黄泥满、木为桥、品字砌"分层夯筑，使泥石胶合。砌墙时讲究"线为师、平为要"的准则，石墙自下而上逐渐减薄，墙体内侧与地面垂直，外侧则稍微向内倾斜，呈5°的斜度收分。底层砌墙达数米长余，则架直径约15厘米的木横梁，上铺以横板作为楼板。在这个过程中房屋尺寸的丈量尤为重要，碉房民居没有图纸，凭借传统的"庹"、"卡"、"跪"作为尺度之法。以砌匠师傅的身体作为空间尺度，"庹"为两腕之间的距离，"卡"为拇指与中指伸开之距离，"跪"为拇指伸而握拳之距离。一般住宅宽五庹，深六庹。墙基厚度一楼一底为三卡，二楼一底为四卡，每层层高为1.5庹，收分为一跪[5]。

当修建到二层时，最为重要的就是中柱的立柱仪式。这里需要请"哈瓦"确定立柱时间，由木匠和房屋主人共同参与。修到最上层时，屋面木板支出墙外，构成房檐。屋顶平台，以木板和石板铺面，再辅以密结的树枝，掺入细黄土和含有石灰质的鸡粪土，用锤打坚实，形成厚约数尺的素土屋面。住宅落成之日，本地人称为"喂泽尔"。由砌匠在碉房的四角或房屋的突出部位盖上白石，以示竣工。封顶完毕，主人要宴请匠师成员和村落居民，以示谢意庆贺（图2）。

三、信仰锚固与技术共享：碉房民居建造过程的民族文化意涵

根据以上的描述可以发现碉房营造与木构民居营建在匠师的技术话语上有较大的区别：（1）"哈瓦"对碉房建造过程中关键节点的参与具有重大影响。作为嘉绒藏族苯教的宗教神职人员，哈瓦的神权始终贯穿到民居建造的所有仪式之中，民居方位以及开工、立柱、请神、竣工的具体时辰都须哈瓦算卜而定[6]。这与鲁班师傅在木构民居体系中所扮演的的角色有较大的区别。（2）被称为"金石师傅"的石匠、砌匠在整个建造过程中承担了重要的工作地位，也同样受到村落中居民的尊敬。访谈中白宝森老先生强调了村落中的哪些房屋时由他参与建造，以及开工和竣工时屋主对砌匠师傅的宴请，这让他产生了很强的自我认同。相较之下，木匠师傅在碉楼建造中的地位相对削弱。因此，下文以同样是少数民族地区的武陵山区土家族木构民居营建过程和匠师技术话语为参照，

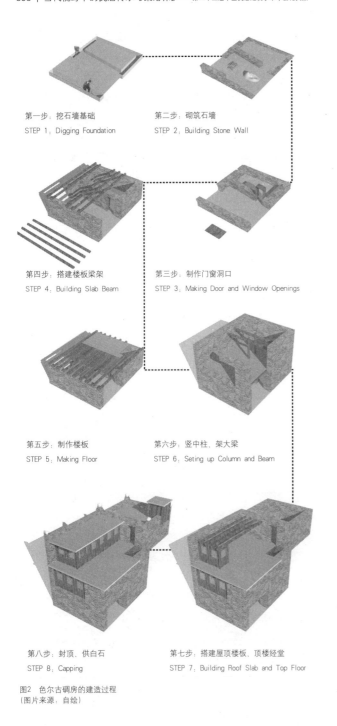

第一步：挖石墙基础
STEP 1：Digging Foundation

第二步：砌筑石墙
STEP 2：Building Stone Wall

第四步：搭建楼板梁架
STEP 4：Building Slab Beam

第三步：制作门窗洞口
STEP 3：Making Door and Window Openings

第五步：制作楼板
STEP 5：Making Floor

第六步：竖中柱、架大梁
STEP 6：Seting up Column and Beam

第八步：封顶、供白石
STEP 8：Capping

第七步：搭建屋顶楼板、顶楼经堂
STEP 7：Building Roof Slab and Top Floor

图2 色尔古碉房的建造过程
（图片来源：自绘）

进一步探讨碉房建造过程中所蕴含的独特的民族信仰与社会文化意涵。

1. 信仰锚固与建造仪式

土家族木构房屋与藏族碉房在房屋建造过程中都具备体现民族精神信仰的仪典化过程。整个过程从选址到落成由一系列的仪式串联起来，都有宗教人员、居住者、匠师和社群关系中的他者参加。但对比仪式内容、宅屋方位、材料的选择以及宅屋的功能设定可以发现，房屋的功能设定、仪式的戏剧化成分以及信仰活动的严肃程度都有较大的差别。

首先，在宅屋方位的选择上呈现出纵向方位和横向方位的差别。藏羌碉房的方位以"天人地"三界宇宙观为基础，其精神信仰体现在上中下三层宅屋空间的划分上，底层为饲养牲畜和储存生产工具的生产空间，二层为主人家居住的生活空间，卧室、厨房、起居室都在这一层，其中最重要的信仰空间是竖立着中柱、摆放着火塘和神龛的堂屋。而顶层是信仰空间，建有经堂、煨桑炉和白石神（图3）。居民日常生活的信仰活动以民居的纵向方位为空间载体，一天的生活从点燃顶层的煨桑炉开始，然后祭拜了神龛的祖先后再开始一天的劳作。而土家族木构民居的室内方位以"居中为尊"的横向方位为基础，正房的中央的一间设为堂屋，堂屋为全家族共有的空间，正面正中央设有祭祀祖先神灵的神龛，供奉有"天地君亲师"牌位和堂位牌匾，许多土家族的传统傩戏祭祀仪式都在此进行。堂位牌匾代表了本家族起源之处，是祖先祭祀的重要象征。同时，堂屋中放置桌子和椅子作为起居空间来使用。堂屋左右两侧为

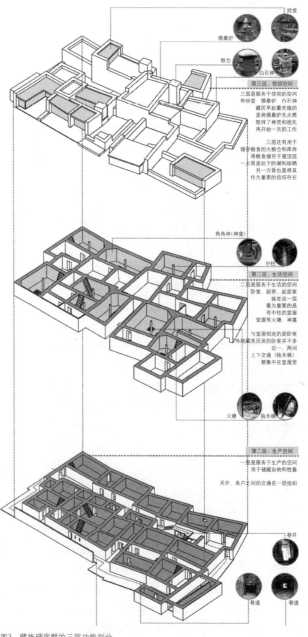

经堂

煨桑炉

粮仓

白石神

第三层：信仰空间
三层是服务于信仰的空间
有经堂 煨桑炉 白石神
藏民早起最先做的
是将煨桑炉先点燃
祭拜了神灵和祖先
再开始一天的工作

三层还有用于
储存粮食的大粮仓和库房
将粮食储存于屋顶层
一方面是处于防湿和晾晒
另一方面也是将其
作为重要的信仰存在

角角神（神龛）

中柱

第二层：生活空间
二层是服务于生活的空间
卧室、厨房、起居室
就在这一层
最为重要的是
有中柱的堂屋
堂屋有火塘、神龛

与堂屋相连的卧室
传统藏羌民居的卧室并不多
一、两间
上下交通（独木梯）
都集中在堂屋里

火塘

独木梯

第一层：生产空间
一层是服务于生产的空间
用于储藏杂物和牲畜

另外，各户之间的交通在一层组织

巷井

巷道

巷道

图3 藏族碉房群的三层功能划分
（图片来源：自绘）

图4 碉房堂屋的中柱与角角神龛
（图片来源：自摄）

"人间"，其前室设置火塘，后部作为卧室使用。土家族以左为尊，老人一般居住在堂屋左间，儿子夫妇居住在堂屋右间。这种横向展开的木构民居方位在汉族等其他民族的民居中也常常见到，而土家族的信仰活动也主要在居中的堂屋内展开。

其次，在宅屋的核心营建仪式呈现上体现了建造过程的神圣性和戏剧性的差别。碉房的建造仪式有下基脚、安大门、立中柱、立白石、封顶等步骤组成，其中立中柱是最为关键的一个环节[7]。中柱居于二层堂屋的几何中心，是"上顶天、下立地"的结构构件，具有整个家庭核心的象征意蕴（图4）。碉房只有一根中柱，

其选材要从山中挑选较大的木头加工成圆木。而土家族木构房屋建造的过程一般包括看宅地、动土、祭鲁班、拜梁、缠梁、上梁、赞梁、抛梁、踩梁、送木匠、装神龛等环节，其中最重要的环节就是上梁仪式，这一仪式犹如戏剧表演过程，充当了村落中的娱乐、教育和集会交际的功能[8]。仪式的每一个环节都要唱上梁歌，由帮忙的人中能说会道的人担当上梁人。在上梁仪式中，所有前来祝贺的亲朋好友乡亲乡邻都围绕着房屋观看捧场，因此，上梁仪式宛如一场小型的酬神娱人的戏曲，寄予了屋主在亲戚朋友的祝福下合家安康的美好愿望。

碉房与木构民居在仪式过程、技术传承与信仰空间上的异同　　　　　　　　　　　　　表1

		藏族碉房民居	土家族木构民居
仪式过程	共同点	有一整套相对应的仪典化过程	
	不同点	哈瓦/和尚/喇嘛掌握了仪式的主要流程	除选址阶段外，其余阶段由木匠师傅掌握主要流程
技术传承	传承方式	代际传承，共同建造	门徒规制、专业的木匠团队，以掌墨师傅为主导
	专业化程度	建造团队由石匠、砌匠、木匠、其他男性换工组成	
信仰空间	民居方位选择	宗教性的景观要素为主要参考	世俗化的精神寄托为主要参考
	室内信仰方位选材象征	纵向逻辑精神象征	横向逻辑财力象征

图片来源：自绘

总体来说，色尔古藏寨碉房的建造过程将民族精神信仰牢牢的锚固在建筑的空间结构和仪式环节上，由神圣的宗教人员全程参与，碉房自下而上的建筑建造和核心的建筑构件竖立都符合宗教信仰的宇宙观和人神观，使得居住生活的开端可以完全笼罩在神灵的庇护之下，并在往后的日常家庭生活中始终保持精神信仰行为与宅屋空间的交互。而土苗木构宅屋建造的程式化过程更像是一场剧场艺术，从上梁仪式中的表演形式，到民族信仰对建筑方位的局部影响，都可以看出儒道化影响下的土家族木构宅屋建造更是一场盛大的典礼，是安家立命家族繁衍的开端，具有较强的世俗文化特征。（表1）

2. 技术共享与门徒规制

笔者在匠师访谈时最大的感触是色尔古藏寨中建造碉房的砌匠

师傅对建造技术的开放性，石砌墙壁垒砌的口诀、身体尺度的便于传习和共同信仰的集体认知都使得技术共享成为可能。一栋藏族碉房的建造往往需要村里大多数男性的换工参与，青年男性会在共同建造的过程中习得建造碉房所需要的基本技能，了解建造仪式中的禁忌和规训，这是成为村民共同体的关键环节。因此，共同建造的过程一方面实现了建造技术的共享，让每个即将组织家庭的青年男性都有机会了解到传统民居建造所需要的材料、基础工艺和流程，另一方面，也使得传统建造技艺的学习过程有助于本土社群关系的凝聚。

而木构民族建造过程中掌墨师傅对于建造口诀的师徒传承、鲁班祭祀和神秘性以及房屋尺寸丈量工具——竹尺的制作知识的把控，都体现出木构民居建造是一项专业化、职业化的过程。掌墨师

傅扮演了技术权威的角色，屋主和其他村民难以参与建造过程。同时，掌墨师傅往往怀有"教会徒弟，赶走师傅"的忌讳，房屋建造的核心技术往往在年迈时才教授给徒弟。这种门徒规制在一定程度上将建造过程隔离于居民的日常生活之外，村民和建造队伍是委托于被委托的关系，超长的门徒周期也使得建造技艺的传承范围更窄。

四、结语：民族民居传承与更新中的不同境遇

至此，以同为山地少数民族的土家族木构民居的建造为对照，川西藏族碉楼的建造过程似乎更有利于民族共同体的信仰锚固和技术共享。村民参与共建、换工形式的技艺传习以及民族信仰活动在建造过程中的反复强调和信仰权威的全程参与都是藏族独特民族文化意涵的体现。

而这一建造文化传承的优势在民族民居的当代更新中也同样鲜明地体现出来。以色尔古藏寨的新式藏族民居与渝东南土家族村落新建村的新式土家族民居为例。田野调查中发现色尔古东北部的娃娃寨有多栋近几年新建的藏式民居。这些民族在外立面上仍然采用毛石砌筑保留立面收分的传统形式，结构仍然是以木石混合结构体系为主，门窗形式为满足现代生活的采光需求而有所扩大。层数由原来的"天人地"三层的功能分区，减少为取消底层生产空间，将生活空间的堂屋直接对外开门的形式，室内采用瓷砖铺地和白色抹灰墙面的现代装饰风格，但神龛、中柱、经堂等信仰空间大多得以保留。这种外立面保留传统风貌和建造技艺，在内部空间上一方面满足现代居住的功能需求，另一方面保留传统信仰空间的形式，体现了碉房民居的现代适应性。

而新建村的土家族民居则一般为砖混结构的两至三层楼房，传统木构房屋越来越少。新建民居面积大大增加，一层为堂屋、厨房和堆放农用具的场所，二、三层多为卧室。考虑到采光、通风的需求，有宽敞的阳台、内部空间的功能分配也有所考虑。许多沿街建造的新宅会在底层留有商用空间。而其外立面的形式多改为粉白墙或瓷砖墙，或按照风貌整治的要求立面粉刷或加盖小青瓦屋顶。从结构体系和建造逻辑来看，新建的土家族民居基本上已经抛弃了传统的木构营造方式，而将房屋的建造委托给现代施工队进行施工，传统的建造仪式也仅仅保留开工和简化的"请家先"两个步骤，原本以横向方位为主导的空间布局，也逐渐发展为纵向的功能分区。

藏族民居与土家族民居在仪式过程、匠师队伍、技术传承上的对照研究，一方面是跨文化的研究，二者在建造、形式、仪式、技术等诸多层面既有相似又有差异。因而，在相似性对于差异的解读，提供了理解藏族碉房民居独特性的路径。另一方面，在当代城市现代文化的强势侵染下，民族建筑的传统风貌需要适应现代的生活需求才能得以保存，因此民族建筑研究需要更多主位的研究，即更深入地站在研究对象的视角来观察和理解，在营造这个问题上更多地倾听匠人的理解，因此，匠人和本土技术的传承才是传统民居得以留存的根本。

注释

① 张菁，重庆大学，在读博士生。
② 龙彬，重庆大学，博士，博士生导师。主要研究方向：山地城乡发展历史与遗产保护。
③ "哈瓦"是嘉绒藏族社会中一种半职业化的宗教职业活动者，在规范的宗教仪规、生产活动、村社事务、婚丧嫁娶、治病建房、出门择日等活动中发挥着重要的宗教职能。

参考文献

[1] 杨宇振. 中国西南地域建筑文化研究 [D]. 重庆：重庆大学，2002.
[2] 张兴国，王及宏. 技术视角的民族传统建筑演进关系研究——以四川嘉绒藏区碉房为例 [J]. 建筑学报，2008(4)：89-91.
[3] 董书音. 川西藏区茶堡碉房及其营造技艺研究 [J]. 建筑学报，2018.
[4] 曹勇. 阿坝县藏族民居建造体系的当代自发演化及研究价值——以哇尔玛乡铁穷村藏族住宅为例 [J]. 南方建筑，2016(6).
[5] 张燕. 四川阿坝州色尔古藏寨传统聚落与民居建筑研究 [D]. 西安：西安建筑科技大学，2016.
[6] 中国科学院自然科学史研究所主编. 中国古代建筑技术史 [M]. 北京：科学出版社，1985.
[7] 多尔吉. 嘉绒藏区神秘的"哈瓦"世界 [J]. 西藏大学学报(汉文版)，2003(04)：21-31.
[8] 吴明刚. 康定贵琼藏族建房仪式及文化内涵 [J]. 四川民族学院学报，2018，027(005)：11-18.
[9] 欧阳梦. 土家族建房习俗研究 [D]. 武汉：华中师范大学，2007.

神迹与象征

——藏羌彝走廊聚落中的"觉"文化

王赛兰① 刘静娴②

摘 要: "觉"是存在于藏羌彝走廊民居中重要的文化符号,它以简洁的形式、变化万千的外形承载着古老的神迹传说一直流传至今。"觉"作为藏羌彝走廊中最朴实又最隆重的象征符号,广泛存在于民居、寺庙和各种祭祀活动中,是藏羌彝走廊地区有代表性的民族文化符号。本文对藏羌彝走廊地区的"觉"文化的起源、形貌和象征意义进行了探索和研究,以期丰富藏羌彝走廊地区民族文化研究的内容。

关键词: 藏羌彝走廊 聚落 觉

一、藏羌彝走廊"觉"文化现象

在藏羌彝走廊的传统聚落中,时常会看见一些特别的石头,他们或在房顶,或在树下,或在屋脊之下,有的还伴随着祭祀过后烟火的痕迹,这些石头大多是上小下大的锥形,以白色为最佳,其余的颜色各异,也似乎没有特定的形态。这就是藏羌彝走廊中原始崇拜的重要符号——"觉",也叫作"什巴一觉"。

"觉"在藏羌彝走廊中尔苏藏族的"堡子"(行政划分为乡)中最为常见,只要是独立的尔苏藏族人家都供奉有"觉",通常是20厘米的石头,被称为"jo(觉)",以白石最佳,也可以有不同选择,没有固定标准,但选择之后不可放弃另选。"觉"通常放置在堂屋上把一侧墙龛内或者在横梁上,有时也放在门对着的墙龛内或者梁角上。在尔苏藏族心目中有着崇高的地位,安放时需要经过祭

祀法事,搬家也需要把"觉"一起带走。[1]尔苏人认为"觉"无处不在,是存在于山林河流、风雨雷电中的"神灵",没有"觉"的地方是不存在的。这种信仰的来源是尔苏远古的神话,其中对山、石的崇拜就逐渐转移到对"觉"的崇拜上。而尔苏人又将这种抽象的概念物化成为具体的锥形石头的形象,形成了这种独特的文化符号,如图1所示。

"觉"文化现象不仅仅存在于尔苏藏族族群中,而是普遍存在于藏羌彝走廊诸多民族族群中。在川南的庙顶藏族聚落中,每家每户屋脊正中都摆放1~3块白石,在墓葬边也有这样的白石供奉。[2]纳木依视为崇拜对象的是和"觉"非常类似的锥形石头"(ddu)堵"。"堵"在纳木依村落很常见,放置在朝向东面的屋脊上。"堵"在纳木依祭祀行为中也存在,经常是三个放置,中间略高形成"山"字形,如图2所示。纳木依有时会将"堵"称为"石八觉",

图1 作为祭祀的"觉"(图片来源:作者自摄)

图2 纳木依"堵"(图片来源:作者自摄)

和尔苏称呼的"什巴一觉"非常类似,也应征了"堵"和"觉"是同源的文化现象。木涅藏族各家各户也都有"笃",平时放置在室内最尊崇的位置,祭祀时才拿出置于最高处。

"觉"除了以上普遍存在的形式,还有一些文化的"变体"。比如,走廊中的"能量塔"现象。在走廊各聚落中,大部分是在开阔地带,山顶、背阴向阳处等,以碉、山形屋顶、塔、立石、石堆等建筑形式搭建。这些能量塔无一例外和觉一样传达着一种神秘的信息,即以人工的方式去模拟一种意识上的"场域",以此来影响聚落社会和人们的真实生活环境。而且和觉一样都暗含着对某山峰或者高点对应的意味,仿佛是形成能量传递的各个节点。除了以建筑的形式去传达神秘能量的信息,走廊中还有各种相对较小的器物,或为法器,或为居民住宅中的神秘陈设。这些法器或者陈设的外形大部分也是上小下大的锥形,以牛角、金属,或者石头制成,在走廊少数民族的节庆和日常祭祀活动中经常出现,形成了"觉"的小型化和日常化的象征。

二、原始崇拜的神迹

1. 神话遗迹

藏羌彝走廊中古老的神话是很多民族符号产生的重要文化背景。在石棉地区寻访到的尔苏沙巴世家的杨德隆讲述了藏羌彝走廊远古神话:在很远很远的远古,什么都没有的时候东方的大地全是白色,叫"白地",大鸟在白地和海洋上空飞翔,一日飞三转,三日飞九转,九天九夜后白色的大地和海洋中生出了白色的石头,白石从海里生长一天比一天更高大。大鸟停歇在白石上开始学习生殖繁衍,白石因而怀上了崽崽。山和石头变成了"觉"。

这则神话主要包含的元素有:天、地、水、大鸟、石,这些带有创始性特质元素的结合,透露出走廊先民对初始景象的想象和思考。大鸟绕圈飞行,与石结合生产、孕育,显示了原始文化中对自然和生殖崇拜的神话象征特征,也模糊地展现出走廊文化形成初期空灵、宏阔、神秘、富有美感的文化特性。和其他同时期的神话相对比,大鸟或大鹏鸟普遍存在于世界各族人民的神话体系中,作为空中的象征和水生的鱼、蛙形成二元对立的关系,代表藏地古老文明的"象雄"即大鹏鸟,也是大鹏鸟的原生地。不仅仅是大鸟的创始性有着普遍的象征意味,石头孕育生命的神话同样存在于不同民族的神话体系中。只不过在不同文化语境中对这些远古神话有着不同的留存方式,大部分地区还是采用小说、文字、故事等方式流传,而在藏羌彝走廊地区山和石头变成了"觉",成为世间无处不在的神灵。

2. 则尔山与"觉"

则尔山坐落于中国的西南地区,属于横断山系大雪山中段偏南的一座山脉,北南走向,平均海拔3800米左右,最高的灵牌山就约5360米。则尔山大体以三条主脊构成其山体形态,以现在的行

图3 则尔山（图片来源：作者自摄）

政建制划分而言,地处四川省甘孜藏族自治州九龙县、梁山彝族自治州冕宁县、雅安市石棉县三县交界之处,因地处藏羌彝走廊中段,具有高度的文化代表性。对于众多藏羌彝走廊中的居民来说,"则尔山"绝不仅仅是普通的山脉或者山峰,众多的传说、神话都不约而同地指向则尔山,这意味着它在走廊历史文化中的重要地位,图3所示为则尔山最高峰"灵牌峰"。

根据本文作者的调研,则尔山对于走廊中的众多族群而言是神话的发源地,众多神话传说或神秘或古怪都围绕着则尔山进行。则尔山是祖先的山,也是众多民族精神上的魂归之地。尽管各族群对其尊崇程度有所不同,但他们流传着同一个信仰即:则尔山是"源头"之山。走廊各民族中流传着则尔山上有"青海子",所有的牦牛都是从其中冒出来,部落先民也是从"青海子"中走出来。这些神话赋予了则尔山作为始祖、母性、根源的象征性意味。"觉"可以认为是则尔山在走廊聚落生活中的投影。它象征着则尔山的母性、祖先起源和魂灵归属的地方。这样就很容易理解为什么"觉"的形态不一,没有绝对的材质颜色要求,因为它象征的是则尔山,无论它的形态如何,只要走廊居民在精神上赋予了它则尔山的意味,它就从一块普通的石头成了有神性的"觉"。

三、"觉"对藏羌彝走廊聚落空间的影响

1. "觉"对聚落空间的影响

在藏羌彝走廊众多聚落生活中,"觉"是具有约束力和制裁力的规矩和礼仪,聚落的空间布局、家庭生活组织安排都仿佛围绕着"觉"在进行。

以尔苏藏族的族群习惯为例,大部分居住的"堡子"都建立在背山面水的台地或者高坡,河谷冲击地或者缓坡被开垦成为田地。而背靠山的部分则是聚落群体祭祀的场所。祭祀地各处都有"觉"的设置,或置于被认为有神性的大树之下,或置于人工堆砌的石堆"勒则"之上。各家族都有自己供奉的神树和"觉",一般置于神山顶上。聚落内部,独立的人家也供奉自家的"觉",放置于室内最神圣的位置。老人死后"觉"随之而去,重新更换。

而"觉"所象征的是走廊中更具有普遍神迹意味的"则尔山"。以"则尔山"为中心的聚落区域实际上形成了一个"觉"的场域，成为自然与历史文化相互呼应的空间。尔苏聚落中无论是在居住环境中的"觉"还是祭祀环境中的"觉"在方位和安置地点上都对应"则尔山"。以则尔山为中心的聚居区域实际构成了一个"觉"遍在的，又有明显边界的自然与历史的空间。在这个空间范围里，几乎所有的"觉"其坐向都靠在则尔山一面。各家各户置于"上把位"的"觉"，或者置于"天门"屋顶及其他地方的"觉"，各家族安置于神山祭祀处或山顶"勒则"的"觉"，沙巴坟堆顶上的"觉"，无论其所在具体空间里的方位如何，"觉"的坐向都对应于则尔山。就是说，无论在聚落任何一个有"觉"的地方，所有拜祭者同时都面朝着则尔山。[3]

即使由于时间、迁徙、历史文化变迁，某些聚落中"觉"的概念已经模糊或者异化，但是对于长距离的设置意念其实并没有改变。聚落居住的空间依然围绕着"则尔山"，所有的信仰行为也对应着"则尔山"。在大尺度空间上，以则尔山来决定社会生存空间，以对神性山峰的崇拜为纽带维系社会认同感的存在。以则尔山为辐射区域的空间形成了一个以文化为核心的能量场的"场域"这个能量场表现在聚落形态中就是尔苏社会行为中"觉"的表现。尔苏聚落形态、居住方式在很大程度上收到这个文化"场域"的影响，这一点从相反的方向又强化了该能量场的文化影响，使得族群内部产生的认同感再次得到强化，族群认同感得到提升。

2. "觉"对居室空间的影响

居室是生活礼仪集中体现和教育传承的空间。藏羌彝走廊的民居除了提供给居民遮风避雨的居住功能，往往还灌注了传统的神话或者朴素的宇宙观，与"觉"相关的约定风俗在很大程度上直接影响了走廊民居的居住空间。例如在蟹螺堡调研时，当地乡文化专员告诉我们堡子中修建房屋时，大梁的梁跟部必须朝向则尔山，也就是流水的源头，这与"觉"的象征意味有着一种暗喻的契合。

居室内部空间的位置很大程度上取决于大梁的安置，例如很多走廊民居内的风俗是火塘的位置在梁头一侧，也是居室内的正位或首位，即"上把位"，据此人们按照长幼亲疏安排在室内的生活和路线。正对"上把位"的上面楼层是整个民居中最神圣的所在，只有家中地位尊贵的人才可踏入，这个区域上山墙的一面，在梁头下方开的窗口被称为"天门"，天门左侧设置神龛，往往就是放置"觉"的位置，图4所示为在家龛里的"觉"。

走廊居民一生不离的居室立体反映了与神迹相呼应的人、社会，以及朴素的宇宙观。以大梁为最重要的方位设定，暗含着对则尔山的精神崇拜，在室内以不熄的火塘为中心，身居其中，头顶天门，对"觉"的神圣地位的呼应。有了这样的居住环境，走廊居民从精神到生活都得到安全感和归属感。

"觉"是藏羌彝走廊中各种神秘文化的代表之一，它是原始神话的文化遗存，是走廊先民对自然力量的崇拜在社会生活中的投射。

图4　家禽里的"觉"

更重要的是，"觉"不仅仅作为象征成为一种文化符号，也对走廊聚落空间的形成和变迁产生了实质性的影响，可以说，除了自然因素以外，对"觉"及其衍生的文化现象的崇拜，对藏羌彝走廊聚落空间的影响是不可忽视的。对"觉"文化的研究不仅仅是对神秘故事的好奇，更是解读藏羌彝走廊历史、文化、聚落形成重要的支撑。

注释

① 王赛兰，西南民族大学，副教授。

② 刘静娴，西南民族大学，本科生。

参考文献

[1] 李星星. 李星星论藏彝走廊 [M]. 北京：民族出版社，2008，466-467.

[2] 李绍明　刘俊波. 尔苏藏族研究 [M]. 北京：民族出版社，2007，35-36.

[3] 李星星. 归程——藏彝走廊尔苏藏族神话民族志，北京：民族出版社，2017，89.

[4] 周大鸣. 民族走廊与族群互动 [J]. 中山大学学报（社会科学），2018，58（06）：153-160.

[5] 张曦. 藏羌彝走廊的研究路径 [J]. 西北民族研究，2012（03）：188-197.

[6] 丁晓娜. 藏传佛教法器赏析 [J]. 文物鉴定与鉴赏，2019（06）：24-25.

基金项目：本文系西南民族大学大学生创新创业训练计划项目（项目编号：202010656003）成果。

甘青民族走廊族群杂居村落空间形态与共生设计策略研究

——以贺隆堡为例

崔文河① 樊 蓉②

摘 要： 贺隆堡是甘青民族走廊典型的族群杂居村落，本文基于当地自然与人文环境背景，从村落纵向空间格局与横向空间形态两个方面分析了族群空间特征，并选取村民族小学、道路、水渠、视域声域等空间场所进行族群交流交融的共生智慧解析，最后结合当前族群空间问题探讨提出了族群杂居村落空间的共生设计策略。文章在我国多民族地区人居环境建设、保护传承多民族和谐共生的营建智慧以及优化创新族群交往的空间形式等方面具有重要的研究意义。

关键词： 甘青民族走廊 族群杂居 空间形态 共生设计

一、前言

20世纪80年代，费孝通先生提出了民族走廊的概念，将其定义为历史形成的民族地区，这突破了单一行政区划的限制，便于我们更为准确地理解中国多民族格局的形成。[1] 甘青民族走廊横跨甘肃、青海两省，位于青藏高原和黄土高原的交汇处（图1），是我国西北地区各民族交互融通的纽带，自古以来这里便是多民族杂居融合地区。习近平主席在全国民族工作会议上提出，改革开放以来我国大散居、小聚居、交错杂居的民族分布格局不断深化，呈现出大流动、大融居的新特点。[2] 在甘青民族走廊地区，各民族随着交通条件的改善，族群之间交往交流日益频繁，不同程度地打破了原有族群居住空间格局，原有的村落空间形态也发生了巨大变化。

族群杂居村落处在自然地理环境异质和族际交流的最前沿，是各组群众共同生活的家园。青海省循化撒拉族自治县位于甘青民族走廊的核心地带，也是国务院重点扶持发展的人口较少的民族地区之一。县境地貌为高海拔山地，根据地表形态特征，由低到高可分为河谷川水地区、浅山地区、脑山地区、高山草甸四种地貌类型。境内分布着大量族群杂居村落，居住着撒拉、藏、回、汉、土、保安等世居民族（图2）。据《循化县志》卷四记载："考撒喇各工，皆有番庄。查汗大寺有二庄，乃曼工有六庄，孟达工有一庄，余工亦有之。且有一庄之中，与回子杂居者。"③[3] 可见，循化县历史上长期保持着多民族交错杂居的社会状态。

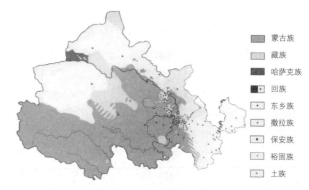

图1 甘青民族走廊民族分布示意图
（图片来源：改绘自郝时远《中国少数民族分布图集》）

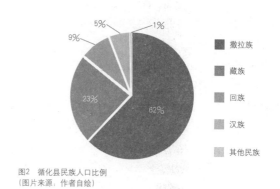

图2 循化县民族人口比例
（图片来源：作者自绘）

二、贺隆堡族群杂居村落

贺隆堡位于循化县东南约35公里的道帷河谷上游，是典型的族群杂居村落，分别由下庄贺塘（撒拉族聚居）与上庄贺堡（藏族聚居）组成，其间也有少量汉族散居其中。贺隆堡村落地势东高西低，北为娘藏山，南临道帷河，村落空间具有鲜明的族群多元文化特点。（图3~图5、表1）

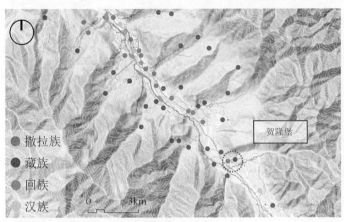

图3 道帷河谷族群聚居图（图片来源：作者自绘）

图4 贺隆堡调研照片（图片来源：作者拍摄）

1 贺塘清真寺
2 民族小学
3 村中水系
4 耕地
5 贺堡白塔
6 贺堡藏庙
7 贺堡剑旗台
8 贺堡经幡
9 村口
10 2020 省道
11 娘藏山

图5 贺隆堡村落平面图（图片来源：作者自绘）

1. 贺隆堡村落概况

（1）下庄贺塘

下庄贺塘主要为居住区，居住区南北长约767米，东西长约500米，总面积约16公顷，地势相对上庄的贺堡较为平坦。贺塘

农户约116余户，人口约630人[3]，生计方式以经商为生，农业耕种生产为辅。贺塘建有清真寺，其建筑样式延续西北传统唐式清真寺的做法，礼拜殿屋顶为中国传统歇山形式。贺塘的撒拉族聚族而居形成了群内聚居的村落空间形态，以清真寺为中心，村落沿村中干道展开，街道空间紧凑蜿蜒窄小，各户民居建筑多为并联和联排式布局，撒拉族民居建筑平面多为小巧且实用的L形。

贺隆堡族群杂居村落空间形态比较分析　　　　表1

	上庄贺堡	下庄贺塘
调研照片		
村落空间形态	村落空间整体形态较为松散，民居院落相对独立，道路街巷较为宽松	村落空间沿等高线布局，民居院并联紧凑，道路街巷狭窄幽深
民居院落空间	1厨房；2正房；3卧室；4佛堂；5玻璃暖廊；6储物；7旱厕；8羊圈；9杂物	1厨房；2正房；3净房；4卧室；5玻璃暖廊；6庭院绿化；7旱厕；8杂物；9沿街门面

（图片来源：作者自绘）

（2）上庄贺堡

贺堡多为藏族聚居，距下庄贺塘仅四十多米。贺堡南北长约592米，东西长约401米，总面积约24公顷，居住农户约为91余户，人口约为443人[3]。村民主要生计方式为畜牧，伴随时代发展与产业的调整，正逐渐由单一的粗放型生产向多元化的农业生产转变。贺堡民居沿娘藏山等高线建造，地势较高的地方为寺庙与佛塔的宗教空间，这是贺堡最为重要的村民公共空间。贺堡空间格局为上寺下村，相较于贺塘而言贺堡的空间形态相对松散，民居建筑也更加粗犷，民居建筑多拥有相对独立的院落和围墙，房顶上大都建有煨桑炉和经旗。

2. 村落空间格局及形态

民族学者提出了语言使用、宗教信仰、生活习俗、人口迁移、居住格局、民族分层、族群通婚和族群意识[4]等衡量族群关系的因素。民族学及人类学所关注的族群空间问题，同时也是建筑学所研究的重要内容，村落空间格局及形态的解读是正确认知族群杂居村落的关键。贺隆堡的藏族、撒拉族的族群交往离不开空间，不同类型的交往又衍生出不同空间布局，其背后受到自然及民族文化的多重影响。贺隆堡族群杂居村落从纵向空间格局到横向空间形态均具有鲜明的族群互动的特点。

（1）村落纵向空间格局

贺隆堡按海拔高度，大体可以划分为三级阶梯（图6），上下两庄分布其间。其中藏族的上庄贺堡位居地势较高的台地，下庄贺塘地势较低，贺隆堡村落整体形成了上山放牧，平川种粮的空间格局。第一级台地为藏族及少量汉族居住，生计依赖娘藏山资源以放养牛羊为主，第二级台地居住着撒拉族生计以农耕为主，第三级台地紧靠道帷河，主要作为各族群的种植农田。上庄贺堡的藏族在山顶地势景胜的地方修建了剑旗台和经幡、白塔，虽然下庄贺塘地势较低，但是村中的体量较大，清真寺礼拜殿和高耸的邦克楼依然是下庄贺塘最为醒目和高大的建筑。贺隆堡村落的纵向空间均是以各自族内的宗教建筑高度为参照，任何居住建筑均不得高于寺庙建筑，这成为各族群对村落空间天际线的基本共识。

（2）村落横向空间形态

贺隆堡横向空间形态主要由道路系统、民居院落、水渠水系、农田等要素组成。村中的主路直接联通着上下两庄，由主路延伸的街巷穿插在各自族群聚居区域内，街巷多由族内自建且自成系统，但是上下两庄共同的特点是道路走向均沿娘藏山的等高线布置。上庄藏族民居院落相对独立，很少与邻里共用一个院墙，且民居建筑敦实粗犷和体量较大。一条宽约2.5米的主干渠从上庄贺堡流下横贯整个村落，将贺隆堡划分为上下两庄，干渠走向与道路走向大致相同，其支流流经下庄贺塘以及村外的农田。上下两庄之间有一处南北宽约50米，东西长约250米的农田，成为两大族群天然的缓冲空间，而且很少有人在此建房，由此形成了贺隆堡村落横向空间形态的显著特点。

3. 族群空间的交流交融

适宜的空间格局及形态会促进族群间的交往与交融。有民族学者认为民族混居的程度越高，族群间在经济、社会生活各领域交流交融的可能性就越大[5]。本文认为族群的交流交融离不开适宜的空间场所，应研究村落中能够引发族群交流交融的空间场所，分析其空间结构形态及其背后族群互动空间功能，这是研究族群杂居村落空间营建智慧的重要组成部分。经多次现场考察分析可知村中民族小学、入村道路、视域、声域等空间节点是族群互动交融的重要场所。（图7）

（1）村民族小学——族群交流的纽带

村民族小学位于下庄贺塘清真寺东侧，处在上下两庄的中间地段，它是贺隆堡及其周边村适龄学生的就读场所，是各族群重要的公共建筑。民族小学教学楼围绕运动场地的布局，留有大片开敞空间以供各族学生聚集交流交往。日常校内各族学生共处一间教室一起学习生活，校园室内室外均是重要的族群交往的场所。学校入口处是与村落主道路相接的较大开敞性空间，为接送孩子们入学，校园大门附近成为各族群父母交流的重要空间场所。

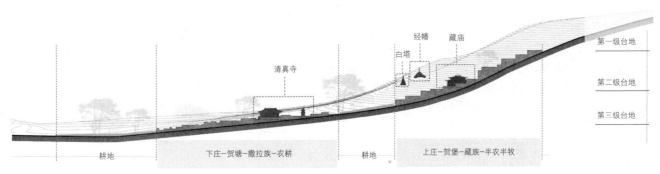

图6 贺隆堡纵向空间格局分析图（图片来源：作者自绘）

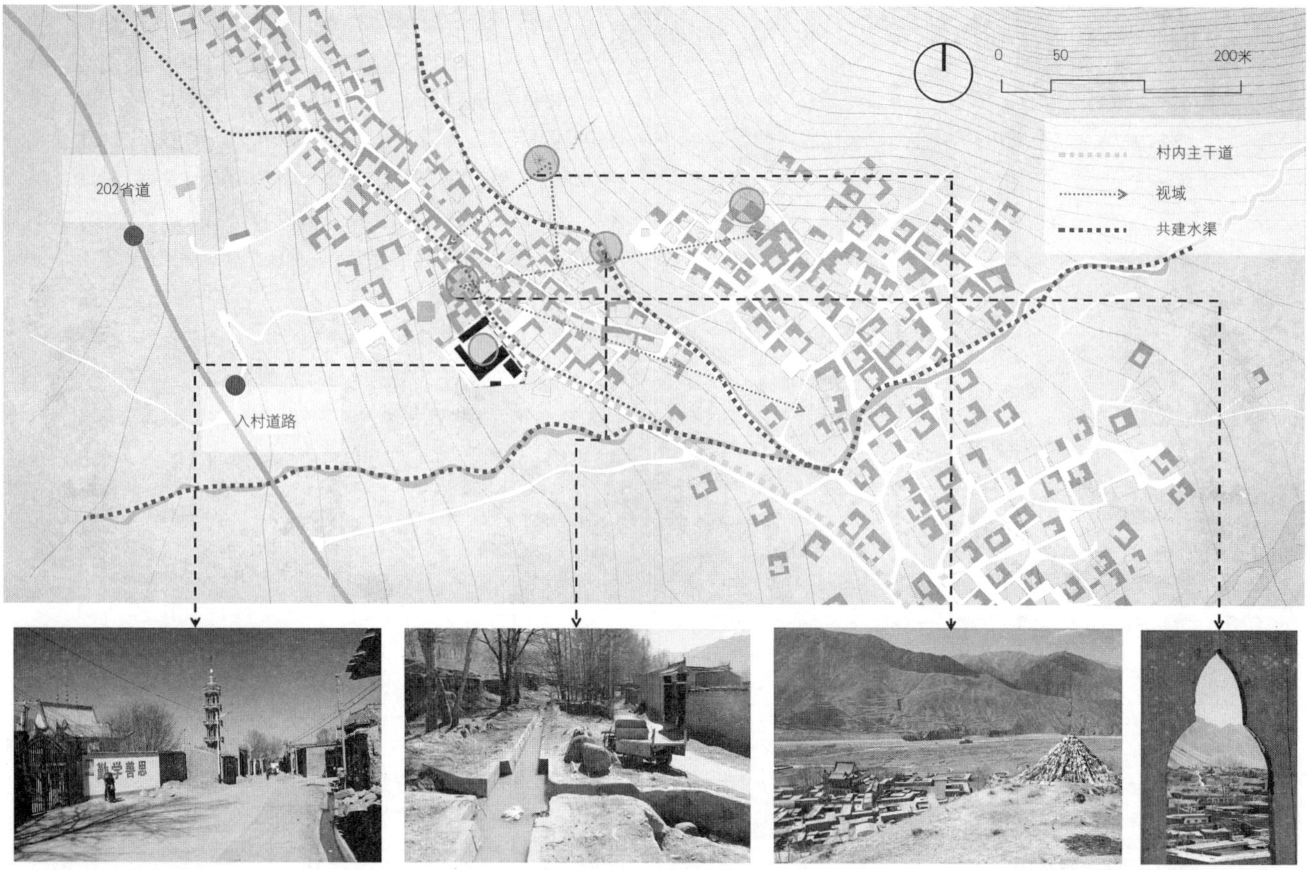

村民族小学
（族群交流交融的纽带）

灌溉水渠
（共建共享的基础设施）

村落景观的视域声域交错
（视域声域的共荣共生）

图7　族群空间的交流交融（图片来源：作者自绘、自摄）

（2）族群共建共享的道路与水渠

入村道路与省道202相连，是各族生产生活必经之处，也是各族共建共享的公共空间。入村干道为主轴连接上下两庄，整个道路布局主要受到地形的影响，空间形态有机多变。民族小学位于下庄贺塘，这样上庄贺堡的藏族学生会经过下庄街巷上学，上学路上不同族群学生结伴而行成为一种常态。从上庄贺堡山上水源处流下的水沿入村干道一侧流经下庄贺塘，上下两庄会不定期地对道路进行维护以及对水渠内的杂物进行清理疏通。村落的道路修建、电力架设、水资源的利用等基础设施均需要各族群的协商和共建共享。

（3）村落景观的视域声域交错

视域声域是对每个族群个体而言的，在贺隆堡虽然族群不同，但是大家同处在一个视域声域之中。藏族的寺庙、白塔、经幡和撒拉族的清真寺、邦克楼村两者最近处仅200米，山顶的藏族经幡和山下高耸的撒拉族邦克楼，可以说无时无刻地出现在每个人的视域范围内。族群之间各自的宗教诵经声以及村民间生产生活的声景更是鸡犬相闻一衣带水，贺隆堡呈现你中有我，我中有你，但又各具特色的多元一体特点。宗教信仰是有心理边界的，但视域声域不为任何事物所阻挡，所见所闻即为所在，它的多元共生是建立在相互尊重的基础上的，这也正是"各美其美、美美与共"的族群生存智慧。

三、族群杂居村落设计策略

1. 村落空间问题

族群空间的内聚与外延：虽然时代的发展加快了族群的交往交流，但是族群空间仍存在明显的族内聚集、族外隔离的倾向。从现场调研访谈得知，随着村中人口数量的增加，为了避免族群间的不必要的麻烦，上下两庄的民众多选择离本庄更远的地方建房，很少在两庄之间修建房屋，他们在村落建设中多是远离他族，相比而言尽量做到本族内的聚族而居。

心理认同的空间差异：有学者认为，宗教信仰是产生广泛价值差异的主要原因，所以宗教往往是认同意识的核心，它对于族群边界的确定具有重要意义[6]。认同是一个从个体心理学引入社群研究的，其原意是一个个体所有的关于他的自我确认的意识，认同可以分为个体认同和集体认同两种[7]。虽然没有明文规定特定土地仅限特定族群使用，但是村民对山脊、河滩、林等有着心理认同的差异。在下庄撒拉族心理中他们认为河谷高处的山脊是藏族的拉则（剑旗台）地方，遂很少到访该处，同样上庄的藏族也很少在清真寺附近停留。

2. 空间共生设计策略

随着当地经济社会的快速发展，村落空间正发生巨大变化，族群空间日渐从相对隔离走向交错并存。自2014年中央先后提出加强各民族交往、交流、交融的各项举措，这加快了族际交流的进程，同时也给我们的研究提出了更高要求。族群杂居村落空间如何实现和谐的可持续发展，本文认为应加强对族群杂居村落的研究，建构科学适宜的族群空间共生设计策略。为此本文提出以下几点：

（1）传承族群共生的空间营建智慧

甘青多民族地区存在大量族群杂居村落，千百年来各民族和谐共处，创造了丰富的多元共生的空间营建智慧。贺隆堡所在的道帷河谷藏族多分布在高山草甸从事游牧和半农半牧，撒拉族常分布在浅山地区从事农耕及商业活动，其村落空间格局多呈现出上牧下耕的特点。族群间对当地水资源、土地等资源的利用往往是互通有无、互补共生的，在村落空间层面的族群居住区形态、院落布局甚至建筑样式均呈现出多元但又和谐统一的面貌。对此应挖掘背后族群与自然资源互动适应的空间营建智慧，并在后续的城乡环境建设中得以传承和发展。

（2）创建新型公共空间

在当今乡村振兴的时代背景下，族群杂居村落要在继承传统共生智慧的基础上，不断创新族群交往的空间形式与内容，创建适应时代需求的新型公共空间。对此应重视保护原有积极的村落空间格局，并在乡村发展规划设计中改造与新建诸如公共服务中心、乡村公共图书室、卫生站等村民所需的公共建筑，以及加快当地适宜的例如太阳能等可再生资源农村基础设施建设。在发挥原有公共空间族群纽带的基础上，迎合时代所需创新创建族群共建共享的新型公共空间和生产生活设施，从而增强族群之间的交往、交流、交融。

（3）求共性存差异

共性与差异性并存是族群杂居村落最为鲜明的地域特色。但是目前由于缺少相关研究，族群杂居村落发展存在无序盲目建设的情况。过分强调本民族特色，造成建筑风格异化和民族文化失语等种种乱象。共性与差异性背后体现出两种决定性的因素，气候因素往往决定了共性的一面，这是相同的自然环境下各族群共同的选择，文化因素决定了差异性，它是各族群迁徙聚散融合长期演变发展中逐渐形成的[8]。共生设计应求大同存小异，在确保族群杂居村落空间的地区共性以及空间语法相通的基础上，同时也要做到彰显不同族群的民族特色。

四、结语

我国是个多民族国家，多民族地区人居环境和谐发展关乎民族团结和国家长治久安。目前，关于族群杂居村落空间的研究成果还十分匮乏，制约着民族地区城乡环境的空间政策制定以及和谐社区建设实践。贺隆堡作为甘青民族走廊典型的族群杂居村落是中华民族多元一体空间格局的一个缩影，本文研究对于挖掘整理多民族和谐共生的生存智慧和优化创新族群互动交往的空间形式具有积极的学术价值，期望本文能够起到抛砖引玉的作用。

注释

① 崔文河，西安建筑科技大学艺术学院，博士，副教授，硕士生导师。
② 樊蓉，西安建筑科技大学艺术学院，硕士研究生。
③ 在撒拉族各个镇，都有杂居村。查汗大寺有两个村，乃曼镇有六个村，孟达镇有一个村，其他的镇也都有与其他民族交错杂居的现象。

参考文献

[1] 费孝通. 中华民族多元一体格局 [M]. 北京：中央民族大学出版社，2003.
[2] 习近平总书记在全国民族团结进步表彰大会上的话. [EB/OL]. [2019-09-27]. http://politics.people.com.cn/GB/n1/2019/0927/c1024-31377570.html
[3] 循化县县志 [M]. 北京：青海人民出版社，1981，9.
[4] 马戎. 民族社会学——社会学的族群关系研究 [M]. 北京：北京大学出版社，2004：218-226.
[5] 马宗保. 多元一体格局中的回汉民族关系 [M]. 银川：宁夏人民出版社，2002.78.
[6] 菅志翔. 宗教信仰与族群边界——以保安族为例 [J]. 西北民族研究，2004，（2）.
[7] 管健，郭倩琳. 国家认同概念边界与结构维度的心理学路径 [J]. 西南民族大学学报（人文社科版），2019，40（03）：214-221.
[8] 崔文河. 青海乡土民居更新适宜性设计方法研究 [M]. 上海：同济大学出版社，2018，5.
[9] 任跳跳，崔文河. 夏河上游族群互动型聚落空间格局研究——以达麦店、当应道村为例 [A]. 中国民居建筑学术年会会议论文集，2019.

基金项目： 国家社会科学基金项目"甘青民族走廊族群杂居村落空间格局与共生机制研究"（项目编号：19XMZ052）；国家民委民族研究项目"多民族杂居村落的空间共生机制研究——以甘青民族走廊为例"（项目编号：2019-GMD-018）。

基于事件空间理论的嘉绒藏族传统聚落演化更新研究

王　纯[①]　李军环[②]

摘　要："事件-空间"理论指将事件带入空间，强调空间中人的各种体验感受所形成的感知序列对于空间发展演变的影响。嘉绒藏族特殊的地理环境和历史发展历程引发了该地区特有的生活生产事件，形成独特的聚落民居形态。因此本文基于事件空间理论对嘉绒藏族传统聚落的生长、扩张、迁新、分裂等不同演化形式进行梳理分析，归纳出不同事件规律作用下的聚落更新走向，揭示传统聚落发展或消亡的深层影响机制，并对其提出相应保护和引导策略。

关键词：嘉绒藏族　"事件—空间"理论　演化更新　保护

一、"事件—空间"理论

空间是一种载体，承载着人的活动，我们将人引起和发生的各类活动统称为事件，因此空间就成为一定场所范围内所有事件的载体，这个载体称为"事件空间"，例如仪式空间、集会空间等。将事件带入空间，强调空间中人的各种体验感受所形成的感知序列对于空间形成及演变的影响，重视建筑与人的情感联系，这个过程将其定义为"事件—空间"理论。

首次将体验带入营建过程的是建筑现象学，现象学是以人的视角来关注空间的根本存在，寻求人的参与过程与空间演进的潜在联系，将研究层面从单纯的物理性实体空间拓展到人们的日常生活世界。空间本身和本次营建的所有行为都有关系，随着社会的发展变革，生活生产方式不断在更新和改变，新的需求不停产生，"需求产生—旧需求被满足—新需求继续产生"的过程，就是事件不断发生的过程。从本质上说，空间演变是"事件"的不断发生推进，这些事件其实就是生活生产中的各种体验，它们留在记忆中，变成经验和积淀，得以保存，得以传承。空间形制不一定会长久，但是体验会一直存在，因此"事件—空间"理论强调人的参与，表面上空间是中心，但其实人才是空间的主角，人创造了独属于这个空间的认同感与归属感。

二、嘉绒藏族环境事件

嘉绒藏族位于四川西部大小金川流域，既有峡谷和高山，又有台地和河谷平原，处于费孝通先生所说的"彝藏走廊"之上。聚落分布在半山和河谷之中，地理位置特殊交通不便，受到外界影响较小，生活淳朴且生产方式自然，聚落的形成并不会经过特殊的规划，而是顺应环境，千姿百态，有很强的地域特色。环境包含静态的自然环境和动态的人文环境，自然环境是主导聚落形态的决定性因素，生产生活方式皆顺应地形地貌以及协调气候条件。聚落的形成和演化同时受到人文环境要素的指引，很多思想意识、民俗习惯和社会因素会引导聚落变迁，动态的人文更新过程也是聚落更新的决定性因素。这些自然要素和人文要素都影响着不同的营建需求，引导事件的发生，最终决定了空间变化走向。

1. 环境影响—生产事件

嘉绒藏族的地域条件决定该地区为半农半牧的生产方式，并且以农业为主，聚落都将平坦的地方开发为可用作生产的农田，聚落的发展规模多以耕地的布局来决定。一般生产区和生活区的关系有三种：（1）耕地结合民居，这类聚落处于位置良好且用地富足的半山腰，形态自由分散，各家耕地包围在房前屋后，生产条件便利，发展起来受到的限制较少，因此聚落的演变形式是发散扩张的，一般都会形成较大的组团。代表聚落有丹巴县的甲居藏寨和中路藏寨。（2）耕地区环绕在居住区外侧，这类聚落用地大多较为局促，民居集中，生产用地环绕在周围，形成天然的屏障，发展受限较多，一般随人口规模增加无法承担时会分离出一部分在临近地点重新形成新的聚集地，呈有机分裂型生长。代表聚落有聚落有马尔康县的西索藏寨和黑水县的色尔古藏寨。（3）耕地区平行于居住区，该类聚落的生产部分和生活部分相辅相成的发展，同步呈线性走向生长。代表聚落有马尔康县城以及直波藏寨。（图1）

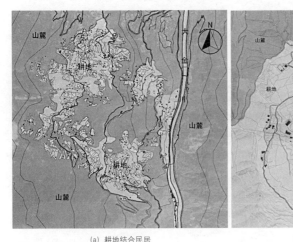 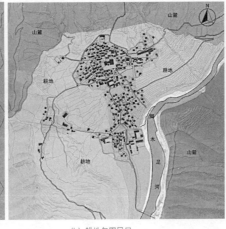 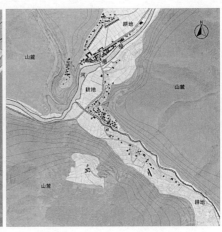

| (a) 耕地结合民居 | (b) 耕地包围民居 | (c) 耕地平行民居 |

图1 生产用地范围示意图（图片来源：作者自绘）

2. 环境影响—生活事件

生活的最基本需求是取水，传统的取水方式无外乎有河流、雨水或者是高山的融雪，在没有先进收集技术的情况下，临近水源取水，是最为日常的生活事件。聚落的发展演变也往往依附于水源进行。大山中大小金川河穿流而过，嘉绒藏族的聚落均起始于水源，发展于水源，往往沿河生长，形成直线生长型的聚落发展模式。另一种常见的生活事件是交通，交通便利接受外来影响较大，聚落生长速度就很快，易形成较为繁华的组团，如马尔康县城和丹巴县城都是沿河布置。由此可知，生活事件越单一，生长发展速度越缓慢。反之，生活事件越复杂，人的参与事件越频繁，生长演化速度越快。

3. 文化影响—宗教事件

嘉绒藏族全民信教，宗教活动是传统聚落中重要的集体事件，寺庙处于组团中聚落较为重要的位置，是核心的存在，人们的宗教活动和寺庙的关系极为密切，日常有参拜，重要的节日都会举行盛大的拜佛活动。聚落中心设置寺庙，形象突出，引导各类宗教和信仰事件发生，成为精神的核心及宗教活动的中心。四周围绕着喇嘛住宅，再向外围绕着普通藏民的住宅，民居的高度均不会超过宗教建筑的高度。整个聚落紧密团结，各民居都以寺庙为中心聚集在一起，房屋排列密集，空间结构紧凑，凝聚性很强。马尔康县草登乡代基村就是典型的寺庙型村寨，代基藏寨的生长演变完全是以草登寺为中心，向外发散扩张。（图2）

这种核心型的聚落在演变的时候，会以精神中心为核心，形成环绕扩大的生长态势，生长虽然缓慢，但是有一定的向心性，宗教事件存在，核心就会一直存在。无论有没有相关的经验，宗教事件会给来到这里的人们带来相同的精神体验。

4. 文化影响—公共事件

核心型的聚落一般有两种，一种是以寺庙为核心，另一种是以

图2 代基村的核心草登寺（图片来源：作者自绘）

土司官寨或者公共空间为核心。以公共建筑或是场地为核心的聚落无论在内聚性还是秩序感上都没有寺院型聚落精神凝聚力强，因为公共事件并不固定且较随机，因此事件参与感和体验性决定了内聚性的程度。宗教信仰的保留使得寺庙核心型的聚落保持着向心性，而土司制度的不复存在使得以官寨为核心的聚落结构发生翻天覆地的变化。土司制度弱化后聚落转变为自给自足的生产模式。随着规模的扩大慢慢围绕公共空间发展为多个小中心模式，并且失去了向心性的聚落发展变得随性。随着规模的扩大，在原有聚落的周围会形成新的小聚落，就好像是细胞分裂出来的附属部分一样，一起承担生产生活。这类型的聚落演化，将其称为有机分裂型。公共事件的发生和改变影响着聚落的生长发展，事件频率高，参与感强的空间就会逐渐形成内聚性，反之弱化。

现今的西索民居在土司历史时期居住的为服务卓克基土司的差人。卓克基土司的崇高地位和不断扩张的势力，使得人口规模不断增加，逐渐形成了聚落。而后土司制度的瓦解，聚落中心性消逝，逐渐分裂增加出辅助组团，形成典型的有机分裂型演化形式。

5. 社会影响—外因事件

外因事件包含有自然灾害、空心村、政策扶贫搬迁等，这些外部因素引起的事件最终使得很多聚落弃旧迁新。风俗文化的影响和改变，不同时期国家政策的变革以及不可抗力因素的作用，譬如地震、山洪等，这些客观外力作用下的聚落生长往往不是自然发展的，而是有计划地、快速地进行更新，更新演化周期很短但是最终形式会比较明确。

马尔康县的松岗藏寨建于公元634年，土司时期有官寨建于此，当时松岗藏寨的发展模式与传统核心型藏寨相类似，都是以官寨为中心建造民居，沿山脊而建结构紧凑。随着土司制度瓦解，向心性减弱，人口增加可用空间变得拥挤，地震灾害频发土质受到影响，房屋也遭到破坏。随着"十一五"规划的推出，政府重新对松岗藏寨进行了规划建设，在山脚下兴建了新的聚落，并大力推行搬迁政策，2000年后松岗村民陆续的向山下的安全区搬迁，原有的聚落不再有居住功能转而为旅游开发。老的聚落被留下，新的聚落产生。这就是典型的弃旧迁新式的生长演化，这种发展多借助于外力，因此新的聚落常常缺少自然舒展的形态而比较刻板单一。

聚落生长演化方式

表1

1.直线生产型	2.环绕扩大型	3.发散扩张型	4.有机分裂型	5.弃旧迁新型
直波藏寨	代基村	甲居藏寨	西索藏寨	松岗村
（前）	（前）	（前）	（前）	（前）
（后）	（后）	（后）	（后）	（后）

三、聚落演化影响机制

"我们很难看到聚落最后形成的样子，而呈现在我们面前的总是它在形成过程中的一个阶段"。[③]嘉绒藏族传统聚落民居多以石砌碉房为主，建筑稳定性很强，现在所形成的形态都是漫长演化过程后的结果，是事件叠积的表达，就好像是历史的记录者。人们在营建过程中的一切需求和体验都对其形态产生潜移默化的影响。（表1）

1. 多重影响因子

（1）社会环境的变化

传统聚落的凝聚力经历着从弱到强，再从强到弱的一个过程。在聚落产生伊始，社会环境动荡，战争频发，人们需要相对稳定的环境来维持生存需要，人口抱团快速增加，加上宗教和血缘关系的双重作用，聚落的核心凝聚力很强，聚落快速自然发展。随着现代文明产生，不再有战争，技术进步，人情关系淡化，传统民俗活动事件消失，聚落凝聚力变弱，聚落的生长演变也慢慢丧失特色

（2）生活需求的变革

首先是现代化条件的引入，从半封闭式的传统聚落转变为半开放式的现代化聚落，生活产生多样化的需求，公共设施的大力建设，潜移默化地影响着聚落中心和空间尺度。其次是交往方式的改变，现代媒介使得聚落不再封闭，与外界交流密切，生活方式愈加开放和多元化，生活需求的改变影响着聚落空间，这些都为聚落演化生长提供了新的条件，注入新的活力。

（3）经济结构的改变

社会发展、生产力的提高颠覆着聚落的传统生产模式。自给自足的半农半牧的生产方式转型为农耕、旅游、商业的多元化经济方

式，分散的畜牧业被集中管理，旅游业的引入也改变着传统的聚落结构分区，经济结构的转变影响着生产需求，多元化空间随之产生，聚落空间从简单结构向多元结构过渡。

2. 深层影响机制

在聚落的生长发展过程中，形态的变化是外在表现，但是无论什么样的形态，在这个空间中能够使人产生共鸣的特质，是人们对于这个空间的认同。这种认同不是通过环境带来的直观感受，而是心理上建构于空间体验所带来的感知和认可。人们在认知的过程中努力和环境和谐相处，完成"体验-认知-认同"的过程，这个过程是通过事件的积累形成的，是通过事件体验，在记忆中寻找经验，最后达成共识，确定认同结果的过程。"认同是人们产生归属感的前提，使人们从属于具体的环境，从而产生心理上的赞同或共鸣。"④人们一旦认同了某种环境，就会产生归属感。

因此，影响聚落形态演化的本质因素并不是客观环境的影响，而是人与环境的相互作用关系，是人在环境中产生的行为事件，它们决定了空间的形态，并且认同感和归属感是聚落演化发展中传统得以传承的精神内核。

3. 保护发展引导

（1）保持生产生活的延续性

传统聚落是不可再生的文化遗产，保护传承传统聚落的核心精神价值是在更新过程中不变的根本。在快速发展的现代，原本日常的生产生活发生了一定改变，无论进行怎样的发展，保持生产生活的延续性，才能保证聚落的"恒常性"和"传承性"，才能创造有意义的空间。

（2）挖掘传统精神内涵

嘉绒藏族具有独有的地域文化内核，独特的文化事件引导了当地与众不同的空间特质。当文化事件消失，聚落的独特性也跟着消亡，变得千篇一律。因此，当聚落的保护被提起，其文化特质和文化事件就是它精神内核的表现之一，传承习俗，传承非物质文化是聚落发展保护的必须因素。

（3）认同感和归属感的营建

在保护和发展的过程中，淡化重视物质形态表达而强化人的主观体验感受，营建有感情的空间。使人能产生情感上的共鸣。通过各种手段，让空间和环境互动，进行认同感和归属感的营建。

注释

① 王纯，西安建筑科技大学建筑学院，博士生。
② 李军环，西安建筑科技大学建筑学院，教授。
③[日]原广司著，王天祎，刘淑梅译.世界聚落的教示100[M].北京：中国建筑工业出版社，2003.
④ 郭琳琳.旧建筑再利用的场所精神研究 [D].北京：北京交通大学，2011：30.

参考文献

[1] 德吉卓嘎.试论嘉绒藏族的族源 [J].西藏研究，2004（02）.
[2] 沈克宁.建筑现象学 [M].北京：中国建筑工业出版社，2008.
[3]（德）胡塞尔.现象学的方法 [M].倪梁康译.上海：译文出版社，2005.
[4] 朱荣张.马尔康直波藏寨民居建筑研究 [D].西安：西安建筑科技大学，2012.
[5] 刘莉萍.川西马尔康县嘉绒藏族民居研究 [D].西安：西安建筑科技大学，2012.

西南高海拔地区藏族民居室内热环境模拟与优化
——以康定市沙德乡瓦约村洛珠老宅为例

陆露茜① 王晓亮② 麦贤敏③ 骆 晓④

摘 要： 木雅藏族传统民居蕴含着丰富的藏族传统文化和建筑营造智慧，然而，在当地的气候、地理以及传统建筑材料的热工性能条件下，木雅民居冬季室内热舒适度欠佳，室内热环境尚待提高。本研究拟在实地调研的基础上通过软件建立洛珠老宅基本模型，对其冬季室内温度及建筑能耗进行模拟，结合分析数据评价洛珠老宅的冬季室内热环境情况，提出木雅民居冬季室内热环境的优化策略，为西南高海拔严寒地区藏族民居的节能实践和保护、更新提供参考。

关键词： 西南高海拔地区 藏族民居 室内热环境 模拟与优化

一、引言

随着经济和全球化的发展，人们面临着全球生态恶化、环境破坏、资源危机、建筑能耗过高等诸多问题，这些困境将影响着人们的生活和可持续发展。2019年3月13日联合国环境规划署在内罗毕发表的《全球环境展望6》报告中提到，为应对土地资源退化、森林锐减、淡水资源匮乏等环境问题，尽可能长时间地保持资源的最高价值，保存原材料，使用可持续材料，加强治理、完善土地使用规划及增强绿色基础设施建设[1]。目前，我国建筑能耗比例约为35%，如果算上建筑材料生产和运输以及建造和拆除过程中所消耗的能源，该比例则会上升至约50%。[2]木雅民居位于西南高海拔寒冷地区，在营造过程中常常通过增加石材墙体的厚度来提升建筑的保温性能，石材的开采量和木材的砍伐量大，且冬季室内热舒适度欠佳。因此，在提升木雅民居室内热环境为目的的同时，达到节能节材的效果成为民居优化设计所考虑的重要问题。本文运用Ecotcet辅助分析软件对洛珠老宅建立基本模型，通过设置其所处的地理位置、气象气候信息、围护结构等边界条件并进行热环境模拟，分析得出洛珠老宅的围护结构得

热、建筑保温能耗等因素，进而提出木雅民居冬季室内热环境的优化策略。

二、洛珠老宅建筑特征

1. 平面组织

川西藏族民居艺术因各地不同的居住环境、气候、取材、生产生活方式而略有不同。[3]洛珠老宅的建筑单体是瓦约村典型的木雅藏族民居建筑，建筑高为11.9米，共4层，开间12.8米，进深10.4米，占地面积142.48平方米，总建筑面积为529.97平方米。主入口朝南向，门前有占地约280平方米的院子，一进大门为储物空间，距主入口1.3米处为通向二层的木楼梯，南侧为羊圈，一层不设置隔断，形成一个开敞的空间（图1）；二层西侧为纵向客厅，客厅南面设置火塘，作为主要的交往、起居空间，东侧分别为两个卧室，卧室面积大小不一；三层主要功能布局为经堂和卧室，四层为储物空间和一个宽阔的晒坝，常用于晾晒衣物和粮食。

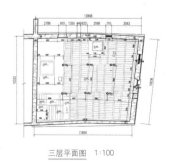

一层平面图 1:100　　二层平面图 1:100　　三层平面图 1:100　　四层平面图 1:100

图1　洛珠老宅平面图（图片来源：作者改绘）

2. 结构体系

洛珠老宅为石木结构建筑，建筑内部为梁柱承重体系，屋内共设有六根木柱作为主要承重构件，该建筑由居民就地取材自行修建，因此型规格大小不一，柱径为280~300毫米不等，楼板的铺设顺序自上而下为楼板、次梁、主梁，在楼板与外墙相交之处用木材相互拼接形成框架，木梁端部搁置在此框架上，嵌入外墙之中。建筑墙体材料主要采用当地的毛石和夯土，毛石外墙抗压性好，结实耐用。墙身厚度约为500~700毫米，下厚上薄，从墙基到屋顶形成比例约3%的收分。建筑屋面为平屋面，采用木屋面板，板上覆土，自然生长出一些绿色植被，女儿墙顶以及女儿墙与顶层墙体相交处采用石片压顶。

三、洛珠老宅室内热环境模拟

1. 实验模型及参数设置

在模拟软件Ecotect中建立洛珠老宅建筑模型（图2），按照洛珠老宅的围护结构所使用的建筑材料和构造层次赋予到各个构件中，实验模型的各计算构件参数见表1。冬季时期，瓦约村当地藏族村民们通常使用人工生火的方式进行取暖，无空调、暖气等主动采暖系统，在分析洛珠老宅的建筑能耗时将其设置为自然通风状态，与此同时，需要考虑建筑内部人的活动产生的热量对建筑热环境产生的影响，在软件中设置该家庭为4口人，依据当地藏民们的农忙外出及归家时间，选择人着冬季防寒服装并处于普通走动状态，最后在模拟软件中根据《中国建筑热环境分析专用气象数据集》导入甘孜州气候气象数据进行热工分析。[4]

洛珠老宅建筑材料物理性能计算参数 表1

部位	材料名称	干密度 ρ（kg/m³）	导热系数 λ（W/m·K）	蓄热系数 S（W/m²·K）	比热容 C（KJ/kg·K）	蒸汽渗透系数 $\mu g/$（m²·h·Pa）
墙体	石材	2800	3.49	25.49	0.92	0.113
屋面	加草黏土	1600	0.76	9.37	1.01	—
	夯实黏土	2000	1.16	12.99	1.01	—
	碎砂石	2100	1.28	13.57	0.92	0.173
	木板	500	0.29	5.55	2.51	1.680

（表格来源：作者自绘）

2. 室内热环境模拟分析

（1）逐时得热分析

逐时得热分析是指所测试区域中一天24小时内的热损失和得热情况，得热量单位为瓦特（W）[5]。本文主要选取平均最冷日的逐时得热情况进行分析，由图3可以看出，在自然通风状态下，洛珠老宅冬季平均最冷日的太阳得热较少，主要集中在日间上午10点至下午19点之间，热传导主要表现为失热，室内空间的得热情况很少，且热量的变化量趋于稳定，提升洛珠老宅室内热环境，需要减少其热损失情况。

（2）围护结构得热分析

围护结构得热分析是指所测试建筑的外围护结构损失与得热的热量总和，其中包括墙体、窗户、门和屋顶等部位。[6]通过模拟分析（图4），洛珠老宅冬季围护结构得热情况不佳，得热量接近-5000W，其中1月得热情况最差，一年当中有9个月的得热量主要体现为负值，且夏季一天24小时中仍有约一半时间的得热情况处于负值，因此，需要改善围护结构的保温隔热性能，提升其蓄热能力，进而提高室内热舒适度，达到优化改造的预期效果。

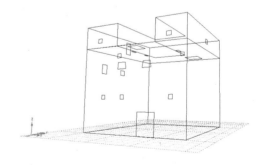

图2 洛珠老宅模型（图片来源：作者自绘）

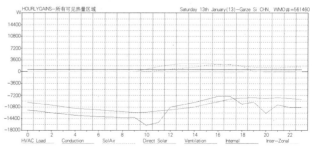

图3 逐时得热分析（图片来源：作者自绘）

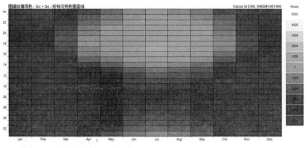

图4 围护结构得热分析（图片来源：作者自绘）

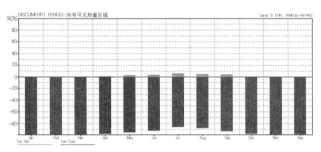

图5 热不舒适度分析（图片来源：作者自绘）

（3）逐月热不舒适度分析

舒适度是被动性区域性能的衡量指标，它能反应建筑热环境的质量。[7]在Ecotect模拟分析软件中所分析的室内热不舒适度体现为所测试区域的区域温度每个月超出舒适段的时间量或百分比，图5为在自然通风状态下洛珠老宅室内人员的逐月热不舒适度。横坐标表示月份，纵坐标表示室内热不舒适度，红色代表热感觉，蓝色代表冷感觉。通过对洛珠老宅的逐月热，不舒适度分析得知，十二个月中洛珠老宅的室内热不舒适度均较高，超出舒适温度的时间段达到80%以上，主要表现为过冷，其中1、2、3、11、12月份冷，感觉最强，因此，洛珠老宅的室内热环境需要得到改善，尤其需要加强冬季的改善措施。

四、室内热环境改善策略分析

1. 室内热环境影响因素

木雅民居在历史的长河中逐渐发展、优化形成了一套应对外部极端环境的营造策略，且具备自身的民族和地域特色，然而经过热环境模拟分析结果表明其冬季室内温度仍然偏低，尽管当地居民采用厚重的墙体以及尽量减小开窗通风面积来应对寒冷环境，但建筑的失热情况仍较为明显，且保温性能不佳[8]。主要因素有以下几个方面，其一是墙体大多只使用毛石，没有保温设计，构造层次简单，保温性能不足，造成室内失热较为严重。其二是既有建筑的门窗多采用木框单层普通玻璃，门窗是建筑保温中的薄弱部位，在寒冷气候中，尽管缩小窗户的面积，失热情况仍然较为严重。其三是在传统营造工艺下，由于施工工艺的限制，建筑密闭性较差。其

四是在其功能布局的设计中，屋面设置有3个大小不一的通风口，2个通向屋顶的竖向交通空间，均不设顶板，从此位置损失的热量较大，应对其功能的布局和设计进行优化，减少不必要的室内热量流失。

2. 热环境改善策略

目前，我国对于传统民居的指导性政策主要为严禁大拆大建，要合理保护古民居历史文化遗存的真实性、完整性和可持续性，合理改善传统建筑的内部设施和外部条件，满足居民现代生活的需求[9]。随着社会经济的发展，近年来在民居的设计和修建中逐渐使用新技术、新材料对其进行营造，合理利用被动式建筑技术，通过对传统民居进行科学有序的优化，成为提升民居居住环境和可持续发展的重要方式。根据洛珠老宅在热环境模拟与分析体现出的不足及其室内热环境的影响因素本文拟在保持民居真实和完整性、可持续性的基础上提出对应的改善策略。首先，增加围护结构的保温性能，如在墙体、屋面增加保温层，提高建筑受热构件的吸热与蓄热能力，同时注重增加建筑的密闭性，如门窗洞口位置以及其他部位的交接处；其次，部分更替建筑材料，注重提升门窗、洞口等薄弱位置的保温性能，将木框单层玻璃窗更换为保温性能更好的材质，并更换局部出现翘曲和破损的构件；最后，优化建筑布局，对竖向交通空间和厨房上方通风口进行优化设计，减少通过此部分损失的热量。

五、洛珠老宅优化设计方案

洛珠老宅所地处的康定市沙德乡热工分区属严寒C区，[10]根据GB50176-2006《民用建筑热工设计规范》建筑热工设计二级区划指标及设计要求，该区域建筑设计时必须满足保温设计的要求，可不考虑防热设计。[11]因此，从提升保温性能对洛珠老宅进行优化设计，可较大程度地提升其室内热环境情况。本文通过在既有建筑的围护结构上增加保温设计、优化构造层次来提升其保温性能。如图6所示，将原有的毛石墙体厚度减小，在其内部增加加气混凝土砌块作为填充墙，两者之间通过拉结筋拉结以增加稳定性，并增加50毫米厚聚氨酯保温层，面层铺设30毫米×30毫米间距为500毫米的木龙骨，外铺20毫米厚木板。此种优化方式既能保持原有毛石外墙坚固、朴拙的立面造型（图7），又通过改变墙体构造、增加保温设计提升了该建筑的保温效果，与此同时，每平方米建筑外墙可以节省约0.35立方米～0.45立方米的石材，进而减少石材的开采、挖掘，从源头上减少了石材运输、打凿、打磨和砌筑等过程中的碳排放，节约了资源和能源。对屋面层的优化为：在木屋面板的上方增加50毫米厚聚氨酯保温层，与此同时，将单层木框普通玻璃窗替换为双层木框6+12+6LowE玻璃，并在墙体、屋面板或其他围护结构连接处采取保温、密封构造封堵以降低热损失，经过优化后沿用以上模拟分析方法，模拟分析结果如图8～图10所示。

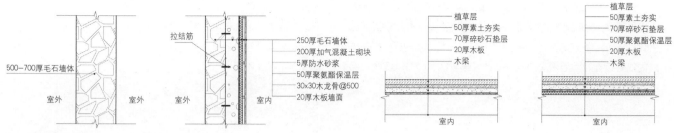

图6　优化前后围护结构构造大样（图片来源：作者自绘）

图7　砌块墙外砌毛石做法（图片来源：作者自摄）

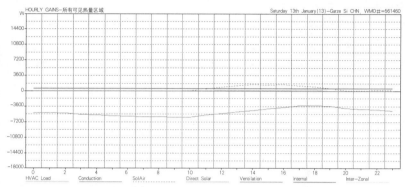

图8　优化后逐时得热分析（图片来源：作者自绘）

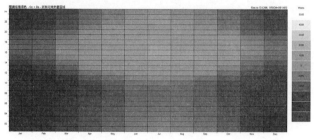

图9　优化后围护结构得热分析（图片来源：作者自绘）

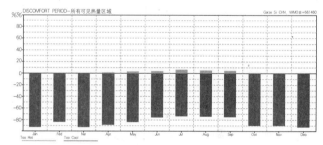

图10　优化后热不舒适度分析（图片来源：作者自绘）

1. 逐时得热对比

通过图7可知，对洛珠老宅进行优化设计后建筑围护结构向外进行导热的得失热量减少，对屋顶层通风口、通往屋顶的楼梯顶板以及门窗洞口进行优化后，冷风渗透得失热量大幅度减少并趋于零，可以看出优化后的设计改善了室内的热损失情况。

2. 围护结构得热对比

图4和图8分别表示优化前后建筑的围护结构得热情况，通过对比分析看出优化后该建筑的围护结构得热量增加，一年之中有8个月围护结构得热主要体现为正值，冬季围护结构得热情况改善明显，由原来的冬季月均得热量接近-5000W提升至-1000W，因此进行优化设计后，建筑的蓄热能力增加、建筑能耗减少，将会进一步提高其室内热环境。

3. 热不舒适度对比

图9所示为优化后洛珠老宅全年的热不舒适度情况，通过将其

与图5现状热不舒适度情况对比，经过优化设计后，全年的热不舒适度均得到缓解，其中一月、二月、十一月、十二月现状建筑的不舒适度表现为约100%的时间呈现冷不舒适状态，经过优化设计后不舒适度下降约十个百分点。现状建筑除了七月、八月两个月份热，不舒适时间占比低于90%，其余10个月的热，不舒适度所占时间对该月总时间比例均大于90%，优化设计后有九个月的热，不舒适时间占比低于90%。因此，进一步表明了经优化设计后，建筑的热不舒适度总体比现状的热不舒适度低，室内热环境得到了提升。

六、结语

传统民居建筑是地域、民族、文化、自然等多种因素共同作用的体现，在城乡发展日新月异的今天，人们对生活、工作环境舒适程度的要求不断提升，如何对传统民居进行可持续更新和优化成为促进城乡一体化发展和乡村振兴战略之中的重要问题。木雅民居在当地的气候、地理以及传统建筑材料的热工性能条件下，冬季室内热舒适度欠佳，基于本次研究，在木雅民居的室内热环境改善策略

上，通过对该民居的自然通风，建筑围护结构的保温性能等方面进行优化调整，降低围护结构的传热能力，增加围护结构的保温隔热系数，从而减少了现有建筑的能源消耗以及不舒适度时间，提高其室内热舒适性，为西南高海拔严寒地区藏族民居的节能实践和保护、更新提供参考。

注释

① 陆露茜，西南民族大学建筑学院，硕士研究生。
② 王晓亮，西南民族大学建筑学院，讲师。
③ 麦贤敏，西南民族大学建筑学院，教授。
④ 骆晓，同济大学交通运输工程学院，副教授。

参考文献

[1] United Nations Environments Programme. GLOBAL ENVIRONMENT OUTLOOK GEO-6 [EB/OL]. 2019-03-13

[2] 冉茂宇，刘煜. 生态建筑 [M]. 武汉：华中科技大学出版社，2008：21

[3] 陈颖，刘长存. 甘孜州两个地区藏族民居的结构、构造和技术 [C]. 中国民族建筑研究论文汇编.中国民族建筑研究会，2008：84-89.

[4] 中国气象局气象信息中心气象资料室，清华大学建筑 技术科学系. 中国建筑热环境分析专用气象数据集 [M]. 北京：中国建筑工业出版社，2005.

[5] 柳孝图. 建筑物理 [M]. 北京：中国建筑工业出版社，2010.

[6] 刘加平. 建筑物理 [M]. 北京：中国建筑工业出版社，2010.

[7] 裴雨露，强天伟，李跃奇. 基于Ecotect软件的西安某办公楼围护结构优化设计 [J]. 制冷与空调（四川），2020，34（01）：81-85.

[8] 刘加平. 绿色建筑——西部践行 [M]. 北京：中国建筑工业出版社，2015.

[9] 住房城乡建设部. 关于切实加强中国传统村落的指导意见 [EB/OL]. 2014-04-25

[10] JGJ26-2018. 严寒和寒冷地区居住建筑节能设计标准. 北京：中国建筑工业出版社，2018.

[11] GB50176-2016. 民用建筑热工设计规范. 北京：中国建筑工业出版社，2016.

基金项目： 本研究受国家自然科学基金项目（51708414）支持。中央高校优秀学生培养工程项目（项目编号2020YYXS51）。

现代化背景下阿坝藏区藏族传统民居的演化及其思考

刘艳梅①

摘　要：现代化使阿坝藏区从物质生活到意识形态都发生了巨大变化，这里丰富多样的传统民居也在发生着演化。本文通过对阿坝藏区传统民居形态演化的梳理及其现代化解析，引发关于传统与现代、自适应与他适应等现代化进程中突出问题的思考，为阿坝藏区传统民居的适宜发展做努力。

关键词：现代化　阿坝藏区　藏族传统民居　演化

一、前言

　　四川阿坝藏区位于四川西北部，与青海、甘肃交界，地处青藏高原南缘，地形复杂，气候多样，长期以来是汉、藏、羌、回等多民族交流融合的区域，形成了以藏族文化为主体的多元文化系统。这里传统民居形态丰富多彩，独具特色。在现代化的进程中，传统民居也发生着巨大的变化。而作为传统民居变迁动因的"现代化"，如何理解它的内涵，是弄清该区民居演化的关键内容。本文试图梳理现代化与藏族民居演化的关系，提出现代化进程中民居演化存在的问题，进而引发传统与现代在民居演化中相互作用的深入思考，为传统民居的保护和发展提供必要的研究视角。

二、阿坝藏区传统民居特征

　　1. 阿坝藏区传统藏族民居一般多选在背风面阳的地方，依山而建，毗邻雄立，错落有致，规模大的十分壮观（图1）。散居和聚居相结合，形成一种无中心的自然发展形态（图2）。

图1　金川县依山而建的根扎藏寨（图片来源：作者自摄）

图2　阿坝县自然发展的民居形态（图片来源：作者自摄）

　　2. 阿坝藏区传统藏族民居类型多样，形态丰富。地域性明显，呈现"一县一景"，甚至"一县多景"的风貌。如马尔康、黑水、金川、小金、理县一带以石木结构的碉楼为主，多为3层，底层牲畜用房，主要的居住空间在第二层，顶层一般设有经堂和供喇嘛休息的房间。但不同地区民居形态和细部装饰都有一定的差异（图3）。九寨沟、松潘一带则以木结构为主，石墙基本上不承重，只起到维护作用，形态上有汉藏结合的特点（图4）。阿坝县上中阿坝的夯土墙建筑，形态又完全不同，别具特色。这里民居建筑面积较大，一般3~4层，有内天井，平屋顶，有很大的院子，厕所在院子外（图5）。红原、若尔盖县以游牧为主的区域，夏季多住帐篷，冬季可住帐篷也可住冬屋，一般只有一层、一到三开间，有夯土墙的也有石墙的，还有木板搭建的，形制简单（图6）。壤塘地处康巴、安多、嘉绒的交会处，因而民居形态更加丰富（图7）。

　　3. 阿坝传统藏族民居细部处理独特，体现比较突出的就是门窗及墙面装饰，具有很强的民族识别性。

图3 嘉绒地区（马尔康县）石木结构民居（图片来源：作者自摄）

图4 九寨沟县一带的木结构民居（图片来源：作者自摄）　　　　图5 阿坝县土木结构民居（图片来源：作者自摄）

图6 安多地区（红原、若尔盖）的帐篷和冬居（图片来源：作者自摄）

图7 壤塘民居（图片来源：作者自摄）

4. 宗教氛围浓郁。宗教对藏族民居的影响无处不在。几乎家家都有经堂，而且经堂也是装修最好的房间。石屋有各种形式的"煨桑"，每天早上烧柏树枝来祈福。家家屋顶上或房前都有经幡，让风帮他们"念经"。还有室内摆了很多碗具，也是用来做仪式的。还有屋顶上的白石崇拜等等。

三、阿坝藏区民居的现状

1. 更新方式多样化

目前，阿坝藏区存在以下几种主要的更新方式：

（1）基于原有传统住宅上的改扩建。以前主室是家庭的中心，集做饭、会客、睡觉等功能为一体。而现在多数家庭都分隔出了厨房、卧室空间，主室成为会客空间，还有许多修建附房，将厨房单独移出来，提升了居住空间的舒适性。同时增加了许多现代化的生活设施，如电视、沙发、太阳能等，在改善人民生活的同时也改变了农牧民的生活方式。此外，就是大量现代装饰材料的使用，如窗户换成了铝合金推拉窗，檐口装上了落水管。经济条件较好的还将挑厕改建成了现代厕所。

（2）自主修建的新房。自主修房除了自然增长的住宅外，由于受"5.12"汶川特大地震影响，在政府的大力支持下，纷纷开始修建新房。作者调研时就看到这种状况，尤其是距公路较近的地方随处可见。自主建房式样繁多。有完全按传统方式修建的，也有外观传统式样和材料，但内部又是现代的分隔方式及现代厨卫设施，太阳能得到普遍使用，还有用现代材料和现代的施工方式来修建的住宅，总之形式多样。

（3）政府统一规划修建农牧民新村。主要为生态（避险）移

民集中安置，包括退耕还林、退牧还草的农牧民，地质灾害隐患点的避让搬迁农户，大骨节病区的移民，以及牧民定居行动和灾后恢复重建的统一安置等。农牧民新村的修建也有两种方式，一种是统一规划、统一修建，采用现代材料，户型也统一设计（有多种户型可供选取）；另一种是统一规划，农牧民自己修建，政府补贴，住宅风格统一要求，内部空间自己分割。

2. 民居形态风格多样化

目前，阿坝藏区的民居形态更加多样，基本可分为传统式、现代式和传统现代结合式（图8~图11）。但也出现了风格混杂，特色缺失，原有的地域性趋于弱化。

（1）传统式

传统式基本采用了传统的修建方式和建筑材料，多就地取材，很多会将旧房拆下的材料用于修建新房，不仅可以节约成本，还可以最大限度地减少对天然资源的浪费。而新建的民居在内部功能上会做适当调整，舒适度得以改善，同时也更加适应现代生活。

（2）现代式

现代式完全采用现代材料（钢筋、水泥、空心砖等），形态也是现代式的，咋一眼看过去完全看不出是藏族民居，但很多房主仍然保留了"经堂"、"经幡"以及"煨桑"的习俗（图9）。

（3）现代和传统相结合的式样

现代与传统相结合多采用传统式样和现代材料的结合，出现不同的风貌（图10）。

图8　传统式（图片来源：作者自摄）

图9　现代式（图片来源：作者自摄）

图10　传统现代结合式（左为统建房，右为自建房）（图片来源：作者自摄）

四、阿坝藏区传统民居演化的现代化解读

从阿坝藏区传统民居形态的演化，现代化起到了不可忽视的作用，甚至可以说传统民居的演化就是民居的现代化。为此，有必要重新认识现代化的内涵，并对民居演化作现代化解读。

1. 现代化的含义

现代化一词是从20世纪开始流行，并被普遍使用，但至今还没有统一的解释。社会学、经济学、人类学、政治学等不同领域的学者都曾给出不同的理解和定义。美国社会学家西里尔·E·布莱克（Cyril E.Black）认为，"所谓现代化，是指这样一个过程，即在科学和技术革命的影响下，社会已经发生了变化或者正在发生着变化"。美国人类学家曼宁·纳什（Manning Nash）提出"现代性"是一种社会的和心理的结构。它促进科学运用于生产过程。"现代化"是使社会、文化和个人各自获得经过检验的知识，并把它运用于日常生活的一种过程。现代化理论研究的学术带头人、美国哈佛大学政治学教授塞缪尔.P.亨廷顿（Samuel P. Huntington）在《导致变化的变化：现代化、发展和政治》中表述："现代化是一个革命的过程、复杂的过程、系统的过程、全球化的过程、长期的过程、阶段性的过程、同质化的过程、不可逆的过程、进步的过程。"由此可见，现代化内涵的丰富性和复杂性。但无论如何界定现代化的概念，现代化都有两个基本点：一，现代化是一场变革，变革深入到生活、生产、社会、经济、政治、意识形态、文化、人性等物质及非物质形态的方方面面。二，现代化是以科学和技术革命为基础的。正如马克思理论中指出的经济基础决定上层建筑，正是科学技术的革命，改变了人们获取资源的方式和能力，极大地增加了物质财富，进而促使了思想、行为、意识形态等诸多方面的变革。从文化是整合的角度来看，这个变革将最终涉及人类生活中的各个方面。同时与全球化、城市化、工业化、同质化等现象交织在一起，形成了人类正在经历的、共同面临的社会变革。

2. 藏族传统民居演化的现代化解读

现代化通过科学技术手段，大大增加了人们选择自己生存方式的可能性，在改善人们生存条件的同时，改变了他们的生活方式、行为方式、思想方式等等诸多方面。阿坝藏区也在经历着如此的变革，建筑作为文化的载体，也正以自己的方式对现代化作出回应。

（1）现代材料结构方式应用下民居形态的演化：现代的建筑材料如砖、水泥、玻璃、钢筋等材料，由于可以批量生产，价格相对便宜，而传统的石材、木材在生态保护的前提下反倒价格较昂贵，因而很多农牧民反倒更愿意用现代材料来修建新房，特别是交通便利的区域。使民居形态发生了巨大的变化，如前图所示。此外，钢筋混凝土的应用有利于增强房屋的抗震性能，因而"5.12"汶川特大地震后，很多新建的民居采用了钢筋混凝土的圈梁加强房屋的抗震性，改变了原有的民居墙面的肌理。塑钢窗的普遍使用，大大改善了传统民居的内部环境。

（2）现代设施和技术应用下的生活方式的演化：现代厨卫设施、家用电器、太阳能等设施使用，在改善农牧民生活条件的同时，更改变了生活方式。传统以火塘为中心的居家生活，变成了以电视为中心的现代生活方式。厨房也从主室中分离出来，不再成为家庭的中心。电视、网络的推广和普及，拓展了农牧民的视野，也在潜移默化中影响着他们的生活方式及价值观，改变了对居住空间的要求和居住中装饰的审美诉求。

（3）现代经济影响下生产方式的演化：阿坝藏区旅游经济和现代农业发展迅速，改变了人们的生产方式，收入来源由原来单一的牧业收入，变成现在旅游接待、现代农业、交通运输、药材加工等多收入来源，直接影响了农牧民对居住地的选择，出现了沿路建房的趋势，住宅形态也更具现代化，且在功能上更具经营性。

（4）现代规划理念下民居形态的演化：现代规划理念下农牧民新村的建设将成为农村发展的趋势。这使得原有自发修建的方式变成了政府统一规划，使得民居形态发生了很大的变化。目前，阿坝藏区农牧民新区有两种方式，如前文所述，这两种方式修建的住宅内部空间多数趋于现代化，尤其是厨卫基本上都是现代设施，生活质量得到大大提高。但住宅群体规划布局过于单调，缺乏传统藏寨的活力。

（5）现代化的复杂性造就了民居演化的复杂性多样性：现代化是一个不可逆转的历史过程，也是全世界人们共同面临和正在经历的过程，从社会的各个层面到每一个公民都将以各自不同的方式参与该进程并诠释着现代化带来的变革，但由于社会、自然历史环境、经济、文化等的差异，造成现代化的程度及表现形式不尽相同，呈现出复杂多样的形态。这也正是目前阿坝传统民居形态演化复杂多样的内在因素。

五、阿坝藏区传统民居现代化过程中的重要思考

从阿坝藏区传统民居现代化过程中所呈现出的状况，有两个突出问题值得深入研究和思考。

1. 现代与传统的思考

正如塞缪尔.P.亨廷顿所说，现代化的特征之一就是全球化，而由全球化引起的文化趋同也是不争的事实，传统文化面临着巨大的挑战。传统和现代的矛盾也一直是学界争论的问题和焦点之一，而在民族地区这个问题尤为突出。一方面，现代化使阿坝藏区农牧民生活水平得到提高，居住环境得以改善，现代生活方式的融入，原有居住形态的现代化也是必然。另一方面，阿坝藏区的传统民居，不仅是现代设计的源泉，更是先民文化的传载，是我们了解藏族先民文化生活的"活化石"，是共同的财富，也是该区旅游产业发展的基础。因而在阿坝藏区，一边是古老的优秀的传统建筑损毁严重，缺乏保护，尤其是汶川特大地震以后，传统的建造技艺也在慢慢失传；另一边则是大量的风貌改造，在现代化民居上贴上传统的符号，两种现象共存。传统与现代看似是对立的，但实际上又是相辅相成的，文化是变迁的，也是整合的，在现代化背景下，传统文化在适应整合中产生新的文化，而新文化应该是传统与现代整合的结果。作者在调研中也发现，传统民居有很强的适应性，有些稍加调整就完全能适应现代的生活，而现代材料在形式塑造上是很有优势的，是完全能满足人们的精神诉求的，因而关键在于内在民族文化与民族精神与现代化的融合上，所以加强传统文化的研究很有必要。

2. 他适应与自适应的思考

在阿坝藏区现代化适应过程中有两种方式，一种是政府统一规划统一修建的新农村项目、牧民定居行动为依托的他适应方式。另一种，农牧民主动适应现代化发展的自适应方式。统一规划可以做到资源的合理利用，对人们生活水平的改善是明显的，但也由于缺乏对民族文化和农牧民需求的深入了解，使得规划往往停留于表面，过于肤浅，忽视了农牧民的真正需求。在形态规划上忽视了地域的差异，缺少传统藏寨的活力。在重视以现代方式解决居住问题的同时，忽视了农牧民实际居住需求和价值取向。农牧民的自适应方式能真实地反映现代化背景下的取向，也极富个性。

正如美国社会学教授贝迪阿·纳思·瓦尔马在《现代化问题探索》

图11　形态的混杂（图片来源：作者自摄）

一书中所强调的那样"上面对建筑与艺术倾向的浏览，旨在突出现代化的两个主要标准：科学应用与人类努力的所有方面；个性原则"。这里瓦尔马鼓励个人追求自由的权利，但也同时指出个性化会造成社会的无目的性和混乱。这在当下阿坝藏区传统民居的变化中有体现，如前文所展示的，民居形态在呈现多样化、多元化的同时，也出现形态的混杂，反倒失去了原有的特色（图11）。另外，瓦尔马还提到"个性和合理性合为一体，则可促使个人朝'现代化'方向发展，但为了真正的现代化，他还得学会应用科学原理去达到个人目标。"当然，这个科学原理不仅是技术层面的也应该是思想层面的。由此可见，不管是自适应还是他适应，都应阐明其中的合理性，并用科学原理从技术及思想层面发展之。而目前技术和思想层面的发展是不均衡的，普遍重视技术层面而忽视了思想层面的合理性，也造成了矛盾和不协调。

六、结语

现代化的问题复杂而多样，同时作为正在发生的变革，我们也无法站在历史的角度全面地认识它，因而对它的研究永远也不会停止。希望通过阿坝藏区传统民居的演化及其现代化解析，从现代化角度看待目前藏族传统民居发生的变化，发现存在的问题，为探索现代化背景下藏族民居的适宜发展做一探索和努力。

注释

① 刘艳梅，西南民族大学城建学院，副教授。

参考文献

[1] 贝迪阿·纳思·瓦尔马，周忠德，严炬新译.现代化问题探索[M]，北京：知识出版社，1983.
[2] 陈柳钦.现代化的内涵及其理论演进[J].新华文摘，2012（3）.
[3] 西里尔·E·布莱克，杨豫.现代化与政治发展[J].国外社会科学，1989（4）.
[4] 塞缪尔.P.亨廷顿.导致变化的变化：现代化，发展和政治[M]，引自西里尔·E·布莱克编《比较现代化》，上海：译文出版社，1996.
[5] 黄新初.阿坝文化史[M]，北京：中国农业出版社，2007.

广西北部地区红瑶生态博物馆提升改造研究

蓝志军[①]　朱鹏飞[②]

摘　要： 广西北部地区的红瑶民俗文化、建筑等传承比较完整，为世界研究瑶族文化有重要作用，生态博物馆具有重要的作用，该地区现存的生态博物馆因为时间的推移，在功能布局、展示效果、消防以及建筑安全等问题都面临着挑战。通过实地调研、测绘、访谈、设计、沙盘模拟实施等工作，遵循当地自然环境的规律，比如日照、风向、山水资源，再结合当地人们的风俗习惯，融合数字、媒体展示等，切实提升展示效果，为类似的项目改造提供参考。

关键词： 红瑶　生态博物馆　改造　提升

广西桂林龙胜泗水乡红瑶，是瑶族的一个分支，因穿红色服装而得名，红瑶寨有着500多年的历史，有着丰富的民俗文化、生态文化，是广西少数民族风情旅游胜地。目前已有的三门红瑶生态博物馆以及拓展的细门红瑶博物馆是生态博物馆的主要展陈场所，在实现基本民俗、文化风情展陈的功能上，基本实现了旅游的展陈功能要求。但是，作为生态博物馆，还需要兼顾周边生态资源的合理调配与综合运用，本文就该主题的生态博物馆提升做以下专题调研并提出提升策略。

一、桂林市龙胜各族自治县泗水乡红瑶保护现状

2018年广西第三批传统村落评选结果显示，桂林市龙胜各族自治县泗水乡细门村委细门村与三门屯入选，三门屯与细门村都已经建立红瑶博物馆，两地之间公路、水路相连，适合整体规划与提升打造（图1）；该村委就在龙胜至温泉旅游线上，拓展旅游在交通方面有优势。自然环境关系，这里的建筑以干阑式为主，依山而建，传统木构建筑逐渐老化、损坏，年轻人大多外出务工，因此，传统建筑延续问题严峻，另一方面是新建的建筑砖混水泥"方盒子"的控制挑战大。耕地因地形而开，梯田元素层次多样，山、石、水以及植被等资源丰富（图2），生态展示效果有待提升。

红瑶因服饰而得名，服饰图案多样、寓意丰富，纹样编排形式多样，比如运用植物、花卉、神兽等元素作为主题，采用对称构图、四方连续排列等做法，与现代的形式美法则是一致的。但是在纹样的具体寓意分析、产品的价值提升、品牌的包装等统筹与制作匮乏。

民俗活动丰富，比如开年节、盘王节、半年节等，但是特有的或者说重点打造的项目还没有，缺少节庆、节日活动与传统文化的再提升。特色饮食比如打油茶、打糍粑等，作为产品进行梳理与再设计，推向市场，对于百姓创收、脱贫等工作有极大的促进作用。

图1　细门村委地理位置（图片来源：百度　图2　细门自然资源（图片来源：梁春朵）
地图）

二、生态博物馆整体效果呈现提升

首先对生态博物馆范畴的整体山脉、水系开展勘察，对比原生态与人工环境处理的优缺点，尝试构建可持续发展的整体生态体系（图3、图4）。

图3　三门瑶寨航拍（图片来源：朱鹏飞）

图4　细门瑶寨航拍（图片来源：朱鹏飞）

在红瑶生态博物馆整体效果提升方面，首先要将相关的山地、水域、村寨、耕地等重新规划与资源整合，解决生态立体旅游资源束缚问题，自然景观、自然环境的规划、设计提升。根据资源特点，设计线路，亲近自然；其次是水域的利用，规划亲水、观水区，营造浅水体验区和以水域为主题的水景拍摄主题区，同时提升水产资源的保护。村寨连片规划、开发，划定区域之后，控制"方盒子"混凝土建筑的建造，保护红瑶生态区建筑的整体性、统一性；耕地的使用提升，打造多种利用模式，引导百姓在作物种植以多样性为主、延续传统种植模式为主，其一是为了保障游客饮食需求，其二是增加游客的耕种体验；第二种耕种模式，可以是承租模式，游客租赁其中某些地块，支付一定租金、耕种费用，请当地百姓代为管理的模式，提升耕地利用率、多元化以及使用价值。

山脉、植物、水系等自然净化过程与人们居住的环境干预过程进行整合，充分发挥自然环境调解的功能，同时实现新时代人们生活、生产以及居住的环境治理效果。通过实地测绘，遵循山脉、水系、风向的规律，营建、改建房屋，充分运用自然环境的条件、地形地貌、当地的材料，比如干阑木构建筑，解决建筑的适用性问题。

为了适应新时代的百姓生活需要，房屋改造，重点关注安全、消防、便捷等因素，通过历史住宅的功能设计以及新时代百姓生活需求，重新设计功能布局，并且通过沙盘模型的形式呈现，从根本上解决建筑与环境和谐发展问题，提升百姓居住的满意度。

三、生态博物馆的功能提升

传统生态博物馆，注重民俗文化、传统生产器具陈列与互动，主要依托室内空间展开自然和文化遗产真实性、完整性以及原生性的保护，拓展人与遗产的活态关系。根据目前原始三门生态博物馆和拓展细门生态博物馆的项目展示范畴，以及目前项目展示的内容，需要进行项目提升。首先是区域拓展，并不意味着简单的"圈地运动"，只有拓展区域，才能在少数民族生产原生性方面开展传承与研究；针对红瑶所在区域的整片山地、水域整合开发，形成红瑶的自然、生产、生活综合生态博物馆管理与运营范畴，最终展示的是人与自然的和谐共处形态下的生态体系，助力生态博物馆的生产、文化、文明传承。

区域拓展是为了实现生态展示功能与展示的完整性，是生态博物馆体系建设中的主要步骤；聚焦主题展演、展陈与活态传承，则是实现生态博物馆特色价值的主要形式。通过数字媒体的手段，加强主题民俗旅游、文化旅游、民俗体验以及产品的展示，借助互联网，拓展生态博物馆的旅游形象与知名度。

四、生态博物馆主题呈现提升

原生态景观缺少历史、文化元素的营造，会走向自然风光、农耕文化的简单呈现；室内展陈的农耕文化器具、劳作的图片展示等，是常见的生态博物馆内部表现形式，红瑶生态博物馆在主题呈现提升方面有较大的空间。

首先，在生态博物馆山脉、水系范畴内，保持正常的生活、生产行为，或者设计游客参与生产、劳作的体验项目，是生态博物馆实现少数民族生产、生活以及民俗文化呈现的重要步骤。

其次，生态博物馆范畴的少数民族文化、历史传承与展示，是主要的文化展现形式，考证地区历史发展、民族文化、人口迁徙、文化遗产等方面的主题内容，是生态博物馆少数民族传承的文化价值体现。最主要的形式是地区民族发展史的口述历史，氏族长者世代口述地区民族发展的状况，观众可以通过长者的形象了解历史发展的痕迹，了解少数民族外貌特征，能够近距离交流实现历史的亲近感。历史故事，不能代替史实，在还原、族谱、家族、氏族发展以及人口变迁的历史方面，还是要依据族谱、县志等文献资料，佐证主题文化、历史传承的过程与发展脉络。

再次，饮食主题文化的提炼与营造，"民以食为天"，在饮食主题文化营造方面，聚焦特色美食、特色做法、品牌美食的打造与提升，通过美食的打造，产品输出才能形成美食生产与销售的良好闭环，实现百姓获得实惠的可持续发展效果。

最后，主题工艺品、纪念品的开发、设计与制作，是提升少数民族文化自信的重要手段，也是提升人们收入的重要保障。工艺品、纪念品的设计紧扣少数民族地区文化特点开发设计，聚焦在寓意美好的主题项目开发方面，能够快速实现民族地区生态博物馆的可持续发展。

五、总结

通过实地调研三门、细门红瑶生态博物馆以及瑶寨现状，聚焦整体生态呈现、传统建筑保护、民俗文化传承、服饰与特色美食产品开发等，根据传统村落保护、生态保护的基本原则，探讨提升红瑶生态保护、历史文化发掘、民俗活动文化提升等做法，最终实现提升红瑶文化传承效果、旅游经济增长以及旅游价值。

注释

① 蓝志军，南宁学院，副教授，通识教育学院副院长。
② 朱鹏飞，南宁学院，教授，艺术设计学院副院长。

参考文献

[1] 刘海静. 关于生态博物馆理论在乡村振兴实践中的思考 [J].
建材与装饰，2020 (15)：131，134.

[2] 林锦屏，韩雨婕，董柯，周美岐，钟竺君.博物馆旅游研究
比较与展望 [J/OL]. 资源开发与市场：1-15 [2020-07-10].
http://kns.cnki.net/kcms/detail/51.1448.N.20200428.1304.012.
html.

[3] 焦梦婕. 生态博物馆———一种可持续的乡土建成遗产保护策略
[J]. 住区，2020 (Z1)：54-59.

[4] 刘海静. 乡村振兴背景下生态博物馆理论的实践意义探究 [J].
四川水泥，2020 (04)：105.

[5] 杨全忠. 广西三江侗族生态博物馆的深度发展研究 [J]. 文物
鉴定与鉴赏，2020 (07)：112-114.

[6] 潘梦琳. 乡村振兴背景下社区（生态）博物馆本土化路径初
探——日本内生式乡村创生的启示 [J]. 中国名城，2020 (04)：
82-89.

[7] 张瑞梅. 桂西民族文化旅游发展体系构建研究 [J]. 广西民族
大学学报（哲学社会科学版），2020，42 (02)：66-71.

河湟地区寺庙堡寨的历史源流与成因研究

沈安杨[①]　王　绚[②]

摘　要： 明代河湟地区宗教力量空前壮大，朝廷对藏传佛教寺院采取多封众建、因俗以治、僧纲制度等多种政策，寺院拥有政治、经济、司法和军事各项权力，成为中原王朝在西北的重要武装力量，寺庙堡寨应运而生。通过梳理河湟地区寺庙堡寨的历史和社会背景，对其历史沿革、起源发展等进行分析，进而揭示促使寺庙堡寨形成的内在因素。对寺堡的研究是黄河流域堡寨聚落群系研究的重要组成部分，同时对推动河湟地区文化史的研究具有积极意义。

关键词： 河湟地区　寺庙堡寨　堡寨聚落

一、引言

寺庙堡寨形成于中国河湟地区。河湟地区的地理范围在历史上多有变迁，其概念起于汉代，唐代泛化为西部疆域，在宋代逐渐清晰，后一直沿用至今[1]。今河湟地区的具体地理区划也较为模糊，学术界一般指日月山以东，黄河龙羊峡-松巴峡-积石峡干流以北的湟水流域和大通河中下游地区，位于青海省的东北部[2]。包括西宁市及辖区的大通县、湟中县和湟源县，海东地区的平安县、互助县、民和县、乐都县、循化县、化隆县，以及黄南藏族自治州的同仁县和尖扎县，海南藏族自治州的贵德县[3]。河湟地区东临甘肃，南接四川，是连接河西走廊与西域的枢纽地带，因此受到各民族政权的重视（图1）。

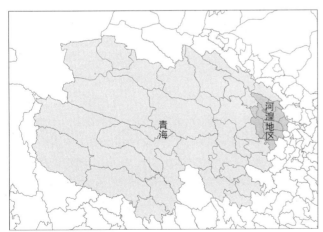

图1　河湟地区地理位置示意图
（图片来源：作者自绘）

二、寺庙堡寨历史沿革

1. 起源——汉代至元代

从古至今，中原与西北边疆的战争不断，这些战争大部分可归属于民族斗争。西北地区一直是多民族聚居之地，包括戎人、匈奴人、月氏人、乌孙人、羌族、鲜卑人、吐谷浑人、突厥人、藏族、蒙古族、撒拉族等各族系在此繁衍生息[4]。早在秦汉时期，我国西北边疆生活着许多少数民族，包括匈奴、月氏、乌孙、羌族等，秦汉对西北地区的开拓是伴随着与这些少数民族的关系展开的[5]。除秦汉之外，唐、宋、明、清等大一统朝代在西北也多战乱，西北边疆的战争史也可视为汉族与西北各少数民族的民族关系史。因此，各朝代对西北的防守皆十分重视，河湟地区便是其中的战略枢纽之一。

河湟地区自古以来便是军事战略重地，《秦边纪略》中载："西宁据兰、靖、宁、延之上游，当庄浪甘肃之左腹。王韵谓：'欲取西夏，当先复河湟。'……由是观之，西宁为重于河东西有较然矣。"[6]各朝代在此采取驻兵筑堡等手段来稳定边疆。河湟地区早在汉代便开始驻兵筑城，"始置护羌校尉，持节统领焉"[7]。

2. 兴盛——明代

各朝各代对河湟地区的经营政策有所不同，明代尤为重视。公元15世纪青海藏族人宗喀巴创建格鲁派（黄教），宗巴喀各弟子在青海各地修建了弘化寺、喀德喀寺、隆务寺等，藏传佛教在青海等地广泛传播，并拥有极大势力[8]。明代统治者利用河湟地区的宗教特殊性采取"因俗以治"、"多封众建"等政策，用宗教手段统治藏族百姓，敕建众多佛寺，并给予宗教首领崇高的地位和权力。

与其他地区的敕封寺院不同，河湟地区的寺堡不仅有宗教影响力，同时拥有政治、经济、军事、司法等各项权力。《循化志》中记载："又有僧职，亦世职，如鸿化，灵藏等寺，皆有国师，禅师管理族民，如土司之例。"[9]可知寺院与其他地区的部族首领一样拥有世俗政治权力，可直接管理周边寺族。寺族是明清时期在河湟流域特有的一种以寺院为中心实行政教一体制的藏族部落组织形式，部落依附于寺院，寺院代行世俗的权利与义务[10]。寺族与寺院是政治上的从属关系，在经济上，寺院可向周边寺族百姓收税，并负责此地区的茶马贸易、朝贡贸易及各项经济活动。一些寺院拥有自己的监狱和司法机构，"伊等各有衙门，各设刑具，虎踞一方"[11]。此外，明代还在军事方面对藏传佛教寺院加以扶持，这是形成寺堡的重要原因。《河州志》中记载："弘化寺堡：州北二百里，守备、都指挥康永奏设。系险阻之地。遇冬，官军五百名防守。冰泮，放回。"[12]清代年羹尧向雍正皇帝的奏折中提到，寺堡喇嘛"率其属番，以僧人而骑马持械，显与大兵对敌……如郭莽寺、祁家寺、塔儿寺、郭隆寺，搜获盔甲军器，见存可验，节次与官兵抵敌"[13]，可知当时寺堡武装力量之强大。寺堡享受朝廷赐予的各项特权，同时作为中原在西北边疆的军事储备力量，在边疆战乱时领兵作战。

寺庙堡寨拥有的权力大于其他军事堡寨，普通军堡一般只有军事权无司法权，也不直接参与经济贸易，因此寺堡的性质与城池更为接近。寺堡的聚落格局也可证明这一点，如瞿昙寺周边以寺院为中心建造居民区，形成内外二层堡垒（图2），这种聚落构成关系

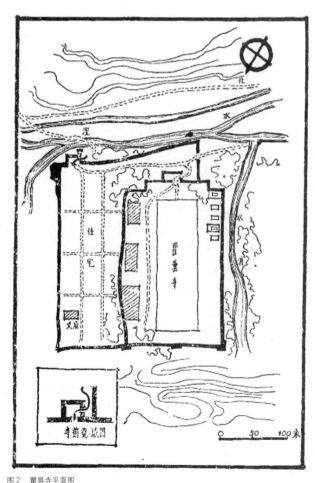

图2 瞿昙寺平面图
[图片来源：张驭寰，杜仙洲.青海乐都瞿昙寺调查报告[J].文物，1964（05）：46~53，59~60.]

与城池极为相似。寺堡自形成后在河湟地区发挥了重要的作用，成为当地的宗教、政治与经济中心，并逐渐发展兴盛。

3. 衰落——清代至今

寺庙堡寨在明代朝廷的政策鼓励之下经历了百年的发展，俨然形成了一个自给自足的地方政权。但清廷与明廷在河湟的政治政策却不甚相同，明朝采用的是卫所制度，清朝则是以府、州、县、厅层级为基础的中央集权制度，这与寺堡的现行体系产生了冲突[14]。清雍正元年（公元1723年），罗卜藏丹津在青海发动叛乱，并煽动河湟寺堡的喇嘛及僧众参与战争，后被清廷平息[15]。此次战乱后，清政府意识到寺堡对自身统治的威胁，开始着手削弱寺堡的势力。年羹尧向雍正皇帝提出"青海善后十三条"，雍正采纳了年羹尧的意见，"寺屋不得过二百间，喇嘛多者只许三百人，少者不过数十人而已……当使番粮尽归地方官，而岁计各寺所需，量给粮石，并加以衣单银两"[16]。收回河湟寺堡向周边寺族的收税权，交于地方政府管理，并限制寺堡的规模及喇嘛的人数。寺庙堡寨的经济、政治、军事等各项权力被架空，势力大不如前，开始由盛转衰。罗卜藏丹津的叛乱是寺堡衰落的直接导火索，但实际上在清代，寺堡的存在于清统治者的政治理念已背道而驰，所以削弱寺堡的力量是一种必然。

接下来寺堡又经历了两次破坏，首先是在清朝晚期，清同治十年（公元1871年）陕甘回民起义，河湟地区也受到了战火波及。寺堡作为明代边防的中坚力量，在此次战乱中起到了重要作用，僧人们在朝廷的号召下与起义军抗争，但以失败告终。许多寺堡在此期间毁于兵燹，如弘化寺、喀德喀寺等。其次是在"文化大革命"期间，弘化寺损毁严重，寺院城墙被削掉大半，北面的牦牛城城墙和东面僧舍的小城墙体也大面积损坏[17]。喀德喀寺的主要建筑在"文革"期间几乎全部被毁，只余一间清代所建的护法殿[18]。

三、寺庙堡寨形成因素

1. 战略要地

河湟地区位于农耕文明与游牧文明的交界地带，民族构成复杂，是汉族与少数民族的战略必争之地，故自古以来多有战乱。中原各王朝固守边疆时往往将此处作为据点，明代在边疆建立防御体系，河湟地区作为战略要地也必然会设置堡寨。寺堡作为明代军防体系的组成部分，与其他军事堡寨同样起到了抵御外敌的作用，只不过由于河湟地区特殊的历史背景，寺堡首领、军队成员及社会结构皆与普通军防堡寨有所区别。寺堡的特殊性与其战略要地的属性有关，与中原地区寺院对比可知，大部分中原寺院仅具有宗教影响力，而无政治、经济、军事权力，因此其势力十分有限，多数在战争中无军事实力，少数寺院可自保，但并无对周边居民的庇佑能力，这与河湟寺堡有着显著的差别。如北京碧

云寺，战乱时曾在墙外挖壕沟自保，但兵力有限，防御体系仅由寺墙、寺门、壕沟等组成，防御能力与民防堡寨相当；相比之下，河湟地区寺堡多有瓮城、马面等，属于军防堡寨，防御体系更为强大。同为寺院，河湟地区寺堡由于地处战略要地而成为国家军防的一部分，拥有强大的军事防御体系，因此可以说，河湟地区的战略性位置是产生寺堡的主要原因。

2. 宗教信仰

河湟地区地处汉藏交界，百姓大多信仰藏传佛教。明代统治者利用藏传佛寺的影响力"因俗以治"，册封众多有威信的僧人，通过对宗教的掌控间接统治整个河湟地区。史籍记载："永乐时，诸卫僧戒行精勤者，多授剌麻、禅师、灌顶国师之号，有加至大国师、西天佛子者，悉给以印诰，许之世袭，且令岁一朝贡，由是诸卫僧及土官辐辏京师。"[19]朝廷还赐予寺院财产、土地等，并派兵驻守寺院，使河湟寺堡僧官不仅拥有宗教权力，还具有军事权、司法权及对周边寺族的管理权。寺堡在拥有权力的同时也必须履行义务，即作为军事堡寨镇守边疆抵御外敌。朝廷将军事力量交予寺院而非普通军官，主要由于河湟地区强大的宗教背景，因此宗教信仰是河湟地区形成寺庙堡寨的深层原因。纵观明代的边防体系，在中原地区多设立普通军事堡寨，如陕西波罗堡、山西得胜堡等。由于寺堡特殊的宗教性质，其社会结构和内部布局等皆与普通军堡有所区别。普通军堡首领一般为军官，属民多为士兵及家属；而寺堡首领为僧官，属民则为僧兵、僧侣及周边寺族。寺堡内部布局以藏传佛教寺院为基础，虽然也有军事、居住功能，但还是以宗教功能为主体。

3. 政策制度

明代在河湟地区采取了多种政治、经济、军事政策，包括卫所制度、僧纲制度、茶马贸易、朝贡贸易等。卫所制度是明代的基本军事制度，这种制度的特点是寓农于兵，通过在边境设立军事卫所屯兵屯田以抵御外敌，少数民族地区的军事卫所多由民族首领统领，河湟地区的卫所则与宗教关系密切，其实际的军事权掌握在僧官手中，朝廷派兵驻守，使寺堡拥有自己的僧兵，同时当边疆发生战乱时寺堡也负责出兵抗敌，因此卫所制度代表着寺堡的军事自治。明王朝在西北地区沿用元代以来盛行的土司制度，在河湟地区则将土司制度与当地的宗教情况结合起来，形成僧纲制度，即赋予僧侣政治权力，以寺院为中心统治当地百姓的一种政教合一的制度，僧纲制度的实施是寺堡政治自治的基础。此外，寺堡还负责茶马贸易和朝贡贸易，河湟地区盛产马匹，因此常与中原互换茶马，并且定期向中央朝廷入贡，获得奖赏，这两种制度意味着寺堡的经济自治，周边寺族不仅需要服从管理，还需要向寺院纳税。由于以上政策的倾斜性，河湟寺堡与其他地区的敕封寺院不同，不仅有宗教影响力，同时拥有政治、经济、军事、司法等各项权力，这是寺庙堡寨发展壮大、自成一派的直接原因。与此相对，清代河湟寺堡失去了国家政策的支持，虽然仍旧拥有宗教影响力，但逐渐衰落成为普通寺院。

四、结语

寺庙堡寨的起源发展与河湟地区的特殊地理历史背景密切相关，是多种因素叠加的结果。河湟地区自古以来是多民族聚居之地，战乱频多，并且与西藏接壤，大多百姓信奉藏传佛教，战乱催生了堡寨的产生，而民族和宗教信仰则是寺庙堡寨这种特殊堡寨形式的历史根源。明王朝在河湟地区的政策是促使寺堡形成的直接原因，同时寺堡的衰落也与新王朝的政治政策改变息息相关。寺堡既是宗教场所，又是明代卫所制度下的军事堡寨，是堡寨聚落在河湟地区的一个特殊子系类型。寺庙堡寨的形成、发展与衰落与河湟地区发展史关系密切，受宗教、民族和政策因素的影响极大，因此对寺堡的研究是对河湟地区历史的补充，也是黄河流域堡寨聚落群系研究的组成部分，对辨析各类型堡寨的起源与发展有重要价值。

注释

① 沈安杨，天津大学建筑学院，博士研究生。
② 王绚，天津大学建筑学院，副教授，博士生导师。

参考文献

[1] 金勇强. "河湟"地理概念变迁考 [J]. 北方民族大学学报（哲学社会科学版），2014（06）：45-50.

[2] 李孝聪. 中国区域历史地理 [M]. 北京：北京大学出版社，2004：29.

[3] 卓玛措，冯起，李锦秀. 青海河湟地区水资源综合开发与区域经济发展研究 [J]. 干旱区资源与环境，2007（02）：95-99.

[4] 杨建新. 中国西北少数民族史 [M]. 银川：宁夏人民出版社，1988：1-4.

[5] 马曼丽. 中国西北边疆发展史研究 [M]. 哈尔滨：黑龙江教育出版社，2001：77.

[6]（清）梁份. 秦边纪略 [M]. 西宁：青海人民出版社，1987：50-53.

[7]（宋）范晔. 后汉书 [M]. 北京：中华书局，1965：2876.

[8] 青海省志编纂委员会. 青海历史纪要 [M]. 西宁：青海人民出版社，1987：137-138.

[9]（清）龚景瀚. 循化志 [M]. 西宁：青海人民出版社，1981：138.

[10] 曹树兰. 明清时期河湟流域寺族的形成与演变 [D]. 陕西师范大学，2007：4.

[11]（清）龚景瀚. 循化志 [M]. 西宁：青海人民出版社，1981：137-138.

[12]（清）王全臣. 河州志 [M]. 北京：北京图书馆出版社，2008.

[13] 中国第一历史档案馆. 雍正朝汉文朱批奏折汇编 [M]. 南京：江苏古籍出版社，1989.

[14] 张潇阳. 佐摩喀的弘化寺：一座汉藏边界敕建寺院的兴衰

[D]．兰州大学，2016：42．

[15] 青海省志编纂委员会．青海历史纪要 [M]．西宁：青海人民出版社，1987：180-186．

[16] 中国第一历史档案馆．雍正朝汉文朱批奏折汇编 [M]．南京：江苏古籍出版社，1989．

[17] 张潇阳．佐摩喀的弘化寺：一座汉藏边界敕建寺院的兴衰 [D]．兰州大学，2016：48．

[18] 毛瑞．喀德喀寺：一座汉藏边界藏传佛教寺院的历史与现状研究 [D]．兰州大学，2017：64．

[19]（清）张廷玉．明史 [M]．北京：中华书局，1974：8542．

[20] 张驭寰，杜仙洲．青海乐都瞿昙寺调查报告 [J]．文物，1964（05）：46-53，59-60．

基金项目： 国家自然科学基金项目资助（项目批准号：51778400）。

凉山彝族传统村落更新与保护研究

刘璨源① 赵 兵②

摘 要： 在我国近些年大力开展城镇化建设下，许多地区的传统村落逐渐呈现出边缘化的特征，大量优秀古老的少数民族传统文化正在逐步消失。因此如何有效实现少数民族传统村落的更新与保护也成为人们关心的一大重点问题，在这一背景下，本文将以凉山彝族最后的传统村落之———古拖村为例，结合该村落现有的物质与精神文化遗产，重点针对凉山彝族传统村落的更新与保护进行简要分析研究。

关键词： 凉山彝族传统村落 更新方式 保护策略

一、引言

本文分析以古拖村为例研究凉山彝族传统村落更新与保护，一方面可以有效帮助人们深化对凉山彝族传统村落的理解与认知，掌握村落现有的各项物质文化与精神文化遗产。另一方面，本文在阐明凉山彝族传统村落在更新保护中的现存问题，为相关研究人员提供必要理论参考的同时，也可以为切实做好传统村落更新和保护工作给予相应的实践指导。

二、凉山彝族传统村落概况

为有效说明凉山彝族传统村落的更新与保护，本文选择以坐落在我国四川省凉山彝族自治州美姑县依果觉乡的古拖村为例。古拖村与四季吉村是当前政府保留的仅存的两个彝族传统村寨，建立在大凉山深处的古拖村，拥有得天独厚的自然条件与悠久的发展历史，因此当地村民在此建造大量民居，形成了以彝族瓦板房为主要建筑特征的彝族传统村落并发展延续至今。全村目前总户数不足200户，共有村民700余人。受彝族传统文化影响，当地村民大多以务农为生，随着近些年我国大力开展社会主义新农村建设工作，加之在城镇化进程的不断推进下，村落中的大量青壮年进入城镇打工，村落中现有村民以中老年及妇女儿童居多。在新农村建设下，许多传统村寨建筑被合并或拆毁，使得古拖村中的瓦板房村落正在逐步消失，因此加大凉山彝族传统村落更新与保护已经迫在眉睫。

1. 凉山彝族传统村落物质与精神文化遗产现状

（1）物质遗产

①村落形态

古拖村村民在彝族传统文化中背山而居的思想下，将村落建设

在大凉山大山深处接近山顶的平缓区域，使得村落保持了较高的独立性，不易受到外界的干扰影响。但不同于云南等地区的彝族传统村落，以古拖村为代表的凉山彝族传统村落，大多会沿村落周围栽种一圈树林，利用天然的绿荫遮掩住整个村落，使得村落更加具有私密性。当地村民按照山形地势走向，将农田分布在村落的周围并将其划分成若干矩形形体，在农田当中种植荞麦等与当地气候条件相适宜的作物，不仅解决了当地村民的生计问题，同时也自然形成了一种独特、美丽的天然景观。其典型的传统民居建筑瓦板房分散分布在村落当中，受山势起伏变化的影响，村落道路高度、弯度等也会随之发生相应变化。因此，也使得整个古拖村构成了一种非对称、规则型的网状道路系统，村落的横纵道路之间明没有明确界限，但各建筑组团和位于村落底部位置的主干道路相互联通，而在近些年大量年轻村民涌入城镇务工赚钱，使得村落中出现了许多空置、缺乏及时维护保养的老旧建筑物，影响了原本完整的村落空间格局。

②传统民居

虽然古拖村也是典型的彝族传统村落，但和其他彝族地区以聚居为主要特征的传统村落不同，古拖村以瓦板房为主要建筑形式，且建筑分散分布在大山深处。整体来看，古拖村中的瓦板房沿着山势地形依山而建，其结构布局具有一定的灵活性。单体瓦板房一般为"一字形"单层建筑，采用彝族地区常见的扇架式结构作为主要建筑支撑，由此形成的建筑空间体量相对较大。室内一般被分隔成两层阁楼，中间则为敞开式的堂屋空间。由于彝族人有以左为尊的习俗，因此通常会在堂屋的左侧位置放置火塘，与火塘相靠近的空间位置作为卧室空间，杂物室、仓库等则被设置在瓦板房的右侧位置。瓦板房并非直接使用瓦片作为屋顶材料，而是利用木板充当瓦片被按序铺设在屋顶作为屋面，同时为了防止大风将木板吹走，村民还会在屋顶的木板之上放置碎石压之。不同空间的屋顶采用"人字形"的结构形式相互交错，由此构成的屋脊中有细小缝隙用于透光。当地在建设瓦板房传统民居时，直接使用古拖村本地的黄泥

土，对其进行夯实处理后将其建设成墙体。搭配木板材本身的浅黄色，点缀于翠绿的丛山峻岭中，构成了一副绝美田园画卷。

③文化空间

古拖村将村落中道路相互交汇、互通的转换点作为节点，将其设置为人们主要生产生活的聚集点。村落以节点为基础，设置了众多宗教文化、传统民俗文化空间，人们在这一文化空间中，不仅可以完成宗教祭祀等活动，同时也可以开展相亲交友、休闲娱乐等其他多种多样的文化活动。例如，村落中得以完整保留的磨秋场、祖灵洞等均位于村落主干道的交汇点。由于古拖村中，以瓦板房为主的传统建筑分散在田地中，空间开敞，道路之间并没有"泾渭分明"的界限，因此使得村落当中承载着彝族传统文化习俗以及宗教信仰等功能的空间节点，也缺乏显著的形式特征。村民一般只利用村落当中地势平坦的空地，将其作为文化活动场所，因此村落中的文化空间不仅拥有由瓦板房建筑聚落形成的村民生产生活空间，同时也有直接在道路交汇处利用当地原石、木桩等形成的可供村民短暂休憩、交往，充满原生态质朴气息的空间。

（2）精神遗产

①宗教信仰

古拖村不仅崇尚彝族本民族传统文化，同时还吸收了道家、儒家等其他众多宗教文化，当地村民崇拜自然与祖先，并将树作为其原始图腾。在古拖村中的许多原始村寨中，均会在村寨门口设置刻有寨神树图腾的寨门，而受到中国本土宗教即道教文化的影响，在包括古拖村在内的众多凉山彝族传统村落中，均会设置道观和土神庙。而设置在土神庙中的孔子牌位，可知古拖村长期以来也受到儒家思想文化的影响，因此使得该村落形成了兼有儒家、道家和佛家，图腾与祖先崇拜、自然崇拜并存的独特宗教文化体系。

（3）民风民俗

在彝族传统文化的不断发展下，古拖村中也形成了众多特色的民风民俗，例如生活在古拖村的村民会在每年6月24日举行彝族特有的火把节，节日当天晚上，村民会在村寨中间点燃高高的火把，围绕篝火唱歌跳舞，欢庆节日。而当地彝族居民能歌善舞，喜好喝酒，因此家家户户都会饮酒酿酒，并形成了在喝酒时需要有歌舞相伴的独特酒文化。村落中的妇女在长期的小农模式下善于纺织刺绣，其设计制作的彝族传统服饰产品纹样精美，远近闻名。

三、凉山彝族传统村落更新与保护存在问题

1. 原住民村落依赖与归属感逐渐降低

伴随着凉山周边地区经济的快速发展，古拖村的原住民经济来源已经不再以农耕为主，而是以外出打工和经商为主，促使当地居民生产生活方式都随之发生了改变。但在经济条件得到改善的同时，古拖村部分村民开始脱离对耕地的依赖，思想价值观念也受到了现代文化的严重影响，造成居民不再满足于传统居住条件，以至于越来越多居民选择从老宅中迁出[1]。这部分居民或迁居城市，或重新选址建造洋房，对村落的归属感遭到了严重削弱。而导致这一现象发生的原因有较多，首先伴随着古拖村原住民经济条件的提高，原本的村落设施已经无法满足居民现代生活需要，无论是在外部环境还是室内空间上，原本的村落都无法满足人们对生活的期望。其次，古拖村是在农业社会中形成的，经济基础以农耕和手工业为主，环境容量有限，无法满足生产力的发展需求，因此在生产发展改变后将引发村落发展与空间环境的矛盾。此外，古拖村作为凉山彝族人民的文化遗产，吸引了喜爱历史文明的村外人的关注，但却因为维护与修缮资金不足无法引起原住民的关心，造成村落发展无法与其文化价值匹配。

2. 传统村落人口空心化程度相对较高

古拖村位于大山深处，在大力推进旅游开发的战略背景下，地方企业也曾经计划将古拖规划建设成为旅游度假村，鼓励村民以老房子入股。然后受这一开发策略的影响，古拖村的村民加速了外迁，导致古拖村人口空心化程度较高。在凉山彝族村落中，类似于古拖村的传统村落原本较多，但是由于缺乏长远、科学的保护发展规划，由村委会随意改造，造成村落发展目标定位错误，导致村落盲目地进行拆旧建新，甚至以城市居住区为模板进行"新农村"建设，遭到了商业化改造。经过改造的传统村落失去了凉山彝族的文化特色，对游客来讲不再具有吸引力，导致越来越多的传统村落消失。作为保存相对完整的传统村落，古拖村尽管保留了彝族瓦板房聚落这一特色，但是随着森林资源日渐匮乏和禁止砍伐法令的出台，难以延续传统建房模式，造成彝族传统生活方式逐步被同化，加速了村落的凋敝[2]。面对这样的村落，越来越多的年轻劳动力选择外出生活，造成村落聚落的瓦解，继而导致村落空心化程度较高。

3. 传统民居等缺乏后续修缮开发保护

在村落大部分居民搬迁后，传统民居缺少日常维护，造成一些年代久远的建筑坍塌、损毁。受经费不足、村落空心化严重等因素的影响，后续修缮开发保护工作进展缓慢。近年来，包含古拖村在内的传统凉山彝族村落成了贫穷、落后的代名词，以至于居民急切想要摆脱，造成村落农田、住在和整体环境闲置，无法得到修葺和维护，发生了迅速衰败。相较于现代文化，少数民族传统文化在发展方面显得缺乏优势，依附于居民住的物质载体则存在传承手段单一的问题，以至于新一代村民对村落文化产生了抵触，不愿意学习传统建房技艺和彝族文化，造成古拖村长久形成的文化传承体系逐步分崩离析，传统文化和技艺消失，无法依照原本功能、结构布局完成住房的修缮[3]。由于缺乏后续修缮开发保护，古拖村传统民居破损严重，居住条件恶劣，部分瓦板房年久失修，得到保存的瓦板房也发生了不同程度的破损，如牛形斗拱色彩斑驳、墙体开

裂等。在人口较多的家庭中，则存在环境卫生差、墙面被熏黑等问题，不利于村落保护工作的开展。

四、凉山彝族传统村落更新与保护策略分析

1. 树立正确传统村落更新保护意识

在凉山彝族传统村落更新与保护方面，还应树立正确的传统村落更新保护意识。作为凝结农耕文明进程和少数民族历史记忆的重要文化遗产，传统村落能够使地区村镇格局、建筑艺术和传统文化得到展现，传达少数民族与自然环境和谐相处的思想，属于不可再生的文化资源，能够成为推动乡村旅游发展和农村农业发展创新的宝贵资源。古拖村作为入选中国传统村落名单的村落，不仅实现了凉山彝族文化历史的承载，更加记录了彝族建筑艺术和聚落文化，拥有较高文化价值和社会价值，还应得到足够重视。为此，还要加强村落更新保护，就是在引导村落科学发展的同时，加强村落物质和精神文化遗产的保护，以便使村落产生内源发展动力，焕发新的生机[4]。想要达成这一目标，还要对村落使用主体和发展过程进行保护，确保村民能够得到生活需要满足的同时，得到居住行为和生活方式的尊重，能够正常进行农业生产。在此基础上，需要对与村落发展相适应的场所、活动和环境进行保护，在保护村落形态和建筑风格完整性和真实性的同时，展现村民对人居环境的发展意愿。

2. 结合村落实际合理开展发展规划

按照上述思路，需要结合传统凉山彝族村落实际情况进行村落合理开发与发展规划。在古拖村的发展规划上，还应将瓦板房聚落所在空间当作核心区域，严禁破坏区域内所有传统民居和历史环境要素，如被看成是原始图腾的寨神树、彝族信仰的土主庙等，并依照原有功能进行适当调整和修缮，促使民居内部设施得到改善。针对该区域，应禁止建设新建筑，以便使区域成为古拖村彝族传统聚落的标志物，能够体现古拖村建筑文化特色。古拖村选址背靠大山，传统聚落四周栽种一圈树林，使整个村落在绿荫中掩映，成为村落最美丽的边界元素。因此，这一区域应作为建设控制地带，遵循不得破坏的原则，然后结合风貌和功能要求进行修缮，确保风格与建筑相协调。而古拖村的聚落节点缺乏明显界限和空间形式，还应作为协调区加强规划建设，在保护村落原本肌理的基础上，投入资金加强基础设施建设，需要保证新建建筑与原本建筑相协调，促使当地居民生活条件得到改善，以便在保护村落的同时，做到留住村民。

3. 传统村落物质精神遗产开发保护

（1）开发保护物质文化遗产

针对传统村落，还要加强物质文化遗产的开发保护。结合古拖村民居多坍塌和破坏的局面，还要对已经坍塌的建筑进行拆除，然

后在原村落技术上进行重建。针对外部破损严重但主体安全的建筑，需要开展修复工作，使村落原始风貌得到展现。除了对村落原始形态进行保护，还要加强传统民居建筑的保护[5]。为使资源得到最大化利用，还要对一般破损建筑进行定点修复和适当改造，并开展定期维护工作，将民居建筑用于民宿产业的发展，使其成为乡村特色旅游的重要组成部分。在实践工作中，还要利用传统工艺方法对破损的瓦板房建筑进行修缮和填补，完成古拖村景观意象特色的重构，然后对环境卫生差、墙面被熏黑等问题进行改善，促使建筑在承载村落历史文化的同时，能够满足人的基本居住要求，给人带来特殊的景观感受。采取该种措施加快传统村落物质文化遗产的开发保护，能够鼓励村民加强与传统村落建筑的互动与交流，创造更多幸福因子，增强村民对村落认同感和归属感，推动村落体验式旅游产业的发展，继而使村落建筑得到村民的重视和保护。

（2）开发保护精神文化遗产

在凉山彝族村落精神文化遗产开发与保护方面，还应对文化技艺保护传承机制进行健全，以便使地区传统文化发展难以为继的问题得到解决。古拖村在彝族宗教信仰和民族习俗等文化继承方面，在村寨中无明显的精神节点空间，因此可以在聚落中较平坦的活动场所进行传统文化技艺传承中心的建设，聘请村落中德高望重的老人作为"文化使者"，无偿向古拖村文化技艺爱好者和村民传授技艺和讲述民族历史。在传承中心，还应定期组织彝族年、祭祀祖先等传统文化活动，并展出经过科学封装的历史文献和物件，如契约、石碑、族谱等，提升村落文化活力[6]。在村落基础建设中，还要将村民活动广场当成是宣传教育基点，赋予文化创新功能，鼓励村民组织歌舞集会、技艺展示等活动，呼吁周边村落民众参与，促使文化吸引力和影响力得到提高。此外，可以依托古拖村土主庙等物质载体开展传统宗教习俗活动，使民族文化传承纽带得到加强，促使彝族文化得以快速传播，继而使村落的精神文化遗产得到高效开发与动态保护。

五、结语

总而言之，针对当前凉山彝族传统村落更新与保护当中存在的村落逐渐空心化、许多传统村落建筑缺乏后续有效的开发保护，原住民对传统村落的归属感和认同感逐渐降低等问题。相关工作人员还需要在当地传统村落中加大对村落更新与保护的宣传力度，在积极引导村民广泛参与的同时，对当地特有的优势文化资源进行优化整合与充分利用，并在合理完成传统村落发展规划下，重点加强老旧特色建筑的修缮，在实现产业深入融合下实现当地传统村落与优秀传统文化的有效更新与保护。

注释

① 刘璨源，西南民族大学。
② 赵兵，教授，西南民族大学建筑学院院长。

参考文献

[1] 王欣，冯萌欣，徐皓，王洪涛.基于景观地域性的传统村落保护与更新探讨——以泰安市进贤村为例 [J]. 绿色科技，2019 (11)：30-33.

[2] 刘彤，张晓多. "非典型传统村落" 保护与振兴策略探究 [J]. 建筑与文化，2019 (05)：55-56.

[3] 殷黎黎，李佳芯. 乡村振兴视角下传统村落更新改造研究 [J]. 城市建筑，2019 (10)：155-160.

[4] 翟辉，张宇瑶. 传统村落的 "夕阳之殇" 及 "疗伤之法" ——以云南省昆明市晋宁县夕阳乡一字格传统村落为例 [J]. 西部人居环境学刊，2017，32 (04)：103-109.

[5] 王登辉. 云南典型民族传统村落保护更新研究 [D]. 昆明：云南农业大学，2017.

[6] 魏茂. 四川泸州传统村落新民居传统风貌延续研究 [D]. 成都：西南交通大学，2017.

基于地域文化研究的传统聚落保护途径

范寅寅①

摘　要： 本文首先通过对传统聚落、地域文化等相关概念的梳理，指出传统聚落保护的前提是根植于地域文化的研究。随后分析传统聚落的动态属性，揭示出传统聚落的保护思路，即实现地域文化特质的发扬和创生。最终，本文综合研究结论提出了四种传统聚落保护的具体途径。

关键词： 传统聚落　地域文化　文化特质　文化族群

一、传统聚落的发展现状

城市化运动为人们的生活方式带来了巨变，而传统聚落更经历着前所未有的冲击，其主要表现为地域性的文化失落及文化丧失。

部分传统聚落由于长期受自然条件局限、教育资源缺乏等多方面的影响，导致其发展速度缓慢，经济水平相对落后。为了改变家庭收入状况或寻求更好的工作机会，当地年轻劳动力大多选择了离开家乡进城工作，仅剩老弱妇孺留守村落。尽管这些传统聚落的地域文化并没有被太多外来文化同化，但曾经繁荣兴旺的传统聚落已失去了活力，甚至沦为无人问津的失落空间。

另一方面，随着"建设性破坏"带来的城市同质化现象愈演愈烈，人们开始意识到保留文化差异的重要性，并对传统聚落进行了大规模的更新改造。在此过程中，部分改造项目仅采用最粗暴的方式将文化符号肆意复制粘贴，导致改造后的传统聚落文化特质越来越模糊，新一轮的"千城一面"又再次重演。这种"保护性破坏"所带来的影响在某些情况下可能比盲目的"大拆大建"更严重，背离了文化基础的保护行为，正试图从本质上瓦解地域文化。

无论是先天条件的不足还是后天因素的阻碍，无论是"建设性破坏"还是"保护性破坏"，传统聚落正经历着严峻的时代考验，对传统聚落的保护刻不容缓。

二、传统聚落的保护需要根植于地域文化的研究

1. 传统聚落的地域性内涵

人们生活在不同的自然环境中，聚落是人们对自然环境认知的物化结果。人们将自然条件、社会状况和文化传统通过营造，呈现于聚落形态之上，这种呈现并非一次性完成的，而是由一代又一代

生活在此特定环境中的文化族群历经漫长岁月一步步演变形成，这种演变从未停止，这样的呈现既是一个结果也是一个过程，并且时刻彰显着地域文化特质。

2. 地域文化各构成要素的作用机制

地域文化是由多种要素构成的有机整体，从内容层面可以分为物质文化、行为文化以及精神文化，从结构层面可以分为表层结构以及深层结构。在文化各要素的相互作用中，物质文化属于表层结构具有显性特质，易于改变；而行为文化和精神文化属于深层结构具有隐性特质，难于改变。地域文化表层结构是深层结构的物质化体现，而深层结构作为文化的根本，在特定的情况下也可以随表层结构发生改变。

3. 基于地域文化研究的传统聚落保护运作模式

传统聚落作为地域文化在空间中的物质要素，即文化的表层结构，它一方面承载着人们对自然环境的认知和情感，另一方面通过其物质形态将地域文化的深层结构显现出来。传统聚落的保护工作正是开展于地域文化表层结构和深层结构之间，试图通过对文化深层结构的研究实现更好的表层结构保护，再凭借作用后的表层结构完成深层结构的强化，最终实现地域文化各要素相互作用的良性循环。

三、传统聚落的保护应该实现地域文化特质的发扬和创生

1. 传统聚落的动态属性

聚落作为"活的传统"，包含着两个不同层面的精神，即历史型的积淀精神和探索型的前卫精神。积淀精神是继承性的，是基于过去集体的认同和感知积累下来的，它有着可持续发展的能量和需

求。前卫精神是开创性的，朝向着新领域的开拓，力求抓住机遇创造未来更多的可能性。回顾传统聚落所面临的困境，造成地域文化危机的根本原因正是传统聚落生命有机体的动态属性没有被充分认知。

2. 传统聚落保护的实质是再现其地域文化

基于传统聚落自身的动态属性，其过去、现在以及未来都将成为保护工作涉及的领域。对于传统聚落的保护不仅需要缓解眼下的问题，还必须考虑聚落未来发展的各种可能性。因此，传统聚落的保护并非简单地"重现"地域文化，而应该是综合性地"再现"地域文化。

地域文化的再现同样包含两个层面的含义，首先需要保护和继承，旨在强调文化特质的同时彰显其优势。除此之外，地域文化的再现还具有转化和创造的含义，主张在保护和继承的同时面对新环境、新时代作出适应性变化，以获得更多更长远的发展机会。可见，地域文化的再现是对其文化特质的发扬和创生，保护和继承的是地域文化的原有特质，转化和创造的是地域文化的新生特质。

四、传统聚落保护的具体途径

传统聚落的地域性内涵指出保护工作需要根植于地域文化的研究；而传统聚落的动态属性要求保护工作实现地域文化特质的发扬和创生。综合上述内容，下文将提出四种传统聚落保护的具体途径。

1. 保存传统聚落的空间形态

传统聚落的空间形态是其地域文化表层结构最直观的个性体现，对于聚落的改造或扩建应该力求保存聚落原有形态及发展走势。由于聚落的边界、路径及节点构成了其形态的基本骨架，所以在聚落保护的工作中，这三个空间要素需要得到更多的关注。

（1）强化边界

不同的传统聚落有不同的边界，有些边界是实体的、明晰的，有些边界却是虚拟的、模糊的。无论边界的形态如何，它们都是再现传统聚落地域文化的重要突破口。强化传统聚落的场所边界，实质是对其地域文化特质的强化。

（2）保留路径

传统聚落的交通体系在其生长过程中逐渐形成，聚落形态的基本布局也依托于交通体系存在。对于传统聚落原有的路径框架应该尽可能地保留，在满足基本运输功能的前提下延续原有街巷尺度。

（3）打造节点

传统聚落的空间节点通常是当地居民停留、聚集的场所，是其地域文化某个层面的集中表现。节点无论大小，其文化能量都能够有效辐射到周边一定的范围，因此对于传统聚落节点的重点打造能使地域文化再现工作事半功倍。值得注意的是，各个节点的打造必须进行系统考虑，以确保传统聚落的文化特质能透过各个节点有步骤、有层次地展现出来。

2. 尊重传统聚落地域文化的深层结构

传统聚落的保护工作主要是通过作用于地域文化作为表层结构的物质文化来实现，而地域文化的深层结构，即行为文化和精神文化，与该文化族群的情感需求紧密相关，应该得到更多的关注和尊重。

（1）保留行为文化

一方水土养一方人，任何风俗习惯都是长期积淀而成的集体认同。为了得到安全感和归属感，人们的生活需要一种相对稳定的认知体系。个人认同与集体认同的发展都是一种缓慢的过程，无法在连续的变迁中产生。任何外力的干预行为，都应该以一种潜移默化的、渗透性的方式发生。所以，对于传统聚落的保护必须以当地居民的适应性需求为出发点，而当地居民的生活方式应该得到尽可能的保留。

（2）延续精神文化

另一方面，传统聚落通常存在被人们崇拜、供养的特殊文化性构筑物，这些构筑物往往具有强象征性，是族群精神文化的载体，即使没有使用功能，其文化价值也不会受到时空的限制。在传统聚落的保护工作中，需要特别关注这类文化性构筑物，延续其原有的场所精神，实现对于当地居民的情感关怀。

3. 完善传统聚落的功能体系

随着人们生活模式的改变，很多传统聚落的固有机制已经不能满足居民的生活需求，面对这一情况可以通过改造或扩建的方式完善传统聚落的功能体系。在此过程中，可以借鉴新乡土建筑的设计理念，即将新型材料与传统营造工艺行进结合，或是新型营造工艺运用传统材料来实现。这样的操作不仅可以提升传统聚落的功能承载力，还可以缓解经改造后的聚落在视觉层面与周边景观产生的违和感。

4. 激活传统聚落自身造血机能

大多数的传统聚落由于陈旧的生产模式及运作理念限制了其各方面的发展，试图让传统聚落保持"活"性，仅采取物质层面的保护是远远不够的。如果一个传统聚落已然失去了再生的能力，那么任何扶持和帮助都治标不治本。力求从根本上改变传统聚落的处境，应该设法激活传统聚落自身的造血机能，让其再次鲜活起来。打造旅游项目、设计文化创意产品、调整制作方式及流程以实现传统手工艺部分产业化等措施都能为传统聚落带来生机，而造血机能的激活将为传统聚落带来更多的就业机会，当地居民也可以真切的参与到家乡的建设之中，地域文化族群的完整性也是得到保障。

以上四种途径，其中"保存传统聚落的空间形态"和"尊重传统聚落地域文化的深层结构"更强调对文化特质的发扬，而"完善传统聚落的功能体系"及"激活传统聚落自身造血机能"则更着重体现对文化特质的创生。当然，原有文化特质和新生文化特质间必然存在着千丝万缕的联系，因此，无论是发扬还是创生，两者实质并没有绝对的界限。

五、结语

传统聚落作为特定文化族群与自然环境相护磨合的全部呈现，其研究及保护价值众所周知。在城市化进程所带来的各种外来强势文化的稀释作用下，传统聚落又应该以怎样的方式应对时代的挑战？本文对传统聚落及地域文化的讨论更偏向于理论研究，文中所提出的保护思路及途径也仅仅是抛砖引玉，传统聚落保护的事业还需要更多各个领域的工作者共同努力来完成。

注释

① 范寅寅，西南民族大学，讲师。

参考文献

[1] 王昀. 传统聚落结构中的空间概念 [M]. 北京：中国建筑工业出版社，2016.

[2] 特兰西克. 寻找失落空间——城市设计的理论 [M]. 朱子瑜等译. 北京：中国建筑工业出版社，2008.

[3] 戴代新，戴开宇. 历史文化景观的再现 [M]. 上海：同济大学出版社，2009.

[4] Christian Norberg-Schulz.场所精神——迈向建筑现象学 [M]. 施植明译. 天津：华中科技大学出版社，2010.

乡村振兴战略下茂县羌族传统民居的保护与传承研究

肖　洲① 　巩文斌②

摘　要： 羌族是我国最古老的民族之一，主要聚居于四川西部的岷江上游地区，处于高山或半山地带，这里也是羌族传统民居建筑文化保存最为完好的地区。近年来，经济迅速发展，茂县羌族传统民居和村寨的发展也受到了城镇化和现代化的冲击，如何保护民族地区传统民居特色及建筑文化的传承，我们有必要深入学习党的十九大提出的乡村振兴战略，在乡村振兴战略的指引下，保护羌族传统民居，传承羌族的民族文化。

关键词： 乡村振兴　茂县羌族传统民居　保护与传承

一、乡村振兴战略与茂县羌族传统民居保护与传承的关系

1. 乡村振兴的背景和内涵

乡村振兴战略是习近平总书记在党的十九大报告中提出的战略，是对"三农"工作作出的重大决策部署，总目标是："产业兴旺、生态宜居、乡风文明、治理有效、生活富裕"。乡村振兴战略根据如今的三农情况，提出了新理念、新思想，这必将为新时期少数民族传统村落的建设与发展指引方向，勾勒蓝图。《中共中央国务院关于实施乡村振兴战略的意见》指出："立足乡村文明，吸取城市文明及外来文化优秀成果，在保护传承的基础上，创造性转化、创新性发展，不断赋予时代内涵、丰富表现形式"。在乡村振兴这一重大战略指引下，茂县羌族传统民居如何保护与传承，其具体的方法、经验，值得我们学习和研究，在传承少数民族传统村落文化、构建乡村特色和促进乡村经济发展等方面，我们以点到面，学习探索。

2. 乡村振兴战略下茂县羌族传统民居保护与传承的意义

茂县羌族传统民居，属乡村聚落和少数民族聚落的一部分，是将羌族传统元素注入了建筑格局和传统风貌。尊重当地村民民族习惯和生活方式，对于民族地区基础设施建设要加大力度，合理利用羌族传统的建筑文化、民俗资源，发展乡村旅游和特色产业，形成建筑文化保护传承的特色体系与村庄发展的良性互促机制。

二、茂县羌族传统民居艺术形态分析

1. 地理位置及选址环境

茂县，位于四川阿坝藏族羌族自治州，属岷江上游地区，地处高山峡谷，这里是羌族文化保存最为完好的地区，全县包括3个镇、18个乡，149个行政村，总人口约11万人，是全国最大的羌族聚居县。

羌族民居的选址一般集中在高山河谷地区，建筑依山傍水，呈音阶状分布，气候干燥少雨，高寒多风，当地随处可见的片石作为民居建筑的外观，与周围的大山、农田融为一体，从整体上看建筑恰到好处地融入自然界，给人一种视角形象的稳定，体现了建筑与自然的和谐统一。

2. 宗教文化

羌族有着自己的宗教信仰，这与他们的日常生活方式有关。他们生活在大山里，以农业耕种为生，崇拜天地、山林，也崇拜先祖，祈求风调雨顺，他们虔诚的信仰，表达了对大自然的崇拜，对美好生活的追求向往。

另外，羌族是一个没有文字记录的民族，所有的羌族经典，例如语言、经文、艺术、习俗等，都是由释比以唱经的方式口口相传，世代沿袭，所以释比是羌族最高精神领袖，是神灵的传递者，也是羌族文化与知识的重要传播者。

这些文化习俗和宗教信仰，对整个羌族传统民居的建筑特色及环境氛围都留下了深深的印记。

3. 羌族民居建筑形态

羌族民居中，多为晚辈与长辈同住的大家庭，根据地处海拔高差悬殊大，冬季寒冷，夏季凉爽，昼夜温差大的特点，羌族民居的建筑以平顶式结构为主，墙体厚，开窗小，便于保暖。

羌族民居建筑从平面布局来看，是由火塘作为主体展开。建筑整体分为三层构造，底层为牲畜圈，二层住人，有起居、厨房等日常活动的空间区域，三层为卧室。厕所在卧室以外，一般独立设在屋外或者在牲畜间旁边。建筑材料就地取材，选用砖、石、木等，用土做外墙装饰，色彩并不明亮与所处环境良好贴合。整个民居结构包括有入口、望楼、挑台、屋顶、勒色、碉楼等。

4. 内部空间

（1）主室

羌族民居的主室，从功能上看相当于今天的客厅，但地位却远比客厅重要。除田间劳作、卧室就寝、底层如厕外，羌族的传统习俗是在主室里活动，并以火塘为中心开展，包括生火做饭、全家用餐、接待朋友、聊天议事、娱乐放松、祭祀祖先等。所以，主室承载的功能很多，地位非常重要，这是羌族民居建筑室内空间设置的一个鲜明特色。

羌族人民处于高寒地区，常年需要用火取暖，于是火塘是主室中不可缺少的重要生火设施。火塘的火终年不熄，称为万年火。火塘是主室布局的核心，类似现在的客厅，作为家庭会客、生活起居的中心，起到了连接其他功能空间的交通作用。

羌族传统民居主室其他特色是中心柱、神龛。从平面图上看，主室呈方形，其对角线的交点就是中心柱位置。从构造上来说，上顶粗梁，起着重要的支撑作用，并且与火塘和屋角处在一条对角线上，构成了主室的重要位置。

（2）厨房

在传统的羌族民居中，厨房设在主室内，基本的烹饪操作与享受美食，都在主室进行，与火塘没有很明显的区分。"挂火炕"，是一个木制的构建，设置在火塘上方用于钩挂存放食物，食物经过火坑和灶台里柴火烟雾的熏烤，不易腐蚀霉变，可以长期保存，挂火炕通常悬挂于天窗下方，空间宽阔，便于炊烟的排散。"挂火炕"不仅能悬挂食物，还可以放置农具、堆放物资，大大提升了空间的竖向使用功能，使空间变大，削弱了空间的压抑感。

（3）卧室

羌族民居的卧室，一般与主室在同一层，由于主要活动区域在主室，卧室的环境或在布置上相对简约，有的家庭成员比较众多，

会将二层、三层空间改造成卧室，增大需求。

（4）天井与晒台

由于自然环境和建筑构造的限制，羌族民居的室内光线比较昏暗，采光不足，所以在室内就用"天井"来改善室内的光源，这样，不仅将自然光源引入室内，而且室内通风效果也得到增强。位于阿坝州茂县瓦子寨的羌族民居中，我们就能看见这一空间特色。

晒台位于民居顶层，前半部分是开敞的平台，后半部分是库房，用于存放粮食、杂物等。晒台除了晾晒粮食，还是劳作后大家休息的场所。

（5）碉楼

石碉是原土著民的祖先在长期的定居生活中逐步创造发明的。这种用就地取材的黏土和片石砌成的高达数十米的石碉，在风雨地震之中屹立千年不倒不垮，真是建筑史上的一大奇观。石碉建筑高高凸起，在战争时期是坚固的防御保障，平时站在碉楼上，放养的牲口和庄稼，又尽在眼底，石碉还可以住人关畜，存储粮食，躲避自然灾害，功能十分完备。

5. 羌族民居室内设计的细部、装饰

（1）门、窗

羌族民居门的形制受汉族文化的影响，简单朴实，以实用为主。进户门设计在火塘的正对面，根据建筑体量的大小，设置为单扇或双扇木制平开门，小范围做木雕装饰加以美化。

羌族民居建筑的朝向及开门开窗方向，受气候和地形因素影响，常常面向南方与东南方。建筑北面和西面的墙身为了起到保暖作用，基本不开口或开小窗。由于民居中窗洞开口小，墙体又非常厚实，因此室内的自然采光和通风条件都不理想，于是智慧的羌族人民就设计出了楼梯井、天井，引入自然采光，增加空气流动。在羌族民居中我们可以看到的窗户样式有天窗、斗窗、花窗、羊角窗与牛肋窗、十字窗等，小巧精致。

（2）梁、柱、檐

羌族民居大多依山而建，平面面积不是很大，因此作为结构支撑的承重柱不是很多，其中位于主室中的中心柱是最重要的代表。

羌族民居顶层用作晒台，基本都是平屋顶造型，其屋檐也大大缩减，是由压在晒台女儿墙上的不规则片状石块构成，杜绝雨水顺着墙体渗漏。晒台上的屋檐较为明显，为了保护木板，需要在上面再铺一层垫木，在垫木上整齐的铺上茅草或稻草，预防渗漏，增加排水。

（3）民族图案与色彩

羌族人受自然崇拜的影响，他们喜爱的纹样都来自于大自然中，如植物纹、动物纹、羊字纹、羌字纹、兽面纹等，在建筑外墙、室内造型、木雕家具以及手工织物的图案装饰上，经常可以看到这些纹样。羌族的图腾代表是羊，以羊为元素的纹样随处可见。白色，是纯洁、友善的象征，羌族人喜爱白色，多数装饰纹样都以白色绘制，寓意吉祥、平安。

三、茂县羌族民居发展现状分析

1. 灾后重建对羌族传统民居的影响

2008年"5·12"特大地震，茂县作为重灾区，羌族民居严重损毁，在全国各地的帮助下，短短3年时间，羌族民居就得到了修复和重建，带动了茂县旅游业的发展，带来了经济效益。然而旅游业的快速发展，必然要有民宿、景观等的配套建设，一味地追求速度，民族文化内涵的缺失也逐渐暴露出来。

2. 随着生活方式的改变，羌族传统民居受汉族民居的影响较大

岷江上游地区的羌族同胞，随着交通的完善，与汉族来往频繁，生活习俗和居住方式受汉族文化的影响，都发生了不同程度的变化。建筑构造上又传统的石砌和木质结构逐渐向板式结构发展。室内家具也是采用了汉族的家具样式。

3. 整体规划意识欠缺

随着经济的快节奏发展，人们普遍以追求经济利益为目标，因此，对于民居村落的整体规划欠考虑，村民们看待问题缺乏长远的角度，对于保护传统民居的主体意识认识不强，对民居村落传统建筑缺乏保护意识，受损严重。

四、乡村振兴战略下茂县羌族传统民居保护与传承的重要举措

1. 乡村振兴战略下传统民居保护与传承的要求

（1）生态宜居，山水格局

首先必须从意识上培养人们对民居环境资源的保护，其次政府要加强、加大对村落环境保护的力度，同时还需要改善民居内老化的水、电、气等基础设施的建设，维系好其原有的山水格局以及田园风光，保证村落内既有的和谐环境体系。

（2）乡风文明，以人为本

通过不断弘扬及传承传统民族文化，逐渐提升村民的综合素养，与现代化乡村文化环境保持一致的步调，增强大家对传统民居保护的责任感。

（3）治理有效，节约资源

在中国特色社会主义时代背景下，实施合理、有效的乡村振兴发展战略，必须从社会治理角度进行强有力的制度建设同时需要加强乡村的社会建设，积极发挥新乡贤作用，加强文化导向，积极打造互帮互助的社会网络建设。

（4）产业兴旺，融合发展

中国乡村的发展，要结合第一、第二、第三产业的发展优势，以发展当地的特色资源为前提，聚集人气，累积客户群体，以人流资源形成的旅游经济带动三产发展，进而带动农产品加工行业的兴盛，弥补原始农业发展的不足，促进原始农业转型，形成乡村产业的可持续发展。

2. 乡村振兴战略下茂县羌族传统民居保护与传承的重要举措

（1）生态保护与文化保护相结合，构建可持续的乡村产业发展道路

"绿水青山就是金山银山"，证明生态环境可持续的重要性。羌族传统民居位于岷江和涪江上游高山河谷地带，与周围的自然环境互为依托，因此羌族的传统产业是农业和畜牧业。

如今交通的改善，从成都出发两个小时就可以达到羌族聚居区，结合羌族传统民居的文化特色、自然风光，打造旅游业以及以采风、摄影、写生、手工为特色的艺术基地，提升良好的居住环境和出行环境，吸引在外务工的羌民回家创收，提升原住羌民的幸福感。

另外，利用茂县羌族聚居区的优美自然环境、优良的空气质量、便利的交通资源，在原有农业、畜牧业的基础上，还可以发展经济水果作物，在生态健康发展的前提下，促进羌族文化的保护，构建新型的人与地关系体系，确保羌族乡村的可持续发展之路。

（2）分析羌族传统民居文化，对于不同的村寨进行精准施策

茂县位于四川省西北部，阿坝藏族羌族自治州东南部，地处川西北高原的岷江、涪江上游的高山峡谷地带。例如，位于茂县西北的群山之中的黑虎羌寨，"依山居止，垒石为室"，是一个建筑风格和生活习俗保留最完好的羌寨，是研究古羌历史文化的活化石，被评为全国文物保护单位，针对这一文化特色，就可以将黑虎羌寨作为文化旅游特色村寨，介绍羌族的历史文化，为游客提供学

习、参加。另外，位于凤仪镇的茂州古城，在宋熙宁年间开始建造土城，明朝、清朝不断修缮，1979年就被列为阿坝州第一文保单位。从城市的历史文化和优越的自然景观，并作为辐射周边村寨的集散地，茂县当以"羌文化"为核心来塑造自己的城市气质，对城市形象做整体定位，全面开发建设。

（3）在村寨的整体规划上，将时代需求与传统风貌相协调。

随着生活条件的不断提升，民居建设不能一成不变，在保护传统风貌的前提下，我们应该满足当地居民提升生活质量，丰富物质文化的需求，加速完善交通、水电、通信等基础设施建设，以及公共服务、便民设施，在传播羌族传统文化的同时，提升生活质量。

（4）因地制宜地选择本地材料和建筑构造技术，倡导低碳环保的理念。

羌族特殊的地理环境、独特的建筑艺术，除了依山选址、垒石建房的石碉艺术，还有融入了民族特色、人情风俗的民居建筑。另外，羌族人掘井、筑堰、砌河堤灌溉，保护自己的家园，竹索桥和溜索又形成了在岷江上连接外界的交通媒介。这些材料取至于当地山上的泥土、河床边上的石块，以及山上的竹林、树木。在民居修建和维护时，要尽可能地保留传统风貌，要尽量用当地这些传统材料、传统工艺去建造，对于受损建筑的修缮，应该修旧如旧、以低碳环保的方式恢复原来的风格风貌。

（5）政府扶持，带动村民开展羌族传统手工艺文创产品开发，推动旅游业发展。

羌族作为中国最古老的民族之一，在历史的发展进程中创造了丰富的物质文化遗产和非物质文化遗产。以石碉为主的建筑文化，是建筑史上的一大奇观，是羌族文化的重要内容。羌族核心聚居区，羌笛、羌绣、羌戏、羌医药、羊皮鼓舞等羌族非遗文化，正在街头、在乡间、在校园焕发着勃勃生机。目前在政府的组织下，茂县古羌城每天有民间艺人、非遗传人和羌族群众近400人，对羌族传统的转山会、羌年、瓦尔俄足等节日进行展演，举行传统羌族舞蹈萨朗舞、羌族体育项目推杆等活动与游客互动。这些举措，增加了村民的收益，也带动了村民参与的积极性，以主人翁的姿态献计献策，参与羌族非遗文化的传播，推动旅游业的发展，让更多的游客了解羌族，保护与传承羌族传统文化。

五、结语

在茂县建设既风光美丽又富有历史文化的特色羌寨，通过在民族地区精准施策地开展乡村振兴，是民族地区脱贫致富的重要途径。茂县在乡村振兴战略的指引下，村民的综合素养得到提高，产业发展产生收益，大家的眼界看得长远了，把羌族传统民居文化的保护与传承作为乡村振兴对策的一个方向，同时促进羌族地区经济的发展。只有在"创新中传承、在传承中保护"，才能使村寨的发展建设以传统的文化为基础，回归本源，坚持可持续发展的道路，通过保护、传承、创新，为少数民族地区全面步入小康社会而努力。

注释

① 肖洲，西南民族大学建筑学院，讲师，硕士。
② 巩文斌，西南民族大学建筑学院，讲师，硕士。

参考文献

[1] 乡村振兴：决胜全面小康的重大部署. 中国政府网，http://www.gov.cn/zhengce/2017-11/16/content_5240038.htm，22017.11.16

[2] 中华人民共和国中央人民政府. 中共中央、国务院关于实施乡村振兴战略的意见 [N]. 人民日报，2018-02-05.

[3] 杨湘君. 乡村振兴背景下传统民居改造及其利用探究，城乡建设，2019.07

[4] 王佳靖. 为乡村振兴注入文化动能，人民论坛，2018年15期

[5] 林峰. 从三个"不等于"看乡村振兴发展，新农商网. http://www.xncsb.cn/newsf/120546.htm

[6] 阿坝藏族羌族自治州人民政府网：www.abazhou.gov.cn.

[7] 陈颖，田凯. 茂县羌族文化资源的保护与利用. 中国名城，2010.11.

[8] 千年文化孕生机——羌族非物质文化遗产传承与保护见闻，新华网. http://www.xinhuanet.com/local/2018-05/11/c_1122815194.htm

基金项目： 四川省哲学社会科学重点研究基地羌学研究中心项目，编号QXY201902。

藏彝走廊多文化融合区域藏族空间层级初探

郭宏楠① 陈 蔚②

摘 要： 本研究以藏彝走廊多文化融合区域的藏族为研究对象，以资料查找和现场调研为研究手段去寻找空间原型及空间特性的遗存，提出藏族聚落空间和建筑空间以"中心"位置为核心生长，在时间的交替下结合针对生存需求衍化的空间划分各个"空间层级"。

关键词： 藏彝走廊 藏族 中心 空间层级

藏彝走廊藏族区域东部边缘分布着部分安多藏族和嘉绒藏族，以及雅砻江流域以东保留"地脚话"的藏族支系（"白马"、"扎巴"、"贵琼"、"木雅"、"尔苏"、"多须"、"里汝"、"史兴"），这些藏族在藏彝走廊地区呈现狭长的南北走向的带状分布。安多藏族和嘉绒藏族地处藏汉交界区域，受藏、汉、女国等多种文化影响；雅砻江流域及以东保留"地脚话"的藏族支系居住环境主要为峡谷地带，相对封闭的地理环境使该区域的藏族支系人群至今保留着较多古老的历史文化积淀。[1]综合来说，藏彝走廊藏族区域东部边缘是一个多文化融合区。

一、"空间"统领下的空间层级

各地原始初民们对宇宙的认识具有同一性，即天地开创之初，宇宙处于"混沌"状态，藏彝走廊藏族区域东部边缘也不例外。在混沌世界中建立秩序和意义，第一步必须要确立一个"中心"。"中心"确立后，空间匀质的连续性便被打破，中心的元素被确立为世界的中心，并依据这个原点确定方位，进而建构起世界的空间秩序。[2]因此空间的形成由一个"中心"位置开始，在水平向沿东西、南北，在垂直向沿上下的对立方位形成不同的空间，各个空间与"中心"的距离关系决定了其空间的意义与特点：距离"中心"近的空间秩序性较强，常受规则约束；距离"中心"远的空间无明显意义，且混沌无规则。

物质生活中的"中心"，并非仅是"位置"，而是以某一具体元素的形式存在。在聚落及建筑中，环境里一些特别的物体，如一座大山、一块巨石、一片湖水、一棵大树、一根柱子、一个火炉，由于其特殊的属性很容易被认为是"中心"。人们围绕这一元素进行一系列仪式活动，于是形成了承载仪式活动的"中心空间"。

城市规划理论家路易斯·芒福德认为，城市起源于先民定期返回一些地点进行特定活动："人类最早的礼仪性汇聚地点，即各方人口朝觐的目标，就是城市发展的最初的胚盘"[3]。"中心空间"是一个建筑、一个聚落形成的核心，与之相对的是边缘的、无意义的"世俗空间"，两种空间共同建构起人们基本的物质生活空间。从二元对立的角度来说，"中心空间"与"世俗空间"是两个对立的空间层级。在藏彝走廊藏族区域东部边缘的聚落和建筑中，受自然地理环境、经济技术发展和社会文化等因素影响，各个类型空间分别分层级表示，空间属性趋于中心空间或世俗空间。

二、聚落中的空间层级

1. 聚落中的中心："宇宙山——宇宙树"

藏彝走廊地区藏族相邻聚落有共同信奉的"宇宙山"，各个聚落又各有各自信奉的"宇宙山"，因此便形成了一个庞大的山系空间系统，共同信奉的"宇宙山"是这一区域的中心。在东部边缘的多文化融合区域，"宇宙山"往往与"宇宙树"建立联系，与"宇宙山"相关的仪式通常是在山脚下的"宇宙树"前完成，因此"宇宙树"成为整个聚落的中心。建筑等聚落元素以其为核心向一定方向生长逐渐形成一个完整的聚落。

2. 多文化影响下的聚落空间层级特征

（1）单一"中心"类型的聚落空间层级

四川省的白马藏族崇信的是称为"叶西纳蒙"（意即"白马老爷"）的一座山。长在山上的树都是具有特殊意义的树，这些树的地位是至高无上、不可侵犯的。不仅如此，在每个白马村寨后山的山脚下有一棵高大的树木，长期的仪式活动，加强了其在地方地理位置空间上的中心地位，体现了白马藏族在居住建造时对于自然的就近原则，形成相应的聚落空间格局。[4]

平武县白马藏族自治乡亚者造组村样述家、扒昔加、色如加三个寨子地处宇宙山和火溪河之间，背山面水，符合传统的规划理念。（图1）样述家以山沟口的大树为村落的中心，紧邻村口大树为人们举行仪式和日常活动的广场，建筑沿道路两边呈带状布局。老建筑和新建筑与中心由近至远布局，充分表明村落从中心开始逐渐向远处生长。整个聚落形成"山—树—祭祀广场—老建筑—新建筑"的空间结构，空间的特殊意义也随着距离中心距离的增加而逐渐减弱，形成不同意义的空间层级。（图2）

（2）多元"中心"类型的聚落空间层级

除白马藏族外，其他藏族的"宇宙山"、"宇宙树"类型的意义，除了自然界中山、树的表现形式，还出现了被赋予"宇宙山"、"宇宙树"意义的构筑物：玛尼堆、杆等，以及其他类型的具有特殊意义构筑物：白塔、经幡、转经筒等。聚落中的中心由单一变为多元，聚落的空间层级更加丰富。（图3）

九寨沟县马家乡苗州村是典型的高半山安多藏族聚居村寨。村落所处的山为村落信奉的"宇宙山"，山上的树均为被赋予特殊意

义的树。在村落海拔最高处矗立着一棵高大的树木。沿台阶而下是转经广场，再向下建筑散落布局在山坡上，且每户住居院落里都立有经幡，距村落一段距离有白塔广场。整个聚落形成"山—树—转经广场—建筑群—白塔广场（边界）"的空间结构，中心空间与世俗空间交叉布局，聚落空间层级丰富多样。从各个节点的海拔来看，空间层级不光体现在水平布局上：中心性最强的空间海拔最高，向低处中心性逐渐弱化。白塔广场作为中心节点的同时也是村落内外的界限，通过白塔的文化意义强化村落的边界性。（图4）

（3）无"宇宙山——宇宙树"中心的聚落空间层级

阿坝藏族羌族自治州理县甘堡乡甘堡藏寨和雅安市宝兴县硗碛乡夹拉村仁朵藏寨为嘉绒藏寨，因受地震灾害影响，现村落均为新建，空间布局还遵循着一定的原则。

以硗碛乡夹拉村仁朵藏寨为例，整个村落从原址迁出，现址距离原址较近，位于道路一旁，以发展旅游业为主。根据调研得知，

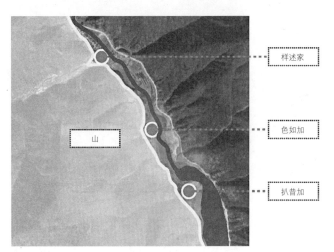

图1 亚者造组村样述家、扒昔加、色如加藏寨布局图
（图片来源：作者自绘）

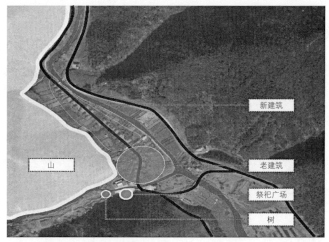

图2 亚者造组村藏寨样述家村落布局图
（图片来源：作者自绘）

九寨沟县马家乡苗州村经幡　　　理县甘堡乡甘堡藏寨白塔　　　宝兴县硗碛乡和平藏寨转经筒　　　宝兴县硗碛乡仁朵藏寨杆子

图3 其他类型的节点构筑物
（图片来源：作者自摄）

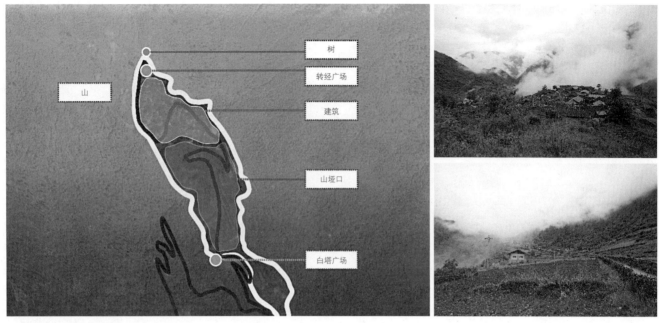

图4 马家乡苗州村村落布局图
（图片来源：作者自绘及自摄）

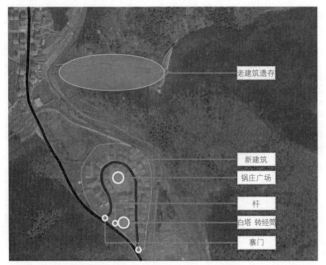

图5 硗碛乡夹拉村仁朵藏寨村落布局图
（图片来源：作者自绘及自摄）

村落居民已无"宇宙山"的概念，但是从村落布局图可以看出，新村有多个"中心空间"，其中锅庄广场为整个村子的主要中心，入口和其他节点分布不同类型的中心。整个聚落形成"老建筑—新建筑—白塔、转经筒—杆—寨门"的空间结构（图5）。不难发现，即使是在现代化技术和文化支持下新建的村落，其空间布局形式依然是遵循"中心统领空间层级"的原则。

三、建筑中的空间层级

1. 建筑中的中心："中柱—火塘"

建筑中的"中心"由中柱、火塘组成。"中柱"隐喻氐羌先民

最重要的宇宙模式和社会权力，"火塘"寓意血亲家庭结构。"中柱—火塘"两者共同建构起了藏彝走廊地区氐羌民族住屋的空间原型图式，使建筑原型研究从形式本原走向空间本原。在藏族住屋中，人们围绕"中柱—火塘"进行仪式活动，在这里体会到秩序，逐渐围绕这一中心分别在水平空间和垂直空间建立适合长期生活在此处的其他功能空间，建筑空间形成水平空间层级和垂直空间层级。

2. 多文化影响下的建筑空间层级特征

（1）水平空间层级

九寨沟一带的安多藏族游牧区域，帐篷是牧民除冬季外的主要住居形式。帐篷由两根木柱支撑，里柱为"中柱"，火塘位于两柱中间，以"中柱—火塘"为核心形成的区域是居民日常生活的场所。这一类型的单一住屋空间中，"中柱—火塘"位于帐篷中间位置，对应中心空间；佛龛位于帐篷最里面的帐壁中间位置，对应文化性较强的中心空间；以帐门为边界，室外是放牧区域，对应牲畜的自然空间，即世俗空间。因此整个帐篷形成从内至外的"佛龛—主室—放牧区域"的空间层级。（图6）

在功能复杂化的建筑内，水平空间分层级的特点主要体现在主室中。主室是集供奉、居住、餐饮、会客于一体的复合功能空间。"中柱—火塘"区域位于主室中间位置，神龛位于主室最里面的位置。主室所在的一层形成从内至外的空间层级。经调研访谈发现，九寨沟苗州村的安多藏族和平武县白马藏族并没有中柱的概念，但是在新建住房主室中仍然可以看到一根柱子醒目地位于主室中，足以说明以"中柱—火塘"为中心的空间虽然经历了漫长的时间变化但仍然是藏族住居的重要文化精神（图7）。此外，同一类型藏族

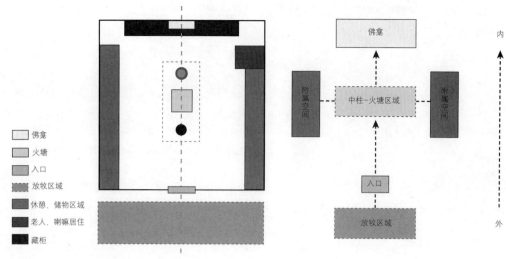

图6 帐篷原型空间统领下的空间秩序
(图片来源：作者自绘)

图7 新建住居中的"中柱—火塘"遗存
(图片来源：作者自绘)

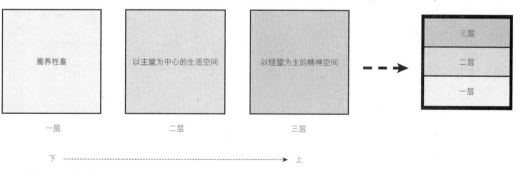

图8 嘉绒藏族和安多藏族住居垂直空间层级

的文化性较强的中心空间位置可能不同：理县甘堡藏寨嘉绒藏族的神龛在内墙中间位置，而理县沙吉村的嘉绒藏族则在内墙角落里。该类型中心空间方位并不仅仅为以上两种较古老的形式，在5·12地震之后，甘堡藏寨藏族重新翻盖的住居会依具体情况改变其位置。

（2）垂直空间层级

以嘉绒藏族和安多藏族为例，年代较远的住居大多是三层，一层以牲畜房为主，二层以主室为主，三层以神位（经堂）为主，每层的其他附属功能用房用来满足其他生活需求。建筑形成从上至下的空间层级。（图8）年代较近的住居一般为两层，一层以主室为主，一层其他功能空间和二层空间为其他附属用房，文化性较强的中心空间消失，垂直空间层级淡化。

四、结语

基于以上分析可以得出，藏彝走廊多文化融合区域藏族聚落和建筑虽然已经经历时间的变迁不断发生改变，藏族空间分层级的特性始终存在。该结论对研究我国少数民族地区的文化原真性，传承文化精神价值具有参考意义。

注释

① 郭宏楠，重庆大学建筑城规学院，硕士研究生。
② 陈蔚，重庆大学建筑城规学院，教授。

参考文献

[1] 石硕. 关于藏彝走廊的民族与文化格局——试论藏彝走廊的文化分区[J]. 西南民族大学学报：人文社会科学版，2010，(12)：1-6.

[2] 何泉. 藏族民居建筑文化研究 [D]. 西安：西安建筑科技大学，2009.

[3] (美) 路易斯·芒福德. 城市发展史 [M]. 北京：中国建筑工业出版社，1989.

[4] 毛芸. 四川平武白马藏族村落——亚者造祖村村落的演变、传承与保护 [D]. 成都：四川农业大学，2016.

基金项目： 本研究受到国家自然科学基金面上项目：藏彝走廊地区氐羌系民族建筑共享基质及其衍化机理研究 (51878083) 资助。

基于建筑类型学理论的撒拉族民居门楼形制浅析

兰可染① 靳亦冰②

摘 要： 门楼作为撒拉族民居建筑的重要组成部分，以其门头木雕装饰题材与内容十分广泛而丰富多彩，承载着民族文化意蕴与人们的审美情调。本文通过对撒拉族民居门楼的实地调研，采用建筑类型学的方法，对民居门楼形制从门头、门身、墀头进行初步分析，探讨其类型，并进行总结和提取，形成一套完整的民居门楼类型因子，以期为撒拉族民居门楼保护与修复提供启示和借鉴。

关键词： 建筑类型学 撒拉族 民居门楼 形制

一、引言

1. 撒拉族

撒拉族是中国信仰伊斯兰教的少数民族之一，民族语言为撒拉语，但无文字，主要聚集在青海省循化撒拉族自治县、化隆回族自治县甘都乡、甘肃省积石山保安族东乡族撒拉族自治县的大河家，其中主要分布在青海省循化撒拉族自治县。根据研究表明，其先祖尕勒莽、阿合莽两兄弟，率领一支撒拉尔人于13世纪从撒马尔罕地区东迁至循化及其周边地区。该地区地处青藏高原边缘地带，南高北低，四面环山，属高原大陆性气候，夏无酷暑，冬无甚寒。日照时间长，降雨量少，且蒸发量大。来到这里后，撒拉族人发现这里的水土与故乡一样，适宜居住，便定居于此。（图1）

2. 民居门楼

长期以来，在汉族、藏族、回族等多民族文化和伊斯兰宗教文化的多重影响下，结合当地木材形成了以木结构承重，草泥抹面平顶的庄廓式合院民居。

门楼是一个家庭的脸面，象征着一个家庭的地位，自古就有"门当户对、名门望族、鱼跃龙门"等成语流传至今。此外，门楼更是一个家庭内外之间的明确界限，开则喜迎八方宾客，关则安宁祥和，怡然自乐。撒拉族人一直就重视门楼营建，并在建造门楼上耗费大量财力。撒拉族民居门楼木雕装饰题材与内容十分广泛而丰富多彩，装饰主题多为花草水果图案，体现伊斯兰民族建筑特色。

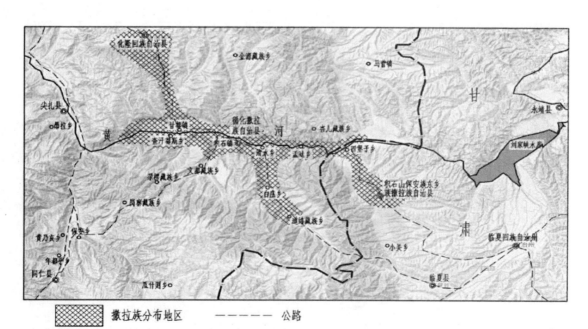

图1 甘青两省撒拉族分布示意图
（图片来源：崔文河《青海多民族地区乡土民居更新适宜性设计模式研究》）

二、类型学下的撒拉族民居门楼

1. 建筑类型学

第二次世界大战以后，现代主义暴露出越来越多的问题，建筑师们迫切需要寻求一条适合当代城市建筑发展的新路。这时候意大利新理性主义的代表人物阿尔多·罗西，在其著作《城市建筑学》中，提出一整套新理性主义的类型学理论。他认为"形式是变的，生活也是可变的，但生活赖于发生的形式类型则是亘古不变的"。[③]类型学就是注重"不变"，追求建筑的内在本质及其永恒因素，进而将"静"与"动"联系起来考虑，探索"不变"与"变"之间的关系。[④]即"形式（具体）—原型（抽象）—新类型（具体）"。

运用建筑类型学研究方法对于民居门楼的保护与修复提供启示和借鉴。（图2）

2. 门楼形制分类

经过实地调研，民居门楼形式多种多样，但是终究万变不离其宗。可将撒拉族民居门楼根据其相对于庄廓合院中的位置，可分为典型的屋宇式、墙垣式两种，即屋宇门是利用房屋造门，门由房屋衍生出来，亦屋亦门；墙垣门即门楼左右两侧都与合院外墙相连。其中屋宇式根据其门头与房屋的高低关系又分为低屋式、平屋式、高屋式；墙垣式同样根据其门头高度分为平墙式和高墙式。此外，还有位置介于墙与屋之间独立式门楼。（图3~图9、表1）

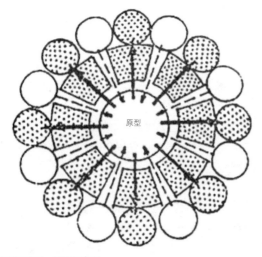

（图中虚线表示还原，实线表示发生）
图2 形式（具体）—原型（抽象）—新类型（具体）（图片来源：汪丽君《建筑类型学》）

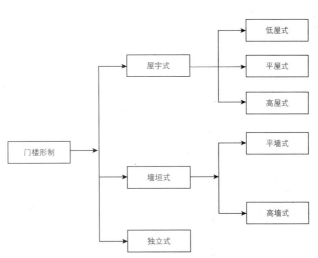

图3 门楼形制分类

撒拉族门楼分类简介　　　　表1

分类	屋宇式			墙垣式		独立式
	低屋式	平屋式	高屋式	平墙式	高墙式	
实例	图4	图5	图6	图7	图8	图9
说明	低屋式，顾名思义，作为屋宇式的一种，其门楼屋顶低于两侧屋顶，门头宏大，出檐较远，墀头也伸出较大	平屋式，与两侧共用屋顶，在房屋的外墙上开洞口，并将单坡屋面、墀头紧贴外墙	高屋式，即门楼屋顶高于两侧房屋，有檐柱支撑门头，墀头伸出，斗栱额枋装饰繁多	平墙式，即门楼屋顶高度与两侧墙一样高；屋顶较为平缓，墀头伸出较少，无檐柱	高墙式，即门楼屋顶高度高于两侧围墙，门头宏大，有前檐柱、墀头，与高墙式相似	独立式，相对于在院墙与房屋之间的位置，独立出来，一般出檐较远，墀头也如此

3. 门楼共性分析

通过上述对门楼的基本分类，可将每种类型的门楼按照门头、门身、墀头三个基本组成部分，进行对比分析，抽象出其原型，总结为一些基本形式：

（1）门头，又称为门罩，即门楼上部分的屋檐式结构，门头有遮阳、避雨的功能，结构与屋顶相仿。撒拉族民居门楼的门头部分亦可分为上、中、下三个部分，上部为屋面部分，中间为椽子与梁架部分，下为斗栱、门枋、雀替等支撑构件组成的门楣部分。

上部——屋顶一般为坡屋面，有正脊和鸱尾，亦有少数平屋面；檐口有滴水但出檐不深，可能与当地降水不多有关，硬山式屋顶多采用彩色琉璃瓦覆盖，如汉族建筑式样。瓦的颜色有墨灰色、蓝灰色、赤红色等。

中部——飞椽露出呈"梯形"如斗栱中耍头形状，其上为一个封边梁，下隔一层望板，再往下是一排梁，亦有中部为简单的平铺一层木板，无任何构件，由檐柱或中柱支撑起平木盖板，色彩多为木材本色或刷桐油维持原有木色。

下部——门楣部分，额枋、斗栱、雀替其结构功能弱化明显，大多雕刻以花草、果实、几何图纹、器物等。撒拉族人喜爱花草，雕刻中常见牡丹、卷草纹等，果实以葡萄为主，几何图纹以菱形为主，有的也雕刻汉字中的"囍"字等。雕刻手法众多；其中有的门

楼有前檐柱，因此额枋、斗栱等繁复的雕刻装饰前移到前檐柱之上；当然也有门头下部仅有雀替支撑中部平木盖板的简单形制。

（2）门身，一般为"门框+双门扇"形式，门框与门扇上几乎无装饰，仅刷桐油维持原色，门框宽的可达15厘米，门扇高度则视门楼整体高度决定。门框上有门簪一对，多以祥云形状线雕为主。两扇门各有一个铺手，以铜、铁等金属制成，以兽面为主，口环门铰，如古制；门锁有在两门扇的顶端，也有在铺手下面的。

（3）墀头，山墙伸展至檐柱之外的部分，突出在两边山墙边檐，用以支撑前后出檐。墀头功能是可以为屋顶排水和为边墙挡水。墀头分为三部分：下为下碱、中为上身、上为头盘，成对使用。头盘一般从檐口逐步收分檐柱顶部，并于此以花草砖雕装饰；上身上部也是花草装饰砖雕，下部一般不施以装饰，显露出青砖砌筑或瓷砖贴面；下碱一般是相对于上身更大截面的蹲柱，鲜有装饰；也有墀头仅用青砖砌筑，三部分无任何装饰，只有基本形式存在。

4. 门楼形制辨别与提取

在建筑类型学中，分类仅是第一步，重要的是对类型、语义和结构的分析，以期达到创造的可能。[⑤]现将五种基本类型的门头、门身、墀头进行对比分析辨别，再总结每种类型下的门楼形制，提取一套完整的门楼类型因子。其中，独立式门楼形制除位置与五种基本形制基本相同，在此不作分析。（表2、图10～图12）

"屋宇——低屋式"门楼基本类型表　　　　　　表2

分类	实例1	实例2	实例3
图示	图10	图11	图12
门头	无明显装饰，一排梁上支撑平木盖板，再砖压覆土，形成进深不大的灰空间	单坡屋顶嵌于墙上，檐口有墀头支撑，缓和的单坡屋面，前檐柱上有雀替装饰，采用透雕花草，但无梁，直接连接一层平木板	单坡屋面从墙面延伸出来，前檐柱间额枋上透雕、浮雕至檐下平木盖板
门身	门框和单门扇，无其他装饰，门锁将门扇与门框相连	门框上有祥云门簪，门上一对铺首，门锁于上门框与两扇门三者连接处，呈三角	门框上部及左右两边宽度几乎相等；门扇中央一对铺首，再往上为门锁一个
墀头	无	由檐口逐层向下收分，起到挑檐的作用，中间有葡萄、花草砖雕装饰，下部以青砖砌墩柱放大至地面	无

"屋宇—低屋式"门楼色彩基本是本身的木色或刷桐油保护，颜色改变不大；屋面是单坡屋面或平屋面，出檐不远，这与房屋本身有关，屋檐从墙上伸展出来，其标志性的意义大于实际的遮阳避

雨；屋顶的出檐，也决定了墀头伸出墙面的距离，一般此类门楼无墀头或墀头简化较多，装饰也仅仅在上身、头盘的部分简化砖雕。（表3、图13～图15）

"屋宇—平屋式"门楼基本类型表 表3

分类	实例1	实例2	实例3
图示	图13	图14	图15
门头	门楼单坡屋面与房屋齐平，坡度缓和，门楣部分额枋和雀替采用透雕支撑平木盖板	与实例1基本相似，比其宏大；色彩更鲜丽	单坡屋面蓝灰色外，仅仅与实例1、实例2，大小不同而已
门身	门框上一对祥云门簪，采用线雕，无铺首，仅一个门锁居其中	与实例1基本相似，门框更高，门扇更大，多一对铺首，铺首上是门锁	与实例1相同，色彩艳丽一些
墀头	自檐口逐渐向下收分，上身以花草砖雕装饰，下碱为截面放大的墩柱	基本同实例1，颜色深灰色，除开砖雕部分均贴瓷砖	与实例1相同，色彩更接近屋顶颜色

"屋宇—平屋式"门楼，屋面颜色有所选琉璃瓦决定，单坡缓和屋面，无椽子和梁架，用平木盖板代替；除屋面外，其余木头均以桐油刷上保护；墀头部分出墙距离也较短，仅在上身与头盘处有砖雕。（表4、图16~图18）

"屋宇—高屋式"门楼基本类型表 表4

分类	实例1	实例2	实例3
图示	 图16	图17	图18
门头	门头宏大，上覆深灰色琉璃瓦单坡屋面，飞椽露出呈"梯形"如斗拱中变头形状，其上为一个封边梁，下隔一层望板，再往下是一排梁，梁下就是撩檐枋，被斗拱支撑，斗拱只出翘和昂，简化很多，起装饰，再往下就是额枋，被雀替支撑在檐柱之上，雀替与撩檐枋，木雕装饰繁复，多以花草为主要题材	同实例1，仅仅色彩不同	同实例1、实例2，仅仅色彩不同
门身	门框上部及左右两边宽度几乎相等，门扇中央一对铺首	同实例1，仅仅色彩不同	同实例1、实例2，仅仅色彩不同
墀头	自檐口向下收分至上身，以至下碱，黑色瓷砖贴面无砖雕	自檐口逐渐向下收分，上身以花草砖雕装饰，下碱为截面放大的墩柱	自檐口逐渐向下收分，仅上身有砖雕，其余黑色瓷砖贴面

"屋宇—高屋式"门楼，此类门楼气势宏大，出檐和墀头较远，主要是烘托整体门楼的气势。坡屋面的坡度也更陡一些，因门楼覆盖面积大，所以坡度更陡。椽子和梁也显得规整与粗大，门楣部分增加了额枋和雀替雕刻隽秀，也提升了整体门楼高度。木构部分均匀桐油刷色，墀头的砖雕位置基本相似，只是下部有的采用瓷砖贴面，有的则保留材料本色。（表5、图19~图21）

"墙垣—平墙式"门楼基本类型表

表5

分类	实例1	实例2	实例3
图示	 图19	 图20	 图21
门头	平屋面，额枋联系檐柱、中柱，再以雕花支撑撩檐枋，上排梁，梁上附上篱笆，最后以砖封边	缓坡屋面，雀替依靠前檐柱支撑枋，上无斗栱，直接支撑平木盖板	同实例2
门身	门框很窄和中柱紧靠一起，一对门扇上一个门锁，无其他装饰	门框上一对祥云门簪，门扇上无铺首，仅一个门锁	门框上一对祥云门簪，但伸出不远，门扇一对铺首，最上端为门锁
墀头	无	自檐口逐渐向下收分，上身以花草砖雕装饰，下碱为截面放大的墩柱	自檐口逐渐向下收分至于上身，无任何砖雕

"墙垣—平墙式"门楼屋面为平屋面或很缓和的双坡屋面，一般有檐柱、中柱支撑屋面，少有椽子和横梁支撑，仅用平木盖板上覆屋面。墀头也伸出不远，上身上部典型花草砖雕。门扇上铺首少有，门扇、门框无装饰，仅木材本身或桐油色。（表6、图22~图24）

"墙垣—高墙式"门楼基本类型表

表6

分类	实例1	实例2	实例3
图示	 图22	 图23	 图24
门头	同"屋宇—高屋式"门楼实例1	同"屋宇—高屋式"门楼实例1	同"屋宇—高屋式"门楼实例1；仅额枋层增多，提高门楼整体高度和装饰
门身	同"屋宇—高屋式"门楼实例1	同"屋宇—高屋式"门楼实例1	同"屋宇—高屋式"门楼实例1
墀头	同"屋宇—高屋式"门楼实例1	自檐口逐渐向下收分，上身以花草砖雕装饰，下碱为截面放大的墩柱	自檐口逐渐向下收分，仅上身以花草砖雕装饰，下碱为截面放大的墩柱，其余部分瓷砖贴面

"墙垣—高墙式"门楼与"屋宇—高屋式"门楼形制基本相仿，气势宏大；门楣部分的斗栱、额枋装饰繁复，色彩稳重大气。

5. 门楼类型因子总结

类型	屋宇式			墙垣式	
	低屋式	平屋式	高屋式	平墙式	高墙式
门头	由上至下，上层平木盖板直接压砖或上覆缓和单坡屋面；出檐较浅，鲜有前檐柱额枋上装饰简洁	门楼单坡屋面与房屋齐平，坡度缓和，额枋和雀替采用透雕支撑平木盖板	门头宏大，上覆深灰色琉璃瓦单坡屋面，飞椽露出呈"梯形"如斗栱中耍头形状，其上为一个封边梁，下隔一层望板，再往下是一排梁，梁下就是撩檐枋，被斗栱支撑，斗栱只出翘和昂，简化很多，起装饰，再往下就是额枋，被雀替支撑在檐柱之上，雀替至撩檐枋，木雕装饰繁复，多以花草为主要题材	平木盖板上覆平屋面或缓坡屋面，亦有一排梁上覆篱笆泥屋面，大部分有檐柱，额枋、雀替装饰简洁，雕刻以花草水果为主	同"屋宇—高屋式"，仅有部分门楼为增加高度和气派，增加额枋宽度和斗栱数量，装饰更加繁复，但不冗杂

续表

类型	屋宇式			墙垣式	
	低屋式	平屋式	高屋式	平墙式	高墙式
门身	门框上有祥云门簪，但并不多见，门锁一般位于门扇上方或中部，门扇、门框，几乎无其他任何装饰	门框上一对祥云门簪，有的无铺首，仅一个门锁居其中；有铺首的门锁居其下或上	门框上部及左右两边宽度几乎相等，门扇中央一对铺首	门框上祥云门簪，铺首有的有，有的无，门锁一般位于门扇中部或上部	同"屋宇—高屋式"
墀头	大部分无墀头，有也仅仅少量砖雕装饰	自檐口逐渐向下收分，上身以花草砖雕装饰，下碱为截面放大的墩柱；有的墀头无装饰处贴瓷砖保护	自檐口逐渐向下收分，上身以花草砖雕装饰，下碱为截面放大的墩柱；有的在无砖雕处贴瓷砖保护	有的有，有的无，墀头砖雕亦是如此，较其他几类相似	自檐口逐渐向下收分，上身以花草砖雕装饰，下碱为截面放大的墩柱，有的在无装饰部分贴瓷砖保护

原型总结——综合五种基本门楼类型，从门头（屋顶形式、有无椽子与排梁、有无装饰、有无檐柱）；门身（门框大小、门扇个数、有无铺首）；墀头（有无砖雕、有无瓷砖贴面）等方面归纳其原型：

普通型门楼—— 一般采用平屋面或缓坡屋面，灰色瓦，均为硬山顶；几乎无椽子和排梁，由中柱和墀头支撑起平木盖板，或无墀头；透雕雀替连接二者，其装饰作用远大于结构作用；门身部分，简单门框和门扇组合，门扇上一对铺首和门锁，也有单扇门，但无铺首；墀头上身处简单花草砖雕，或无砖雕，下碱为放大的墩柱。

宏伟型门楼——屋顶为较陡的双坡硬山顶，下是椽子、望板、梁，这与撒拉族松木大房的做法相同，椽子为"梯形"状；梁下门楣，额枋层数2~4层，贯以斗栱相连，均已采用木雕装饰，最下层额枋下有透雕雀替，前檐柱承载着这些精美的装饰；门身由门框和两个门扇组成，门扇上无特别装饰，仅一对铺首和门锁；墀头也变得高大、敦厚，上身装饰砖雕也变得复杂，其余部分更是以瓷砖贴面，整个门楼用桐油刷色保持木色。

三、结语

长期以来撒拉族文化受到周边各民族文化的影响，在不断学习和交融的过程，形成了本民族独有的建筑特色，撒拉族民居便体现出这种特点。民居门楼的形制主要受到社会心理和建筑材料的影响。撒拉族人勤奋善经商，在全国各地都有他们劳动的身影，在外成功后，对于民居的营建投入，毫不吝啬，首当其冲的就是门楼的建设。将门楼建设得宏伟大气，木雕精细，色彩原真。即便是普通家庭也会大力建造自己的门楼以撑门面；建筑材料上孟达山区木材丰富，成就了撒拉族民居建筑主要材料，门楼除开墀头和现代仿古式琉璃瓦屋顶外，其余部分均采用木材，为使其耐久，还特意刷桐油保护，但依然保持其本色。

通过对于撒拉族民居类型的分析，形成了两种基本原型的民居门楼形制——"普通型"和"宏伟型"，宏伟型门楼是普通型门楼的演化，包括其门楼的双坡屋面，受到汉族建筑的影响，因撒拉族

松木大房为平屋面。门楣上的各类木雕，则是松木大房的搬移，多见于街子附近。而普通型门楼更多见于孟达山区，因当地经济没有街子附近好，但门楼却保存得很原始和古朴，也便于我们追根溯源，保存建筑"基因"。

对少数民族文化的保护与利用，不应该简单照搬，应该去关注历史语境和地域语境，寻找其现象背后的类型学意义。继承其优秀的传统建筑文化基因，以期在保护传统建筑文化和传统建筑更新中具有启示和借鉴意义。

注释

① 兰可染，西安建筑科技大学建筑学院，研究生。
② 靳亦冰，西安建筑科技大学建筑学院，教授。
③ 沈纪超，杨大禹. 类型学视野下的云南傣族传统民居空间构成分析 [J]. 华中建筑，2014, 32(05)：165-168.
④ 汪丽君. 建筑类型学 [M]. 天津：天津大学出版社，2005.
⑤ 同注释②.
注：本文图片除已注明来源，其余均为作者自摄。

参考文献

[1] 杜献宁，贾丹丹. 山西晋城传统民居门楼装饰艺术浅析 [J]. 建筑与文化，2020(03)：210-212.

[2] 徐鲁. 骆驼泉的传说 [N]. 中国民族报，2019-12-13(007).

[3] 张军，孔令晨，胡常京. 类型学视角下大理喜洲民居"门楼"的解读 [J]. 南方建筑，2019(04)：26-31.

[4] 由懿行. 青海撒拉族传统民居门窗研究 [D]. 西安：西安建筑科技大学，2018.

[5] 靳亦冰，令宜凡. 撒拉族乡村聚落空间形态特征解析 [J]. 建筑学报，2018(03)：107-112.

[6] 康渊，王军，师立华. 循化撒拉族建筑的本土化特征研究 [J]. 城市建筑，2017(23)：19-21.

[7] 汪丽君，刘振垚. 人文·场所·记忆——拉斐尔·莫内欧建筑类型学理论与实践研究 [J]. 建筑师，2017(02)：68-76.

[8] 沈纪超，杨大禹. 类型学视野下的云南傣族传统民居空间构成

分析 [J]. 华中建筑, 2014, 32 (05): 165—168.

[9] 吴云杰, 申晓辉. 明清徽州建筑门楼形制的类型学研究 [J]. 福建建筑, 2013 (04): 12—14.

[10] 王军, 李晓丽. 青海撒拉族民居的类型、特征及其地域适应性研究 [J]. 南方建筑, 2010 (06): 36—42.

[11] 周亚琦, 周均清. 徽州民居的建筑类型学研究 [J]. 四川建筑, 2007 (02): 46—48.

[12] 魏春雨. 建筑类型学研究 [J]. 华中建筑, 1990 (02): 81—96.

[13] 汪丽君著. 建筑类型学 [M]. 天津: 天津大学出版社, 2005.

[14] 侯洪德, 侯肖琪著. 图解《营造法原》做法 [M]. 北京: 中国建筑工业出版社, 2014.

[15] 蓝先琳. 《门》 [M]. 天津: 天津大学出版社, 2008.

[16] 宋建飞著. 门当户对 中国古建筑之门窗 [M]. 沈阳: 辽宁人民出版社, 2006.

当代视野下的中国器物精神传承与新文创设计实践研究

蒋　鹏[①]　白洪斌[②]　李然之[③]

摘　要： 在数千年的中国历史中，伴随长期发达的生产实践，中国先民们生产了大量的优质器物，这些器物和中国文化相交融，形成了独特的物质——文化结合体，也就是中国的"器物精神"，这种器物精神不断在器物的推陈出新中被继承与发展，创新与迭代不断，造就了古代中国器物文化的巅峰。在当今新的生活方式与社会背景下，对传统中国器物精神进行"现代物化"，是文化传承问题，也是中国特色的现代生活质量提升问题。本文针对西南民族大学产品设计系的一些"新文创"教学探索的案例进行研讨，探寻基于中国器物精神、将文化自信内化于现代产品的途径。

关键词： 当代视野　中国传统器物精神　新文创

一、中国器物精神与新文创的现实意义

中国在绝大部分历史时期中都处于世界经济的顶峰，这是由中国古代强大的生产力决定的；在古代手工业产品贸易的生产过程中，劳动者将中国文化融入器物制造，慢慢形成了中国传统器物精神。可见，中国传统器物精神是始于造物，韵于造物的。西方工业革命后，伴随近代中国的一度式微，依靠机械化批量生产的西方范式商品代替了中国传统器物，中国器物被逐出生活，仅仅成为博物馆中的过往证明。在世界经济全球一体化背景下，随商品与生活模式一并涌入的外来文化，与中国传统文化展开竞争激烈，吃着麦当劳、喝着可口可乐、穿着耐克、唱着Hip-Hop、看着变形金刚长大的年轻一代，潜移默化之中远离了中国文化，价值观异化，历史观虚无，已经不仅仅是商业经济问题，更是文化认同问题。

文创，就产品形态而言是文化创意，对年轻一代职业生涯是文化创业，对人类社会而言是文化创新。在倡导文化自信和文博系统开放文物版权、文旅发展等诸多合力下，文创产业成为产品设计的热点。在文创产业的喧闹之中也能看到，文创市场存在产品质量低劣，同质化严重，甚至是美、日等文化产品盗版复刻的问题，产品类型局限于摆件或小玩具，实用度低，难登大雅之堂，远远谈不上文化产品。对比中国传统器物的功能性与精神性合一，优劣差距一目了然。

新文创，指基于中国器物精神，融于现代材料与技术，面向现代人的生活，不仅只是传统文化符号的挪用与样式复制；新文创不是制造文物赝品，而是根植于中国文化，创造新的现代中国文化产品。

由于社会有文创产品的巨大需求与困惑，西南民族大学产品设计系将新文创设计作为办学的一项重要分支，将（1）中国新一代需要什么样的文创产品？（2）中国传统器物精神怎样植入文创产品？（3）中国传统器物范式在现代生活方式中怎样改良？作为教学中待解决的问题，在设计实践中找寻答案。

二、新文创实践中的经典与批评

近年来的中国文创热，源于以雍和宫与故宫文创为代表的明清皇家文化IP。雍和宫，曾经是后来成为雍正皇帝的雍亲王胤禛的居所，这里的代表文创是胤禛书写的"福"字复制品，看似毫无创意的门窗吉祥贴纸，因为拥有一个美好的文化IP故事，成为年销售额过亿的商业奇迹。故宫，作为世界最大博物馆，文化IP的异常丰富，使其大部分文创产品成为文物复刻及纹样的简单挪用，在这些略微缺乏创新的产品之中，也诞生出"故宫百子"这种将中国文化内涵与现代审美结合的佳作。

"故宫百子"系列茶具（图1）的文化IP原形，是故宫著名的北宋定窑孩儿枕。"故宫百子"用孩儿枕的定窑白瓷作为基本材质，将原本细节繁多的孩子造型简化为金色小孩匍匐外形，创造出如中国版凯斯·哈林（Keith Haring，美国著名涂鸦艺术家）的现代效果，单一的孩儿枕造型被演绎成多子多福的吉祥寓意，金色的孩童造型使白瓷实用器成为供人鉴赏把玩的艺术品。

作为"故宫百子"系列茶具的创造者，洛可可LKK设计也是新文创设计的积极践行者，设计的香具系列也成为中国当代代表性

图1 孩儿枕与故宫百子系列文创

文创。"高山流水"是洛可可出品的香具文创产品，名称取自中国古代著名的知音故事：先秦时，琴师俞伯牙山间弹琴，吸引了樵夫钟子期，两人由此成为知音，当钟子期病逝后，俞伯牙摔琴绝弦，悲痛的不再弹琴。当年让他们成为知音的就是古琴曲《高山流水》。

香具"高山流水"（图2）利用塔状香香气下沉的原理，打造中国山水画般的意境美：中空的塔状香香气往下排出时，遇到黑瓷

图2 高山流水

制成光滑台面，遇冷继续下沉，烟云由此逐级流下；香具中唯一可以移动的黑色卵石，也在烟云推挤下逐级跌落，发出卵石击破水面的叮咚声。"高山流水"将中国文化中焚香的雅，与文人画中的淡薄精神追求结合在一起，利用倒流香的物理原理，呈现一种高山流水、云雾缭绕的仙气禅意，创造了富于中国文化特色的优秀文创产品，此款产品也成为中国国礼。

之后，洛可可（LKK）根据"高山流水"倒流香的实验成果，衍生出其他系列香具。"高山流水"中云海瀑布般的烟云，在"观鱼"香台（图3）中演化成清晨水面的水雾：塔香烟云随坡面流下，金银两色抽象的鱼逆流而上，仿佛在晨雾中游弋；"独钓"香台（图3）则是柳宗元经典诗句的诗意画，抽象的渔翁在水波中演绎着愿者上钩的静默。

洛可可（LKK）的此类文创设计，用现代设计语言讲述中国审美，在实用产品中体现中国文化的影子。"大耳有福"（图4）套盘，组合方式上采用中国古代漆器耳杯的范式，造型中隐藏布袋和尚的面部轮廓形象。布袋和尚，是五代时期宁波的僧人，传说他体胖腹大，笑口常开，背上常背一巨大的破布口袋，后世渐渐将他与

图3 观鱼香台与独钓香台

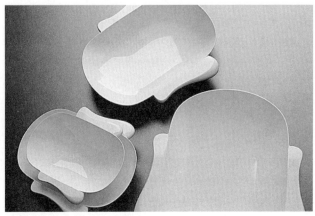

图4 大耳有福套盘

汉传佛教的弥勒佛造型一体化，寓意笑口常开、包容和气，成为吉祥的象征。"大耳有福"套盘外形好似布袋和尚的胖脸和耳朵，造型风格却又很现代；使用时，两只耳朵恰好可作为拿盘子的把柄（图4）。针对盘具使用时大小不一的需求，套盘为大小不一的四种相似型盘形，堆叠在一起的盘具，象征福气层层扩展，连绵不断，充满了中国式的祝福。

三、新文创教学中的中国器物精神实践案例

中国器物精神作为一种优秀文化，不能仅仅陈列在博物馆里，更要让它呈现在人们的日常生活中，发挥文化"聚众"的作用，更好地促进文化和社会的发展与进步[1]。西南民族大学产品设计2016级的毕业设计中，涌现出一批内涵中国器物精神的优秀作品。

白洪斌根植于中国文化，提出中国古代器物的精美度，不仅象征生活水平的高低，更是人生态度的观念，他针对生活中灭蚊器具丑陋的痛点，将中国焚香祭祀的仪式感引入到现代日常生活的灭蚊器具设计中，利用构件组合的方式，集合电加热、燃香等多种灭蚊功能，结合无线充电技术，设计出新颖的"器物精神蚊香炉"（图5），优化灭蚊驱蚊产品的使用体验，将家中最难看的日用器物转变为文玩摆件。他指出，现有的灭蚊器具，支架小、简陋、不便于安装，燃烧殆尽的灰容易散落一地，甚至有火灾安全隐患；蚊香托盘和电蚊香驱蚊器功能各异，设计丑陋，使用时产生的污垢不能藏匿等一系列问题。

在白洪斌的毕业设计中，他敏锐地关注到宣德炉在收藏市场上的价值，首先选用"洒金""冲天耳"等数款经典样式的宣德炉作为模板进行设计，续而选用漆器作为衍生造型。器形选择的原因在于，明朝宣德年间的宣德炉，由"风磨铜"这种高级合金铜制成，造型优美典雅，成为中国文化特征的代表符号之一；而漆器作为瓷器技术成熟前的器物典型代表，也具有鲜明的中国文化特征。造型设计不是古代器物的简单模仿，而是在保留器物的基本精神符号上，大胆对功能冗余部分进行删减调整。

"器物精神蚊香炉"的细节设计也体现出中国器物的精致（图5）：燃蚊香支架可以架高蚊香，减少热量扩散，保证燃蚊的顺利燃烧，这种纯功能性的结构，被处理成莲花出水的造型，象征"出淤泥而不染，濯清涟而不妖"的生活态度。与之相似的还有电加热蚊香的防烫护栏设计（图5）：为了避免手部触碰到高温度的蚊香加热板，其上设计有防烫护栏结构，造型为多重如意祥云，寓意吉祥再吉祥。

设计是一种文化语言形式，是将蕴含在作品中的文化信息通过设计这一媒介进行表达与转述，从而引起人们情感的共鸣，这种共鸣是基于共同的文化认知、价值观念、意识形态，是一种具体环境下的情感表达。一定的设计必然根植于一定的环境，没有环境的依托，设计只是一串没有意义的符号，不能为人们所感知[2]。山西

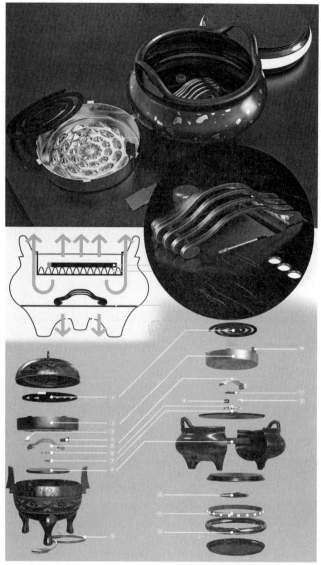

图5　器物精神蚊香炉

人秦凯阳在毕业设计调研中发现，家乡黎城县的非物质文化遗产黎候虎正在旅游开发和现代生活中被淡忘，除了偶尔作为城市节庆景观造型，作为商品的黎候虎已经退出市场，究其原因是因为：（1）黎候虎传统造型过于传统，颜色、动态、造型都很单一、缺乏变化；（2）产品不具交互性，没有和现代生活发生联系，只能作为布制摆件；（3）基于当地人虎的图腾崇拜的黎候虎，对外地游客而言没有故事可听，欠缺文化吸引力。

秦凯阳针对这些"痛点"，结合现代青年人和游客的消费方式，设计了黎候虎的现代卡通版本"黎阿福"，强化青年人喜爱的可爱造型，并在此基础上开发了基于山西旅游的系列插画《黎阿福游山西》，衍生出现代文房用具、生活用具、贺年卡及系列衣物、挎包、手机壳；针对自媒体端的推广，还设计出"黎阿福"微信表情包；最时尚的是十余款"黎阿福"盲盒（图6），每款盲盒礼物展现出典型的现代中国风，可爱至极，成功地设计出一套具有地域文化现代文创玩具。

张兴辉的系列文创礼品IP源于宁夏博物馆的错金银回首卧式

图6 黎阿福盲盒

图7 错金银回首卧式铜羊茶具及伎乐飞天文创拼装玩具

铜羊，其中最出彩的是茶具。张兴辉巧妙地从洛可可LKK"故宫百子"系列茶具吸取材质与形态的组织方式，将铜羊IP简化为金色卧羊造型，用白色亮光、黑色哑光两种瓷做基础材质，设计出典雅、富贵、易拿取的实用茶具（图7）。遗憾的是，张兴辉的"夏博器礼"包装有老气横秋之嫌，茶具的局部细节还待进一步雕琢。

时至当下，现代设计的话语权为西方主导，中国传统器物文化在现代设计环境中略显颓势，但这并不意味着传统器物在现代社会中失去其价值，关键是如何在现代设计语境中对传统器物文化进行适时的重构，在充满同质化的所谓"国际范"的设计中，凸显本民族的特色，这是中国现代设计需要解决的问题[3]。沈云凡的第一版毕业设计，企图以《山海经》IP设计玩具，但为了寻求差异化，转而选用敦煌伎乐飞天，设计了儿童文化科普拼装玩具，他认为，文化自信基于童年的文化熏陶，市场缺乏适合儿童的中国文化艺术解读书籍，具备动手拼装的此类玩具更缺乏。他的"伎乐飞天——敦煌"（图7），将模糊的敦煌壁画飞天形象细节化，对飞天的衣着、乐器做详细的解读，用拼装飞天构件的交互体验，寓教于乐，强化儿童对中国文化的了解和兴趣，拼装所得的摆件也成为回忆知识的教具。

四、结语

当今中国面临的文化竞争与文化安全问题已不用赘述，本土原生文化真空，势必造成文化入侵。在粗糙、急躁的现代生活中，缺乏中国器物精神所代表的典雅、豁达、细腻、精致，这关乎生活质量，更决定生活态度。成都一家文化公司的经营者曾经这样描述他们的文创产品：真正让他们盈利的都是脑筋急转弯式的小物件，比如形似头上长草的小发夹……另一家全国著名产品设计公司负责人叙述他的人才需求观：公司普遍不缺工业设计的人才，因为从功能到结构，是有方法培训的；恰恰是文创设计人才，需要有极其丰富的文化知识背景及文化挖掘方法，大部分艺术设计专业培养的造型人才，是很难满足企业人才要求的。基于中华民族文化自信的文创设计，只有从器物精神研究做起，才能创造出有中国文化内涵的现代产品，才能培养出满足市场需要的现代文化产品创造者，为我们的当代生活增添一笔中国色彩。

注释

① 蒋鹏，西南民族大学城市规划与建筑学院产品设计系主任，讲师，主要研究方向为产品设计。
② 白洪斌，西南民族大学城市规划与建筑学院产品设计系，2016级学生，主要研究方向为产品设计。
③ 李然之，洛可可（LKK）设计成都有限公司总经理，主要研究方向为工业设计、文创设计。

参考文献

[1] 刘芳菲. 博物馆为何需要"活"起来 [J]. 小康，2016 (27)：83.
[2] 刘小路. 中国传统造物方式在当代设计语境下的失语现象透析 [J]. 创意与设计，2013 (6)：91.
[3] 姜陈. 传统器物元素的现代性转化与应用 [J]. 包装工程，2018 (16)：228-232.

基金项目： 本文为四川省教育厅人文社会科学重点研究基地·工业设计产业研究中心项目《协同四川民族地区扶贫与非遗保护的高校服务设计研究》(GYSJ2019-010)。

西藏宗堡建筑的军事防御性设计

彭玉红[①]　黄凌江[②]

摘　要： 宗堡建筑是藏文化地区一种特殊的传统建筑类型，其主要特点是同时具有重要军事防御和政治宗教属性。本文从军事防御的角度，系统解析了宗堡建筑在建筑选址、功能布局、防御结构以及交通组织等方面的设计考量，并进一步总结了西藏宗堡建筑的设计理念和方法。

关键词： 宗堡建筑　军事防御　西藏

一、引言

宗堡是西藏的一种传统建筑类型，其雏形的起源可以追溯到原始部落时代的防御性的堡寨[1]，元末明初时"宗"成为西藏各地划分行政区划的单位，宗堡建筑也正式成为各宗军事控制和政治统治的行政建筑，现存的宗堡建筑多兴建于14世纪之后[2]。宗堡建筑同时拥有着军事防御和政治宗教的属性，而其军事防御属性与它本身的防御性设计紧密相关。本文从军事防御的角度，解析了宗堡建筑的形成历史及军事防御属性，分析宗堡建筑的军事防御设计理念和方法。

二、西藏宗堡建筑的发展及军事防御属性

1. 起源于原始聚落的防御需求

关于西藏宗堡建筑的起源目前尚无定论。有研究认为"悉补野[③]"部落时代遍布"小邦[④]"的带有军事要塞性质的堡寨[3]，吐蕃王朝时期建立在山势险要之处的"宫堡"[4]，以及交通要道旁从山顶一直排布到水岸的同心堡垒[5]，都可能是宗堡建筑的雏形。它们建立的初衷都是基于原始聚落的防御需求。吐蕃王朝建立之前，各小邦之间经常发生战乱，吐蕃王朝崩溃之后，西藏陷入长时间的分裂割据状态，动荡的社会和不稳定的政权使堡寨、宫堡成为维护安全与稳定的重要防御工事，这奠定了宗堡建筑的防御属性。

2. 兴盛于政治宗教的制度

元末明初，绛曲坚赞推翻了萨迦政权的统治，建立了帕木竹巴王朝，废除了萨迦时期的万户制，实行以"宗"划分行政单位的制度，在关键的地区建立了十三个大宗[1]。同时各宗修建兼具防御堡垒和行政宫殿功能的宗堡建筑，其军事防御属性至此在政治制度下得以确立并逐渐兴盛。明代时这种"宗"制度在西藏地区得以延续，宗堡建筑继续承担着把守西藏各地军事防御关口的重任。到了

清代时对这一制度进行了继承与改变，宗的级别分为驻守边关的边宗以及分布在其他区域的大宗、中宗和小宗[6]，宗堡建筑的数量也达到峰值，其军事防御属性得到最大限度地发挥。特别是在甘丹颇章政权时期西藏政教合一的政治宗教制度建立之后，宗堡建筑的军事、政治地位得到进一步提升，在清朝多次平定边境动乱和西藏内乱的过程中起着非常关键的作用，在近代抵御帝国主义侵略战争中也发挥着举足轻重的功用。

三、宗堡的军事防御设计

宗堡建筑的军事防御设计基于西藏独特的自然和文化环境。首先，险峻的高原山地地形条件，给宗堡建筑的选址、布局带来了很多限制，也加大了建筑的建造难度，但从军事防御的角度来看，将险峻的地形加以合理利用可以成为绝佳的自然屏障，因地制宜地进行建筑各功能部分的布局就可以扬长避短，达到最优的空间防御程度。其次，与自然环境对宗堡建筑防御设计的直接影响相比，西藏文化环境的影响则更为潜移默化，通过原始的信仰崇拜和宗教文化的宇宙观影响藏民对空间环境的判断和认知，进而影响和改变其创造、设计空间的模式和方法。两者共同作用使宗堡的军事防御设计形成独特的设计思想和方法，并表现在建筑选址、功能布局、防御结构以及交通组织等空间特征上。

1. 防御性空间布局

源于自然地形条件的限制与机会，宗堡建筑遵循从空间选址到功能布局的防御性设计理念。首先是在选址过程中，需要考虑多种因素，如吉祥的传说、喇嘛的意见、水的获取方式、军事和行政方面的限制等，其中最关键的因素是军事战略上的位置即对贸易路线和山谷的控制，以及与水源的距离[5]。综合上述因素的宗堡建筑选址，一般满足以下几个条件：一是占据地形险要、易守难攻的独立山头，山的相对高度一般在百米左右，坡度往往有一侧较陡[7]；二是俯瞰山下开阔的河谷平原并扼守数条通往境内外的交通要道，

如丝绸之路、茶马古道、唐蕃古道等重要的贸易路线；三是山上或山下就近有便于取水的水源。例如，恰嘎宗堡既在雅鲁藏布江畔也处于北通拉萨、西往乃东、东面直达拉加里王府的交通要道之处，是东西陆路、南北水路的兵家必争之地[8]；江孜宗堡、琼结宗堡、桑珠孜宗堡等处在河谷平原的小山上，扼守重镇；帕里宗堡、定结宗堡、定日宗堡等选址于贸易路线的关键节点处。

其次，根据地形条件进行功能布局。宗堡建筑的布局遵循基本的防御原则，依山就势配置各个功能部分。宗堡建筑在山体不够险峻陡峭之处建立城墙作为最外层的防御性构筑物，其高度随着地形起伏程度和地势的险要程度而变化，并且墙体本身采用防御性构造。厚而中空的墙体内部可以设置战时通道，一般也开有用于射击的孔洞，如琼结宗堡遗址残存的石砌中空的城墙，下层内部就留有高约两米、宽约一米的通道[9]。同时，城墙上在掩护、移动、进攻的关键节点位置设有碉堡[10]，以提供更广阔的防御和反击的视线角度，增强外层防卫屏障的防御性，进攻和反击的火力集中分布在碉堡处，形成强有力的一道防线。在围墙之内，分布着宗政府、经堂、佛殿、军火库、仓库、兵营、监狱、碉楼等功能建筑。一般将最为重要的宗政府和佛殿等布局在建筑群的内部。一些独立的碉楼一般也分布在宗政府附近，如杰顿珠宗堡的宗政府附近分布有20多座碉楼。有的宗政府本身就采取碉楼形式，如则拉岗宗堡的宗政府就是两层藏式碉楼。其他附属建筑随地势依次布局在宗政府、佛殿等的周围，无形中形成保卫内部宗政府的层层掩体（图1）。

这些建筑不仅依靠建筑间的布局形成相互掩护、遮挡的关系，建筑的表皮往往是高大厚重的墙体，并且墙体上开洞较少，在有些重要建筑的墙体上方建方形气孔和射孔，下方建可以窥探外部敌情的瞭望孔和射孔，而建筑内部的布局也一般较为复杂[8]，减缓敌人攻陷宗堡的速度，并且士兵可以利用建筑内部的掩护空间进行反击。例如，桑日宗堡顺应险要而狭窄的三条山脊地形展开，在建筑外围修建坚固的城墙形成防守严密的防御层，并在山脊上设置连续的岗哨或防道，在三条山脊的聚合处布置宗政府，厚厚的夯土墙上开设了外小内大的三角形瞭望孔，同时也是用于射箭的射孔，宗政府的背面布置有环形碉堡以加强防御[8]。其他宗堡建筑如桑珠孜宗堡、达玛宗堡、岗巴宗堡、贡嘎宗堡等都呈现出这样的防御性的水平空间布局。

2. 防御性空间结构

受西藏传统文化的影响，宗堡建筑的军事防御设计呈现出顺应

山体自上而下的竖向空间结构，整体的空间防御层次也呈现自上到下的竖向分布形式。这种上下竖向层级的空间分布形式可能与西藏原始苯教的"天神"崇拜有关。苯教的"天神"崇拜衍生出一种以"上方"为"神圣"的空间观念，并形成上、中、下三界的宇宙观[11]，处在高山之上的宗堡建筑的整体防御结构也呈现出这种以"上"为尊、自上而下的空间层次。将宗堡建筑和所在的宗山整体从竖向空间来看，从上到下分别为宗政府——经堂、佛殿、碉楼——军火库、仓库、防卫墙——地牢、暗道的分布趋势，最重要的防御建筑分布在最难攻克的高处，随着高度下降，建筑的重要性降低，但是防御兵力和火力的基础性布局加大，在防御结构的底层是险峻的山体所形成的自然屏障。从上到下的宗政府、碉堡、军火库、仓库、防卫墙、暗道形成相互勾连的消息传递、物资传输、兵力调遣的立体防卫体系。这种竖向的防御结构在一些古老的宫殿建筑中也可以找到痕迹，如吐蕃王朝崩溃后赞普后裔在阿里地区建立的古格故城，防御体系的三道防线[12]，也呈现出竖向分布的趋势，最为重要的山顶王宫区的防线受到另两道较低位置的防线的保护，王宫区在山顶台地上，并就近筑一周防卫墙和碉堡加以防卫，在台地之下的坡地上，分层加筑防卫墙和碉堡，形成了从上到下层层分布的防御结构。

竖向分布严密把控的碉堡、层层叠叠的防卫墙、纵横密布的暗道和自然险峻的山体构建了强有力的宗堡建筑的防御性空间结构（图2）。在稍高处的独立碉堡提供更灵活的进攻火力，和防卫墙局部结合的碉堡扩大了外围防线的可进攻范围。纵横密布的暗道将宗堡的各个重要建筑相互连通，既能迷惑试图从曲折回环的少量山路攻入碉堡的敌军，又方便战时的人员转移和物资补给，这些暗道一般非常狭窄，可以达到"一夫当关，万夫莫开"的御敌效果。为了加强防御需要，有时也会在地下一层的上部开凿枪洞以防守上山的道路[1]，是宗堡建筑隐藏的一层防御结构。

3. 防御性交通组织

遵循防御性的原则，宗堡的交通方式分为明道和暗道两部分，明道和暗道形成了互相掩护和防卫的配合，使宗堡建筑的交通组织形成了一定的防御系统。平时的物资运输和人员往来依靠明道；战时为了避开敌人的耳目和减少不必要的火力冲突，下山取水、物资传送、人员调动等可以通过暗道进行，如进入恰嘎宗堡就有明道和暗道两种通道。

明道是暴露在外的比较明显的山路和出入宗堡的道路，但是由

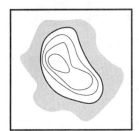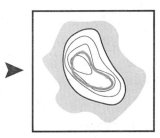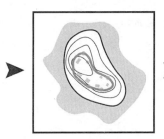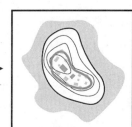

重要建筑　次要建筑　碉堡　围墙　山体　山下空间

图1　防御性的水平空间布局（图片来源：作者自绘）

图2 防御性的竖向空间结构（图片来源：作者自绘）

图例：
重要建筑
次要建筑
辅助建筑
围墙
山路
暗道
山体

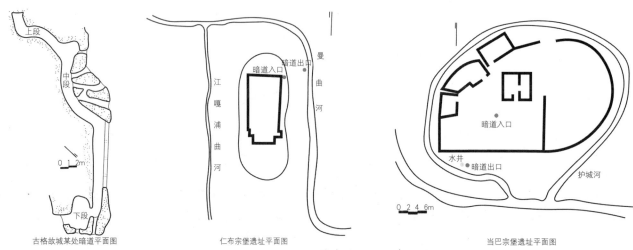

古格故城某处暗道平面图　　仁布宗堡遗址平面图　　当巴宗堡遗址平面图

图3 防御性的暗道示意图（图片来源：作者自绘）

于宗堡一般选址于险峻的山顶或山腰，上山的道路往往长而曲折，配合着悬崖峭壁的阻挡，加大了敌人攻打上山的难度，如白朗宗堡能扼守住通往拉萨和日喀则的交通要道，归功于其所在的山体三面都是悬崖，只在后山脊上有一条狭窄的小路[8]作为上山的明道，山下年楚河上仅有一座木桥用于过河。一般这些明道沿途也受到建筑内部的监视或防守，具备一定的查探敌情和攻击敌军的能力。

暗道是一种隐蔽的交通路径，其作为一种深入地下的防御通道在古格故城中就已出现，成为当时城堡与外界联系的交通网络的一部分，错综复杂的暗道相互连通并开有暴露于崖壁的通气孔。宗堡建筑暗道的路径、出入口和尺度因地制宜地进行变化（图3）。暗道的入口一般隐藏于靠近建筑的某处，如仁布宗堡，或设置在院落中，如当巴宗堡，而出口则通向山下的河流或水井以便于取水。暗道的尺度总体都比较小，出入口的口径一般为0.6~1.1米，内部一般宽为1.3~1.6米，高为1.4~1.9米，内坡度为30°~60°⑤。暗道的路径或较为曲折呈曲尺形[12]，如古格故城中的暗道那样，或沿悬崖峭壁直通而下，如杰顿珠宗堡。

四、结语

宗堡建筑的军事防御设计，并不沿用某一固定的空间设计形式，而是在西藏独特的地域自然条件与传统文化影响下呈现出相似的结果。从自然地形环境出发的防御性水平空间布局的设计手法，其设计逻辑是从符合军事防御需求的选址到配合地形优势展开的功能布局，宗堡建筑将地形环境的限制巧妙地转化为自身发挥军事防御功能的机会，使建筑与环境相统一。受文化环境的间接影响，宗堡建筑的军事防御设计结构与原始苯教敬仰高处、高山的空间认知相吻合，自上而下竖向分布着宗政府、佛殿——军火库等附属建筑——地牢、暗道，而围墙和碉堡随地势险要程度的变化灵活变动，随着空间高度的下降，各部分的防御重要性逐渐降低、防御基础性逐渐升高。这种内与外、上与下、明与暗的空间设计手法和空间关系处理方式，反映了藏民顺应自然、尊重传统文化的内在设计理念。

注释

① 彭玉红，武汉大学城市设计学院建筑系，硕士研究生。

② 黄凌江，武汉大学城市设计学院建筑系，教授。

③ "悉补野"为吐蕃王族的姓氏，悉补野部落是指早年在西藏山南地区雅砻河流域吐蕃先民的部落，当时的西藏由多个原始部落组成。

④ 指分散的、互不统属的部落和氏族。

⑤ 根据《西藏自治区志·文物志》683~705页和《古格故城》142~144页总结。

参考文献

[1] 徐宗威. 西藏传统建筑导则 [M]. 北京：中国建筑工业出版社，2004.

[2] 陈耀东. 中国藏族建筑 [M]. 北京：中国建筑工业出版社，2007.

[3] 杨嘉铭，赵心愚，杨环. 西藏建筑的历史文化 [M]. 青海：青海人民出版社，2003.

[4] 徐宗威. 西藏古建筑 [M]. 北京：中国建筑工业出版社，2016.

[5] NAVINA·NAJAT·HAIDAR. Bhutanese Dzong Architecture—Bhutanese Dzong Architecture—a study of a traditional building type in complete harmony with its social and physical environment[J]. ARCHITECTURE + DESICN，1990.

[6] 松筠. 卫藏通志 [M]. 上海：商务印书馆，1936.

[7] 李旭祥，周晶，李天. 宗山下的聚落：西藏早期城镇的形成机制与空间格局研究 [M]. 成都：西安交通大学出版社，2017.

[8] 西藏自治区地方志编纂委员会总. 西藏自治区志·文物志 [M]. 北京：中国藏学出版社，2012.

[9] 杨国庆. 中国古城墙 [M]. 南京：江苏人民出版社，2017.

[10] 杨永红. 西藏宗堡建筑和庄园建筑的军事防御风格 [J]. 西藏大学学报：社会科学版，2005，020（004）：59—62.

[11] 石硕. 藏地山崖式建筑的起源及苯教文化内涵 [J]. 中国藏学，2011（3）：150—155.

[12] 西藏自治区文物管理委员会. 古格故城 [M]. 北京：文物出版社，1991.

宁夏回汉杂居村落景观格局与公共空间研究

——以王家井村为例

方智强[①]　崔文河[②]

摘　要： 宁夏中卫市海原县王家井村作为宁夏西海固地区典型的回汉杂居村落，村内拥有丰富的历史文化资源。不同的民族在同一片土地上和睦相处，尤其是在共同经济利益发展的过程中、交流互动越发频繁，从而带动着村落的发展。本文通过现场实地调研、测绘、访谈，总结概括出王家井村村落景观格局与公共空间形态特征。传统聚落营建经验的再挖掘，是为了当下乡村建设的良性发展，希望能为当地村落更新建设提供参考。

关键词： 回汉杂居　景观格局　公共空间

一、前言

宁夏回族自治区是典型的多民族聚居地区，据国家统计局2019年数据显示，宁夏的回族人口占全区总人口的36.05%、汉族人口占比63.11%、其他少数民族人口占比0.84%。宁夏西海固地区位于宁夏回族自治区南部，包括固原（原州区）、海原县、西吉县、隆德县、彭阳县、泾源县、同心县、盐池县，共七县一区，总面积3.4万平方公里，占宁夏全区土地总面积的51.5%。截至2019年末，西海固地区总人口233.7万人，其中回族人口占地区总人口的56.15%，汉族人口占比43.72%，其他少数民族人口占比0.13%。（图1）

图1　西海固区位图
（图片来源：作者自绘）

不同的民族在同一片土地上繁衍生息、和睦相处，在频繁的交流互通过程中形成了一个又一个具有多民族聚居特征的传统村落。中卫市海原县王家井村是宁夏西海固地区众多回汉杂居村落的典型代表。长期以来，回汉民族联系紧密，村落空间营建具有丰富的共生智慧。本文以王家井村为研究对象，分析其景观格局与公共空间形态特征。挖掘传统聚落营建经验，总结回汉族群空间的共生智慧，促进当下乡村建设的良性发展。

二、村落景观格局

宁夏中卫市海原县王家井村位于海原县城北2公里处，是典型的城郊村，区域总面积0.97平方公里。截至2019年末，村在籍人口163户，526人。其中，汉族人口占全村总人口的85.8%，回族人口占比14.1%。王家井村产业以养殖、种植、劳务输出为主，村内建有龙王庙、拱北等宗教文化建筑。汉、回民族比邻而居，融合互通，形成典型的族群杂居村落，据分析王家井村的景观格局具有以下特点。（图2~图4）

1. 共居河谷

王家井村是宁夏南部旱作农业区小流域典型河谷型村落，河谷南高北低，河水汇聚到下游的石峡口水库。王家井村东西两侧为土塬，中间是河道，村落被河道分割成东西两个民居组团。聚居区沿河流水系呈"枝叶状"分布的特征尤为明显。据村志记载，王家井村原先是纯回族聚居村落，汉族人口在20世纪20年代海原大地震前后陆续迁入，最早迁入的汉族群众多居于河道以西，回汉两民族以河道为界，缺少生活交集。后来随着迁入的汉族人口不断上升，两民族间交流互通日渐频繁，民族间的隔阂逐渐打破，汉族聚落渐

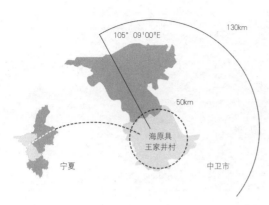

图2 王家井村区位图（图片来源：作者自绘）

图3 王家井村全景航拍图（图片来源：作者自摄）

图4 王家井村落平面图（图片来源：作者自绘）

图例
1. 王井拱北
2. 村中水系
3. 村中道路
4. 103省道
5. 同海公路
6. 村入口广场
7. 耕地
8. 龙王庙
9. 林地
10. 山体

渐向河道东侧延伸，进而形成了今天所见的族群杂居型村落景观格局。

王家井村的土壤类型主要以由草甸土、灰钙土、湖土、淤积土等基础土壤演化形成的灌淤土为主。村中没有支柱性产业，收入来源主要以种植、养殖、劳务输出为主。农作物以玉米、马铃薯、油籽、秋杂粮、饲草为主。为方便灌溉、耕地主要沿河道两侧分布。王家井村的植被属于北方物种体系，由人工种植的经济林带和农田林网组成。经济林带是近年响应退耕还林工程而建设的，有改善水土流失、保持土壤水源涵养与美化环境的作用。林带多位于距河道较远不方便灌溉或土壤脆弱地带，截至2019年末，王井村已退耕还林150余亩。生态环境显著改善。王家井村回族与汉族聚落近水而居，地势平坦的河谷川地为人们提供了充足的水源保障和农业发展的必备条件，反映出王家井村汉族、回族人民顺应自然环境和充分利用自然环境的人居智慧。（图5）

2. 比邻而居

王家井村被同海公路穿村，从而形成了东西两个民居组团，村东侧建有元代拱北，为古吐拜（阿拉伯传教者）陵墓，属伊斯兰教建筑。西侧建有龙王庙，属汉族道教文化建筑。在聚落布局上，汉族以血缘、宗族为纽带聚族而居，单体民居比较疏散，多坐北朝南构筑。王家井村的汉族人口因大多为移民，故宗祠建筑比较少见，唯有村西侧的龙王庙布置在聚落中，偶尔会有人祭拜。

拱北附近的民居组团大多为回族群众。与汉族以血缘、宗族为纽带聚族而居形成以宗祠（祠堂）为中心的聚落布局不同，回族则是在以血缘为纽带的基础上以宗教作为精神中心。民居自然形成向心性布局，聚落南侧是村落规模最大、最高、最为华丽的视觉中心——王井拱北。拱北在村中代替了清真寺的作用，回族个体"向寺而居"，形成了典型的"寺坊"形态，与王家井汉族聚落形成了鲜明的景观格局差异。

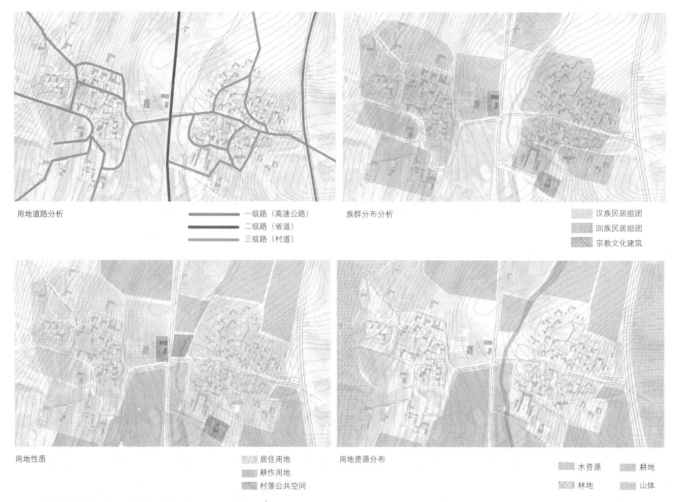

用地道路分析　　　　　　　　　　　　　一级路（高速公路）
　　　　　　　　　　　　　　　　　　　二级路（省道）
　　　　　　　　　　　　　　　　　　　三级路（村道）

族群分布分析　　　　　　　　　　　　　汉族民居组团
　　　　　　　　　　　　　　　　　　　回族民居组团
　　　　　　　　　　　　　　　　　　　宗教文化建筑

用地性质　　　　　　　　　　　　　　　居住用地
　　　　　　　　　　　　　　　　　　　耕作用地
　　　　　　　　　　　　　　　　　　　村落公共空间

用地资源分布　　　　　　　　　水资源　　　耕地
　　　　　　　　　　　　　　　林地　　　　山体

图5　王家井村用地性质分析（图片来源：作者自绘）

不同的文化与宗教信仰没有给回、汉民族间带来隔阂，而是使二者联系愈发紧密，两民族间互通有无，尤其是在共同经济利益发展的过程中交流互动越发频繁，从而带动着村落的发展。

3. 空间交融

王家井自然村的汉族与回族聚落景观格局是民族文化在空间上的物质表现，然而族群空间并非泾渭分明，族群建筑经常相互嵌入分布，例如具有伊斯兰教性质的王井拱北不远处便居住着汉族群众，王家井在籍人口163户中有23户是回族，两个民族在长期交往、互助、合作中呈现出交错分布的聚落景观格局。各民族人口交错分布的程度越高，交流、合作的机会就越多。

面对西海固严酷、恶劣的自然条件，王家井村回汉民族群众在居住地形、地貌、地势的选择上差别较小。两个民族需要适应同样的生态环境，包括地理区位、地形地貌、气候条件以及自然资源，因此，两个民族在应对相同客观条件的前提下采取了类似的聚落营建技术，甚至借鉴了不同民族的聚落营建文化。例如，回族群众会采用汉族房屋的建造方式，外观与汉族相仿，不进去一探究竟很难分清两民族民居的区别。汉族在民居营建中也会借鉴回族，例如当地很多汉族民居院落中间建有一块方形花坛，这是典型的回族院落

做法。回汉民族所处的地理、自然、生态环境相同，其生产方式、居住方式、社会风俗以及思想观念在长期的民族交流、合作中表现出极大的相似性和趋同性，用当地一位回族村民的话：回汉一理儿，只是人同教不同。汉、回两个民族在同一片土地上形成两大民居共同居住格局的过程中，民族不断发展融合，不同文化之间的整合创造出传统汉族文化与伊斯兰文化融合的人文环境。

三、族群互动视角下的村落公共空间

村落是一个社会有机体，在这个有机体内部存在着各种形式的社会关联，也存在着人际交往的结构方式，当这些社会关联和结构方式具有某种公共性，并以特定空间形式相对固定的时候，它就构成了一个社会学意义上的村落公共空间。一般社会成员可以无条件或者有条件地出入于其中的地方场所，村落公共空间是存在于乡村聚落中的促进社会生活事件发生的公共活动场所。在王家井村这样的多民族杂居村落中、公共空间不仅仅限于本族活动，很多情况下是本族为主，他族参与的形式。从村落景观格局上来看，王家井村虽然有明显的回、汉民族民居组团，但在两民族在长期繁衍生息过程中，组团间产生了许多交集，从而影响了乡村的民风民俗与乡村社会的人际关系，同时这些又正是影响乡村公共空间发展的重要因素。

1. 拱北及其集会性空间

拱北在中国内地主要指伊斯兰教苏菲学派传教士、门宦始祖、道祖、先贤等的陵墓建筑。王井拱北位于王家井自然村东侧，始建于元代，为阿拉伯传教者：古吐拜的陵墓和道堂。王井拱北建筑群占地面积约1.53公顷（23亩），总建筑面积约718平方米。拱北建筑群坐北朝南，北依民居组团，南面农田。建筑群由前门、正厅、拱北塔、纪念碑四部分组成，有次序节奏的布置两进院落，形成一组完整的空间序列。

东侧院落是建筑群主体，建筑由南向北依次排列；青砖灰瓦，古朴简洁；中间甬道两侧种植花草树木，显得和谐幽静。整个院落的视觉中心：拱北塔为单层顶八角亭式建筑，通高20余米，八角形重檐塔楼，使用彩绘、雕刻等手法加以精心雕琢。主塔两侧为两幢小礼拜塔。礼拜塔下的正厅为亭式廊棚、三面回廊建筑，是祭祀礼拜的大殿，空间可容纳50余人，拱北东侧是一处30米见宽的院落，在开斋节、古尔邦节等回族重要节日，也可容纳礼拜者聚集。主塔两侧的小礼拜塔及正厅为20世纪80年代村民修葺主塔时建造。整体建筑呈中华民族古典式风格。西侧院落建一矮房做后勤用，储放清洁工具等物品。紧挨拱北院落西北侧居住着常年在此维护拱北及保持清洁的回族马姓人家。虽然王井拱北建筑规模不及当地名门望族拱北气势恢宏，建筑布局较为随意，但也能从中看出村民对于宗教建筑的严谨及对于宗教信仰的虔诚态度。拱北虽是回族宗教建筑，但是当地汉族群众也常来此祭拜。回族举行重要节日时，汉族群众也会来此帮忙张罗。拱北旁的田间地头常有回族、汉族的孩子们嬉戏打闹，大人们也在附近驻足闲谈。（图6）

2. 龙王庙及其周边环境

龙王神主司一方水土丰歉，在传统农耕社会中地位很高，是道教中香火最旺的神祇之一，在水资源匮乏的西海固，人们对于水的重视远甚于其他地区，故修建龙王庙以祈求风调雨顺。有充足的生活用水及农业生产用水成为人们心中的向往，故龙王庙在当地起到了重要的精神慰藉作用。

位于王家井自然村西侧的龙王庙便是一处以汉族道教文化为载体所营建的公共活动空间，因为王家井村的汉族居民大多为移民，故村落中没有传统意义上的祠堂空间，龙王庙便同时充当了祠堂的作用。与东侧的回族拱北相比，龙王庙的规模要小得多，院落呈合院式布局，一进院落，平面为大致为矩形，可容纳20人左右，有正殿和西侧一间厢房构成，院落东侧沿墙高筑一平台，平台上建一座六角亭，作钟楼用，逢农历二月初三、三月初三、六月初六祭祀敲钟。王家井龙王庙从外观很难看出其宗教性质，进入龙王庙内，便可直观感受其宗教氛围。院落中央竖立一座道教香炉，正殿墙绘有纹样，殿内供奉着龙王造像。龙王庙平日不对外开放，大门钥匙由专人负责，逢祭祀节日才供人祭拜。龙王庙南侧5米开外有一处水塘，水泥护坡，通过村民介绍得知，水塘一作风水塘用，二用来供应消防用水。王家井龙王庙的位置居于聚落中心地带，为外界进村必经之路，来往人流交织，龙王庙南北皆是水泥硬化过的地面，具有典型的村落公共空间性质。另外，龙王庙南侧有一棵古槐，夏季枝叶茂盛，刚好为人们提供了一片优良的纳凉空间，此处常见邻里老人闲坐交谈，驻足寒暄。（图7）

3. 回汉民居院落空间

从应对西海固地区恶劣的生态环境、气候条件以及匮乏的水资源、土地资源的角度来看，王家井村回汉人民采取了相同的策略来进行民居的设计和建造，故回、汉民居在建筑形态、建筑材料及建造技术等方面并无明显差别。王家井村的房屋多为土坯砖砌筑或红砖砌筑，土坯房一般为就地取材，是当地最传统的建筑形式，土坯房的人工成本与用料成本低廉，但是房屋稳定性与耐久性较差，随着当地经济不断发展，村民的生活水平日益提高，这些土坯房逐渐被更结实牢靠的红砖房所替代。据分析王家井村民居院落的共性主要有：（1）坐北朝南、接受阳光、防寒布局。西海固地区多刮西北风，冬季寒冷，故村中民居多坐北朝南，南向开大窗充分照射阳光。院落布局形式多种多样，较为典型的应对气候的形式有：一字形房屋围合院落、二合院（二字形围合院落）、L形（当地称为拐把式）房屋围合院落及传统的三合院、四合院布局。无论哪种布局形式的产生和发展都是当地民居应对多风沙、寒冷气候的经验模式。（2）高围墙、防风沙、绿院落。用高高的夯土墙围合一个院

图6　王家井村拱北组图（图片来源：作者自摄）

图7　王家井村龙王庙组图（图片来源：作者自摄）

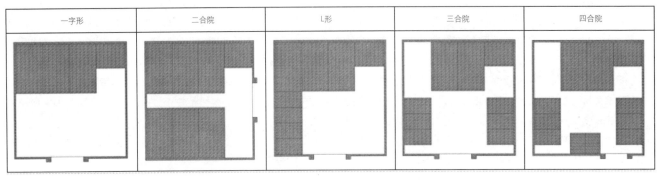

图8　西海固地区民居院落布局形式（图片来源：作者自绘）

落空间，是应对西海固地区风大、沙多恶劣气候的最佳选择。围墙内部可以创造一个微气候圈，可以调节院落小气候的风速、温度和湿度，在环境气候恶劣的条件下，创造出较为适宜的生活空间。（图8）

　　虽然王家井村民居院落的营建形式大同小异，但是在院落布局及房屋内部构造方面也保有着民族特色。例如，回族民居院落中央会精心布置出一块花坛，里面种着各种花卉及小乔木，以观赏为主。而汉族院落中央的园圃大多种植一些瓜果蔬菜等简单的经济作物。除此之外、房屋内部构造形式也有所不同，突出表现为回族群众会在房间里开辟出一处专门用于礼拜的空间，称作"净房"，而汉族群众家中没有此设置。

四、结语

　　宁夏西海固地区因民族构成、自然气候等客观条件形成了一些个性鲜明的多民族杂居村落，在王家井村，无论是汉族还是回族，村落的传统营建方式仍然发挥着一定作用，独特的民族文化与民居建筑保留较为完整，并在常年的交流互通过程中，文化的边际逐渐融合，从而形成了具有民族杂居性质的景观格局与公共空间类型。但随着城市化的进程加快，大量人口尤其是年轻劳动力外流，传统村落营建智慧面临着"失传"的窘迫现状。基于这种背景，归纳地域景观语言，发觉传统营建智慧，建立适宜的传统聚落景观更新模式是当前紧迫的历史任务。

注释

① 方智强，西安建筑科技大学艺术学院，硕士研究生。
② 崔文河，西安建筑科技大学艺术学院，副教授，研究方向：文化景观与民族建筑。

参考文献

[1] 燕宁娜. 宁夏西海固回族聚落营建及发展策略研究 [D]. 西安：西安建筑科技大学，2015.

[2] 张群. 西北荒漠化地区生态民居建筑模式研究 [D]. 西安：西安建筑科技大学，2011.

[3] 海原县地方志编纂委员会. 海原县县志 [M]. 兰州：宁夏人民教育出版社，2012.

[4] 韦娜. 西部山地乡村建筑外环境营建策略研究 [D]. 西安：西安建筑科技大学，2015.

[5] 崔文河，王军，岳邦瑞，李钰. 多民族聚居地区传统民居更新模式研究——以青海河湟地区庄廓民居为例 [J]. 建筑学报，2012（10）：83-87.

[6] 毕敏，冀开运. 固原南古寺拱北的历史渊源及其功能分析 [J]. 商洛学院学报，2009（6）：55-58.

[7] 徐兴亚. 西海固史 [M]. 兰州：甘肃人民出版社，2002：266.

[8] 马晓琴. 回族文化中的生态知识及其在区域生态环境保护中的应用——以宁夏南部山区为例 [D]. 兰州：宁夏大学，2006.

[9] 李晓玲. 宁夏沿黄河城市带回族新型社区空间布局适应性研究 [M]. 北京：中国建筑工业出版社，2014.

[10]陈莹.宁夏西海固地区传统地域建筑研究[D].西安：西安建筑科技大学，2009.

[11]马小华.寺与坊：二元视角下探析回族寺坊组织的作用与地位[J].宁夏社会科学，2009（5）：90-93.

基金项目： 国家社会科学基金项目"甘青民族走廊族群杂居村落空间格局与共生机制研究"（项目编号：19XMZ052）；国家民委民族研究项目"多民族杂居村落的空间共生机制研究——以甘青民族走廊为例"（项目编号：2019-GMD-018）。

云南大理白族民居空间组合探讨

洪 英①

摘 要: 居住空间对人们的生活和行为方式影响较大,决定了生活质量的高低,新冠疫情的爆发更加明确了这一点。相对于普通住区,民居空间更能体现结合自然、以人为本的思想。白族民居以"合院"为基本单位,进行形式多样的组合变化,创造出丰富的居住空间。受白族民居启发,我们大量居住空间的打造应该更加人性化、多样化,力争创造丰富多彩、舒适宜人、接近自然的居住感受,以适应人们对居住环境更高的要求。

关键词: 居住空间 白族民居基本空间单元 空间单元组合 启示

一、大理白族民居的群体空间组合

1. 基本单元——合院

大理的白族民居是本土文化吸收外来文化精华族后形成的一种极具地域性特征的建筑形式,他的建筑群体空间比较多样化,但多由合院作为基本单元,通过各种不同的组合而形成。在白族的合院式建筑当中,大众化的"普通合院"和带有"礼制"思想及更高审美追求的"文人和院"是两种主要形式。

(1)普通合院。这类合院以三开间二楼作为一个基本单元,依家庭的经济财力,选择的基地环境、朝向等多种要求进行布局,形成L形、H形和门字形等平面组合形式,加上门楼、围墙等构筑物,共同围合成并不十分严谨的院落(图1)。

图1 普通合院鸟瞰图

(2)文人合院。这类合院的布局形式有经典的"三坊一照壁"、"四合五天井"、"六合同春"以及"玖合院"等形式。它们都以庭院天井为中心组织各坊各屋,形成其独有的建筑空间特点(图2)。

这类合院空间层次丰富,给人一种"庭院深深深几许"的心理感受。建筑群以天井为中心组织平面空间,有明确的纵、横向轴线,居于院落中部的主体建筑是他的基本核心,核心位于主轴线上,并且尺度也较其他的各坊房屋既相对独立,又互相联系,也便于分期修建。

2. 空间组合方式

(1)"三房一照壁"——多重围合空间

三个间房,正房在西,照壁在东,住宅入口一般在院子东北

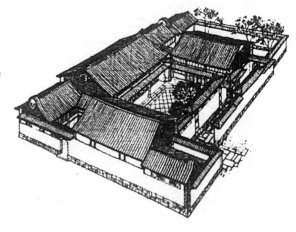

图2 "文人合院"鸟瞰图

角,入口空间的尺度较为狭小,"欲扬先抑",以入口处的小空间来衬托中央天井的大空间,利用大小空间的对比求得"小中见大"

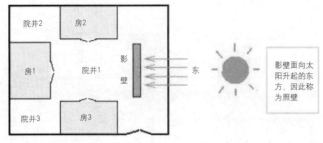

图3 "三坊一照壁"平面示意图

的效果，增强了整个建筑的空间层次感。照壁、正房与其他两房共同形成一个不同于四合院的"三合院"的形式（图3）。

"三坊一照壁"合院形式区别于一般四合院的最为明显的地方在于其天井的数量，在我国大多数传统四合院中，由四个方向的房屋围合成的天井数量大多为一个。但是在白族合院中，由于正房三间的两侧各有"漏角屋"一间，其进深与高度都比正房要小，于是乎"漏角屋"前便形成了一个小天井，以利通风、采光以及排水的要求，正是由于"漏角屋"前形成的小天井，使得这种合院有三个层次变化多样的天井空间，在有限的范围内创造出了无限的空间体验，使人有"应接不暇"感。

大理地区气候干燥，风势很大，所以"漏角屋"不仅填补了正房于侧房交接的空隙，还有防风的效果，无论院落之外如何风声四起，院子当中都是照样安详宁静，不会受到院外大风的影响。再加上院内壁饰字画，使封闭的庭院空间充满生机绿意，既保证了住家的安静和私密性，又能够满足足不出户即可接触自然、领略自然的要求，在满足物质要求的同时也满足了精神要求。

院落中的天井是景观及活动密集的区域，也是被着力绿化的地方。对于这种民居来说，照壁前的花台比较重要，常常种一些具有象征意义的树木，如牡丹、桂花、石榴等，寓意荣华富贵，多子多孙。后面的天井空间宽敞，也是绿化的重点所在，除了一些日常生活所需的蔬菜之外，这里主要种青竹及果树等具有经济价值的树木。

从竖向空间来看，分为两种形式：第一种即正房的层高高于两侧房，一般为正房两层，两边侧房各自一层的组合方式。以这种方式组合的院落，其空间感受较为开敞，正房二楼则视野开阔，建筑外轮廓造型也更为丰富，屋顶曲线柔和优美，错落有致。第二种竖向空间组成则是正房与两侧方高一致，此种组合方式，空间感较为封闭，可以造成更加宁静、内敛的空间氛围，整个院落体量规整，整体性强。

（2）"四合五天井"建筑形式及其空间组合

这种形式的建筑规模较大，由四个房屋围合组成，无照壁，除此之外，由于多了一间正房，于是在两个相对的正房两侧都有"漏角屋"，所以除了中间一个大院子以外，四坊交接处还各有一个小院子，即漏角天井。四个漏角天井与中间的大合院共同组成了五个

天井。而各坊的房屋，均为三开间二层楼，明间稍大，漏角天井的地方一般都深有耳房（图4）。

这种形式的合院民居，常常是从其中一个漏角进入院落的，漏角通过天井作为前导空间过渡，形成入口小院，再从厢房的山墙面上开设第二道门通往正房和厢房走廊。较"三坊一照壁"合院来说"四合五天井"的入口方式更为丰富，入口方向也更多，但总体来说，白族人民习惯把入口与庭院视作一个整体来处理，注重不同功能、不同形式的空间场所的互相关系，从而对入口空间感受建立在一个连续变化着的景观序列上，突出了民居空间的顺序特征。从民居入口至内部堂屋过程中，先近后远，先中间后旁边，在入口处，首先映入视野的是牌坊、影壁、幡杆、雕刻等，意在为人们营造出丰富，多变的空间形态（图5）。

（3）"六合同春"——白族民居群体空间组合的典范

在民居建筑中，根据地形的变化白族人民巧妙地将"三房一照壁"与"四合五天井"两种形式组合起来，于是便产生了"六合同春"的组合形式。

之所以称为"六合"则是因为，在这种围合形势下，整个建筑群便有六个大小不同的围合空间，两个院子之间连接的部分一般做成廊子或者是底层架空的房屋，这样便有利于两个院落空间的交流和渗透（图6）。

（4）"玖合院"的组合与规划

"玖和院"位于大理古城内，采用传统"九宫格"布局形式，

图4 "四合五天井"平面图　　图5 "四合五天井"顶视图

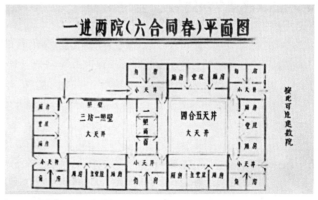

图6 "六合同春"平面图

图7 "玖和院"鸟瞰图

图8 "玖和院"鸟瞰图

每一个格子内部又是由不同的单元组合形成，从局部到整体都体现出了设计者良好的空间"营造"功力。九宫格内的每一个单元虽然各自为政，但"玖和院"总平面图和谐统一，营造出了变化丰富、尺度宜人的建筑。将各个建筑单元有机融合在一起，营造出独具特色的建筑空间（图7）。

"玖和院"采用茶室合院与居住合院的两院形式，使茶室区与居住区既形成整体，又得以分离，两院的空间格局既丰富了古城的传统空间，又避免了动与静的相互干扰，打造出舒适美观的居住空间和景观优美的茶室空间（图8）。

二、白族民居合院的常见组合形式

大理的白族民居，依山就势，坡度平缓，因此合院是根据地形顺势而上的，基本单元通过拼接组合成几种形式：（1）四合院；（2）三坊一照壁；（3）六合同春；（4）由两个"三坊一照壁"组合而成的横向重院布置的建筑形式；（5）以"四合院"形式为单元，做纵向或横向拼接。

第一种平面构成，由三"坊"房屋（分别为一个正方，两个厢房）及一个照壁围合而成的四合院式院落。正房对面是照壁，照壁旁边一般是大门。三坊的底层都为居室，楼上为储存杂用。"三坊

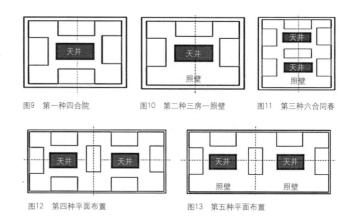

图9 第一种四合院　　　图10 第二种三房一照壁　　　图11 第三种六合同春

图12 第四种平面布置　　　图13 第五种平面布置

一照壁"比四合院小，更适应于斜坡地形（图9）。

第二种组合即"四合五天井"，起居空间、主要住房都包含在此四合院中，附属用房和杂院依附于四合院一端或四周，是一般住户的住宅（图10）。

第三种平面构成单元，即以四合院基本形为主的住宅平面与"三坊一照壁"进行纵向拼接（图11）。

第四种平面单元以两个三坊一照壁组合而成的横向重院布置的建筑形式（图12）。

第五种平面单元以两个四合院或者两个以上四合院进行横向拼接或者交错拼接，这在大理古城数量较少，一般属于有钱人家或者地位高尚的人家所居住，属于大宅（图13）。

大理典型的白族民居，其空间原型为合院单元，大多数为两层，使用者在民居内的活动主要集中在一层，二层只作为储藏空间和祭祀之用或另建敞棚作为附属建筑。

三、白族民居对现代住宅空间组合的启示

白族民居，体现了白族人民对建筑空间及形式的不断探索与创新，在传统合院的基础上进行一系列的变化与发展，使得建筑空间更加灵活多变，空间大小对比强烈，层次也更加丰富。"三坊一照壁"与"四合五天井"都还是独院性质的合院，而"六合同春"、"玖和院"则是将以上两者巧妙组合起来的群居式合院，是白族民居群体空间组合的典范。

白族民居追求内向性的空间，表现出内敛含蓄的审美心理和远避喧闹的环境意识，强调户内居住环境的安全感和私密性，追求建筑和环境与自然的和谐统一。

白族民居的庭院天井对空间构成至关重要，天井作为民居中各部分使用功能的延伸，是不可缺少的部分，它使室内与室外融为一

体，小庭园是住宅空间的重要组成部分，这也是中国建筑的关键所在。天气晴朗时，可以在天井逗留，交谈嬉戏，或做盥洗、晾晒等家务劳动，举办大型活动比如红白喜事，也都可以利用庭院天井，利用庭院天井在平面布局上可以统一中有变化。

多重空间的变化组合以及对"漏角天井"的充分利用是白族民居最大的特点，各种组合都是由入口空间——庭院空间——漏角天井等大小不一，形态各异，变化多样的多重空间构成，通过基本单元的不同变化组合，创造出了多元化的空间。在每一个空间中，都有着相应的活动方式，这样就使得各个空间都能够聚集不同的"人气"，因为有人气的注入，原本单纯的空间成了场所，在这些变化多样的场所中寄托了白族人民对美好生活的向往。

在城市化快速发展的当下，很多设计师已经意识到我们的建筑过于模式化，于是一些民族性、地域性的建筑及空间形式得到了关注，尤其是与人们关系最为密切的居住区，也在经历着由模式化到个性化的转变。白族的建筑及空间理念源于自然、尊重自然、贴近自然，模仿自然，力求把自然带回家。而这样的理念及空间组合方式，也正是当今住宅群体设计可以充分借鉴的，尤其是发生在今年的新冠状病毒疫情使人们更加意识到居住空间对每个人的重要性。在设计时我们不妨借鉴云南大理白族民居的方式及理念，"多一点"空间组合、"多一点"变化、"多一点"植物、"多一点"自然情怀，也不妨"耐心一点"，"细心一点"，使居住区空间环境的打造更加舒适安全、用地更加经济高效、环境更加美观清新，为居民创造更加丰富多彩的生活和行为方式，创造出充满活力的空间场所，将自然舒适带给居民，将丰富的空间体验带给居民，也将白族人民乐山乐水的自然情怀带给居民。

四、结语

无论时代如何变迁，社会如何发展，人类对宜居环境的追求不会改变，正是这种追求，促使我们的居住环境不断改善。白族民居空间多样的变化、组合，反映出人类对空间最本质的渴望，为现代居住区规划和建设中多重空间的营造提供了启示。只有不断变化的空间组合才能满足人们更高层次的需求，提供功能完善、丰富多彩的居住空间，将成为建设者的重要目标。

注释

① 洪英，西南民族大学，副教授。
文章中所用图片均来自于网络，感谢图片的作者。

参考文献

[1] 彭一刚. 建筑空间组合论（第三版）[M]. 北京. 中国建筑工业出版社，2008.
[2] 北京聚落研究小组，云南省城乡规划设计研究院. 云南民居（1、2、3）[M]. 北京：中国电力出版社，2017
[3] 杨大禹，朱良文. 中国民间建筑丛书——云南民居 [M]. 北京. 中国建筑工业出版，2009.
[4] 赵勤. 大理喜洲白族民居建筑群 [M]. 云南人民出版社，2015.
[5] 杨国材. 白族传统文化的内涵与传承 [J]. 中南民族大学学报，2004（2）.
[6] 杨丽萍. 试析大理白族民居建筑中的照壁 [J]. 大理文化，2007（4）.
[7] 于维维. 浅析云南民居的原生特色 [J]. 沈阳建筑大学学报，2006.

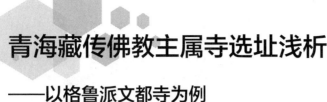

青海藏传佛教主属寺选址浅析
——以格鲁派文都寺为例

黄建军[①]   靳亦冰[②]

摘　要：藏传佛教在发展过程中，为了促进寺院的发展扩张和便于寺院的管理，形成了一种寺院隶属关系，这种关系被称为主属寺关系，并在格鲁派寺院扩张过程中得到了极大体现。本文试图选取循化地区规模最大且具有代表性的主属寺关系的文都寺为研究对象，通过对文都寺与其属寺的选址关系进行归纳分析后将其分为据顶而立、依山而建两类形式，并分析决定这种选址形式背后所蕴含的宗教、社会和环境因素。以期来丰富当下对于藏传佛教主属寺文化的研究。

关键词：藏传佛教　主属寺　寺院选址

随着藏传佛教后弘期各教派的形成，寺院之间的主属寺关系也逐渐形成，从而成为各教派传播教义、扩大寺院范围的重要手段之一。但是，当前针对藏传佛教主属寺系统的研究大多针对其体系特点，以及这种系统所形成的原因，而涉及寺院建筑本身的研究少之又少。因此，希望通过本文对主属寺选址布局进行解析，实现对藏传佛教主属寺研究的补充。

一、藏传佛教主属寺系统概况

1. 主属寺称谓溯源

在吐蕃末代赞普朗达玛灭佛运动之后，藏传佛教在藏地中断了100多年之久。直到公元11世纪，通过上路弘传和下路弘传两个方向，藏传佛教迎来了后弘期时代。这个时期的佛教传播更趋向于多样化，根据教义、传承方式等方面的不同，形成了藏传佛教的各种教派，寺院之间的主属寺关系也随之形成。而格鲁派在15世纪建立后，在其传播和发展过程中也形成了这种主属寺的结构模式，加之拥有严格的教义和更新颖的传承方式，格鲁派迅速一跃成为各教派中最大的一支。

对于主属寺这种称谓方式在《藏汉大辞典》中也有相应解释：主寺，其下有若干小寺的大寺庙。分寺，大寺庙下所属的小庙。属寺，由主寺派人管理的僧人，属寺须按主寺的清规办。分支，从一个主体分出的部分。

2. 主属寺关系的层级模式

对于藏传佛教宗教场所我们一般喜欢称之为寺院或寺庙，但实际上这是对藏传佛教宗教场所缺乏足够认识的一种表现。根据用途或者规模的不同，藏传佛教尤其是格鲁派宗教活动场所可以分为以下几类：寺院、日朝、噶尔卡、扎仓、参康、拉康等。因为类型或功能用途的不同，决定了各自所扮演的角色也会有相应的区别。

藏传佛教宗教场所现有的规模是有一定的发展过程的，是从无到有、从小到大演变而来的。而主属寺关系中主寺往往是扮演宗教场所中的寺院角色，属寺往往是从日朝、噶尔卡、扎仓、参康、拉康等形式进行扩展。但这也不是绝对。

就主属寺关系层级结构模式来说，主要有两种模式关系，即二级结构模式和二级以上结构模式（图1、图2）。二级结构模式就是指一个主寺下面下辖多个属寺，而这些属寺下面则再没有属寺，这样呈现出简单的二级结构模式。而二级以上的结构模式是指在一个主寺或中心寺院下辖多个属寺的情况下，其属寺中有些寺院下面还有子寺，这样就形成了一种多层次结构模式。形成这种模式最直接的原因就是：（1）主寺规模很庞大，可能是一个地区的中心寺院，这种情况下下辖的寺院数量众多，各属寺分布的范围更广泛，从而使得属寺也逐渐衍生出自己的子寺。（2）由于各种因素的影响，属寺的规模和影响力不断扩大，使得其成为区域内的中心寺院，从而获得很多的属寺。

3. 青海格鲁派主属寺系统概况

青海历史悠久，一直以来就是一个多民族聚居的地方，少数民族占比高达42%，普遍信仰藏传佛教。作为藏传佛教各教派中最大的派系，格鲁派在青海分布极为广泛，全省各区域均有格鲁派寺院分布。

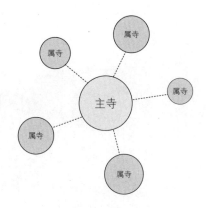

图1 二级层级结构模式（图片来源：作者自绘）

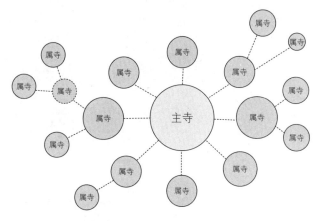

图2 二级以上层级结构模式（图片来源：作者自绘）

据统计，青海境内历史上拥有属寺的中心寺院一共有25座，若按地理区域进行划分的，分别分布在青海省东部的湟水流域、青海境内的黄河流域、青海东部的隆务河流域以及玉树地区。其中，湟水流域共分布有12座寺院，黄河流域共有7座寺院，隆务河流域仅一座，玉树地区有三座。总体上，寺院的分布密度，呈现一种东多西少的趋势。这与青海省特殊的地理环境有着密不可分的关系。

若按上文所述的两种层级结构模式进行划分的话，青海省的藏区，从内部教法的传承性上来说，大部分都属于西藏三大格鲁派寺院或扎什伦布寺的属寺，由于青海境内的格鲁派寺院，多多少少都会与这几所被称为"格鲁派母寺"的寺院产生千丝万缕的联系。所以，我们避开这一问题，仅看青海境内主属寺层级模式，二级层级结构模式是青海境内格鲁派寺院最为常见的一种模式，分别有广惠寺主属寺系统、东科尔寺主属寺系统、瞿昙寺主属寺系统等21个主属寺系统。

对于更为复杂的二级以上层级结构模式，分别有塔尔寺主属寺系统、佑宁寺主属寺系统、却藏寺主属寺系统、夏琼寺主属寺系统四个主属寺系统，而佑宁寺、却藏寺、夏琼寺又同属一个主属寺系统之中。

二、文都寺及其属寺的选址情况解析

1. 文都寺及其属寺的分布情况

文都寺位于青海省循化文都藏族乡西南拉代村之北侧山坳。寺院和拉代村呈现紧密的共生关系。文都寺所处区域地形为高山深谷，纵横交错，寺院正前方就是一个峡谷，河流穿梭而过。文都寺藏语称"文都贡钦扎西曲科尔朗"，作为循化地区最大的格鲁派寺院，文都寺主属寺系统属于二级层级结构模式，其下辖共有斗合道寺、多吾寺、撒毛寺等7座格鲁派寺院。其中有5所寺院和文都寺都位于海东循化县，还有两所寺院分别位于黄南藏族自治州同仁县和海南藏族自治州贵德县。除去循化县内的多吾寺和斗合道寺因历史等多方面因素，现存寺院几乎可忽略不计之外，剩余5座属寺均保持有一定的规模。

文都寺属寺所处区域也都是青海传统藏区，境内有高低起伏的山地，寺院分布其中，与周围环境相融合。（图3、图4）

2. 寺院据顶而立

藏传佛教寺院在选址过程中，基于宗教理念的指导，会呈现出强烈的生态自然观，尤其在藏区这种复杂的地理环境背景之下，高差变化明显，所以无论是在山顶、平原还是丘陵地带都会有寺院的存在，最终呈现出与环境相融合的状态。为了便于对文都寺与其属寺的选址情况进行归类划分，因此，将藏传佛教寺院不同的选址情况总结成三大类，分别是平地而栖、依山而建、据顶而立。

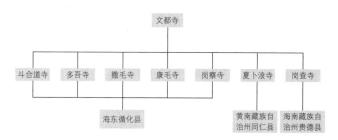

图3 文都寺与其属寺的层级关系（图片来源：作者自绘）

图4 文都寺与其属寺的分布情况（图片来源：作者自绘）

藏族人民自古以来就有把建筑建于山顶之上的习惯。高原上的山一座比一座高，所谓的据顶而立只是一种相对而言的概念，仅指所处区域小范围内的山脉最高处。据顶而立的寺院会在山坡顶部选取较为平缓的地带来营建寺院。在这种没有较大地势高差的情况下，为了表现寺院中的核心建筑，凸显出寺院各建筑的等级差异，会将最为核心的空间留给措钦大殿、佛殿等主要建筑，附属建筑则围绕其自由布置，形成一种"簇拥"的形态。从而呈现附属建筑的自由布局与核心建筑的规整布局的强烈对比的视觉效果。

文都寺就是典型的据顶而立的寺院，从图中看去，文都寺居于一片较为平整的台地之上，前方是一片较深的山谷，周围仅有一座距离较远的山峰地势高于文都寺，可谓是一览众山小。寺院整体视野开阔，周围景色一览无遗。

文都寺的属寺中还有同属于循化县的刚察寺也是据顶而立的选址形式，不过和文都寺有些许差异的是，刚察寺选区的地带不像文都寺那么规整、平坦，基地范围内有一定的高差变化。之所以将其归为据顶而立的选址模式，主要有两方面原因：（1）寺院确实选址在山顶之处的一片空地，所处的山体周围也没有更高的山体与其直接相连，可以看作拥有一定范围内最高的高度。（2）尽管刚察寺的选址不是那么平整，但是基地内的高差跨度不大明显有别于依山而建的选址模式。据顶而立的选址模式中所说的选取平整地带只是一种相对的概念，绝对的平整、规则是不存在。（图5、图6）

3. 寺院依山而建

藏区多山的复杂地理环境决定了类似寺院这种大型建筑群不能都拥有平整规则的基地。藏族先民在长期的探索过程中形成了依山而建的建筑营建思想。作为宗教文化的重要载体，藏传佛教在寺院选址过程中也继承了这种依山而建的营建思想。寺院多选取较为平缓的山体作为依靠，前方多为视野开阔的地带。类似这样的地形特点往往可以形成较为舒适的小气候环境。冬季凛冽的寒风背山体遮

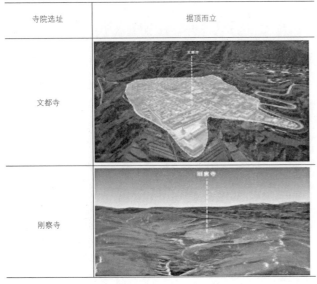

寺院选址	据顶而立
文都寺	
刚察寺	

图5 据顶而立的寺院选址汇总（图片来源：作者自绘）

寺院选址	依山而建
撒毛寺	
康毛寺	
夏卜浪寺	
岗查寺	

图6 依山而建的寺院选址汇总（图片来源：作者自绘）

挡，山顶处的积雪融化后汇集到山脚形成水源有利于水源，解决日常生活需求。

依山而建的寺院选址模式，又可以充分利用地形高差进行建筑群布局，核心建筑依山势置于最高位置，其余附属建筑则置于相对低的位置，形成高低错落的建筑群布局模式，核心建筑通过高差来体现等级差异。

对文都寺主属寺系统寺院选址情况进行梳理，排除几乎已经消失殆尽的多吾寺和斗合道寺，归纳总结发现除了文都寺和刚察寺是据顶而立的选址模式之外，其余5所寺院均是依山而建的选址模式。

结合上文对文都寺与其属寺的选址情况分析，可以得出除去多吾寺和刚察寺之外，其余寺院选址模式可以分为两大类，分别是据顶而立和依山而建，而平地而栖地选址模式在文都寺主属寺系统中并未涉及。

三、藏传佛教主属寺选址的影响因素

在对文都寺与其地属寺的选址情况进行归纳总结之后发现，藏传佛教寺院在选址上大多喜欢与山体相结合，充分利用山体进行建筑布局。而主属寺之间是一种寺院隶属关系，但是主寺和属寺之间

的选址情况有相似之处，但也存在差异的地方。这种情况背后主要有宗教、社会以及自然环境等方面的因素影响。

1. 宗教因素的影响

藏传佛教作为藏族人民普遍信仰的宗教，其中的宗教思想早已渗透到生活中的方方面面，也对寺院选址产生了重要影响。寺院在选址上偏向和山体进行结合。文都寺与其属寺同属于藏传佛教格鲁派，归其根本是同宗同源，其中所涉及的宗教理念对其寺院选址的影响都是一样的，同时寺院之间又有着一定的隶属关系，因此寺院在选址情况上会呈现出一些相同的情况。

2. 社会因素的影响

藏传佛教寺院在过去是一个地区的文化和政治中心，随着政教合一制度的实行，寺院建筑还需要考虑一定的军事防御功能，将寺院选址建于山顶或者随山势进行布局，占据制高点，充分利用这种地势优势，可以很大程度地减轻防御压力。

这种寺院建筑在选址时一般会选取不大的山体，背靠大山，面向河谷，建筑布置没有一定形制。这种历史原因沿袭下来，对之后的藏传佛教寺院选址也产生了深远影响。

3. 自然环境因素的影响

对于藏传佛教寺院选址长于山势进行结合这也源于青藏高原恶劣的自然环境，藏族人民为了抵御寒风，获取阳光，将寺院选在背山面水的位置

而对于主属寺关系中，属寺与主寺选址情况不尽相同，自然环境的因素是最为关键的。文都寺与其属寺分布区域广泛，并不仅仅局限于一个小的区域范围内，青海藏区丰富多变的自然环境，导致

主寺和属寺所面对的自然环境可能截然不同，也有可能非常相似，在这种情况下属寺在选址上可能更多地会从当地的自然环境出发，选取更适合自己的寺院位置，而不是完全局限在主寺对于属寺的限制中。

四、结语

在对文都寺与其属寺作为典例对他们的选址情况进行分析并归纳总结之后可以发现，主属寺选址受到宗教、社会、自然环境等多方面因素的影响，呈现出一种丰富的状态，而属寺不一定和主寺选址情况相同，造成这种差异的主要原因就是寺院本身所面临的自然环境会有差异，寺院在选址时会选取更有利于自己地势和位置。

注释
① 黄建军，西安建筑科技大学，研究生。
② 靳亦冰，西安建筑科技大学，教授。

参考文献
[1] 周晶、李天. 从历史文献记录中看藏传佛教建筑的选址要素与藏族建筑环境观念 [J]. 建筑学报，2010.
[2] 拉加先. 论藏传佛教主属寺系统及其形成原因——以青海格鲁派寺院为例 [J]. 中国藏学，2015
[3] 龙珠多杰. 藏传佛教寺院建筑文化研究 [D]. 北京：中央民族大学，2011.
[4] 才让东知. 当代藏传佛教拉卜楞寺寺母子寺关系与影响研究 [D].
[5] 赵晓峰、毛立新. "须弥山"空间模式图形化及其对佛寺空间格局的影响 [J]. 建筑学报，2017.